Beiträge zur Bautechnik

Professor Dipl.-Ing. Robert von Halász

Beiträge zur Bautechnik

Robert von Halász zum 75. Geburtstag gewidmet

Mit Beiträgen von
István Szabó – Manfred Stiller – Karl Möhler – Karl Kordina und Ulrich Schneider – Heinrich Bub – Franz Pilny – Rudolf Trostel – Riko Rosman – Ernst Zellerer und Hanns Thiel – Joachim Lindner – Hansjürgen Sontag – Claus Scheer – Tihamér Koncz – Gebhard Hees – Erich Cziesielski – Hermann Bohle – Georges Herrmann – F. Aguirre de Yraola – Heinz Pösch – Heinrich Paschen

Herausgegeben von Jürgen Bauer, Claus Scheer und Erich Cziesielski

1980

VERLAG VON WILHELM ERNST & SOHN
BERLIN · MÜNCHEN

CIP-Kurztitelaufnahme der Deutschen Bibliothek

Beiträge zur Bautechnik: Robert von Halász zum 75. Geburtstag gewidmet / hrsg. von Jürgen Bauer... Berlin, München: Ernst, 1980.

ISBN 3-433-00873-6

NE: Bauer, Jürgen [Hrsg.]; Halász, Robert von: Festschrift

Printed in Germany
Satz und Druck: H. Heenemann GmbH & Co., Berlin

ISBN 3-433-00873-6

Geleitwort

Am 24. Juli 1980 wurde Professor Robert von Halász 75 Jahre alt.

Er ist ein Mann, der während seiner ganzen beruflichen Tätigkeit stets zur Entwicklung des Bauwesens wesentliches beigetragen hat und für die Industrialisierung der Bautechnik sowohl während seiner Tätigkeit in der Industrie als auch als Hochschullehrer die entscheidenden Impulse gegeben hat. Er hat sich stets durch praxisorientierte Forschung für Weiterentwicklung und Fortschritt im Bauwesen engagiert und wirkt in diesem Sinne auch heute noch als Beratender Ingenieur weiter.

Sein Wissen, seine Erfahrung und seine Freude an Arbeit und Verantwortung verschafften ihm nebenbei viele Aufgaben in diversen Gremien, so z. B. als Obmann des Ausschusses Holz im Bauwesen, als 1. Vorsitzender der Studiengemeinschaft für Fertigbau und als Präsident der Europrefab.

Es ist bezeichnend für die Aktivität von Prof. v. Halász, daß er nach seiner Emeritierung im Jahre 1973 nicht untätig blieb: mit ehemaligen Assistenten seines Lehrstuhles gründete er die „Ingenieurgemeinschaft Prof. R. v. Halász", in der er noch heute als aktiver Partner tätig ist.

Robert von Halász ist ein Mensch, der trotz aller persönlichen Erfolge stets bescheiden blieb und daher beliebt und anerkannt war und ist. Seine warme menschliche Art, seine Unaufdringlichkeit, aber doch immer hilfsbereite Freundlichkeit, sein großer Wissens- und Erfahrungsschatz, seine vielseitige Interessiertheit und seine Aufgeschlossenheit allem Neuen gegenüber machen ihn zu einem idealen Lehrer und Partner.

Der ungebrochenen geistigen und körperlichen Vitalität des Jubilars, seiner nach wie vor großen Schaffenskraft und Leistungsfähigkeit und auch seinem Willen, diese immer wieder einzusetzen, verdanken Freunde und Partner sehr viel.

Es freut uns sehr, daß dieses Buch, das dem Bauingenieur, aber auch dem Menschen Robert von Halász zu Ehren entstanden ist, mit einer Laudatio und einem Beitrag beginnt, die aus der Feder eines lieben Freundes des Jubilars stammt: Professor István Szabó.

Professor Szabó konnte die Herausgabe dieses Buches leider nicht mehr miterleben, er verstarb plötzlich und für alle unerwartet Anfang dieses Jahres.

Professor von Halász war es, der in einer schlichten Trauerfeier die Worte aussprach, die den Verstorbenen würdigten und Angehörige und Freunde trösteten.

So betrachten wir die schon frühzeitig fertiggestellten Beiträge als ein Vermächtnis des Professor Szabó an seinen Freund Robert von Halász[1]).

Szabó schreibt in seinem Fachaufsatz über die Entwicklung der theoretischen Bauingenieurkunst. Sein Aufsatz steht nach der Laudatio am Beginn des Buches. Neben dieser historisch theoretischen Betrachtung stehen einige weitere, die Theorie im Bauingenieurwesen behandelnde Themen zusammen mit Beiträgen zur Normung und Baustoffprüfung ebenfalls zu Beginn der Festschrift. Es folgen Beiträge aus dem Stahlbau, dem Holzbau, dann ein größerer Abschnitt über den Stahlbetonfertigteilbau und die Bauausführung.

Dieses Ordnungsprinzip soll eine gewisse Parallelität zum Werdegang Professor von Halász's symbolisieren:
Ausgehend von der historischen Entwicklung der Bauingenieurkunst als Grundlage und auch als Motivation zur Wahl des Berufes, folgte die Ausbildung, die Theorie und Bestimmungen zum Inhalt hatte. Als junger Ingenieur begann von Halász im Stahlbau, ging dann in den Holzbau um von dort — nach einem kurzen, aber für seine Entwicklung wesentlichen Ausflug in die Reichsstelle für Baustatik — in den Stahlbetonbau überzuwechseln, wo er die Industriealisierung in der Bautechnik durchführte und auch mit Erfolg durchsetzte.

Daß dieses Buch in dieser Form verwirklicht werden konnte, verdanken wir ganz entscheidend den Autoren. Alle haben sich prompt zur Verfügung gestellt und Beitrag, Korrekturen und notwendiges Hin und Her innerhalb kürzester Zeit bearbeitet und fertiggestellt.

---

[1]) Dank sei hier ausgesprochen an Herrn Professor Dipl.-Ing. W. Zander, der durch seinen Einsatz und seine Arbeit es mit ermöglicht hat, daß beide Aufsätze erscheinen können.

Auch dem Verlag Ernst & Sohn sei herzlicher Dank ausgesprochen. Fachkundiger Rat, sachliche und finanzielle Unterstützung und eine hervorragende Arbeit ermöglichten die gute Gestaltung und Ausführung des Buches.

Dank auch allen Damen und Herren an der Technischen Universität Berlin und in der „Ingenieurgemeinschaft Prof. v. Halász", die durch viel Einsatz, Fleiß und Unterstützung halfen, die mit der Herausgabe einer solchen Festschrift verbundene Arbeit zu bewältigen.

Ohne Geld gelingt auch eine Festschrift nicht, daher Dank all den vielen Firmen, die durch ihre Spende die Herausgabe des Buches mit ermöglichten.

Last not least bedanken wir uns ganz herzlich bei Frau Ingelore von Halász, der Gattin des Jubilars. Sie hat uns mit Rat und Tat zur Seite gestanden.

Uns bleibt abschließend der Wunsch, daß diese Festschrift mit dazu beiträgt, woran Prof. v. Halász während seiner ganzen beruflichen Tätigkeit mitgearbeitet hat: an der weiterführenden Entwicklung der Bautechnik heute und in Zukunft.

Jürgen Bauer

Berlin, im Juli 1980

Robert von Halász 75 Jahre

Als ich gebeten wurde, für die Festschrift zum 75. Geburtstag von Robert von Halász eine persönliche Laudatio beizutragen, war ich zunächst im Zweifel, ob ich — der nicht „vom Fach“ ist —, die dazu geeignete Person bin. In einer besinnlichen (und weinseligen!) Stunde ließ ich jene Zeiten aus unserer mehr als dreißigjährigen Verbindung Revue passieren, die ich mit dem Jubilar gemeinsam verleben durfte.

Zuerst die kollegiale Verbindung in den Fakultätssitzungen; dann die zu Freundschaft führenden familiären Zusammenkünfte; die unvergeßlichen gemeinsam unternommenen „Kunstreisen“ nach Italien und die empfindsamen Fahrten nach unserer gemeinsamen Urheimat Ungarn. Dann dachte ich auch daran, daß ich durch meine — mehr als fünfundzwanzigjährige — Zugehörigkeit zur Fakultät der Bauingenieure doch nicht so sehr weit vom Fach bin. Auch die baustatischen und baukünstlerischen Erklärungen, die mir Robert von Halász auf unseren gemeinsamen Reisen von großen Bauwerken in der unnachahmlichen Manier des großen Ingenieurs gab, klangen in mir nach.

Robert von Halász wurde am 24. Juli 1905 in Höxter an der Weser geboren. Seine Familie stammt aus Ungarn. Sein Ururgroßvater Dániel von Halász (1741—1810) trat 1764 in das preußische Heer — in das Husarenregiment von Belling (Nr. 8) — ein. Die Vorfahren Dániel von Halász waren in den Gemeinden Szemere und Kolta „begütert“. Diese Gemeinden liegen in dem — nordwestlich von Budapest gelegenen — Komitat Komárom (Komora), und die Richtigkeit der Gegend der Abstammung bestätigt auch das abgebildete Familienwappen, welches mit dem Wappen des Komitats Komárom weitgehend übereinstimmt. Der Unterschied besteht in der unteren Hälfte: in dem Komáromer Wappen ist der untere Husar in voller Größe abgebildet und hebt den Säbel gegen einen ihn anspringenden Bären, während in dem Halászschen Wappen — anstatt des Bären — der abgeschlagene Türkenkopf (als Symbol hervorragender Tapferkeit in den Türkenkriegen) erscheint. Dieser Zweig der in Ungarn in mehreren Gebieten vorkommenden (miteinander nicht unbedingt verwandten!) Adligen von Halász muß besonders reich und angesehen gewesen sein, daß er das Komitatswappen verwenden durfte. Dafür spricht auch die schriftlich festgehaltene Erzählung von Dániel von Halász, daß „sein Vater als kaiserlicher General außer Diensten auf einem seiner Rittergüter ohnweit Komárom lebte“ — und das würde auf die Gegend von Kolta zutreffen.

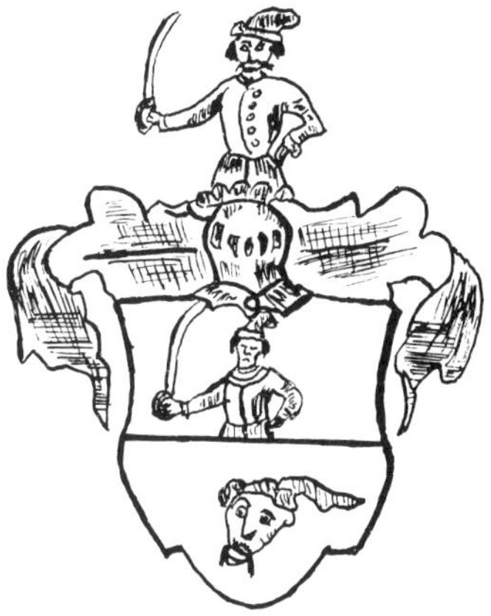

Welche Umstände Dániel von Halász veranlaßt haben, in preußische Dienste zu treten, ist unbekannt. Auch die vom Vater des Jubilars geschriebene (und mir von Frau Ingelore von Halász freundlicher- und heimlicher! Weise zur Einsicht überlassene) Familienchronik enthält hierüber keine Hinweise.

Robert von Halász wuchs in Colmar (Elsaß) auf, und im persönlichen Verkehr fühlt man, wie nachhaltig seine Lebensart durch jene Landschaft, ihre Kultur und ihre Menschen geprägt wurde. Das auf dem Marktplatz von Colmar stehende Denkmal des kaiserlichen Feldhauptmanns in Ungarn, Lazarus von Schwendi (1522—1584), mit der Tokajer Rebe*) in der erhobenen rechten Hand, erinnerte ihn vielleicht an das Land seiner Vorfahren. Seine gymnasiale Schulung begann er in Colmar, das Abitur absolvierte er an der Friedrichs-Werderschen Oberrealschule in Berlin, und er studierte von 1925 bis 1930 Bauin-

*) Als Heerführer Kaiser Maximilians II. eroberte Lazarus von Schwendi die Festung Tokaj und brachte von dort die Tokajer Rebe nach dem Elsaß!

genieurwesen an der Technischen Hochschule zu Charlottenburg. Zu seinen Lehrern gehörten der große Mathematiker Georg Hamel, in der Mechanik Hans Reißner, in der Statik Sigmund Müller und August Hertwig.

Nach Abschluß des Studiums trat von Halász in die industrielle Praxis, in der er nicht nur als Konstrukteur komplizierter und großer Bauprojekte in Erscheinung getreten ist, sondern als Mitgestalter der Vorfertigung von Bauelementen zur Industrialisierung der Bautechnik wesentliches beigetragen hat. Nach verschiedenen Tätigkeiten in leitenden Positionen kam von Halász während des Krieges zu den Zementwerken der Preußag AG in Rüdersdorf bei Berlin. Dieser Firma war es gelungen, den sogenannten B 600 zu entwickeln. Dieser Beton ermöglichte es, transportable Fertigteile aus Stahlbeton in Serienproduktion herzustellen. Nach umfangreicher Forschungsarbeit theoretischer, konstruktiver, aber auch marktanalytischer Art realisierte Robert von Halász hier zum ersten Male in der Bautechnik die serienmäßige Herstellung von kompletten Bauten (wie Industriehallen mit Kranbahn), die vom Lager verkauft wurden. Mit leiser und doch von innerem Stolz getragener Stimme erzählte mir der Jubilar von diesem — und das sage ich! — „Heldenzeitalter“ seines Wirkens.

Im Jahre 1948 wurde Robert von Halász als ordentlicher Professor auf den Lehrstuhl Baukonstruktion, den späteren Lehrstuhl für Allgemeinen Ingenieurbau an die Technische Universität Berlin berufen. In dieser Position konnte er seine Gedanken des ganzheitlichen technischen Bauentwurfes und der Industrialisierung des Bauens mit Nachdruck vertreten und an seine Studenten weitergeben. Als erster im deutschsprachigen Raum veränderte er den Inhalt der bis dahin üblichen Vorlesungen über Baukonstruktionen und schuf damit jene Grundausbildung, die für einen modernen, im Hochbau tätigen Ingenieur unerläßlich ist.

Daß Robert von Halász die mitbestimmende Rolle der theoretischen Erkenntnisse in der Bauingenieurkunst anerkennt und mit Betonung vertritt, dafür einige Worte von ihm selbst [1]:

„Jeder kleinste Fortschritt auf dem Wege mathematisch begründeter Wissenschaft bedeutet für die Menschheit mehr als die geistreichste Ideologie. . . . Von dem Tage an, an dem der europäische Mensch anhob, Wissenschaft, und zwar voraussetzungslose, exakte, d. h. nur auf Messung und Berechnung gegründete Wissenschaft zu betreiben, hat er den Weg beschritten, der ihn befähigte, die Welt sich untertan zu machen und den Geist zu entwickeln. Die Richtigkeit dieses zu Beginn der Neuzeit eingeschlagenen Weges wurde inzwischen durch Erfolge bestätigt. Auch die moderne Bautechnik löst ihre Probleme durch bewußte Anwendung mathematischer und naturwissenschaftlicher Erkenntnisse.“

Jedoch blieb Robert von Halász auch nach seiner Berufung gleichermaßen in Praxis und Forschung tätig. Hervorzuheben sind seine grundlegenden Arbeiten zum Großtafelbau. (Hier ist zu bemerken, daß er selbst im höchsten Stockwerk — mit herrlicher Aussicht auf Berlin und die Havellandschaft — eines solchen, statisch von ihm geprüften Großtafelgebäudes wohnt.) Ebenso richtungsweisend sind seine Arbeiten über hölzerne Konstruktionen. Auch arbeitet er an maßgebender Stelle in vielen Gremien mit und ist außerdem Schriftleiter der für Praxis und Theorie wichtigen Zeitschrift „Die Bautechnik“. Hierbei, wie auch bei der Gestaltung des von vielerlei Interessen geprägten privaten Lebens unterstützt ihn seine liebenswürdige Frau Ingelore von Halász.

Und ohne diese sonstigen, aktiv gepflegten Interessen anzusprechen, wäre das Bild von der Persönlichkeit Robert von Halász' sehr unvollkommen. Dazu einige farbige Pinselstriche.

Reisen bedeuten für Robert von Halász nicht nur etwa die Betrachtung hervorragender Bauwerke, sondern auch die anerkennend bewundernde Enträtselung ihrer Statik. Zu der Kenntnis einer Landschaft und ihrer Menschen gehören für ihn auch ihre kulinarischen Sonderheiten, deren Krönung ihre Weine sind!

Ja, der Wein! Um dieses Lebensgefühl deutlicher werden zu lassen, glaube ich, eines unserer gemeinsamen Erlebnisse mit dem Ehepaar von Halász erzählen zu müssen. Nach einem, den Gaumen erfreuenden (und die charmante Hausfrau lobenden!) Abendessen saßen wir beim Wein und suchten nach adäquaten Worten für dieses köstliche Getränk und für die uralte Lust und Liebe zum Wein. Der Hausherr ging zum Bücherregal und las uns aus Goethes „Sankt Rochus — Fest zu Bingen“ folgende Passagen vor:

„Niemand schämt sich der Weinlust, sie rühmen sich einigermaßen des Trinkens. Hübsche Frauen gestehen, daß ihre Kinder mit der Mutterbrust zugleich Wein genießen. Wir fragten, ob denn wahr sei, daß es geistlichen Herren, ja Kurfürsten geglückt, acht rheinische Maß, das heißt sechzehn unserer Bouteillen, in vierundzwanzig Stunden zu sich zu nehmen? Ein scheinbar ernsthafter Gast bemerkte: man dürfe sich zu Beantwortung dieser Frage, nur der Fastenpredigt ihres Weihbischofs erinnern, welcher, nachdem er das schreckliche Laster der Trunkenheit seiner Gemeinde mit den stärksten Farben dargestellt, also geschlossen habe:

‚Ihr überzeugt euch also hieraus, andächtige, zu Reu' und Buße schon begnadigte Zuhörer, daß derjenige die größte Sünde begehe, welcher die herrlichen Gaben Gottes solcherweise mißbraucht. Der Mißbrauch aber schließt den Gebrauch nicht aus. Stehet doch geschrieben: der Wein

erfreuet des Menschen Herz! Daraus erhellet, daß wir, uns und andere zu erfreuen, des Weines gar wohl genießen können und sollen.'"

Und dann steigert sich der Weihbischof — nachdem er von Menschen sprach, die bei dem Genuß von sechs Maß Wein sich selbst gleich bleiben — in die Weinseligkeit eines christlichen Bacchus und gesteht, „daß der Fall äußerst selten ist, daß der grundgütige Gott jemanden die besondere Gabe verleiht, acht Maß trinken zu dürfen, wie er mich, seinen Knecht gewürdigt hat." Und er schließt seine Predigt mit den Worten:
„Und ihr, meine andächtigen Zuhörer, nehme ein jeder, damit er nach dem Willen des Gebers am Leibe erquickt, am Geiste erfreut werde, sein bescheiden Teil dahin. Und, auf daß ein solches geschehe, alles Übermaß dagegen verbannt sei, handelt sämtlich nach der Vorschrift des heiligen Apostels, welcher spricht: Prüfet alles und das Beste behaltet."

Ich glaube, daß dieses „Stimmungsgemälde" — zwar aus fremder, aber unübertrefflicher Feder — ein würdiger Abschluß der Laudatio des verehrten Kollegen, des lieben Freundes und des großen Bauingenieurs Robert von Halász ist.

Von István Szabó †

[1] Exakte Wissenschaft und Technik in: Aus Theorie und Praxis der Ingenieurwissenschaften, Festschrift zum 65. Geburtstag von Prof. Dr.-Ing. István Szabó. Verlag von Wilhelm Ernst & Sohn, Berlin/München/Düsseldorf 1971.

Veröffentlichungen von Robert von Halász

1939	Eisenbeton im Wohnungs- und Siedlungsbau Stahlbeton im Kleinwohnungsbau
1941	Beton-Kalender 1941 — Teil II Beitrag: Massivdecken
seit 1943	Herausgeber des „Holzbau-Taschenbuches", das inzwischen in der 7. Auflage 1974 vorliegt. (Verfasser diverser Beiträge im HBT.)
1947	Wedler, Trysna, v. Halász, Schulz Hölzerne Hausdächer. VDI-Verlag
1951	Beton-Kalender 1951 — Teil II Beitrag: Massivdecken
1951	Anschauliche Verfahren zur Berechnung von Durchlaufbalken und Rahmen (Ausgleichverfahren)
1954	Übernahme der Schriftleitung der Zeitschrift Die Bautechnik
1962	Industriebauten aus Stahlbeton-Fertigteilen Herausgegeben vom Bundesverband der Betonsteinindustrie Bonn
seit 1965	Herausgeber der Buchreihe „Bauingenieur-Praxis"; in dieser Reihe sind bis heute 81 Einzelhefte erschienen.
1964	Berichte aus der Bauforschung — Heft 39 v. Halász/Tantow, Ausbildung der Fugen im Großtafelbau
1966	Buchreihe „Bauingenieur-Praxis" — Heft 55 v. Halász/Tantow, Großtafelbauten, Konstruktion und Berechnung
	Berichte aus der Bauforschung — Heft 45 v. Halász/Tantow, Schubfestigkeit der Vertikalfugen und Verteilung der Horizontalkräfte im Großtafelbau. Verteilung der Horizontalkräfte auf die aussteifenden Querschnitte im Großtafelbau.
	Berichte aus der Bauforschung — Heft 47 Beitrag: Berechnung und Konstruktion geleimter Träger mit Stegen aus Furnierplatten (v. Halász/Cziesielski)
	Industrialisierung der Bautechnik Werner-Verlag (übersetzt ins Italienische)
1967	Übernahme der Schriftleitung der Zeitschrift „Brücke und Straße" (später „Straße — Brücke — Tunnel")
1971	Aus Theorie und Praxis der Ingenieurwissenschaften (Festschrift Szabó) — Beitrag: Exakte Wissenschaft und Technik
1972	v. Halász, Cziesielski, Lindner, Slomski: Bemessungstabellen für hölzerne Dachkonstruktionen
1973	Schriftenreihe Deutscher Ausschuß für Stahlbeton — Heft 221 Beitrag: Tragfähigkeit (Schubfestigkeit) von Deckenauflagen im Fertigteilbau (v. Halász/Tantow)
	Berichte aus der Bauforschung — Heft 90 v. Halász/Cziesielski, Konstruktion und Berechnung hölzerner Zylinderschalen aus Furnierholz
1976	Ingenieurgemeinschaft R. v. Halász: Bemessungstafeln für Beton- und Stahlbetonwände

Inhalt

ISTVÁN SZABÓ †

Einige Marksteine in der Entwicklung der theoretischen Bauingenieurkunst

1 Einleitende Bemerkungen

Ich möchte vorausschicken, daß meine Auswahl jener theoretischen Entdeckungen, die ich für die Geschichte der theoretischen Bauingenieurkunst als „Marksteine“ ansehe, speziell, also persönlich ist.

Substantiell wird dieser Beitrag über die diesbezüglichen Ausführungen in HANS STRAUBS unübertrefflicher *Geschichte der Bauingenieurkunst* [1] und in meiner *Geschichte der mechanischen Prinzipien und ihrer wichtigsten Anwendungen* [2] nur an einigen Stellen hinausgehen, aber gegenüber diesen einige neue Akzente erhalten.

Wenn man die ganz oder teilweise erhaltenen römischen Bauwerke, oder die Kathedralen, Münster und Dome der Gotik und Renaissance betrachtet, erfaßt den heute rechnend konstruierenden Bauingenieur fassungsloses Staunen über die Kühnheit der Konstruktionen und über die kraftvolle Schönheit der Architektur. Man staunt, weil man weiß, daß bei der Bemessung dieser Bauten, im Gegensatz zu heute, keine Verbindung von theoretischen Erkenntnissen und Praxis, sondern nur handwerklich-gefühlsmäßige Erfahrung und architektonisches Gefühl bestimmend gewesen sind. Diese fehlende Verbindung zwischen Theorie und Praxis hielt bis in das 19. Jahrhundert hinein an, wenn auch der erste richtungsweisende Durchbruch zur Herstellung einer solchen Verknüpfung schon 1743 gelang [3].

Wir können bezüglich der Bemessung der Bauten der Römer, der Gotik und der Renaissance nur Vermutungen anstellen, uns aber kaum auf schriftliche Dokumente stützen. Man kannte das Hebelgesetz; man bediente sich der Flaschenzüge; man ahnte gefühlsmäßig das Kräftespiel in Gewölben, in Kuppeln und leitete durch entsprechende Formgebung die Lasten in den Boden.

Man wußte offenbar von dem Zusammenhang zwischen — der durch das Gefälle regulierbaren — Geschwindigkeit, Rohrquerschnitt und Durchflußmenge bei einer Wasserleitung ebenso, wie um die Bemessung der Zug- und Druckbelastbarkeit einer Säule durch die Querschnittsfläche und Gesamtlast (ohne von „Spannung“ im heutigen Sinne zu sprechen). Sicherlich wurden die diesbezüglichen Erfahrungen von Generation zu Generation weitergegeben. Entsprechende Bauzeichnungen, insbesondere aus der Antike, sind äußerst selten. So befindet sich im Ägyptischen Museum in Kairo eine Kalksteinscherbe, auf der das Profil einer Kuppelwölbung mittels einer durch Abszissen und Ordinaten definierten Kurve dargestellt ist, die offenbar auf der Baustelle als Richtlinie dienen sollte [1].

Bei einigen der erhaltenen steinernen Römerbrücken stellt man als „Faustregel“ fest, daß die Pfeilerstärke etwa ein Drittel der Bogenweite beträgt. (VITRUVIUS’ *De architectura* enthält an Bemessungsvorschriften so gut wie nichts.)

In den Bauhütten des Mittelalters wurden die Bauerfahrungen als „Kunstregeln“ niedergelegt und galten als „Werkgeheimnis“. Das früheste erhaltene Schriftstück dieser Art ist das Bauhüttenbuch des VILLARD DE HONNECOURT, dessen Tätigkeit um 1230 in Cambrai, Laon, Reims, Saint Quentin — und auch in Ungarn! — nachweisbar ist [4]. Am Anfang dieses, in der Pariser Nationalbibliothek aufbewahrten Manuskriptes stehen die Worte [4]:

„Villard von Honnecourt begrüßt Euch und bittet alle diejenigen, die mit den Behelfen, welche man in diesem Buche findet, arbeiten werden, für seine Seele zu beten und sich seiner zu erinnern. Denn in diesem Buche kann man gar guten Rat finden über die große Kunst der Maurerei und die Konstruktion des Zimmerhandwerks; und Ihr werdet die Kunst des Zeichnens darin finden, die Grundzüge, so, wie die Disziplin der Geometrie sie erheischt und lehrt.“

Kunsthistoriker nennen VILLARD den „Vitruvius der Gotik“, und man schreibt mit Recht, daß „Villards Buch für die Erkenntnis der Kunst des Mittelalters ebenso wichtig ist, wie der schriftliche Nachlaß des LEONARDO DA VINCI für das Verständnis der Renaissance“ [4]. Dementsprechend sind VILLARDS zeichnerische — und mit erklärenden Texten versehene — Darstellungen auch ungemein vielfältig. So findet man darunter Sägemaschinen, Automaten, Uhren, ein Perpetuum mobile; geometrische Meßverfahren; Portraits, Tierdarstellungen; Pfeilersysteme

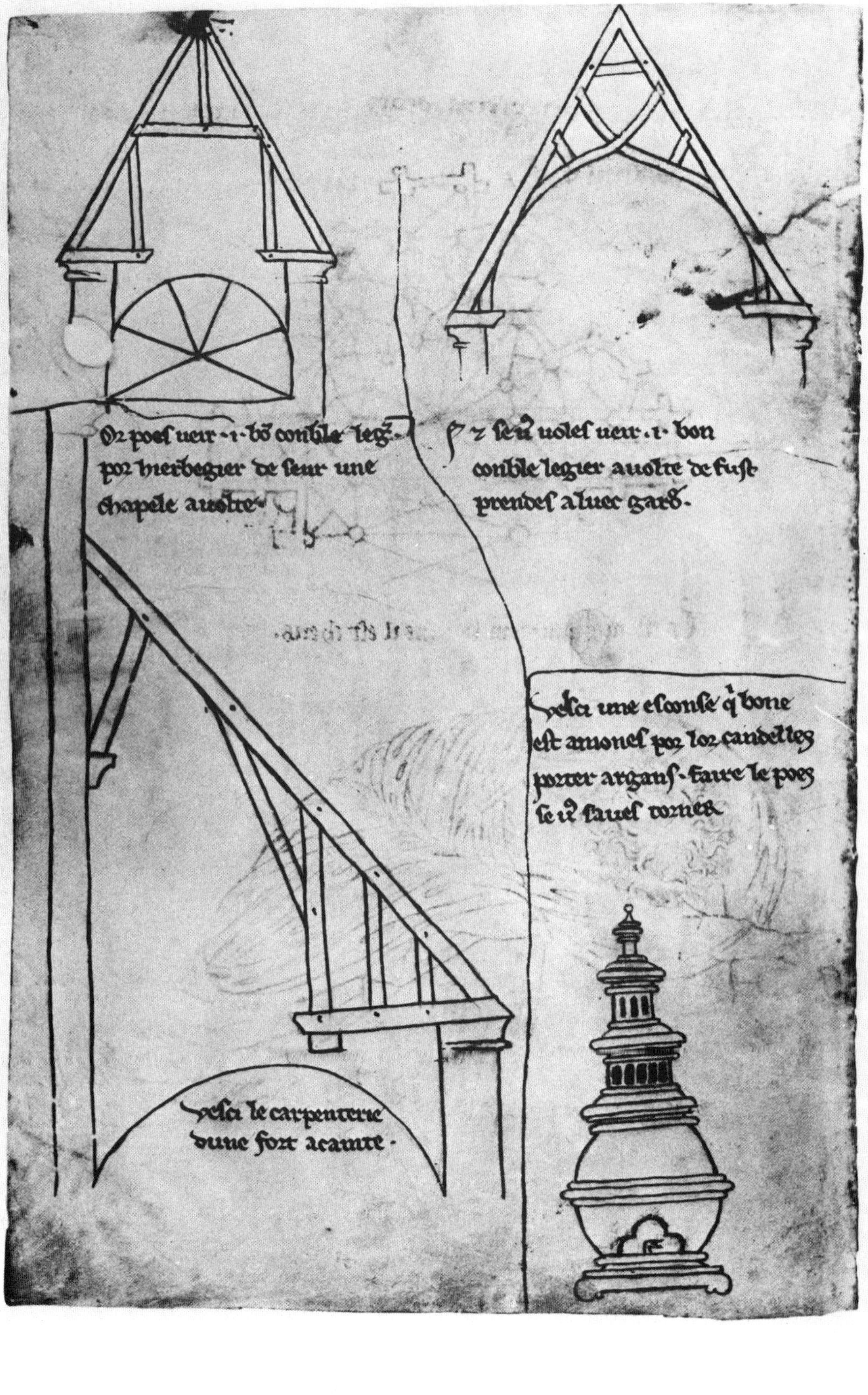

a

b

Oꝛ poes ueir · ĩ · bõ conble legꝭ
poꝛ hieꝛbegier de ſeur une
chapele auoltre·

Se ꝛ ſeꝛ uoleſ ueir · ĩ · bon
conble legier auoltre de fuſt
prendeſ aluec garꝺ·

ꝫeſci une eſcõſe ꝗ bone
eſt amoneſ poꝛ loꝛ candelleꝫ
poꝛter arganſ· faire le poꝛ
ſe ĩ ſaueſ ꝛoꝛneꝛ·

c

ꝫeſci le carpenterie
dune foꝛt acantte·

d

Bild 1
Drei Dachstuhlkon-
struktionen von VIL-
LARD DE HONNE-
COURT (ca. 1230)
nach [4].

gotischer Kathedralen. Auf Tafel 34 [4] sind drei Dachstuhlkonstruktionen dargestellt (Bild 1). Die Texte dazu lauten (in der Reihenfolge links oben, rechts oben, links unten):

„Nun könnt Ihr einen guten leichten Dachstuhl sehen, den man auf die Wandung einer gewölbten Kapelle aufsetzen kann."

„Wenn Ihr einen guten leichten Dachstuhl sehen wollt, so achtet hierauf."

„Seht hier das Gebälk eines starken Seitenschiffes."

Als Kuriosum sei noch erwähnt, daß das letzte Blatt in VILLARDS Bauhüttenbuch ein Rezept für ein Medikament enthält, mit welchem man jede Wunde heilen kann [4].

2 Galileis Theorie der Bruchfestigkeit

In den Jahren von 1592 bis 1610 war GALILEI Professor an der Universität zu Padua, welche damals zu der Republik Venedig gehörte. In diese Zeit fallen seine wichtigsten mechanischen Entdeckungen, welche erst Jahrzehnte später (1638) in seinen *Discorsi* [5] in Druck erschienen sind. GALILEI spricht in dem Titel [5] von zwei neuen Wissenschaften (due nuove scienze). Diese sind: die (nicht im heutigen Sinne verstandene) „Mechanik" (mecanica) und die Fallbewegungen (i movimenti locali).

Die „Mechanik" ist der Anfang der zwischen drei Personen — SALVIATI, SAGREDO und SIMPLICIO — in zwei Tagen geführten Unterredungen (Discorsi) und beinhaltet den „Widerstand von festen Körpern" (resistenza de i corpi solidi). Was GALILEI darunter versteht, werden wir anschließend feststellen können.

Der erste Tag (giornata prima) beginnt mit folgenden Worten des den GALILEI verkörpernden SALVIATI:

„Die so vielseitige Tätigkeit Eueres berühmten Arsenals, Ihr meine Herren Venezianer, scheint mir den Denkern ein weites Feld der Spekulationen zu eröffnen, insbesondere auf dem Gebiete der Mechanik: da fortwährend Maschinen und Apparate von zahlreichen Konstrukteuren ausgeführt werden, unter welchen Letzteren sich Männer von umfassender Kenntnis und von großem Scharfsinn befinden."

Danach wird das Gespräch übergeleitet auf die Widerstandsfähigkeit von Maschinen gegen Belastungen, die aus gleichem Material in geometrisch gleichen Proportionen hergestellt werden. Die grundlegende Einsicht der Ähnlichkeitsmechanik vorwegnehmend, verkündet SALVIATI:

„Geben Sie, Herr Sagredo, Ihre von vielen anderen Mechanikern geteilte Meinung auf, als könnten Maschinen aus gleichem Material in genauester Proportion hergestellt, genau die gleiche Widerstandsfähigkeit haben."

SAGREDO (im Gegensatz zu dem Aristotelesanhänger SIMPLICIO der gescheite Gesprächspartner) antwortet:

„Von der Wahrheit der Sache bin ich überzeugt, kann aber den Grund nicht einsehen, warum bei verhältnisgleicher Vergrößerung aller Teile nicht im selben Maße auch der Widerstand zunimmt; und um so schwieriger erscheint mir die Frage, als oft gerade im Gegenteil die Bruchfestigkeit mehr zunimmt als die Verstärkung des Materials, wie zum Beispiel bei zwei Nägeln in einer Mauer, von denen der eine doppelt so dick ist wie der andere, während seine Tragfähigkeit um das Dreifache, ja um das Vierfache wächst."

Das Resultat vorwegnehmend, daß nämlich das „Widerstandsmoment" eines kreisförmigen Querschnittes mit der dritten Potenz des Durchmessers zunimmt, belehrt ihn SALVIATI:

„Sagen Sie, bitte, um das Achtfache."

Hier schließt sich eine, während des ganzen ersten Tages währende Abschweifung darüber an, wie man die Widerstandsfähigkeit (also den Zusammenhalt) fester Körper gegen Belastungen erklären kann.

Zu Beginn des zweiten Tages sagt SALVIATI:

„Kehren wir zum Ausgangspunkt zurück: Worin nun auch die Bruchfestigkeit bestehen mag, jedenfalls ist sie vorhanden, und zwar sehr beträchtlich als Widerstand gegen den Zug, geringer bei einer transversalen Verbiegung; ein Stahlstab zum Beispiel könnte 1000 Pfund tragen, während 500 Pfund denselben zerbrechen würden, wenn er horizontal in einer Wand befestigt ist. Von dieser letzterer Art Widerstand wollen wir sprechen ... als bekannt setze ich den Satz vom Hebel voraus ..."

Auf SAGREDOS Bitte gibt aber SALVIATI doch noch einen von ARCHIMEDES abweichenden Beweis dieses Satzes und sagt abschließend:

„Es wird jetzt ein Leichtes sein, zu verstehen, weshalb ein Zylinder aus Glas, Stahl, Holz oder aus einem anderen zerbrechbaren Material, wenn man ihn herabhängen läßt, ein sehr großes Gewicht zu tragen vermag, während derselbe in transversaler Lage von einem um so kleineren Gewicht zerbrochen werden kann, je größer seine Länge im Verhältnis zu seinem Durchmesser ist."

Wir sehen aus den vorangehenden Zitaten, daß GALILEI nur das Reißen oder Brechen eines Tragwerkes untersuchen will und — in Ermangelung eines elastischen Gesetzes — auch nur dieses Problem behandeln kann. Er muß also das elastische und plastische Zwischenstadium einer mit dem Bruch endenden Deformation übergehen.

Bild 2. Eingespannter Balken aus den *Discorsi e dimostrazioni matematichi, intorno a due nouve scienze* (Leyden 1638).

Zur Erfassung der Bruchfestigkeit gegen Biegung betrachtet GALILEI einen parallelepipedischen, in einer Mauer horizontal eingespannten homogenen Balken $ABCD$ (Bild 2).

Neben dem Eigengewicht G wird der Balken am freien Ende durch das Gewicht E belastet. GALILEIS Betrachtungen erfolgen ohne Heranziehung der heute üblichen Schreibweise: es wird nur mit Worten argumentiert und mit Zahlenbeispielen illustriert. Bezeichnen wir die Balkenlänge BC mit l, die Querschnittshöhe AB mit h und die Breite mit b, so können wir in der heute üblichen Sprech- und Schreibweise GALILEIS Hypothesen und Folgerungen wie folgt darlegen:

1. alle Längsfasern des Balkens an der Einspannstelle AB werden gleichstark gezogen, also in unserer heutigen Terminologie nehmen alle Querschnittselemente überall die gleiche Normalspannung σ auf, so daß in der halben Querschnittshöhe die resultierende Zugkraft $\sigma\, b\, h$ auftritt;
2. alle Fasern reißen — ohne vorangehende Dehnung — gleichzeitig ab;
3. der Querschnitt AB dreht sich um die durch B gehende untere Kante.

Die rein statische Gleichgewichtsbedingung um diese Achse, nach GALILEI das „Hebelgesetz", liefert

$$\left(E + \frac{G}{2}\right) l = \sigma\, b\, h \frac{1}{2} h = \frac{1}{2} \sigma\, b\, h^2 \qquad (1)$$

Hieraus bzw. aus seinen in Worten geführen Argumenten zieht GALILEI den qualitativ richtigen Schluß, daß der Biegungswiderstand bei einem Balken rechteckigen Querschnittes mit dem Quadrate der Höhe und bei einem Kreisquerschnitt mit der dritten Potenz des Durchmessers wächst.

Die Formel (1) bestätigt auch GALILEIS vorangehend zitierte Behauptung, daß nämlich der „Zugwiderstand" W_a, den er den „absoluten Widerstand" nennt, beträchtlich größer ist als der „Biegewiderstand" W, den er als „Relativwiderstand" bezeichnet. Für $G = 0$ erhält man (mit $\sigma_a = E/b\,h$)

$$\frac{W}{W_a} = \frac{\sigma_a}{\sigma} = \frac{1}{2}\,\frac{h}{l} \ll 1$$

Da die Elastizität nicht berücksichtigt wurde, ist der Zahlenfaktor (statt 1/6) falsch.

Auf der eben geschilderten Basis stellt GALILEI weitere qualitativ richtige Thesen auf. So erkennt er, daß hohle kreiszylindrische Stäbe dem Bruch größeren Widerstand entgegensetzen als massive Stäbe gleicher Querschnittsfläche, woraus er wiederum folgert, daß die Natur die Knochen der Menschen und Tiere, die Federn der Vögel und die Stengel verschiedener Pflanzen aus diesem Grunde hohl ausbildet. Er stellt auch richtig fest, daß die Festigkeit der Körper nicht den Gewichten proportional ist, da diese sich wie die dritten Potenzen der ähnlichen Seiten verhalten, während der Widerstand nur wie die Quadrate der ähnlichen Seiten wächst; daraus folgt, daß es eine Grenze geben muß, an der die Körper schon durch das Eigengewicht zerbrechen. Mit bewunderungswürdigem Scharfsinn zeigt GALILEI auch, daß ein einseitig eingespannter und am freien Ende durch ein Gewicht belasteter Balken konstanter Breite an jeder Stelle der Längsrichtung den gleichen Biegewiderstand aufweist, falls die Querschnittshöhe vom freien Ende zur Einspannstelle parabolisch wächst. Auf diese Weise wird ein Drittel des Materials gespart.

3 Mariottes Bruchtheorie der Balkenbiegung

Mit der vorangehend geschilderten Bruchtheorie war GALILEI der Initiator der Festigkeitslehre — wie auch, wie anfangs angedeutet, der der Dynamik. (Darum ist die Behauptung begründet, daß „die Mechanik als Wissenschaft mit Galilei beginnt" [2].)

In Fortführung der Gedanken von GALILEI versuchte MARIOTTE, die Bruchtheorie des gebogenen Balkens durch Berücksichtigung der Elastizität der Fasern zu verbessern.

EDME MARIOTTE (1620—1684) war Prior des Klosters St.-Martin-sous-Beaune bei Dijon und seit Gründung der

Französischen Akademie (1666) deren Mitglied. Er war ein vorzüglicher Experimentator und wurde in weiten Kreisen bekannt durch seine Stoßmaschine und das gemeinsam nach ihm und dem Engländer ROBERT BOYLE benannte Gasgesetz. Durch den Auftrag, für das in den Jahren 1661—1689 erbaute Schloß Versailles das Wasserleitungssystem zu entwerfen, wurde er veranlaßt, sich auch mit Festigkeitsproblemen zu beschäftigen. Seine diesbezüglichen experimentellen und mit Zahlenbeispielen illustrierten Untersuchungen sind in das — zwei Jahre nach seinem Tode gedruckten — Werk *Traité du mouvement des eaux et des autres fluides* eingebaut (Part V, Discussion II).

Durch seine wahrscheinlich um 1680 abgeschlossenen Experimente mit Glas und Holzstäben findet er den in der Formel (1) von GALILEI vorkommenden Faktor 1/2 zu groß und versucht, nachdem er das elastische Verhalten eines Materials beschreibt, diesen zu korrigieren. Nach einigen Vorbetrachtungen kommt er zur Balkenbiegung (Bild 3). Gegenüber GALILEI macht MARIOTTE eine wesentliche Korrektur, indem er annimmt, daß die oberhalb des Höhenhalbierungspunktes I liegenden horizontalen Fasern nach einem geradlinigen Gesetz gezogen und somit gedehnt, diejeinigen unterhalb I gedrückt und somit verkürzt werden. Nach ähnlichen Überlegungen wie GALILEI mittels des Hebelgesetzes kommt MARIOTTE (wenn man von einem sich nur in dem Zahlenfaktor (1:3 statt 1:6) auftretenden Gedankenfehler absieht!) anstatt (1) zu der Beziehung

$$L\,l = \text{Biegemoment} = \sigma \cdot \left(\frac{1}{6} b h^2\right) = \text{Spannung mal Widerstandsmoment} \qquad (2)$$

Dieser Zusammenhang ist für den Balken rechteckigen Querschnittes auch nach der heutigen Theorie richtig. Die richtungsweisende Erkenntnis MARIOTTES besteht in der Unterscheidung bzw. Trennung der Zug- und Druckbereiche durch die „axe d'équilibre" — wie MARIOTTE die heutige „neutrale Achse" nennt — und diese ist so bedeutend, daß nach SAINT-VENANTS Ansicht damit das grundlegende statische Prinzip der Balkenbiegung aufgestellt wurde.

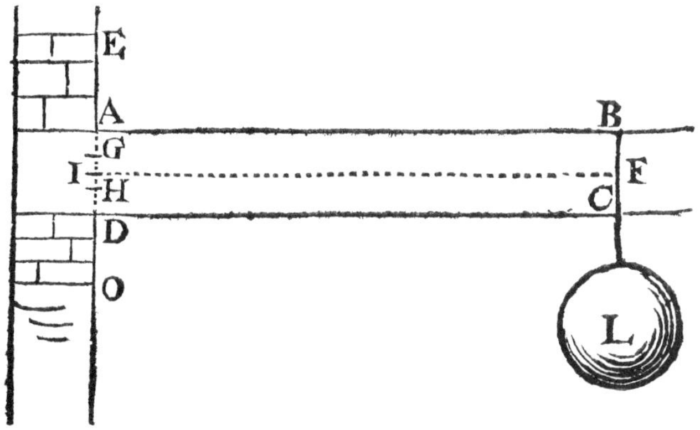

Bild 3. Eingespannter Balken aus MARIOTTES posthumer *Traité du mouvement des eaux et des autres fluides* (1686), Part V, Discussion II.

Zu MARIOTTES Beitrag wäre noch zu bemerken, daß in seiner Theorie noch keine elastische Materialkonstante auftritt; seine Materialkonstante ist die Bruchspannung.

4 Das Federgesetz von Robert Hooke

Die vorangehend geschilderten Festigkeitsuntersuchungen von GALILEI und MARIOTTE wurden richtungsweisend, wenn sie auch nur für den Bruchvorgang von spröden Körpern — wie Glas, Marmor, Bausteine — augenscheinlich zutrafen. In neuerer Zeit wird dem Engländer ROBERT HOOKE der Ruhm zuerkannt, als erster ein Gesetz der Elastizität aufgestellt und somit nicht nur der Theorie der elastischen Deformation, sondern auch der Festigkeitslehre den entscheidenden Anstoß gegeben zu haben.

ROBERT HOOKE (1635—1703) war ein genauso begabter und fleißiger wie auch streitsüchtiger Mann. Seit 1662 war er „Curator of Experiments" der Londoner Royal Society und seit 1678 Sekretär dieser Gesellschaft. In dieser Stellung kam er in Berührung mit allen wissenschaftlichen Problemen, die die damalige Gelehrtenwelt beschäftigten. Von Ehrgeiz besessen und von Arbeitseifer erfüllt, griff er die Mehrzahl der anstehenden Probleme auf, und wenn er auch in den meisten Fällen neue Ideen aufbrachte, so hinderte ihn die Vielfalt der Arbeiten daran, etwas Neues in abgerundeter Form zu schaffen. So ist es nicht verwunderlich, daß er mit manchen Gelehrten seiner Zeit in Streit geriet. Hiervon bildeten nicht einmal die bedeutendsten, nämlich ISAAC NEWTON und CHRISTIAAN HUYGENS eine Ausnahme. Dem ersteren gegenüber stellte er Prioritätsansprüche in der Licht- und Gravitationstheorie, dem letzteren warf er Plagiat in der Erfindung der Uhrenfeder vor.

Im Jahre 1678 erschien sein Werk *Lectures de potentia restitutiva, or of spring explaining the power of springing bodies*. Einleitend stellt er fest:

„Die Theorie der Federn ist, obwohl von verschiedenen Mathematikern unserer Zeit in Angriff genommen, bisher von niemandem veröffentlicht worden. Vor nunmehr achtzehn Jahren fand ich diese, aber da ich beabsichtigte, sie auf einige besondere Fälle anzuwenden, versagte ich mir, sie stückweise zu veröffentlichen."

Darin verrät er auch den Sinn seines, in einer vorangehenden Schrift mitgeteilten Anagramms:

„ut tensio sic vis",

das heißt, die Kraft jeder Feder verhält sich wie ihre Auslenkung. So kurz diese Theorie ist, so einfach ist die

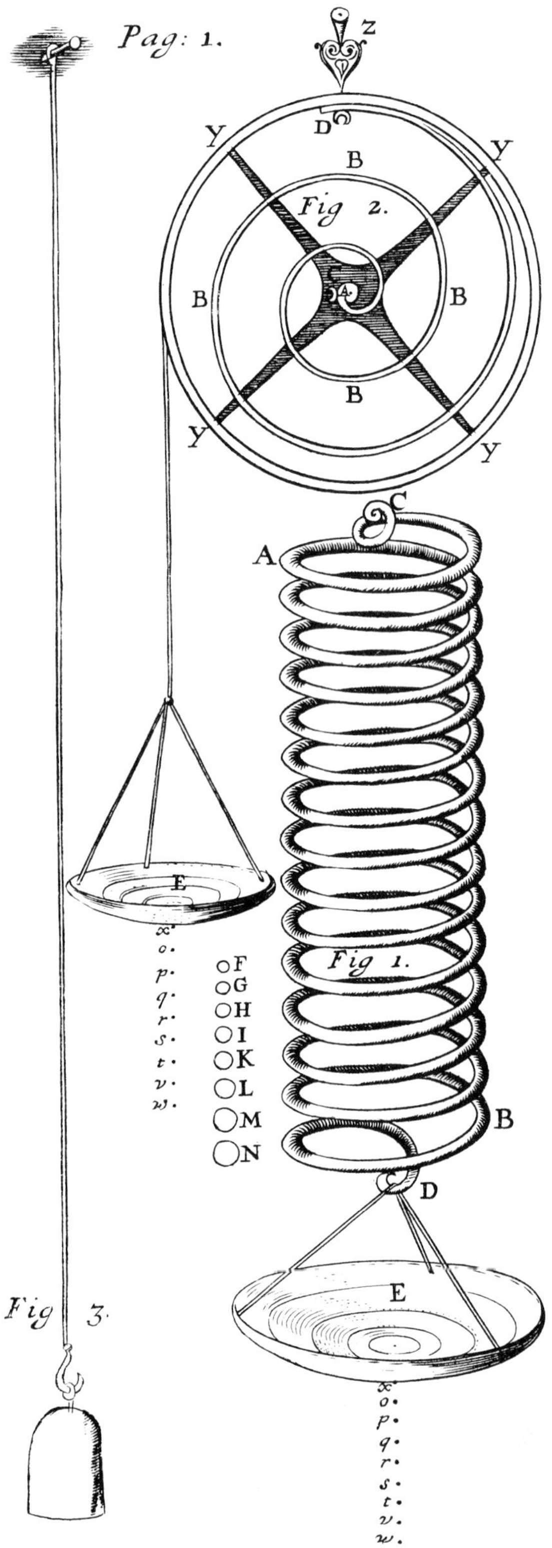

Bild 4. HOOKES Federversuche aus seinen *Lectures de potentia restitutiva, or of spring explaining the power of springing bodies* (London 1678).

Methode ihres Beweises. Mit wundervoller Präzision und mit belehrenden Finessen beschreibt HOOKE seine Experimente mit den verschiedenen „Federn"; auf Bild 4 ersieht man mit aller Deutlichkeit Art und Ausführung seiner Versuche. Dann fährt er fort:

„Dasselbe Ergebnis findet man, wenn man mit einem Stück trockenen Holzes, das sich hin- und zurückbiegen läßt, Versuche anstellt, wenn ein Ende in horizontaler Ausrichtung befestigt und das andere Ende mit Gewichten belastet wird, damit es sich senkt. Demzufolge ist es ganz offensichtlich die Regel oder das Gesetz der Natur, daß die Kraft in einem jeden federnden Körper, seine ursprüngliche Form wieder herzustellen, immer proportional ist dem Weg oder dem Raumteil, um den er davon abgewichen war."

Hiernach ist es keine Frage, wie das „Hookesche Gesetz" in seiner ursprünglichen Fassung heute ausgesprochen bzw. mathematisch geschrieben werden kann: Verursacht eine Kraft K an einem elastischen Körper eine eindimensionale Deformation, der die Verschiebung (Längenänderung) Δl entspricht, so gilt

$$\Delta l = f K \tag{3}$$

Die Proportionalitätskonstante f ist offenbar vom Material und von den Körperabmessungen abhängig. (Aus experimentellen Werten Δl_1 und K_1 ergibt sich $f = \Delta l_1 : K_1$.) Heute weiß jeder Abiturient, daß für einen Draht (Fig. 3 in Bild 4) der Länge l, des Querschnittes F und des die Materialeigenschaft beschreibenden Elastizitätsmoduls E

$$f = \frac{l}{E F} \tag{4}$$

ist. Wir werden aber sehen, daß der Elastizitätsmodul erst etwa 130 Jahre später eingeführt wurde. In der heutigen Terminologie ist (3) keineswegs das, was man als „Hookesches Gesetz" bezeichnet, sondern dasjenige, das für den einfachsten Fall des Zug- oder Druckstabes aus (3) oder (4) nach Einführung der Spannung $\sigma = K/F$ hervorgeht:

$$\text{relative Längenänderung} = \frac{\Delta l}{l} = \text{Dehnung} = \varepsilon = \frac{\sigma}{E} \tag{5}$$

Nur dieses, von der Normalspannung σ linear abhängige, Deformationsgesetz kann als erstes einer linearen Elastizitätstheorie homogener Materialien dienen; das zweite Gesetz legt die durch die Schubspannung τ verursachte Winkeldeformation γ fest:

$$\gamma = \frac{\tau}{G} \tag{6}$$

Hierbei ist G die zweite Materialkonstante, der sog. Schubmodul. Wenn man die beiden „Materialgesetze" (5) und (6) für den (i. a. räumlichen) Fall eines elastischen Körperelementes erweitert, kommt man zu Differentialgleichungen zwischen den drei Verschiebungskomponenten und

den sechs Spannungskomponenten [6]. Die Lösungen dieser (oder vereinfachter) Differentialgleichungen liefern dann die in dem Federgesetz (3) enthaltenen und von HOOKE experimentell gefundenen „Federkonstanten" f. So ist für die (durch Schubspannung belastete) Schraubenfeder (Fig. 1 in Bild 4) $f = a^4\, G/4\, R^3\, n$ (a = Drahtradius, R = Schraubenradius, n = Anzahl der Windungen); für die Spiralfeder (Fig. 2 in Bild 4) ist $f = R/E\, J$ (R = Radius der äußersten Windung, J = Flächenträgheitsmoment des Drahtquerschnittes).

5 Die Theorie der elastischen Balkendeformation von Jakob Bernoulli

Die vorangehenden Untersuchungen zeigen, daß die Gelehrten sich vorerst nur für die Festigkeitseigenschaften eines geraden Balkens interessiert hatten. Wenn man auch nach GALILEI den elastischen Einfluß des Materials in Betracht zog, so verzichtete man doch auf die Bestimmung der elastischen Formänderung eines — nicht bis zum Bruch belasteten — Balkens. Erst JAKOB BERNOULLI (1655—1705), der erste große Mathematiker seiner berühmten Familie, hat sich an dieses Problem herangewagt. Im Jahrgang 1691 der Acta Eruditorum (Juni-Band S. 282) läßt er folgende Ankündigung und Aufforderung abdrucken:

„Anläßlich der Aufgabe über die Kettenlinie sind wir auf ein anderes, genauso gewichtiges Problem gestoßen. Es betrifft die Biegung der Balken, belasteter Bögen oder elastischer Bänder jeglicher Art, die von ihrem Eigengewicht oder einem angehängten Gewicht oder durch andere Belastungen verursacht wird. Auf diese Aufgabe machte mich der sehr berühmte LEIBNIZ aufmerksam. Aber dieses Problem scheint — wegen der Unsicherheit der Hypothesen und der Vielfältigkeit der Fälle — schwieriger zu sein, obwohl es dabei nicht so sehr der langwierigen Rechnung, sondern vielmehr des Fleißes bedarf. Ich habe den Zugang zu diesem Problem geöffnet durch die glückliche Lösung des einfachsten Falles (das heißt unter der Annahme, daß die Auslenkungen den beanspruchenden Kräften proportional sind). Um jenem ausgezeichneten Mann nachzueifern, will ich anderen Zeit lassen, ihre Analysis zu erproben; ich werde meine Lösung zurückhalten und werde sie in einem Anagramm verbergen, dessen Schlüssel ich, gemeinsam mit der Beweisführung zur Herbstmesse mitteilen will."

Und nun formuliert er das Problem:

„Wenn ein elastisches Band AB (Bild 5), dessen Eigengewicht vernachlässigt wird und an jeder Stelle dieselbe Dicke und Breite hat, am unteren Ende A vertikal festge-

Bild 5. Aus JAKOB BERNOULLIS Aufforderung zur Lösung des Problems der elastischen Linie in den Acta Eruditorum 1691, Juni-Heft (Additamentum 3).

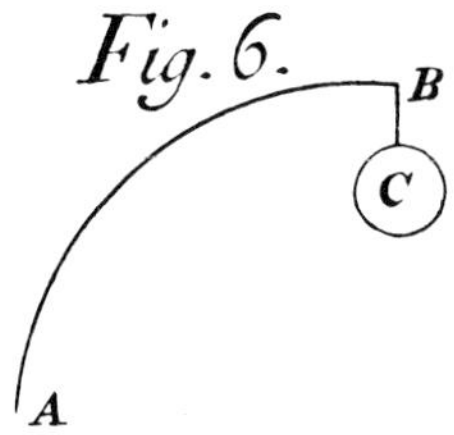

klemmt und am oberen Ende B durch ein angehängtes Gewicht belastet wird, welches ausreicht, das Band so zu biegen, daß die Wirkungslinie BC des Gewichtes in B zu dem gebogenen Band senkrecht steht, so hat die Verbiegungskurve des Bandes folgende Eigenschaft:

Qrzumu bapt dxqopddbbp . . ."

Nicht Monate („bis zur Herbstmesse"), sondern drei volle Jahre vergingen, bis JAKOB BERNOULLI das Geheimnis seines Logogriphs lüftete — während dieser keiner der damaligen großen Mathematiker, nicht einmal sein ehrgeiziger und streitsüchtiger jüngerer Bruder JOHANN, ein Wort der Lösung verlauten ließ. Im Jahre 1694, im Juni-Band der Acta Eruditorum (S. 262), teilt er als „Zusatz 2" des Rätsels Lösung (für den linearen Fall) mit: *Portio axis applicatam inter tangentem est ad ipsam tangentem sicut quadratum applicatae ad constans quoddam spatium.*

Zu deutsch:

„Der Teil der Achse zwischen der Ordinate und der Tangente verhält sich zur Tangentenlänge wie das Quadrat der Ordinate zu einem gewissen konstanten Flächeninhalt."

Der moderne Leser, der eine analytische Form $y = y(x)$ oder zumindest eine Differentialgleichung als „Lösung" erwartet, ist enttäuscht, eine solche Antwort zu erhalten, und es würde ihm manches Kopfzerbrechen bereiten, die Lösungskurve nach dieser „Vorschrift" zu konstruieren. Kehren wir aber zunächst zu der Arbeit selbst zurück. Sie beginnt mit den Worten:

„Nach dreijährigem Schweigen halte ich mein Wort, aber dergestalt, daß ich den Leser für den Aufschub, den er sonst als Ärgernis empfunden haben könnte, sehr reichlich entschädige, denn ich zeige die Konstruktion der elastischen Kurve nicht nur für den versprochenen Fall der Auslenkung, sondern allgemein für jede Hypothese derselben; wenn ich mich nicht irre, bin ich der erste, dem das gelingt, nachdem sich viele um dieses Problem bemüht haben."

Dann geht er zur Konstruktion der elastischen Linie über, und zwar „für beliebige Hypothesen über die Auslenkung". Auf die in Bild 6 wiedergegebene Originalfigur nimmt die Konstruktionsvorschrift bezug:

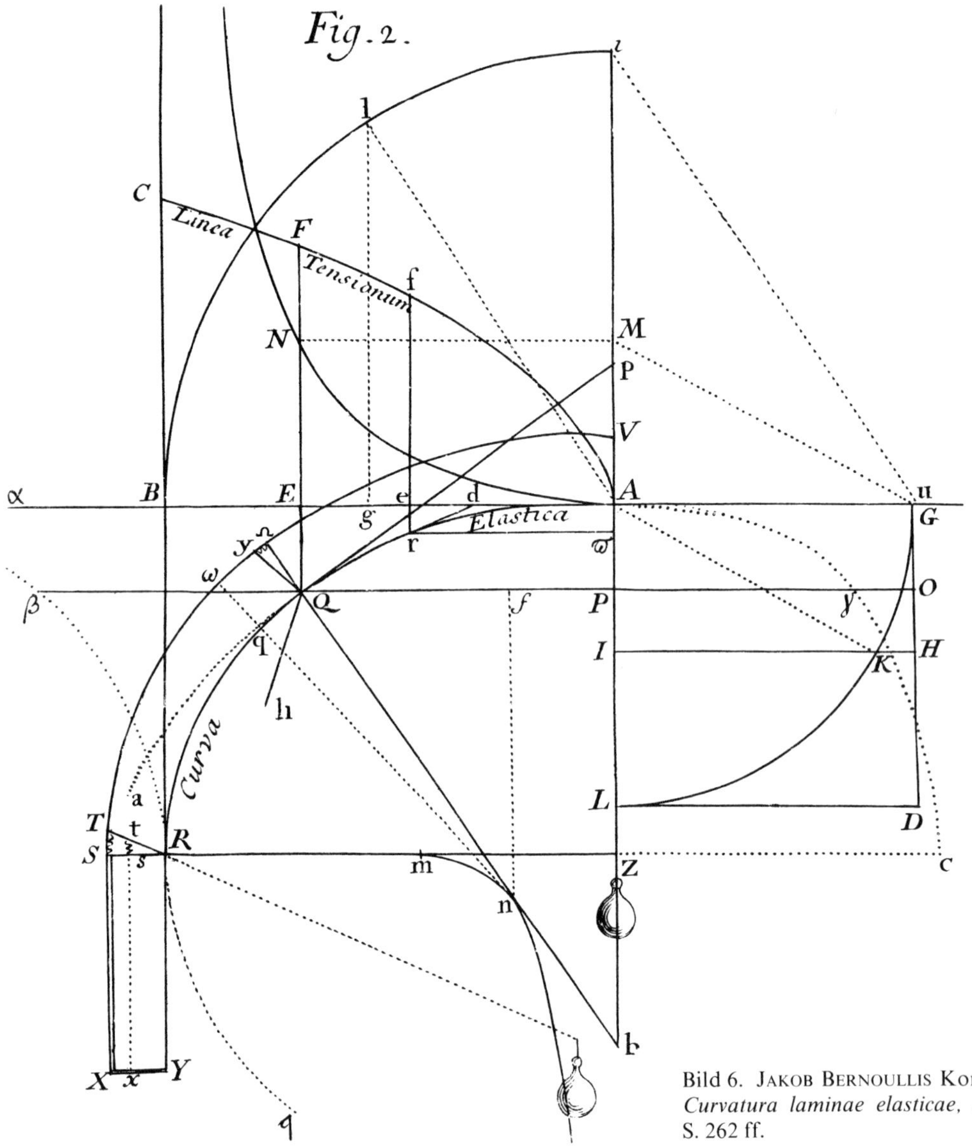

Bild 6. Jakob Bernoullis Konstruktion der elastischen Linie aus *Curvatura laminae elasticae*, Acta Eruditorum 1694, Juni-Heft, S. 262 ff.

„Es sei *ABC* ein beliebig begrenztes Flächenstück, dessen Abszissen *AE* die spannenden Kräfte und deren Ordinaten *EF* die Streckungen angeben. Das Quadrat *AGDL* sei der Fläche *ABC* gleich, und in diesem Quadrat schlage man den Viertelkreis *GKL*. Das Rechteck *AGHI* sei der Fläche *AEF* gleich. Der Viertelkreis sei von *IH* in *K* geschnitten, und man ziehe dann *AK* und dazu parallel *GM*. Auf der Ordinate *EF* sei *EN* = *AM*, womit die Kurve *AN* festgelegt ist. Zu der Fläche *AEN* zeichne man das inhaltsgleiche Rechteck *AGOP*, der Schnittpunkt *Q* der Geraden *OP* und *EF* ist ein Punkt der gesuchten elastischen Kurve *AQR*. Wenn also jedwedes gewichtslose elastische Band *AQRSyVA* von gleichbleibender Dicke *RS* = *VA* und Breite und der Länge *RQA*, dessen Ende *RS* vertikal eingeklemmt ist und am anderen Ende *VA* eine Kraft wirkt, die ausreicht, um das Band so zu biegen, daß die Tangente in *A* (also *AB*) senkrecht zur Richtung *AZ* dieser Kraft steht, dann wird die konkave Seite des Bandes die Form *RQA* annehmen, deren Konstruktion eben angegeben wurde. Die konvexe Seite *SyV* ist dazu parallel, beide haben also dieselbe Evolute *mn* und können durch Abwicklung derselben beschrieben werden."

Nach diesem „Rezept" könnte man aus der gegebenen *Linea Tensionum* (also der Kraft-Verschiebungs-Kurve)

AFC die elastische Linie zeichnen, aber der Leser, der auf den Beweis dieser Konstruktion wartet, wird enttäuscht: Kein Wort darüber! Auch nichts davon, was man heute üblicherweise in der Balkentheorie hört, wie das „Ebenbleiben der Querschnitte" oder die „Proportionalität zwischen Krümmung und Biegemoment". Einiges kann man aber doch aus der Originalfigur (Bild 6) „ablesen": Die bei *TS* und *ts* eingezeichneten Federn deuten an, daß BERNOULLI die Fasern des Balkens — bis auf diejenigen der konkaven Seite, also der *Curva Elastica AR* — als dehnbar annimmt, und infolge dieser Deformation geht die Spur *Qy* der Querschnittsebene in die Gerade *QΩ* über, was in der Tat einem Ebenbleiben der Querschnitte entspricht. Dagegen findet sich *expressis verbis* in JAKOB BERNOULLIS diesbezüglichen, bis zu seinem Tode (1705) andauernden Arbeiten nirgendwo die Aussage, daß die Krümmung der Biegelinie dem Biegemoment proportional ist; man kann aber diesen Zusammenhang aus seinen Ausführungen folgern, und das sogar in der allgemeinen Form, daß die Krümmung irgendeine Funktion des Biegemomentes ist [2].

JAKOB BERNOULLIS Arbeit wurde von LEIBNIZ mit Anerkennung aufgenommen; insbesondere hebt er lobend hervor, daß BERNOULLI nicht gleich das lineare, sondern zuerst ein allgemeines elastisches Gesetz zugelassen habe. Nicht so begeistert war der Holländer HUYGENS. Er ist der richtigen Ansicht, daß nicht nur die äußere Seite gedehnt, sondern auch die innere (konkave) verkürzt wird. An LEIBNIZ schreibt der damals schon betagte Mann, der sich mit der Analysis nie befreunden konnte, in nörgelndem Ton: „All das, was er gefunden hat, scheint mir ohne Nutzen und eher ein schöner und scharfsinniger Zeitvertreib zu sein, zu dem man kommt, wenn man nichts hat, worauf man die Mathematik nutzbringender anwenden kann."

In einer Arbeit des Jahres 1695 untersucht BERNOULLI — auf diesen Einwand von HUYGENS hin — auch einen Balken, dessen obere Fasern gestreckt und dessen untere gestaucht werden, und nennt die trennende Linie „die Linie der Ruhepunkte", um die sich die Querschnittsebenen bei der Deformation drehen, also eben bleiben. Hierbei nimmt er an, daß die eine Hälfte des Biegemomentes zur Streckung der oberen Fasern, die andere zur Stauchung der unteren aufgewandt wird, was freilich im allgemeinen nicht zutrifft. HUYGENS bemängelt auch die zu spezielle Lagerung und Belastung, worauf BERNOULLI für die Biegelinie $y = y(x)$ in virtuoser Manier die Differentialgleichung

$$dy = \frac{(x^2 \pm ab)\,dx}{\sqrt{a^4 - (x^2 \pm ab)^2}} \tag{7}$$

herleitet. Diese Differentialgleichung, in der a und b Konstanten bedeuten, wird fünfzig Jahre später von LEONHARD EULER voll ausgeschöpft.

6 Leonhard Eulers Bestimmung der elastischen Biegelinie und der Knicklast eines Balkens

Eine im wesentlichen abschließende Mathematisierung hat die Bestimmung der elastischen Linie eines gebogenen Balkens durch LEONHARD EULER (1707—1783) erfahren. Im „Additamentum I" *(De curvis elasticis)* seiner Variationsrechnung mit dem barocken Titel *Methodus inveniendi lineas curvas maximi minimive proprietate gaudentes* (Genf 1744) behandelt er in erschöpfender Ausführlichkeit die schon von JAKOB BERNOULLI angegebene Differentialgleichung (7) und im Anschluß daran die Transversalschwingungen elastischer Stäbe. Einem „Zusatz" zur Variationsrechnung angemessen, formuliert EULER — auf Anregung von DANIEL BERNOULLI — das Problem folgendermaßen:

„Unter allen Kurven derselben Länge, die durch zwei Punkte gehen und in diesen Punkten von der Lage nach gegebenen Geraden tangiert werden, diejenige zu bestimmen, für welche der Wert des Ausdruckes $\int ds/R^2$ ein Minimum wird."

Das zu minimierende Integral, unter dem ds das Bogenelement und R den Krümmungsradius der elastischen Linie bedeutet, entspricht — bis auf einen konstanten Faktor — der Formänderungsenergie, die in einem homogen-elastischen Stab gleichen Querschnittes infolge der Verbiegung aufgespeichert wird [6]. EULER zeigt, daß das Variationsproblem $\int ds/R^2$ = Minimum zu der von JAKOB BERNOULLI — wie dieser sagt — „auf dem direkten Wege" hergeleiteten Differentialgleichung (7) führt. Die Integration des im allgemeinen elliptischen Integrals wird bis auf die Spezialfälle des Kreis- und Sinusbogens — durch Reihenentwicklung erledigt. EULER unterscheidet neun Gattungen elastischer Linien, von denen einige (Fig. 8, 9, 10 und 11) auf Bild 7 zu sehen sind. Das maßgebliche Prinzip der Klassifizierung gibt er wie folgt an:

„Das elastische Band sei in G (Fig. 12 auf Bild 7) an einer Mauer befestigt; am Ende A hänge ein Gewicht P, wodurch das Band die Gestalt GA annehme. Man lege die Tangente AT, dann wird allein durch den Winkel TAP die Klassifizierung möglich sein."

Fundamentale Bedeutung hat „der erste Fall". In diesem wird eine Säule AB in ihrer Achsenrichtung durch das Gewicht P auf Druck belastet (Fig. 13 in Bild 7). EULER zeigt, daß ein Biegezustande, also ein „Ausknicken" aus der ursprünglich geraden Lage nur dann möglich ist, wenn die Beziehung

$$P > Ek^2\frac{\pi^2}{l^2} \tag{8}$$

besteht, und löst damit zum ersten Male ein „Eigenwertproblem". Hierbei ist $l = AB$ die Höhe bzw. Länge der

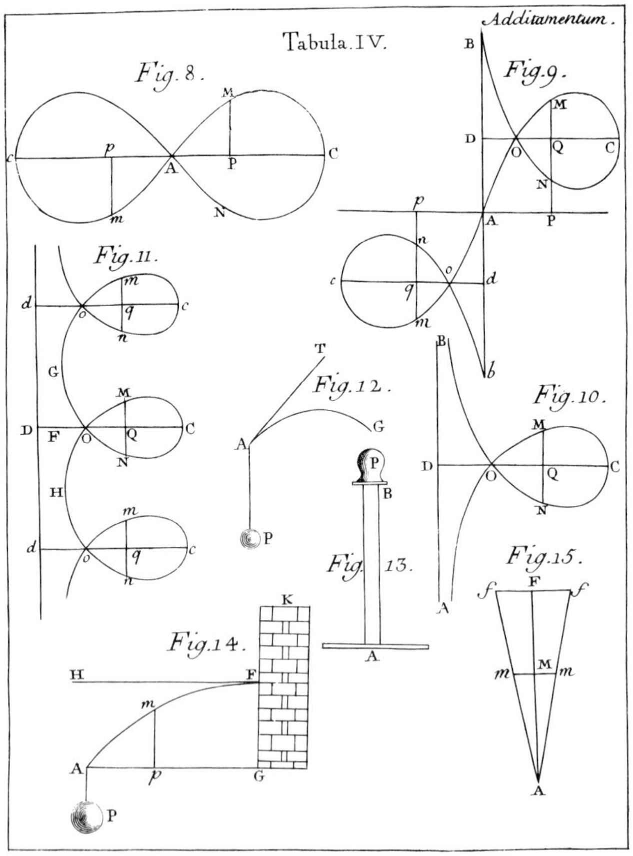

Bild 7. Biegeprobleme aus LEONARD EULERS *Methodus inveniendi* . . . (Genf 1744).

Säule und $E\,k^2$ eine von der Elastizität des Säulenmaterials und von den Querschnittsabmessungen abhängige Konstante; EULER nennt sie „absolute Elastizität" und schreibt:

„$E\,k^2$ hängt zuerst von der Natur des Materials ab, aus dem das Band verfertigt ist. Zweitens hängt sie von der Breite des Bandes ab, so daß, wenn alles übrige ungeändert bleibt, der Ausdruck $E\,k^2$ der Breite des Bandes proportional ist. Drittens aber spielt die Dicke des Bandes eine große Rolle. $E\,k^2$ scheint dem Quadrate der Dicke proportional zu sein. Der Ausdruck $E\,k^2$ wird ein auf das elastische Material bezügliches Glied, die Breite des Bandes in der ersten und die Dicke in der zweiten Potenz enthalten. Folglich können durch Versuche, bei denen Länge und Querschnittsabmessungen zu messen sind, die Elastizitäten aller Materialien unter sich verglichen und bestimmt werden."

Wir wissen heute, daß EULER sich hier, insbesondere hinsichtlich des Einflusses der Querschnittsabmessungen, wonach bei einem rechteckigen Querschnitt die „absolute Elastizität" zu $b\,h^2$ proportional ist, geirrt hatte. Identifizieren wir E mit dem Elastizitätsmodul, so müßte zum Beispiel für einen rechteckigen Balken der Breite b und der Höhe h in (8) für $k^2 = b\,h^3/12$ und für einen Kreisquerschnitt (mit dem Durchmesser d) $k^2 = \pi\, d^4/64$ geschrieben werden; dies sind die der Knickrichtung entsprechenden Hauptflächenträgheitsmomente. Auf diesen Fehler von EULER hat zuerst der Italiener GIORDANO RICCATI (1709—1790) hingewiesen [7]. Äußerst interessant ist in diesem Zusammenhang eine Bemerkung aus unserer Zeit von C. A. TRUESDELL [8]. Danach hat EULER in einer erst 1862 publizierten, aber noch in Basel — also spätestens 1727 im einundzwanzigsten Lebensjahr — verfaßten „Jugendarbeit", in der er einerseits eine dem Hookeschen Gesetz entsprechende elastische Konstante einführt, andererseits hinsichtlich der geometrischen Abhängigkeit zu einem mit dem vorangehenden unvereinbaren Ergebnis kommt, sich selbst widerlegt [2]. Die Einführung einer solchen ersten elastischen Konstanten, die später den Namen Elastizitäts- oder Youngscher Modul bekommt, ist etwas Neues gegenüber der Materialkonstanten von MARIOTTE, LEIBNIZ und PARENT [2]: bei ihnen ist die Materialkonstante die Bruchspannung. Es sei noch erwähnt, daß EULER auch Stäbe ungleichen Querschnittes behandelt (Fig. 15 in Bild 7), wie auch die Biegung kontinuierlich belasteter Stäbe.

Man kann in EULERS Theorie des Knickens und in der daran anschließenden Bestimmung der Eigenschwingungszahlen transversal schwingender Balken und Stäbe das wunderbare und enträtselnde Zusammenspiel zwischen Mathematik und Mechanik nicht genug bewundern. Und trotzdem schreibt noch 1808 der englische Bauingenieur ROBINSON über Eulers mechanische Abhandlungen:

„Es findet sich aber in diesen Abhandlungen wenig außerhalb einer trockenen mathematischen Untersuchung, die sich aus Ansätzen entwickelt, die — um günstig zu sprechen — ganz grundlos sind . . . Wir sind in unserer Bemerkung so scharf, da seine Theorie der Tragkraft der Säulen" — d. h. EULERS Knicktheorie — „eines der stärksten Beweisstücke dieser frevelhaften Art des Verfahrens ist . . ."

Hier wird also die einzig mögliche mathematische Art der Schaffung und Bestimmung des für Ingenieure aller Gattungen zentralen Begriffes von Eigenwerten (wie Knicklasten, Eigenfrequenzen) als nutzlose Mathematik abgetan. Es hat geraume Zeit gedauert, bis eine Wandlung eingetreten ist.

7 Der Beginn der modernen Bauingenieurkunst

An den vorangehend geschilderten theoretischen Erkenntnissen gingen die großen Baumeister dieses Zeitalters vorbei; sie glaubten, daß die Baukunst in erster Linie Architektur, also eine ästhetische Aufgabe ist. Die bei ihnen zutage getretenen mathematischen und mechanischen Kenntnisse „dienten nicht zur statischen Berechnung und Bemessung der Tragwerke, sondern vielmehr als mathematische Kompositionsregeln für die Entwurfsgestaltung" [1]. Ein besonders charakteristisches Beispiel für die Zurückhaltung, mathematische und mechanische Kenntnisse bei der Berechnung und Bemessung von großen Bauwerken einzusetzen, ist der Engländer CHRISTOPHER WREN (1632—1723). Er war schon mit 28 Jahren Professor der Mathematik in Oxford, beschäftigte sich mit Astronomie und Mechanik; auf dem letzteren Gebiet schuf er (1668) die Stoßtheorie vollkommen elastischer Körper [2]. Im Jahre 1668 wurde er „königlicher Generalarchitekt" und baute — neben vielen anderen Kirchen und öffentlichen Gebäuden — die St.-Pauls-Kathedrale in London, aber nichts ist davon bekannt, daß er seine mathematischen und mechanischen Kenntnisse zur Statik der von ihm entworfenen Bauwerke herangezogen hätte [1]. Bei kühnen Kuppelbauten orientierte man sich an schon ausgeführten Projekten und hier vor allem am gigantischen Werk MICHELANGELOS in St. Peter zu Rom (Bild 8). Solche Anlehnung ist auch bei WRENS Kuppel der St.-Pauls-Kathedrale ersichtlich. So gibt auch der aus dem Tessin stammende Architekt CARLO FONTANA (1634—1714) in seinem, mit prachtvollen Kupfertafeln illustrierten Werk *Il Tempio Vaticano e sua origine* (1694) — dem auch das Bild 8 entnommen wurde —, für die Bemessung einer gemauerten Kuppel geometrische Regeln an[1]), die den Proportionen in Bild 8 entsprechen [1]. Und nun gerade dieses Wunderwerk MICHELANGELOS gab Anlaß, in der Geschichte der Bauingenieurwissenschaft eine neue Epoche zu eröffnen.

Gegen die Mitte des 18. Jahrhunderts wurden in der von MICHELANGELO erbauten Kuppel der Peterskirche in Rom besorgniserregende Schäden und Risse festgestellt. Papst BENEDIKT XIV. gab den drei Mathematikern der „römischen Gelehrtenrepublik", den Minoriten LE SEUR, JAQUIER (der in GOETHES *Italienische Reise* lobend erwähnt wird) und dem Jesuitenpater BOSCOVICH sowie dem Professor für Mathematik an der Universität Padua und Wasserbauingenieur der Republik Venedig POLENI den Auftrag, über die Ursachen und die Behebung der Schäden ein Gutachten zu erstellen.

Mit Recht sieht H. STRAUB [1] in diesem Auftrag und in den daraus resultierenden Schriften „die Geburtsstunde des modernen Bauingenicurwesens". Das Gutachten der drei Mönche wurde 1743 unter dem Titel *Parere die tre mattematici sopra i danni che si sono trovati nella Cupola di S. Pietro sul fine dell'Anno 1742* gedruckt; das von POLENI im Jahre 1748 als *Memorie istoriche della Gran Cupola des Tempio Vaticano*. Bild 9 zeigt den wunderschönen Kupferstich des Gutachtens der drei Mathematiker. Neben der Kuppel (mit angedeuteten Schäden) enthält sie — oben rechts und links — die zur Berechnung nötigen kinematischen und dynamischen Skizzen.

Die „tre mattematici" waren sich wohl bewußt, daß sie mit dem Heranziehen der Mathematik und der Mechanik zur Beurteilung der Standfestigkeit eines Bauwerkes einen bis dahin nie betretenen Weg eingeschlagen hatten. Einleitend schreiben sie: „Wir sind vielleicht verpflichtet, uns zu entschuldigen bei den vielen, die nicht nur die Praxis der Theorie vorziehen, sondern die erste allein für notwendig und angebracht halten, die zweite dagegen vielleicht sogar für schädlich."

Aber anschließend wird auch betont, daß es sich bei der Peterskirche um ein Gebäude handelt, das in der Welt einmalig ist und für dessen Dimensionen keine Erfahrungen vorliegen, wie etwa für kleinere Bauwerke. Und darum müsse man hier mathematisch-mechanische Methoden heranziehen.

Die drei Padres führen die Schäden darauf zurück, daß die beim Bau der Kuppel eingebauten Zugringe nicht hinreichend stark dimensioniert worden waren, wodurch ein Nachgeben des Kämpferringes *ddd*, in dem die Zugringe eingebaut sind und auf dem die Kuppel aufgesetzt wurde, eingetreten sei.

Die „tre mattematici" errechnen [1] (nach dem Prinzip der virtuellen Verschiebungen) 110 Tonnen „Fehlbetrag" und empfehlen (in echt ingenieurmäßigem Denken mit einem Sicherheitskoeffizienten 2) den Einbau von weiteren Zugringen zur Aufnahme des von Kuppel- und Laternengewicht herrührenden horizontalen Schubes. Die Methoden und die Ergebnisse der drei Mathematiker stießen auf Kritik von POLENI. Er war hinsichtlich der Ursachen der Schäden der Ansicht, daß diese auf natürliche Umstände, wie Erdbeben, Blitzschäge und ungleiche Verteilung des Kuppelgewichtes auf die zylindrische Tambourmauer (*nn* in Figur 1 des Bildes 9) zurückzuführen seien. Diese ungleiche Lastverteilung verursacht ungleiche Setzungen, die wiederum zu Rissen im Mauerwerk führen. Einwände kamen aber auch von anderer, jedoch nicht kompetenter Seite. So mißfiel einem Unbekannten, der sich „un filosofo" nannte, die von den „tre mattematici" angewandte Methode. Mit bissigen Worten schreibt er in seinem

[1]) Die FONTANA bezeichnenderweise „Regole occulte", also geheime Regeln nennt!

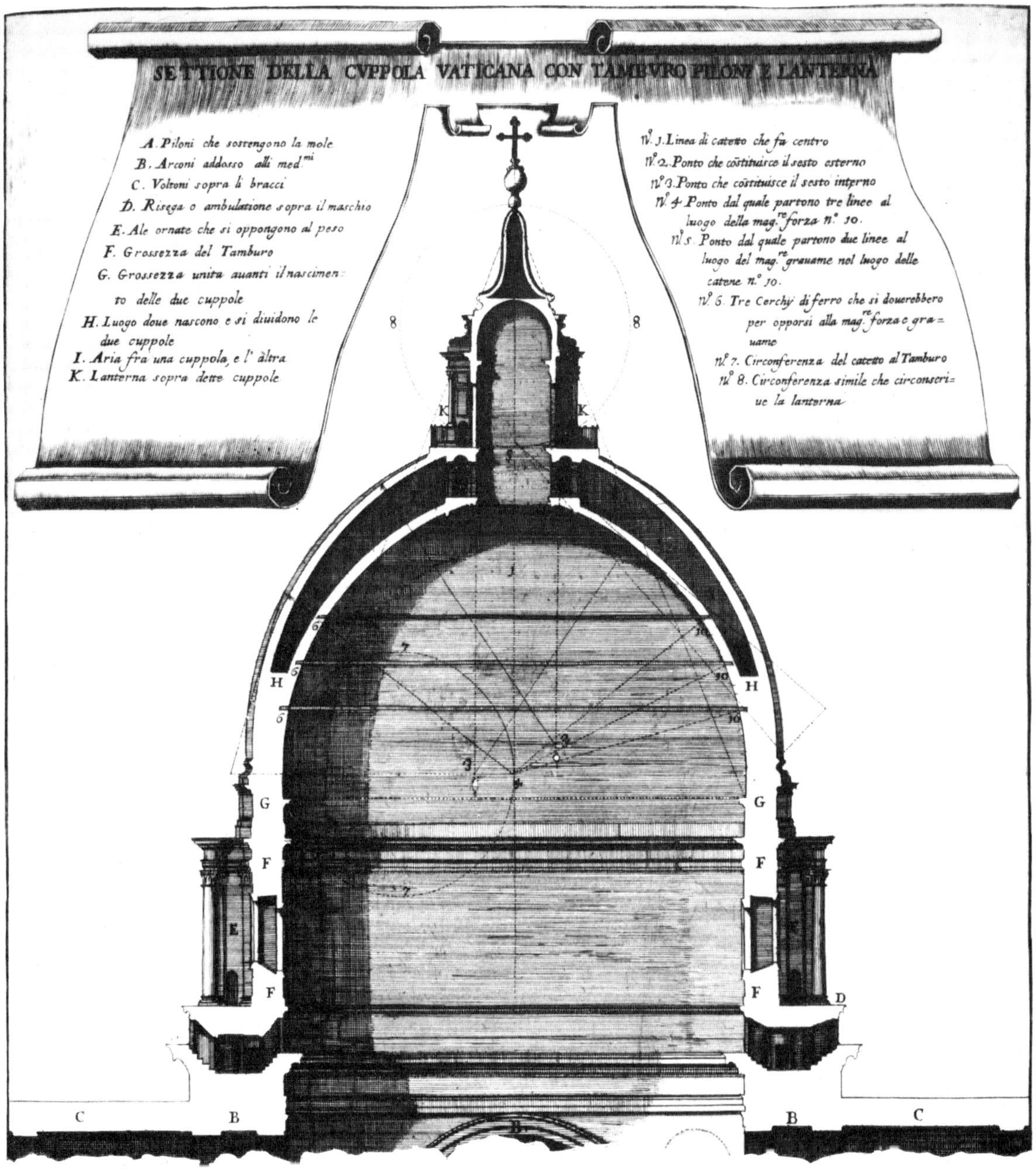

Bild 8. Geometrische Regeln für den gemauerten Kuppelbau von CARLO FONTANA (1694).

Pamphlet *Sentimenti d'un filosofo sopra i danni della cupola San Pietro e le die loro cause:* „Wenn die Peterskuppel ohne Mathematik und vor allem ohne die in unseren Tagen so gepflegte Mechanik erdacht, entworfen und erbaut werden konnte, so wird sie auch restauriert werden können ohne die Mithilfe der Mathematiker und der Mathematik ... MICHELANGELO konnte keine Mathematik und war trotzdem imstande, die Kuppel zu erbauen."

Der anonyme „filosofo" hätte eher die von den drei Mathematikern gemachten und in der Tat nicht immer zutreffenden mechanischen Voraussetzungen [1], als die Heranziehung der Mathematik beanstanden müssen.

Einig waren sich beide Gutachtergruppen über die Notwendigkeit des Einbaues von weiteren Zugringen. Einen diesbezüglichen Vorschlag der drei Mathematiker sieht man links oben in Bild 9; zur Ausführung gelangte aber der Plan von POLENI. Nachdem die Notwendigkeit des Einbaues von Zugringen sowohl von den Theoretikern als auch von den Baumeistern anerkannt worden war, widmete er sich der Frage der Materialbeschaffenheit der Zug-

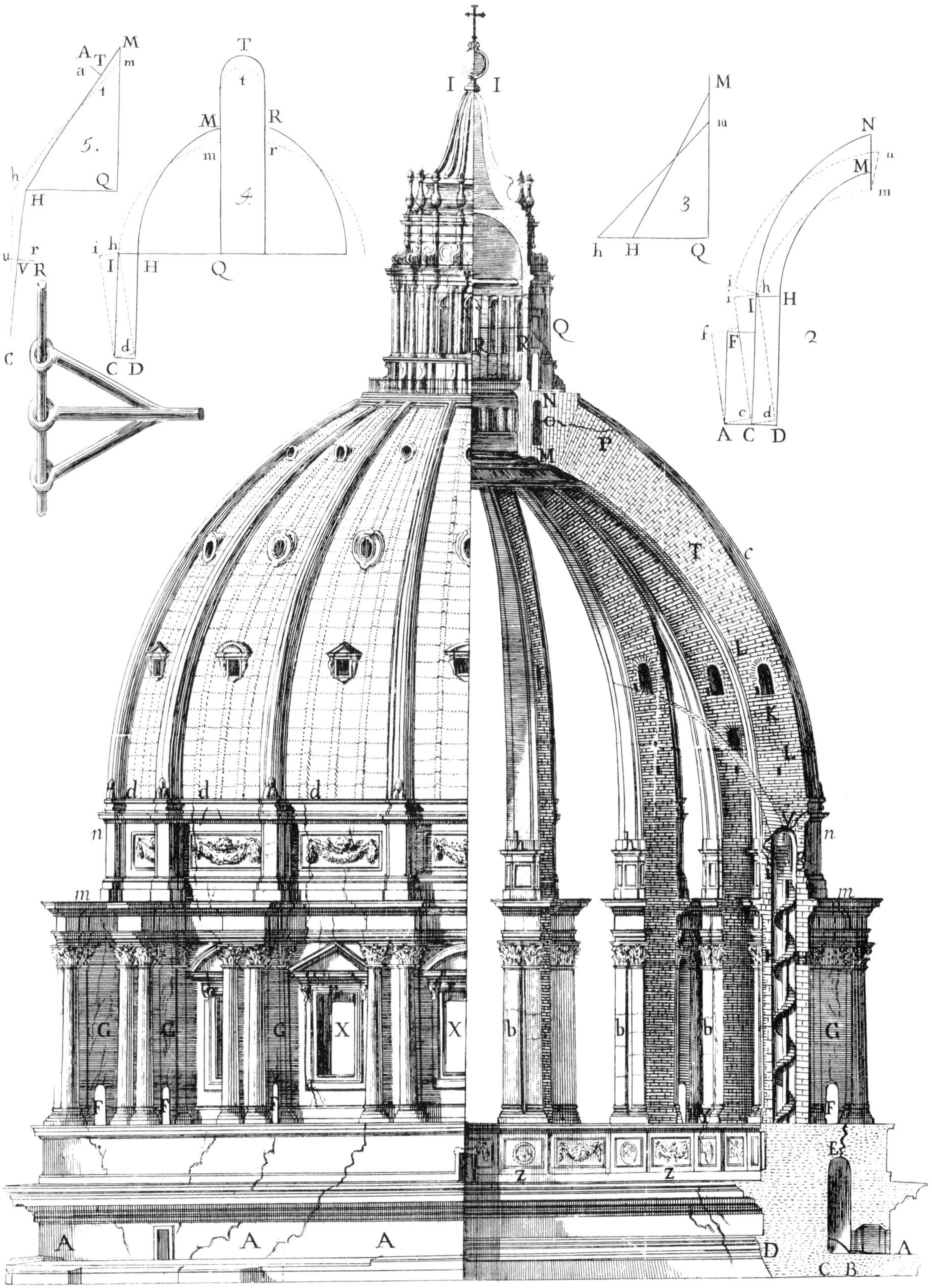

Bild 9. Kuppel der Peterskirche aus *Parere di tre mattematici* . . . (1742).

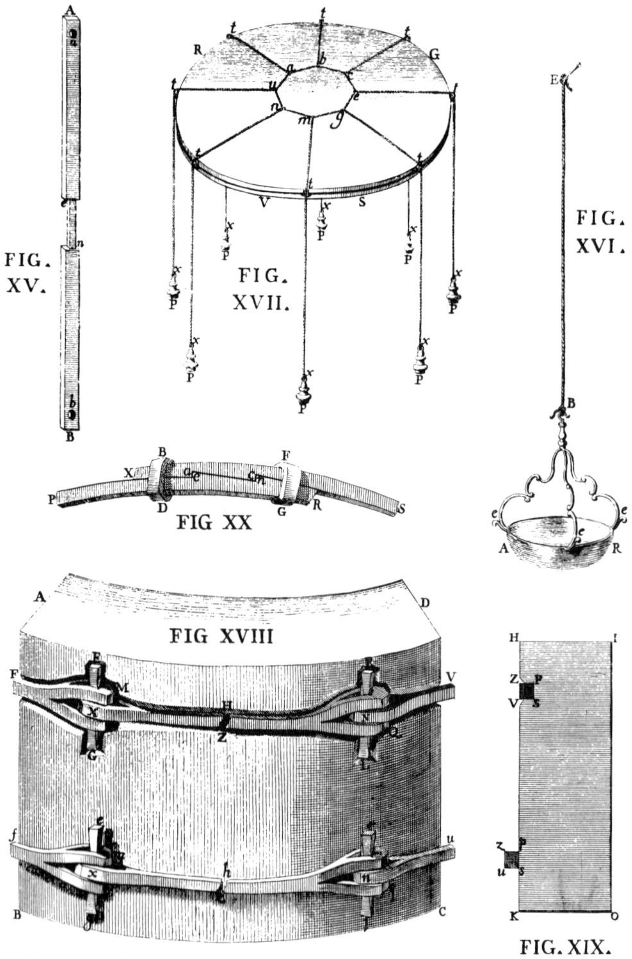

Bild 10. Festigkeitsversuche und Ausführungsvorschläge für die Zugringe aus GIOVANNI POLENIS *Memorie istoriche della Gran Cupola* . . . (1748).

ringe. Er stellte (Bild 10) Zerreißversuche an einem Stab (Fig. XV), an einem einzelnen Seil (Fig. XVI) und an einem Seilsystem (Fig. XVII) an. Insbesondere ermittelte er die Zerreißkraft an eisernen Probestücken, so daß er über die Querschnittsabmessungen die erforderliche Dimensionierung der Zugringe angeben konnte. Äußerst interessant sind seine Überlegungen hinsichtlich der Form des Zugringes. Da dieser — schon allein wegen des großen Umfanges — nicht aus einem Stück hergestellt werden kann, schlägt er (Fig. XVIII) die Fertigung in Teilstücken *FM*, *XQ* und *NV* bzw. *fm*, *xq* und *nu* vor, die miteinander durch die Bolzen *EG* und *RL* bzw. *eg* und *rl* verbunden sind. Er plädiert für den oberen, in das Mauerwerk versenkten Einbau (Fig. XIX), denn: zerreißt dieser Ring etwa bei *HZ*, so bleibt der übrigbleibende Teil brauchbar („utile"), während der untere Ring bei einem Reißen in *hz* seine Funktion nicht mehr erfüllt.

Nach den theoretischen und experimentellen Erkenntnissen baute der Architekt VANVITELLI fünf weitere Zugringe in die Kuppel ein. Das Vertrauen zu den erstellten theoretischen Untersuchungen hatte zur Folge, daß andere, von dritter Seite vorgeschlagene Maßnahmen (wie das Ausfüllen der Treppenschächte und Nischen, das Abtragen der Laterne) unterblieben, so daß die majestätische Architektur der Peterskirche keinen Schaden erlitten hat.

„Trotz manchen im einzelnen berechtigten Einwänden bezeichnet das Gutachten der drei römischen Mathematiker einen Beginn in der Geschichte des Bauingenieurwesens. Seine Bedeutung liegt in dem Umstand, daß hier im Gegensatz zu Übung und Brauch aller vorangegangenen Zeiten anstelle von Erfahrungsregeln und Gefühl Wissenschaft und Forschung zur Überprüfung der Standfestigkeit eines Bauwerks beigezogen wurden. Indem durch Rechnung direkt die Abmessungen eines Baugliedes (des Zugrings) ermittelt werden sollen, ist eine bis dahin ungewohnte, neue Aufgabe gestellt worden. Die erstmals durch das Gutachten der drei Mathematiker aufgeworfene Polemik zwischen den Praktikern und den Theoretikern des Ingenieurbaus kam für mehr als ein halbes Jahrhundert nicht mehr zur Ruhe.

Erst zu Anfang des 19. Jahrhunderts fängt die theoretisch-wissenschaftliche Behandlung bautechnischer Probleme allmählich an, zur Selbstverständlichkeit zu werden" [3].

Den wesentlichen Beitrag zu dieser „Selbstverständlichkeit" lieferten COULOMB (1736—1806) und NAVIER (1785—1836).

Aber in dem dazwischen liegenden halben Jahrhundert sind noch einige Mathematiker und ein Physiker (präziser: ein Erfinder musikalischer Instrumente!) mit bemerkenswerten und dem Fortschritt dienenden Publikationen hervorgetreten, die einiger Worte würdig sind: sie betreffen die Theorie von Schalen, Membranen und Platten.

LEONHARD EULER, dessen Fortführung der statischen Balkenbiegung von JAKOB BERNOULLI in der vorangehenden Ziffer dargelegt wurde, hat in dem gleichen Additament seiner Variationsrechnung (1744) auch die transversalen Schwingungen des Balkens behandelt und dabei auch die dazugehörigen Eigenschwingungszahlen bestimmt. Zwanzig Jahre später beschäftigte er sich — in der Arbeit *Tentamen de sono campanarum* — mit der Tonerzeugung durch Glocken. Damit übersprang EULER nicht nur die statische Problemstellung flächenhafter Körper, sondern geometrisch auch die ebene Platte, und er war somit mitten in der kinetischen Schalentheorie. Er versuchte seine Darlegung von der Theorie des ursprünglich gekrümmten Balkens her aufzubauen. Durch Horizontalschnitte zerlegt er den rotationssymmetrischen Glockenkörper in dünne Kreisringe und behandelt diese als gekrümmte Balken, für die schon

JAKOB BERNOULLI die grundlegende Formel angab [2]. EULER berücksichtigt nur die Deformation y in der Radialrichtung und läßt die Dehnung in Tangentialrichtung außer acht. Mit der in Tangentialrichtung gemessenen Bogenlänge x leitet er für die freie Schwingung eine partielle Differentialgleichung vierter Ordnung her, die aber wegen der zugrunde gelegten Annahme über die Deformationsrichtung verfehlt ist [2]. Mit aller Bescheidenheit sagt er auch, daß sein Versuch, auf dieser Basis das Tönen der Glocken zu erklären oder gar danach Glocken zu konstruieren, bloße Hypothese ist.

Eine einwandfreie Theorie liefert dagegen EULER für die Membranschwingungen. Die diesbezügliche Arbeit erschien — auch im Jahre 1764 — unter dem Titel *De motu vibratorio tympanorum*. Mit der spezifischen Membranmasse μ, der auf die Längeneinheit bezogenen Spannkraft S leitet EULER — für die Auslenkung z — die Differentialgleichung

$$\frac{\partial^2 z}{\partial t^2} = c^2 \left(\frac{\partial^2 z}{\partial x^2} + \frac{\partial^2 z}{\partial y^2} \right) \quad \text{mit} \quad c^2 = \frac{S}{\mu}; \quad t = \text{Zeit}$$

her und bestimmt aus den Randbedingungen ($z \equiv 0$ längs der Einspannlinien) die Eigenfrequenzen sowohl für die rechteckigen, wie für die kreisförmigen Membrane [6].

Einen entscheidenden Anstoß erhielt die Theorie der flächenhaften Tragwerke, insbesondere die der Platten, von der experimentellen Seite.

Im Jahre 1787 erschien das Werk *Entdeckungen über die Theorie des Klanges* von ERNST FLORENS FRIEDRICH CHLADNI (1756—1827). Dieser geniale Physiker, der wohl als erster über ein so ausgedehntes Gebiet der Naturwissenschaften systematisch und mit bewunderungswürdigen Einfällen experimentierte, schuf mit diesem und in den Jahren 1802 und 1817 erschienenen Werken *Akustik* und *Neue Beiträge zur Akustik* eine neue Disziplin, in der bis dahin — neben vielen falschen Behauptungen — nur sporadisch, experimentell oder theoretisch, gewonnene Erkenntnisse existierten[2].

Dem Wunsche des Vaters entsprechend, der in Wittenberg „erster Professor der Rechte" war, schlug CHLADNI zunächst die Laufbahn eines Juristen ein. Erst nach dem Tode des Vaters konnte er sich ganz der Naturwissenschaft widmen. Da er von Haus aus nicht begütert war und nie eine feste Professur erhielt, verdiente er seinen Lebensunterhalt durch Vorträge und Erfindung von neuen Musikinstrumenten (Euphon, Clavicylinder). Während seiner Vortragsreisen, die ihn über weite Gebiete von Europa führten, hatte er so berühmte Zuhörer wie GOETHE, LICHTENBERG und NAPOLEON [2]. Am 14. März 1803 schreibt GOETHE an WILHELM VON HUMBOLDT:

„Doktor Chladni war vor einiger Zeit hier ... Die von ihm entdeckten Figuren, welche auf einer, mit dem Fiedelbogen gestrichenen Glastafel entstehen, habe ich die Zeit auch wieder versucht."

Durch das von GOETHE angedeutete Experiment werden die „Chladnischen Klangfiguren" (von THOMAS MANN „Gesichtsakustik" genannt [2]) zum Vorschein gebracht, das heißt, die Schwingungen eines flächenhaften Klangkörpers sichtbar gemacht. Sie entstehen, wenn mit feinem Sand oder Pulver bestreutes Glas — oder Metallplatten — mit einem Geigenbogen senkrecht zur Berandungsfläche gestrichen und dadurch zu Schwingungen angeregt werden. Es ergeben sich auf der Platte Ansammlungen bzw. leere Stellen des ausgestreuten Pulvers. Diese entsprechen den von CHLADNI ebenfalls sichtbar gemachten Knotenlinien bzw. Schwingungsbäuchen transversal schwingender Stäbe. Während aber die letzteren Versuche CHLADNIS die — schon erwähnte — Theorie von EULER bestätigten, gab es für die Schwingungen flächenhafter Klangkörper keine oder nur unbefriedigende Theorien.

Damit war die Anregung gegeben, hier eine Lücke zu füllen. Dieser Anstoß mußte aus sprachlichen Gründen zuerst diejenigen Theoretiker erreichen, die der deutschen Sprache mächtig waren, und zu denen zählte JAKOB II BERNOULLI (1759—1789), ein Enkel des großen JOHANN I BERNOULLI. Er war Mitglied der Petersburger Akademie, und da CHLADNI seine Entdeckungen über die Theorie des Klanges dieser Akademie „zu weiterer Untersuchung ehrerbietig vorgelegt" hatte, wird wohl der junge BERNOULLI als einer der ersten die Anregung zu einer Plattentheorie empfangen haben. Und in der Tat: Schon ein Jahr nach CHLADNIS Werk legte BERNOULLI der Petersburger Akademie seine Plattentheorie vor, die dann 1789 in den Akademieberichten unter dem Titel *Essai théorétique sur les vibrations des plaques* gedruckt wurde.

BERNOULLI verifiziert noch einmal die Differentialgleichung von EULER für die Transversalschwingungen von Stäben. Sie ist von der Form

$$E \frac{\partial^4 z}{\partial x^4} = - \frac{\partial^2 z}{\partial t^2}$$

Hierbei ist E — wie BERNOULLI schreibt — eine durch Experiment bestimmbare Konstante. Mit z wird die Auslenkung, mit x die Achsenkoordinate des Stabes und mit t die Zeit bezeichnet. Dann beruft sich JAKOB II BERNOULLI auf seinen Onkel DANIEL BERNOULLI (1700—1782) und

[2]) Neben der kosmischen Meteorittheorie, Akustik und Musikinstrumenten beschäftigte sich CHLADNI auch mit Musiktheorie, und in seiner Schrift *Kurze Übersicht der Schall- und Klanglehre* (1827) befindet sich eine Abhandlung *Verbindung aller möglichen Tonleitern zu einem System von 12 kleinen Stufen in einer Oktave*. Ob sich damit Musiktheoretiker schon beschäftigt haben?

setzt die rechts stehende negative Beschleunigung (im Sinne einer rücktreibenden Federkraft) der Auslenkung proportional und erhält mit der Konstanten l die Differentialgleichung

$$\frac{\partial^4 z}{\partial x^4} = \frac{z}{l}$$

Von dieser schon bekannten Theorie des Balkens vollzieht nun BERNOULLI den Übergang zur Plattentheorie in der Weise, daß er die rechteckige Platte als eine Doppelschicht aus senkrecht zueinander angeordneten und miteinander fest verbundenen Stäben ansieht. Dementsprechend erweitert er die vorangehende Differentialgleichung zu

$$\frac{\partial^4 z}{\partial x^4} + \frac{\partial^4 z}{\partial y^4} = \frac{z}{c^4}$$

Hierbei ist c^4 eine (positive) Konstante. Heute wissen wir, daß in dieser Differentialgleichung links das — die Verwindung berücksichtigende — Glied $2\,\partial^4 z/\partial x^2\,\partial y^2$ fehlt [6]. Und so mußte auch CHLADNI in seiner Abhandlung *Neue Beiträge zur Akustik* (1817) schreiben:

„Die ersten theoretischen Untersuchungen von JAKOB BERNOULLI beruhten auf unrichtigen Voraussetzungen und gaben Resultate, die mit der Erfahrung gar nicht übereinstimmten."

Es verging noch ein halbes Jahrhundert, bis KIRCHHOFF eine — für dünne Platten — einwandfreie Plattentheorie aufgestellt hatte [2].

8 Vollendung der technischen Balkentheorie durch Coulomb und Navier

Als das wichtigste Tragwerk des Bauingenieurs stand der Balken schon seit GALILEIS Pionierarbeit ständig an erster Stelle diesbezüglicher theoretischer Bemühungen. MARIOTTE, LEIBNIZ, JAKOB I BERNOULLI, PARENT, VARIGNON und EULER lieferten Beiträge zu dieser Theorie der Festigkeit und der Deformation des Balkens [2]. Alle diese Theorien haben den grundsätzlichen Mangel — wie wir teilweise auch gesehen haben —, daß sie (infolge Fehlens eines einwandfreien Spannungsbegriffes) keine quantitativen Angaben über den Einfluß der Elastizität des Balkenmaterials und der geometrischen Abmessungen des Balkens enthielten. Der erste Schritt zur Behebung dieser Mängel mußte eine saubere Balkenstatik sein; diese lieferte im Jahre 1776 der französische Ingenieur COULOMB. CHARLES AUGUSTIN COULOMB (1736—1806) kann heute noch als Vorbild eines auf mathematisch-wissenschaftlicher Basis praktisch tätigen Ingenieurs und Physikers gelten. Auf jeden Fall war COULOMB der erste und bewunderungswürdige Vertreter eines in Theorie, Experimentierkunst und Praxis schöpferisch harmonisierenden Ingenieurtums. Nach Vollendung seines Studiums in Paris, währenddessen er sich besonders zur Mathematik hingezogen fühlte, trat er als Offizier in das Königlich Französische Geniekorps ein und kam als solcher nach der westindischen Kolonie Martinique, wo er unter anderem Festungsbauten (so die von Fort Bourbon) leitete. In dieser Position befaßte er sich mit der Statik der Gewölbe und Mauern und der Elastostatik der Tragwerke, insbesondere des Balkens. Über seine dabei angestellten theoretischen Überlegungen und Experimente machte er zunächst, quasi „zum persönlichen Gebrauch", Aufzeichnungen, die er später bei der Französischen Akademie einreichte. Sie wurden dann — unter dem Titel *Essai sur une application des règles de Maximis et Minimis à quelques Problèmes de Statique, relatifs à l'Architecture* — im Jahrgang 1773 (erschienen 1776) der Mémoires de Mathématiques et de Physiques présentés à l'Académie Royale des Sciences, par divers Savans, S. 343—382, gedruckt. Im Jahre 1776 kehrte der inzwischen zum Oberstleutnant avancierte COULOMB nach Paris zurück und wurde 1781 Mitglied der Französischen Akademie und Flußbaudirektor. Angewidert von gewissen Auswüchsen der Französischen Revolution zog sich COULOMB, der sich stolz „Ingénieur du Roi" nannte, 1792 auf sein kleines Gut bei Blois zurück und widmete sich der Erziehung seiner Kinder und den Wissenschaften. Er kehrte erst unter NAPOLEON nach Paris zurück und wurde Generalinspektor der Universität und des gesamten öffentlichen Unterrichts. Hochgeehrt und geachtet starb er am 23. August 1806 in Paris.

COULOMBS *Essai sur une application des règles des Maximis et Minimis* ist trotz des geringen Umfanges von knapp vierzig Seiten ein ungemein gewichtiges Werk und enthält viel Neues, Originelles und Richtungsweisendes. Dazu bemerkt STRAUB [1]:

„Das Erscheinungsjahr von COULOMBS *Mémoire* müßte als ein Markstein in der Entwicklungsgeschichte der Baustatik bezeichnet werden, wenn der reiche Inhalt nicht in so knapper Form abgefaßt und auf so engem Raum zusammengedrängt wäre, daß, wie SAINT-VENANT bemerkt hat, während vierzig Jahren das meiste der Aufmerksamkeit der Fachwelt entging. Das geschah um so leichter, als der Verfasser sich in späteren Jahren kaum mehr mit den hier behandelten Fragen beschäftigt, sondern sich anderen Gebieten der Physik zugewandt hat."

Nach den Ausführungen über die Reibung fester Körper und nach der Formulierung des dazugehörigen und nach ihm benannten „Kraftgesetzes" wendet sich COULOMB der „Kohäsion" zu. Darunter versteht er den Widerstand gegen Zug- und Scherbeanspruchung. Er experimentiert mit rechteckigen Platten „aus feinkörnigem und homogenem hellem Stein, den man in der Gegend von Bordeaux findet und zum Bau der Fassaden der großen Gebäude

dieser Stadt verwendet“. Er stellt fest, daß die Bruchfestigkeit gegen Zug (Fig. 1 in Bild 11) der gegen Scherung (Fig. 2 in Bild 11) nahezu gleich ist. Als Maß für diese Festigkeiten sieht er — wohl als erster *expressis verbis* — die auf die Flächeneinheit bezogenen Bruchbelastungen (Pfund pro Zollquadrat), also die (Bruch-)Spannungen an. Mit demselben Steinmaterial führt er auch einen Biegebruchversuch aus (Fig. 3 in Bild 11) und stellt fest, daß ein eingespannter Balken von 1 Zoll Höhe, 2 Zoll Breite und 9 Zoll Länge bei einer Belastung von $P = 20$ Pfund im Querschnitt *eg* bricht.

Im Abschnitt VIII (S. 350—352) bringt COULOMB unter dem Titel *Remarques sur la rupture des Corps* in knappster, aber das Wesentliche enthaltender Form die Balkenbiegung zum Abschluß. Als Musterbeispiel wird der sogenannte Kragbalken betrachtet (Fig. 6 in Bild 11). An einer beliebigen Schnittstelle *AD*[3] wird die Spannungsverteilung *BMCe* angenommen. In dem Punkt *P* tritt die Normalspannung *PM* und die Schubspannung *MQ* auf. COULOMB formuliert die Gleichgewichtsbedingungen an der Schnittstelle wie folgt:

1. In horizontaler Richtung muß die Summe der aus Zug- und Druckanteilen bestehenden Normalspannungen Null sein, das heißt die Flächeninhalte *ABCA* und *CeDC* müssen gleich sein. (Mit dieser Bedingung und mit einem Dehnungsgesetz, zum Beispiel dem Hookeschen, ist auch der Punkt *C* bzw. die neutrale Achse festgelegt.)
2. Die Summe der (vertikalen) Schubspannungen muß der Belastung φ gleich sein.
3. Schließlich fordert die Gleichgewichtsbedingung der Momente (für die Breite Eins und das Höhenelement *Pp*) in COULOMBS Schreibweise (Bild 11)
   $\int Pp \cdot MP \cdot CP = \varphi \cdot LD$

Als Spezialfall behandelt COULOMB denselben (Krag-)Balken rechteckigen Querschnittes mit der linearen, an der Schnittstelle fh aus den kongruenten Dreiecken $fc'g$ und $mc'h$ bestehenden Spannungsverteilung (Fig. 6 in Bild 11). Er erhält (in unserer Schreibweise) das wohlbekannte Resultat

$$\sigma \frac{BH^2}{6} = \varphi Lh,$$

wobei *B* und *H* Breite und Höhe des Querschnittes und $\sigma = fg = mh$ die (Zug- bzw. Druck-)Spannung in den äußersten Fasern bedeutet.

Im weiteren untersucht COULOMB die Festigkeit eines auf Druck beanspruchten Mauerwerkpfeilers (Fig. 5 in Bild 11) und stellt, insbesondere für den längs der zu bestimmenden Fläche *CM* eintretenden Bruchvorgang, die erste brauchbare und richtungsweisende Theorie auf. Die in Bild 11 enthaltenen Figuren 7 und 8 sind die Illustrationen zur Erd- und Wasserdrucktheorie, worin COULOMB auch Pionierarbeit leistete, ebenso wie in der zum Schluß behandelten Gewölbestatik. Zum Abschluß über COULOMB einige Worte von ihm selbst:

„Ich habe versucht, soweit es mir möglich war, die Prinzipien zu ordnen, deren ich mich ebenso klar bedient habe, damit ein einigermaßen instruierter Fachmann sie verstehen und sich ihrer bedienen kann.“

Im Jahre 1808 schließlich führte CHLADNI, von dem schon die Rede war, in Paris Kaiser NAPOLEON seine akustischen Experimente vor, worauf dieser ein Preisausschreiben für die Plattentheorie veranlaßte. Dadurch wurde die Aufmerksamkeit der Gelehrten zunächst auf flächenhafte und bald darauf auf räumliche elastische Probleme gelenkt. In den diesbezüglichen Bemühungen spielte LOUIS MARIE HENRI NAVIER (1785—1836) eine bedeutende Rolle.

Im Jahre 1819 stellte NAVIER für die Biegelinie des Balkens die Differentialgleichung

$$\varepsilon \frac{d^2y}{dx^2} = M$$

auf, worin „ε une constante proportionale à la force d’élasticité de la pièce“ ist. Erst 1826, nachdem er aus THOMAS YOUNGS dunklen Worten [2] den richtigen Elastizitätsmodul *E* folgert und COULOMBS Gleichgewichtsbedingungen heranzieht, erhält er die heute jedem Ingenieur geläufige Formel

$$\frac{y''(x)}{[1 + y'^2(x)]^{3/2}} = \frac{M}{EI}$$

NAVIER war seit 1821 Professor an der École de ponts et chaussées und brachte 1826 seine Vorlesungen unter dem Titel *Résumé des Lecons données à l’École des Ponts et Chaussées sur l’Application de la Mécanique à l’Etablissement des Constructions et de Machines* heraus. Diese gedruckten Vorlesungen erlebten zahlreiche neue Auflagen und wurden auch ins Deutsche übersetzt.

HANS STRAUB schreibt [1]:

„Ihr bahnbrechender Wert liegt nicht nur in den zahlreichen neuen Methoden, die in dem Werk enthalten sind, sondern vielleicht noch mehr in dem Umstand, daß hier NAVIER als erster die zerstreuten Erkenntnisse seiner Vorgänger auf dem Gebiete der angewandten Mechanik und Festigkeitslehre zu einem einzigen Lehrgebäude zusammengefaßt und viele schon früher bekannte Gesetze und Methoden auf die praktischen Aufgaben des Bauwesens, auf die Bemessung von Tragwerken anzuwenden gelehrt hat, wodurch er zum eigentlichen Schöpfer desjenigen

[3]) Der erwähnte Punkt *D* (unterhalb von *P′*) fehlt schon im Originalstich.

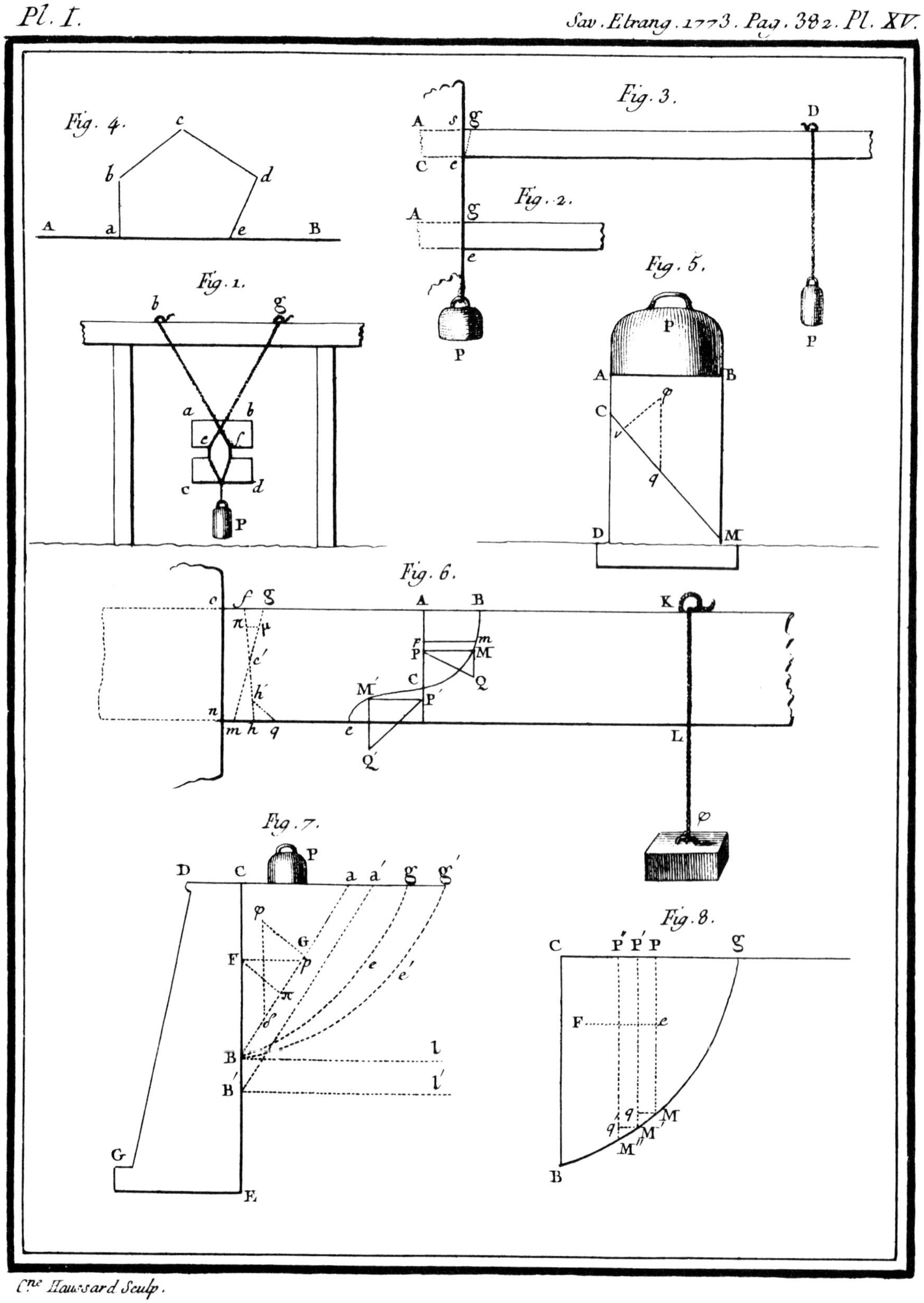

Bild 11. Festigkeitsprobleme in Charles Augustin Coulombs *Essai sur une application des règles de Maximes et Minimis* . . . (Paris 1773 [1776]).

Zweiges der Mechanik geworden ist, den wir Baustatik nennen."

NAVIER beschäftigte sich auch mit räumlichen elastischen Problemen. In seiner Arbeit *Sur les lois de l'équilibre et de mouvement des corps solides élastiques* (1821) leitet er für die Verschiebungskomponenten u, v, w des elastischen Körpers die Differentialgleichungen

$$\varepsilon\left[\frac{\partial^2 u}{\partial x^2}+\frac{\partial^2 u}{\partial y^2}+\frac{\partial^2 u}{\partial z^2}+2\frac{\partial}{\partial x}\left(\frac{\partial u}{\partial x}+\frac{\partial v}{\partial y}+\frac{\partial w}{\partial z}\right)\right]+X=$$

$$=\varrho\frac{\partial^2 u}{\partial t^2}\ \text{usw.} \qquad (9)$$

her. Hierbei bedeuten X die Kraft pro Volumeneinheit, t die Zeit und ϱ die Dichte.

Die Materialkonstante ε glaubt NAVIER aus molekulartheoretischen Betrachtungen erschließen zu können. Über diese Frage lag er mit POISSON jahrelang im Streit, obwohl der Mathematiker AUGUSTIN LOUIS CAUCHY (1789—1857) schon 1822 nachgewiesen hat, daß man in der linearisierten Theorie des homogenen elastischen Kontinuums zwei elastische Konstanten benötigt.

9 Die Vollendung der klassischen Elastizitätstheorie durch A. L. Cauchy

Im Jahre 1821 gelang es AUGUSTIN JEAN FRESNEL (1788—1827), die Doppelbrechung des Lichtes in Kristallen durch transversale Schwingungen der Moleküle zu erklären, woraus er auf eine richtungsveränderliche (anisotrope) Elastizität des betreffenden Materials schloß. Angeregt durch diese Idee wie auch durch eine Arbeit von NAVIER über die Plattenbiegung, begann sich CAUCHY mit der Elastizität zu beschäftigen und hatte in kurzer Zeit die Fundamente der Kontiuumsmechanik erstellt. Die erste diesbezügliche Arbeit *Recherches sur l'équilibre et le mouvement intérieur des corps solides ou fluides, élastiques ou non élastiques* hatte er am 30. September 1822 der Acad. Royale des Sciences vorgelegt. Ein Auszug erschien im Jahrgang 1822 (gedruckt 1823) im Bulletin des Sciences par la Société Philomatique (S. 9—13). Dieser Auszug enthält, obwohl in ihm keine einzige mathematische Formel vorkommt, das Fundament der Kontinuumsmechanik, nämlich den klar formulierten Begriff des Spannungstensors. CAUCHYS diesbezügliche Ausführungen verdienen, wiedergegeben zu werden. Er schreibt:

„Wenn man in einem festen, elastischen oder nicht elastischen, durch beliebige Flächen begrenzten und irgendwie belasteten Körper ein festes Element ins Auge faßt, so erfährt dieses Element in jedem Punkte seiner Oberfläche eine (Zug- oder Druck-)Spannung. Diese Spannung ist ähnlich jener in Flüssigkeiten auftretenden, einzig mit dem Unterschied, daß der Flüssigkeitsdruck in einem Punkt stets senkrecht zu der dort beliebig orientierten Fläche steht, während die Spannung in einem gegebenen Punkte eines festen Körpers zu dem durch diesen Punkt gelegten Oberflächenelement im allgemeinen schief gerichtet und von der Stellung des Oberflächenelementes abhängig sein wird. Diese Spannung läßt sich sehr leicht aus den in den drei Koordinatenebenen auftretenden Spannungen herleiten."

Mit Recht weist C. A. TRUESDELL darauf hin, daß „CAUCHYS große Hilfe EULERS Hydrodynamik gewesen ist", nämlich „die Idee, in Gedanken einen willkürlichen Teil des Körpers abzutrennen und die auf ihn wirkenden Kräfte ins (statische oder kinetische) Gleichgewicht zu setzen". Und weiter schreibt TRUESDELL [2]:

„Nach EULERS Aufstellung des ‚Schnitt-Prinzips' und des Begriffes ‚innerer Druck' brauchte CAUCHY nur die Einschränkung fallen zu lassen, daß der Spannungsvektor senkrecht zur Schnittfläche steht, um seine Theorie der Spannung zu erhalten. Dieser Schritt möchte leicht erscheinen. Er war es nicht. Um sich eine Vorstellung davon zu machen, erinnere man sich, daß ein ganzes Jahrhundert glänzende Mathematiker eine Anzahl spezieller Probleme der Elastizitätstheorie — manchmal korrekt, manchmal auch nicht — aufgestellt und gelöst hatten, ohne jemals auf diesen einfachen Gedanken zu kommen. Zu diesen Mathematikern gehörte EULER selbst. Daß CAUCHYS Gedanke einfach ist, zeigt seine Originalität um so mehr. Ihn gefaßt zu haben, ist eine Leistung von wahrhaft Eulerischer Tiefe und Klarheit."

CAUCHYS vorangehend zitierten Worten entspricht der Spannungszustand in Bild 12 und diesem wiederum der symmetrische Spannungstensor ($\tau_{xy} = \tau_{yx}$ usw.)

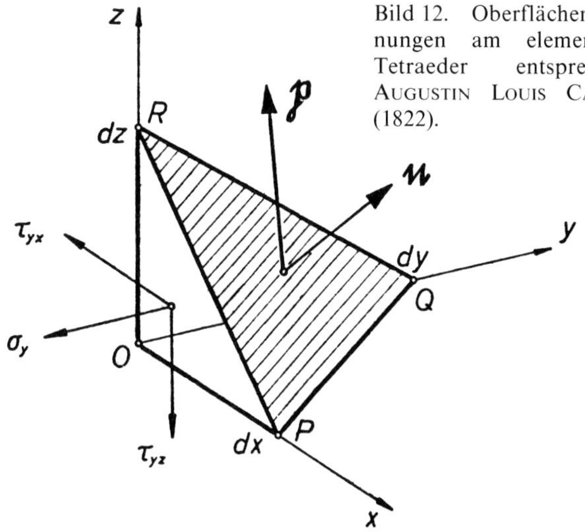

Bild 12. Oberflächenspannungen am elementaren Tetraeder entsprechend AUGUSTIN LOUIS CAUCHY (1822).

$$S = \begin{pmatrix} \sigma_x & \tau_{xy} & \tau_{xz} \\ \tau_{yx} & \sigma_y & \tau_{yz} \\ \tau_{zx} & \tau_{zy} & \sigma_z \end{pmatrix}$$

Mit den beiden Materialkonstanten k und K leitet CAUCHY die im Gegensatz zu (9) richtigen Bewegungsgleichungen

$$\frac{k}{2}\left(\frac{\partial^2 u}{\partial x^2} + \frac{\partial^2 u}{\partial y^2} + \frac{\partial^2 u}{\partial z^2}\right) +$$

$$+ \frac{k + 2K}{2} \frac{\partial}{\partial x}\left(\frac{\partial u}{\partial x} + \frac{\partial v}{\partial y} + \frac{\partial w}{\partial z}\right) + X = \varrho \frac{\partial^2 u}{\partial t^2} \quad \text{usw.}$$

her.

Mit diesen drei Bewegungsgleichungen — man nennt sie auch Wellengleichungen — bzw. mit den entsprechenden drei Gleichgewichtsbedingungen ($u = v = w = 0$)

$$\frac{\partial \sigma_x}{\partial x} + \frac{\partial \tau_{yx}}{\partial y} + \frac{\partial \tau_{zx}}{\partial z} + X = 0 \quad \text{usw.}$$

sowie den Deformationsgleichungen

$$\sigma_x = k\frac{\partial u}{\partial x} + K\left(\frac{\partial u}{\partial x} + \frac{\partial v}{\partial y} + \frac{\partial w}{\partial z}\right) \quad \text{usw.,}$$

$$\tau_{xy} = \frac{k}{2}\left(\frac{\partial v}{\partial x} + \frac{\partial u}{\partial y}\right) \quad \text{usw.}$$

standen die Grundgleichungen der räumlichen Elastostatik homogener Materialien fest. Mathematisch ist die Sachlage die folgende: Sind die Körperform, das Material ($k = 2\,G$, $K = 2\,G\,\nu/(1 - 2\,\nu)$) und die im Innern bzw. an der Oberfläche angreifenden Kräfte bzw. Spannungen vorgegeben, so steht mathematisch die „Existenz der Lösungen" fest; aber diese Lösungen sind in den seltensten Fällen durch bekannte (und vertafelte) Funktionen darstellbar [9].

Durch verschiedene mathematische Näherungsverfahren und deren Durchführung auf programmierbaren Rechengeräten wird man heutzutage diesbezüglicher Schwierigkeiten wie auch noch komplizierterem Werkstoff- und Tragwerksverhaltens in der Bauingenieurkunst mehr und mehr Herr. Aber diese Entwicklung ist ein neues Thema.

Literatur

[1] STRAUB, HANS: Die Geschichte der Bauingenieurkunst, 2. Aufl. Basel und Stuttgart, Birkhäuser Verlag 1964.

[2] SZABÓ, ISTVÁN: Geschichte der mechanischen Prinzipien und ihrer wichtigsten Anwendungen, 2. Aufl. Basel, Boston, Stuttgart, Birkhäuser Verlag 1979.

[3] HANS STRAUB – ROBERT VON HALÁSZ: Zur Geschichte des Bauingenieurwesens, Die Bautechnik 1960, Heft 4, S. 121 ff.

[4] HAHNLOSER, HANS: Villard de Honnecourt, 2. Aufl. Graz 1972.

[5] GALILEI, GALILEO: Discorsi e dimostrazioni matematiche, intorno à due nuove scienze, Leyden 1638. Deutsch von Arthur von Oettingen, Ostwald's Klassiker der exakten Wissenschaften Nr. 11, 24 und 25 (1890, 1904 und 1891); Nachdruck Darmstadt 1964.

[6] SZABÓ, ISTVÁN: Höhere Technische Mechanik, korr. Nachdruck der 5. Aufl. Berlin—Heidelberg—New York, Springer-Verlag 1977 (S. 142 ff.).

[7] SZABÓ, ISTVÁN: Die Familie der Mathematiker Riccati, II. Mitteilung, Humanismus und Technik, 18. Band (1974), S. 109 ff.

[8] TRUESDELL, CLIFFORD: The rational mechanics of flexible or elastic bodies 1638—1788 in L. Euleri Opera Omnia, II, 11, S. 143—145 und 402—403, Zürich 1962.

[9] SZABÓ, ISTVÁN: Die Entwicklung der Elastizitätstheorie im 19. Jahrhundert nach Cauchy, Die Bautechnik, 53. Jahrgang (1976), Heft 4, S. 109—116.

Manfred Stiller

Das Euro-Internationale Beton-Komitee (CEB) und die CEB/FIP-Mustervorschrift für Betonbauten

1 Einführung

Das Euro-Internationale Beton-Komitee (CEB) und der Internationale Spannbeton-Verband (FIP) sind technisch-wissenschaftliche Vereinigungen, die sich u. a. das Ziel gesetzt haben, die Bemessungsgrundlagen des Betonbaus international zu vereinheitlichen. Sie sind keine offiziellen internationalen Normenorganisationen (wie ISO oder CEN), sondern angesehene Fachvereinigungen, deren Mitarbeiter aus allen Kreisen der Fachöffentlichkeit kommen. Deshalb ist die „CEB/FIP-Mustervorschrift für Tragwerke aus Stahlbeton und Spannbeton" [1] keine Norm, sondern eine Vorlage, die nationale und internationale Normenorganisationen als Grundlage ihrer eigenen Arbeit benutzen können.

2 Notwendigkeit der internationalen Normenvereinheitlichung

Die rasante Entwicklung der Kommunikationsmittel hat dafür gesorgt, daß unsere Welt „kleiner" geworden ist; wir telefonieren heute eben einmal mit London; in zwei Stunden reisen wir von Amsterdam nach Mailand. Mit dieser Entwicklung haben die „Werkzeuge" des technischen Dialogs nicht Schritt gehalten. Die Mehrzahl der Ingenieure kann sich nur in ihrer Muttersprache ausdrücken, die technischen Grundlagen einer bautechnischen „Verhandlung" — die Normen — sind sehr verschieden. Aus [2] stammen die Bilder 1 und 2. Nach dem Stand von 1972 hätte beispielsweise der in den Niederlanden produzierte Stahlbeton-Rechteckbalken in Italien gemäß Norm nur zur Hälfte ausgenutzt werden dürfen. In dieser Zeit waren auch die Lastannahmen teilweise so verschieden, daß man auf Fluren von Wohngebäuden in Österreich den doppelten Wert der in Großbritannien gültigen Verkehrslast ansetzen mußte.

Sicherlich ist Bauleistung in Europa kein gängiges Exportgut, die deutsche Baufirma kann sich auch sehr leicht — falls sie in Italien bauen sollte — auf die italienischen Normen einstellen. Oft aber bauen Ingenieure verschiedener Länder gemeinsam in Drittländern. Allein für diesen Fall würde ein gemeinsames Handwerkszeug (die einheitliche Vorschrift) gute Dienste leisten.

3 Schwierigkeiten internationaler Zusammenarbeit

Es sind nicht nur Sprachschwierigkeiten, die bei allem guten Willen das internationale Gespräch erschweren. Ausbildung und Denkweise der Bauingenieure verschiedener Länder weichen teilweise sehr voneinander ab. Ein deutscher Diplom-Ingenieur gilt als „fertiger" Ingenieur, wenn er die Hochschule verläßt; in Großbritannien wird man erst Bauingenieur, wenn nach dem Universitätsstudium eine mehrjährige praktische Tätigkeit folgt und die Prüfung vor der Institution of Civil Engineers abgelegt wird. In Frankreich ist die gehobene Ingenieurausbildung viel weniger praxisbezogen als bei uns; der französische Ingenieur besitzt dagegen ein viel breiteres mathematisches Fundament, er ist dem abstrakt-theoretischen Denken viel mehr aufgeschlossen als der deutsche Ingenieur.

Die Vorschriften haben in den Ländern oft einen ganz unterschiedlichen Rang. Bei uns haben sie praktisch „Gesetzeskraft", obwohl bei einer bauaufsichtlich eingeführten Norm nur die „gesetzliche Vermutung besteht, daß es sich um eine anerkannte Regel der Technik handelt". In anderen Ländern sind Normen nur eine von vielen Grundlagen des bautechnischen Nachweises. Vielleicht ist dies der Grund, weshalb die italienischen Stahlbetonbalken — trotz der Normenunterschiede — genauso schlank sind wie die niederländischen.

4 Gründung des Europäischen Beton-Komitees

Es war nach dem Vorhergesagten sehr kühn und weitsichtig, als Anfang der 50er Jahre der französische Betonverein mit dem Deutschen Beton-Verein und anderen Organisationen erste Kontakte knüpfte, die 1953 zur Gründung des Europäischen Beton-Komitees (CEB) führten. Im gleichen

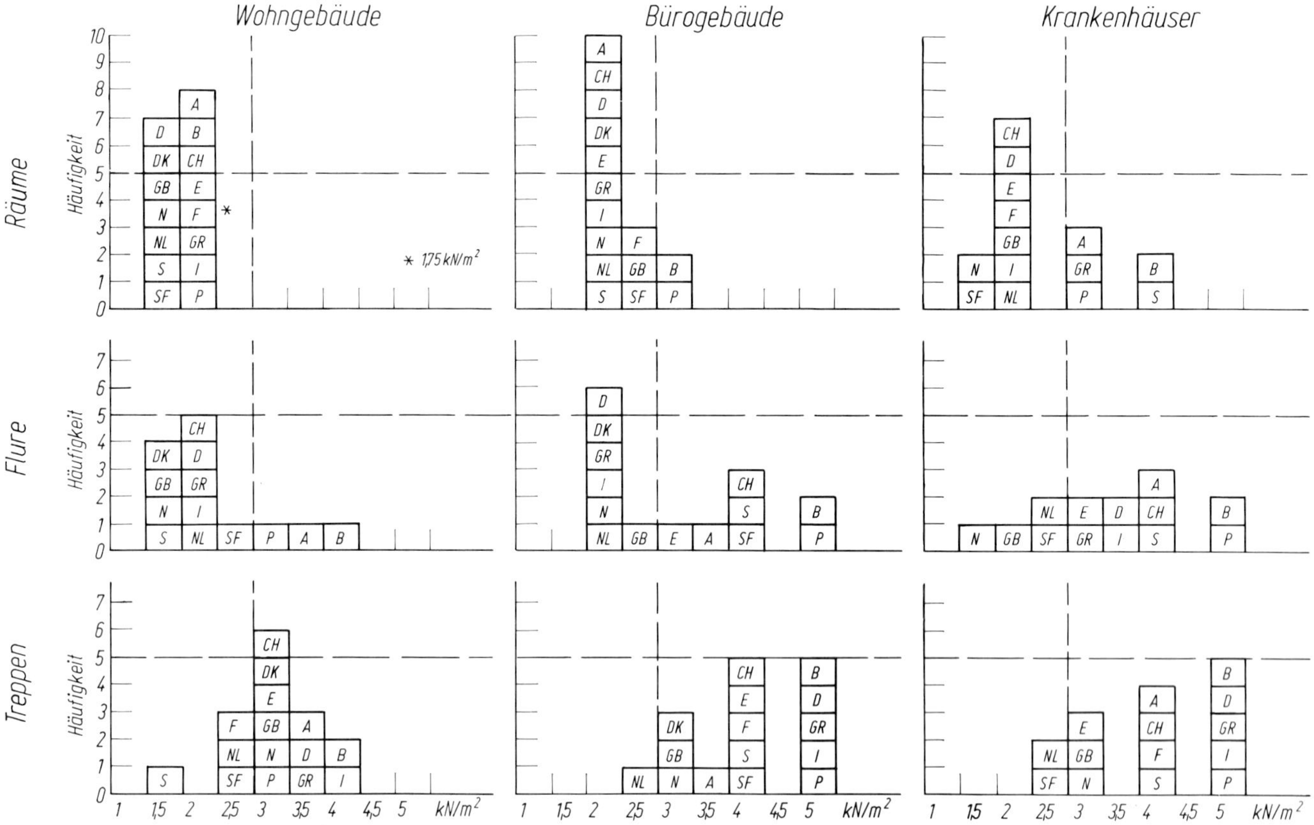

Bild 1. Verkehrslasten für Wohn- und Bürogebäude und für Krankenhäuser (Kennzeichnung der Länder nach den internationalen Autokennzeichen)

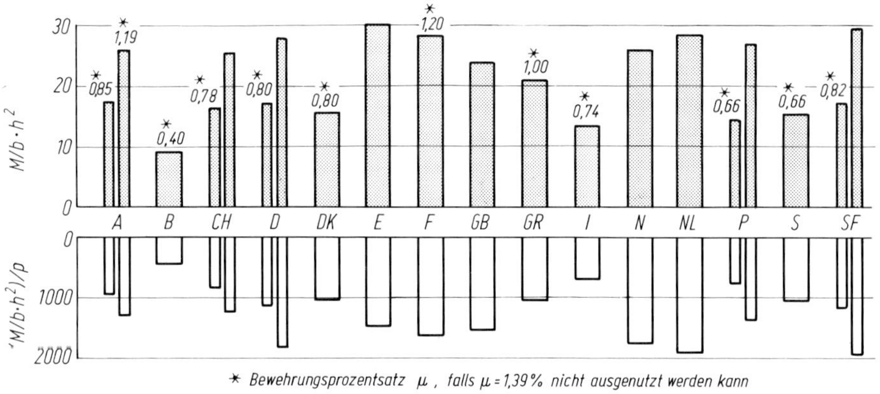

Bild 2. Momententragfähigkeit M/bh^2 von einfach bewehrten Rechteckquerschnitten ($\mu = 1{,}39\ \%$)

Quotient $\frac{M/bh^2}{p}$

p = Verkehrslast für Wohnräume

Jahr wurde auch der Internationale Spannbeton-Verband (FIP) gegründet.

Das CEB setzte sich zunächst drei Hauptziele

— Internationale Koordinierung von Forschungsarbeiten
— Überarbeitung und Harmonisierung der nationalen Vorschriften
— Ausarbeiten neuer internationaler Vorschriften.

Die ersten Jahre brachten außer einem interessanten Gedankenaustausch auch ein hartes Aufeinanderprallen von Theorien und nationalen Gepflogenheiten. Es bedurfte der Resolution von Wien (1959) der Ingenieure der Praxis, um den wenig ergiebigen wissenschaftlichen Disput zu beenden. Es wurden Arbeitskommissionen eingerichtet, die die Aufstellung internationaler Empfehlungen zum Ziel hatten.

5 Die Arbeitsergebnisse des CEB

Schon im Jahre 1962 wurde die 1. Ausgabe der „Empfehlungen zur Berechnung und Ausführung von Stahlbetonbauwerken" verabschiedet; sie erschien 1964 und wurde in 12 Sprachen übersetzt. Wenn dieses Werk noch in mancher Hinsicht unvollkommen — teilweise auch durch das Angebot verschiedener Theorien widersprüchlich — war, es war ein Anfang. Durch Zusammenarbeit mit der FIP konnte der Rahmen der „Empfehlungen" erweitert werden; 1966 erschienen die „Empfehlungen zur Berechnung und Ausführung von Großtafelbauten" [3]; für Platten und andere Flächentragwerke, für statisch unbestimmte Tragwerke wurden Anhänge herausgegeben. Einen bedeutenden Anstoß für die internationale „Sprach-Verständigung" gaben die vom CEB 1971 verabschiedeten „International vereinheitlichten Zeichen im Betonbau" [4]. Sie sind die Grundlage für die ISO-Norm 3898, die größtenteils bei der Neubearbeitung unserer DIN 1080 berücksichtigt wurde.

Beim Spannbeton-Kongreß 1970 wurde die 2. Ausgabe der „Internationalen Richtlinien zur Berechnung und Ausführung von Betonbauwerken" — für Stahlbeton *und* Spannbeton gültig — vorgelegt. Gegenüber der 1. Ausgabe stellten sie einen großen Fortschritt dar; aber noch immer haftete den Richtlinien etwas Unvollkommenes an. Sie waren nicht in sich geschlossen und bestrichen nicht das gesamte Feld der entsprechenden nationalen Vorschriften. Ein vorläufiger Abschluß wurde erst mit der „Mustervorschrift" von 1978 erreicht.

Auf dem VIII. Internationalen Spannbeton-Kongreß 1978 in London wurde die CEB/FIP-Mustervorschrift der Öffentlichkeit vorgelegt. Ein Seminar im Rahmen des Kongresses diente der Einführung [9], [10].

Tabelle 1

Jahr	Titel	s. Literaturverzeichnis
1964	CEB-Empfehlungen zur Berechnung und Ausführung von Stahlbetonbauten	[5]
1966	CEB/FIP-Empfehlungen zur Berechnung und Ausführung von Spannbetonbauten	[6]
1970	CEB/FIP: Internationale Richtlinien zur Berechnung und Ausführung von Betonbauwerken	[7]
1978	CEB/FIP-Mustervorschrift für Tragwerke aus Stahlbeton und Spannbeton	[1]

6 Bearbeitung der CEB/FIP-Mustervorschrift

Schon bald nach Verabschiedung der 2. Ausgabe der CEB/FIP-Richtlinien gab das CEB den Anstoß zur Aufstellung eines geschlossenen Systems von internationalen Mustervorschriften. Es soll aus 7 Bänden bestehen, wobei die einzelnen Bände von den zuständigen internationalen Fachorganisationen oder Gemeinschaftsausschüssen bearbeitet werden (Tabellen 2 und 3).

Tabelle 2: Internationales System einheitlicher Baubestimmungen

Mustervorschriften	Internationales Arbeitsgremium
Band 1: Allgemeine Sicherheitsbestimmungen	Joint Committee CEB CECM CIB FIP IVBH RILEM
Band 2: Mustervorschrift Betonbau	CEB FIP
Band 3: Mustervorschrift Stahlbau	CECM
Band 4: Mustervorschrift Verbundbau	Joint Committee CECM CEB FIP
Band 5: Mustervorschrift Holzbau	CIB
Band 6: Mustervorschrift Mauerwerkbau	CIB

Tabelle 3: Internationale Fachorganisationen, Normenorganisationen und Staatenvereinigungen

CEB	Euro-Internationales Betonkomitee
FIP	Internationaler Spannbeton-Verband
IVBH	Internationale Vereinigung für Brückenbau und Hochbau
CECM	Europäische Konvention der Stahlbau-Verbände
CIB	Internationaler Rat für das Bauwesen
RILEM	Internationale Vereinigung der Materialprüfungslaboratorien
ISO	Internationale Normen-Organisation
CEN	Europäisches Komitee für Normung
ECE	Wirtschafts-Kommission für Europa (UN)
EG	Europäische Gemeinschaft
RGW	Rat für gegenseitige Wirtschaftshilfe (Comecon)

Das CEB ging an die Ausarbeitung von Band 2 und beteiligte sich maßgebend an den Bänden 1 und 4.

Bei Band 2 wurde ein Verfahren angewandt, wie wir es aus der deutschen Normenarbeit kennen, das gekennzeichnet ist durch

- Beteiligung aller Fachkreise
- Veröffentlichung von Entwürfen
- Ausreichende Fristen zu Stellungnahmen
- Beratung der Stellungnahmen und Verarbeitung zu verbesserten Entwürfen bzw. zur Endfassung.

In diesem Zusammenhang sei noch einmal auf die besonderen Schwierigkeiten der internationalen Arbeit verwiesen. So wurden Stellungnahmen nicht nur von einzelnen Mitgliedern, sondern insbesondere von den nationalen Delegationen abgegeben. Die deutsche Seite nahm diese Aufgabe sehr ernst. Der Deutsche Ausschuß für Stahlbeton richtete sieben Arbeitsgruppen mit mehr als 50 Mitarbeitern ein, die die deutschen Vorstellungen und Wünsche in einer gemeinsamen Stellungnahme zu Papier brachten und in der entscheidenden Sitzung 1977 in Granada vertraten.

Das Ergebnis kann sich durchaus sehen lassen, obwohl man der Mustervorschrift stärker noch als einer nationalen Norm die vielen Kompromisse ansieht. Wenn auch vieles auf den ersten Blick anders dargestellt ist, als wir es von unseren derzeitigen Normen kennen, so darf doch die Feststellung gewagt werden, daß unsere deutschen Vorschriften schon zu mehr als 60 % der Mustervorschrift entsprechen. Dies ist nicht etwa der besonders wirksamen deutschen Vertretung im CEB zuzuschreiben, sondern der Tatsache, daß in all den Jahren zuvor ein gegenseitiges Geben und Nehmen stattfand. Deutsche Ideen und Forschungsergebnisse wurden in die CEB-Arbeit eingebracht, CEB-Gedanken fanden ihren Weg in die Bearbeitung deutscher Normen.

Ein für die internationale und auch nationale Bearbeitung von Vorschriften beachtenswerter Arbeitsschritt verdient besonders hervorgehoben zu werden, die *Vergleichsrechnungen*. Vor Verabschiedung der Mustervorschrift wurde an praktischen Beispielen, die fast die gesamte Palette des Betonbaues repräsentierten, getestet

- ob die angebotenen Berechnungsverfahren praktikabel sind,
- wie das Sicherheitsniveau im Vergleich zu bestehenden nationalen Vorschriften liegt,
- in welcher Form der Benutzer durch Musterberechnungen angeleitet werden kann.

Es sei nicht verschwiegen, daß bei dieser einmaligen Aktion Erfahrungen Pate standen, die wir in Deutschland (leider erst) *nach* Verabschiedung von DIN 1045 bei der Bearbeitung der „Beispielsammlung" des Deutschen Beton-Vereins [8] gemacht haben.

Viele hundert Ingenieure aus verschiedenen Ländern haben an den Vergleichsrechnungen mitgewirkt und die Mustervorschrift eingehend erprobt. Viele Anregungen aus diesem Kreis sind bei der Aufstellung der Endfassung berücksichtigt worden.

Die Mustervorschrift — so eine Resolution der Schlußsitzung von Granada — kann als allgemeiner Rahmen angenommen und als geeignete Grundlage für die Normenarbeit angesehen werden. Sie enthält Einzelheiten und Zahlenangaben, die als vernünftige Vorschläge gelten, obwohl sie vielleicht nicht unmittelbar, d. h. ohne Änderung in nationale Vorschriften übernommen werden können.

7 Aufbau der CEB/FIP-Mustervorschrift

Der Text der Mustervorschrift ist zweigeteilt; er enthält Definitionen und Bestimmungen (rechte Seite) und Kommentare (linke Seite). Die Kommentare sollen allgemein gehaltene Regeln erläutern oder Hinweise für ihre Anwendung geben. Ferner enthalten sie vereinfachte Bestimmungen für übliche Fälle, oder sie stellen die Verbindung zu anderen Abschnitten des Regelwerks her.

Tabelle 4: Aufbau der Mustervorschrift

Abschnitt	Inhalt
1	Allgemeines
2 bis 5	Rechenannahmen
6 bis 9	Schnittgrößen-Ermittlung
10 bis 14	Grenzzustände der Tragfähigkeit
15 und 16	Grenzzustände der Gebrauchsfähigkeit
17 und 18	Bewehrungsrichtlinien, bauliche Durchbildung
19	Fertigteile
20	Leichtbeton
21 bis 23	Baustoffe, Bauausführung, Qualitätskontrolle
24	Instandhaltung
Anhänge:	z. B. Zeichen, Betontechnologie, Kriechen, Ermüdung

7.1 Das Sicherheitskonzept

Von Beginn an sah es das CEB als wichtigste Aufgabe an, unsere Kenntnisse über die Sicherheit der Bauwerke zu erweitern. Anders als vielleicht in einem internationalen Normenausschuß, der einen Kompromiß zwischen den *bestehenden* nationalen Vorschriften gesucht hätte, hat das CEB sich der Erarbeitung *neuer* Grundlagen zugewendet.

Wenn heute weltweit nach etwa den gleichen Grundsätzen im Stahlbetonbau „n-frei" bemessen wird, dann ist dies der sichtbarste Erfolg der CEB-Arbeit. Es ist kaum vorstellbar, wie ohne das Wirken des CEB der Übergang von der Bemessung nach zulässigen Spannungen sich hätte abwickeln sollen.

Zu einem Zeitpunkt, als die probabilistischen Grundlagen der neuen Sicherheitstheorie nur in Ansätzen erkennbar waren, hat das CEB schon in den ersten „Empfehlungen" das Verfahren der Teilsicherheitsbeiwerte benutzt (damals noch als semi-probabilistisches Verfahren, heute als Stufe-1-Verfahren bezeichnet).

In der Mustervorschrift stellt sich — wenn der Nachweis auf der Ebene der Schnittgrößen geführt wird — dies wie folgt dar

$$S_d \leqq R_d \qquad (1)$$

$$S\left(\sum \gamma_{fi}\,\psi_i\,F_{ik}\right) \leqq R\left(\sum \frac{f_{ik}}{\gamma_{mi}}\right) \qquad (2)$$

Die angreifenden Schnittgrößen S_d dürfen nicht größer sein als die widerstrebenden Schnittgrößen R_d.

Die Bemessungwerte von S_d werden mit den Last-Sicherheitsbeiwerten γ_f, den Kombinationsbeiwerten ψ und den charakteristischen Werten der Lasten F_K ermittelt. Die Bemessungswerte von R_d ergeben sich aus den Festigkeitswerten der Baustoffe f_k, dividiert durch die Baustoff-Sicherheitsbeiwerte γ_m.

7.2 Rechenannahmen für die Baustoffe

Für den *Beton* wurde die Zylinderdruckfestigkeit als Referenz-Festigkeit gewählt; die Reihe der Festigkeitsklassen (C 12 bis C 50) ist jedoch so eng unterteilt, daß die Einordnung bestehender national genormter Festigkeitsklassen keine Schwierigkeiten bereitet. Als charakteristische Festigkeit wird wie beim Betonstahl und Spannstahl die 5%-Fraktile der Festigkeit vorgeschrieben. Das Parabel-Rechteck-Diagramm von DIN 1045 ist auch Rechengrundlage der Mustervorschrift. Für die zeitabhängigen Verformungen sind Regeln angegeben, die in ähnlicher Form auch in die Neubearbeitung von DIN 4227 eingegangen sind.

Die Rechenannahmen für *Betonstahl* mußten auf die vielen international gebräuchlichen Betonstähle Rücksicht nehmen. Zur Definition der Verbundwirkung werden die vor allem in Deutschland betriebenen Vorarbeiten benutzt, indem (im Kommentar) auf die „bezogene Rippenfläche" verwiesen wird. Jedoch auch der von anderen Ländern benutzte Balkenversuch (beam test) ist erwähnt. Als Stahlgüte werden die in der Euronorm 80 bereits festgelegten S 220, S 400, S 500 empfohlen. Es wird zu gegebener Zeit zu prüfen sein, vom bei uns gebräuchlichen S 420 zum S 400 überzugehen.

Bei den *Spannstählen* bezieht sich die Mustervorschrift auf die FIP-Vorarbeiten, vorwiegend Sachstandsberichte der entsprechenden Kommissionen, die eine Vereinheitlichung der Zulassungsbedingungen zum Ziel haben. Die Verhandlungen über die Ausnutzbarkeit des Spannstahls waren besonders schwierig, da hier die französische Auffassung mit sehr hohen zulässigen Spannungen und die deutsche mit relativ niedrigen Werten gegenüberstanden. Der Kompromiß ist aus Tabelle 5 ersichtlich. Der Arbeitsausschuß „DIN 4227" hat sich für die Fassung Dezember 1979 noch einmal zur Beibehaltung der bisherigen Werte entschieden, aber für die Zukunft bereits beschlossen, sich den Werten der CEB/FIP-Mustervorschrift anzunähern.

Tabelle 5: Zulässige Spannstahlspannungen (Bezeichnungen nach ISO 3898)

	kurzzeitig	vor Kriechen und Schwinden
CEB/FIP	$0{,}80\,f_{ptk}$ $0{,}90\,f_{p0,1}$	$0{,}75\,f_{ptk}$ $0{,}85\,f_{p0,1}$
DIN 4227	$0{,}65\,f_{ptk}$ $0{,}80\,f_{p0,01}$	$0{,}55\,f_{ptk}$ $0{,}75\,f_{p0,01}$
(Beschluß 1977)		$0{,}70\,f_{ptk}$ $0{,}80\,f_{p0,2}$ *)

*) Zusatzbedingung: $\dfrac{f_{p0,01}}{f_{p0,2}} \geqq 0{,}85$

7.3 Grenzzustände

Die Bemessung wird für Grenzzustände durchgeführt. Zu den Grenzzuständen der Tragfähigkeit gehören

- Statisches Gleichgewicht eines Bauteils oder des Gesamtbauwerks (als starrer Körper)
- Umwandlung in einen Mechanismus
- Grenzzustände der Festigkeit (oder übermäßiger Formänderungen) in kritischen Querschnitten

Zu den Grenzzuständen der Gebrauchsfähigkeit werden gezählt

- Rißbildung
- Verformung.

7.3.1 Grenzzustand des statischen Gleichgewichts

Dieser Grenzzustand ist beispielsweise im Falle des Umkippens gegeben. Die Nachweis-Gleichung (3) kommt den Angaben von DIN 1072 Abschn. 8.2 sehr nahe.

$$S\{0{,}9\ G_l - 1{,}1\ G_2 - 1{,}5\ [Q_{lk} + \sum \psi_{0i}\ Q_{ik}]\} = 0 \qquad (3)$$

Hierin sind:

G_l	günstig wirkende	ständige Lasten
G_2	ungünstig wirkende	
Q_{ik}	ungünstig wirkende veränderliche Lasten	
ψ_{0i}	Kombinationsbeiwert	

Beispiele für Kombinationsbeiwerte:

$\psi_{0i} = 0{,}3$ Wohnhäuser
$\psi_{0i} = 0{,}6$ Bürohäuser, Warenhäuser, Parkhäuser
$\psi_{0i} = 0{,}5$ Wind, Schnee

Durch die Einfügung des Kombinations-Beiwerts ψ_0 werden aber Gedanken der neuen Sicherheitstheorie beachtet. Ungünstig (kippend) wirkende Verkehrslasten der zweiten Rangfolge brauchen nicht mit ihrem vollen, sondern nur mit dem ψ_0-fachen Wert angesetzt zu werden. Es ist noch Aufgabe der Sicherheitsforschung, ausreichende Angaben über die Kombinations-Beiwerte zu liefern (z. Z. sind sie nur für einige wenige Lastarten bekannt). An dieser Stelle sei vermerkt, daß der Gedanke, das gleichzeitige Eintreten aller ungünstig wirkenden Lasten nach den Gesetzen der Wahrscheinlichkeit einzuschränken, gar nicht so neu ist. DIN 1055, Teil 3 und andere europäische Normen geben die Möglichkeit, für den Nachweis von Wänden und Fundamenten die Verkehrslast mehrgeschossiger Bauten abzumindern. Auch bei mehrschiffigen Hallen benutzt man im Hinblick auf die Kranlasten ähnliche Denkmodelle.

7.3.2 Grenzzustand „Umwandlung in einen Mechanismus"

Dieser Grenzzustand ist nur definitionsgemäß hier eingeordnet. Er wird in mehreren Abschnitten der Mustervorschrift zum Festlegen von Anforderungen an bestimmte kritische Querschnitte benutzt, z. B. in der plastischen Berechnung von Flächentragwerken zur Begrenzung der Rotationsfähigkeit in den Fließlinien.

7.3.3 Grenzzustände der Festigkeit

Diese „eigentlichen" Grenzzustände der Tragfähigkeit sind

a) Biegung und Längskraft
b) Schub
   — Verbund
   — Querkraft
   — Torsion
   — Durchstanzen
c) Knicken
d) Ermüdung.

Sie werden nachfolgend etwas ausführlicher behandelt, dabei wird auch auf die Unterschiede zu den derzeit in Deutschland geltenden Bemessungsgrundsätzen eingegangen.

7.3.3.1 Biegung und Längskraft

Die Grundlagen der Bemessung für Biegung und Längskraft sind in Bild 3 dargestellt.

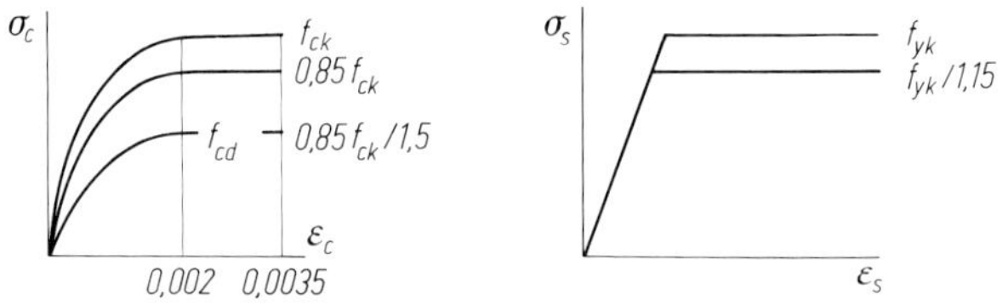

Bild 3. Bemessung für Biegung und Längskraft

Sie unterscheiden sich von den Bemessungsgrundlagen der deutschen Vorschriften i. w. durch die Teilsicherheitsbeiwerte, diese sind für Beton und Bewehrung verschieden groß (Beton $\gamma_b = 1{,}5$, Stahl $\gamma_s = 1{,}15$). Der Scheitelwert des Parabel-Rechteck-Diagramms $0{,}85\ f_{ck}$ entspräche den bei uns benutzten Werten, wenn man den Unterschied Zylinder- zur Würfelfestigkeit beachtet und für die höheren Festigkeitsklassen keine Abminderung vornimmt. Nach den Ergebnissen der Vergleichsrechnungen hätte die deutsche Seite gern eine Erhöhung des Stahl-Sicherheitsbeiwerts von 1,15 auf 1,25 gesehen, um bei der Bemessung auf etwa gleiche Bewehrungsprozentsätze zu kommen. Diesem Einspruch wurde aber nicht gefolgt.

Ein weiterer Unterschied ergibt sich bei der Bemessung für zentrische Druckkräfte und für Druckkräfte mit kleiner Ausmitte, weil stets eine Mindestausmitte $e_m = h/30$ berücksichtigt werden muß.

7.3.3.2 Schub

Dieser Grenzzustand besteht aus 4 Teilzuständen, der Grenzzustand „Verbund und Verankerung" bedarf keines besonderen Nachweises. Er gilt als eingehalten, wenn die Bewehrungsrichtlinien der Mustervorschrift beachtet werden.

Für den Grenzzustand „Schub aus Querkraft" ist jeweils nachzuweisen, daß unter Annahme eines Fachwerkmodells sowohl die Stegdruckkräfte als auch die sich für die Schubbewehrung ergebenden Zugkräfte aufgenommen werden können. Nur bei Bauteilen von untergeordneter Bedeutung oder mit ausreichender Lastverteilung quer zur Spannrichtung kann auf eine Schubbewehrung verzichtet werden, wenn keine merklichen Längszugkräfte auftreten.

Für Bauteile *mit* Schubbewehrung werden zwei Nachweismethoden angeboten, die Standardmethode und die verfeinerte Methode. Bei der erstgenannten wird von einem festen Anteil der vom Druckgurt übertragenen Querkraft ausgegangen; allerdings ist auch eine Abnahme der Stegzugkraft infolge flacher als 45° geneigter Druckstreben in gewisser Weise berücksichtigt.

Die verfeinerte Methode läßt in Grenzen die freie Wahl des Winkels der Druckstreben zu (etwa zwischen 30 und 60°). Diese freie Wahl des Winkels beinhaltet jedoch keineswegs ein Sicherheitsrisiko. Wenn sich in dem einen Fall eine geringere Schubbewehrung ergibt, muß gleichzeitig die Längsbewehrung verstärkt werden. Die vorsichtig gewählten Grenzen des Winkels decken auch das Schubrißrisiko für den Grenzzustand der Gebrauchsfähigkeit ab.

Die Mustervorschrift empfiehlt die Anwendung der verfeinerten Methode insbesondere dann, wenn Querkraft *und* Torsion gleichzeitig auftreten. Beim Nachweis des Grenzzustandes „Torsion" kann die sogenannte Verträglichkeitstorsion vernachlässigt werden, jedoch sind diese Torsionsmomente bei der konstruktiven Durchbildung zu berücksichtigen. Bei der Gleichgewichtstorsion wird wie üblich empfohlen, die Wölbkrafttorsion durch einen Nachweis der Querbiegung aufzunehmen. Für die Umlauftorsion wird ein Ersatzhohlquerschnitt definiert. Vorausgesetzt wird, daß die Torsionsbewehrung aus Längsstäben und Bügeln besteht. Diese Definition des Ersatzhohlquerschnitts hat bereits Eingang in die neue DIN 4227 gefunden. Der Winkel der Druckstreben ist im gleichen Rahmen frei wählbar wie bei der verfeinerten Methode. Das mit dem Sicherheitsbeiwert belegte Lasttorsionsmoment muß sowohl

kleiner sein als das hinsichtlich Betondruck vom Querschnitt aufnehmbare Torsionsmoment
und
kleiner sein als das von den Bügeln aufnehmbare Torsionsmoment
und
kleiner sein als das von der Längsbewehrung aufnehmbare Torsionsmoment.

Das Durchstanzen von Platten wird als Sonderfall des Grenzzustandes der Schubtragfähigkeit behandelt. Unter der Voraussetzung, daß die Grenzzustände „Biegung" und „Querkraft-Schub" ausreichend geführt sind, kann der Nachweis sich auf das lokale Problem „Durchstanzen" beschränken.

7.3.3.3 Knicken

In den allgemeinen Bemessungsgrundsätzen wird beispielsweise die bei uns übliche Formel aufgeführt, nach der entschieden wird, ob die Knoten eines Rahmens als unverschieblich oder verschieblich angesehen werden müssen. Im ersten Fall können die Schnittgrößen der Theorie I. Ordnung benutzt und die Druckglieder als Einzelstützen nachgewiesen werden. Für Rahmen mit verschieblichen Knoten ist zusätzlich die Gesamtstabilität nachzuweisen. Hier dürfen die vorgeschriebenen ungewollten Exzentrizitäten durch den Ansatz einer unbeabsichtigten Schiefstellung ersetzt werden.

Die ungewollte Exzentrizität soll geometrische Imperfektionen abdecken und stellt darüber hinaus ein additives Sicherheitselement dar. Für den Nachweis von Einzelstützen wird als Näherung das „Modellstützen"-(Ersatzstab-) Verfahren angegeben. Als Modellstütze dient eine einseitig eingespannte Stütze, deren Momenten-Krümmungs-Beziehungen in Tafelwerken aufgeführt sind. Sie sind beispielsweise Bestandteil eines der CEB-Handbücher (Manuals). Auf die Untersuchung des Kriecheinflusses kann bis zu Schlankheiten von 50 verzichtet werden. Die Mustervorschrift gibt Näherungsverfahren für den Nachweis an.

Besondere Schwierigkeiten ergeben sich beim Nachweis der Knicksicherheit in der Anwendung der Kombinationsregeln der Sicherheitstheorie. Man muß stets, von Ausnahmen einmal abgesehen, sich hier der vorgeschlagenen Vereinfachungen bedienen.

7.3.3.4 Ermüdung

Der Grenzzustand „Ermüdung" wird in einem Anhang behandelt. Die sehr knapp gehaltenen Regeln zeigen einerseits, daß dieser Grenzzustand sehr selten maßgebend wird, und andererseits, daß hier noch vieles unerforscht ist.

7.3.4 Grenzzustand der Rißbildung

Die der Mustervorschrift entnommene Tabelle 6 zeigt, welche Nachweise zu führen sind je nach

- Umweltbedingungen (wenig, mäßig oder sehr aggressiv)
- Einwirkungskombinationen (selten, häufig, quasi-ständig)
- Bewehrungsart (sehr korrosionsempfindlich, d. h. Spannstahl; wenig korrosionsempfindlich, d. h. üblicher Betonstahl)

In dieser Tabelle kommt das zum Ausdruck, was bei uns unter voller, beschränkter und teilweiser Vorspannung — fälschlich als Qualitätsmerkmal angesehen — in der Diskussion ist. Diese Diskussion wurde im CEB dadurch entschärft, daß die Unterscheidung nur nach *Nachweisklassen*

Tabelle 6: Anforderungen aus Gründen der Dauerhaftigkeit

Anforderungs-gruppen	Umwelt-bedingungen	Einwirkungs-kombination	Bewehrung			
			sehr korr. empfindlich		wenig korr. empfindlich	
			Grenzzustand	w_k	Grenzzustand	w_k
A	wenig aggressiv	häufig	Rißbreite	$\leqq w_2$	Rißbreite	$\leqq w_3$
		quasi-ständig	Dekompression oder Rißbreite	$\leqq w_1$		
B	mäßig aggressiv	häufig	Rißbreite	$\leqq w_1$	Rißbreite	$\leqq w_2$
		quasi-ständig	Dekompression			
C	sehr aggressiv	selten	Rißbreite oder Entstehen von Rissen	$\leqq w_1$	Rißbreite	$\leqq w_2$ oder $\leqq w_1$
		häufig	Dekompression			

vorgenommen wird. Ein „voll vorgespannter“ Querschnitt kann durchaus für bestimmte Einwirkungskombinationen als „teilweise vorgespannt“ angesehen werden. Einer Erläuterung bedarf vielleicht das Wort „Dekompression“, das nicht übersetzbar scheint; es ist der Zustand, bei dem unter der betrachteten Einwirkungskombination die Druckspannung am Rand gerade Null wird.

Zur Ermittlung der Rißbreite w_k wird ein Näherungsverfahren angegeben.

7.4 Weitere Festlegungen der Mustervorschrift

Die *Bewehrungsrichtlinien* sind denen von DIN 1045 (Ausgabe 1978) sehr ähnlich, auf ihre Erläuterung soll hier verzichtet werden. Ein besonderer Abschnitt ist der baulichen Durchbildung gewidmet. Er enthält u. a. Angaben zur Bewehrung an Auflagern und an freien Plattenrändern sowie Konstruktionsanweisungen für besondere Bereiche (örtliche Pressung, Spanngliedverankerung, Umlenkkräfte).

Im Abschnitt *Vorfertigung* hat man ganz auf Detailregeln verzichtet. Die Aufteilung der Verbindungen in solche mit Druckbeanspruchung, Zug- und Biegebeanspruchung oder Querkraftbeanspruchung scheint vernünftig. Hier soll später ein Handbuch die Lücke füllen, es wird bestimmte Regeln *empfehlend* und nicht *bestimmend* angeben.

Eine Nebenbemerkung sei an dieser Stelle erlaubt: Auch für die deutsche Baunormung wäre die Unterteilung in Vorschrift und unverbindliche Empfehlung ein sehr erstrebenswertes Ziel. Vielleicht kann auf diese Weise erreicht werden, daß der Bauingenieur anstelle des „Normen-Erfüllens“ wieder zum freien Konstruieren kommt.

Für den *Leichtbeton* werden in einem besonderen Abschnitt die *abweichenden* Bemessungs- und Konstruktionsregeln angegeben, die sich z. B. aus der geringeren Zugfestigkeit und dem abweichenden Kriech- und Schwindverhalten ergeben.

7.4.1 Bauausführung

In enger Zusammenarbeit mit dem Internationalen Spannbeton-Verband (FIP), dessen Kommission „Practical Construction“ schon vor Jahren mit dem Sammeln von Erfahrungen über Spannbetonarbeiten begonnen hatte, entstand das Kapitel „Bauausführung“. Es ist handbuchartig abgefaßt. Beim flüchtigen Überlesen könnte der Eindruck entstehen, daß derartig allgemein gehaltene oder selbstverständliche Regeln entbehrlich seien. Dem ist entgegenzuhalten, daß die Unterschiede in den Baugewohnheiten u. U. viel größer sind als die der Bemessungs- und Konstruktionsregeln. Andererseits ist ernsthaft zu prüfen, ob Regeln für die Bauausführung überhaupt ein Gegenstand für die Harmonisierung sind. Selbst im eigenen Land sind Unterschiede je nach Maschineneinsatz, handwerklicher Qualifikation des Personals, aber auch nach Grad der Arbeitsvorbereitung und Schwierigkeit des Bauvorgangs denkbar.

Insofern haben die Abschnitte über Baustoffwahl, Schalung, Einbau der Bewehrung, Vorspannen und Einpressen, Vorfertigung und Montage lediglich beschreibenden Charakter. Sie beziehen sich auf ein „übliches“ Qualitätsniveau, das z. B. auch bei der Wahl der Sicherheitsbeiwerte vorausgesetzt wurde.

7.4.2 *Qualitätskontrolle*

Definitionsgemäß werden hierzu alle Kontrollmaßnahmen und -Entscheidungen gerechnet, die im Laufe der Errichtung eines ausreichend tragfähigen, gebrauchsfähigen und dauerhaften Bauwerks notwendig sind. Da die Einzelheiten der Qualitätskontrolle auch von vertraglichen und rechtlichen Gesichtspunkten der Bauabnahme abhängen, mußte man sich auch hier auf allgemeine Regeln beschränken. Es werden die Schritte der Fertigungskontrolle und der Konformitätskontrolle unterschieden. Die Grenzen der Verantwortlichkeit der am Bau Beteiligten können in diesem System ganz unterschiedlich liegen. Es ist denkbar, daß alle Kontrollmaßnahmen vom Auftraggeber durchgeführt werden und dem (unmündigen) Unternehmer lediglich die Aufgabe zukommt, den Beton in die Schalung zu füllen. Dem steht unser deutsches System gegenüber, das der Eigenverantwortung des Unternehmers einen hohen Rang zuordnet und ihm sogar die Konformitätskontrolle zuweist, d. h. die Durchführung der Güteprüfung. Es kann nicht erwartet werden, daß unsere — aus Eigen- und Fremdüberwachung bestehende — Güteüberwachung ohne weiteres auf andere Länder übertragbar ist.

Ein besonderer Abschnitt ist der Güteprüfung des Betons gewidmet, wobei auf die Vorarbeiten eines von Rüsch geleiteten CEB/CIB/FIP/RILEM-Gemeinschaftsausschusses [11] zurückgegriffen wird. Beispielsweise ist auch der zulässige Bereich von Annahme-Kennlinien für die Mustervorschrift übernommen worden (Bild 4).

Der Einigung über dieses Bild kommt eine große Bedeutung zu, weil damit ein internationaler „Eich-Maßstab" für Annahmeregeln geschaffen wurde. Auch die gegenwärtigen Arbeiten eines deutschen Normenausschusses, der gemeinsame Annahmeregeln für *alle* Baustoffe aufstellen

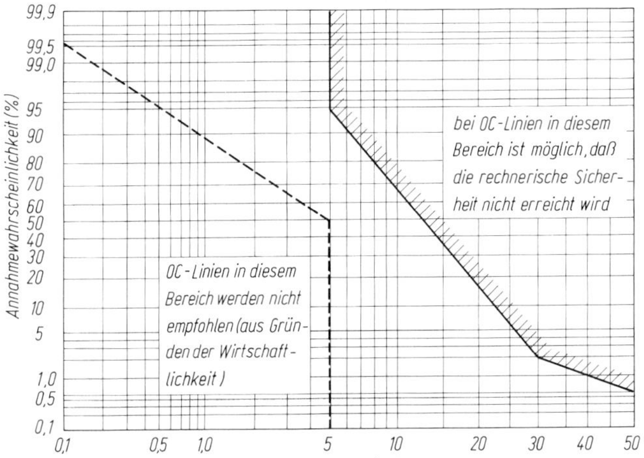

Bild 4. Zulässiger Bereich für Annahme-Kennlinien

soll, beziehen sich auf diesen Bereich von Annahme-Kennlinien. Nach umfangreichen Vergleichsrechnungen wurden für die Annahme von Beton in der Mustervorschrift zwei Kriterien empfohlen (kleine Annahmelose mit 3 Probekörpern, große Annahmelose mit 15 und mehr Probekörpern).

7.5 Anhänge zur Mustervorschrift

Von den Anhängen sei besonders auf den Anhang (a) — Formelzeichen hingewiesen, der ISO-Norm 3898 zur Grundlage hat. Auch der Anhang (d) — Betontechnologie verdient besondere Erwähnung. Mit den Arbeiten hierzu wurde verhältnismäßig spät begonnen, so daß die Beratungsergebnisse nicht den „Reifegrad" haben wie die anderen Teile der Mustervorschrift. Dies war der Grund, die Regeln der Betontechnologie nur als Anhang aufzunehmen. Dieser Text ist Gegenstand weiterer Beratungen im CEB, dient aber auch als Grundlage für Normungsvorhaben in ISO oder CEN.

8 Schlußbemerkung

Die CEB/FIP-Mustervorschrift ist ein bemerkenswertes Dokument der internationalen Zusammenarbeit von Bauingenieuren. Sie ist ein *Angebot* an die Fachgremien der verschiedenen Länder, sich ihrer bei der nationalen Normenarbeit zu bedienen. Sie ist aber auch ein in sich geschlossenes normenähnliches Papier, das auch zur direkten Anwendung geeignet ist.

Das CEB hat 20 Jahre lang Pionierarbeit zur internationalen Vereinheitlichung der Betonvorschriften geleistet. Seinerzeit beendete eine Resolution den nur-wissenschaftlichen Disput und leitete über zur handfesten Vorschriftenarbeit. Mit einer Reorganisation des Komitees hat man sich erneut auf die anderen Satzungsziele besonnen. Es war fast zur Gewohnheit geworden, die erarbeiteten Regeln an jeden kleinen Wissensfortschritt anzupassen bzw. jede neue Erkenntnis in Bemessungs- oder Konstruktionsregeln umzugießen. Selbstverständlich wird keine vollständige Abstinenz in der Vorschriftenarbeit eintreten; denn man arbeitet an Regeln für den Sonderfall der Bemessung für Erdbebenlasten und an der Aufstellung von Hilfsmitteln (in Manuals). Auch die ersten Schritte für einen sogenannten Performance Code werden getan. Mit dem Schlagwort „Zurück zur Forschung" sind die Ziele des CEB für die nächsten Jahre nur ungenügend beschrieben; aber es wird erkennbar, daß der Gedankenaustausch und die Einleitung neuer Forschungsarbeiten wieder mehr Priorität erhalten sollen.

Die Mitglieder des CEB wirken in den Gremien der internationalen und nationalen Normung mit und setzen sich

dafür ein, daß das Gedankengut der „privaten" Mustervorschrift in „offizielle" Regeln umgesetzt wird.

Es wäre wünschenswert, daß die CEB-Prinzipien, nämlich dem Ingenieur Hilfe für seine Arbeit an sicheren und dauerhaften Konstruktionen zu geben und *nicht* ihn durch gesetzesähnliche Regeln zu gängeln, beachtet würden. Die internationale Harmonisierung von Bauvorschriften ist ein langsamer Prozeß, der nicht schlagartig — beispielsweise durch gesetzesähnliche Verordnungen, seien sie auch noch so politisch begründet — vollzogen werden kann.

Literatur

[1] CEB/FIP-Mustervorschrift für Tragwerke aus Stahlbeton und Spannbeton. Deutsche Ausgabe. Vertrieb durch Deutscher Ausschuß für Stahlbeton.

[2] Stiller, M. : Einheitliche europäische Bauvorschriften — Wunsch und Wirklichkeit. Beton- und Stahlbetonbau 1973, H. 10, S. 242.

[3] Stiller, M.: CEB-Empfehlungen für Großtafelbauten. Beton- und Stahlbetonbau 1968, H. 6, S. 138.

[4] Kordina, K., und Stiller, M.: International vereinheitlichte Zeichen im Betonbau. Beton- und Stahlbetonbau 1973, H. 10, S. 134.

[5] Europäisches Beton-Komitee: Empfehlungen zur Berechnung und Ausführung von Stahlbetonbauwerken. 1964. Deutsche Übersetzung herausgegeben vom Deutschen Beton-Verein. Vertrieb durch Werner-Verlag GmbH, Düsseldorf.

[6] Internationaler Spannbeton-Verband (FIP) / Europäisches Beton-Komitee (CEB): Empfehlungen zur Berechnung und Ausführung von Spannbetonbauwerken. 1966. Deutsche Übersetzung herausgegeben vom Deutschen Beton-Verein.

[7] Europäisches Beton-Komitee (CEB) / Internationaler Spannbeton-Verband (FIP): Internationale Richtlinien zur Berechnung und Ausführung von Betonbauwerken. 1970. Deutsche Übersetzung herausgegeben von der Cement & Concrete Association, London.

[8] Deutscher Beton-Verein: Beispiele zur Bemessung nach DIN 1045. Vertrieb durch Bauverlag GmbH, Wiesbaden.

[9] Miehlbradt, M., CEB/FIP-Mustervorschrift — Seminar (Berichte über den VIII. Internationalen Spannbeton-Kongreß London 1978). Beton- und Stahlbetonbau 1978, H. 10, S. 240.

[10] Stiller, M.: Grenzzustände der Tragfähigkeit (Seminar über die CEB/FIP-Mustervorschrift). Proceedings: Part 3, 8. FIP-Kongreß 1978, London.

[11] CEB/CIB/FIP/RILEM: Recommended principles for the control of quality and the judgement of acceptability of concrete. CEB-Bulletin No. 110 und „Matériaux et Constructions" Bd. 8, No. 47.

Karl Möhler

Zur Neufassung der Holzbaunorm DIN 1052

1 Einleitung

Der Holzbau, soweit er tragende Bauteile aus Holz, Holzwerkstoffen oder Verbundkonstruktionen dieser Werkstoffe mit Stahl- oder Leichtmetallteilen umfaßt, ist als Teil des konstruktiven Ingenieurbaues, der seit den 20er Jahren allgemein mit „Ingenieurholzbau" bezeichnet wird, auf Bemessungsregeln angewiesen, die die notwendige Tragsicherheit und die je nach Anwendungsbereich erforderliche Gebrauchsfähigkeit seiner Bauteile sicherstellen. Die Gebrauchsfähigkeit ist in den meisten Fällen durch Einhaltung gewisser rechnerischer Verformungsgrenzen gegeben. Die Regeln müssen daher auf den Gesetzmäßigkeiten der Baustatik und Festigkeitslehre beruhen, wozu die Kenntnis der Verformungs- und Festigkeitseigenschaften der verwendeten Werkstoffe und des Verformungs- und Tragverhaltens der zur Anwendung kommenden Verbindungskonstruktionen erforderlich ist.

Bereits die 1. Ausgabe der DIN 1052, Holzbauwerke, Berechnung und Ausführung, aus dem Jahre 1933, die nach einigen Ergänzungen in den Jahren 1938 und 1941 bis zum Jahre 1969 als bauaufsichtlich eingeführte Bemessungsnorm für Holzbauwerke im Gebrauch war, war auf diesen Grundlagen aufgebaut. Seit diesen Jahren ist die „DIN 1052" für jeden Holzbaukonstrukteur zu einem unentbehrlichen Hilfsmittel für die Berechnung und Konstruktion von tragenden Holzbauwerken geworden. Sie hat auch, zumindest in zahlreichen europäischen Ländern, bei der Aufstellung von Bemessungsregeln des Holzbaues oft als Muster gedient.

Die Fassung der DIN 1052, Blatt 1 und 2 vom Jahre 1969, an welcher Professor v. Halász als Mitglied des Arbeitsausschusses maßgebend mitgewirkt hat, war der Entwicklung des Holzbaues entsprechend in zahlreichen Punkten ergänzt und berichtigt worden. Wichtige Änderungen erfuhren die Bemessungsregeln für nachgiebig zusammengesetzte Biege- und Druckglieder, sowie die Festlegungen für Nagel- und Leimverbindungen. Neu aufgenommen wurden Zahlenwerte für den Schubmodul und das Quellen und Schwinden des Holzes, sowie Angaben für Knicklängen bestimmter Konstruktionsformen, Bemessungsregeln für Abstützungen und Verbände zur Knicksicherung von Fachwerk- und Vollwandträgern sowie Materialkennwerte und zulässige Spannungen für Brettschichtholz und Furnierplatten. Bei den Verbindungsmitteln wurden Stabdübel und Holzschrauben als tragende Verbindungsmittel neu aufgenommen, letztere besonders auch wegen ihrer Eignung zur Aufnahme ständig wirkender Ausziehlasten, wofür Drahtnägel nicht geeignet sind. Außerdem wurden auch die Dübelverbindungen besonderer Bauart als Blatt 2 in die Norm 1052 integriert. Bereits 1963 und 1967 waren in Ergänzung zu DIN 1052 Richtlinien für Holzhäuser in Tafelbauart und für Dachschalungen aus Holzspanplatten und Baufurnierplatten erarbeitet worden, die die Anwendung bestimmter Holzwerkstoffe für besondere tragende Bauteile regeln sollten. Dabei waren die Werkstoffeigenschaften der Span- und Faserplatten auch 1969 noch nicht soweit geklärt, daß eine Übernahme dieser ergänzenden Bemessungsregeln in die Hauptnorm möglich war. In den letzten Jahren haben sich die Anwendungsbereiche von Holzkonstruktionen ebenso wie die Vielfältigkeit ihrer Konstruktionsformen zunehmend erweitert, sei es um architektonische Forderungen zu erfüllen oder Bauformen aus anderen Konstruktionsbaustoffen nachzuahmen. Dabei wurde oft nicht berücksichtigt, daß der natürlich gewachsene, anisotrope Baustoff Holz und weitgehend auch die Holzwerkstoffe nicht wie die Metalle in jeder Richtung und für jede Beanspruchungsart praktisch gleiche elastomechanische Eigenschaften besitzen. Bei den künstlich hergestellten Holzwerkstoffplatten wie auch bei Brettschichtholz läßt sich nur eine beschränkte Vergütung gegenüber dem natürlich gewachsenen Holz erreichen, deren Grenzen jedem Holzbaukonstrukteur, aber auch dem Architekten bewußt sein sollten. Hinzu kommen noch Wirkungen aus der Hygroskopizität des Holzes und der Holzwerkstoffe, die wegen der dadurch hervorgerufenen Eigen- und Zwängungsspannungen oft wesentlich zum Versagen einer Holzkonstruktion beitragen können.

Fortschritte konnten durch die Wechselwirkung zwischen Holzbauforschung und Praxis vor allem dadurch gemacht werden, daß es gelang, das Trag- und Verformungsverhalten der Holzbaustoffe unter Langzeit- und Klimaeinwirkung immer mehr zu erkunden, gefahrbringende Spannungszustände aus Formgebung oder Anschlüssen genauer

zu erfassen, und die Verbindungstechnik durch Verbesserung der bisherigen Bauarten und durch Neuentwicklungen den Anforderungen bestimmter Konstruktionsformen anzupassen. Im Zusammenhang mit der internationalen Entwicklung des Holzbaues ergaben sich somit eine Reihe von Ursachen und Notwendigkeiten, die Novellierung der bestehenden Holzbauvorschriften in Angriff zu nehmen. Dabei waren auch die im Rahmen der internationalen Normung (ISO) angelaufenen Arbeiten zur Harmonisierung der Holzbauvorschriften zu berücksichtigen [1].

Nachstehend soll auf wichtige Änderungen und Ergänzungen der bestehenden Holzbaunorm DIN 1052, soweit sie sich heute schon abzeichnen, eingegangen werden.

2 Zulässige Spannungen für Voll- und Brettschichtholz sowie für Holzwerkstoffe

2.1 Voll- und Brettschichtholz

Obwohl in den letzten Jahren das Zahlenmaterial über die hauptsächlichsten Materialeigenschaften der für Holzkonstruktionen in Frage kommenden Werkstoffe wesentlich erweitert werden konnte, reicht es bei weitem noch nicht aus, um die Bemessungsverfahren auf das anzustrebende neue Sicherheitskonzept auf der Grundlage der stochastisch verteilten Eigenschaften des Holzes und der Holzwerkstoffe umstellen zu können. Hierzu fehlen bisher noch weitgehend die erforderlichen Unterlagen, deren Erarbeitung aber weltweit an verschiedenen Instituten im Gange ist.

Für Voll- und Brettschichtholz sollen die zulässigen Spannungen der Tabelle 6 der DIN 1052, Teil 1 nicht geändert werden. Neu aufgenommen werden aber zulässige *Torsionsspannungen* gemäß Tabelle 1, wobei der Nachweis nach der Elastizitätstheorie für isotrope Werkstoffe geführt werden darf [2]. Bei gleichzeitiger Wirkung einer Schubspannung aus Querkraft sind diese Werte mit dem Faktor

$$k_{\tau_Q} = 1 - (\text{vorh}\ \tau_Q/\text{zul}\ \tau_Q)^2 \qquad (2.1)$$

abzumindern. Hierin bedeuten:

vorh τ_Q = vorhandene Schubspannung aus Querkraft

zul τ_Q ‖ = zulässige Schubspannung aus Querkraft nach Tabelle 6, Zeile 6.

Wie aus Bild 1 hervorgeht, können im allgemeinen noch größere Torsionsspannungen zusätzlich zu den Schubspannungen aufgenommen werden.

Als Torsionsmodul kann bei Brettschichtholz der gleiche Wert wie für den Schubmodul (500 N/mm²) angenommen werden, während bei Vollholz wegen der meist unvermeidlichen Oberflächenrisse G_T mit 330 N/mm² bei Verformungsberechnungen anzusetzen ist.

Tabelle 1: Zulässige Torsionsspannungen für Voll- und Brettschichtholz im Lastfall *H* in N/mm²

Zeile	Art der Beanspruchung	Nadelhölzer Güteklasse III	II	I	Brettschichtholz Güteklasse II	I	Eiche und Buche mittlere Güte
7	Torsion zul τ_T	0,9	1,0	1,0	1,6	1,6	1,6

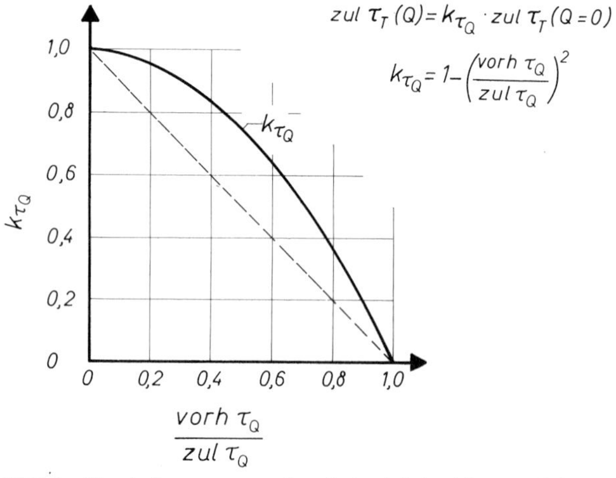

Bild 1. Abminderungswert k_{τ_Q} bei gleichzeitiger Wirkung von Querkraft und Torsion

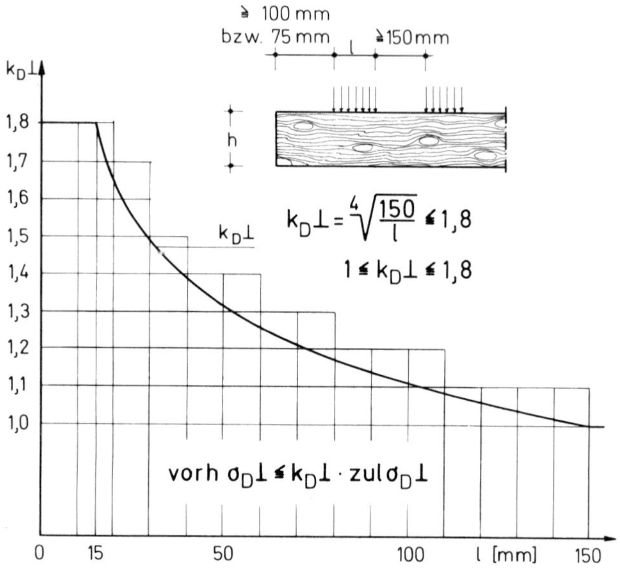

Bild 2. Erhöhungsfaktor $k_D\perp$ für Querdruck in Abhängigkeit von der Länge der Aufstandsfläche

Bei *Druck senkrecht zur Faser*, soweit er als kleinflächiger Schwellendruck vorliegt, ist unter den Bedingungen nach Bild 2 in Abhängigkeit von der Länge der Aufstandsfläche in Faserrichtung eine Erhöhung der zulässigen Werte um den Faktor k_D nach Gl. (2.2) vorgesehen.

$$k_D \perp = \sqrt[4]{\frac{150}{l}} \leqq 1{,}8 \tag{2.2}$$

mit l = Länge der Aufstandsfläche in mm. Diese nach [1] vorgeschlagene Spannungserhöhung, die durch Versuche mit europäischem Fichtenholz in Karlsruhe bestätigt wurde, bringt besonders im Holztafelbau Vorteile, wo oft bei Wandelementen die lotrechten Belastungen über schmale Rippen oder Beplankungen auf Schwellen oder Rähmhölzer übertragen werden müssen.

Bei *Biegeträgern* mit Auflagerung am unteren Rand und Lastangriff am oberen Trägerrand kann die für den Schubnachweis im Auflagerbereich maßgebende Querkraft nach Bild 3 abgemindert werden, was vor allem in denjenigen Fällen zu geringeren Querschnitten führt, in denen in Auflagernähe größere Einzellasten auftreten. Obwohl die in [3] mitgeteilten Untersuchungen wie auch theoretische Überlegungen unter Berücksichtigung der Anisotropie des Holzes ein günstigeres Verhalten als bei Stahlbeton ergaben, wurde in Anlehnung an DIN 1045, Ziffer 17.5.2 folgender auf der sicheren Seite liegender Vorschlag für die Aufnahme in die Neufassung vorgesehen:

„Für Biegeträger mit Auflagerung am unteren Trägerrand und Lastangriff am oberen Trägerrand darf für den Nachweis der Schubspannungen oder der Schubverbindungsmittel im Bereich von End- und Zwischenauflagern mit einer abgeminderten Querkraft gerechnet werden. Als maßgebend ist die Querkraft im Abstand von $h/2$ (h = Trägerhöhe über Auflagermitte, auch bei Abschrägungen) vom Auflagerrand anzunehmen. Der Querkraftanteil aus einer Einzellast im Abstand $a \leqq 2h$ von Auflagermitte darf dabei im Verhältnis $a/(2\,h)$ abgemindert werden."

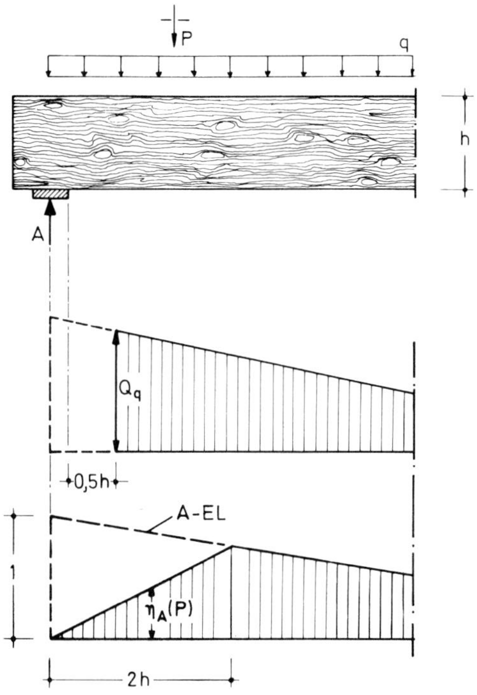

Bild 3. Maßgebende Querkraft für den Schubnachweis bei Lastangriff im Auflagerbereich

Zur Zeit ist noch nicht entschieden, ob allgemein Festwerte für die *zulässige Querzugspannung* für Voll- und Brettschichtholz angegeben werden können. Da Querzugversagen von Holzkonstruktionen nicht nur von der Werkstoffestigkeit, die bei Voll- und Brettschichtholz mit zunehmendem, querbeanspruchten Volumen abnimmt, sondern auch von der Konstruktionsform abhängig ist, wäre die Angabe eines Festwertes für zul $\sigma_Z \perp$ allein nicht ausreichend. Es ist daher zweckmäßiger, für bezüglich Querzugversagen besonders kritische Konstruktionsformen, wie gekrümmte, ausgeklinkte oder mit Queranschlüssen ausgeführte Brettschichtkonstruktionen besondere Bemessungsverfahren anzugeben.

2.2 Holzwerkstoffe

Es ist vorgesehen, neben Baufurnierplatten nach DIN 68 705, Teil 3 auch Flachpreßplatten nach DIN 68 763, deren Anwendung bisher noch auf Holzhäuser in Tafelbauart beschränkt ist, für alle tragenden Bauteile zur Verwendung freizugeben, während die Anwendung von Holzfaserplatten nach DIN 68 754, Teil 1, „Harte und mittelharte Holzfaserplatten für das Bauwesen, Holzwerkstoffklasse 20" auf Holzhäuser in Tafelbauart beschränkt bleiben wird. Hierfür werden die zu beachtenden Bestimmungen in DIN 1052, Teil 3 festgelegt werden. Für die möglichen Beanspruchungsarten der Plattenwerkstoffe nach Bild 4 werden die zulässigen Spannungen sowie die E- und G-Moduln nach den Werten der Tabellen 2 und 3 des DIN-Entwurfes 1052, Teil 3, Februar 1979, maßgebend werden.

3 Berücksichtigung der Belastungsdauer beim Verformungs- und Spannungsnachweis

3.1 Verformungsnachweis

Während z. Z. eine Berücksichtigung des Kriechens beim Durchbiegungsnachweis von Holzkonstruktionen nur in [5] in allgemeiner Weise durch Abminderung des E-Wertes

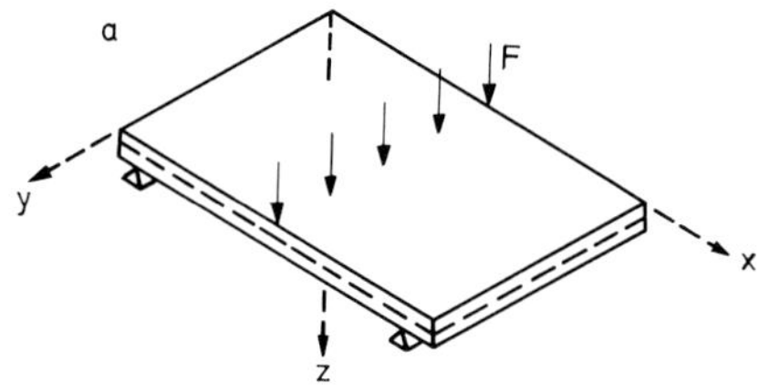

a.) Biegung rechtwinklig z. Plattenebene

	zul σ_{Bxy}	zul τ_{zx}	$E_{Bxy} \cdot 10^3$	$G_{zx} \cdot 10^3$
Fu	∥ 13 ⊥ 5	0,9	∥ 7,0 ⊥ 3,0	0,25
Span.	5 - 2	0,4 - 0,3	3,2 - 1,2	0,2 - 0,1
Faser.	8 - 2,5	0,4 - 0,3	4,0 - 1,5	0,2 - 0,1

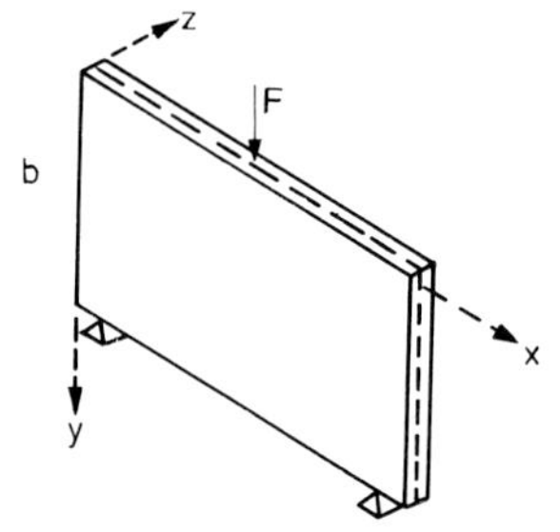

b.) Biegung in Plattenebene

	zul σ_{Bxz}	zul τ_{yx}	$E_{Bxz} \cdot 10^3$	$G_{yx} \cdot 10^3$
Fu	∥ 9 ⊥ 6	1,8	∥ 5,0 ⊥ 3,5	0,5
Span.	3,4 - 1,4	1,8 - 1,2	2,2 - 0,8	1,1 - 0,45
Faser.	5,5 - 2,0	1,5 - 0,8	2,5 - 1,0	1,25 - 0,5

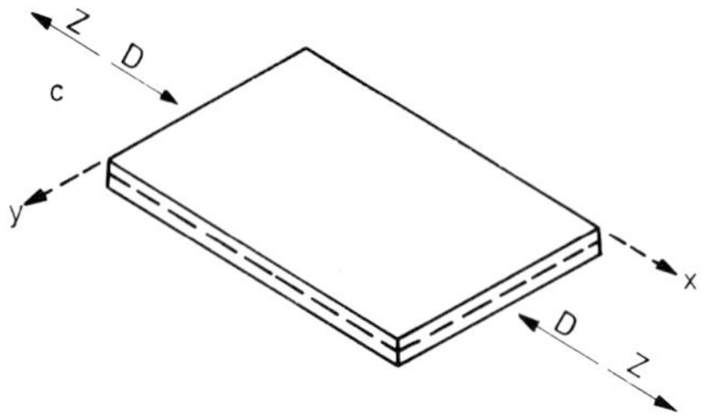

c.) Normalkraft in Plattenebene

	zul σ_{Dx}	zul σ_{Zx}	zul σ_l	$E_{Dx} \cdot 10^3$	$E_{Zx} \cdot 10^3$
Fu	∥ 8 ⊥ 4	∥ 3 ⊥ 3	∥ 8,0 ⊥ 4,0	∥ 5,0 ⊥ 3,5	
Span.	3,0 - 1,75	2,5 - 1,25	6,0	2,2 - 0,9	
Faser.	4,0 - 2,0	4,0 - 2,0	6,0 - 3,0	2,5 - 1,0	

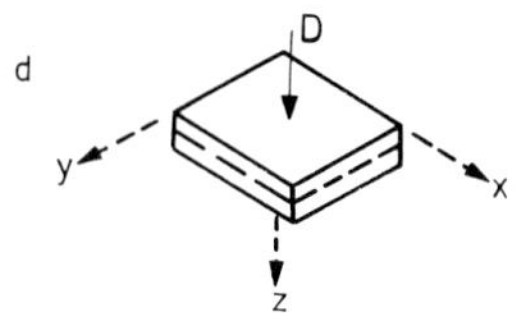

d.) Druck rechtwinklig z. Plattenebene

	zul σ_{Dz}
Fu	3
Span.	2,5 - 1,5
Faser.	3,0 - 2,0

Bild 4. Beanspruchungsarten von Holzwerkstoffplatten und Rechenwerte in N/mm^2

bei Spannungen aus ständiger Last größer 50 % von zul σ empfohlen wird, sollen die E- und G-Werte von Holz und Holzwerkstoffen mit η nach Gl. (3.1) abgemindert werden, wenn die Spannung infolge ständiger Lasten mehr als 50 % der zulässigen Spannung beträgt.

$$\eta = 1{,}5 - \frac{\sigma_g}{\text{zul}\,\sigma}. \tag{3.1}$$

Hierin bedeuten:

σ_g Spannung infolge ständiger Last

zul σ zulässige Spannung für den Lastfall H.

Bei Verwendung von Holzbauteilen in Bereichen, in denen ein Feuchtigkeitsgehalt des Holzes, der Baufurnier- oder Flachpreßplatten von mehr als 18 % über eine längere Zeitspanne zu erwarten ist, ist der Abminderungsfaktor η nach Gl. (3.2) zu ermitteln.

$$\eta = \frac{5}{3} - \frac{4}{3} \cdot \frac{\sigma_g}{\text{zul}\,\sigma}. \tag{3.2}$$

Vereinfachend kann in den Gleichungen (3.1) und (3.2) das Spannungsverhältnis σ_g/zul σ durch das Lastverhältnis g/q ersetzt werden. Diese Erleichterung soll z. B. für Holzhäuser in Tafelbauart in DIN 1052, Teil 3 aufgenommen werden.

Wenn auch bereits bei geringen ständigen Beanspruchungen Kriechverformungen, vor allem bei Spanplatten, auftreten, so können durch die vorgesehenen Abminderungen der Verformungskennwerte die besonders nachteiligen Durchbiegungszunahmen, wie sie in der Praxis bei biegebeanspruchten Holzbauteilen immer wieder auftreten, auf ein erträgliches Maß zurückgeschraubt werden.

3.2 Spannungsnachweis

Man kann davon ausgehen, daß die bisher zulässigen Spannungen für den Lastfall *H* auch bei Langzeitbelastung noch eine ausreichende Bruchsicherheit der Holzbauteile gewährleistet haben. Für kurzzeitig wirkende Lasten können daher höhere Spannungen zugelassen werden, wie dies seit 1969 für den Lastfall *H Z* durch eine 15 %ige Erhöhung von zul σ möglich ist. Es erscheint vertretbar in Anlehnung an [1] die zulässigen Spannungen für Haupt- und Zusatzlasten um 25 % zu erhöhen und für Stoßlasten (einschließlich Erdbeben) den Erhöhungsfaktor mit 1,8 bis 2,0 anzunehmen.

4 Kritische Konstruktionsformen, vorwiegend bei Brettschichtholzkonstruktionen

Die hier zu behandelnden Konstruktionsformen sind durch das Auftreten von Querzugspannungen gekennzeichnet, die bei der geringen und meist sehr stark nach unten streuenden Querzugfestigkeit des Holzes und örtlich, z. B. im Bereich von Ästen, auch der Leimfugen leicht das Versagen des ganzen Bauteils einleiten können. Dabei kommen zu den Querzugbeanspruchungen aus äußeren Lasten oft noch Schubspannungen und in zahlreichen Fällen auch Schwindspannungen, die allein schon zu einer wesentlichen Schwächung des Querschnitts infolge Rißbildung führen können. Daß die Querzugfestigkeit von Brettschichtholz vom querbeanspruchten Volumen abhängt, wurde bei Versuchen an prismatischen Probekörpern festgestellt [5], wie aus Bild 5 hervorgeht. Ähnliche Verhältnisse wurden bei Belastungsversuchen mit gekrümmten Trägern gefunden, so daß es naheliegend erscheint, in den meisten Fällen die zulässige Querzugbeanspruchung von der Größe des beanspruchten Volumens abhängig zu machen, wie dies in [1] für die charakteristische Querzugfestigkeit vorgesehen ist.

4.1 Gekrümmte Brettschichtträger mit konstanter und veränderlicher Querschnittshöhe

Die für Träger mit Rechteckquerschnitt und konstanter Höhe im gekrümmten Bereich (Bild 6 a) geltende Beziehung zur Berechnung der maximalen Querzugspannung aus Momentenbeanspruchung

$$\sigma_Z \perp = \frac{M}{W} \cdot \frac{1}{4\beta} \quad \text{mit} \quad \beta = \frac{r_m}{h} \tag{4.1}$$

ist bereits als Gl. (40) in DIN 1052, Teil 1 angegeben. Diese Gleichung kann aber nicht für Satteldachträger mit gekrümmtem oder geradem Untergurt nach Bild 6 b und c angewendet werden. Bei diesen Trägerformen treten ebenfalls Querzugspannungen auf, die im Firstquerschnitt ihre Maximalwerte erreichen. Gleichzeitig müssen auch hier die maximalen Längsspannungen im Untergurt am inneren Rand nachgewiesen werden. Allgemein können die maximalen Querspannungen und die Längsspannungen am inneren Rand mit den Beiwerten $\varkappa_q$ und $\varkappa_l$ für den Lastfall *M* nach Gl. (4.2) und (4.3) berechnet werden [6].

$$\sigma_q = \varkappa_q \cdot \frac{M}{W_m} \quad \text{mit} \quad W_m = b \cdot h_m^2/6 \tag{4.2}$$

$$\sigma_l = \varkappa_l \cdot \frac{M}{W_m}. \tag{4.3}$$

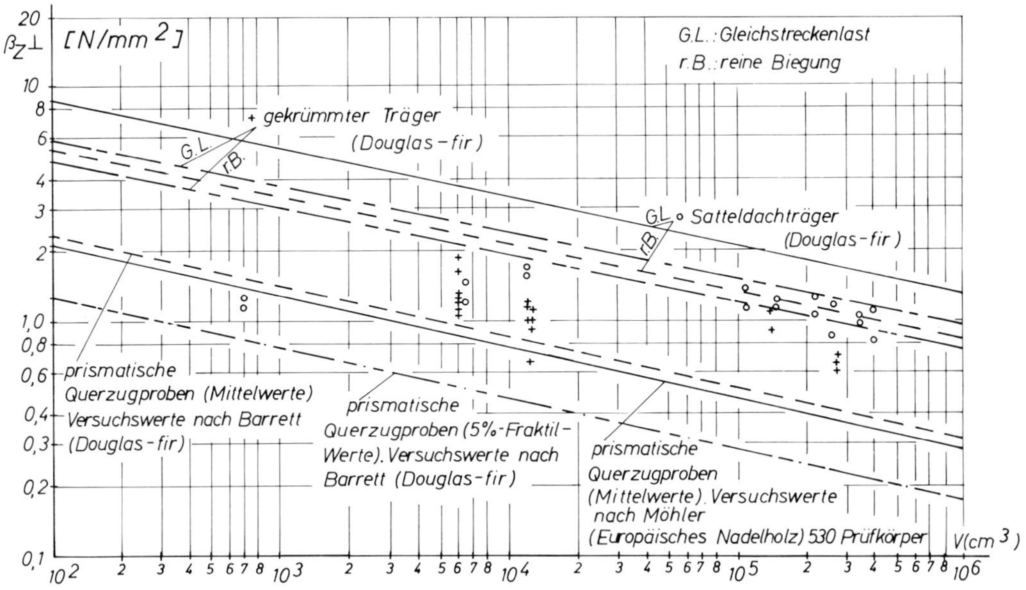

Bild 5. Abhängigkeit der Querzugfestigkeit vom Volumen bei Brettschichtholz

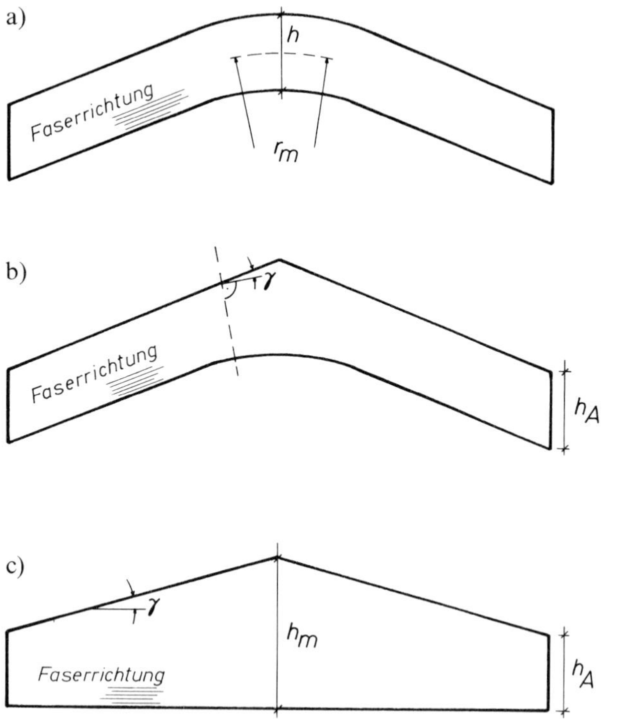

Bild 6. Formen gekrümmter Brettschichtträger mit konstanter und veränderlicher Trägerhöhe

Die Beiwerte $\varkappa_q$ und $\varkappa_l$ berechnen sich näherungsweise mit den Bezeichnungen nach Bild 7 nach den Gleichungen (4.4) und (4.5).

$$\varkappa_q = A_q + B_q \left(\frac{h_m}{r_m}\right) + C_q \left(\frac{h_m}{r_m}\right)^2 \tag{4.4}$$

mit

$$A_q = 0{,}2 \cdot \tan\gamma \tag{4.4 a}$$

$$B_q = 0{,}25 - 1{,}5 \cdot \tan\gamma + 2{,}59 \cdot \tan^2\gamma \tag{4.4 b}$$

$$C_q = 2{,}1 \cdot \tan\gamma - 4\tan^2\gamma \tag{4.4 c}$$

$$\varkappa_l = A_l + B_l \left(\frac{h_m}{r_m}\right) + C_l \left(\frac{h_m}{r_m}\right)^2 + D_l \left(\frac{h_m}{r_m}\right)^3 \tag{4.5}$$

mit

$$A_l = 1 + 1{,}4 \cdot \tan\gamma + 5{,}4 \cdot \tan^2\gamma \tag{4.5 a}$$

$$B_l = 0{,}35 - 8 \cdot \tan\gamma \tag{4.5 b}$$

$$C_l = 0{,}555 + 8{,}25 \cdot \tan\gamma + 7{,}83 \cdot \tan^2\gamma \tag{4.5 c}$$

$$D_l = 6 \cdot \tan^2\gamma . \tag{4.5 d}$$

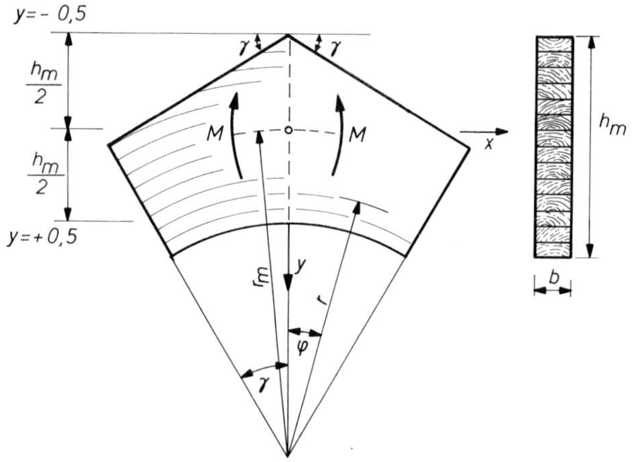

Bild 7. Firstscheibe des Satteldachträgers, Bezeichnungen

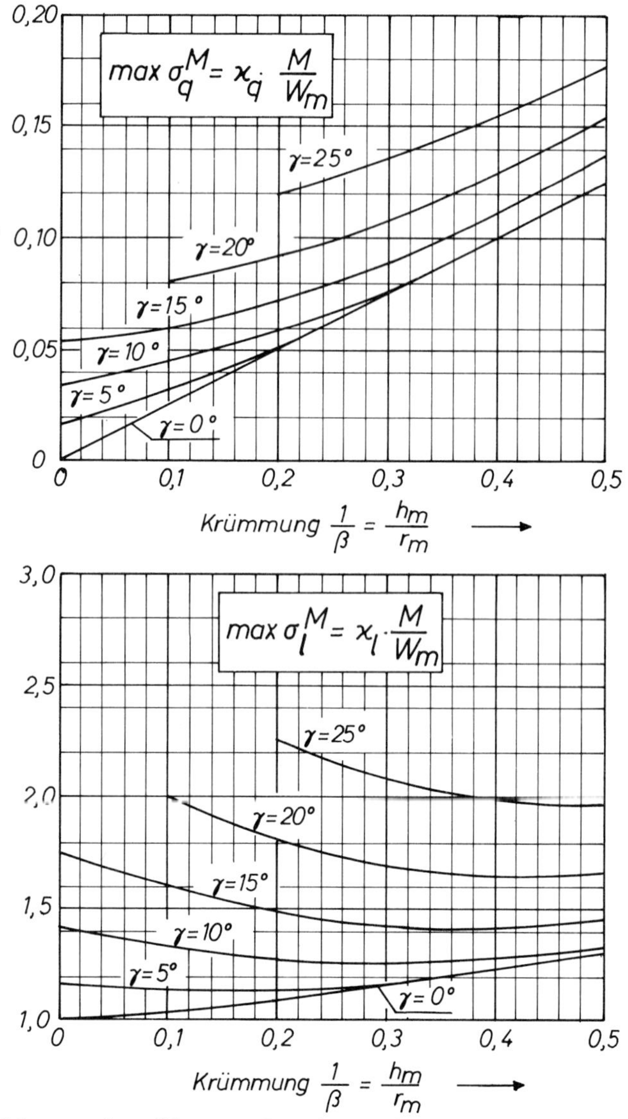

Bild 8. $\varkappa_q$ und $\varkappa_l$-Werte zur Berechnung der maximalen Quer- und Längsspannungen

Die Werte $\varkappa_q$ und $\varkappa_l$ sind in Bild 8 a und 8 b für verschiedene Winkel γ in Abhängigkeit vom Krümmungsverhältnis $1/\beta = h_m/r_m$ aufgetragen. Da die Rechenwerte aufgrund der der Rechnung zugrundegelegten Werkstoffkennwerte E, G und μ sowie der getroffenen Rechenvereinfachungen keine absolute Genauigkeit aufweisen, können die $\varkappa_l$ und $\varkappa_q$-Werte für praktische Berechnungen genau genug auch aus den Diagrammen (Bild 8 a und b) entnommen werden. In diesen Diagrammen sind auch bei $\gamma = 0$ die Werte für den Träger mit konstanter Höhe nach Bild 6 a und für $1/\beta = 0$ für den Satteldachträger mit geradem Untergurt nach Bild 6 c enthalten. Die Werte $\varkappa_q$ nach Gl. 4.4 liegen bei kleinen Krümmungsverhältnissen ($1/\beta < 0{,}1$ bzw. 0,2) auf der unsicheren Seite, so daß es sich empfiehlt, für diese Bereiche die Gl. 4.4 nicht mehr anzuwenden, zumal derart große γ-Werte zu konstruktiv unzweckmäßigen Trägerformen führen. Da auch für die Lastfälle N und Q die Maximalwerte der Längs- und Schubspannungen von den Werten des geraden, parallelgurtigen Trägers abweichen, muß für diese meist weniger oft vorkommenden Fälle auf die Literatur (z. B. [6]) verwiesen werden.

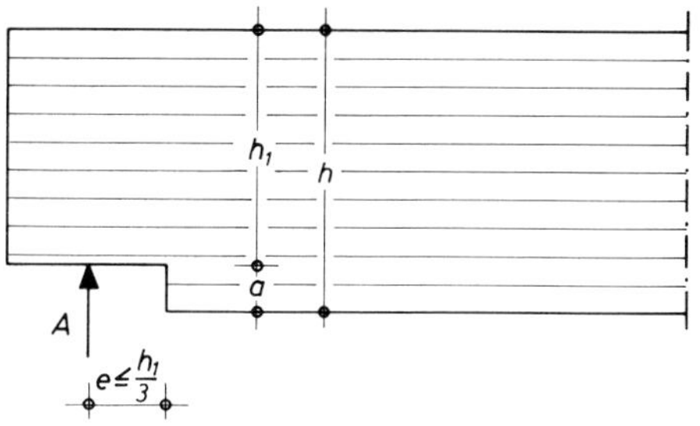

Bild 9. Rechtwinklig ausgeklinktes Trägerende

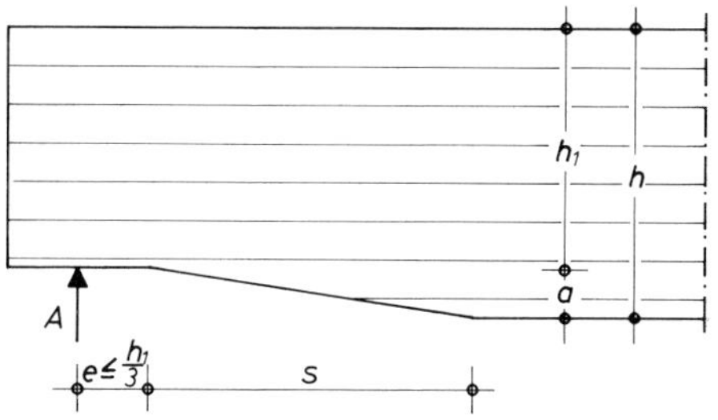

Bild 10. Schräg ausgeklinktes Trägerende

4.2 Ausklinkungen am Endauflager von Biegeträgern

Die Fassung des Abs. 9.1.10 der bisherigen DIN 1052, Teil 1, die besondere Vorkehrungen zum Vermeiden des Aufreißens bei Querzug verlangt und als Beispiel beim ausgeklinkten Balkenauflager nach Bild 14 einen Bolzen vorsieht, ist unbefriedigend. Der Bolzen kann die Rißbildung nicht verhindern und wird umso problematischer je höher der Balken wird und je mehr mit Feuchteänderungen des Holzes zu rechnen ist. Aufgrund der Untersuchungen von Mistler [7] soll die Neufassung nicht nur eine Beziehung zur Berechnung der bei rechteckig oder schräg ausgeklinkten Trägerenden zulässigen Querkraft, sondern auch Bemessungsvorschläge für Verstärkungen enthalten. Ohne Verstärkungen oder Sicherungsmaßnahmen kann der Restquerschnitt $b \cdot h_1$ (Bild 9) nur eine geringe Querkraft, die normalerweise der Auflagerkraft entspricht, aufnehmen. Diese berechnet sich nach [7] zu:

$$\text{zul}\, Q = \frac{2}{3} \cdot b \cdot h_1 \cdot k_A \cdot \text{zul}\, \tau \parallel . \tag{4.6}$$

Hierin bedeuten:

zul $\tau \parallel$: zulässige Schubspannung nach Tabelle 6, Zeile 6 der DIN 1052, Teil 1

k_A: Abminderungsfaktor infolge gleichzeitiger Wirkung von Schub- und Querzugspannungen.

Für senkrechte Ausklinkungen nach Bild 9 ist für Ausklinkungsverhältnisse $a/h \leqq 0{,}25$ mit dem Beiwert

$$k_A = 1 - 2{,}8 \frac{a}{h} \tag{4.7}$$

zu rechnen. Für den Bereich $a/h > 0{,}25$ könnte mit $k_A = 0{,}3$ gerechnet werden. Nach Auffassung des Arbeitsausschusses DIN 1052 sollte jedoch bei senkrechten Ausklinkungen eine Beschränkung auf maximal $a/h = 0{,}25$ eingehalten werden, wobei die größte Ausklinkungshöhe von $a = 25$ cm nicht überschritten werden sollte. Schließlich muß der Abstand $e \leqq h_1/3$ sein. Für Ausklinkungen mit schrägem Trägerrand nach Bild 10 kann mit $k_A = 1$ gerechnet werden, wenn die Länge s des schrägen Trägerteils $\geqq 14\,a$ bei Güteklasse I und $s \geqq 10\,a$ bei Güteklasse II oder aber $s \geqq 2{,}5\,h$ ist. Hierbei ist der kleinere Wert ausreichend.

Senkrechte Ausklinkungen von Brettschichtträgern können dann mit $k_A = 1$ berechnet werden, wenn durch beidseitig aufgeleimte Streifen oder Winkelstücke aus Buchenfurnierplatten AW 100 nach DIN 68 705, Teil 3 eine Verstärkung gemäß Bild 11 vorgenommen wird. Die Verleimung muß mit Resorcinharzleim bei einem Preßdruck von ca. 0,6 N/mm^2 erfolgen, wobei die Faserrichtung der Deckfurniere senkrecht zur Faserrichtung des Trägers stehen muß. Der Preßdruck kann mit geeigneten Preßvorrichtungen oder aber durch Nagelpreßleimung in Anlehnung an DIN 1052, Teil 1, Punkt 11.5.9 aufgebracht werden. Dabei sollte die Einflußfläche pro Nagel 60 cm^2 nicht überschreiten [8]. Bei Nagelpreßleimung sind die Nagellöcher erforderlichenfalls in der Baufurnierplatte mit rund 85 % des Nageldurchmessers vorzubohren. Zu beachten ist

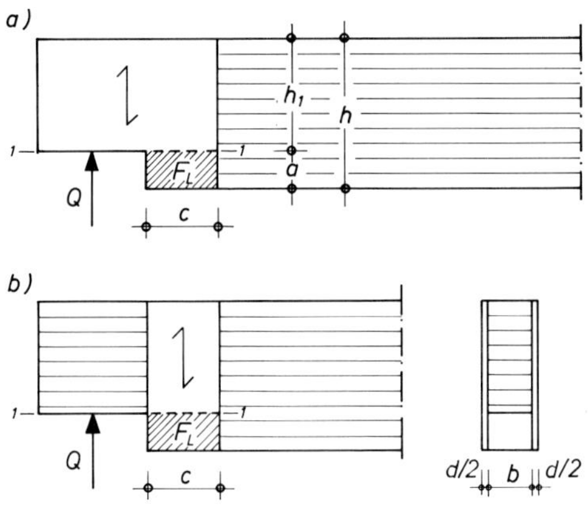

Bild 11. Rechtwinklig ausgeklinkte Trägerenden mit Furnierplatten-Verstärkungen
a) Winkel b) Streifen

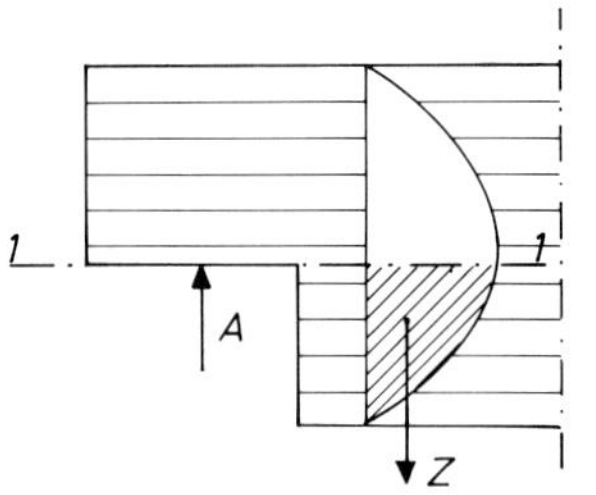

Bild 12. Zugkraft Z und Spannungsnachweis für die Verstärkungen

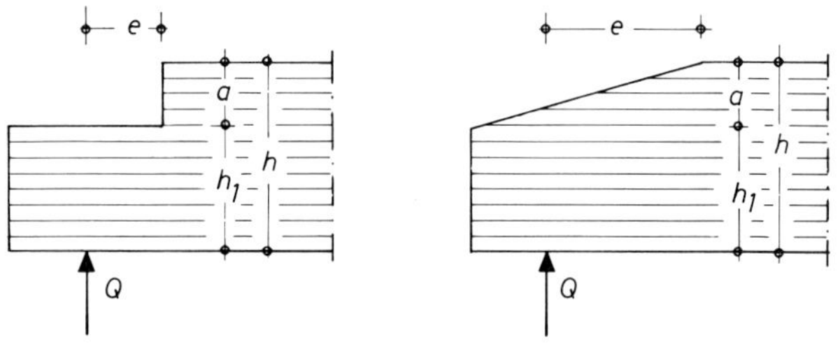

Bild 13. Ausklinkungen am oberen Trägerrand

auch, daß der Feuchtigkeitsgehalt der Baufurnierplatte bei der Verleimung der zu erwartenden Ausgleichsfeuchte entspricht.

Die Verstärkungen sind für eine Zugkraft von

$$Z = \text{zul}\, Q \cdot \left[3\left(\frac{a}{h}\right)^2 - 2\left(\frac{a}{h}\right)^3\right] \qquad (4.8)$$

nach Bild 12 zu bemessen.

Da die Spannungen in den Baufurnierplatten und in den Leimfugen nicht gleichmäßig verteilt sind, muß beim vereinfachten Spannungsnachweis für den Plattenquerschnitt 1—1 und für die Leimfläche F_L mit den abgeminderten Spannungen

$\text{zul}\, \sigma_Z \parallel^{\times} = 2\ \text{N/mm}^2$ und

$\text{zul}\, \tau_a \parallel^{\times} = 0{,}15\ \text{N/mm}^2$

gerechnet werden [9].

Schließlich haben die Versuche auch gezeigt, daß durch eingeleimte Gewindestangen anstelle der bei der bisherigen Norm vorgesehenen Schraubenbolzen die Rißsicherheit und volle Tragfähigkeit des Restquerschnitts $b \cdot h_1$ erreicht werden kann. Es ist z. Z. noch nicht entschieden, ob diese Möglichkeit allgemein in die neue Fassung aufgenommen werden kann.

Bei an der Oberseite nach Bild 13 ausgeklinkten Endauflagern von Biegeträgern kann die zulässige Querkraft am Auflager wie folgt berechnet werden:

$$\text{zul}\, Q = \frac{2}{3} \cdot b \cdot \left(h - \frac{a}{h_1} \cdot e\right) \cdot \text{zul}\, \tau \parallel \qquad (4.9)$$

mit

$\frac{a}{h} \leqq 0{,}4$ und $e \leqq h_1$.

5 Zur Bemessung nachgiebig verbundener Biegeträger und Stützen aus gleichen Einzelquerschnitten

Nach Abschnitt 5.4 und 7.3.3 der DIN 1052, Teil 1 ist für nachgiebig zusammengesetzte Träger und Stützen das wirksame Trägheitsmoment I_w mit Hilfe des Abminderungswertes γ zu berechnen. Mit I_w kann der Spannungs-, Durchbiegungs- und Knicknachweis geführt werden. Die Berechnung nach dem γ-Verfahren ist verhältnismäßig aufwendig, zumal die Einflüsse der einzelnen Parameter wie Stützweite oder Knicklänge l, Einzelquerschnitt A_1 sowie Art und Abstand der Verbindungsmittel (Verschiebungswiderstand C/e') schlecht in ihrer Wirkung auf I_w abzuschätzen sind.

Zur Vereinfachung der Bemessung von nachgiebig verbundenen Biegeträgern und Stützen aus 2 oder 3 Einzelquerschnitten können in Anlehnung an ein in [10] angegebenes vereinfachtes Berechnungsverfahren die Widerstands- und Trägheitsmomente als Bruchteile der entsprechenden Werte des vollen, starr verbundenen Querschnittes angenähert angenommen werden.

$$I_w = \eta \cdot I_{voll} \quad \text{und} \qquad (5.1)$$

$$W_w = \varphi \cdot W_{voll}. \qquad (5.2)$$

Berechnet man für die betrachteten Querschnitte die genauen η- und φ-Werte mit Hilfe der γ-Werte, so ergeben sich folgende Beziehungen:

2teiliger Querschnitt:

$$\eta_2 = 0{,}25 + 0{,}75\,\gamma \tag{5.3}$$

$$\varphi_2 = \frac{0{,}50 + 1{,}5\,\gamma}{1 + \gamma} \tag{5.4}$$

3teiliger Querschnitt:

$$\eta_3 = 0{,}11 + 0{,}89\,\gamma \tag{5.5}$$

$$\varphi_3 = \frac{0{,}33 + 2{,}67\,\gamma}{1 + 2\gamma}. \tag{5.6}$$

Die Berechnung der Abminderungswerte nach den Gl. 5.3 bis 5.6 zeigt, daß sich bei den üblichen Längen unter 7 bis 8 m nicht mit konstanten Abminderungswerten rechnen läßt, während der Einfluß der übrigen Parameter durch den Grenzwert für $A_1 \cdot e'/C \leqq 80\ \mathrm{cm^4/kN}$ abgedeckt werden kann. Hierbei ist A_1 die Querschnittsfläche des Einzelstabes in $\mathrm{cm^2}$, e' der Verbindungsmittelabstand in cm und C der Verschiebungsmodul des Verbindungsmittels in kN/cm. e' sollte den dreifachen Mindestabstand, der für das verwendete Verbindungsmittel festgelegt ist, nicht überschreiten. Es soll folgender Bemessungsvorschlag zumindest in die Erläuterungen aufgenommen werden:

„Bei nachgiebig zusammengesetzten Biegeträgern oder Stützen aus 2 oder 3 gleichen Einzelquerschnitten können, wenn kein genauerer Nachweis geführt wird, die wirksamen Trägheits- und Widerstandsmomente näherungsweise mit Hilfe der Abminderungswerte η und φ nach Bild 14 nach den Gleichungen (5.1) und (5.2) berechnet werden.

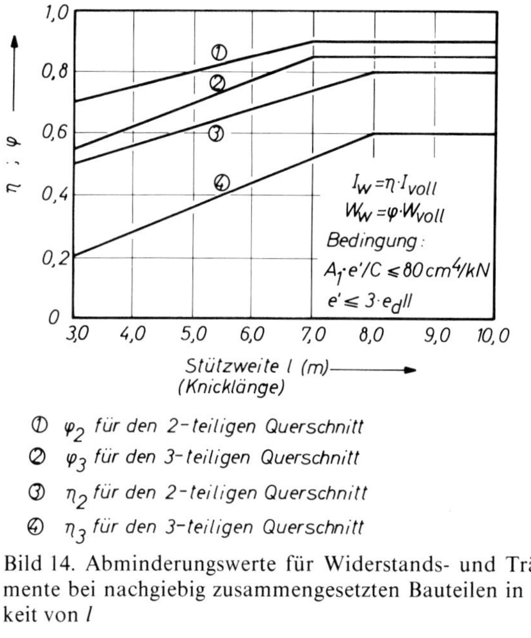

Bild 14. Abminderungswerte für Widerstands- und Trägheitsmomente bei nachgiebig zusammengesetzten Bauteilen in Abhängigkeit von l

Die Verbindungsmittel können für I_{voll} wie bei starrem Verbund berechnet und bei Biegeträgern entsprechend dem Querkraftverlauf angeordnet oder bei Druckstäben für $Q_i = \omega_w \cdot$ vorh $N/60$ gleichmäßig über die Stützenlänge verteilt werden."

6 Wirksamer Schlankheitsgrad von Gitterstäben

In Abs. 7.3.3.2 der DIN 1052, Teil 1 sind nur Gitterstäbe mit genagelten Streben nach Bild 10 f der Norm erfaßt. Im Hinblick auf [1] und die für Traggerüste vorwiegend verwendete Form der Ausfachung sollen in der Neufassung auch Gitterstützen nach Bild 15 behandelt werden. Hierfür lautet die Gleichung zur Berechnung der Hilfsgröße $c \cdot \lambda_1^2$

$$\frac{4\pi^2 \cdot E \cdot A_1}{a_1 \cdot \sin 2\alpha}\left(\frac{1}{n_D \cdot C} + \frac{\sin^2\alpha}{n_P \cdot C}\right) \tag{6.1}$$

Hierin ist C der Verschiebungsmodul in N/mm der für den Anschluß der Wandstäbe verwendeten Verbindungsmittel und n_D, n_P die Gesamtzahl der Verbindungsmittel, mit denen die Gesamtstabkraft der Streben oder Pfosten angeschlossen ist. (Die übrigen im Kapitel 7: Bemessungsregeln für Druckstäbe vorgesehenen Änderungen können z. Z. noch nicht behandelt werden, da ihre Fassung noch nicht vorliegt.)

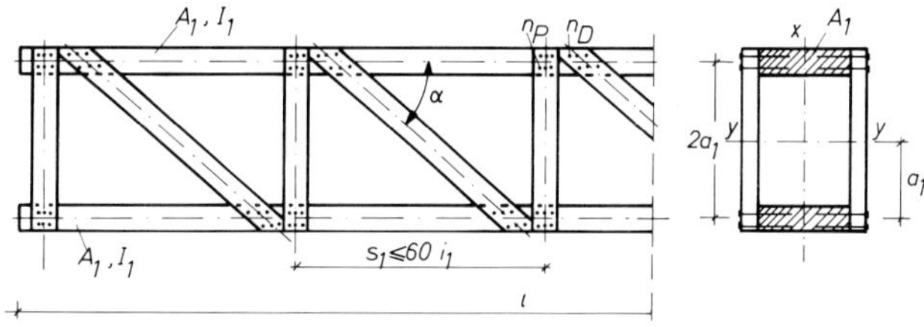

Bild 15. Gitterstab mit N-förmiger Ausfachung

7 Neue Verbindungsmittel und Anschlußtechniken

Da die Entwicklung neuer Verbindungsmittel und Anschlußtechniken in den letzten 10 Jahren zu zahlreichen neuen Anschlußmöglichkeiten im Holzbau geführt hat und diese Entwicklung laufend weitergeht, kam man überein, das Kapitel 11 der bisherigen DIN 1052, Teil 1 in einen Teil 2 zu übernehmen, der unter dem Untertitel: „Verbindungen im Holzbau" sämtliche Verbindungen einschließlich der Dübelverbindungen besonderer Bauart umfassen soll. In Teil 2 sollen auch besondere Verbindungstechniken wie Nagelplatten, Stahlblechformteile u. dgl. behandelt werden. Die wichtigsten Neuerungen werden nachstehend aufgeführt.

7.1 Sondernägel (Schraub- oder Rillennägel)

Sondernägel, deren Schaftform nach Bild 16 ausgebildet sein kann, haben bei zweckmäßiger Profilierung eine hohe Haftkraft auch gegen ständig wirkende Ausziehlasten.

Bei Beanspruchung auf Abscheren kann die zulässige Belastung wie für runde Drahtnägel nach Gl. (32) der DIN 1052 berechnet werden, wobei aber auch bei einschnittiger Nagelung eine Einschlagtiefe von 8 d_n als ausreichend anzusehen ist. Bei Beanspruchung auf Herausziehen kann die zulässige Belastung allgemein angenommen werden zu:

$$\text{zul}\, N_Z = A \cdot d_n \cdot s_w \quad in \quad \text{N} \tag{7.1}$$

mit d_n = Nageldurchmesser in mm und s_w = wirksame Einschlagtiefe in mm. Der Wert A beträgt für Drahtnägel, die nur für die Sicherung von Bauteilen gegen Abheben durch Windsog in Rechnung gestellt werden dürfen, nach den zulässigen Belastungen der Tabellen 16 und 17 der DIN 1052, Blatt 1 nur 1,3 N/mm^2. Beim Einschlagen der Drahtnägel in frisches Holz muß dieser Wert auf $2/3 \cdot 1{,}3 = 0{,}87$ ermäßigt werden. Für Sondernägel kann der A-Wert je nach Tragfähigkeitsklasse 2,0 bis 3,5 N/mm^2 betragen. Die Einstufung in eine der 4 vorgesehenen Tragfähigkeitsklassen soll aufgrund besonderer Eignungsnachweise erfolgen. Bei Sondernägeln wird die Tragfähigkeit auf Herausziehen durch ein Nachtrocknen des Holzes nicht beeinträchtigt, so daß nur beim Einschlagen in frisches Holz, dessen Feuchtigkeitsgehalt stets über dem Fasersättigungspunkt bleibt, eine Ermäßigung von zul N_Z auf 5/6 vorzunehmen ist [11].

7.2 Klammerverbindungen

Klammern nach Bild 17, die praktisch wie 2 Einzelnägel wirken, können für Verbindungen von Holzbauteilen aus Nadelholz, besonders aber für tragende Verbindungen von Holzwerkstoffplatten mit Nadelholz verwendet werden. Bei Einhaltung gewisser Bedingungen für Drahtdurchmesser, Drahtwerkstoff, Schaftform, Beharzung und Klammeranordnung kann die zulässige Last für die einschnittige Verbindung mit

$$\text{zul}\, N_1 = \frac{1\,000\, d_n^2}{10 + d_n} \quad \text{in N} \tag{7.2}$$

und die zulässige Ausziehlast bei kurzfristiger Beanspruchung mit

$$\text{zul}\, Z = 5{,}0 \cdot d_n \cdot s_w \quad \text{in N} \tag{7.3}$$

angenommen werden (d_n = Klammerdrahtdurchmesser in mm). Für halbtrockenes Holz ist der Wert von 5,0 auf 1,75 abzumindern, in frischem Holz dürfen Klammern nicht auf Herausziehen beansprucht werden, auch wenn das Holz im Gebrauchszustand nachtrocknen kann. Bei Winkeln zwischen Klammerrücken und Faserrichtung des Holzes $< 30°$ sind die zulässigen Belastungen nach Gl. (7.2) und (7.3) um 30 % abzumindern [12]. Bei ständiger oder langfristiger Beanspruchung auf Herausziehen darf eine zulässige Ausziehlast von 50 N pro Klammer in Rechnung gestellt werden, wenn die Klammern in bereits trockenes Holz eingeschlagen werden und der Winkel zwischen Klammerrükken und Faserrichtung des Holzes mindestens 30° beträgt. Bei tragenden Verbindungen von Holzwerkstoffplatten und Nadelholz müssen bestimmte Mindestplattendicken

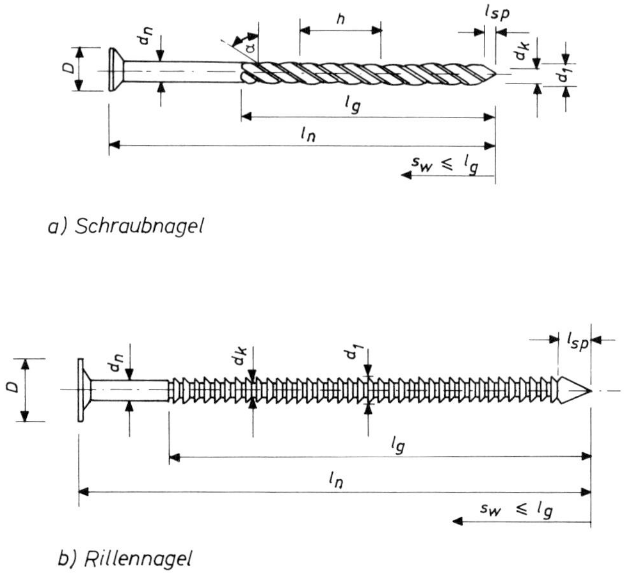

Bild 16. Sondernägelformen

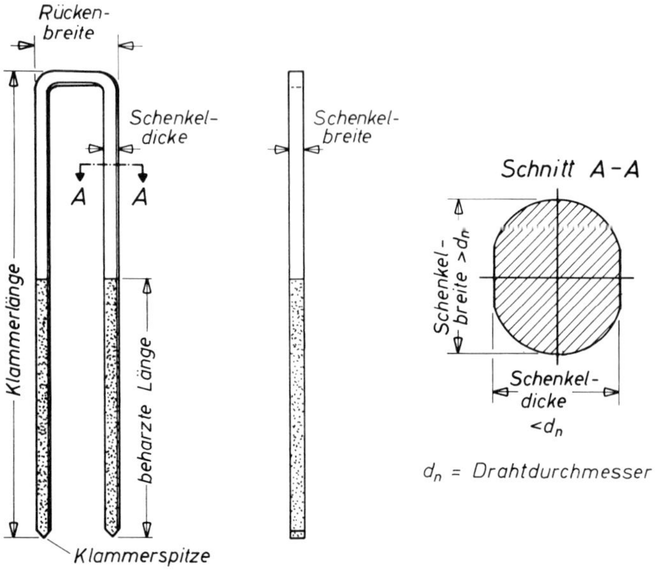

Bild 17. Form und Abmessungen tragender Klammern

eingehalten werden, wenn die vorstehend angeführten zulässigen Belastungen in Rechnung gestellt werden sollen.

7.3 Hirnholzdübelverbindungen bei Brettschichtholz

Dübelverbindungen müssen im Holzbau bisher in der Regel so gestaltet werden, daß die Dübel nur in den Seitenflächen der zu verbindenden Hölzer sitzen. Beispiele hierfür sind gelaschte Stöße und Stabanschlüsse bei Fachwerken, Trägern und Rahmen. Für diese Anwendungsart enthält DIN 1052, Teil 1 und 2 die erforderlichen Bemessungs- und Ausführungsangaben. Hirnholzanschlüsse bei Brettschichtholz-Bauteilen nach Bild 18 erhalten bei neueren Konstruktionen des Holzleimbaues immer größere Bedeutung. Versuche haben nachgewiesen, daß derartige Verbindungen tragsicher ausgebildet werden können [13, 14]. In [15] sind aufgrund der in [13] beschriebenen Versuche Bemessungsregeln für derartige Anschlüsse enthalten. In einer umfangreichen Forschungsarbeit [16], wobei an Probekörpern nach Bild 19 Hirnholzanschlüsse unter Verwendung von Dübeln System Appel und Brettschichtholzträgern aus europäischer Fichte belastet wurden, wurden die Parameter Dübeldurchmesser, Dübelanzahl, Trägerbreite, Dübelabstand, Vorholzlänge und Anschlußwinkel φ untersucht. Die Versuche hatten folgendes Ergebnis:

Für die übliche und normalerweise anzuwendende Ausführung mit Sechskantschrauben M 12 und Unterlagscheiben 58/6 mm oder 50/6 mm bzw. mit Formstücken Ø 30 mm, einen Abstand l_f zwischen der Hirnholzfläche und der Unterlagscheibe bzw. dem Formstück von 12 cm und einreihiger Dübelanordnung ergeben sich für die Mindestträgerbreite nach DIN 1052, Teil 2, Spalte 11 und

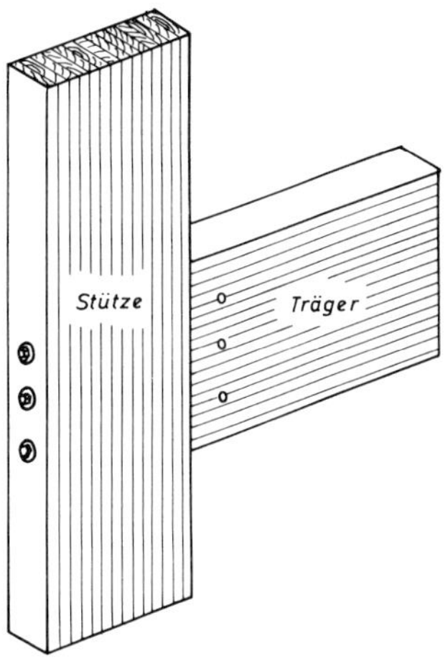

a)

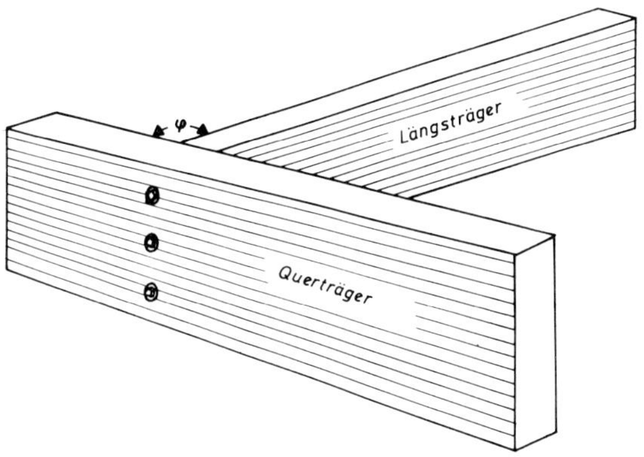

b)

Bild 18. Möglichkeiten für Hirnholzanschlüsse in Brettschichtholz
a) Anschluß Träger/Stütze
b) Anschluß Längsträger/Querträger

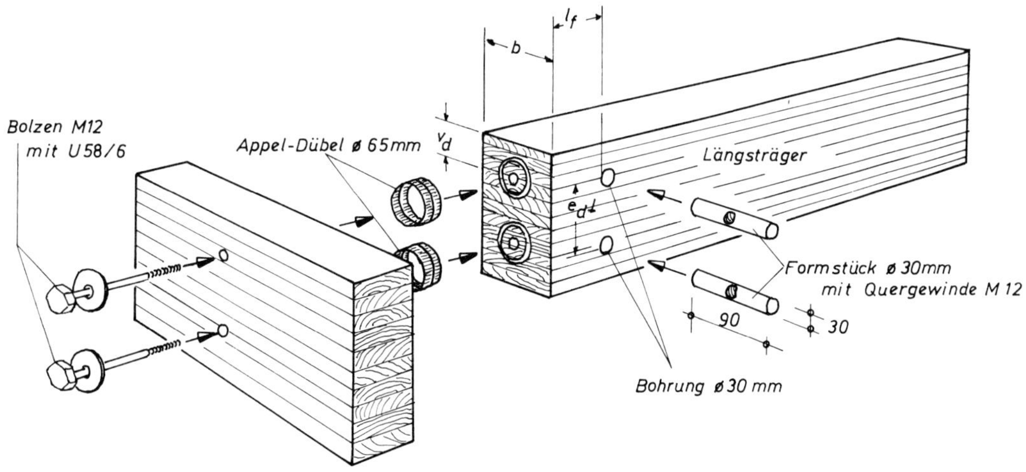

Bild 19. Aufbau und Einzelteile eines Prüfkörpers

Tabelle 2: Zulässige Belastung für einen Appel-Dübel ∅ 65, 95 und 126 mm in rechtwinklig zur Faserrichtung liegenden Hirnholzflächen bei Einhaltung der Mindestholzabmessungen

Dübel-System Appel ∅ [mm]	Mindestbreite b [cm]	Mindestrandabstand v_d [cm]	zul P_0 bei 1 oder 2 Dübeln hintereinander [kN]	zul P_0 bei 3, 4 oder 5 Dübeln hintereinander [kN]
65	11	5,5	6,0	7,2
95	15	7,5	8,5	10,2
126	20	10,0	11,4	13,7

einen Randabstand $v_d = b/2$ für die untersuchten Dübelgrößen 65 mm, 95 mm und 126 mm die in der Tabelle 2 zusammengestellten zulässigen Belastungen.

Ist die Hirnholzfläche gegenüber den Seitenholzflächen zwischen 45° und 90° geneigt, so ergibt sich gegenüber dem Wert zul P_0 nach Tabelle 2 eine Steigerung der zulässigen Belastbarkeit. Es kann daher auch in diesem Falle näherungsweise mit dem Wert zul P_0 gerechnet werden.

7.4 Ersatz von Bolzen bei Dübelverbindungen durch Holzschrauben oder Schraubnägel

Die zunehmende Verwendung von Brettschichtholz für Dachbinder und die Anforderungen des Brandschutzes an tragende Anschlüsse und Stöße bringen es mit sich, daß durchgehende Bolzen zur Sicherung der Klemmkraft bei Dübelverbindungen nicht mehr in allen Fällen angeordnet werden können oder zweckmäßig sind. Es sei hier nur die Befestigung von über den Bindern verlaufenden Pfetten

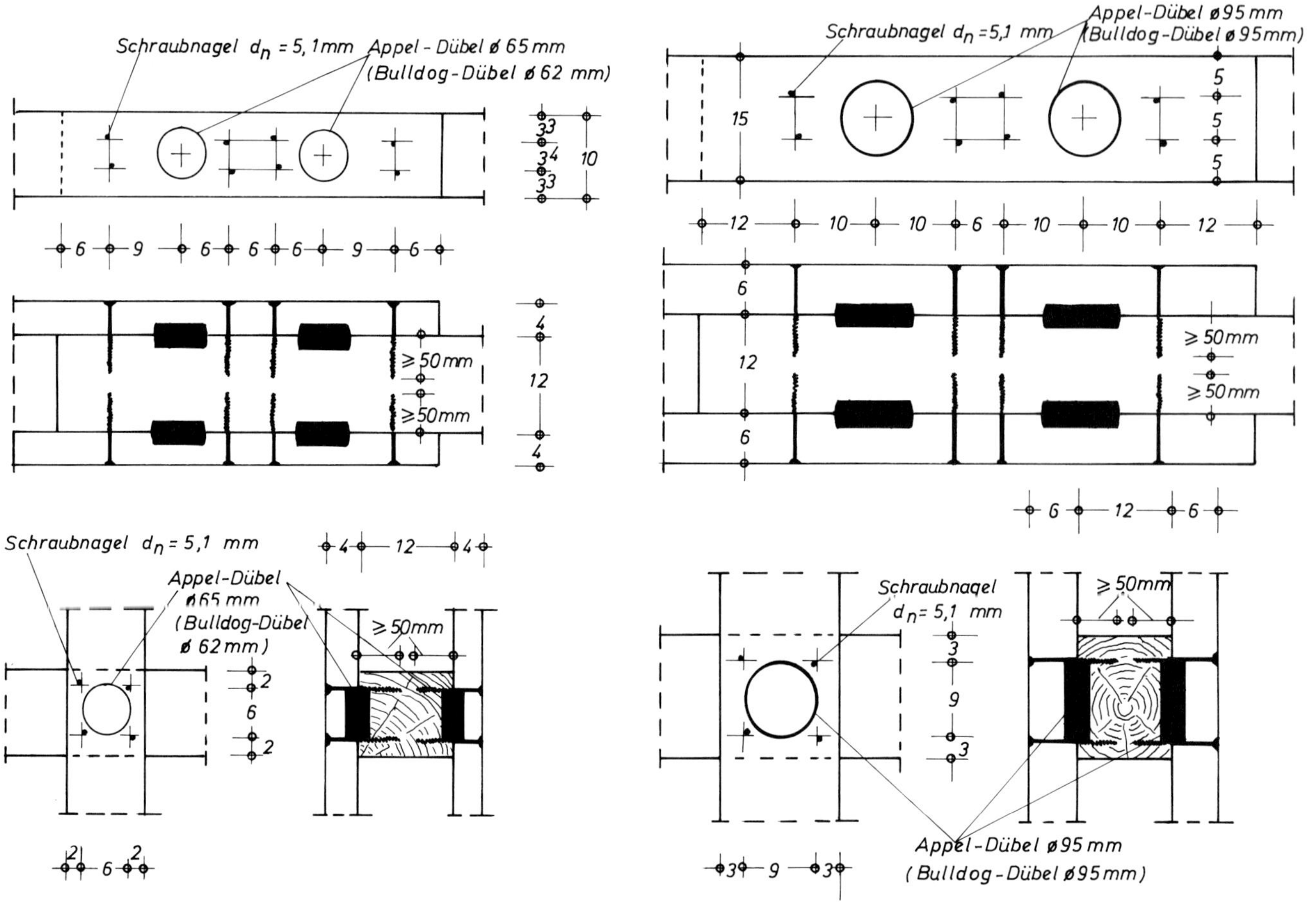

a) Dübel ø 65 und 62 mm

b) Dübel ø 95 mm

Bild 20. Anordnung von Schraubnägeln als Bolzenersatz bei Dübeln Bauart Appel und Bulldog

erwähnt, die als Teil des Wind- und Knickverbandes Anschlußkräfte am Kreuzungspunkt Binder/Pfette aufnehmen müssen. Der Bolzen läßt sich hier nicht vorschriftsmäßig durch die Binderhöhe hindurchführen. Im Skelettbau, der vorwiegend in von Menschen genutzten Bauwerken angewendet wird, wird die Feuerwiderstandsdauer von Dübelanschlüssen durch die gute Wärmeleitung des Stahlbolzens reduziert. In diesen und ähnlichen Fällen ist es unumgänglich, den Bolzen durch geeignetere Verbindungselemente zu ersetzen.

Nach in Karlsruhe [17] durchgeführten Untersuchungen ist es möglich, bei zweiseitigen Einlaßdübeln Bauart Appel und Einpreßdübeln Bauart Bulldog mit Außendurchmesser $\leqq$ 95 mm beim Anschluß von Vollholz- oder Brettschichtholzstäben an Brettschichtholz den Bolzen M 12 bzw. M 16 durch eine Sechskantschraube nach DIN 571 gleichen Durchmessers mit einer Einschraubtiefe von mindestens 120 mm oder durch mindestens 4 Schraubnägel mit $d_n \geqq$ 5 mm und einer wirksamen Einschlagtiefe von mindestens 50 mm zu ersetzen. Die Sechskantschrauben müssen in der Dübelachse sitzen, während die Schraubnägel nach Bild 20 anzuordnen sind. Unter diesen Voraussetzungen können die nach DIN 1052, Teil 2 zulässigen Belastungen auch für diese Ausführungen zugrunde gelegt werden.

8 Schlußbemerkungen

Bei der z. Z. in Beratung befindlichen Neufassung der Holzbau-Norm DIN 1052 werden eine Reihe von Änderungen und Ergänzungen erörtert, die für die Bemessung und die konstruktive Ausbildung tragender Holzbauteile von großer Wichtigkeit sind. Hier konnte nur ein Teil der für die Neufassung vorgesehenen neuen Formulierungen mitgeteilt werden, da bisher noch die Beschlußfassung des Arbeitsausschusses über weitere Punkte aussteht. Die schon jetzt praktisch festliegenden umfangreichen Ergänzungen lassen erkennen, daß nicht zuletzt auch in Anpassung an die internationale Holzbaunormung die zu erwartende Neufassung wesentlich zur weiteren Anwendung hochwertiger Holzkonstruktionen beitragen wird.

Literatur

[1] CIB Working Group W 18, Timber Structures: Structural Timber Design Code, 4. Draft, June 1979.

[2] Möhler, K. und Kl. Hemmer: Verformungs- und Festigkeitsverhalten von Nadelvoll- und -Brettschichtholz bei Torsionsbeanspruchung. Holz als Roh- und Werkstoff 35 (1977), S. 473—478.

[3] Maier, G.: Für den Schubspannungsnachweis maßgebende Querkraft bei Biegeträgern aus Voll- und Brettschichtholz. EGH-Bericht Fachtagung Holzbau, Karlsruhe 1972, S. 14—17.

[4] Möhler, K. u. a.: Erläuterungen zu DIN 1052, Bl. 1 und 2, Ausgabe Oktober 1969. Bruderverlag Karlsruhe 1971, S. E 31.

[5] Möhler, K.: Stresses perpendicular to grain. CIB-W 18-Bericht, Tagung Wien, März 1979.

[6] Möhler, K.: Spannungsberechnung von gekrümmten Brettschichtträgern mit konstanter und veränderlicher Querschnittshöhe. Bauen mit Holz 81 (1979), S. 364—367.

[7] Mistler, H.-L.: Die Tragfähigkeit des am Endauflager unten rechtwinklig ausgeklinkten Brettschichtträgers. Dissertation Universität (TH) Karlsruhe 1979.

[8] Möhler, K. und M. Rathfelder: Konstruktive Möglichkeiten zur Aufnahme von Schub- und Querzugspannungen bei Brettschichtträgern. Bauen mit Holz 81 (1979), S. 460—465.

[9] Möhler, K. und H.-L. Mistler: Ausklinkungen am Endauflager von Biegeträgern. Bauen mit Holz 81 (1979), S. 577—578.

[10] SIA-Normenentwurf 164-Holzbau-N 5147-7, 1. 6. 80.

[11] Ehlbeck, J.: Versuche mit Sondernägeln für den Holzbau. Holz als Roh- und Werkstoff 34 (1976), S. 205—211.

[12] Möhler, K.: Versuche mit Klammern als Holzverbindungsmittel. Holzzentralblatt 102 (1976), S. 1873—74.

[13] Longworth, J.: Behavior of Shear Plate Connections in Sloping Grain Surfaces. Forest Products Journal, Vol. 17, No. 7. Juli 1967, S. 49/53.

[14] Möhler, K. und J. Ehlbeck: Versuche über das Trag- und Formänderungsverhalten von Ringkeildübelverbindungen in Brettschicht-Hirnholz-Anschlüssen. Bauen mit Holz, Heft 9/1971.

[15] NFPA: National Design Specification for Wood Construction, 1977 Edition. Recommended Practice for Structural Design by National Forest Products Association.

[16] Möhler, K. und Kl. Hemmer: Hirnholzdübelverbindungen bei Brettschichtholz. Forschungsbericht des Lehrstuhls für Ingenieurholzbau und Baukonstruktionen. Universität Karlsruhe (TH), 1979.

[17] Möhler, K. und W. Herroeder: Ersatz von Bolzen durch Holzschrauben und Schraubnägel. Forschungsbericht des Lehrstuhls für Ingenieurholzbau und Baukonstruktionen. Universität Karlsruhe (TH), 1979.

KARL KORDINA und ULRICH SCHNEIDER

Grundlagen des baulichen Brandschutzes im Industriebau

1 Einleitung

Die erforderlichen baulichen Brandschutzmaßnahmen für Gebäude sind abhängig von der Bauart, der Grund- und Aufrißgestaltung, der Nutzung des Gebäudes, der Schlagkraft des abwehrenden Brandschutzes, mithin also von der möglichen Gefährdung von Leib und Leben und von der möglichen Beeinträchtigung der Belange Dritter im Falle eines Brandes. Da ein absoluter Brandschutz nicht möglich ist, müssen tolerierbare Risiken im Rahmen von Sicherheitsbetrachtungen festgelegt werden, um Anforderungen an Tragwerke und Bauteile abzuleiten [1]. Die Abstufung von Anforderungen an den baulichen Brandschutz erfolgt in der Praxis vor allem aufgrund von gesetzlichen Regelungen, die sich bislang intuitiv an den möglichen Folgen im Falle eines Bauteilversagens und an dem von der Öffentlichkeit tolerierten Risiko orientierten.

Derartige, vom Gesetzgeber fest vorgeschriebene Regelungen ermöglichen eine einfache Ermittlung der Anforderungen bei Gebäuden normaler Nutzung im Geltungsbereich der Vorschriften. Bei der Beurteilung von Bauwerken besonderer Art und Nutzung stößt man jedoch auf Schwierigkeiten, da unterschiedlichen Gegebenheiten nicht hinreichend objektiv Rechnung getragen werden kann. Nicht auszuschließen ist, daß Entscheidungen zu Lasten der Wirtschaftlichkeit gefällt werden.

Industriebauten gehören im bauaufsichtlichen Sinne zu den baulichen Anlagen besonderer Art und Nutzung, an die nach den Bauordnungen besondere Anforderungen hinsichtlich des vorbeugenden baulichen Brandschutzes gestellt werden können. Diese Anforderungen betreffen ggf. die Bauart, die Anordnung der Rettungswege, die Anordnung der baulichen Anlage auf dem Grundstück und die Löschmöglichkeiten. Unser förderalistisches System hat in diesem Zusammenhang dazu geführt, daß je nach Bundesland, in dem man für den gleichen Zweck ein bestimmtes Gebäude errichten will, keine oder verschärfte Anforderungen an die Feuerwiderstandsfähigkeit der Bauteile gestellt werden. Diese unbefriedigende Situation soll durch Vereinheitlichung der z. Z. noch im Ermessen der örtlichen Bauaufsichtsbehörden liegenden Brandschutzanforderungen im Industriebau beseitigt werden.

Die praktische Verwirklichung dieser Vorstellung hat in dem Normentwurf „Baulicher Brandschutz im Industriebau“ DIN 18 230 Teil 1, Ausgabe 1978, ihren Niederschlag gefunden [2]. Die Normvorlage wurde unter Berücksichtigung der neuesten Forschungserkenntnisse auf dem Gebiet des Brandschutzes erarbeitet. Erstmalig in Deutschland wird darin ein direkter Zusammenhang zwischen der in einem Brandabschnitt tatsächlich vorhandenen Menge brennbarer Stoffe und den brandschutztechnischen Anforderungen an das Bauwerk hergestellt. Das Konzept beinhaltet weiterhin die Möglichkeit, bauliche Brandschutzmaßnahmen durch Verbesserung der Brandbekämpfungsmöglichkeiten zu substituieren. Damit hat beispielsweise das Vorhandensein einer Sprinkleranlage Auswirkung auf die Anforderungen an die Bauteile oder die jeweils zulässigen Brandabschnittsgrößen. Die in das Bemessungssystem eingearbeiteten Sicherheitsfaktoren sind auf der Grundlage des allgemeinen, auf statistischen Grundlagen aufbauenden Sicherheitskonzept für das Bauwesen (Model-Code I) ermittelt worden [3]. Damit werden die bei der Anwendung des Verfahrens implizierten Streuungen auf der Beanspruchungs- und Widerstandsseite berücksichtigt. Im folgenden werden die in dem Normentwurf eingearbeiteten brandschutztechnischen Grundlagen beschrieben und diskutiert [4, 5].

2 Methoden der brandschutztechnischen Bemessung

Grundsätzlich kann eine brandschutztechnische Bemessung oder Beurteilung von Bauteilen auf zwei verschiedenen Wegen erfolgen: Entweder erfolgt die Beurteilung auf Grundlage der Einheitstemperaturkurve, d. h. nach der in DIN 4102 definierten Prüfmethode oder sie wird unter Zugrundelegung eines natürlichen Brandes bzw. realen Schadenfeuers durchgeführt. Im letztgenannten Fall muß zwischen der direkten und der indirekten Bemessung unterschieden werden. Auf Bild 1 sind diese unterschiedlichen Bemessungsmethoden schematisch dargestellt.

Die Bemessung gemäß dem Normbrand nach DIN 4102 Teil 2 stellte bislang praktisch den Regelfall dar. Sie setzt

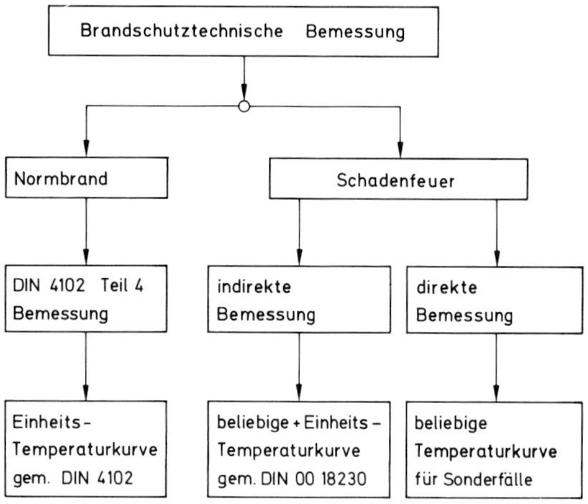

Bild 1. Methoden der brandschutztechnischen Bemessung

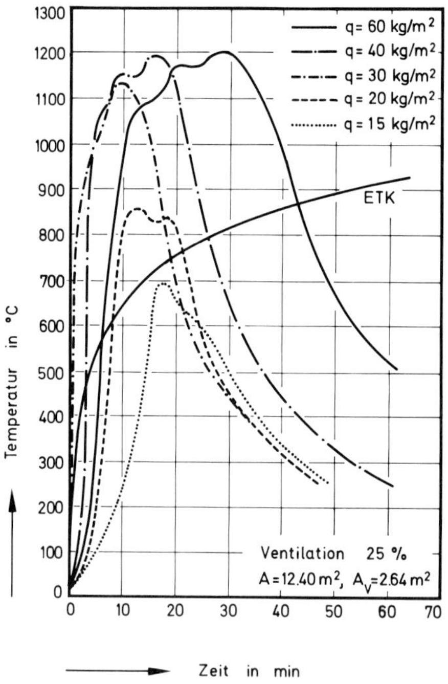

Bild 2. Einfluß der Brandbelastung auf den Temperaturverlauf bei realen Bränden nach Versuchen in Metz [6] (1 kg/m² ≙ 4,8 kWh/m² Brandlast)

jedoch voraus, daß die Anforderungen z. B. an die Feuerwiderstandsdauer der Bauteile durch Vorschriften bauaufsichtlich geregelt sind, wobei über die Notwendigkeit und Höhe der zugrundegelegten Sicherheitsforderungen im Prinzip zunächst nichts gesagt werden muß. Die „Bemessung" ist praktisch auf den Nachweis des Einhaltens oder Nichteinhaltens gesetzlicher Vorschriften reduziert. Bei Industriegebäuden hingegen ist die Höhe der brandschutztechnischen Anforderungen gesetzlich nicht festgelegt. Eine individuelle Festlegung der Anforderungen für das Einzelbauwerk bzw. -bauteil wird somit möglich. Es kann eine brandschutztechnische Bemessung durchgeführt werden, die sich an dem voraussichtlich zu erwartenden *maximalen* Brand im Gebäude orientiert.

In diesem Zusammenhang ist darauf hinzuweisen, daß sich wirkliche Brände hinsichtlich ihres Temperatur-Zeit-Verhaltens vom Normbrand nach DIN 4102 grundsätzlich unterscheiden. Auf Bild 2 sind einige Temperaturkurven von Versuchsbränden mit Holzkrippen [6] dargestellt. Man erkennt daraus, daß in Abhängigkeit von der vorhandenen Brandlast, d. h. von der Menge der brennbaren Stoffe im Brandabschnitt, Temperaturen auftreten, die teilweise über, zum Teil jedoch auch deutlich unter den im Normbrandversuch vorgeschriebenen Brandraumtemperaturen liegen. Auch bezüglich des zeitlichen Verlaufs ist im wirklichen Brand mit ganz anderen Verhältnissen als im Normbrand (ETK) zu rechnen. Die Brandbeanspruchung der Bauteile kann in der Praxis somit sehr unterschiedlich ausfallen — vor allem in Abhängigkeit von der Brandlast im Brandabschnitt.

Ein weiterer wichtiger Faktor in diesem Zusammenhang ist die Ventilation. Aus vielen Untersuchungen ist bekannt, daß das Brandgeschehen durch die Be- und Entlüftung des Brandraums signifikant beeinflußt wird. Hinweise dazu gibt Bild 3*), auf dem wiederum Ergebnisse aus Versuchsbränden mit Holzkrippen dargestellt sind. Die Brandraumtemperaturen steigen, wenn die Ventilation sinkt, d. h. man muß bei geringer Ventilation mit hohen Temperaturen und langen Branddauern rechnen — ein Kellerbrand ist dafür ein typisches Beispiel. Umgekehrt ist bei guter Ventilation die Brandraumtemperatur geringer, woraus sich auch eine niedrigere Beanspruchung z. B. der Bauteile des Gebäudes ergibt. Auf die Vorteile einer besseren Brandbekämpfungsmöglichkeit infolge guter Gebäudeentlüftung sei hier nur hingewiesen.

Die Festlegung des Normbrandes nach DIN 4102 als Bemessungsgrundlage bzw. maßgebende Brandbeanspruchung der Bauteile erscheint somit relativ willkürlich. Der *Vorteil* einer brandschutztechnischen Bemessung aufgrund eines genormten Brandverlaufs ist vor allem in der Möglichkeit zu sehen, vergleichbare und beliebig wiederholbare Prüfergebnisse heranziehen zu können. Verzichtet man auf diesen Vorteil, so erhält man wie gezeigt eine Vielzahl von Brandabläufen, die deutlich unter, aber auch über dem Normbrand liegen können. Die direkte Bemessung anhand eines realen Schadenfeuers (Bild 1, rechte Seite) erscheint somit vergleichsweise schwierig, weil bei dieser Art der Bemessung in der Regel auf umfangreiche

*) Auf Bild 3 ist die Ventilation als Prozentsatz der Seitenwandfläche der Versuchskammer in Metz definiert [6].

theoretische Untersuchungen und Analysen zurückgegriffen werden muß, um den Brandverlauf wirklichkeitsnahe genug zu erfassen. Im Prinzip sind drei verschiedene Bemessungsschritte (Wärmebilanzanalyse, Beanspruchungsanalyse und Feuerwiderstandsfähigkeit) erforderlich, von denen zwei direkt miteinander gekoppelt sind: die Anwendung dieses Verfahrens ist außerordentlich schwierig. Im folgenden wird diese Methode nicht weiter behandelt.

Man hat lange überlegt, wie man die bei wirklichen Schadenfeuern gesammelten Erfahrungen mit den auf den Normbrand abgestimmten Regelungen verbinden kann. Ein brandschutztechnisches Bemessungsverfahren, das nur von wirklichen Schadenfeuern ausgeht, ist wie gesagt vergleichsweise kompliziert und — abgesehen von Sonderfällen — nicht praktikabel. Durch eine Verbindung der beiden Verfahren kann man dagegen erreichen, daß einerseits die in Normbrandversuchen gesammelten praktischen Ergebnisse weiterhin verwendet werden können (z. B. DIN 4102 Teil 4), andererseits jedoch auch die in realen Schadenfeuern tatsächlich auftretenden Brandbeanspruchungen Berücksichtigung finden und an die Bauteile realistische brandschutztechnische Anforderungen gestellt werden.
In DIN 18 230 ist die Verbindung zwischen Schadenfeuer und Normbrand hergestellt. Bild 4 zeigt das Übertragungs-

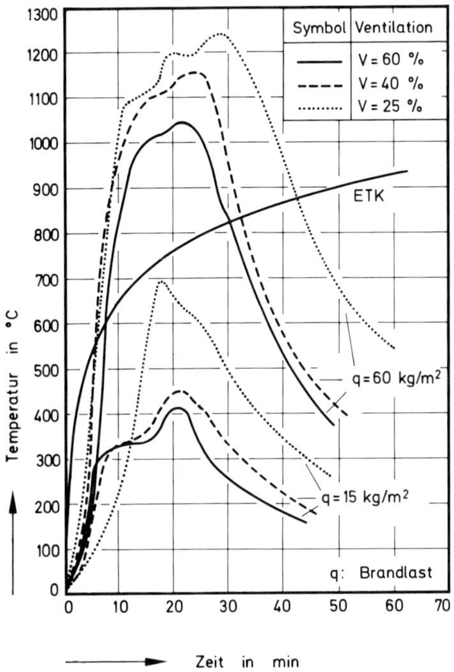

Bild 3. Einfluß der Ventilationsöffnung auf den Temperaturverlauf bei realen Bränden nach Versuchen in Metz [6] (1 kg/m^2 ≙ 4,8 kWh/m^2 Brandlast)

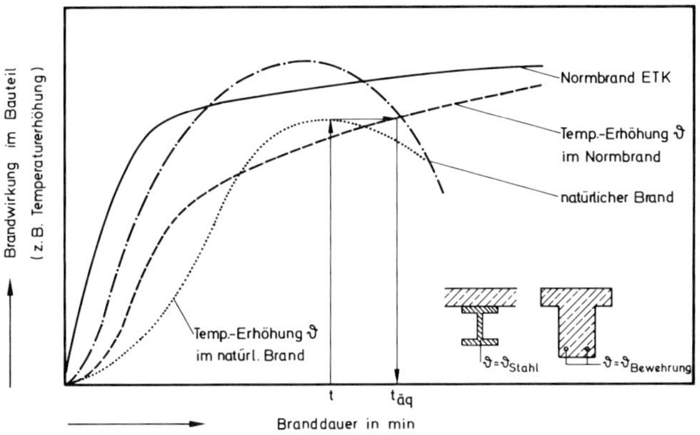

Bild 4. Ermittlung der äquivalenten Branddauer durch Vergleich der Brandwirkungen im Bauteil

prinzip. Ausgangspunkt der indirekten Bemessung ist einerseits ein reales Schadenfeuer im Brandabschnitt, welches z. B. aufgrund von Versuchsergebnissen oder durch eine Wärmebilanzrechnung abgeschätzt werden kann, und zum anderen eine Brandbeanspruchung entsprechend der Einheitstemperaturkurve nach DIN 4102. Aus dem Schadenfeuer einerseits und dem Normbrand andererseits resultieren die Brandbeanspruchungen, die ihrerseits bestimmte Brandwirkungen in den Bauteilen hervorrufen. Diese Brandbeanspruchungen bzw. -wirkungen können durch Messung oder Rechnung miteinander in Beziehung gesetzt werden; für das reale Schadenfeuer wird die sogenannte *äquivalente Normbranddauer* $t_ä$ bestimmt, d. h. das reale Schadenfeuer wird in seinen Auswirkungen mit den Auswirkungen eines Normbrandes von bestimmter Dauer auf ein bestimmtes Bauteil (Vergleichs- oder Indikatorbauteil) verglichen.

Dieses Verfahren erscheint zunächst als sehr vorteilhaft. Allerdings hat es auch gewisse Schwächen. Sie hängen vor allem mit der Definition der Brandwirkung und deren meßtechnischen Erfassung zusammen. Grundsätzlich muß davon ausgegangen werden, daß alle in einem Brandfall auftretenden Bauteilveränderungen als Brandwirkungen anzusehen sind. Die wichtigsten Veränderungen sind z. B. Temperaturerhöhungen — beispielsweise die Temperaturerhöhungen eines Stahl- oder Stahlbetonbauteils, Durchbiegungen und Verformungen aller Art, Festigkeitsminderungen, aber auch Entwässerungen und chemische Umwandlungen sowie Abbrand- bzw. Verkohlungstiefen. Jede dieser Größen kann als Brandwirkung und somit als Parameter für die Beurteilung einer Brandbeanspruchung am Bauteil angesehen werden; maßgebend ist aber offensichtlich nur jene, die zuerst zu einer Begrenzung der Feuerwiderstandsdauer des zu überprüfenden Bauteils führt.

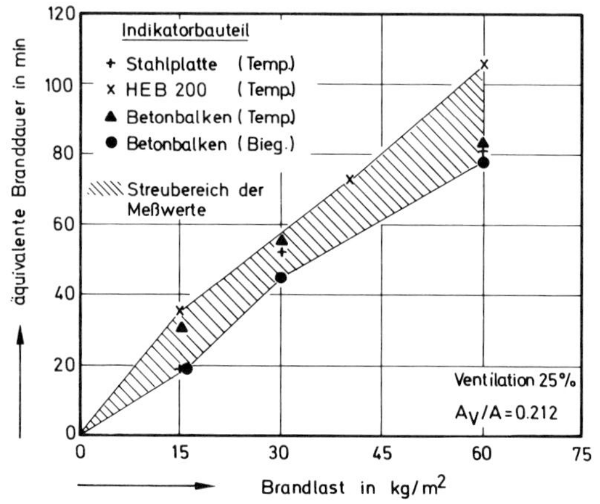

Bild 5. Einfluß des Meßverfahrens auf die äquivalente Branddauer unter definierten Versuchsbedingungen

Über die Meßmethoden zur Bestimmung von $t_ä$ sind zahlreiche Forschungsarbeiten durchgeführt worden. Bild 5 zeigt zum Beispiel den Einfluß des Indikatorbauteils auf die äquivalente Branddauer. Man sieht, daß je nach Meßmethode und Beurteilungskriterium bei gleicher Brandlast und im übrigen unveränderten Versuchsbedingungen unterschiedliche Werte für $t_ä$ festzustellen sind. Da $t_ä$ im Rahmen des Sicherheitskonzepts der Norm jedoch als Zufallsvariable betrachtet wird, sind diese Streuungen durch den Variationskoeffizienten ($V_{t_ä} = 0{,}25$) mit in das Verfahren einbezogen. Die Versuchsergebnisse zeigen weiter, daß $t_ä$ mit der Brandlast ansteigt, wobei sich im Rahmen der Streubreite ein nahezu linearer Verlauf abzeichnet; eine Eigenschaft, auf die in der DIN 18 230 Bezug genommen wird.

3 Beurteilung des Brandgeschehens mittels der äquivalenten Branddauer

Die äquivalente Normbranddauer nimmt in der Normvorlage eine zentrale Stelle ein. In den Nachweisgleichungen

$$t_ä = c \cdot q \cdot m \cdot w = c \cdot q_r \qquad (3.1)$$

$$\text{erf}\,F = t_ä \cdot \gamma \cdot \gamma_{nb} \leqq F \qquad (3.2)$$

wird die erforderliche Feuerwiderstandsdauer der Bauteile über die äquivalente Branddauer unter Einbeziehung bestimmter Sicherheitsbeiwerte ermittelt. In den Gleichungen (3.1) und (3.2) bedeuten:

$t_ä$ = äquivalente Branddauer in min,
c = Umrechnungsfaktor in min · m²/kWh,
q = Brandbelastung, bezogen auf die Brandabschnittsfläche in kWh/m²,
m = Abbrandfaktor,
w = Wärmeabzugsfaktor,
q_r = bewertete Brandbelastung in kWh/m²,
γ, γ_{nb} = Sicherheitsbeiwerte,
F = Feuerwiderstandsdauer gemäß DIN 4102 in min.

Im folgenden wird zunächst nur Gl. (3.1) behandelt. Gleichung (3.2) und die damit zusammenhängenden Fragen des Sicherheitskonzepts werden in Abschnitt 4 erläutert.

Eine der wesentlichen Annahmen in der Gl. (3.1) ist die Voraussetzung der Proportionalität zwischen Brandbelastung und äquivalenter Branddauer. Es wurde deshalb untersucht, inwieweit diese Näherung möglich und sinnvoll ist. Dabei konnte auf die Ergebnisse verschiedener experimenteller Untersuchungen zurückgegriffen werden. Als Beispiel seien hier nur die Versuchsergebnisse aus der Brandversuchsstation in Metz [6] erwähnt, von denen einige auf den Bildern 2, 3 und 6 dargestellt sind. Aus Bild 6 geht z. B. hervor, daß bis 90 min Branddauer $t_ä$ und q in etwa linear korreliert sind. Als Versuchsmaterial wurden in diesem Fall Holzkrippen mit Hölzern von 4 × 4 und 4 × 7 cm² Querschnitt verwendet. Andere Untersuchungen [7 und 8] haben den linearen Zusammenhang zwischen $t_ä$ und q grundsätzlich bestätigt, worauf aus Zeitgründen jedoch nicht weiter eingegangen werden kann. Es muß allerdings beachtet werden, daß allen zitierten Arbeiten immer nur Modellversuche bzw. -brände zugrunde liegen, d. h. alle Versuche wurden in vergleichsweise *kleinen* Brandhäusern bzw. -räumen durchgeführt. Niemand hat bisher Großbrände in einer Industriehalle simuliert und daraus entsprechende Werte für $t_ä$ ermittelt.

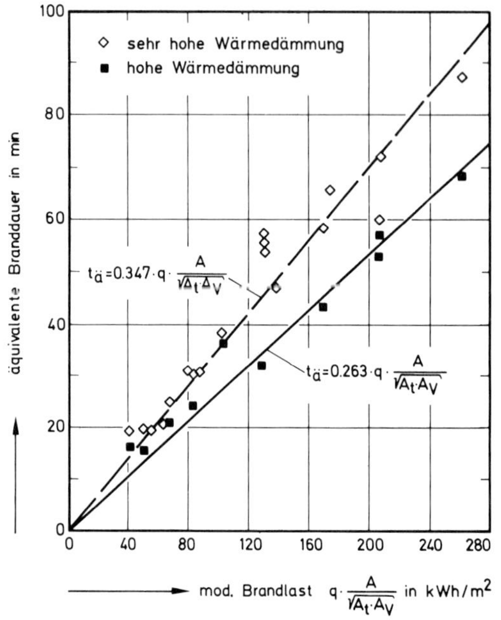

Bild 6. Einfluß von Ventilation und Wärmedämmung auf die äquivalente Branddauer nach [6]

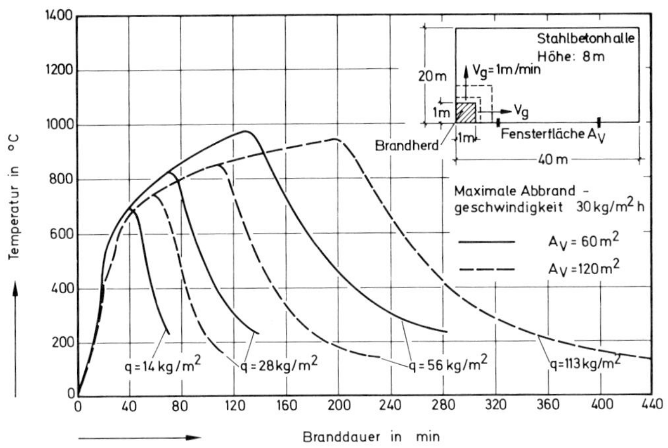

Bild 7. Rechnerische Simulation von Großbränden in einer Industriehalle (1 kg/m² ≙ 4,8 kWh/m² Brandlast)

Auf der Grundlage von theoretischen Untersuchungen wurde deshalb auch der Frage der Übertragbarkeit von Modellbrandversuchen auf Industriehallen rechnerisch nachgegangen. Mit Hilfe von Wärmebilanzanalysen wurden z. B. die Brandausbreitung und die Brandraumtemperaturen in einer 800 m² großen Industriehalle aus Stahlbeton untersucht. Die ermittelten Temperatur-Zeit-Kurven sind auf Bild 7 für eine bestimmte Ausbreitungsgeschwindigkeit und für zwei unterschiedliche Ventilationsbedingungen dargestellt. Auf die theoretischen Zusammenhänge und Voraussetzungen des Rechenmodells wird hier nicht weiter eingegangen. Darüber wird an anderer Stelle berichtet [9]. Im Unterschied zu den Modellbrandversuchen in Metz und anderweitig zeigen die simulierten Großbrände auf Bild 7, daß in größeren Brandabschnitten auch bei kleinen Brandlasten mit vergleichsweise langen Branddauern zu rechnen ist. Dieses Ergebnis stimmt mit praktischen Erfahrungen überein, d. h. bei Bränden in größeren Gebäuden sind, selbst wenn nur geringe Mengen an brennbaren Materialien vorgelegen haben, oftmals stundenlange Brände beobachtet worden. Branddauer und -temperatur steigen nach Bild 7 mit abnehmender Ventilation in Übereinstimmung mit den theoretischen und praktischen Erwartungen an.

Für die rechnerisch ermittelten Brandverläufe wurden auch die äquivalenten Branddauern bestimmt. Bild 8 enthält eine Übersicht der Ergebnisse. Weitgehend unabhängig von der Brandausbreitungsgeschwindigkeit v_g wurde eine leicht degressive $t_ä$-q-Beziehung ermittelt. Insbesondere bei hohen Brandlasten deutet sich eine stärkere Nichtlinearität von $t_ä$ an. Tendenzmäßig entspricht dies etwa den Annahmen in der Norm, die Feuerwiderstandsdauern der Bauteile mit Ausnahme der Brandwände ab $t_ä > 90$ min auf F 120 zu begrenzen. Im Prinzip ist diese

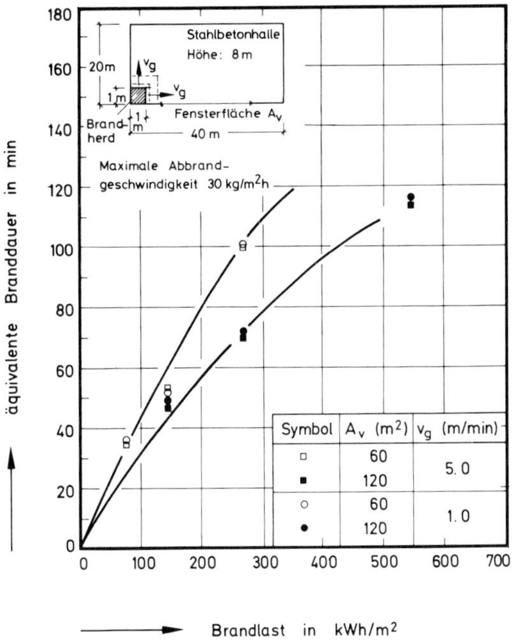

Bild 8. Rechnerisch ermittelte äquivalente Branddauern für eine Industriehalle aufgrund einer Simulation des Brandablaufs

Begrenzung jedoch eine politische Entscheidung, weil die Feuerwiderstandsklassen ≧ F 120 auch in den derzeit gültigen Bauordnungen nicht verlangt werden.

Berechnet man die äquivalente Branddauer dieser Halle übrigens mit den Angaben der Normvorlage, so erhält man teilweise geringere Werte für $t_ä$ als hier angegeben. Die Abweichungen liegen jedoch noch im Bereich der auf Bild 5 angegebenen Streubreite für $t_ä$. Bei niedrigen Brandlasten sind die festgestellten Differenzen deutlich größer als bei hohen Brandlasten. Infolge der groben Abstufungen gemäß Tabelle A (s. Erläuterungen zur DIN 18 230 Teil 1, Entwurf 1978) wird ein großer Teil der festgestellten Unterschreitungen der theoretischen Werte übrigens weitgehend ausgeglichen, d. h. infolge der Klassifizierungen F 30, F 60 und F 90 ergibt sich im Grunde ein Treppenpolygon, dessen Stufen zum Teil über und teilweise unter den theoretischen Werten für $t_ä$ liegen.

Es wurde auf Bild 3 bereits gezeigt, daß das Brandgeschehen durch die Ventilation, d. h. durch die Be- und Entlüftung des brennenden Gebäudes, deutlich beeinflußt wird. In DIN 18 230 Teil 1 wird dieser Tatsache durch den Wärmeabzugsfaktor w Rechnung getragen. Im wirklichen Brand wird die äquivalente Branddauer im Prinzip gemäß den auf Bild 9 angegebenen Beziehungen von der Ventilation abhängen. Die vorliegende Darstellung bezieht sich auf Versuchsergebnisse, die in der m-Faktor-Versuchsanlage in Dortmund gewonnen wurden (vgl. DIN 18 230,

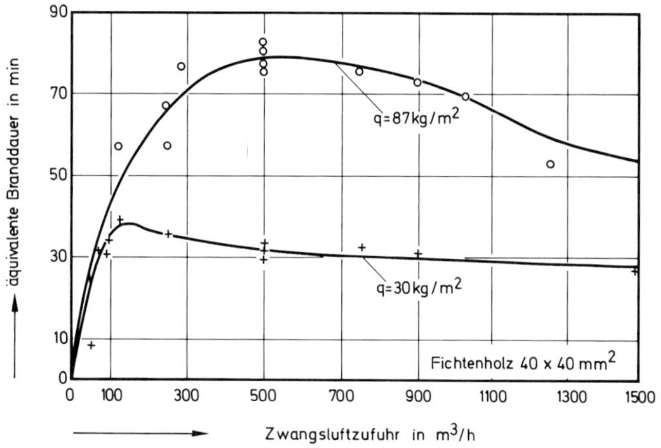

Bild 9. Einfluß der Ventilation auf die äquivalente Branddauer nach [10] (1 $kg/m^2 \triangleq 4{,}8\ kWh/m^2$ Brandlast)

Teil 2) [10]. Bei sehr kleiner Ventilation ist $t_ä$ klein, der Brand erstickt u. U. Mit steigender Ventilation nimmt $t_ä$ zu, erreicht ein Maximum und fällt dann wieder ab. Der Maximalwert von $t_ä$ wird dann erreicht, wenn der Verbrennungsvorgang ungefähr stöchiometrisch abläuft, d. h. wenn der ventilationsgesteuerte Brand in den brandlastgesteuerten Brand übergeht. Im Industriebau ist im allgemeinen ein brandlastgesteuerter Brand zu erwarten. Bei sehr großer Ventilation nimmt $t_ä$ wieder ab. Dieses erscheint auch einsehbar, denn es kann sicherlich davon ausgegangen werden, daß bei Vorhandensein von großen Öffnungsflächen die Konstruktion weniger stark vom Brand beansprucht wird als im umgekehrten Fall. Diesem Umstand wird in dem Normentwurf dadurch Rechnung getragen, daß der Wärmeabzugsfaktor w mit zunehmender Größe der Dach- und Fensteröffnungen verringert werden darf.

Der Zusammenhang zwischen $t_ä$ und dem Wärmeabzugsfaktor w ist vielfach diskutiert worden. In dem Normentwurf hat man sich an die vorliegenden Versuchsergebnisse von Modellbranduntersuchungen und an die Ergebnisse theoretischer Arbeiten [11] angelehnt. Bild 6 zeigte die äquivalente Branddauer für verschiedene Brandlasten und Ventilationsbedingungen nach Versuchsergebnissen aus Metz. Durch Multiplikation der Brandlast q mit dem Versuchsparameter $A/\sqrt{A_t \cdot A_v}$ (wobei A_t die innere Oberfläche, A_v die Fensterfläche und A die Grundfläche des Brandhauses in Metz bedeuten), ließen sich sämtliche Versuchsergebnisse normieren und annähernd auf eine Geradengleichung zurückführen, d. h. wenn

$$t_ä \sim q \cdot w \tag{3.3}$$

gelten soll, muß

$$w \sim A/\sqrt{A_t \cdot A_v} \tag{3.4}$$

sein. Diese Beziehung ist in der Tabelle 2 des Normentwurfes letztlich eingearbeitet worden.

Die Formel kann näherungsweise bei der Berechnung des Wärmeabzugsfaktors bei Teilflächenberechnungen oder Freianlagen angesetzt werden, sofern keine Bedenken bestehen. Im allgemeinen gelten die Werte der Tabelle 2, wobei nach Zeile 1 dem Faktor $w = 1{,}0$ eine Öffnungsfläche $A_v/A > 0{,}20$ zugeordnet wurde. Bei kleineren Öffnungsverhältnissen ergibt sich eine Verschärfung, d. h. $t_ä$ steigt mit geringerem A_v. Der Fall, daß $t_ä$ wieder abnimmt (A_v sehr klein), ist in der Norm ausgeschlossen, weil er im Industriebau praktisch nicht vorkommt.

In den Zeilen 2 und 3 von Tabelle 2 des Normentwurfs wird der Tatsache Rechnung getragen, daß sich die Ventilationsbedingungen in Industriegebäuden im Brandfall voraussichtlich günstiger einstellen als dies bei den Modellbrandversuchen der Fall war. Industriegebäude sind im allgemeinen nicht nur einseitig be- und entlüftet, wie bei den beschriebenen Brandversuchen in Metz (Ausnahmen bilden ggf. klimatisierte Räume), so daß es dem Normenausschuß angemessen erschien, die theoretischen Werte den praktisch vorliegenden Verhältnissen anzupassen. Gegenüber dem alten Gelbdruck (Ausgabe 1968) werden sämtliche Öffnungen im Gebäude bei der Berechnung von A_v berücksichtigt, sofern diese Öffnungen mit Stoffen abgedeckt sind, die bei Brandbeanspruchung wie einfaches Fensterglas zerstört werden.

Weiterhin wird der Einbau einer Dachentlüftung anempfohlen, wenn sehr kleine w-Faktoren erreicht werden sollen. Die Wirksamkeit einer Dachöffnung A_h wird durch Einführung des Multiplikators $k_f > 1{,}0$ (s. Bild 1 des Normentwurfs) auf die Wirkung einer Fensterfläche zurückgeführt; die allgemeine Erfahrung, daß eine Dachentlüftung im Zuge einer Brandbekämpfung, aber auch im Hinblick auf die Brandbeanspruchung der Bauteile durchweg von Vorteil ist, wird damit ausdrücklich hervorgehoben. Die anrechenbare Öffnungsfläche $A_{v,h}$ ergibt sich aus den vertikalen Öffnungen A_v und den horizontalen Öffnungen A_h zu

$$A_{v,h} = A_v + k_f \cdot A_h \tag{3.5}$$

Weiterführende Untersuchungen, die im Rahmen der Normungsarbeiten DIN 18 232 (Rauch- und Wärmeabzug in Gebäuden) durchgeführt werden, sollen auch darüber Klarheit bringen, ob die in DIN 18 230 zugrunde gelegten Beziehungen verbessert werden können [12].

Neben der Ventilation besitzt die Wärmedämmung der Umfassungsbauteile einen maßgeblichen Einfluß auf die Brandraumtemperaturen. Bei vergleichsweise sehr hoher Wärmedämmung der Wände durch einen Spezialputz mit niedriger Wärmeleitfähigkeit ergaben sich bei den Versuchen in Metz deutlich höhere äquivalente Branddauern als

bei normaler Auskleidung der Wände mit Schamotte- bzw. Betonsteinen (s. Bild 6). Diesem Einfluß wird in der Normvorlage durch den Umrechnungsfaktor c Rechnung getragen (vgl. Abschnitt 7.3 in DIN 18 230 Teil 1). Gegenüber dem Normalfall wird jeweils eine Erhöhung bzw. Erniedrigung von c um 25 % vorgeschlagen, je nachdem, ob der betrachtete Brandabschnitt sehr hoch oder niedrig gedämmt ist. Als Normalfall können z. B. die derzeit üblichen Massiv- bzw. Mauerwerksbauten angesehen werden. Maßgebend für die Einstufung sollte im wesentlichen die Wärmeeindringzahl der Umfassungsbauteile sein. Lediglich bei sehr dünnen Wänden, die während des Brandes nicht zerstört werden und eine vergleichsweise niedrige Wärmeleitfähigkeit besitzen, ergeben sich dadurch u. U. etwas zu hohe Werte. Auf Tabelle 1 ist die Wärmeeindringzahl einiger technisch wichtiger Stoffe angegeben.

Tabelle 1: Wärmeeindringzahlen von einigen technisch wichtigen Stoffen bei 20 °C

Stoff	Wärmeeindringzahl $Wh^{0,5}/mK$	Bewertung nach DIN 18 230
Kupfer	597	
Aluminium	392	niedrig
Stahl	241	
Beton	35	
Sandstein	31	normal
Glas	24	
Gasbeton	5,1	
Holz	2,6	hoch
Glaswolle	1,0	

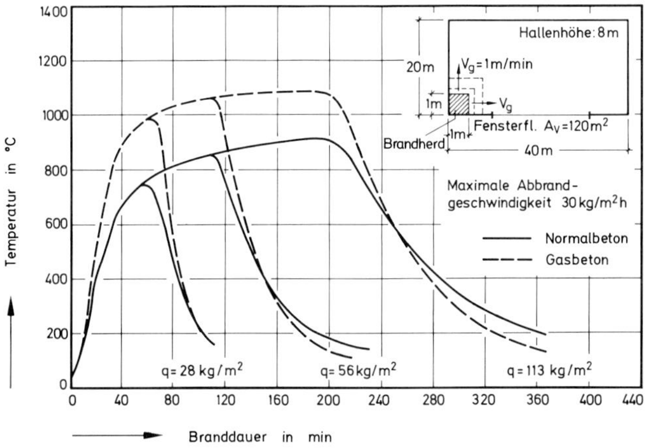

Bild 10. Einfluß der Wärmedämmung der Umfassungsbauteile auf die Temperaturerhöhung bei Hallenbränden (1 kg/m² ≙ 4,8 kWh/m² Brandlast)

Auf Bild 10 sind die mittleren Temperatur-Zeit-Kurven in einer eingeschossigen 800 m² großen Halle mit Wand- und Deckenbekleidungen aus Gasbeton und Stahlbeton für verschiedene Brandlasten dargestellt. Die Temperaturen sind aufgrund von Wärmebilanzrechnungen ermittelt und spiegeln jeweils den Einfluß der Wärmedämmung wider. Vereinfachend wurde in der Berechnung angenommen, daß sämtliche Bauteile der Hallen (Wände, Fußboden und Decke) vollständig aus den angegebenen Materialien bestehen. Damit kann der Baustoffeinfluß als Extremfall abgeschätzt werden. Bild 10 zeigt, daß sich die Brandraumtemperaturen bei etwa gleicher Branddauer bis zu 200 °C unterscheiden können. In der Praxis dürften die Verhältnisse zwar nicht so extrem sein, weil im Mittel immer bestimmte Kombinationen von Baustoffen zur Anwendung kommen, es zeigt sich jedoch, daß die in der Normvorlage vorgesehene Verschärfung bzw. Abminderung von $t_ä$ berechtigt und angemessen ist.

Auf Bild 11 sind die rechnerisch ermittelten äquivalenten Branddauern für die beiden unterschiedlich ausgeführten Hallen angegeben. Vergleichsweise ungünstig schneiden die Hallen mit sehr hoher Wärmedämmung und -speicherung ab. Speziell unter diesem Gesichtspunkt wäre also beispielsweise eine Stahlhalle mit sehr geringer Wärmedämmung günstiger zu beurteilen als ein hochgedämmter Massivbau. Bei Vorhandensein einer entsprechenden Brandlast werden die zugehörigen Brandraumtemperaturen jedoch immer so hoch, daß tragende Bauteile bereits

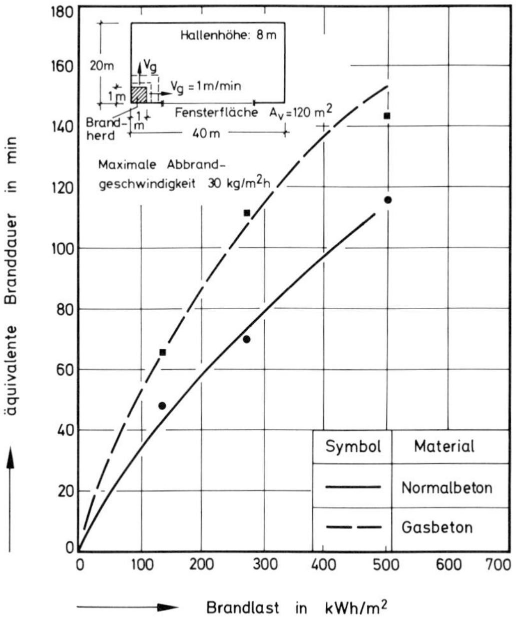

Bild 11. Einfluß der Wärmedämmung der Umfassungsbauteile auf die äquivalente Branddauer bei Hallenbränden

an Festigkeit verlieren und erhebliche Verformungen erleiden, d. h. selbst ohne Berücksichtigung einer Wärmedämmung sind in den meisten Fällen immer noch so hohe Temperaturen zu erwarten, daß es zu einer Schädigung der angrenzenden Konstruktion kommt. Leider fehlen gegenwärtig ausführliche Untersuchungen dieser Art, um über die Werte von Tabelle 3 der Normvorlage hinaus eine bessere Differenzierung der *c*-Faktoren vornehmen zu können. Beispielsweise ist eine Abnahme dieses Einflusses mit zunehmender Brandabschnittsgröße vorstellbar.

Aus dem Normentwurf läßt sich eine dem Bild 11 vergleichbare Darstellung gewinnen, indem z. B. $m \cdot w \cdot \gamma = 1{,}0$ gesetzt werden und man für diesen Sonderfall die äquivalente Branddauer in Abhängigkeit von der Brandbelastung berechnet:

$$t_ä = c \cdot q \cdot 1{,}0 \qquad (3.6)$$

Die erforderliche Feuerwiderstandsdauer erf *F* entspricht in diesem Fall zahlenmäßig der äquivalenten Branddauer. Mit den Werten der Tabelle A (s. Erläuterungen zur DIN 18 230 Teil 1) erhält man die auf Bild 12 angegebenen Treppenpolygone. Vergleicht man diese Polygone mit den auf Bild 11 für $A_v = 120\ m^2$ dargestellten Werten — dies entspricht $w = 1{,}0$ gemäß Tabelle 2, Zeile 2 der Normvorlage —, so erkennt man, daß trotz der notwendigerweise groben Abstufung in der Tabelle A eine vergleichsweise gute Übereinstimmung in den äquivalenten Branddauern festzustellen ist. Aus den bisher vorliegenden theoretischen Untersuchungen dieser Art lassen sich somit durchweg keine Erkenntnisse ableiten, die den Annahmen des Normentwurfs prinzipiell entgegenstehen. Lediglich bei Nachrechnungen von Hallen mit Dachentlüftung haben sich teilweise höhere äquivalente Branddauern ergeben als entsprechende Berechnungen gemäß der Normvorlage, d. h. die Wärmeabzugsfaktoren *w* sind in einigen Bereichen vermutlich zu günstig angesetzt.

Der Einfluß des Brandgutes auf das Brandgeschehen wird in dem Normentwurf durch den Heizwert und den Abbrandfaktor „*m*" berücksichtigt. Über die Charakterisierung des Abbrandverhaltens von Stoffen unterschiedlicher Zusammensetzung, Form und Verteilung sind viele Diskussionen geführt worden, und es hat lange gedauert, bis die Beteiligten dem Normentwurf DIN 18 230 Teil 2 ihre Zustimmung geben konnten. In dem Abbrandfaktor „*m*" ist eine ganze Reihe von Einflußgrößen versteckt, und es ist nicht Gegenstand dieses Berichts, diese im Detail zu erläutern. Im Prinzip ist man davon ausgegangen, daß der Abbrandfaktor als bezogene Größe darzustellen ist, wobei als Bezugswert ein sogenannter „Bezugsstoff" dient. Es ist kein Zufall, daß als „Bezugsstoff" Holzkrippen mit Lattenquerschnitten von $4 \times 4\ cm^2$ Dicke gewählt wurden. Man war daran interessiert, einen solchen Stoff zu wählen, dessen Abbrandverhalten weitestgehend erforscht ist. Die vordem gezeigten Bilder von Modellbrandversuchen wurden ausschließlich mit Holzkrippen dieser Art ausgeführt.

Das Bewertungsverfahren gemäß Teil 2 der Norm sieht nun vor, daß die äquivalente Branddauer, die der zu untersuchende Stoff in einer bestimmten Meßanordnung erzeugt, gemäß Bild 13 auf den Bezugsstoff umgerechnet wird, d. h. „*m*" ist ein Vervielfältigungsfaktor, mit dem eine beliebige Brandbelastung zu multiplizieren ist, um die

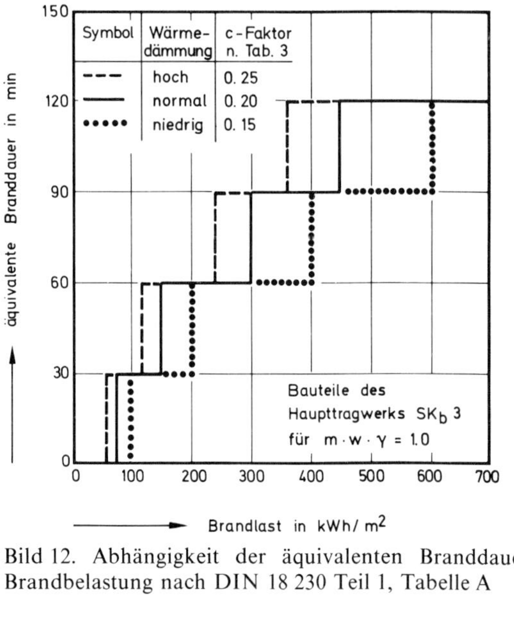

Bild 12. Abhängigkeit der äquivalenten Branddauer von der Brandbelastung nach DIN 18 230 Teil 1, Tabelle A

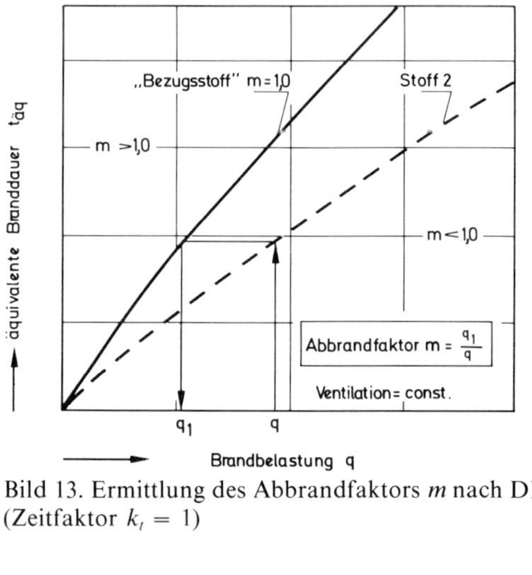

Bild 13. Ermittlung des Abbrandfaktors *m* nach DIN 18 230 Teil 2 (Zeitfaktor $k_t = 1$)

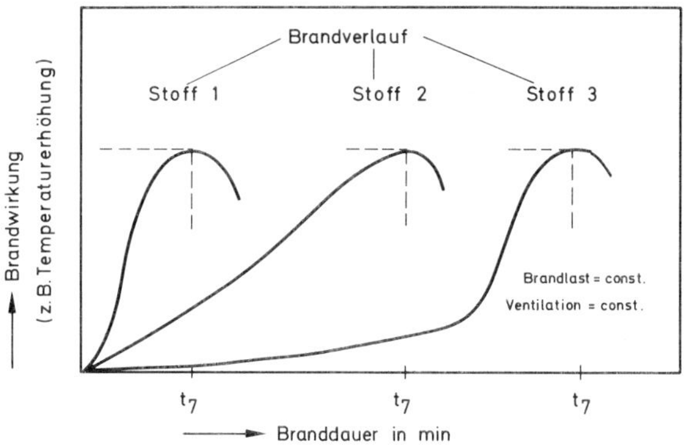

Bild 14. Unterschiedliche Brandverläufe von Stoffen (Ermittlung des Zeitfaktors k_t)

ihr äquivalente Holzbrandbelastung mit $m = 1{,}0$ zu ermitteln. Da in DIN 18 230 im Prinzip nur eine $t_ä$-q-Beziehung, nämlich die für Holzkrippen, eingearbeitet ist, können auf diese Weise andere Stoffe auf das Abbrandverhalten von Holz zurückgeführt werden. Ungewöhnlich schnelle oder langsame Abbrandgeschwindigkeiten und verzögert einsetzende Zündvorgänge (vgl. Bild 14) werden durch einen sogenannten Zeitfaktor k_t berücksichtigt. Die Zeitabläufe sind für den Bezugsstoff ermittelt und in der Normvorlage festgelegt. Eine ausführliche Beschreibung des Verfahrens ist in dem Normentwurf DIN 18 230 Teil 2 zu finden, so daß an dieser Stelle darauf nicht näher eingegangen wird.

Der Abbrandfaktor „m" ist wie der Heizwert experimentell zu bestimmen. Dafür wurde mit großem Aufwand an dem MPA-Dortmund eine Versuchsanlage errichtet, geeicht und zwischenzeitlich in mehr als 250 Versuchen geprüft [10]. Die bislang ermittelten und im Beiblatt zu DIN 18 230 veröffentlichten Abbrandfaktoren reichen jedoch bei weitem nicht aus, um die gesamte Palette der im Industriebau verwendeten Produktions- und Lagerstoffe abzudecken. Um die Anwendung der Norm nicht unnötig zu erschweren, dürfen auch für nicht geprüfte Stoffe die m-Faktoren des Beiblattes benutzt werden, wenn eine Zuordnung zu geprüften Stoffgruppen möglich ist. Es gilt dann jeweils der Maximalwert in der zugehörigen Stoffgruppe.

4 Sicherheitskonzept

4.1 Unsicherheiten in der äquivalenten Branddauer

Der Entwurf der DIN 18 230 basiert auf einem vereinfachten brandschutztechnischen Bemessungsverfahren mit folgender Grundidee: Die Feuerwiderstandsdauer (Feuerwiderstandsklasse) der Bauteile eines Brandabschnittes muß größer sein als die äquivalente Branddauer der auf genormte Verhältnisse (Normbrand nach DIN 4102) umgerechneten Brandlasten im Brandabschnitt (vgl. Hosser [5], S. 219). Wenn Feuerwiderstandsdauer und äquivalente Branddauer exakt berechnet werden könnten, dann genügte die Einhaltung der vorgenannten Forderung, um sicherzustellen, daß die Bauteile einen Brand ohne Verlust der Tragfähigkeit überdauern. In Wirklichkeit sind aber weder die Brandbelastung zu dem Zeitpunkt und an der Stelle des Brandes noch die Feuerwiderstandsdauer der Bauteile genau bekannt.

Die tatsächliche Brandbelastung oder Feuerwiderstandsdauer ist dem Zufall überlassen; d. h. die in Rechnung gestellten Werte (Nennwerte) können zufällig über- oder unterschritten werden. Daher genügt es nicht, wenn die Feuerwiderstandsdauer die Bauteile „gerade eben" größer ist als die äquivalente Branddauer. Zwischen äquivalenter Branddauer und Feuerwiderstandsdauer muß noch ein gewisser *Sicherheitsabstand* liegen. Der Sicherheitsabstand muß um so größer sein, je mehr die äquivalente Branddauer und die Feuerwiderstandsdauer streuen. Je reichlicher der Sicherheitsabstand gewählt wird, desto unwahrscheinlicher ist es, daß die Bauteile in einem Brand versagen.

Im Normentwurf werden aus diesem Grunde sämtliche Einflußgrößen als Zufallsvariablen aufgefaßt und statistisch, d. h. durch Verteilungsdichten und -funktionen beschrieben. Die Brandlast q für ein bestimmtes Gebäude kann z. B. im Stadium der Planung bei bekannter Nutzung berechnet werden. Dafür müssen die Art und Menge der Betriebsstoffe, Einbauten, Lagergüter usw. genau erfaßt werden. Dann wird sich der Bauherr in gewissem Umfange gegen spätere Nutzungsänderungen absichern wollen und deswegen die ermittelte Brandlast noch etwas vergrößern. Gemäß DIN 18 230 sind auf diese Weise für jeden Brandabschnitt die Brandlasten gesondert zu ermitteln. Diese etwas mühevolle Planungsarbeit erweist sich im Rahmen des Gesamtkonzeptes letztlich als sehr vorteilhaft, weil im Berechnungsverfahren mit einem vergleichsweise kleinen Variationskoeffizienten der Brandlast $V_q = 0{,}20$ gerechnet werden darf (s. Gl. 4.1).

Eine andere, weniger mühsame Möglichkeit besteht darin, die Brandlast auf der Grundlage von Brandlaststatistiken für die betreffende Gebäude- und Nutzungsart festzulegen. Für definierte Nutzungen (Krankenhäuser, Garagen, Warenhäuser o. ä.) sind solche Angaben u. U. möglich. Im Industriebau scheidet diese Möglichkeit jedoch praktisch aus, weil die Brandlasten in weiten Bereichen streuen, so daß unter Zugrundelegung einer einzigen Brandlastkurve für den Bereich Industriebau und Festlegung des 90 %-Fraktils als Brandlastnennwert in den meisten Fällen viel zu hohe Anforderungen ergeben würden.

Im Rahmen einer kürzlich durchgeführten Untersuchung an 33 Industrieobjekten wurden diesbezügliche Erhebungen angestellt. Die Untersuchungsergebnisse sind auf Bild 15 dargestellt [13]. Im oberen Teil des Bildes ist zunächst die Häufigkeitsverteilung der logarithmierten Brandlasten angegeben. Nach der Verteilungsfunktion ergibt sich ein relativ starker Anstieg bei Brandlasten von 80 bis 150 kWh/m^2. Eine Auftragung im Wahrscheinlichkeitsnetz zeigt, daß etwa 50 % aller Brandlasten unter 200 kWh/m^2 liegen. Andererseits wird jedoch deutlich, daß es eine relativ kleine Anzahl von Industriegebäuden mit überdurchschnittlich hohen Brandlasten gibt, die zu einer erheblichen Verzerrung der Verteilungsfunktion führen. Die 95 %-Fraktile der Verteilungsfunktion liegt immerhin bei 1 400 kWh/m^2 — einem vergleichsweise hohen Wert. Tabelle 2 zeigt die Untersuchungsergebnisse geordnet nach Nutzungsarten. Wenngleich dies nicht eine Gesamtübersicht über die Höhe der Brandlasten im Industriebau ist oder sein soll, so kann aus Tabelle 2 ohne weiteres gefolgert werden, daß eine individuelle Ermittlung der Brandlasten im Industriebau praktisch unumgänglich ist.

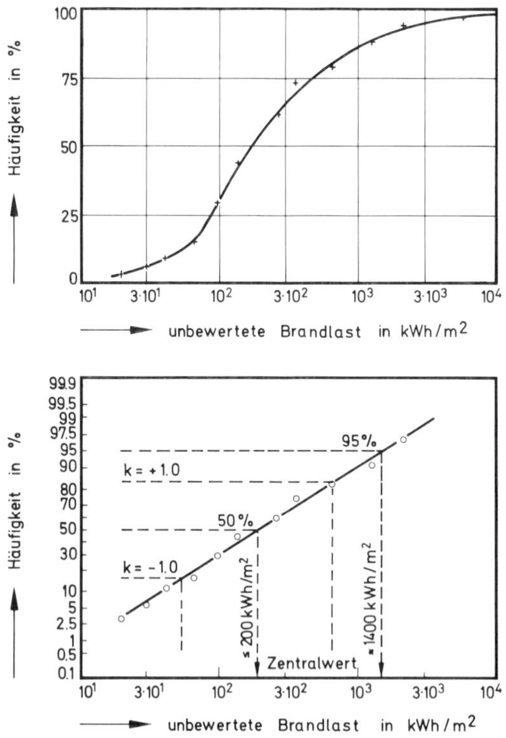

Bild 15. Brandlastverteilung im Industriebau nach [13]

Tabelle 2: Brandlasten in Industriegebäuden (Nutzungsanalyse)

Gebäude - Nutzung	Brandlast+) kWh/m2	Brandlast++) kWh/m2	Gebäude - Nutzung	Brandlast+) kWh/m2	Brandlast++) kWh/m2
Elektromechan. Fertigung	20	17	Buchdruckerei	266	117
Lehrwerkstatt f. Elektrotechnik	30	28	Buchdruckerei	323	119
Labor eines Elektrobetriebes	66	42	Binderei eines Verlages	344	100
Büromasch. u. Elektrofertigung	84	70	Lagerhalle eines Verlages	1258	403
Fertigungshalle (flüssige Kunstst.)	41	26	Tufting - Fertigung	357	273
Fertigungshalle (feste Kunstst.)	74	51	Teppichlagerhalle	483	323
Fertigungshalle d. Zuckerveredel.	661	537			
Polypropylen - Fertigungshalle	2112	275	Lager u. Versand (Elektrotechnik)	82	61
			Lager d. Kunststoffindustrie	111	34
Montagehalle f. Musikinstrumente	88	71	Auto - Ersatzteillager	127	101
Montagehalle f. Musikinstrumente	97	77	Lager d. Kunststoffindustrie	239	164
Montage Unterhaltungselektronik	98	76	Lager f. elektrotech. Fertigungsmat.	260	71
Montage f. Lautsprecherboxen	250	168	Getränkeauslieferungslager	391	150
Holzbearbeitg. f. Lautsprecherb.	128	50	Reifenlagerraum	1 062	531
Holzbearbeitung	195	74	Lacklagerraum	1 189	1 547
Holzbearbeitung	212	170	Harzlagerr. f. Kunststoffverarb.	1 265	537
			Hochregallager	5 657	1 251

+) ohne m-Faktor ++) mit m-Faktor

Die Unsicherheit der äquivalenten Branddauer $t_ä$ beruht nicht nur auf den Streuungen der Brandlast. Hinzu kommen Unsicherheiten in den Bewertungsfaktoren m für das Abbrandverhalten, und w für die Lüftungsverhältnisse sowie in dem Umrechnungsfaktor c. Diese Faktoren werden experimentell bestimmt. Meßfehler, Unterschiede in den verschiedenen Versuchsständen und Abweichungen der Versuchsbedingungen von den wirklichen Verhältnissen verursachen zusätzliche Streuungen von mindestens 10 % je Faktor. Nach dem Fehlerfortpflanzungsgesetz beträgt damit der Gesamtvariationskoeffizient $V_{t_ä}$ für die äquivalente Branddauer $t_ä$ als Produkt aus der Brandlast q und den drei Faktoren

$$V_{t_ä} = \sqrt{V_q^2 + V_m^2 + V_w^2 + V_c^2} \qquad (4.1)$$

Für mittlere Verhältnisse können folgende Variationskoeffizienten angesetzt werden:

bei	Industriegebäuden	$V_{t_ä} = 0{,}25$
	Bürogebäuden	$= 0{,}50$
	Wohngebäuden	$= 0{,}40$
	Schulen	$= 0{,}30$
	Hotels	$= 0{,}35$

Aufgrund der Brandlastbestimmung im Einzelfall ergibt sich im Industriebau der kleinste Variationskoeffizient!

Der Mittelwert $m_{t_ä}$ folgt jeweils als Produkt der Mittelwerte

$$m_{t_ä} \approx m_q \cdot m_m \cdot m_w \cdot m_c \qquad (4.2)$$

Die Streuungen der äquivalenten Branddauer $t_ä$ nehmen nicht genau proportional zu $t_ä$ zu, wie es bei einem konstanten Variationskoeffizienten vorausgesetzt wird. Bei geringen Brandlasten sind die Unsicherheiten und damit die Variationskoeffizienten größer, bei hohen Brandlasten kleiner als oben angegeben.

4.2 Unsicherheiten in der Feuerwiderstandsdauer

Die Feuerwiderstandsdauer F von Bauteilen, Türen, Lüftungsklappen u. ä. wird in genormten Versuchen nach DIN 4102 ermittelt. Danach wird das geprüfte Bauteil in eine Feuerwiderstandsklasse F_N (Nennwert) eingestuft. Die Feuerwiderstandsdauer F der in einem Gebäude eingebauten Teile kann von der in Einstufungsprüfungen festgestellten Feuerwiderstandsklasse F_N zufällig abweichen, d. h. sie ist eine Zufallsvariable. Ursache für die Abweichungen sind sowohl die zufälligen Streuungen der für das Trag- und Verformungsverhalten der Teile entscheidenden Abmessungen und Materialeigenschaften, als auch die im Bauwerk gegebenen Randbedingungen (z. B. Auflagerbedingungen, Lage des Brandherdes, Belastung usw.). Die Sicherheit der Bauteile im Bauwerk unter Brandeinwirkung muß somit auch auf der Grundlage einer probabilitischen Betrachtung abgeschätzt werden.

Solche Untersuchungen werden derzeit im Rahmen der Arbeiten des Sonderforschungsbereiches 148 „Brandverhalten von Bauteilen“ durchgeführt [14]. Erste Ergebnisse, die anhand von Traglastuntersuchungen an Stützen unter Brandeinwirkung gewonnen wurden, können hier mitgeteilt werden. In der Monte-Carlo-Studie wurden folgende Einflußgrößen berücksichtigt:

— Geometrie (Stützenbreite, -höhe, Bewehrungslage),
— Temperatur und Feuchtigkeit des Betons,
— Betonfestigkeit in Abhängigkeit von der Temperatur,
— Stahlfestigkeit in Abhängigkeit von der Temperatur.

Die berechneten Variationskoeffizienten lagen bei $0{,}1 \leqq V_F \leqq 0{,}2$. Auf Bild 16 ist eine der berechneten Verteilungsfunktionen als Beispiel für die untersuchten Stützen angegeben. Der gemessene Versagenszeitpunkt von 64 Minuten Branddauer entspricht etwa der 5 %-Fraktile der Verteilungsfunktion. Der Mittelwert der Funktion liegt bei 78,4 Minuten, der Variationskoeffizient beträgt 13,3 %.

Rechnet man für die Gruppe der Unsicherheiten infolge geometrischer und materialspezifischer Einflüsse mit $V_{F1} = 0{,}15$ und für die Gruppe der Einflüsse aus bauwerksspezifischen Randbedingungen mit $V_{V2} = 0{,}1$, so erhalten wir für die Feuerwiderstandsdauer F einen Variationskoeffizienten V_F von 0,2. Die Feuerwiderstandsklasse F_N als Nennwert entspricht je nach vorgegebener Belastung einer 5 bis 25 %-Fraktile, im Mittel einer 10 %-Fraktile der Feuerwiderstandsdauer F. Diese Werte liegen dem Bemessungskonzept in DIN 18 230 zugrunde.

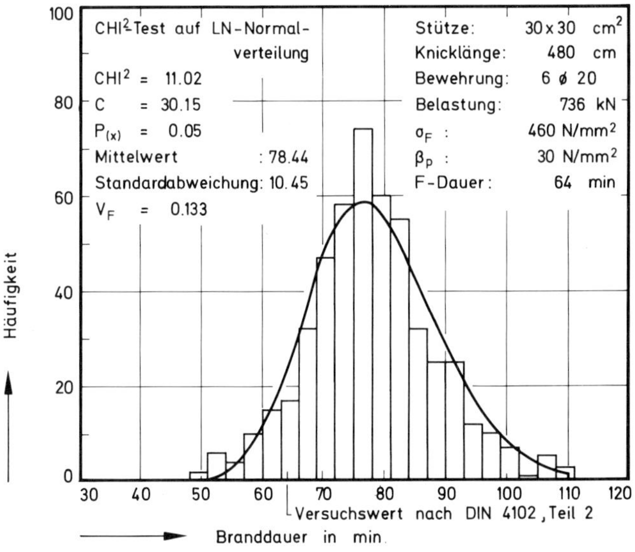

Bild 16. Häufigkeitsverteilung der Feuerwiderstandsdauer einer tragenden Stahlbetonstütze im Normbrand

4.3 Der Brand als stochastischer Prozeß

Zur Ermittlung der erforderlichen Feuerwiderstandsdauer gemäß Gl. (3.2) werden die Sicherheitsbeiwerte γ und γ_{nb} benötigt, die naturgemäß mit der Auftretenswahrscheinlichkeit von gefährlichen Bränden verknüpft sind. Registriert man alle gefährlichen Brände bei einer bestimmten Gebäude- und Nutzungsart und bezieht sie auf die Gesamtzahl der erfaßten Brandabschnittsflächen und Jahre des Beobachtungszeitraumes, so erhält man die Auftretenswahrscheinlichkeit p eines gefährlichen Brandes je Quadratmeter und Jahr. Die Auftretenswahrscheinlichkeit p eines gefährlichen Brandes läßt sich noch weiter aufspalten in die Auftretenswahrscheinlichkeit p_1 von Feuer, die Wahrscheinlichkeit p_2, daß sich daraus ein gefährlicher Brand (= länger andauernder Vollbrand) entwickelt und die Wahrscheinlichkeit p_3, daß dieser Brand durch spezielle Brandbekämpfungsmaßnahmen (Brandmeldeanlagen, automatische Löschanlagen) unmittelbar wieder gelöscht wird:

$$p = p_1 \cdot p_2 \cdot p_3 \tag{4.3}$$

Quellen für die einzelnen Wahrscheinlichkeiten sind u. a. Brandstatistiken von Versicherungen, Brandberichte von Werks- und Berufsfeuerwehren. Da bei uns das vorhandene Datenmaterial noch nicht zentral gesammelt und entsprechend ausgewertet wurde, ist im Normentwurf auch auf ausländische Erfahrungswerte zurückgegriffen worden [15, 16]. Demnach beträgt für mittlere Verhältnisse

die Auftretenswahrscheinlichkeit p_1

— bei Industriegebäuden
  $p_1 = 1 \cdot 10^{-6} ./. 5 \cdot 10^{-6}$,

die Wahrscheinlichkeit p_2

— bei normaler Branderkennung und Bekämpfung
  $p_2 = 1 \cdot 10^{-1}$

— bei besonders schlagkräftiger Feuerwehr ($\geqq 4$ Löscheinheiten)
  $p_2 = 1 \cdot 10^{-2}$,

die Wahrscheinlichkeit p_3

— bei automatischen Löschanlagen (mittlere Ausfallrate)
  $p_3 = 1 \cdot 10^{-2}$.

Geht man davon aus, daß auf jedem Quadratmeter Brandabschnittsfläche ein Brand mit der gleichen mittleren Auftretenswahrscheinlichkeit p unabhängig von der übrigen Fläche entstehen kann, beträgt nach dem Multiplikationssatz der Wahrscheinlichkeitsrechnung die mittlere Auftretensrate λ_b eines gefährlichen Brandes in einem Brandabschnitt der Fläche A pro Jahr

$$\lambda_b = 1 - (1 - p)^A \tag{4.4}$$

Ein gefährlicher Brand ist ein seltenes Ereignis, das zufällig auftritt. Mit Hilfe eines statistischen Modells — einer Poisson-Verteilung — kann man aber aus der mittleren Auftretensrate λ_b die Wahrscheinlichkeit $P[\nu = n]$ berechnen, daß in einem Zeitraum t_D gerade n gefährliche Brände auftreten:

$$P[\nu = n] = (\lambda_D \cdot t_D)^n \cdot \frac{e^{-\lambda_b \cdot t_D}}{n!} \tag{4.5}$$

Speziell für $n = 0$ (kein Brand) gilt die Wahrscheinlichkeit

$$P[\nu = 0] = e^{-\lambda_b \cdot t_D} \tag{4.6}$$

Daraus folgt sofort die Wahrscheinlichkeit p_b, daß mindestens ein Brand auftritt, zu

$$p_b = P[\nu > 0] = 1 - P[\nu = 0] = 1 - e^{-\lambda_b \cdot t_D} \tag{4.7}$$

Die Auftretenswahrscheinlichkeit p_b von gefährlichen Bränden in einem bestimmten Brandabschnitt während seiner Nutzung läßt sich damit aus der mittleren Auftretenswahrscheinlichkeit p gefährlicher Brände bei der betreffenden Gebäude- und Nutzungsart, der Brandabschnittsfläche A und der Nutzungsdauer t_D des Gebäudes einfach ermitteln.

4.4 Zuverlässigkeit als Maß für die Sicherheit

Der bauliche Brandschutz soll das Versagen von Bauteilen durch einen Brand verhindern. Wegen der in den Abschnitten 4.1 und 4.2 erläuterten Unsicherheiten der äquivalenten Branddauer $t_ä$ und Feuerwiderstandsdauer F ist ein Versagen nicht mit absoluter Sicherheit auszuschließen. Wenn aber zwischen F und $t_ä$ ein ausreichender Sicherheitsabstand liegt — z. B. durch einen genügend großen Sicherheitsbeiwert γ — ist ein Versagen sehr unwahrscheinlich: die so bemessenen Bauteile sind ausreichend zuverlässig.

Die Zuverlässigkeit eines Bauteiles wird häufig auch als Überlebenswahrscheinlichkeit p_s aufgefaßt. Die Versagenswahrscheinlichkeit p_f hat sich als Maß für die Unzuverlässigkeit eingebürgert: es gilt

$$p_f = 1 - p_s \tag{4.8}$$

Man versteht unter p_f die Versagenswahrscheinlichkeit eines Bauteils durch einen Brand. Zwei voneinander unabhängige Ereignisse müssen eintreten, damit ein Bauteil durch Brand versagt:

a) es muß ein gefährlicher Brand entstehen, und
b) die Beanspruchung des Bauteils bei einem Brand muß größer sein als die Beanspruchbarkeit.

Die Wahrscheinlichkeit des Ereignisses a) ist aus Abschnitt 4.3 bereits bekannt: es ist p_b. Die Wahrscheinlichkeit des Ereignisses b) bezeichnen wir als Versagenswahrscheinlichkeit p_{fb} des Bauteils im Falle eines Brandes. Da beide

Ereignisse voneinander unabhängig sind, folgt p_f als die Wahrscheinlichkeit, daß beide eintreten, wieder aus dem Multiplikationssatz der Wahrscheinlichkeitsrechnung

$$p_f = p_b \cdot p_{fb} \tag{4.9}$$

Bei der vereinfachten brandschutztechnischen Bemessung nach dem Entwurf DIN 18 230 lautet der Sicherheitsabstand Z (oft Sicherheitszone genannt)

$$Z = F - t_ä \tag{4.10}$$

Da F und $t_ä$ nach Abschnitt 4.1 und 4.2 Zufallsvariablen sind, ist auch der Sicherheitsabstand Z eine Zufallsvariable (Bild 17). Die Versagenswahrscheinlichkeit p_{fb} im Brandfall ist die Wahrscheinlichkeit, daß Z zufällig einmal kleiner als Null wird. Sie ist nach den Regeln der Wahrscheinlichkeitsrechnung zu berechnen. Setzen wir zunächst voraus, daß die Funktionen von F und $t_ä$ einer Gaußschen Normalverteilung gehorchen, dann folgt daraus für die Sicherheitszone Z gemäß Bild 17

$$m_Z = m'_F - m'_{t_ä}, \quad \sigma_Z = \sqrt{\sigma'^2_F + \sigma'^2_{t_ä}} \tag{4.11}$$

Der Tatsache, daß sowohl $t_ä$ als auch F logarithmisch normalverteilt sind, kann durch eine Anpassung der Funktionen im maßgebenden Bereich an eine gewöhnliche Normalverteilung Rechnung getragen werden. Die Wahrscheinlichkeit des Versagens im Brand $p_{fb} = p\,[Z \leqq 0]$ ergibt sich als Funktionswert $F_Z\,(z = 0)$ der Verteilung der Sicherheitszone Z an der Stelle $z = 0$. Da Z normalverteilt ist, gilt

$$p_{fb} = F_Z(z = 0) = \Phi\left(-\frac{m_z}{\sigma_z}\right) \tag{4.12}$$

Die Funktionswerte Φ der standardisierten Normalverteilung liegen in einschlägigen Tafelwerken vor; sie sind durch das Verhältnis

$$\beta_b = \frac{m_z}{\sigma_z} = \Phi^{-1}(1 - p_{fb}) \tag{4.13}$$

eindeutig bestimmt. Dieses Verhältnis β_b ist als Sicherheitsindex für den Brandschutz definiert. Ist die richtige Größenordnung des Sicherheitsindex β_b gefunden, so können daraus geeignete Sicherheitselemente, bezogen auf die Nennwerte von $t_{äN}$ und F_N, für die praktische Bemessung gewonnen werden. Zunächst sollen die Nennwerte $t_{äN}$ und F_N als Fraktilen der gegebenen logarithmischen Normalverteilungen angeschrieben werden. Mit den Zentralwerten $\check{t}_ä$ und $\check{F}$, sowie den Variationskoeffizienten $V_{t_ä}$ und V_F lauten sie

$$t_{äN} = \check{t}_ä \cdot \exp\left(k_{t_ä} \cdot \sigma_{\ln t_ä}\right) \tag{4.14}$$

$$F_N = \check{F} \cdot \exp\left(k_F \cdot \sigma_{\ln F}\right) \tag{4.15}$$

Dem Normentwurf liegt die 90 %- bzw. die 10 %-Fraktile zugrunde ($k_{t_ä} = -k_F = 1{,}28$).

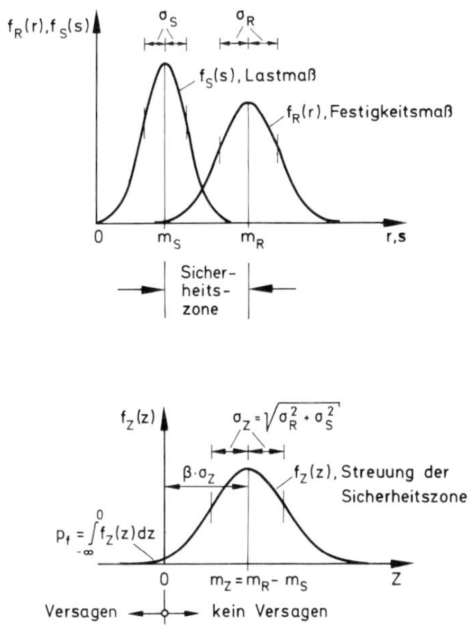

Bild 17. Versagenswahrscheinlichkeit und Sicherheitszone eines Bauteils

Für den auf die Nennwerte bezogenen Sicherheitsbeiwert erhält man aus der Definition

$$\gamma = \frac{F_N}{t_{äN}} \tag{4.16}$$

schließlich folgende Gleichung:

$$\gamma = \exp\left[\left(\alpha_F \cdot \beta_b + k_F\right) \cdot \sigma_{\ln F} - \left(\alpha_{t_ä} \cdot \beta_b + k_{t_ä}\right) \cdot \sigma_{\ln t_ä}\right] \tag{4.17}$$

Darin bedeuten:

- β_b der Sicherheitsindex und
- α_F und $\alpha_{t_ä}$ Linearfaktoren, die durch die Streuungen $\sigma_{\ln F}$ und $\sigma_{\ln t_ä}$ bestimmt sind.

Die Größe des erforderlichen Sicherheitsindex β_b ist zunächst noch offen. In dem Normentwurf wird daher, wie in [1] vorgeschlagen, diejenige Zuverlässigkeit gefordert, die durch die bisher geltenden Sicherheitsanforderungen im Brandschutz im Mittel erzielt wird. Vergleichsrechnungen zeigen, daß bei Brandabschnittsgrößen in der Nähe der in der Bundesrepublik am häufigsten beobachteten Werte ($A^* = 2\,500$ m^2) etwa folgende Versagenswahrscheinlichkeiten p_f pro Jahr toleriert werden:

- bei Teilen des Haupttragwerks (Brandsicherheitsklasse SK_b 3): $p_{f3} \approx 10^{-6}$,
- bei sonstigen wichtigen Bauteilen (Brandsicherheitsklasse SK_b 2): $p_{f2} \approx 10^{-5}$,
- bei untergeordneten Bauteilen (Brandsicherheitsklasse SK_b 1): $p_{f1} \approx 10^{-4}$.

Allgemein ist bei größeren Brandabschnittsflächen $A > A^*$ eine Tendenz zu aufwendigerem baulichen Brandschutz, bei kleineren Flächen dagegen zu geringerem baulichen Brandschutz festzustellen. Dieser auf Wirtschaftlichkeits- und anderen Überlegungen basierenden Tatsache wird in dem Normentwurf dadurch Rechnung getragen, daß die oben genannten Versagenswahrscheinlichkeiten p_{fi} nach der Brandabschnittsfläche A gewichtet werden:

$$p'_{fi} = p_{fi} \cdot \frac{A^*}{A}, \qquad (4.18)$$

wobei $A^* = 2\,500$ m² beträgt.

Der erforderliche Sicherheitsindex β_b errechnet sich für die einzelnen Brandsicherheitsklassen und eine vorgesehene Nutzungsdauer von 50 Jahren mit p'_{fi} aus Gl. (4.18) und der für die spezielle Gebäudeart und Nutzung geltenden Auftretenswahrscheinlichkeit von gefährlichen Bränden p nach Gl. (4.4), (4.6), (4.9) und (4.13). Der Sicherheitsbeiwert γ ist über Gl. (4.17) mit dem Sicherheitsindex β_b und damit auch mit der Brandabschnittsfläche A verknüpft. Dieser Zusammenhang ist auf Bild 18 grafisch dargestellt. Hierbei wurde für mittlere Verhältnisse eine Auftretenswahrscheinlichkeit $p = p_1 \cdot p_2 = 2 \cdot 10^{-7}$ von gefährlichen Bränden und die Brandsicherheitsklasse SK_b 3 (für das Haupttragwerk) zugrunde gelegt. Zur Berücksichtigung der erschwerten Brandbekämpfung und des erhöhten Risikos bei mehrgeschossigen Gebäuden wurde p_{fi} dort halbiert. Die in DIN 18 230 zugrundegelegten γ-Werte sind in den Tabellen 4 und 5 des Normentwurfs angegeben, d. h. für den Anwender haben die obigen Ausführungen nur als Hintergrundinformation eine Bedeutung.

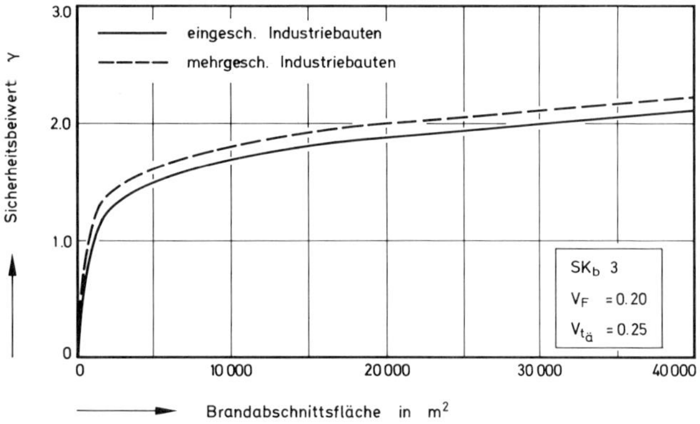

Bild 18. Zusammenhang zwischen Brandabschnittsfläche und Sicherheitsbeiwert für Industriebauten nach [5]

4.5 Korrekturwert γ_{nb}

Die nach Abschnitt 4.4 ermittelten Sicherheitsindizes β_b gelten für mittlere Verhältnisse, also für die überwiegende Zahl der Bemessungsfälle. Abweichungen von diesen Werten können einmal auf einer veränderten Brandgefahr (Auftretenswahrscheinlichkeit p), zum anderen auf einem geänderten Zuverlässigkeitsbedürfnis (Zielversagenswahrscheinlichkeit p_{fi}) beruhen. Zu der ersten Gruppe — veränderte Brandgefahr — gehören z. B. der Einbau automatischer Brandmelde- und Brandbekämpfungsanlagen oder eine schlagkräftige Werksfeuerwehr. Hierdurch werden die Anteile p_2 und p_3 der Auftretenswahrscheinlichkeit p gesenkt. Ein erhöhtes Zuverlässigkeitsbedürfnis ist meist im Schutz besonders wertvoller oder empfindlicher Einrichtungen oder Lagergüter begründet (Sachschutz).

Allgemein wirkt sich ein geänderter Sicherheitsindex β_b über Gl. (4.17) direkt auf den Sicherheitsbeiwert aus. Ist dieser für den bei mittleren Verhältnissen gültigen Sicherheitsindex β_{bm} bereits vorgegeben, so kann die Änderung durch Multiplikation mit dem Korrekturwert γ_{nb} berücksichtigt werden. In Tabelle 6 des Normentwurfs sind entsprechende Werte für γ_{nb} angegeben. Näherungsweise kann γ_{nb} als Funktion von p/p_m (oder p_{fim}/p_{fi}) festgelegt werden; man erhält z. B. für

$$p/p_m = 0{,}1 \qquad \gamma_{nb} \approx 0{,}8$$

$$p/p_m = 0{,}01 \qquad \gamma_{nb} \approx 0{,}6$$

5 Schlußfolgerungen

Zusammenfassend ist zum Konzept der DIN 18 230 zur Regelung des baulichen Brandschutzes im Industriebau folgendes zu sagen:

- Mit dem Entwurf von DIN 18 230 wird ein Bemessungsverfahren für den Industriebau vorgeschlagen, welches gestattet, die dort vorliegenden unterschiedlichen Bauweisen und Risiken durch eine differenzierte Festlegung der Sicherheitsanforderungen einzugrenzen. Die Norm soll eine einheitliche brandschutztechnische Bemessung von Industriebauten in Bezug auf die erforderliche Feuerwiderstandsdauer ihrer Bauteile ermöglichen. Sie gilt nicht für Industriebauten mit sehr hohem Risiko — z. B. Bauten des kerntechnischen Ingenieurbaues und auch nicht für Freianlagen o. ä.
- In der Normvorlage werden erstmalig — und das ist eine beachtenswerte Erweiterung der bisher geübten Brandschutzpraxis — die in einem Brandabschnitt vorhandenen Brandlasten bei der Bestimmung der erforderlichen Feuerwiderstandsdauern der Bauteile berücksichtigt. Unter Einbeziehung von Bewertungs- und Sicherheitsfaktoren werden für jeden Brandabschnitt

die auf die Brandbeanspruchung nach DIN 4102 Teil 2 bis Teil 6 bezogenen erforderlichen Feuerwiderstandsdauern ermittelt, aus denen Brandschutzklassen abgeleitet werden können.

- Die Norm beruht auf den „Empfehlungen zur Festlegung von Sicherheitsanforderungen im konstruktiven baulichen Brandschutz“ [1]. Zur Berücksichtigung der Streuungen der verwendeten Einflußgrößen ist ein brandschutztechnisches Sicherheitskonzept auf der Grundlage der probabilistischen Sicherheitstheorie entwickelt worden, mit dem Ziel, die Bauteile unter Zugrundelegung der Auftretenswahrscheinlichkeit gefährlicher Brände mit einer gewünschten Zuverlässigkeit zu bemessen. Bauliche Brandschutzmaßnahmen dürfen durch abwehrende Maßnahmen substituiert werden. Unterschiedliche Auftretenswahrscheinlichkeiten von Bränden können über die Sicherheitsbeiwerte rational beurteilt werden.
- Jede Änderung der Brandbelastung nach Größe und Anordnung, die nach dieser Norm zu höheren Anforderungen führt, ist eine Nutzungsänderung im Sinne bauaufsichtlicher Vorschriften, die einer Baugenehmigung bedarf. Der Bauherr sollte daher mögliche Nutzungsänderungen bei der Planung berücksichtigen.
- Die Norm setzt die nach den bauaufsichtlichen Vorschriften erforderlichen allgemeinen Brandschutzmaßnahmen voraus, die sich aus dem Standort, der Lage und der Nutzung des Gebäudes ergeben (z. B. Sicherheitsabstände zu anderen Gebäuden, Anordnung von Feuermelde- und Feuerlöschanlagen, ausreichende Löschwasserversorgung, Anlage von ausreichend kurzen Rettungs- und Löschangriffswegen). Es wird davon ausgegangen, daß geeignete und entsprechend ausgerüstete Löschkräfte (z. B. öffentliche Feuerwehren) vorhanden und jederzeit einsatzbereit sind.
- Die Norm enthält keine Anforderungen für die brandschutztechnisch wirksame Ausbildung der Gesamtkonstruktion. Hierfür sind in der Regel zusätzliche Maßnahmen erforderlich (z. B. Berücksichtigung der Verformungen und Dehnungen beim Brand, Wahl statisch unbestimmter Systeme mit entsprechenden Tragreserven, Schaffung voneinander statisch unabhängiger Teilbereiche und Sollbruchstellen). Ebenfalls nicht berücksichtigt ist ein höheres Maß an Sachschutz, der bei volkswirtschaftlich besonders wichtigen Betrieben gegebenenfalls von Bedeutung sein kann.

6 Ausblick

Nach mehr als zwanzigjähriger Normungsarbeit hat der vorliegende Normentwurf einen Stand erreicht, der soweit bis jetzt erkennbar, allen Beteiligten weitgehend Rechnung trägt. Die Sicherheitsanforderungen, die im Abschnitt 4 diskutiert wurden, sind in der Größenordnung sicher zutreffend. Sie stimmen im Durchschnitt mit den bisher für notwendig erachteten Auflagen der Baubehörden oder Brandschutzsachverständigen überein und ergeben durchweg sinnvolle Abstufungen. Erst durch gezielte Verbesserung der Datenbasis lassen sich jedoch die Möglichkeiten des vorgelegten Sicherheitskonzeptes in vollem Umfang nutzen. Vor allem die Unsicherheiten in den Brandlasten, die Auftretenswahrscheinlichkeiten gefährlicher Brände und die „Ausfallquoten“ normaler und besonderer Brandmaßnahmen müssen aus den genannten Quellen entnommen werden. Erst diese Daten führen zu einer optimalen Abstufung der Anforderungen an den konstruktiven baulichen Brandschutz.

Es wäre nunmehr an der Zeit, der langen Phase teilweise hektischer Normungsvorbereitung und -planung einen Zeitraum der Anwendung und Überprüfung der Norm anzuschließen, um Aufschluß über die Praktikabilität des Normentwurfs und die Zweckmäßigkeit der getroffenen Vereinbarungen zu erhalten. Auch die Kritiker des Entwurfs sollten einem solchen Vorschlag ihre Zustimmung geben können, weil sich ihre Argumente in der Prüfungsphase zwangsläufig erhärten würden. Wenn auch eine Ausgabe der Norm als Weißdruck voraussichtlich derzeit nicht gelingt, sollte zumindest eine Vornorm DIN 18 230 erscheinen, so daß eine Anwendung des Normentwurfs im Sinne der o. g. Überprüfung in der Praxis zunächst für einen überschaubaren Zeitraum ermöglicht wird. Eine Entwicklung der brandschutztechnischen Bemessungsmethoden in Anlehnung an das hier aufgezeigte Verfahren sollte für die Zukunft auch in anderen Bereichen des Bauwesens eingeleitet werden.

7 Formelzeichen und Symbole

Symbol	Dimension	Benennung
A	m^2	Brandabschnittsfläche
A_h	m^2	Dachöffnung
A_t	m^2	innere Oberfläche des brennenden Gebäudeabschnitts
A_v	m^2	Fenster- bzw. Ventilationsöffnung
$A_{v,h}$	m^2	anrechenbare Gesamtöffnung
c	min m^2/kWh	Umrechnungsfaktor
F	min	Feuerwiderstandsdauer nach DIN 4102 Teil 2
h	m	mittlere Höhe der Fensteröffnungen
k_f	1	Multiplikator für Dachöffnungen

Symbol	Dimension	Benennung
k_t	1	Zeitfaktor *n.* DIN 18 230 Teil 2
$k_{t_ä}$, k_F	1	Fraktilfaktoren
m	1	Abbrandfaktor *n.* DIN 18 230 Teil 2
m_{Index}	—	Mittelwert der Zufallsvariable gemäß Index
P	1	Wahrscheinlichkeit für n Brände
p	1	Auftretenswahrscheinlichkeit je m^2 und Jahr
p_b	1	Auftretenswahrscheinlichkeit für einen Brand
p_f	1	Versagenswahrscheinlichkeit
p_s	1	Überlebenswahrscheinlichkeit
p_{fb}	1	bedingte Versagenswahrscheinlichkeit
p_{fi}	1	Zielversagenswahrscheinlichkeit in der Sicherheitsklasse i = 1 bis 3
p_{Index}	1	Einzelwahrscheinlichkeit gemäß Index
q	kWh/m^2 oder kg/m^2	Brandbelastung bezogen auf die Brandabschnittsfläche
q_r	kWh/m^2	bewertete Brandbelastung
$t_ä$	min	äquivalente Normbranddauer
V_{Index}	1	Variationskoeffizient der Zufallsvariablen gemäß Index
v_g	m/min	Brandausbreitungsgeschwindigkeit
Z	1	Sicherheitszone
$\alpha_{t_ä}$, α_F	1	Linearfaktoren
β_b	1	Sicherheitsindex
γ	1	Sicherheitsbeiwert
γ_{nb}	1	Korrekturwert
Φ	1	Funktionswerte der standardisierten Normalverteilung
λ_b	1	Auftretensrate eines gefährlichen Brandes
σ_{Index}	—	Standardabweichung der Zufallsvariablen gemäß Index

8 Literatur

[1] H. Bub et al.: Model-Code „Baulicher Brandschutz". IfBt — Berlin, Juli 1979.

[2] DIN 18 230: Baulicher Brandschutz im Industriebau, Teil 1 und Teil 2, Beuth-Verlag GmbH, Berlin, Ausgabe 1978.

[3] CEB-Band I: Einheitliche Regeln für verschiedene Bauarten und Baustoffe, November 1976 (Übersetzung: IfBt — Berlin, 1977).

[4] H. Bub et al.: Baulicher Brandschutz im Industriebau. Beuth-Verlag GmbH, Berlin, 1979.

[5] H. Bub et al.: Baulicher Brandschutz — Bemessung im Industriebau. Beiträge zum 1. Brandschutz-Seminar des IfBt, Berlin, 1979.

[6] Arnault, P. et al.: Rapport Experimental Sur Les Essais Avec Des Feux Naturels Executes Dans Les Petite Installation. Maisieres-Les-Metz (1973).

[7] Thomas, P. H.: The fire resistance required to survive a burn out. Fire Research Note No. 901, November 1970.

[8] Schneider, U., und Haksever, A.: Bestimmung der äquivalenten Branddauer von statisch bestimmt gelagerten Stahlbetonbalken bei natürlichen Bränden. Institut für Baustoffe, Massivbau und Brandschutz, Technische Universität Braunschweig, Dezember 1977.

[9] Schneider, U., und Haksever, A.: Wärmebilanzberechnungen für Brandräume mit unterschiedlichen Randbedingungen. Institut für Baustoffe, Massivbau und Brandschutz der Technischen Universität Braunschweig, Bericht in Vorbereitung, März 1980.

[10] Klingelhöfer, H. G.: Entwicklung eines Prüfverfahrens zur Bewertung der Brandlasten in Industriebauten — Bewertungsfaktor „*m*" DIN 18 230. Abschlußbericht, MPA Dortmund, 1977.

[11] Pettersson, O.: The connection between a real fire exposure and the heating conditions according to standard fire resistance tests, with special application to steel structures. Lund, 1973.

[12] Schneider, U.: Rauch- und Wärmeabzug in Gebäuden (Literatursichtung im Hinblick auf DIN 18 230). Forschungsbericht des Instituts für Baustoffe, Massivbau und Brandschutz der Technischen Universität Braunschweig, Oktober 1978.

[13] Schneider, U.: Baulicher Brandschutz im Industriebau — Berechnungen nach DIN 18 230. Institut für Baustoffe, Massivbau und Brandschutz der Technischen Universität Braunschweig, Juni (1978).

[14] Kordina, K. et al.: Sicherheitstheoretische Untersuchungen zur Versagenswahrscheinlichkeit von brandbeanspruchten Bauteilen. Arbeitsbericht des SFB 148, S. D1—D17, TU Braunschweig (1977).

[15] Lie, T. T.: Optimaler Feuerwiderstand von Bauwerken. Deutsche Übersetzung, IfBt, März 1976.

[16] Thomas, P. H., and Baldwin, R.: Some comments on the choice of failure probabilities in fire. Response Paper, Colloque sur les Principes de la Sécurité au Feu des Structures. Paris, Juin 1971.

Heinrich Bub

Qualitätskontrolle von Baustoffen und Bauteilen im EG-Bereich

Die Sicherheit und Qualität unserer Bauwerke werden insbesondere beeinflußt von

- einer fachgerechten Planung, zu der auch die Auswahl der zweckentsprechenden Bauart und die bauphysikalisch richtige Bemessung der Konstruktion gehören,
- der Güte der verwendeten Baustoffe und Bauteile,
- einer sorgfältigen Bauausführung,
- einer bestimmungsgemäßen Nutzung des Bauwerks,
- einer der Eigenart der Bauart angepaßten Instandhaltung während der Nutzungsdauer und
- dem Umfang der Kontrolle der vorgenannten Tätigkeiten.

Die Güte und Brauchbarkeit der verwendeten Baustoffe und Bauteile werden bestimmt durch die Qualität der Rohstoffe, Herstellungsbedingungen, Prüfverfahren, Abnahmekriterien und Klassifizierungen, die z. B. in Gütenormen ausgewiesen sein können. Hinzu kommen ungeschriebene Herstellungsregeln, Qualifikation der Beteiligten und Regelung von Verantwortlichkeiten im Hinblick auf die Baustoff- und Bauteilproduktion, die für die Güte auch bedeutsam sein können.

Einem definierten Katalog von Kriterien — *und genau nur diesem* — sind die jeweiligen Bemessungs- und Anwendungsregeln zugeordnet, also die ungeschriebenen oder geschriebenen allgemein anerkannten Regeln der Technik, wozu auch die Handwerksregeln zählen.

Bei der Bemessung müssen wir Gefahren und Beeinträchtigungen, die bei der Errichtung und Nutzung des Bauwerks auftreten können, berücksichtigen, z. B. Einwirkungen, Abweichungen der Gegebenheiten des Einzelfalls von dem idealisierten Bemessungsmodell, Streuungen der Eigenschaften der örtlich verwendeten Baustoffe und Bauteile sowie nur schwer vermeidbare Fehler bei der Bauausführung (z. B. Lage der Bewehrung), aber auch durch eine nicht planmäßige Nutzung (z. B. Überlastung). Auch das Alterungs- und Korrosionsverhalten ist ins Kalkül zu ziehen, bei neuen Erzeugnissen eines der schwierigsten Probleme. Einen Teil dieser Unwägbarkeiten können wir bei der Bemessung berücksichtigen, z. B. durch einen ausreichenden, dem Verwendungszweck des Bauwerks und der Funktion des Bauteils angemessenen Sicherheitsabstand zwischen festgelegter Beanspruchung und der Beanspruchbarkeit im Grenzzustand der Tragfähigkeit. Gegebenenfalls sind auch Grenzzustände der Gebrauchsfähigkeit zu berücksichtigen.

Im allgemeinen sind die nationalen Bemessungsregeln und Verwendungsregeln auf jene Produkt-Qualitäten abgestimmt, die aufgrund des o. g. nationalen Katalogs von Kriterien erfahrungsgemäß zu erwarten sind, also jene, die das Kontrollsystem passieren. Bei Änderungen in diesem Katalog sind die entsprechenden Bemessungs- bzw. Anwendungsregeln anzupassen, es sei denn, daß auch die veränderte Sicherheitsebene akzeptabel ist.

Gegebenenfalls kann auch für eine gegebene Bemessungsregel eine erforderliche Prüfvorschrift für die einschl. Erzeugnisse abgeleitet werden. Statistische Hilfsmittel ermöglichen es heute, einheitliche und logische Konzepte unter Verknüpfung des Bemessungsmodells mit den Abnahmebedingungen für Baustoffe und Bauteile zu schaffen.

Auch für den konstruktiven baulichen Brandschutz ist es neuerdings gelungen, solche Bemessungsmodelle und Abnahmebedingungen auf semi-probabilistischer Grundlage unter Berücksichtigung der Vorschläge des Model-Codes I (Standsicherheit) zu entwickeln. Mit entsprechenden deutschen Vorschlägen werden sich ISO/TC 92 und CIB-WG 23 beschäftigen.

Für ein Gesamtsicherheitskonzept reicht dies aber allein noch nicht aus: Aus zahlreichen Untersuchungen ist bekannt, daß nicht fachgerechte Bemessung und Bauausführung und ebenso bedingte Herstellungsmängel an Baustoffen und Bauteilen die Hauptursachen für Gefahren am Bau und für Bauschäden sind. Diese können durch Kontrollen unabhängiger Fachleute oder Prüfstellen, in vielen Fällen aber auch durch Eigenkontrolle verringert werden, aber auch durch einen verbesserten Ausbildungsstand der am Bau Beteiligten (Qualifikationsregeln).

Hinzu kommen Unklarheiten bei der Regelung von Verantwortlichkeiten, mangelhafte Weitergabe von Informationen während des Bauablaufs etc. (Haftungsregeln).

Die Kontrollen, die in ausschlaggebender Weise das Gesamtsicherheits- und Qualitätsniveau beeinflussen, finden in den Mitgliedstaaten der EG auf unterschiedliche Weise und mit unterschiedlicher Intensität statt; auch die rechtlichen Voraussetzungen spielen dabei eine erhebliche Rolle: Hier sei nur auf zwei sehr unterschiedliche Systeme hingewiesen: Französischer Code-Civil mit einer 10- bzw. 2jährigen Garantiehaftung, flankiert durch eine seit 1979 dekretierte Versicherungspflicht aller am Bau Beteiligter (Mängelversicherung des Bauherrn, im übrigen Haftpflichtversicherung) einerseits und deutsches Bürgerliches Gesetzbuch (BGB) in Verbindung mit der Verdingungsordnung für Bauleistungen (VOB) andererseits, die abweichend vom BGB (5 Jahre Gewährleistungszeit) i. d. R. zu einer 2jährigen Gewährleistungszeit (Beweislast nach der Bauabnahme beim Auftraggeber) führt, wobei die Unternehmen Rückstellungen machen, da es i. allg. für solche Haftungsansprüche i. d. R. keine Versicherungsmöglichkeit oder gar Versicherungspflicht gibt. Baustoffproduzenten haften i. allg. nur 1/2 Jahr für die vereinbarten Eigenschaften von Baustoffen und Bauteilen.

Doch auch in Deutschland gibt es Bereiche, in denen Unternehmungen z. B. aus Wettbewerbsgründen lange Gewährleistungszeiten anbieten (z. B. Fertighäuser, Flachdächer). Auch der öffentliche Bauherr und große Unternehmungen verlangen häufig längere Gewährleistungszeiten bei Bauaufträgen.

In Frankreich bewirken die non-profit-Versicherungen über die Policen- und Prämiengestaltung *eine umfassende Kontrolle* aller zu Beginn genannten Tätigkeiten durch unabhängige, staatlich anerkannte Prüfbüros wie SOCOTEC oder VERITAS. Die Kosten insgesamt, die letzten Endes der Bauherr zu bezahlen hat — dafür hat er aber auch einen langjährigen Verbraucherschutz — betragen je nach Schwierigkeitsgrad m. W. bis zu 6 % der Baukosten. Ein Bonus-Malus-System etwa wie bei der deutschen Kraftfahrzeugversicherung könnte darüber hinaus künftig eine bessere Ausbildung der am Bau Beteiligten und Qualitätsverbesserungen erzwingen. Dies soll in diesem Jahr erstmals etwa 400 Unternehmen und an die 100 Entwurfsverfasser treffen.

In Deutschland hingegen führten die wenig ausgeprägten privatrechtlichen Vorschriften, die Gewerbefreiheit und fehlende durchgreifende Qualifikationsvorschriften und die daraus resultierenden fehlenden Angebote der Versicherungen dazu, daß eine Vielzahl von Kontrollmaßnahmen öffentlich-rechtlich vorgeschrieben worden sind, z. B. die Kontrolle des bautechnischen Entwurfs und der Ausführung aller Privatbauten durch die Bauaufsicht bzw. Prüfämter oder staatlich anerkannte Prüfingenieure für Baustatik ggf. auch durch Sondersachverständige sowie die Güteüberwachung (Eigen- und Fremdüberwachung) von Werken, die Baustoffe und Bauteile im bauaufsichtlich relevanten Bereich herstellen; neuerdings werden auch Bauleistungen an der Baustelle (z. B. Ortbeton) in dieses Kontrollsystem mit einbezogen. Welche Kosten der deutsche Bauherr zu tragen hat, ist kaum feststellbar; denn alle Mängel nach der kurzen Gewährleistungszeit, aber auch schon während dieser Zeit, wenn der Unternehmer in Konkurs geht, gehen zu Lasten des Bauherrn, wenn er sie nicht aufgrund vertraglicher Vereinbarungen seinem Architekten aufbürden kann, z. B. bei Planungsfehlern. Dennoch dürften die Aufwendungen durch den Bauherrn für Kontrollen und für Rückstellungen der Unternehmer auf 3 bis 5 v. H. der Baukosten geschätzt werden, ohne daß er hierfür einen umfassenden Verbraucherschutz erhält; allerdings wird dies durch die staatlichen Kontrollen gemildert, auch wenn diese sich nur auf den Bereich der öffentlichen Sicherheit und Ordnung beschränken müssen.

Beide Systeme haben aber eins gemeinsam: Sehr umfassende und daher wegen ihrer Perfektion oft kritisierte Regelwerke, die auch mehr oder weniger umfassende Kontrollmaßnahmen vorsehen. In Deutschland die DIN-Normen als Beweisregeln für die Einhaltung der Mindestanforderungen in allen Bereichen (so dürfen i. allg. Baustoffe nur als normgerecht bezeichnet werden, wenn sie gütegesichert sind); wer hiervon abweichen will, hat es im Baugenehmigungsverfahren schwer, entsprechende andere Nachweise zu führen, in Frankreich oft noch umfassendere D.T.U.'s und andere Dokumente einschl. AFNOR-Normen, aber auch Anforderungen der Versicherungen bzw. Prüfbüros, wobei grobe Verstöße hiergegen u. U. dazu führen können, daß die Versicherungen Regreß beim Verursacher nehmen.

Bei konsequenter Anwendung aller dieser Kontroll- und Ahndungsmaßnahmen müßte somit das französische Bauen künftig qualitativ besser sein als das deutsche, doch mit welcher Elle ist dies meßbar. Zumindest ergibt sich hieraus ein guter Verbraucherschutz.

Eine technische Harmonisierung im Baubereich auf einheitlichem Niveau setzt zunächst voraus, daß in der EG das Haftungs- und Versicherungsrecht vereinheitlicht wird, z. B. daß das Verursachungsprinzip Platz greift, d. h. daß jeder für seine Lieferung oder Leistung voll verantwortlich ist, und zwar für eine angemessene einheitlich festzulegende Zeit. Der Bereich und Umfang dieser Verantwortlichkeit ist konkret zu beschreiben. Flankierend ist ein umfassender Versicherungsschutz erforderlich, der einerseits dem Bauherrn einen umfassenden Verbraucher-

schutz gibt (z. B. auch bei Zahlungsunfähigkeit des Haftenden) und andererseits den Haftenden vor dem Ruin bewahrt, es sei denn, er handelt ständig grob fahrlässig. Der Entwurf der EG-Richtlinie „Produktenhaftung" ist ein erster Schritt in diese Richtung. Geht man diesen Weg nicht, so wird der Trend zu staatlichen Vorschriften und Kontrollmaßnahmen immer größer werden, ein Weg, der nicht in die Politik einer *Wirtschafts*gemeinschaft paßt.

Die Erfahrung zeigt jedoch auch, daß nicht nur bei öffentlich-rechtlichen Systemen, sondern in noch viel größerem Ausmaß bei einem privaten Haftungs- und Versicherungssystem präventive Kontrollen unvermeidlich sind, will man mit vertretbaren Prämiensätzen auskommen. Sowohl der private Versicherer als auch die staatliche oder kommunale Bauaufsicht*) und erst recht der öffentliche Auftraggeber können — wenn auch abgestuft nach der Bedeutung des Projekts — auf Kontrollen nicht verzichten. Alle diese Bereiche bedienen sich dabei eigener oder auch fremder Prüfstellen oder Sachverständiger, sei es für die Prüfung der Planung (z. B. Brandschutz), des technischen Entwurfs (z. B. Standsicherheit, Wärmeschutz, Schallschutz, Brandverhalten von Baustoffen und Bauteilen, haustechnische Anlagen), der verwendeten Materialien, der Bauausführung oder auch der Nutzung und Instandhaltung.

Dabei wird immer wieder die Frage aufgeworfen, wie „unabhängig" solche Prüfstellen sein müssen und wie sie ihre Sachkunde nachzuweisen haben. Die einen schwören auf staatliche oder halbstaatliche Einrichtungen, andere akzeptieren auch private Stellen, die unter unabhängiger (z. B. staatlicher) Kontrolle stehen. Ich meine, wichtig ist ausschließlich, darauf zu achten, daß nur solche Stellen und Fachleute eingeschaltet werden, bei denen sicher ist, daß für den betreffenden Bereich Wettbewerbsverfälschungen ausgeschlossen sind. Dies ist z. B. schon dann gegeben, wenn private Prüfinstanzen von einer Vielzahl miteinander im Wettbewerb stehender Unternehmen kontrolliert und nach staatlich zu genehmigenden oder von den etwa betroffenen Versicherungen im Einvernehmen mit den Unternehmern akzeptierten Prüfrichtlinien arbeiten müssen. Auch hier sollte es zu einem echten Wettbewerb zwischen staatlichen und privaten Prüfstellen kommen. Monopolbildungen nach der einen oder anderen Seite sind zu vermeiden. Dementsprechend besteht z. B. in der Bundesrepublik für die Baustoffproduzenten die Wahl, ihre Eigenkontrolle entweder durch staatliche Materialprüfanstalten oder wahlweise durch Güteschutzgemeinschaften (privatrechtl. gemeinnützige Vereine) kontrollieren zu lassen. Im bauaufsichtlichen Bereich bedürfen diese Stellen der staatlichen Anerkennung, wobei die Unabhängigkeit und Eignung der Güteschutzgemeinschaften sowie die Bedürfnisfrage überprüft werden und ebenso die Zusammensetzung der unabhängigen Güteausschüsse, die über Ahndungsmaßnahmen bei negativem Ausgang der Kontrolle zu befinden haben. Außerhalb dieses Bereiches übernehmen RAL oder DIN (in beiden Gremien ist das Bundeswirtschaftsministerium vertreten) diese Aufgabe. Ihr Geschäftsgebahren wird ständig von diesen Kontrollinstanzen beobachtet: Bei Massenartikeln, wie Betonerzeugnissen (mehr als 3000 Werke in der Bundesrepublik) oder Kiesgruben (mehr als 7000) führt kein Weg an solchen Gütegemeinschaften vorbei, will man nicht den Staatsapparat aufblähen. Dieses System hat sich in 30 Jahren hervorragend bewährt, vielleicht deshalb, weil miteinander konkurrierende Unternehmen oft weit durchschlagendere Methoden anwenden können, wenn der Wettbewerb durch minderwertige Ware verfälscht wird, als staatliche Stellen in Zeiten der Gewerbefreiheit. Kommt eines Tages die Produktenhaftung entsprechend der Vorschläge der EG-Kommission, so werden die Bereiche, die über eine schlagkräftige Güteschutzorganisation verfügen oder sich schon heute von staatlichen oder vergleichbaren Stellen fremdüberwachen lassen, bei ihren Verhandlungen mit den Versicherungen über die Prämiengestaltung in Vorteil sein.

Abschließend ist festzustellen, daß die Qualitätskontrolle in den EG-Staaten zumindest so weit in ihrem Niveau einander angeglichen werden muß, daß gegen eine gegenseitige Anerkennung keine Bedenken bestehen. Dieser Weg kann nach dem EG-Entwurf der Produktenrahmenrichtlinie beschritten werden; allerdings müßte hierzu eine Einzelrichtlinie folgen, die den gesamten *formellen* Ablauf und den Umfang der Qualitätskontrolle darstellt. Denn unterschiedliche Kontrollen führen zu unterschiedlichen Kosten und damit zu Wettbewerbsverzerrungen. In den technischen EG-Einzelrichtlinien müssen die *technischen* Gütesicherungsrichtlinien ebenfalls aus diesem Grunde und *als ein Teil* zur Festlegung eines einheitlichen Sicherheitsniveaus behandelt und fortgeschrieben werden, wie das z. B. bei DIN-Normen seit Jahrzehnten üblich ist.

---

*) In Frankreich entfällt bei Privatbauten i. d. R. eine öffentliche Kontrolle, da diese bereits namens der Versicherungen durchgeführt wird und das neue Planvorlagerecht von den zugelassenen Planverfassern ein Staatsexamen verlangt (1980).

Franz Pilny

Die Gütebestimmung an kleinen Baustoffproben

Aus der Studentenzeit ist mir u. a. ein Ausspruch meines Mathematik-Professors unvergessen geblieben, mit dem er bei uns die erste Weiche zur wissenschaftlichen Denkweise stellen wollte. Um eine der unumstößlichen Erkenntnismöglichkeiten besonders deutlich zu machen, die den manchmal vorhandenen Vorrang der Qualität vor der Quantität betrifft, meinte er in der Vorlesung: „Ich weiß nicht, wie oft ich diese Tür zum Hörsaal durchschritten habe, aber es war sicher eine ungerade Anzahl, denn ich bin in diesem Raum nicht geboren". Möglicherweise ist der Durchschnittsstudent von heute mit solchen Wahrheiten nicht mehr in dem Ausmaß beeindruckbar, wie wir es damals waren. Trotzdem bemühe ich mich, grundsätzliche Denkweisen, die zum Rüstzeug des zukünftigen Ingenieurs gehören, auch in meinen Vorlesungen in ebenso einprägsame kurze Sätze zu fassen. Sie sollen dadurch später noch im Gedächtnis bleiben. Dazu gehört u. a. der bewußt etwas überspitzt ausgedrückte Hinweis zur Arbeitsverfahrensauswahl in der Praxis: Ein nur näherungsweise richtiges Ergebnis einer Untersuchung, zur rechten Zeit gewonnen, ist immer noch besser als die genaue Lösung, die zu spät kommt.

An beide Erkenntnisse wurde ich wiederholt im Rahmen meiner Gutachtertätigkeit erinnert und konnte sie im Dienste der Sache auch nutzen. Wie wertvoll und ausreichend eine bloß qualitative Aussage manchmal sein kann und wie sehr auch eine vertretbare Vereinfachung den Erkenntnisstand weiterbringt, möge ein in der Bauschadensermittlung fast alltäglicher Fall verdeutlichen: Der ausreichende Bindemittelgehalt eines schadhaften Mörtels wird angezweifelt.

Nicht jeder Gutachter hat beim Ortstermin dann ausreichend starke Nerven, um in der Wohnung eines Mieters die nach der DIN 52 170 oder DIN 52 102 vorgesehenen 2 bis 3 kg Putzmörtel als Probe aus der Wand zu stemmen. Wesentlich kleinere Putzmengen müssen oft ausreichen, weil deren Entnahme unverzüglich und auch leicht mit Einverständnis des Wohnungsinhabers hinter einem Schrank, später kaum sichtbar, durchführbar ist.

Ein als Zuschlag verwendeter Sand kann zum Teil salzsäurelöslich sein. Er steht unverarbeitet in der Regel nicht zur Verfügung. Eine Bindemittelgehaltbestimmung ist dann bekanntlich auf einfachem Wege nicht mehr möglich. Trotzdem hilft in vielen Fällen, wenn sich der Putz als zu mager herausstellt, das einfache Kochen in verdünnter Salzsäure weiter: Ein Zuwenig an Bindemittel als Ergebnis bleibt nämlich auch bei teilweise salzsäurelöslichem Sand dann noch richtig und ergibt eine brauchbare gutachterlich verwertbare Aussage. Es genügt also ein qualitatives Ergebnis ohne normgemäße Probenmenge.

Diese und ähnliche Aufgaben waren der Anlaß, einmal grundsätzlich die Fragestellungen und Untersuchungsverfahren zu überdenken, wie sie bei Schadensbegutachtungen üblicherweise vorkommen. Man ist vorschnell geneigt, jede Vereinfachung der in den zahlreichen DIN-Normen bis ins einzelne festgelegten Prüfweisen als zuwenig genau einzustufen und zu verurteilen. Dabei sollte aber nicht vergessen werden, wie viele der sich aus Versuchen ergebenden Aussagen auch ausreichend sind, wenn sie unter Verzicht auf einen unverhältnismäßig großen und daher gar nicht vertretbaren Aufwand gewonnen worden wären. Für die Ermittlung des ohnehin nicht festzustellenden „Wahren Wertes" und seiner „genauen" Lage nimmt man oft eine Vervielfachung des Zeitaufwandes in Kauf. Alles bleibt aber dann nicht mehr sinnvoll, wenn auch ein Ergebnis „sicher größer als" oder „keinesfalls erreicht" im betreffenden Schadensfall ausreichend ist.

Unter diesen Gesichtspunkten sind bereits manche Untersuchungsverfahren stillschweigend abgewandelt und vereinfacht worden. Die Erfahrungen zeigten, daß die damit gewonnenen Ergebnisse, auch wenn ihre Werte nicht „nach Norm geprüft", sondern „nur in Anlehnung an die Norm" erzielt worden waren und manchmal nur als eine qualitative Aussage betrachtet werden konnten, im Rechtsstreit von Gerichten und Parteien voll anerkannt wurden.

Ein Grundsatz erleichtert dabei im Verkehr mit den Rechtsgelehrten die Überzeugungsarbeit: Es ist davon auszugehen, daß ein wissenschaftliches Verfahren einem wißbegierigen Laien immer verständlich gemacht werden kann, wenn man es voraussetzungslos und folgerichtig erklärt.

An drei, aus der Praxis gegriffenen Schadensuntersuchungen sollen die sich anbietenden Verfahrensangleichungen nun näher erläutert werden.

1 Mörtelfestigkeit

Die häufigste Zerstörung unserer Baustoffe bewirkt zweifellos der Riß. Seine Erscheinungsformen reichen von den zur Entfestigung führenden Mikrorissen bis zu dem klaffenden, durch Überwindung der Kohäsion (Baustoffestigkeit) entstandenen Trennriß. Der Rißverlauf ist vielgestaltig und gestattet nicht immer aber oft einen Schluß auf die Rißursache. Die Möglichkeit einer allgemein gültigen Rißdiagnose soll hier aber außer Betracht bleiben.

Der Entstehung eines Risses gehen immer Raum- und damit auch Längen- oder Winkeländerungen (Verzerrungen) voraus. Den Zeitpunkt des Überganges von der Verformung in eine Trennung bestimmt die Fähigkeit des Baustoffes, Längen- und Winkeländerungen zunächst in einem bestimmten Ausmaß zu ertragen, danach aber seinen Zusammenhang aufzugeben.

Bei Mörtel und Beton wissen wir seit Hummel [1], daß die als vom Wasserzementwert abhängig betrachtete Druckfestigkeit in Wirklichkeit eine Folge des Porengehaltes vom Zementstein (der nicht der Gesamtporosität nach DIN 52 102 entspricht) ist. Da man die Druckfestigkeit von wenigen kleinen Brocken Mörtel nicht ausreichend verläßlich bestimmen kann, weil der so einfach erscheinende Druckversuch in Wirklichkeit entscheidend von der Probenform und -größe beeinflußt wird, bietet die ersatzweise Bestimmung dieses Porengehaltes einen gangbaren Ausweg.

Die Beanspruchung von Putzmörtel wird an einem Bauwerk, wenn man von physikalischen (Lasten) und chemischen (Kristallisationsdruck) Ursachen absieht, maßgebend durch Temperatur- und Feuchtigkeitsänderungen hervorgerufen. Wärmeausdehnungskoeffizienten von Mörtel und Beton und deren Abhängigkeit von der Zusammensetzung und dem Feuchtigkeitsgehalt gelten als weitgehend geklärt [2]. Die Ergebnisse sind den Fachbüchern zu entnehmen. Dagegen wird die Feuchtigkeitsdehnung, das Stiefkind unter allen Einflußgrößen, meist anzuführen vergessen, bewußt vernachlässigt oder in ihrer Bedeutung zum einmaligen Schwinden während des Erhärtens heruntergespielt. Die Neigung, hierbei grob zu vereinfachen, hängt wohl mit der Schwierigkeit des getrennten Messens von feuchtigkeits- und temperaturbedingten Raumänderungen und mit der für das betreffende Bauwerk meist fehlenden Aussage zusammen, welche Feuchtigkeitsbeanspruchung später zu erwarten und maßgebend sein wird.

Die bei Putz und seinem Untergrund unterschiedlichen Längenänderungen müssen durch im Randbereich anwachsende Haftschubspannungen unterdrückt werden, wenn der Zusammenhalt aufrecht bleiben soll. Der beanspruchende Zwängspannungszustand entsteht demnach durch temperatur- und feuchtigkeitsbedingte Längenänderungen und eine gegenseitige Behinderung.

Mögliche Grenzwerte der Feuchtigkeitsdehnung von einzelnen Mörtelarten bei voller Durchfeuchtung, im Anlieferungs- (lufttrocken) und Trockenzustand zu wissen, ist bereits ein großer Schritt nach vorne. Es ist bekannt, daß die ganz feinen der offenen Poren, die beim Füllen wegen ihrer großen Anzahl zu den Raumänderungen am meisten beitragen können, vorwiegend auf dem Wege der Kapillarkondensation wieder Wasser aufnehmen. Wenn sie einmal durch rasantes Trocknen bei 110°C entleert wurden, lassen sie sich mit tropfbar flüssigem Wasser kaum alle wieder füllen. Deshalb ist die Reihenfolge der Feuchtigkeitsbeanspruchungen im Versuch vom Anlieferungszustand ausgehend, über Sättigen bis zum Trocknen gewählt worden.

Der Feuchtigkeitsgehalt im Einbauzustand bleibt durch dichtes Verwahren einer Probe in einem Plastiksäckchen nach der Entnahme bis zum Darrversuch ausreichend genau erhalten.

Die Inkaufnahme kleiner Proben machte zunächst Untersuchungen notwendig, die Aufschluß über die dadurch zu erwartenden Fehler geben können. Im Gegensatz zum Wägen, bei dem auch 0,1 mg Meßunsicherheit kein Neuland ist, war zunächst die Größe der unvermeidbaren Fehler bei der Erfüllung der Forderungen nach

möglichst einfacher Messung der Feuchtigkeitsdehnung auch an kürzeren Proben,

Sättigen durch weitgehendes Füllen aller Porenräume,

ausreichend raschem und verläßlichem Trocknen,

der Rauminhaltsbestimmung beliebig geformter Probenbruchstücke und

der Bestimmung der verwendeten Bindemittelarten

bei angepaßten Verfahrensweisen noch unbekannt.

Zur Messung der Feuchtigkeitsdehnung werden an möglichst länglich gewonnenen Probestücken beidseitig je zwei 5 mm große runde Glasplättchen, in die ein Fadenkreuz eingeritzt ist, als Meßstreckenendpunkte aufgeklebt. Das Fadenkreuz liegt etwa unter 45° verdreht gegen ein gleiches, einzustellendes im Meßmikroskop. Die Meßstrecken auf beiden Seiten der Probe gestatten durch Mittelwertbildung der Ablesungen den Ausgleich einer gegebenenfalls eintretenden Verkrümmung.

Die Probe liegt bei der Messung auf einem Rolltisch mit präziser Geradführung, dessen Stellung durch eine Fotozelle an einem in Intervalle geteilten Glaslineal abgefragt wird. Die Ablesung erfolgt nach auf Null stellen des digital anzeigenden, mit einer Zählschaltung arbeitenden Längenmeßgerätes, sobald an einem Meßstreckenende die beiden

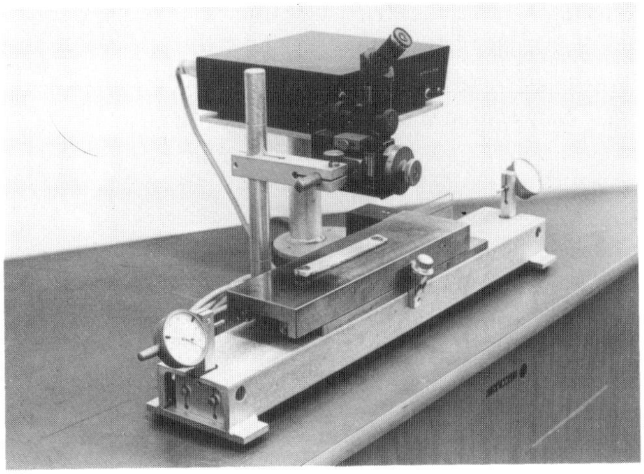

Bild 1. Digitales Längenmeßgerät zur Bestimmung der Feuchtigkeitsdehnung

Fadenkreuze symmetrisch zur Deckung gebracht worden sind. Auf der anderen Seite der Meßstrecke kann durch Verschieben des Rolltisches nach dem gleichen Verfahren die jeweilige Meßlänge direkt an der Anzeige abgelesen werden. Durch eine Feineinstellvorrichtung lassen die beiden Fadenkreuze, für deren symmetrische Lage das Auge bekanntlich besonders empfindlich ist, eine Meßunsicherheit von ± 1 µm erreichen. Die Auswertung verhältnismäßig kleiner Meßlängen wird dadurch noch zulässig (Bild 1).

Die nächste Überprüfung galt der ausreichenden Sättigung durch Füllen des offenen Porenraumes. Es gibt zahlreiche Verfahren, die aber alle feinsten Poren mehr oder weniger ungefüllt lassen. Mit Drücken über 150 bar zu arbeiten, schied, obwohl technisch möglich, wegen des nicht allgemein zumutbaren Geräteaufwandes aus. Neun andere Verfahren, die auch in einfach ausgerüsteten Laboratorien durchführbar schienen und die sich u. a. auch durch den Zeitaufwand voneinander unterschieden, wurden hinsichtlich des damit erreichbaren Sättigungsgrades überprüft.

Als Bezugswert war die durch Wasserlagerung unmittelbar nach dem Entschalen und Zerschneiden an den als Proben verwendeten Prismendritteln (40 × 40 × 52 mm) erzielte Wasseraufnahme gewählt. Zur Kennzeichnung der Leistungsfähigkeit des Verfahrens wurde der Wirkungsgrad berechnet, der angibt, wieviel Prozent jeweils an scheinbarer Sättigung im Vergleich zu obigen Bezugsverfahren erzielt werden konnte. Die Versuche wurden mit Mörtel der Gruppe III (nach DIN 18 550) durchgeführt. Durch sorgfältige Verarbeitung war für diese Arbeiten alles getan worden, um genau gleichartige Proben zu erhalten. Die Trockenrohdichte des Mörtels lag im Bereich von 1,99 ± 0,02 g/cm³.

An der Spitze der Ergebnisse lag, wie zu erwarten, ein Pyknometer-Verfahren, das in Abweichung von der DIN 52 102 mit einer pulverisierten Probe arbeitet. Durch den Einsatz einer Analysen-Reibmaschine konnten auch die kleinsten, sonst nicht geöffneten Poren weitgehend erschlossen werden. Die übrigen Verfahren zeigten folgende Sättigungs-Wirkungsgrade, bei denen die relative Standardabweichung nach DIN 1319, Blatt 2, Ziff. 4.2.2 angegeben ist:

Verfahren	Wirkungsgrad in %	relative Standardabweichung in %
Pyknometer-Probe pulverisiert, bei 10 mbar entlüftet	134	9,1
Probe unter Wasser 10 mbar, danach 150 bar	128	3,5
Kochen und unter Wasser abkühlende Probe	107	3,8
Auf 4—8 mm Korndurchmesser zerkleinerte Probe unter Wasser, 10 mbar	106	4,5
10 mbar und dann Probe unter Wasser	104	2,3
Probe unter Wasser, 10 mbar	103	0,5
Kochen der Probe und sofortige Entnahme	103	0,9
Nach dem Entschalen und Zerschneiden 28 Tage unter Wasser	100	2,2
Lufttrocken unter Wasser gelagert bis zur Masseunveränderlichkeit	97	1,6
In 24 Stunden mit stufenweise steigendem Spiegel unter Wasser gesetzt, bis zur Masseunveränderlichkeit	95	0,5

Das Verblüffende an dem Ergebnis war, daß ein überaus einfaches, aber heute nicht mehr genormtes an dritter Stelle genanntes Verfahren, Kochen und unter Wasser Auskühlenlassen (DIN 52 103 [Nov. 1942]), alle anderen, an Probenstücken druckfrei ausführbaren im Wirkungsgrad übertraf. Unerwartet im Ergebnis sind die beiden letzten Verfahren, die in der Reihenfolge vertauscht zu sein scheinen.

Nach Kenntnis der erzielbaren Wirkungsgrade gab vor allem der erforderliche Zeitaufwand für das zu wählende Verfahren den Ausschlag. Hinzu kam die Überlegung, daß bei einer Begutachtung in der Regel eine Aussage, „der Porenraum liege sicher über einer bestimmten Raumpro-

zentzahl“, meist ausreichend ist. Beim Pyknometerverfahren durfte nicht außer Acht bleiben, daß alle durch Trocknen des unzermahlenen Mörtels nicht entleerbaren und dem Wasser nicht zugänglichen Poren des Zuschlags auch im Bauwerk unbeteiligt bleiben, wegen ihrer geringen Zahl und Größe die Druckfestigkeit nur wenig beeinträchtigen und zur Veränderung der Feuchtigkeitsdehnung ohnehin nicht beitragen.

Das gewählte, besonders in seiner Arbeitsweise sehr einfache Verfahren, die in Wasser gelegten Proben bei 10 mbar Druck bis zum Ausbleiben von Blasen zu entlüften und dann bei atmosphärischem Druck annähernd zu sättigen (103 % Wirkungsgrad bei besonders kleiner Streuung) erfuhr eine weitere Verbesserung durch einen zeitsparenderen Ablauf.

Ein Großteil der Verlustzeit entsteht nämlich beim Evakuieren aus dem Aufwand für das Auspumpen der Lufträume, die im Exsikkator über dem Wasserspiegel und in den Zuleitungen vorhanden sind. Es wurden daher zwei unter dem Arbeitstisch unterbringbare Unterdruck-Vorratskessel vorgesehen, die nach Einbringen der Proben und Anschluß des Exsikkators über einen Dreiweg-Kugelhahn mit diesem verbunden werden konnten (Bild 2). Die jeweils in den Behältern und im Exsikkator herrschenden Drücke zeigen zwei Manometer digital an der Schaltertafel an und geben einen Überblick über den jeweiligen Betriebszustand der Anlage. Der Zeitaufwand kann dadurch sehr klein gehalten werden.

Vor der nachfolgenden Ermittlung der im Exsikkator wassergesättigten Masse wird der Rauminhalt der in der Regel unregelmäßig geformten Probe durch eine Unterwasserwägung festgestellt, wie sie z. B. auch die DIN 52 102 für die Dichtebestimmung von Naturstein vorsieht. Die meisten modernen Waagen sind für Unterflurwägung eingerichtet und können daher als hydrostatische Waage verwendet werden. Das archimedische Prinzip, daß jeder Körper scheinbar so viel an Masse (g) verliert als er in einer Flüssigkeit mit der Dichte ϱ_w (g/cm³) an Masse verdrängt, gestattet es leicht, nach dem Zusammengang

$$V = (m_G - m_w)\,\frac{1}{\varrho_w} \text{ in cm}^3$$

den Probeninhalt, und aus der später zu bestimmenden Trockenmasse auch die Trockenrohdichte zu ermitteln.

Stückförmige Proben liegen bei der Unterwasserwägung in einer durchlochten Schale, die an einem dünnen Draht in der Waage hängt und deren Eigengewicht bei der Nullpunkteinstellung bereits berücksichtigt ist. Der Wägevorgang ist demnach genauso einfach, wie bei der Trockenwägung.

Die Masse der durch Sättigung aufgenommenen Gesamt-Wassermenge entspricht dem füllbaren, mit der Dichte des

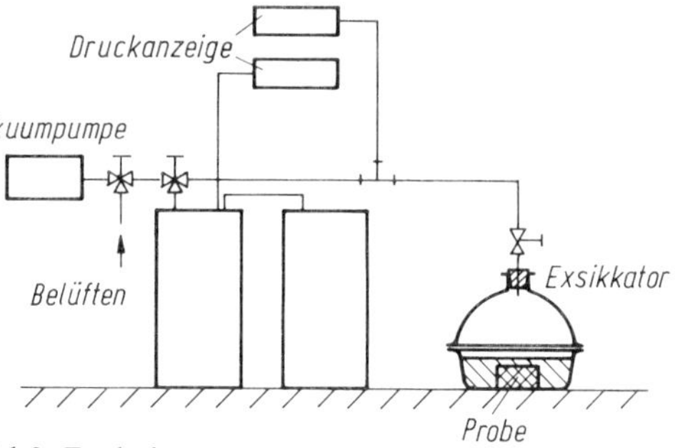

Bild 2. Evakuierungsanlage

Wassers ϱ_w multiplizierten Porenraum. Dieser läßt sich, weil sowohl für die Sättigung als auch bei der hydrostatischen Wägung Wasser als Prüfflüssigkeit Verwendung fand, nach dem einfachen ϱ_w-unabhängigen Zusammenhang

$$P = \frac{m_G - m_{tr}}{m_G - m_w} \cdot 100$$

in Raumprozenten errechnen.

In den beiden letzten Gleichungen bedeuten

m_G ... die wassergesättigte Probenmasse in g
m_w ... die unter Wasser gewogene gesättigte Probenmasse in g
m_{tr} ... die Trockenmasse der Probe in g
ϱ_w ... die Dichte des Wassers in g/cm³
P ... den füllbaren Porenraum in Raumprozenten

Die Massebestimmung an wassergesättigten Proben ist insbesondere bei Bruchstücken mit größerer spezifischer Oberfläche (cm²/g), die durch eine oft nicht vermeidbare Zerkleinerung entsteht, infolge des dadurch größer gewordenen Anteiles an Haftwasser vermutbar ungenau. Wie groß die wirkliche Meßunsicherheit ist, war daher durch Versuche zu überprüfen.

Das oberflächliche „Abtrocknen“ wäre am einfachsten durch kurzes Eindrücken in ein weiches trockenes Filterpapier (von einer Haushaltsrolle) durchzuführen. Die DIN E 52 170 Teil 1 empfiehlt dafür in Ziff. 5.2.1 allerdings ein feuchtes Tuch oder einen feuchten Schwamm. Filterpapier ergab bei den Drittelprismen gegenüber bloßem „Abtropfen-lassen“ durch Abwarten des letzten fallenden Tropfens von einer nach unten gerichteten Ecke einen Haftwasserentzug von 4,74 ± 0,58 mg/cm² Oberfläche. Bei Verwendung eines feuchten Tuches lag dieser dem gegenüber bei 4,14 ± 0,52 mg/cm². Der Unterschied beträgt zwar 13,5 %, bei einer 100 g schweren Probe ergibt dies aber einen Wägefehler, der sehr klein ist und je nach Kornform zwischen 0,4 ‰ (Kugel) und 0,6 ‰ (Tetraeder) liegt. Die bequemere Art des Abtrocknens mit Filterpapier ist demnach unbedenklich.

Berechnet man den Formeinfluß der Probenbruchstücke, so verhalten sich die Oberflächen je cm^3 bei der

Kugel zu Oktoeder zu Würfel zu Tetraeder wie
1,0 zu 1,18 zu 1,24 zu 1,49.

Da gravimetrisch gearbeitet wird, ist es vorteilhaft, den Haftwasseranteil je Gramm Probengewicht zu wissen. Dieser muß von der Nennkorngröße und der Rohdichte im Sättigungszustand abhängig sein. Diese Rohdichte liegt bei der Mörtelgruppe III etwa bei 2,2 g/cm^3. Damit ergibt sich die in Bild 3 dargestellte Abhängigkeit des Haftwasseranteiles von der Nennkorngröße D bzw. a und der Kornform. Der Haftwasseranteil ist demnach auch bei kleineren Probenbruchstücken von etwa 50 g Masse verhältnismäßig klein (unter 1 %) und der Einfluß der Kornform, die zwischen Oktaeder und Tetraeder zu erwarten ist, ergibt sich ebenfalls geringer als in der Regel vermutet wird.

Der Fehler, der beispielsweise bei einem 50 g schweren Probenstück entsteht, wenn das Haftwasser von rd. 5 mg/cm^2 Oberfläche gar nicht beseitigt wird, bleibt auch bei der ungünstigsten Tetraeder-Kornform unter ±0,3 % und geht nach dem Fehlerfortpflanzungsgesetz in den gefragten Porenraum P mit ±1,5 % ein.

Aus dieser Nachrechnung ist zu lernen, daß die Genauigkeit einer Messung kein Selbstzweck sein darf. Denn insbesondere gutachtlich hilft in den meisten Fällen eine qualitative Aussage wie „sicher mehr als ..." bereits weiter. Die praktischen Porengehalte von Mörteln liegen zwischen 18 und 30 Raumprozenten (bei Schadensfällen auch darüber).

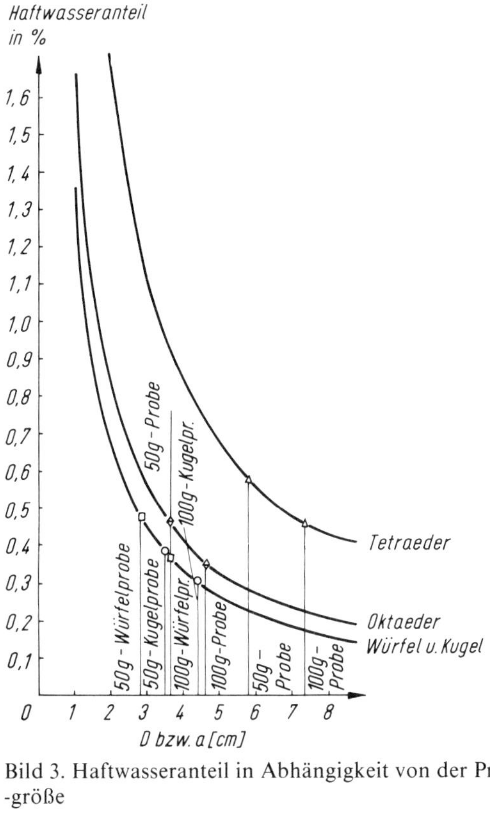

Bild 3. Haftwasseranteil in Abhängigkeit von der Probenform und -größe

Den größten Zeitaufwand beansprucht bei Stoffen, die offene Poren enthalten, bekanntlich der Trockenvorgang. Üblicherweise in belüfteten Wärmeschränken bei 110 ± 5 °C durchgeführt, ergibt sich ein Aufwand von mindestens 48 Stunden. In der Regel werden sogar 72 Stunden erforderlich, wenn mit ausreichender Sicherheit die Masseunveränderlichkeit erreicht werden soll. Sie wird von mehreren Normen, wie beispielsweise von der DIN 1048 Bl. 1 Ziff. 4.6, mit 1 ‰ als oberem Grenzwert für den Masseverlust innerhalb von 24 Stunden verlangt.

Die verhältnismäßig lange Dauer, die für das restlose Herausverdampfen des Wassers benötigt wird, ist hauptsächlich darauf zurückzuführen, daß die erforderliche Wärmeenergiezufuhr auf den sehr langsam wirkenden, der Fourierschen Differentialgleichung gehorchenden Prozeß der Wärmeleitung angewiesen ist. Ein viel schnelleres Verdampfen versprach dagegen ein Mikrowellenverfahren, das Joulesche Wärme gleichzeitig in jedem Punkt einer Probe durch Induktion entstehen läßt. Sie ist die Folge eines mit 2450 MHz wechselnden Magnetfeldes, das in Wasser Wirbelströme erzeugt. Ein 600-Watt-Ofen, wie er zur Zeit für den Haushalt im Handel angeboten wird, gestattet es, die auf einem Drehteller liegenden Sand-, Mörtel- oder Betonproben bis zu 2000 g Gewicht innerhalb von höchstens 60 Minuten Dauer sicher wasserfrei zu bekommen. Dadurch ist ein wesentlich zügigeres Arbeiten möglich. Dieser im Baustofflaboratorium neuartige Trocknungsvorgang wurde zunächst näher untersucht und brachte interessante Aufschlüsse:

Die Trocknungszeit richtet sich — wie zu erwarten — nach dem enthaltenen Wassergewicht und ist diesem annähernd verhältnisgleich. Sie beträgt je 1 g Wasser bei

Sand 7 Sekunden,
Mörtel 38 Sekunden und bei
Beton 26 Sekunden

Das Größtkorn des Mörtelsandes hatte bei den Versuchen 1 mm, das des Betons 32 mm Durchmesser.

Die Wasserverdampfung erfolgte bei Sand in den ersten und letzten 20 % der Trocknungszeit erheblich langsamer als im linear verlaufenden Mittelteil der Verdampfungs-Zeitlinie.

Bei Mörtel und Beton begann das Verdampfen des Wassers nach einer kurzen Anlaufschlaufe sehr rasch, um dann in den letzten 70 % der Trocknungszeit langsam ihrem Ende zuzugehen (Bild 4).

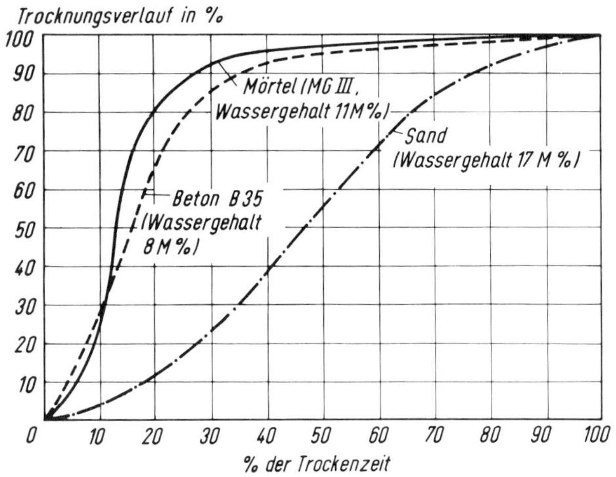

Bild 4. Trocknungsverlauf durch Mikrowellen

Bei diesem Trocknungsverfahren ist lediglich zu beachten, daß dichtere Mörtel zunächst mit halber Energie (am Ofen einstellbar) etwa 5 Minuten lang vorgetrocknet werden müssen, damit der entstehende innere Überdruck die Probe nicht zersprengt. In jedem Fall sind Mörtel- und Betonstücke in den Ofen in einem abdeckbaren Glasgefäß (Metall würde die Mikrowellen abschirmen) einzusetzen, was auch die Handhabung erleichtert, da dieses selbst kaum heiß wird. Eine Zerkleinerung der Proben bietet ebenfalls einen Schutz gegen Zersprengen und beschleunigt überdies etwas den Trocknungsvorgang.

Als Anwendungsbeispiel der geschilderten angepaßten Verfahren diene der offensichtlich wenig feste Verlegemörtel eines keramischen Bodenbelages, bei dem es um die Frage ging, ob eine ausreichende Verdichtung stattgefunden hat. Seine Rohdichte war auffallend gering.

Als praktisch erwies es sich, von oft vorkommenden Mörteln auch mit abweichendem Bindemittel- und Feinstteilgehalt vorsorglich und systematisch alle Kennwerte zu bestimmen und die erzielten Ergebnisse in ein Schaubild einzutragen (Bild 5). Neben Wasserzementwert, Frisch- und Trockenrohdichte, Porenraum, Biegezug- und Druckfestigkeiten sind darin auch die Schwindmaße im Normklima (20 °C/65 % DIN 50 014) nach 28 Tagen und im Trockenzustand in Abhängigkeit von Mischungsverhältnissen (1 : 3 bis 1 : 5 in Raumteilen), Anteilen an Feinsand 0—0,25 mm Korngröße (5 bis 50 %) von kellengerechten Mörteln und von zwei in Berlin üblichen Sandarten erfaßt worden.

Ein Gewinn aus derartigen Vergleichswerten, die nicht alle Einflußgrößen erfassen, liegt dennoch darin, daß man die an den zu untersuchenden Proben festgestellten Werte größenordnungsmäßig vergleichen und den zu erwartenden Druckfestigkeiten zuordnen kann. In Gutachten geht es allzuoft nur darum, festzustellen, ob der Prozentgehalt an Poren und die dadurch begrenzte Druckfestigkeit überhaupt im Bereich des Üblichen liegen kann und weniger um deren genauen Werte. Jeder, der mit Mörtel und Beton

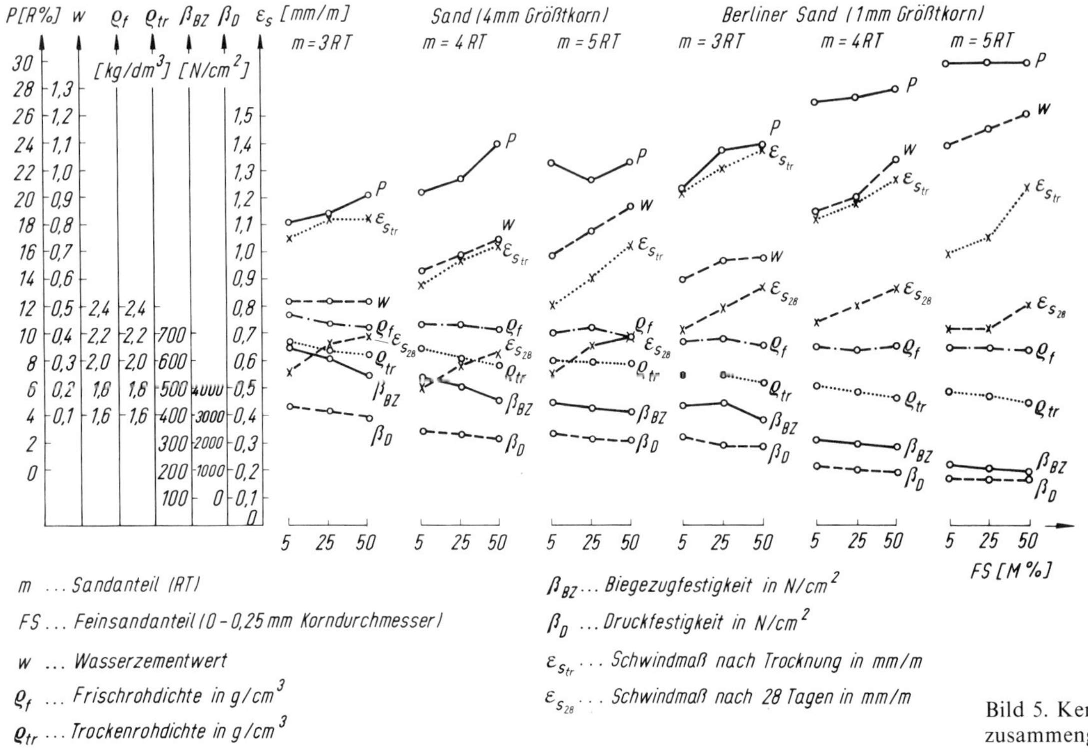

Bild 5. Kennwerte verschieden zusammengesetzter Zementmörtel

meßtechnisch zu tun hat, mußte es lernen, mit Fehlern und den damit verbundenen großen Streuungen zu leben, keinen Einzelwerten nachzugehen und in einem Meßkollektiv nur die statistisch gesicherte Größenordnung eines Wertes ernstzunehmen. Dies erklärt, warum oft auch sehr einfache Versuchsverfahren weiterhelfen, solange sie nicht durch Überbewertung von Einzelergebnissen sich der Anfechtbarkeit ausgesetzt haben.

2 Feuchtigkeitsverteilung

Die beschriebene Porengehaltsmessung zur Abschätzung der Druckfestigkeit von kleinen, im Druckversuch nicht prüfbaren Proben ist nicht die einzige Aufgabenstellung, bei der sich Ermittlungen an einfach dem Schadensobjekt zu entnehmenden Baustoffmengen bewährt haben.

Die Feuchtigkeitsverteilung in einer Wand kann verläßlich Aufschluß darüber geben, ob die aufgetretene Beulenbildung in einer raumseitig liegenden Spachtelschicht auf einen von außen kommenden Niederschlagwasseranfall zurückzuführen ist, oder aber in einer von der Raumluft verursachten Feuchtigkeitsdehnung der Spachtelmasse seine Ursache hat.

Aus dem Durchmesser *D* und dem zugehörigen Stichmaß *H* in der Mitte einer Beule läßt sich nämlich nach den geometrischen Zusammenhängen gemäß Bild 6 der Dehnungsunterschied zwischen Untergrund und Spachtel der diese Verformung hervorzubringen in der Lage war, errechnen.

Die Feuchtigkeitsgehalte in verschiedenen Tiefen des Untergrundes werden dabei am Bohrmehl durch Darrversuch ermittelt. Man erhält es durch Ausbohren eines kleinen Loches mit einem Gesteinsbohrer von etwa 8 mm Durchmesser, der von einer langsam laufenden elektrischen Handbohrmaschine angetrieben wird. Das mit einer

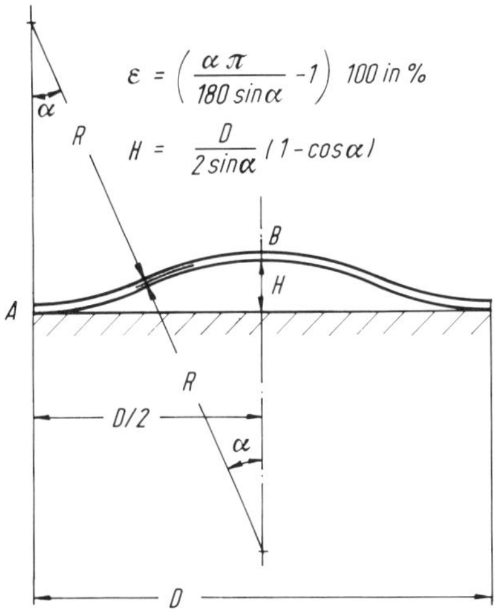

Bild 6
Beulenbildung durch unterschiedliche Feuchtigkeitsdehnung von Untergrund und Spachtelung

abgeschrägten Auffangschale gesammelte Bohrmehl kommt zu diesem Zweck in ein luftdicht verschließbares Fläschchen. Die getrennte Entnahme aus mehreren Tiefen zur Ermittlung einer Feuchtigkeitsverteilung ist bereits öfter mit Erfolg angewandt worden [3]. Der Wandbaustoff ist entweder bekannt oder er kann erforderlichenfalls durch Vergleich mit Bohrmehlen üblicher Baustoffe in den meisten Fällen mikroskopisch identifiziert werden [4]. Liegen die Kennlinien der Feuchtigkeitsdehnung von den beteiligten Baustoffen vor (Bild 7), dann können auch die Grenzwerte möglicher Längenänderungen angegeben und die vermutete Ursache als möglich oder als auszuschließen eingestuft werden. Im Bild 7 ist auch der Feuchtigkeitsgehalt eingezeichnet, der — als gemessen bekannt — eine größenordnungsmäßig richtige Zuordnung zur augenblicklichen Lage des Baustoffes im Feuchtigkeitsdehnungsbereich gestattet. Bei fehlenden Unterlagen müssen allerdings Messungen an entnommenen Baustoffproben ausreichender Größe im Laboratorium nachgeholt werden.

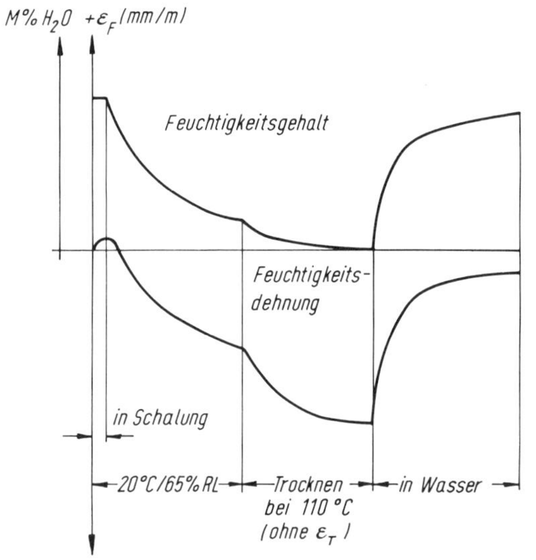

Bild 7. Verlauf von Feuchtigkeitsgehalt und Feuchtigkeitsdehnung bei Beton

3 Bindemittelart

Als letztes Beispiel sei die Ermittlung der Bindemittelart an sehr kleinen Proben angeführt. Eine in der Gutachterpraxis öfter vorkommende Fragestellung betrifft den Gips, der bei Mörteln (z. B. nach DIN 18 352) manchmal unerlaubter Weise zum Zwecke einer Verbesserung der Verarbeitbarkeit zugemischt wird.

In anderen Fällen ist manchmal die Mörtelgruppe nicht mit Sicherheit bekannt. Das Vorhandensein von säurelöslichem Calziumkarbonat allein kann nicht ohne weiteres entscheiden, ob es sich nach DIN 18 550 um reinen Kalk-

mörtel der Mörtelgruppe I, um einen verlängerten Kalkzementmörtel der Mörtelgruppe II oder um Zementmörtel der Mörtelgruppe III, in Einzelfällen möglicherweise auch mit unerlaubtem Gipszusatz handelt.

Ein mikroskopisches Verfahren [5], für diese Aufgabenstellung entwickelt, gestattet es, nach Zugabe verdünnter Salzsäure durch etwa 8 fotographische Reihenaufnahmen den zeitlichen Ablauf der Gasblasenbildung und deren Größenverteilung zu erfassen, so daß daraus ein Aufschluß über die Bindemittelart gewonnen werden kann (Bild 8). Dabei werden im vergrößerten Lichtbild die Gasblasen verschiedenen Durchmessers abgezählt und über der Durchmesserachse in ein Schaubild eingetragen. Die Regressionslinien 4. Ordnung

$$n = a_4\, d^4 + a_3\, d^3 + a_2\, d^2 + a_1\, d + a_0$$

zeigen bei Zementmörteln im Bereich größerer Gasblasen kein zweites Maximum, wie es bei Kalkmörtel deutlich erkennbar ist.

Der Gipsgehalt wird im gleichen Gerät an derselben, in 2%iger Salzsäure gelösten 10-mg-Probe gemessen. Den Grad der Eintrübung J/Jo, der durch Zugabe eines Tropfens 6%iger Bariumchloridlösung in die etwa 5 ml fassende prismatische Glasküvette entsteht, erfaßt ein Fotowiderstand. Diese Eintrübung nimmt etwa linear mit dem Gipsgehalt zu (Bild 9). Aus diesem läßt sich ein Rückschluß auf

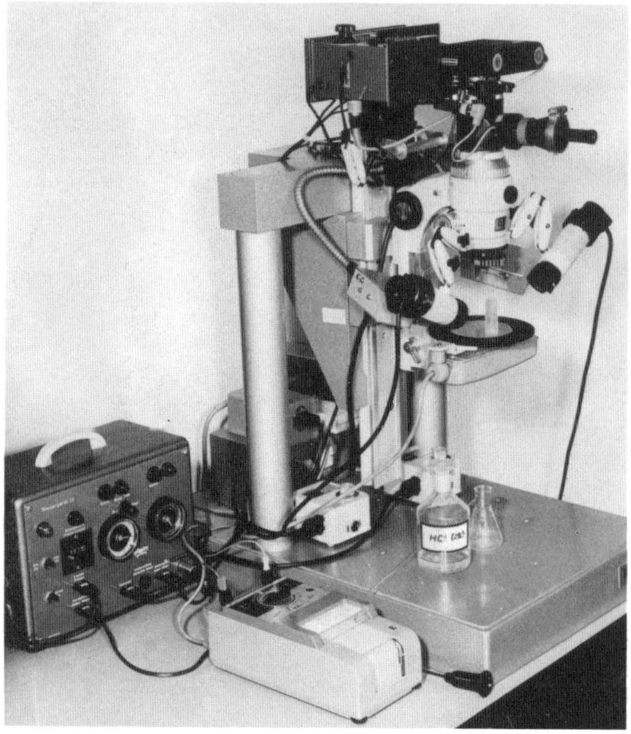

Bild 8. Gerät zur mikroskopischen Kalk- und Gipsgehaltermittlung

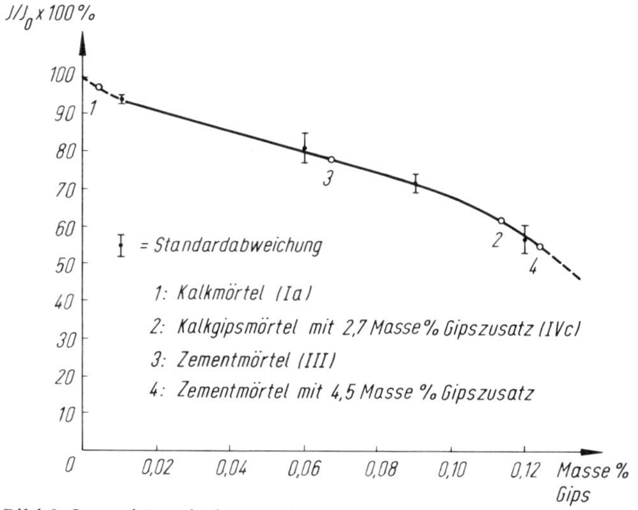

Bild 9. Intensitätsminderung durch Ausfällen von Bariumsulfat in Abhängigkeit vom Gipsgehalt

die Mörtelart ziehen und meist auch eine Einordnung in die mögliche Mörtelgruppe vornehmen.

Es mag sein, daß mancher Leser eine genauere Erörterung noch offen gebliebener Fragen gewünscht hätte. Das Ziel dieses Beitrages ist es aber, eine Lücke zu schließen, wie sie fast unvermeidlich anfangs bei allen wissenschaftlichen Arbeiten entsteht: Das Klaffen zwischen tiefschürfender Erkenntnis und praktischer Anwendbarkeit. Es ist die Lücke, die so oft bei der Zusammenarbeit mit der Praxis hemmend wirkt und die eine Nutzung neu erkannter Zusammenhänge so sehr verzögern kann.

Allen Mitarbeitern, die bei den zugrunde liegenden Versuchen und Berichten mit Gewissenhaftigkeit tätig waren, den Herren Dr. Rabe, Dipl.-Ing. Beheim-Schwarzbach, Dipl.-Ing. Rust, Ing. (grad.) Huth, cand. ing. Neuendorf, Frau Einfeld, Frau Komoll und Frau Wetzel sowie den Beteiligten aus der Werkstatt sei zum Schluß bestens gedankt.

4 Literatur

[1] Hummel, A.: Beton ABC, 12. Auflage, Wilhelm Ernst & Sohn, Berlin (1958), Seite 91.

[2] Dettling, H.: Die Wärmedehnung des Zementsteines, der Gesteine und der Betone, Otto Graf Institut, Amtliche Forschungs- und Materialprüfungsanstalt für das Bauwesen, Technische Hochschule Stuttgart (1962) Heft 3.

[3] Boekwijt, W. O.: Diagnoseverfahren bei der Feuchtigkeitsbekämpfung, Bautenschutz und Bausanierung, 2. Jahrgang (1979) Nr. 2, Seite 48.

[4] Baykara, A.: Mikroskopische Baustoffdiagnose, Dissertation D 83 am Fachbereich 7 der Technischen Universität Berlin (1975).

[5] Rabe, H.: Die mikrochemische Unterscheidung von Mörtelgruppen im Säureaufschluß, Die Bautechnik (1979), Heft 10, Seite 341.

RUDOLF TROSTEL

Eine Struktur-Analyse der Materialgleichungen in der Stabtheorie auf der Basis der Cosserat-Modellvorstellung

1 Einleitende Bemerkungen

Der übliche Weg, die Materialgleichungsfrage in der Stabtheorie zu bewältigen, d. h. Beziehungen zwischen den Stabschnittlasten und entsprechenden „Stabelementenverzerrungen" zu konstruieren, indem man von den Kontinuums-Stoffgesetzen (etwa dem Hookeschen Gesetz) ausgeht und auf der Basis geeigneter Stabelementen-Deformationsvorstellungen (etwa der Bernoullischen Hypothese) das Kontinuumsgesetz geeignet (über den Stabquerschnitt) integriert[1]), ist schon für einfachste Fälle als problematisch zu bezeichnen, insofern als die solcherart Materialgleichungen hervorbringenden Annahmen vom Standpunkt einer korrekten Kontinuums-Deformationsanalyse aus in der Regel inkompatibel sind. So verbleiben bei der Konstruktion von Stabmaterialgleichungen Unsicherheiten, wie jedem kritischen Rechercheur beispielsweise etwa im Zusammenhang mit der Materialgleichung

$$M_x(x) = G I_t \vartheta'(x) + E C_w \vartheta'''(x) \tag{1.1}$$

der sog. Wölbkraft-Torsionstheorie für anfänglich gerade Stäbe[2]) deutlich ins Auge fällt: Die hierzu notwendige Annahme, daß die (axialen) Querschnittsverwölbungen mit Denjenigen der De Saint-Venantschen (wölbkraftfreien!) Torsionstheorie identifiziert werden dürfen, ist strenggenommen unhaltbar angesichts der Tatsache, daß hier eben ein *nicht* wölbkraftfreier Fall untersucht werden soll und allenfalls mit den Ergebnissen einer diesbezüglichen, für dünnwandige Querschnitte von FLÜGGE/MARGUERRE [1] erstellten Analyse abzustützen, die gezeigt hat, daß die Verfahrensweise, mit der Wölbfunktion der „freien Torsionstheorie" arbeiten zu dürfen, im Sinne einer ersten Approximation einer Reihenlösung zulässig ist. Übrigens ist dies dort auch nur für den Fall gezeigt worden, daß der Torsions-Schnittlastenmomentenverlauf längs des Stabes konstant ist. Daß eine mittels (1.1) erstellte „Wölbkraft-Torsionstheorie" funktioniert, ist daher sicherlich weniger als Ergebnis einer korrekten theoretischen Analyse anzusehen, sondern eher als ein Versuch, für experimentell gesicherte Befunde eine theoretische Überlegung anbieten zu wollen. Dies wird insbesondere auch an der Tatsache deutlich, daß man in einer solchen Theorie einen Querschnitts-Drehwinkel ($\vartheta(x)$) benutzt, also eine Konturerhaltungshypothese[3]), obwohl eine korrekte Kontinuumsanalyse ausweist, daß es auch in einfachsten Fällen unmöglich ist, den „planaren Verschiebungszustand" der einzelnen Stabelementen-Konvergenzpunkte durch ein Starr-Drehungsgesetz beschreiben zu dürfen. Die Intention solcher Annahmen liegt (selbstverständlich) in dem Bestreben einer Vereinfachung des zu bearbeitenden Gleichungsapparates und ist dadurch auch (in gewissem Umfang) legitimiert, jedoch muß man sehen, daß solcherart Vorgehensweisen theoretisch doch so schwach abgestützt sind, daß man *so* bei der Konstruktion von Materialgleichungen für „neuartige Fälle" (etwa Wölbkrafttorsions-Materialgleichungen für „anfänglich gekrümmte" Stäbe, Erweiterungen in den Bereich großer Verformungen usw.) mit einer einigermaßen gesicherten Richtigkeitserwartung schwerlich vorgehen kann. Diesen Unsicherheitsfaktor soll die folgende Analyse beseitigen helfen, die — mit mehr pauschalen Statements operierend

---

[1]) Bezeichnen etwa x die Achse eines geraden Stabes, y, z seine Querschnittskoordinaten, $w_z(x)$ die Durchbiegungen der Stabachse bei ebener Biegung (um die y-Achse), so verlangt die Bernoullische Hypothese $\varepsilon_{xx}(x, z) = -z\,w''(x)$. Damit liefert das (Hookesche) Kontinuums-Stoffgesetz für einachsigen Zug $\sigma_{xx} = E\,\varepsilon_{xx} = -E\,z\,w''(x)$, und aus

$$M_y(x) = \int_{(F)} \sigma_{xx} z \,\mathrm{d}F$$

ergibt sich dann als

$$M_y(x) = \int_{(F)} \sigma_{xx} z \,\mathrm{d}F = -E w''(x) \int_{(F)} z^2 \,\mathrm{d}F = -E I_{yy} w''(x),$$

$$I_{yy} = \int_{(F)} z^2 \,\mathrm{d}F$$

die Materialgleichung für einachsige Biegung.

[2]) Hierin bedeuten $M_x(x)$ das Torsions-Schnittlastmoment, E bzw. G Elastizitäts- bzw. Schubmodul, $\vartheta(x)$ den (Torsions-)Drehwinkel der Stabquerschnitte um die Stabachse, I_t bzw. C_w das Torsions-Flächenmoment der De Saint-Venantschen Torsionstheorie bzw. den sog. „Wölbwiderstand".

[3]) Was die in die jeweilige Querschnittsflächen fallenden sog. planaren Verschiebungen betrifft, verhielte sich der Stab danach so, als ob sich seine Querschnitte um die Stabachse als „starres Ganzes" drehen würden!

— die generell zu erwartenden Stoffgleichungs-*Strukturen* identifizieren soll, deren „reduzierte Deformationsvariable" man dann durchaus wieder mit Stabelementen-Deformationsvorstellungen „im Nachhinein" zu erklären versuchen kann. Ausgegangen wird dabei von der Voraussetzung, daß

V1 eine Stabtheorie grundsätzlich unter Beschränkung auf zwei „Verrückungsvariable", nämlich auf einen Verschiebungsvektor

$$\boldsymbol{u}(s,t) = \bar{\boldsymbol{r}}(s,t) - \bar{\boldsymbol{r}}(s,t_0) = \bar{\boldsymbol{r}}(s,t) - \boldsymbol{r}(s)$$

und einen Drehungen charakterisierenden Versor

$$\boldsymbol{R}(s,t), \quad \boldsymbol{R}(s,t_0) = \boldsymbol{E}^{5)}$$

möglich sein soll, die man jedem Stabelement[4]) momentan (zur Zeit t) zuordnet, wobei man — im Sinne einer „mittleren" Beschreibung realer Größen — unter diesen Verrückungsvariablen etwa die über ein Stabelement ($F(s)\,\mathrm{d}s$) genommenen Mittelwerte

$$\boldsymbol{u}(s,t) = \lim_{\mathrm{d}s\to 0} \frac{1}{F(s)\,\mathrm{d}s} \int_{F(s)} \int_{\xi=-\mathrm{d}s/2}^{\xi=\mathrm{d}s/2} \hat{\boldsymbol{u}}\,\mathrm{d}\hat{V},$$

$$\boldsymbol{R}(s,t) = \lim_{\mathrm{d}s\to 0} \frac{1}{F(s)\,\mathrm{d}s} \int_{F(s)} \int_{\xi=-\mathrm{d}s/2}^{\xi=\mathrm{d}s/2} \hat{\boldsymbol{R}}\,\mathrm{d}\hat{V}$$

der Verschiebungen bzw. der (mittleren) Verdrehungen $\hat{\boldsymbol{u}}$ bzw. $\hat{\boldsymbol{R}}$ der ein Stabelement bildenden „Subelemente" (Volumina $\mathrm{d}\hat{V}$) verstehen soll. Die Größen $\boldsymbol{u}$ bzw. $\boldsymbol{R}$ sind übrigens gleichermaßen als „geeignet gewichtete" Mittelwerte der Verschiebungen der Stabquerschnittspunkte bzw. der (mittleren) Verdrehungen der Stabquerschnitts-Flächenelemente $\mathrm{d}F$ interpretierbar[5]).

In Analogie zu diesbezüglichen Verfahrensweisen in der rationalen Mechanik werden weiterhin gefordert:

V2 Stab-Materialgleichungen sollen die Verrückungsgrößen $\langle \boldsymbol{u}(s,t), \boldsymbol{R}(s,t)\rangle$ mit den (sog. Eulerschen) Stabschnittlasten $\boldsymbol{q}(s,t)$ (Kraftschnittlasten) bzw. $\boldsymbol{m}(s,t)$ (Momenten-Schnittlasten) im Sinne des Prinzips des Determinismus durch allgemeine Strukturen von der Form

$$\begin{aligned} \boldsymbol{q}(s,t) &= \mathop{\boldsymbol{f}_{(s,t)}}_{\substack{t'=-\infty\\ s'=0}}^{\substack{l\\ t}} \langle \boldsymbol{u}(s',t')\,;\,\boldsymbol{R}(s',t')\rangle = \\ &= \mathfrak{f}_{(s,t)}\langle \boldsymbol{u}(s',t')\,;\,\boldsymbol{R}(s',t')\rangle \\ \boldsymbol{m}(s,t) &= \mathop{\boldsymbol{g}_{(s,t)}}_{\substack{t'=-\infty\\ s'=0}}^{\substack{l\\ t}} \langle \boldsymbol{u}(s',t')\,;\,\boldsymbol{R}(s',t')\rangle = \\ &= \mathfrak{g}_{(s,t)}\langle \boldsymbol{u}(s',t')\,;\,\boldsymbol{R}(s',t')\rangle \end{aligned} \qquad (1.2\text{ a, b})$$

verknüpfen, wonach zu den Momentenwerten ($\boldsymbol{q}(s,t)$, $\boldsymbol{m}(s,t)$) der „an einem Querschnitt $F(s)$ angreifenden" Schnittlasten die (vollständigen) Verrückungsgeschichten aller übrigen Stabelemente (s') beitragen können („Fernwirkung").

V3 Jede durch

$$\bar{\boldsymbol{r}}^{\triangle}(s',t') = \boldsymbol{u}_0(t') + \boldsymbol{Q}(t')\cdot\bar{\boldsymbol{r}}(s',t'),$$

$$\boldsymbol{R}^{\triangle}(s',t') = \boldsymbol{Q}(t')\cdot\boldsymbol{R}(s',t')^{6)} \qquad (1.3\text{ a, b})$$

bzw. durch

$$\begin{aligned} \boldsymbol{u}^{\triangle}(s',t') &= \boldsymbol{r}^{\triangle}(s',t') - \bar{\boldsymbol{r}}(s',t_0) = \boldsymbol{r}^{\triangle}(s',t') - \boldsymbol{r}(s') \\ &= \boldsymbol{u}_0(t') - \boldsymbol{r}(s') + \boldsymbol{Q}(t')\cdot[\boldsymbol{r}(s') + \boldsymbol{u}(s',t')], \end{aligned}$$

$$\boldsymbol{R}^{\triangle}(s',t') = \boldsymbol{Q}(t')\cdot\boldsymbol{R}(s',t') \qquad (1.3\text{ c, d})$$

definierte Starrbewegungsmodifikation $P^{\triangle}\langle \boldsymbol{u}^{\triangle}(s',t'),\, \boldsymbol{R}^{\triangle}(s',t')\rangle$ eines Verrückungsprozesses $P\langle \boldsymbol{u}(s',t'),\, \boldsymbol{R}(s',t')\rangle$ soll — im Sinne des Prinzips der materiellen Objektivität — die Werte der Schnittlasten betragsmäßig unverändert belassen, d. h. lediglich eine entsprechende Drehung der letzteren bewirken,

$$\boldsymbol{q}_{,,P^{\triangle}\text{``}}(s,t) = \boldsymbol{Q}(t)\cdot\boldsymbol{q}_{,,P\text{``}}(s,t),$$

$$\boldsymbol{m}_{,,P^{\triangle}\text{``}}(s,t) = \boldsymbol{Q}(t)\cdot\boldsymbol{m}_{,,P\text{``}}(s,t) \qquad (1.3\text{ e, f})$$

und schließlich soll — im Sinne des Prinzips der lokalen Wirkung — generell

V4 Der Einfluß der an einem Stabelement (s') eintretenden Verrückungen $\langle \boldsymbol{u}(s',t'), \boldsymbol{R}(s',t')\rangle$ auf die am Stabelement (s) „angreifenden" Schnittlasten $\langle \boldsymbol{q}(s,t), \boldsymbol{m}(s,t)\rangle$ mit „wachsender Entfernung" $|s'-s|$ abnehmen.

Überdies werden

V5 explizite Abhängigkeiten der Materialfunktionale $\mathfrak{f}$ bzw. $\mathfrak{g}$ von der Zeit ausgeschlossen

$$\mathfrak{f}_{(s,t)} = \mathfrak{f}_{(s)}, \quad \mathfrak{g}_{(s,t)} = \mathfrak{g}_{(s)}, \qquad (1.4)$$

was im wesentlichen bedeutet, daß Materialänderungen (etwa „Alterung" usw.) allgemeiner Art unberücksichtigt bleiben[7]).

---

4) Beschrieben durch die (Lagrangesche) Koordinate s der Bogenlänge (in der Regel Derjenigen der Stab-Schwerfaser) des zur Zeit t_0 in einer sog. Bezugskonfiguration (in der Regel in der sog. „unverformten Konfiguration") $\bar{\boldsymbol{r}}(s,t_0) = \boldsymbol{r}(s)$ befindlichen Systems.

5) In diesem Sinne soll also jetzt modellhaft ein Stabelement als Cosserat-Element aufgefaßt werden, dessen Verrückungskonfiguration zu beschreiben sein soll durch den Ortsvektor $\bar{\boldsymbol{r}}(s,t)$ der Momentanlage (etwa) der Stabschwerachse und den (von $\bar{\boldsymbol{r}}(s,t)$ unabhängigen) Versor $\boldsymbol{R}(s,t)$ der Stabquerschnittsdrehung. $\boldsymbol{E}$ bedeutet den Einheitstensor.

6) Worin $\boldsymbol{u}_0(t')$ bzw. $\boldsymbol{Q}(t')$ beliebige zeitabhängige Vektoren bzw. Versoren bedeuten.

7) Was nicht ausschließt, daß man spezielle Materialänderungen — etwa die Verfestigung der viskosen Materialkomponente des Betons — durch Einführung geeigneter anderer Zeitmaße (Kriechzeit) mit den Verfügungen (1.4) durchaus noch abdekken kann. Mit der Bezeichnung $\mathfrak{f}_{(s)}$, $\mathfrak{g}_{(s)}$ soll angedeutet werden, daß die Funktionale explizit nur noch von der Stabordinate selbst abhängen sollen.

Bei der Erarbeitung der

2 Konsequenzen aus V1—V5,

wovon V1, V2 als Grundaxiome nicht mehr diskutiert werden können, wird mit V3 und V5 begonnen, wonach sich (1.3 e, f) mit (1.3 a, b bzw. c, d) aufgrund von (1.2 a, b), (1.4) in den Funktionalgleichungen[8])

$$\mathfrak{f}_{(s)}\langle \boldsymbol{u}_0(t') - \boldsymbol{r}(s') + \boldsymbol{Q}(t')\cdot[\boldsymbol{r}(s') + \boldsymbol{u}(s',t')]\,;$$
$$\boldsymbol{Q}(t')\cdot\boldsymbol{R}(s',t')\rangle = \boldsymbol{Q}(t)\cdot\mathfrak{f}_{(s)}\langle \boldsymbol{u}(s',t')\,;\,\boldsymbol{R}(s',t')\rangle, \quad (2.1\text{ a})$$

$$\mathfrak{g}_{(s)}\langle \boldsymbol{u}_0(t') - \boldsymbol{r}(s') + \boldsymbol{Q}(t')\cdot[\boldsymbol{r}(s') + \boldsymbol{u}(s',t')]\,;$$
$$\boldsymbol{Q}(t')\cdot\boldsymbol{R}(s',t')\rangle = \boldsymbol{Q}(t)\cdot\mathfrak{g}_{(s)}\langle \boldsymbol{u}(s',t')\,;\,\boldsymbol{R}(s',t')\rangle \quad (2.1\text{ b})$$

für beliebige Vektoren bzw. Versoren $\boldsymbol{u}_0(t')$, $\boldsymbol{Q}(t')$ niederschlägt, von denen jetzt, der strukturellen Gleichheit von (2.1 a) und (2.1 b) wegen, nur noch (2.1 a) weiter betrachtet zu werden braucht[9]).

Mit

$$\boldsymbol{Q}(t') = \boldsymbol{R}^T(s,t')$$
$$\boldsymbol{u}_0(t') = -\boldsymbol{R}^T(s,t')\cdot\boldsymbol{u}(s,t') - [\boldsymbol{R}^T(s,t') - \boldsymbol{E}]\cdot\boldsymbol{r}(s)$$

fließt hieraus eine sog. „reduzierte Version"

$$\mathfrak{f}_{(s)}\langle \boldsymbol{u}(s',t'),\ \boldsymbol{R}(s',t')\rangle =$$
$$= \boldsymbol{R}(s,t)\cdot\mathfrak{f}_{(s)}\langle \boldsymbol{R}^T(s,t')\cdot[\boldsymbol{u}(s',t') - \boldsymbol{u}(s,t')] +$$
$$+ [\boldsymbol{R}^T(s,t') - \boldsymbol{E}]\cdot[\boldsymbol{r}(s') - \boldsymbol{r}(s)];\ \boldsymbol{R}^T(s,t')\cdot\boldsymbol{R}(s',t')\rangle, \quad (2.2)$$

die nunmehr mittels V4 deutlicher konturiert werden kann. Man setzt dazu Taylor-Entwickelbarkeit der Verrückungsgrößen ($\boldsymbol{u}(s',t')$, $\boldsymbol{R}(s',t')$) wie auch der Gleichung $\boldsymbol{r}(s')$ für die unverformte Systemlinie nach der (unverformten) Systemlinienkoordinate s „an der Stelle" $s' = s$ voraus, schreibt also

$$\boldsymbol{u}(s',t') = \boldsymbol{u}(s,t') + (s'-s)\left(\frac{\partial \boldsymbol{u}(s',t')}{\partial s'}\right)_{s'=s} +$$
$$+ \frac{(s'-s)^2}{2!}\left(\frac{\partial^2 \boldsymbol{u}(s',t')}{\partial s^2}\right)_{s'=s} + \ldots$$
$$= \boldsymbol{u}(s,t') + (s'-s)\cdot\frac{\partial \boldsymbol{u}(s,t')}{\partial s} + \frac{(s'-s)^2}{2!}\,\frac{\partial^2 \boldsymbol{u}(s,t')}{\partial s^2} + \ldots$$

und entsprechend

$$\boldsymbol{r}(s') = \boldsymbol{r}(s) + (s'-s)\frac{\mathrm{d}\boldsymbol{r}}{\mathrm{d}s} + \frac{(s'-s)^2}{2!}\,\frac{\mathrm{d}^2\boldsymbol{r}}{\mathrm{d}s^2} + \ldots$$

$$\boldsymbol{R}(s',t') = \boldsymbol{R}(s,t') + (s'-s)\cdot\frac{\partial \boldsymbol{R}(s,t')}{\partial s} +$$
$$+ \frac{(s'-s)^2}{2!}\,\frac{\partial^2 \boldsymbol{R}(s,t')}{\partial s^2} + \ldots$$

und bekommt hiermit zunächst aus (2.2)

$$\boldsymbol{q}(s,t) = \mathfrak{f}_{(s)}\langle \boldsymbol{u}(s',t')\,;\,\boldsymbol{R}(s',t')\rangle = \boldsymbol{R}(s,t)\cdot\mathfrak{f}_{(s)}\Big\langle \boldsymbol{R}^T(s,t')\cdot$$
$$\left\{(s'-s)\frac{\partial \boldsymbol{u}(s,t')}{\partial s} + \frac{(s'-s)^2}{2!}\,\frac{\partial^2 \boldsymbol{u}(s,t')}{\partial s^2} + \ldots\right\} +$$
$$+ [\boldsymbol{R}^T(s,t') - \boldsymbol{E}]\cdot\left\{(s'-s)\frac{\mathrm{d}\boldsymbol{r}}{\mathrm{d}s} + \frac{(s'-s)^2}{2!}\,\frac{\mathrm{d}^2\boldsymbol{r}}{\mathrm{d}s^2} + \ldots\right\};$$
$$\boldsymbol{E} + (s'-s)\,\boldsymbol{R}^T(s,t')\cdot\frac{\partial \boldsymbol{R}(s,t')}{\partial s} +$$
$$+ \frac{(s'-s)^2}{2!}\,\boldsymbol{R}^T(s,t')\cdot\frac{\partial^2 \boldsymbol{R}(s,t')}{\partial s^2} + \ldots\Big\rangle$$
$$= \boldsymbol{R}(s,t)\cdot\mathfrak{f}_{(s)}\Big\langle (s'-s)\left\{\boldsymbol{R}^T(s,t')\frac{\partial \boldsymbol{u}(s,t')}{\partial s} +\right.$$
$$\left. + [\boldsymbol{R}^T(s,t') - \boldsymbol{E}]\frac{\mathrm{d}\boldsymbol{r}}{\mathrm{d}s}\right\} + \frac{(s'-s)^2}{2!}\left\{\boldsymbol{R}^T(s,t')\cdot\frac{\partial^2 \boldsymbol{u}(s,t')}{\partial s^2} +\right.$$
$$\left. + [\boldsymbol{R}^T(s,t') - \boldsymbol{E}]\cdot\frac{\mathrm{d}^2\boldsymbol{r}}{\mathrm{d}s^2}\right\} + \ldots;\ \boldsymbol{E} +$$
$$+ (s'-s)\,\boldsymbol{R}^T(s,t')\cdot\frac{\partial \boldsymbol{R}(s,t')}{\partial s} + \frac{(s'-s)^2}{2!}\,\boldsymbol{R}^T(s,t')\frac{\partial^2 \boldsymbol{R}(s,t')}{\partial s^2} + \ldots\Big\rangle \quad (2.3)$$

wobei jetzt im Sinne von V4 die höheren Ableitungen hinsichtlich ihres Einflusses auf $\boldsymbol{q}(s,t)$ zunehmend weniger ins Gewicht fallen dürfen.

Extremiert man das Prinzip der lokalen Wirkung dahingehend, daß für die Schnittlasten „an der Stelle s" nur die Deformationsgeschichten des der Stelle s infinitesimal benachbarten Stabbereiches relevant sein sollen, dann müssen in (2.3) sämtliche höheren als die ersten Ableitungen als unerheblich streichbar sein, und man erhält als Stoffgleichung für Stäbe in der Approximation als sog.

---

[8]) Auf die explizite Wiederholung der „Grenzen" ($t' = -\infty, t$, $s' = 0, l$) in den Funktionalbezeichnungen (vgl. (1.2 a, b)) wird im Folgenden verzichtet.

[9]) Die schließlich identifizierten Ergebnisse lassen sich dann für das Materialfunktional $\mathfrak{g}$ einfach übernehmen.

$$q(s,t) = R(s,t)\cdot \mathfrak{f}_{(s)}\Big\langle (s'-s)\Big\{R^T(s,t')\cdot\frac{\partial u(s,t')}{\partial s} + [R^T(s,t')-E]\cdot\frac{\mathrm{d}r}{\mathrm{d}s}\Big\}\,;\; E + (s'-s)\,R^T(s,t')\cdot\frac{\partial R(s,t')}{\partial s}\Big\rangle$$

$$= R(s,t)\,\Phi_{(s)}\Big\langle R^T(s,t')\cdot\frac{\partial u(s,t')}{\partial s} + [R^T(s,t')-E]\cdot t(s)\,;\; R^T(s,t')\cdot\frac{\partial R(s,t')}{\partial s}\Big\rangle$$

und entsprechend (3.1 a)

$$m(s,t) = R(s,t)\cdot\Gamma_{(s)}\Big\langle R^T(s,t')\cdot\frac{\partial u(s,t')}{\partial s} + [R^T(s,t')-E]\cdot t(s)\,;\; R^T(s,t')\cdot\frac{\partial R(s,t')}{\partial s}\Big\rangle, \qquad (3.1\ \text{b})$$

worin

$$t = \mathrm{d}r/\mathrm{d}s \qquad (3.1\ \text{c})$$

den Tangenteneinheitsvektor an die unverformte Systemlinie bedeutet, und insbesondere für *kleine Verformungen* [10]) mit

$$R(s,t') \approx E + E\times\beta(s,t')$$
$$R^T(s,t') \approx E - E\times\beta(s,t'), \qquad (3.2)$$

nachdem man noch die Produkte von Verformungsgrößen $\left(\beta\times\frac{\partial u}{\partial s}\approx 0,\ \beta\times E\cdot E\times\frac{\partial\beta}{\partial s}\approx 0\right)$ als von höherer Ordnung klein gestrichen hat,

$$q(s,t) = q_{\mathrm{Rel}}(s,t) + \beta(s,t)\times q_{\mathrm{Rel}}(s,t)$$
$$m(s,t) = m_{\mathrm{Rel}}(s,t) + \beta(s,t)\times m_{\mathrm{Rel}}(s,t) \qquad (3.3\ \text{a, b})$$

mit

$$q_{\mathrm{Rel}}(s,t) = \Phi_{(s)}\Big\langle\frac{\partial u(s,t')}{\partial s} + t(s)\times\beta(s,t')\,;\; E\times\frac{\partial\beta(s,t')}{\partial s}\Big\rangle$$
$$= \mathfrak{q}_{(s)}\langle\delta(s,t'),\ \psi(s,t')\rangle \qquad (3.3\ \text{c})$$

und entsprechend

$$m_{\mathrm{Rel}}(s,t) = \mathfrak{m}_{(s)}\langle\delta(s,t'),\ \psi(s,t')\rangle, \qquad (3.3\ \text{d})$$

also für die sog. „relativen Schnittlasten" Darstellungen in Form von vektorwertigen Funktionalen der Geschichte der vektorwertigen Verzerrungsgrößen

$$\delta(s,t') = \frac{\partial u(s,t')}{\partial s} + t(s)\times\beta(s,t') \qquad (3.4\ \text{a})$$

bzw.

$$\psi(s,t') = \partial\beta(s,t')/\partial s, \qquad (3.4.\ \text{b})$$

die übrigens anschaulich leicht zu deuten sind:

Die Größen $\psi = \partial\beta/\partial s$ definieren die durch gegenseitige Querschnittsdrehungen (β) benachbarter Querschnittsflächen dargestellten Biege- bzw. Torsionsverzerrungen des Stabelementes, die jeweilige Tangentialkomponente

$$\delta_t = t\cdot\delta = t\cdot\frac{\partial u(s,t')}{\partial s}$$

des Verzerrungsvektors δ definiert die konventionelle Dehnung der Stabelementenschwerfaser, während die beiden restlichen Komponenten von δ mittlere Schubverzerrungen des Stabelementes definieren, wie z. B. die Normalkomponente

$$\delta_n = n\cdot\delta = n(s)\cdot\frac{\partial u(s,t')}{\partial s} + n(s)\cdot[t(s)\times\beta(s,t')] =$$
$$= n(s)\cdot\frac{\partial u(s,t')}{\partial s} - b\cdot\beta(s,t') = \alpha_b - \beta_b = \gamma_b$$

und Bild 3.1 deutlich machen: Denkt man sich die Gesamtdeformation eines Cosserat-Stabelementes aufgebaut aus Derjenigen, die sich ergibt, wenn man bei unverdreht gehaltenen Querschnitten lediglich die Systemlinie verformt, und aus einer anschließenden Drehung der Stabquerschnitte, so erhält man die Schubdeformation γ_b im Sinne dieser Aufteilung als Summe der Winkel α_b und $-\beta_b$.

Im übrigen kommt in (3.3 a, b) die für die Untersuchung von Stabilitätsproblemen wesentliche Unterscheidung zwischen den (Eulerschen) Momentananschnittlasten[11]) ($q(s,t)$, $m(s,t)$) und den relativen (bzw. effektiven), Verzerrungen erzeugenden Schnittlasten[12]) (q_{Rel}, m_{Rel}) zum Ausdruck. Spezialisiert man auf elastische Stäbe, so sind in Vereinfachung von (3.3 c, d) gemäß

$$q_{\mathrm{Rel}}(s,t) = q_{(s)}(\delta(s,t),\ \psi(s,t))$$
$$m_{\mathrm{Rel}}(s,t) = m_{(s)}(\delta(s,t),\ \psi(s,t)) \qquad (3.5.\text{a, b})$$

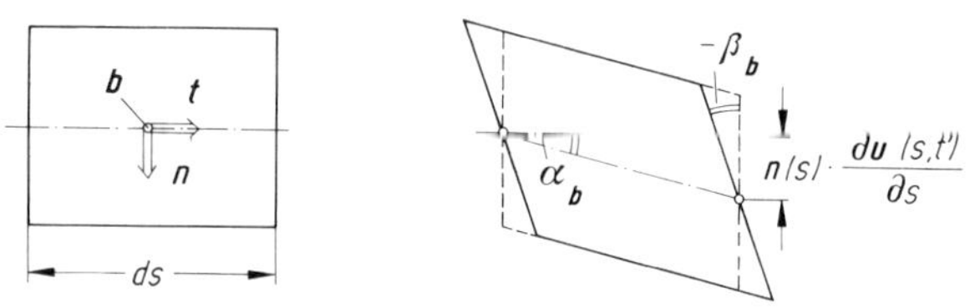

Bild 3.1

[10]) Wozu auch kleine Drehungen mit $\beta^2 \ll 1$ gehören sollen.

[11]) Die in den Bilanzgleichungen (Schwerpunktsatz, Drallsatz) bzw. im statischen Falle in den Gleichgewichtsbedingungen in Erscheinung treten.

[12]) Die in verdrehungsgliederfreien Materialgleichungen mit den Stabelementenverzerrungen verknüpft werden.

die relativen Schnittlasten als (Zustands-)Funktionen der jeweils momentanen Verzerrungsvektoren ($\boldsymbol{\delta}(s, t)$, $\boldsymbol{\psi}(s, t)$) darzustellen, und schließlich hat man im linear-elastischen Falle mit Materialtensoren $\boldsymbol{A}_{jk}(s)$, $j, k = \delta, \psi$ Beziehungen von der Form

$$\begin{aligned} \boldsymbol{q}_{\mathrm{Rel}}(s, t) &= \boldsymbol{A}_{\delta\delta}(s) \cdot \boldsymbol{\delta}(s, t) + \boldsymbol{A}_{\delta\psi}(s) \cdot \boldsymbol{\psi}(s, t) \\ \boldsymbol{m}_{\mathrm{Rel}}(s, t) &= \boldsymbol{A}_{\psi\delta}(s) \cdot \boldsymbol{\delta}(s, t) + \boldsymbol{A}_{\psi\psi}(s) \cdot \boldsymbol{\psi}(s, t), \end{aligned} \tag{3.6 a, b}$$

in denen die klassischen Theorien der Biegung, der de Saint-Venantschen Torsion und allgemein die Ergebnisse der sog. antiebenen Probleme in der Stabtheorie (Schubmittelpunkt usw.) impliziert sind[13]). Wölbkraftprobleme lassen sich mit der Theorie des einfachen Cosserat-Kontinuums allerdings noch nicht beschreiben, weil hierzu etwa für die Wölbkrafttorsion dritte Winkelableitungen, d. h. Terme von der Form $\partial^2\boldsymbol{\psi}/\partial s^2$ bzw. allgemein von der Form $\partial^3\boldsymbol{R}(s, t)/\partial s^3$ erforderlich sein sollen. Folgt man den Überlegungen von Truesdell, im Sinne des „Prinzips der Äquipräsenz“ in jeder Stoffgleichung zunächst alle Variablen als relevant anzusehen, die in *einer* Stoffgleichung wesentlich sind[14]), so wären Wölbkraftprobleme mit Stoffgleichungen zu behandeln, die dem

4 Cosseratmodell „vom Grade Drei“

entsprächen, wo in (2.3) sämtliche Terme bis zu den dritten Ableitungen zu berücksichtigen wären. Man erhielte also hierfür anstelle von (3.1 a, b) die Stoffgleichungsstrukturen

$$\begin{aligned} \boldsymbol{q}(s, t) = \boldsymbol{R}(s, t) \cdot \boldsymbol{\Phi}_{(s)} \Big\langle & \boldsymbol{R}^T(s, t') \cdot \frac{\partial \boldsymbol{u}(s, t')}{\partial s} + [\boldsymbol{R}^T(s, t') - \\ & - \boldsymbol{E}] \cdot \frac{\mathrm{d}\boldsymbol{r}}{\mathrm{d}s}, \ \boldsymbol{R}^T(s, t') \cdot \frac{\partial^2 \boldsymbol{u}(s, t')}{\partial s^2} + [\boldsymbol{R}^T(s, t') - \boldsymbol{E}] \cdot \frac{\mathrm{d}^2\boldsymbol{r}}{\mathrm{d}s^2}, \\ & \boldsymbol{R}^T(s, t') \frac{\partial^3 \boldsymbol{u}(s, t')}{\partial s^3} + [\boldsymbol{R}^T(s, t') - \boldsymbol{E}] \cdot \frac{\mathrm{d}^3\boldsymbol{r}}{\mathrm{d}s^3}; \\ & \boldsymbol{R}^T(s, t') \frac{\partial \boldsymbol{R}(s, t')}{\partial s}, \ \boldsymbol{R}^T(s, t') \cdot \frac{\partial^2 \boldsymbol{R}(s, t')}{\partial s^2}, \\ & \boldsymbol{R}^T(s, t') \cdot \frac{\partial^3 \boldsymbol{R}(s, t')}{\partial s^3} \Big\rangle \end{aligned} \tag{4.1}$$

— und Entsprechende für die Momente — bzw. für kleine Verformungen bei Vernachlässigung sämtlicher nichtlinearen Verformungsglieder

$$\boldsymbol{q}(s, t) = \boldsymbol{q}_{\mathrm{Rel}}(s, t) + \boldsymbol{\beta}(s, t) \times \boldsymbol{q}_{\mathrm{Rel}}(s, t) \tag{4.2 a}$$

mit

$$\begin{aligned} \boldsymbol{q}_{\mathrm{Rel}}(s, t) = \mathfrak{q}_{(s)} \Big\langle & \boldsymbol{\delta}(s, t'), \ \frac{\partial^2 \boldsymbol{u}(s, t')}{\partial s^2} - \boldsymbol{\beta}(s, t') \times \frac{\mathrm{d}\boldsymbol{t}}{\mathrm{d}s}, \\ & \frac{\partial^3 \boldsymbol{u}(s, t')}{\partial s^3} - \boldsymbol{\beta}(s, t') \times \frac{\mathrm{d}^2\boldsymbol{t}}{\mathrm{d}s^2}; \\ & \boldsymbol{\psi}(s, t'), \ \frac{\partial \boldsymbol{\psi}(s, t')}{\partial s}, \ \frac{\partial^2 \boldsymbol{\psi}(s, t')}{\partial s^2} \Big\rangle \\ = \mathfrak{q}_{(s)} \Big\langle & \boldsymbol{\delta}(s, t'), \ \frac{\partial \boldsymbol{\delta}(s, t')}{\partial s} + \boldsymbol{\psi}(s, t') \times \boldsymbol{t}, \\ & \frac{\partial^2 \boldsymbol{\delta}(s, t')}{\partial s^2} + \frac{\partial \boldsymbol{\psi}(s, t')}{\partial s} \times \boldsymbol{t} + 2\,\boldsymbol{\psi}(s, t') \times \frac{\mathrm{d}\boldsymbol{t}}{\mathrm{d}s}; \\ & \boldsymbol{\psi}(s, t'), \ \frac{\partial \boldsymbol{\psi}(s, t')}{\partial s}, \ \frac{\partial^2 \boldsymbol{\psi}(s, t')}{\partial s^2} \Big\rangle \\ = \mathfrak{q}_{(s)} \Big\langle & \boldsymbol{\delta}(s, t'), \ \frac{\partial \boldsymbol{\delta}(s, t')}{\partial s}, \ \frac{\partial^2 \boldsymbol{\delta}(s, t')}{\partial s^2}; \\ & \boldsymbol{\psi}(s, t'); \ \frac{\partial \boldsymbol{\psi}(s, t')}{\partial s}, \ \frac{\partial^2 \boldsymbol{\psi}(s, t')}{\partial s^2} \Big\rangle, \end{aligned} \tag{4.2 b}$$

und für elastische Stäbe mit

$$\begin{aligned} \boldsymbol{q}_{\mathrm{Rel}}(s, t) = \boldsymbol{q}_{(s)} \Big\langle & \boldsymbol{\delta}(s, t), \ \frac{\partial \boldsymbol{\delta}(s, t)}{\partial s}, \ \frac{\partial^2 \boldsymbol{\delta}(s, t)}{\partial s^2}; \\ & \boldsymbol{\psi}(s, t), \ \frac{\partial \boldsymbol{\psi}(s, t')}{\partial s^2}, \ \frac{\partial^2 \boldsymbol{\psi}(s, t')}{\partial s^2} \Big\rangle \end{aligned} \tag{4.2 c}$$

und schließlich für den linear-elastischen Fall mit[15])

$$\begin{aligned} \boldsymbol{q}_{\mathrm{Rel}} = \ & \boldsymbol{A}_{\delta\delta}(s) \cdot \boldsymbol{\delta}(s, t) + \boldsymbol{A}_{\delta 2}(s) \cdot \frac{\partial \boldsymbol{\delta}}{\partial s} + \boldsymbol{A}_{\delta 3}(s) \cdot \frac{\partial^2 \boldsymbol{\delta}}{\partial s^2} + \\ & + \boldsymbol{A}_{\delta 4} \cdot \boldsymbol{\psi}(s, t) + \boldsymbol{A}_{\delta 5} \cdot \frac{\partial \boldsymbol{\psi}}{\partial s} + \boldsymbol{A}_{\delta 6} \cdot \frac{\partial^2 \boldsymbol{\psi}}{\partial s^2} \end{aligned} \tag{4.3}$$

zuzüglich entsprechender Beziehungen für die Momente. Wer die Auflistung solcher Stoffgleichungsstrukturen, insbesondere für die Schnittkräfte, als „übertrieben“ erachtet, der bedenke, daß man — ebenso wie eine Wölbkrafttorsionstheorie — auch eine Wölbkraft-Längskraft- bzw. eine Wölbkraft-Querkraft-Theorie begründen kann. Nehmen wir als Beispiel das Wölbkraft-Querkraft-Problem:

Da durch Querkraftschubspannungen bekanntlich ebenfalls Querschnittsverwölbungen hervorgerufen werden, stellt sich auch bei Querkraftdeformationsproblemen, etwa an eingespannten Rändern, wo der Stabquerschnitt eben festgehalten wird, die Frage nach einer geeigneten Vernichtung dieser Axialverwölbungen an der Einspannstelle durch entsprechende Normal-(d. h. Wölb-)Spannungen.

---

13) Was hier allerdings aus Raumgründen nicht mehr detailliert werden kann.

14) Es sei denn, es gäbe weitere andersartige Restriktionen, die das Auftreten bestimmter Variabler in bestimmten Stoffgleichungen ausschlössen.

15) Worin $\boldsymbol{A}_{\delta k}(s)$, $k = 1 \ldots 6$ Materialtensoren bedeuten.

Aber nicht nur hieran wird die Existenz von Querkraft-Wölb-(Normal-)Spannungen deutlich, sondern auch daran, daß die üblicherweise (als sog. „antiebenes Problem“) berechneten Querkraftdeformationen stets konstanten Querkraftverlauf längs des Stabes voraussetzen, so daß die klassische antiebene Theorie bei veränderlichen Querkräften ganz sicherlich durch entsprechende Wölbspannungseffekte arrondiert werden muß. Wölbkraft-Längskraft-Probleme schließlich hat man bei (über den Querschnitt) nicht „gleichmäßiger“ Einleitung von Axialkräften.

Eine solcherart Verfeinerung der Stabtheorie wirft erhebliche Probleme auf. Man denke nur an die Notwendigkeit der Formulierung zusätzlicher Randbedingungen — und deren (möglichst) anschauliche Interpretation —: Da etwa aufgrund der Gleichgewichtsbedingungen am Stabelement, die z. B. für kleine Verformungen in der Form

$$\frac{\partial \boldsymbol{q}}{\partial s} + \boldsymbol{p}_k = \boldsymbol{0}\,, \quad \frac{\partial \boldsymbol{m}}{\partial s} + \boldsymbol{t} \times \boldsymbol{q} + \boldsymbol{p}_M + \boldsymbol{z} \times \boldsymbol{p}_k = \boldsymbol{0} \quad (4.4\text{ a, b})$$

zu notieren sind[16]), nach Einsetzen der Stoffgleichungen jetzt zwei vektorwertige Differentialgleichungen vierter Ordnung für die Verrückungsgrößen $\langle \boldsymbol{u}, \boldsymbol{\beta} \rangle$ identifiziert werden, benötigt man im allgemeinsten Falle insgesamt acht vektorwertige Randwertaussagen. Wie man die Randbedingungsfrage — wie auch die Strukturen (4.1, 2, 3) — mit anschaulichen Vorstellungen ausfüllen kann, zeigt u. a. die Verfahrensweise in der Wölbkraft-Torsionstheorie:

Man erweitert dort die deformatorischen Freiheiten bei der Beschreibung des Verformungsverhaltens realer Stabelemente — über die „Möglichkeiten“, die die Bernoullische Hypothese „beläßt“, hinaus — dahingehend, daß man, neben den durch „Ebenbleiben der Querschnitte“ gekennzeichneten Verformungsmöglichkeiten, einen weiteren „Standard-Deformationszustand“, nämlich axiale Torsionsverschiebungen $\vartheta'(x)\,\varphi(y,z)$ (nach Bild 4.1) zuläßt. Axialverschiebungen $u(y,z)$ sind dann grundsätzlich (nur) in der Form

$$u(x,y,z) = \underline{u_{B.H}(x,y,z)} + \vartheta'(x)\,\varphi(y,z)$$

zugelassen, wovon der erste Term (gestrichelt) die (linear über den Querschnitt veränderlichen) axialen Verschiebungsmöglichkeiten aufgrund der Bernoullischen Hypothese und der zweite Diejenigen aufgrund der zusätzlich zugelassenen (Verwölbungs-)Deformationsfreiheit bedeuten. Querschnitts-Einspannung — etwa an der Stelle $x = 0$ — verlangt dann, daß sowohl $u_{B.H}(0,y,z)$ als auch $\vartheta'(0)\,\varphi(y,z)$ verschwinden müssen, was neben

$$u_{B.H}(0,y,z)$$

eben die weitere (zusätzliche) Randwertaussage

$$\vartheta'(0) = 0$$

erfordert usw.

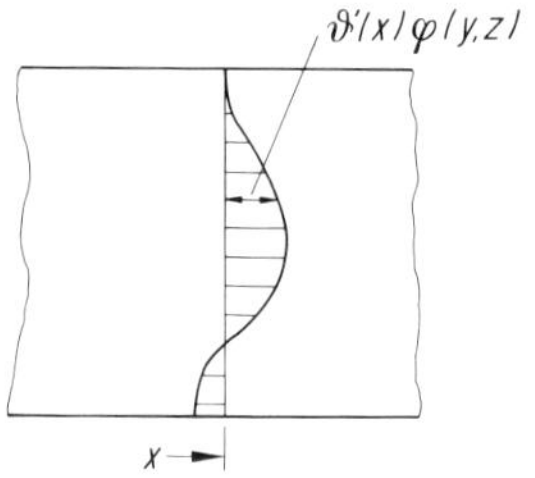

Bild 4.1

Um die Randbedingungen, wie auch die Strukturen (4.1, 2, 3) konkret ausdeuten zu können, bedarf es also in Erweiterung der konventionellen Stabtheorie einer entsprechenden Vermehrung der an einem Stabelement zugelassenen Standard-Deformationsmöglichkeiten. Da durch die Vermehrung der Standard-Deformationszustände am Stabelementenkontinuum gleichermaßen neben den klassischen Spannungsverteilungen über den Querschnitt andersartige Spannungsverteilungen zusätzlich zugelassen werden, reichen die klassischen Schnittlastbegriffe (Schnittkraft, Schnittmoment) auch nicht mehr aus, um den Spannungszustand im Stabquerschnitt zu beschreiben[17]). Man benötigt hierzu „Schnittlasten höherer Ordnung“, im Falle des Cosserat-Kontinuums vom Grade Drei zwei weitere Schnittlasten $\boldsymbol{q}^*(s,t)$, $\boldsymbol{m}^*(s,t)$, die — als Multiplikatoren mit entsprechenden Spannungs-Verteilungsfunktionen — zusammen mit den klassischen Schnittlasten — auch nicht klassische Spannungsverteilungen durch an der Stabstelle s definierte Größen $\langle \boldsymbol{q}(s,t), \boldsymbol{q}^*(s,t), \boldsymbol{m}(s,t), \boldsymbol{m}^*(s,t) \rangle$ zuzüglich entsprechender Verteilungsfunktionen determinieren lassen.

---

16) Hierin bedeuten $\boldsymbol{p}_k$ bzw. $\boldsymbol{p}_M$ Kraft- bzw. Momentan-Schüttungsbelastungen, $\boldsymbol{z}$ den vom jeweiligen Querschnitts-Schwerpunkt zum Angriffspunkt von $\boldsymbol{p}_k$ weisenden Ortsvektor.

17) Wenn etwa die Spannungsverteilung über den Querschnitt grundsätzlich als $\sigma_{xx}(x,z) = f(x)\,z$ vorgegeben ist, kann man — $f(x)$ wird per $\int \sigma_{xx}\,z\,\mathrm{d}F = M_y(x)$ als $f(x) = M_y(x)/I_{yy}(x)$ bestimmt — eben den Spannungszustand durch $\sigma_{xx} = z\,M_y(x)/I_{yy}(x)$, d. h. immer vollständig angeben, wenn das Biegemoment bekannt ist. Wenn hingegen etwa

$$\sigma_{xx}(x,z) = f_1(x)\,z + f_2(x)\,z^3 \qquad (+)$$

die Querschnittsspannungsverteilung definierte, so könnte man — per $\int \sigma_{xx}\,z\,\mathrm{d}F = M_y(x)$ wird jetzt

$$M_y(x) = f_1(x)\,I_{yy}(x) + f_2(x)\,I_{yy}^{(2)}(x) \qquad (++)$$

mit $I_{yy}^{(2)}(x) = \int z^4\,\mathrm{d}F$ festgestellt — die Größen $f_1(x)$ und $f_2(x)$ und damit die Querschnitts-Spannungsverteilung jetzt nicht mehr allein durch $M_y(x)$ determinieren. Man benötigt jetzt eine weitere Schnittlastgröße, etwa

$$M_y^{(2)}(x) = \int \sigma_{xx}\,z^3\,\mathrm{d}F = f_1(x)\,I_{yy}^{(2)}(x) + f_2(x)\,I_{yy}^{(3)}(x) \qquad (+++)$$

und kann so mit $(++)$ und $(+++)$ $f_1(x), f_2(x)$ durch $M_y(x)$, $M_y^{(2)}(x)$ ausdrücken. Für die Angabe des Spannungszustandes nach $(+)$ benötigt man also in der Tat zwei Schnittlasten.

Um in solcherart Erwägungen eine schärfere Kontur einzubringen, soll jetzt eine

5 Untersuchung des elastischen Cosserat-Kontinuums vom Grade Drei mittels des Prinzips der virtuellen Verrückungen

vorgenommen werden, wonach gemäß

$$\delta\Pi = \delta W - \delta A_a \tag{5.1}$$

im Gleichgewichtsfalle die Variation des elastischen Potentials für jede denkbare virtuelle Verrückung $\langle\delta\boldsymbol{u}, \delta\boldsymbol{\beta}\rangle$ aus seiner Gleichgewichtskonfiguration heraus verschwinden muß[18]). In (5.1) bedeuten

$$W = \int_{s=0}^{l} H\,\mathrm{d}s \tag{5.2 a}$$

die Formänderungsenergie, H die spezifische Formänderungsenergie, die im Falle des Cosserat-Kontinuums vom Grade Drei gemäß

$$H = H(\boldsymbol{\delta}, \boldsymbol{\delta}', \boldsymbol{\psi}, \boldsymbol{\psi}'), \;(\;)' = \frac{\mathrm{d}}{\mathrm{d}s} \tag{5.2 b}$$

als Zustandsfunktion der Verzerrungsgrößen $\boldsymbol{\delta}$, $\boldsymbol{\psi}$ und deren ersten Ableitungen darzustellen ist, und

$$\delta A_a = \delta_{\delta,\beta} A_a \tag{5.2 c}$$

die Variation der Arbeit der äußeren Belastung, die aus Derjenigen der Feldbelastung[19]) $(\boldsymbol{p}_K, \boldsymbol{p}_M)$ und der entsprechenden „Randarbeit“

$$\sum \delta A_{aR} = \delta A_{aR}|_{s=l} + \delta A_{aR}|_{s=0}$$

der in den Stabendquerschnittsflächen $F(l)$ bzw. $F(0)$ angreifenden Querschnittsspannungen besteht. Wir setzen

$$\delta_{\delta,\beta} A_a = \int_{s=0}^{l} \{\boldsymbol{p}_k \cdot \delta\boldsymbol{u} + \boldsymbol{p}_M \cdot \delta\boldsymbol{\beta}\}\,\mathrm{d}s + \\ + \delta A_{aR}|_{s=l} + \delta A_{aR}|_{s=0}, \tag{5.2 d}$$

indem wir etwa annehmen, daß bei der Darstellung der Feldlastarbeit die Betrachtnahme der konventionellen Schüttungsbelastungen ausreicht und insbesondere hinsichtlich der Momenten-Schüttungsbelastung das entsprechende Produkt mit der Verdrehungsvariation $\delta\boldsymbol{\beta}$. Das Prinzip der virtuellen Verrückungen ist somit durch die Aussage

$$\delta_{u,\beta}\Pi = \delta_{u,\beta}\left[\int_0^l \{H(\boldsymbol{\delta}, \boldsymbol{\delta}', \boldsymbol{\psi}, \boldsymbol{\psi}') - \boldsymbol{p}_k \cdot \overset{\downarrow}{\boldsymbol{u}} - \boldsymbol{p}_M \cdot \overset{\downarrow}{\boldsymbol{\beta}}\}\,\mathrm{d}s\right] - \\ - \delta A_{aR}|_{s=l} - \delta A_{aR}|_{s=0} = 0 \tag{5.3}$$

repräsentiert und wird jetzt nach den Regeln der Variationsrechnung behandelt. Man bekommt zunächst, wenn man an der Formänderungsenergie die Verzerrungsvariationen ausführt und entsprechend partiell integriert,

$$\delta W = \int_0^l \left\{\left[\frac{\partial H}{\partial \boldsymbol{\delta}} - \frac{\mathrm{d}}{\mathrm{d}s}\left(\frac{\partial H}{\partial \boldsymbol{\delta}'}\right)\right] \cdot \delta\boldsymbol{\delta}(s) + \\ + \left[\frac{\partial H}{\partial \boldsymbol{\psi}} - \frac{\mathrm{d}}{\mathrm{d}s}\left(\frac{\partial H}{\partial \boldsymbol{\psi}'}\right)\right] \cdot \delta\boldsymbol{\psi}(s)\right\}\mathrm{d}s + \\ + \left[\frac{\partial H}{\partial \boldsymbol{\delta}'} \cdot \delta\boldsymbol{\delta} + \frac{\partial H}{\partial \boldsymbol{\psi}'} \cdot \delta\boldsymbol{\psi}\right]_0^l, \tag{5.4 a}$$

und weiter, wenn man wegen

$$\boldsymbol{\delta}(s) = \frac{\mathrm{d}\boldsymbol{u}}{\mathrm{d}s} + \boldsymbol{t} \times \boldsymbol{\beta}, \quad \boldsymbol{\psi}(s) = \mathrm{d}\boldsymbol{\beta}/\mathrm{d}s$$

beachtet, daß die Verzerrungsvariationen $(\delta\boldsymbol{\delta}, \delta\boldsymbol{\psi})$ durch die Verrückungsvariation $(\delta\boldsymbol{u}, \delta\boldsymbol{\beta})$ in der Form

$$\delta\boldsymbol{\delta}(s) = \delta\left(\frac{\mathrm{d}\boldsymbol{u}}{\mathrm{d}s} + \boldsymbol{t} \times \boldsymbol{\beta}\right) = \\ = \frac{\mathrm{d}}{\mathrm{d}s}(\delta\boldsymbol{u}) + \boldsymbol{t} \times \delta\boldsymbol{\beta}(s) = \delta\boldsymbol{u}' + \boldsymbol{t} \times \delta\boldsymbol{\beta} \\ \delta\boldsymbol{\psi}(s) = \delta\left(\frac{\mathrm{d}\boldsymbol{\beta}}{\mathrm{d}s}\right) = \frac{\mathrm{d}}{\mathrm{d}s}(\delta\boldsymbol{\beta}(s)) = \delta\boldsymbol{\beta}' \tag{5.4 b, c}$$

ausgedrückt werden müssen,

$$\delta_{u,\beta} W = \int_0^l \left\{\left[\frac{\partial H}{\partial \boldsymbol{\delta}} - \frac{\mathrm{d}}{\mathrm{d}s}\left(\frac{\partial H}{\partial \boldsymbol{\delta}'}\right)\right] \cdot [\delta\boldsymbol{u}' + \boldsymbol{t} \times \delta\boldsymbol{\beta}] + \\ + \left[\frac{\partial H}{\partial \boldsymbol{\psi}} - \frac{\mathrm{d}}{\mathrm{d}s}\left(\frac{\partial H}{\partial \boldsymbol{\psi}'}\right)\right] \cdot \delta\boldsymbol{\beta}'\right\}\mathrm{d}s + \\ + \left[\frac{\partial H}{\partial \boldsymbol{\delta}'} \cdot [\delta\boldsymbol{u}' + \boldsymbol{t} \times \delta\boldsymbol{\beta}] + \frac{\partial H}{\partial \boldsymbol{\psi}'} \cdot \delta\boldsymbol{\beta}'\right]_{s=0}^l,$$

was nach partieller Integration und Umordnen schließlich zu

$$\delta_{u,\beta} W = \int_0^l \left\{-\frac{\partial}{\partial s}\left[\frac{\partial H}{\partial \boldsymbol{\delta}} - \frac{\mathrm{d}}{\mathrm{d}s}\left(\frac{\partial H}{\partial \boldsymbol{\delta}'}\right)\right] \cdot \delta\boldsymbol{u}(s) - \\ - \left[\frac{\partial}{\partial s}\left(\frac{\partial H}{\partial \boldsymbol{\psi}} - \frac{\mathrm{d}}{\mathrm{d}s}\left(\frac{\partial H}{\partial \boldsymbol{\psi}'}\right)\right) + \\ + \boldsymbol{t} \times \left(\frac{\partial H}{\partial \boldsymbol{\delta}} - \frac{\mathrm{d}}{\mathrm{d}s}\left(\frac{\partial H}{\partial \boldsymbol{\delta}'}\right)\right)\right] \cdot \delta\boldsymbol{\beta}(s)\right\}\mathrm{d}s + \\ + \left\{\left[\frac{\partial H}{\partial \boldsymbol{\delta}} - \frac{\mathrm{d}}{\mathrm{d}s}\left(\frac{\partial H}{\partial \boldsymbol{\delta}'}\right)\right] \cdot \delta\boldsymbol{u} + \frac{\partial H}{\partial \boldsymbol{\delta}'} \cdot \delta\boldsymbol{u}' +\right.$$

18) Das Problem wird vereinfachend hier nur für kleine Verformungen diskutiert, wo als Gleichgewichtskonfiguration die unverformte Konfiguration angesehen werden kann, um die Überlegungen nicht mit (grundsätzlich nicht wesentlichen) Formalismen zu überfrachten.

19) $\boldsymbol{p}_K$ soll die in der Systemlinie angreifend gedachte Schüttungs-Kraft-Belastung und $\boldsymbol{p}_M$ die Schüttungsmomentenbelastung bedeuten.

$$+\left[\frac{\partial H}{\partial \boldsymbol{\psi}}-\frac{\mathrm{d}}{\mathrm{d}s}\left(\frac{\partial H}{\partial \boldsymbol{\psi}'}\right)-\boldsymbol{t}\times\frac{\partial H}{\partial \boldsymbol{\delta}'}\right]\cdot\delta\boldsymbol{\beta}+ + \frac{\partial H}{\partial \boldsymbol{\psi}'}\cdot\delta\boldsymbol{\beta}'\Bigg\}_{s=0}^{l} \tag{5.4 d}$$

führt. Zusammen mit (5.2 d) ist also im Sinne von (5.3)

$$\begin{aligned}\delta_{u,\beta}\Pi = \int_0^l \Bigg\{ & -\left[\frac{\partial}{\partial s}\left(\frac{\partial H}{\partial \boldsymbol{\delta}}-\frac{\mathrm{d}}{\mathrm{d}s}\left(\frac{\partial H}{\partial \boldsymbol{\delta}'}\right)\right)+\boldsymbol{p}_k\right]\cdot\delta\boldsymbol{u}(s) - \\ & -\left[\frac{\partial}{\partial s}\left(\frac{\partial H}{\partial \boldsymbol{\psi}}-\frac{\mathrm{d}}{\mathrm{d}s}\left(\frac{\partial H}{\partial \boldsymbol{\psi}'}\right)\right)+\right. \\ & \left. +\boldsymbol{t}\times\left(\frac{\partial H}{\partial \boldsymbol{\delta}}-\frac{\mathrm{d}}{\mathrm{d}s}\left(\frac{\partial H}{\partial \boldsymbol{\delta}'}\right)\right)+\boldsymbol{p}_M\right]\cdot\delta\boldsymbol{\beta}(s)\Bigg\}\,\mathrm{d}s + \\ & + \Bigg\{\underline{\left[\frac{\partial H}{\partial \boldsymbol{\delta}}-\frac{\mathrm{d}}{\mathrm{d}s}\left(\frac{\partial H}{\partial \boldsymbol{\delta}'}\right)\right]\cdot\delta\boldsymbol{u}} + \\ & + \underline{\left[\frac{\partial H}{\partial \boldsymbol{\psi}}-\frac{\mathrm{d}}{\mathrm{d}s}\left(\frac{\partial H}{\partial \boldsymbol{\psi}'}\right)\right]\delta\boldsymbol{\beta}} + \\ & + \frac{\partial H}{\partial \boldsymbol{\delta}'}\cdot\delta\boldsymbol{\delta}+\frac{\partial H}{\partial \boldsymbol{\psi}'}\cdot\delta\boldsymbol{\psi}-\delta_{u,\beta}A_{aR}\Bigg\}_{s=0}^{l} = 0 \end{aligned} \tag{5.5}$$

für beliebige Verrückungsvariationen $\langle\delta\boldsymbol{u}(s),\ \delta\boldsymbol{\beta}(s)\rangle$ zu verlangen. Man betrachtet jetzt zunächst den Fall, daß am Rande die Größen $\delta\boldsymbol{u}$, $\delta\boldsymbol{\beta}$, $\delta\boldsymbol{u}'$ und $\delta\boldsymbol{\beta}'$ verschwinden (daß also die Endquerschnitte unverschoben bleiben) und keine Randspannungsarbeiten erbracht werden, und behält als Eulersche Differentialgleichungen des Problems den Satz der Verrückungsgleichungen

$$\begin{aligned} & \frac{\partial}{\partial s}\left(\frac{\partial H}{\partial \boldsymbol{\delta}}-\frac{\mathrm{d}}{\mathrm{d}s}\left(\frac{\partial H}{\partial \boldsymbol{\delta}'}\right)\right)+\boldsymbol{p}_k=\boldsymbol{0}, \\ & \frac{\partial}{\partial s}\left(\frac{\partial H}{\partial \boldsymbol{\psi}}-\frac{\mathrm{d}}{\mathrm{d}s}\left(\frac{\partial H}{\partial \boldsymbol{\psi}'}\right)\right)+ \\ & +\boldsymbol{t}\times\left[\frac{\partial H}{\partial \boldsymbol{\delta}}-\frac{\mathrm{d}}{\mathrm{d}s}\left(\frac{\partial H}{\partial \boldsymbol{\delta}'}\right)\right]+\boldsymbol{p}_M=\boldsymbol{0}, \end{aligned} \tag{5.6 a, b}$$

die man als Gleichgewichtsbedingungen am Cosserat-Element zu deuten hat, in die man die entsprechenden Schnittlast-Verzerrungsrelationen (die Stabmaterialgleichungen) eingesetzt hat. Ein Vergleich mit (4.4 a, b) zeigt[20]) nun, daß die Stabmaterialgleichungen der konventionellen Schnittlasten $\boldsymbol{q}(s,t)$, $\boldsymbol{m}(s,t)$ im vorliegenden Falle generell in der Form

$$\begin{aligned} \boldsymbol{q}(s,t) &= \frac{\partial H}{\partial \boldsymbol{\delta}}-\frac{\mathrm{d}}{\mathrm{d}s}\left(\frac{\partial H}{\partial \boldsymbol{\delta}'}\right) \\ \boldsymbol{m}(s,t) &= \frac{\partial H}{\partial \boldsymbol{\psi}}-\frac{\mathrm{d}}{\mathrm{d}s}\left(\frac{\partial H}{\partial \boldsymbol{\psi}'}\right) \end{aligned} \tag{5.7 a, b}$$

dargestellt werden können müssen und dementsprechend die in (5.5) gestrichelt unterstrichenen Randglieder die in konventioneller Weise verstandenen Arbeiten der konventionellen Randschnittlasten $\langle\boldsymbol{q}(\{{}^0_l\}),\ \boldsymbol{m}(\{{}^0_l\})\rangle$ längs der entsprechenden (mittleren) Querschnitts-Verrückungsgrößen $(\delta\boldsymbol{u}\{{}^0_l\},\ \delta\boldsymbol{\beta}\{{}^0_l\})$ bedeuten. Von (5.5) verbleiben also in Anbetracht von (5.7 a, b) die Randterme-Forderungen

$$\Bigg\{\boldsymbol{q}\cdot\delta\boldsymbol{u}+\boldsymbol{m}\cdot\delta\boldsymbol{\beta}+\frac{\partial H}{\partial \boldsymbol{\delta}'}\cdot\delta\boldsymbol{\delta}+ + \frac{\partial H}{\partial \boldsymbol{\psi}'}\cdot\delta\boldsymbol{\psi}-\delta_{u,\beta}A_{aR}\Bigg\}_0^l = 0 \tag{5.8}$$

für als beliebig anzusehende Verrückungs-Randwertvariationen bzw. deren erste Ableitungen, und dies bedeutet daß

$$\begin{aligned}\delta A_{aR}\{{}^0_l\} = {} & \underline{\boldsymbol{q}\{{}^0_l\}\cdot\delta\boldsymbol{u}\{{}^0_l\}+\boldsymbol{m}\{{}^0_l\}\cdot\delta\boldsymbol{\beta}\{{}^0_l\}} + \\ & + \frac{\partial H}{\partial \boldsymbol{\delta}'}\{{}^0_l\}\cdot\delta\boldsymbol{\delta}\{{}^0_l\}+\frac{\partial H}{\partial \boldsymbol{\psi}'}\{{}^0_l\}\cdot\delta\boldsymbol{\psi}\{{}^0_l\}\end{aligned} \tag{5.9}$$

sein, also die Randarbeiten neben den konventionellen Produktbildungen (gestrichelt) generell durch zwei weitere Produkte dargestellt werden müssen. Bei einer Deutung dieser Arbeitsgrößen als Diejenigen von Querschnittsspannungen längs entsprechender Querschnittsverschiebungen auf der Basis einer erweiterten Menge von Standard-Deformationen am Stabelementen-Kontinuum müssen danach in einer verfeinerten Stabtheorie (im Rahmen Derjenigen eines Cosserat-Kontinuums von Grade Drei) die Querschnittsverschiebungen in der Form

$$\begin{aligned}\hat{\boldsymbol{u}}(\boldsymbol{r}_2,s) = {} & \boldsymbol{u}(s)+\boldsymbol{\beta}\times\boldsymbol{r}_2+\boldsymbol{G}_\delta(\boldsymbol{r}_2,s)\cdot\boldsymbol{\delta}(s)+ \\ & \boldsymbol{G}_\psi(\boldsymbol{r}_2,s)\cdot\boldsymbol{\psi}(s)\end{aligned} \tag{5.10 a}$$

mit tensorwertigen (Verschiebungs-)Verteilungsfunktionen $\boldsymbol{G}_\delta$, $\boldsymbol{G}_\psi$ darzustellen sein. Mit den Querschnittsspannungen $\hat{\boldsymbol{s}}(\boldsymbol{r}_2, s)$ fällt nämlich dann die Randspannungsarbeit als

$$\begin{aligned}\delta A_{aR} = \int_{(F)}\hat{\boldsymbol{s}}\cdot\delta\hat{\boldsymbol{u}}\,\mathrm{d}F = {} & \underline{\left(\int_{(F)}\hat{\boldsymbol{s}}\,\mathrm{d}F\right)\cdot\delta\boldsymbol{u}+\left(\int_{(F)}\boldsymbol{r}_2\times\hat{\boldsymbol{s}}\,\mathrm{d}F\right)\cdot\delta\boldsymbol{\beta}} + \\ & + \left(\int_{(F)}\hat{\boldsymbol{s}}\cdot\boldsymbol{G}_\delta\,\mathrm{d}F\right)\cdot\delta\boldsymbol{\delta}+\left(\int_{(F)}\hat{\boldsymbol{s}}\cdot\boldsymbol{G}_\psi\,\mathrm{d}F\right)\cdot\delta\boldsymbol{\psi},\end{aligned} \tag{5.10 b}$$

d. h. in der Tat als eine Struktur von der Form (5.9) an, worin insbesondere die beiden ersten Terme (gestrichelt) die Randarbeiten der klassischen Schnittlasten

$$\begin{aligned}\boldsymbol{q}\left(=\frac{\partial H}{\partial \boldsymbol{\delta}}-\frac{\mathrm{d}}{\mathrm{d}s}\left(\frac{\partial H}{\partial \boldsymbol{\delta}'}\right)\right) &= \int_{(F)}\hat{\boldsymbol{s}}(\boldsymbol{r}_2,s)\,\mathrm{d}F \\ \boldsymbol{m}\left(=\frac{\partial H}{\partial \boldsymbol{\psi}}-\frac{\mathrm{d}}{\mathrm{d}s}\left(\frac{\partial H}{\partial \boldsymbol{\psi}'}\right)\right) &= \int_{(F)}\boldsymbol{r}_2\times\hat{\boldsymbol{s}}(\boldsymbol{r}_2,s)\,\mathrm{d}F\end{aligned} \tag{5.11 a, b}$$

(hier als „Mittelwert“ bzw. „erstes Moment“ der Querschnittsspannungsverteilung erkennbar) darstellen. Die Version (5.10 b) und der Vergleich mit (5.9) zeigen aber darüber hinaus, daß auch die Größen $\partial H/\partial\boldsymbol{\delta}'$ bzw. $\partial H/\partial\boldsymbol{\psi}'$ den Charakter von Schnittlasten haben, durch

[20]) Angesichts von Fußnote 16) muß jetzt hier selbstverständlich $\boldsymbol{z}=\boldsymbol{0}$ gesetzt werden.

$$q^*\left(=\frac{\partial H}{\partial \boldsymbol{\delta}'}\right)=\int_{(F)} \hat{\boldsymbol{s}}\cdot \boldsymbol{G}_\delta \,\mathrm{d}F$$
$$m^*\left(=\frac{\partial H}{\partial \boldsymbol{\psi}'}\right)=\int_{(F)} \hat{\boldsymbol{s}}\cdot \boldsymbol{G}_\psi \,\mathrm{d}F \qquad (5.11\ \mathrm{c, d})$$

definiert sind, die Dimensionen [m kp] bzw. [m² kp] besitzen und hier als Zusatzschnittlasten bezeichnet werden sollen. Wegen (5.2 b) sind aufgrund von (5.11 a, b) gemäß

$$\boldsymbol{q}=\boldsymbol{q}\langle \boldsymbol{\delta},\boldsymbol{\delta}',\boldsymbol{\delta}'',\boldsymbol{\psi},\boldsymbol{\psi}',\boldsymbol{\psi}''\rangle$$
$$\boldsymbol{m}=\boldsymbol{m}\langle \boldsymbol{\delta},\boldsymbol{\delta}',\boldsymbol{\delta}'',\boldsymbol{\psi},\boldsymbol{\psi}',\boldsymbol{\psi}''\rangle \qquad (5.12\ \mathrm{a, b})$$

die konventionellen Schnittlasten in Stabmaterialgleichungen von den Verzerrungsableitungen bis zur zweiten Ordnung abhängig[21]), die Zusatzschnittlasten aufgrund von (5.11 c, d) hingegen nur von den Verzerrungsableitungen bis zur ersten Ordnung:

$$\boldsymbol{q}^*=\boldsymbol{q}^*\langle \boldsymbol{\delta},\boldsymbol{\delta}',\boldsymbol{\psi},\boldsymbol{\psi}'\rangle$$
$$\boldsymbol{m}^*=\boldsymbol{m}^*\langle \boldsymbol{\delta},\boldsymbol{\delta}',\boldsymbol{\psi},\boldsymbol{\psi}'\rangle \qquad (5.12\ \mathrm{c, d})$$

Setzt man jetzt in (5.5)

$$\delta A_{aR}=\boldsymbol{q}_R\cdot\delta\boldsymbol{u}+\boldsymbol{m}_R\cdot\delta\boldsymbol{\beta}+\boldsymbol{q}_R^*\cdot\delta\boldsymbol{\delta}+\boldsymbol{m}_R^*\cdot\delta\boldsymbol{\psi}$$

ein, wonach stets

$$\begin{aligned}&\left\{\left[\frac{\partial H}{\partial\boldsymbol{\delta}}-\frac{\mathrm{d}}{\mathrm{d}s}\left(\frac{\partial H}{\partial\boldsymbol{\delta}'}\right)\right]_l-\boldsymbol{q}_{Rl}\right\}\cdot\delta\boldsymbol{u}_l-\\&-\left\{\left[\frac{\partial H}{\partial\boldsymbol{\delta}}-\frac{\mathrm{d}}{\mathrm{d}s}\left(\frac{\partial H}{\partial\boldsymbol{\delta}'}\right)\right]_0-\boldsymbol{q}_{R0}\right\}\cdot\delta\boldsymbol{u}_0+\\&+\left\{\left[\frac{\partial H}{\partial\boldsymbol{\psi}}-\frac{\mathrm{d}}{\mathrm{d}s}\left(\frac{\partial H}{\partial\boldsymbol{\psi}'}\right)\right]_l-\boldsymbol{m}_{Rl}\right\}\cdot\delta\boldsymbol{\beta}_l-\\&-\left\{\left[\frac{\partial H}{\partial\boldsymbol{\psi}}-\frac{\mathrm{d}}{\mathrm{d}s}\left(\frac{\partial H}{\partial\boldsymbol{\psi}'}\right)\right]_0-\boldsymbol{m}_{R0}\right\}\cdot\delta\boldsymbol{\beta}_0+\\&+\left[\left(\frac{\partial H}{\partial\boldsymbol{\delta}'}\right)_l-\boldsymbol{q}_{Rl}^*\right]\cdot\delta\boldsymbol{\delta}_l-\left[\left(\frac{\partial H}{\partial\boldsymbol{\delta}'}\right)_0-\boldsymbol{q}_{R0}^*\right]\cdot\delta\boldsymbol{\delta}_0+\\&+\left[\left(\frac{\partial H}{\partial\boldsymbol{\psi}'}\right)_l-\boldsymbol{m}_{Rl}^*\right]\cdot\delta\boldsymbol{\psi}_l-\left[\left(\frac{\partial H}{\partial\boldsymbol{\psi}'}\right)_0-\boldsymbol{m}_{R0}^*\right]\cdot\delta\boldsymbol{\psi}_0=0\end{aligned} \qquad (5.13)$$

sein muß, so sieht man, daß man im Rahmen dieser Theorie am Rande vorgeben kann, etwa

1. die vier Größen $\boldsymbol{u}$, $\boldsymbol{\beta}$, $\boldsymbol{u}'$ und $\boldsymbol{\beta}'$ (bzw. $\boldsymbol{\delta}$ und $\boldsymbol{\psi}$) (sog. geometrisches Randwertproblem), was im Sinne des Ansatzes (5.10 a) bedeutet, daß man allgemein die Verschiebungen des Randquerschnittes in Termen der Standarddeformationen vorgeben kann,
2. die vier Größen $\boldsymbol{q}$, $\boldsymbol{m}$, $\boldsymbol{q}^*$ und $\boldsymbol{m}^*$ (sog. dynamisches Randwertproblem), was im Sinne von (5.11 a—d) so zu verstehen ist, daß man von vorgegebenen Randspannungszuständen (wenigstens) ihren Mittelwert
$$\boldsymbol{q}=\int_{(F)}\hat{\boldsymbol{s}}\,\mathrm{d}F \qquad (5.14\ \mathrm{a})$$
ihr erstes Moment
$$\boldsymbol{m}=\int_{(F)}\boldsymbol{r}_2\times\hat{\boldsymbol{s}}\,\mathrm{d}F \qquad (5.14\ \mathrm{b})$$
und die beiden „höheren" Größen
$$\boldsymbol{q}^*=\int_{(F)}\hat{\boldsymbol{s}}\cdot\boldsymbol{G}_\delta\,\mathrm{d}F,\quad \boldsymbol{m}^*=\int_{(F)}\hat{\boldsymbol{s}}\cdot\boldsymbol{G}_\psi\,\mathrm{d}F \qquad (5.14\ \mathrm{c, d})$$
realisieren kann. Die den Standard-Verschiebungsansätzen (5.10 a) (nach noch zu diskutierenden Prozeduren) zuzuordnenden Standard-Spannungsansätze müssen also beliebige Werte
$$\int_{(F)}\hat{\boldsymbol{s}}\,\mathrm{d}F,\quad \int_{(F)}\boldsymbol{r}_2\times\hat{\boldsymbol{s}}\,\mathrm{d}F,\quad \int_{(F)}\hat{\boldsymbol{s}}\cdot\boldsymbol{G}_\delta\,\mathrm{d}F,\quad \int_{(F)}\hat{\boldsymbol{s}}\cdot\boldsymbol{G}_\psi\,\mathrm{d}F$$
zur Verfügung stellen können[22]).
3. Selbstverständlich sind — im Rahmen, den (5.13) absteckt — auch entsprechende „gemischte Randwertaufgaben" lösbar.

Der heikelste Punkt einer verfeinerten Stabtheorie ist zweifellos die Frage der Wahl der Verteilungsfunktionen $\boldsymbol{G}_\delta$, $\boldsymbol{G}_\psi$, um schließlich zu den in den Materialgleichungen (5.12) auftretenden Materialkonstanten zu gelangen, und zwar deshalb, weil es praktisch unmöglich ist, einen im Sinne der Kontinuumstheorie kompatiblen Verschiebungsansatz für das Stabelementkontinuum im Sinne von (5.10 a) angeben zu können, zumal Ansätze von der Form (5.10 a) i. allg. sogar bereits Abhängigkeiten der Größen $\boldsymbol{u}$, $\boldsymbol{\beta}$, $\boldsymbol{\delta}$ und $\boldsymbol{\psi}$ (unter Kompatibilitätsgesichtspunkten) a priori implizieren müßten. So muß man hier erkennen, daß gerade zur Determinierung der „Materialkonstanten" auf der Basis klassischer kontinuumsmechanischer Vorstellungen das Prinzip der virtuellen Verrückungen nicht besonders geeignet erscheint, obgleich seine Benutzung bei der Verifizierung und Interpretation der Grundgleichungen des eindimensionalen Cosserat-Kontinuums besonders elegant war. Da man Gleichgewichtssysteme von Spannungen am Stabelementenkontinuum hingegen wesentlich leichter vorgeben kann, bietet sich (für kleine Verformungen) die Möglichkeit an, die Materialgrößen einer verfeinerten Stabtheorie auf der Basis des Prinzips der virtuellen Kräfte zu ermitteln. Wir untersuchen hier das Problem der Materialgrößen weiter unter Benutzung des Prinzips der virtuellen Verrückungen, und zwar beispielhaft für elastische Stäbe aus Hookeschem Material mit der Kontinuums-Stoffgleichung[23])

$$\hat{\boldsymbol{S}}(\boldsymbol{r}_2,s)=2G\left[\mathrm{def}\,\hat{\boldsymbol{u}}+\frac{\nu}{1-2\nu}(\mathrm{div}\,\hat{\boldsymbol{u}})\,\boldsymbol{E}\right], \qquad (5.15\ \mathrm{a})$$

[21]) Womit jetzt im Nachhinein deutlich wird, daß für ein elastisches Cosserat-Kontinuum vom Grade Drei die Formänderungsenergie neben den Verzerrungen ($\boldsymbol{\delta}$, $\boldsymbol{\psi}$) in der Tat nur noch von den ersten Verzerrungsableitungen ($\boldsymbol{\delta}'$, $\boldsymbol{\psi}'$) abhängen kann.

[22]) In beiden Fällen handelt es sich also um jeweils vier Randwertaussagen.

[23]) Hierin bedeuten $\boldsymbol{S}$ bzw. def $\boldsymbol{u}$ den (am unverformten System definierten Spannungstensor bzw. den materiellen Verschiebungsdeformator, $\boldsymbol{E}$ den Einheitstensor und G bzw. ν Schubmodul bzw. Querdehnungszahl.

wo das Prinzip zum Satz vom Extremum des elastischen Potentials Π im Sinne von (5.1) führt und

$$W = \int_{s=0}^{l} \left\{ \int_{(F)} G \left[\operatorname{def} \hat{\boldsymbol{u}} \cdot \cdot \operatorname{def} \hat{\boldsymbol{u}} + \frac{\nu}{1-2\nu} (\operatorname{div} \hat{\boldsymbol{u}})^2 \right] \mathrm{d}F \right\} \mathrm{d}s = \int_{s=0}^{l} W^{(s)} \mathrm{d}s \quad (5.15\,\mathrm{b})$$

bedeutet[24]). Man setzt hier den mit dem Verschiebungsansatz (5.10 a) erhältlichen Deformator ein, also

$$\operatorname{def} \hat{\boldsymbol{u}} = \frac{1}{2} [\nabla \circ \hat{\boldsymbol{u}} + (\nabla \circ \boldsymbol{u})^T] \quad (5.16\,\mathrm{a})$$

mit

$$\begin{aligned} \nabla \circ \hat{\boldsymbol{u}}^{25)} = &\{\boldsymbol{t} \circ \boldsymbol{E} + \nabla_2 \circ \boldsymbol{G}_\delta + \boldsymbol{t} \circ \boldsymbol{G}'_\delta\} \cdot \boldsymbol{\delta} + \\ &+ \{\nabla_2 \circ \boldsymbol{G}_\psi + \boldsymbol{t} \circ \boldsymbol{G}'_\psi - \boldsymbol{t} \circ \boldsymbol{r}_2 \times \boldsymbol{E}\} \cdot \boldsymbol{\psi} + \\ &+ \boldsymbol{t} \circ \{\boldsymbol{G}_\delta \cdot \boldsymbol{\delta}' + \boldsymbol{G}_\psi \cdot \boldsymbol{\psi}'\} - \boldsymbol{E} \times \boldsymbol{\beta} \quad (5.16\,\mathrm{b}) \end{aligned}$$

sowie

$$\begin{aligned} \operatorname{div} \hat{\boldsymbol{u}} = \boldsymbol{E} \cdot \cdot \nabla \circ \hat{\boldsymbol{u}} = &\{\boldsymbol{t} + \nabla_2 \cdot \boldsymbol{G}_\delta + \boldsymbol{t} \cdot \boldsymbol{G}'_\delta\} \cdot \boldsymbol{\delta} + \\ &+ \{\nabla_2 \cdot \boldsymbol{G}_\psi + \boldsymbol{t} \cdot \boldsymbol{G}'_\psi - \boldsymbol{r}_2 \times \boldsymbol{E}\} \cdot \boldsymbol{\psi} + \\ &+ \boldsymbol{t} \cdot \{\boldsymbol{G}_\delta \cdot \boldsymbol{\delta}' + \boldsymbol{G}_\psi \cdot \boldsymbol{\psi}'\} \quad (5.16\,\mathrm{c}) \end{aligned}$$

und identifiziert die durch Integration über die Querschnittsfläche erhältliche spezifische Formänderungsenergie

$$W^{(s)} = \int_{(F)} G \left[\operatorname{def} \hat{\boldsymbol{u}} \cdot \cdot \operatorname{def} \hat{\boldsymbol{u}} + \frac{\nu}{1-2\nu} (\operatorname{div} \hat{\boldsymbol{u}})^2 \right] \mathrm{d}F \quad (5.17\,\mathrm{a})$$

mit der in (5.2 a) definierten Größe H,

$$W^{(s)\,26)} = H(\boldsymbol{\delta}, \boldsymbol{\delta}', \boldsymbol{\psi}, \boldsymbol{\psi}') \quad (5.17\,\mathrm{b})$$

womit das Problem vollständig beschrieben, also letztlich auf die geeignete Wahl der Verteilungsfunktionen $\boldsymbol{G}_\delta$, $\boldsymbol{G}_\psi$ reduziert ist.

Wie bei jedem Ritz- bzw. Kantorowitsch-Ansatz, als den man den Standard-Deformationsansatz (5.10 a) im Hinblick auf das (für das Stabkontinuum formulierte) Extremalproblem (5.1) ansehen kann, wird die Güte der Approximation für aus dem Ansatz (5.10 a) durch Differentiationsprozesse abgeleitete Größen bekanntlich schlechter. Daher muß man erwarten, daß die Genauigkeit des aus (5.15 a) mit $\hat{\boldsymbol{u}}$ nach (5.10 a) berechneten Spannungszustandes im elastischen Stabkontinuum ungewisser als Diejenige der Verschiebungsapproximation (5.10 a) ist. Mit

$$\hat{\boldsymbol{s}}(\boldsymbol{r}_2, s) = \boldsymbol{t}(s) \cdot \hat{\boldsymbol{S}}(\boldsymbol{r}_2, s) = \hat{\sigma}_{tt}(\boldsymbol{r}_2, s)\,\boldsymbol{t} + \hat{\boldsymbol{\tau}}(\boldsymbol{r}_2, s), \quad (5.18\,\mathrm{a})$$

worin

$$\begin{aligned} \hat{\sigma}_{tt}(\boldsymbol{r}_2, s) = \hat{\boldsymbol{s}} \cdot \boldsymbol{t} &= 2\,G \left[\boldsymbol{t} \cdot \frac{\partial \hat{\boldsymbol{u}}}{\partial s} + \frac{\nu}{1-2\nu} \nabla \cdot \hat{\boldsymbol{u}} \right] = \\ &= \frac{2\,G}{1-2\nu} \left[(1-\nu)\,\boldsymbol{t} \cdot \frac{\partial \hat{\boldsymbol{u}}}{\partial s} + \nu (\nabla_2 \cdot \hat{\boldsymbol{u}}) \right] \approx \\ &\approx {}^{27)}\, E\,\boldsymbol{t} \cdot \frac{\partial \hat{\boldsymbol{u}}}{\partial s} = E\,\boldsymbol{t} \cdot \left\{ \left[\boldsymbol{E} + \frac{\partial \boldsymbol{G}_\delta}{\partial s} \right] \cdot \boldsymbol{\delta} + \right. \\ &\left. + \left[\boldsymbol{E} \times \boldsymbol{r}_2 + \frac{\partial \boldsymbol{G}_\psi}{\partial s} \right] \cdot \boldsymbol{\psi} + \boldsymbol{G}_\delta \cdot \frac{\mathrm{d}\boldsymbol{\delta}}{\mathrm{d}s} + \boldsymbol{G}_\psi \cdot \frac{\mathrm{d}\boldsymbol{\psi}}{\mathrm{d}s} \right\} \end{aligned} \quad (5.18\,\mathrm{b})$$

und

$$\begin{aligned} \hat{\boldsymbol{\tau}}(\boldsymbol{r}_2, s) = \hat{\boldsymbol{s}} \cdot \boldsymbol{E}_2 = \boldsymbol{t} \cdot \hat{\boldsymbol{S}} \cdot \boldsymbol{E}_2 &= 2\,G\,\boldsymbol{t} \cdot (\operatorname{def} \hat{\boldsymbol{u}})\,\boldsymbol{E}_2 = \\ &= G \left[\frac{\partial \boldsymbol{u}}{\partial s} \cdot \boldsymbol{E}_2 + \nabla_2 (\hat{\boldsymbol{u}} \cdot \boldsymbol{t}) \right] = \\ &= G\boldsymbol{E}_2 \left\{ \left[\boldsymbol{E} + \frac{\partial \boldsymbol{G}_\delta}{\partial s} + \nabla_2 \circ \boldsymbol{t} \cdot \boldsymbol{G}_\delta \right] \cdot \boldsymbol{\delta} + \right. \\ &+ \left[\boldsymbol{E} \times \boldsymbol{r}_2 + \frac{\partial \boldsymbol{G}_\psi}{\partial s} + \nabla_2 \circ \boldsymbol{t} \cdot \boldsymbol{G}_\psi \right] \cdot \boldsymbol{\psi} + \\ &\left. + \boldsymbol{G}_\delta \cdot \frac{\mathrm{d}\boldsymbol{\delta}}{\mathrm{d}s} + \boldsymbol{G}_\psi \cdot \frac{\mathrm{d}\boldsymbol{\psi}}{\mathrm{d}s} \right\} \end{aligned} \quad (5.18\,\mathrm{c})$$

bedeuten, sind dann die bisher noch ausstehenden Strukturen für die dem Standard-Verschiebungsansatz (5.10 a) zugehörigen Querschnittsspannungs-Standardsätze (näherungsweise) aufgedeckt worden, die im Rahmen dieser Theorie allein in Betracht genommen werden können:

$$\begin{aligned} \hat{\boldsymbol{s}}(\boldsymbol{r}_2, s) = &\boldsymbol{S}^{(\delta)}(\boldsymbol{r}_2, s) \cdot \boldsymbol{\delta}(s) + \boldsymbol{S}^{(\psi)}(\boldsymbol{r}_2, s) \cdot \boldsymbol{\psi}(s) + \\ &+ \boldsymbol{S}^{(\delta')}(\boldsymbol{r}_2, s) \cdot \boldsymbol{\delta}'(s) + \boldsymbol{S}^{(\psi')}(\boldsymbol{r}_2, s) \cdot \boldsymbol{\psi}'(s) \end{aligned} \quad (5.18\,\mathrm{d})$$

mit

$$\begin{aligned} \boldsymbol{S}^{(\delta)}(\boldsymbol{r}_2, s) = &E\,\boldsymbol{t} \circ \boldsymbol{t} \cdot \left[\boldsymbol{E} + \frac{\partial \boldsymbol{G}_\delta}{\partial s} \right] + \\ &+ G\boldsymbol{E}_2 \cdot \left[\boldsymbol{E} + \frac{\partial \boldsymbol{G}_\delta}{\partial s} + \nabla_2 \circ \boldsymbol{t} \cdot \boldsymbol{G}_\delta \right], \end{aligned}$$

---

24) Wir betrachten vereinfachend anfänglich schwach gekrümmte Stäbe, setzen jetzt also für das Volumen(-sub-)element des Stabkontinuums $\mathrm{d}\hat{V} = \mathrm{d}F\,\mathrm{d}s$ mit dem Schwerfaser-Linienelement $\mathrm{d}s$.

25) Der Differentialoperator ∇ wird gemäß $\nabla = \nabla_2 + \boldsymbol{t}\frac{\partial}{\partial s}$ zerlegt, worin $\nabla_2 = \boldsymbol{E}_2 \cdot \nabla$, $(\boldsymbol{E}_2 = \boldsymbol{E} - \boldsymbol{t} \circ \boldsymbol{t})$ den planaren, die Differentiationen nach den jeweiligen Querschnittskoordinaten $\boldsymbol{r}_2$ definierenden Operator bedeutet. Striche deuten Ableitungen nach s an.

26) Man bemerke, daß in $W^{(s)}$ wegen $(\boldsymbol{E} \times \boldsymbol{\beta})^T = -\boldsymbol{E} \times \boldsymbol{\beta}$ der Winkel $\boldsymbol{\beta}$ nicht mehr enthalten ist.

27) In der letzteren Darstellung wurde, die Größe der beiden planaren Normalspannungen σ_{nn}, σ_{bb} gegenüber der axialen Normalspannung σ_{tt} als vernachlässigbar unterstellend, der Dehnungszustand als durch den einachsigen (Normal-)Spannungszustand verursacht angesehen. In diesem Falle ist mit der Zerlegung $\nabla = \nabla_2 + \boldsymbol{t}\frac{\partial}{\partial s}$, d. h. $\nabla \cdot \hat{\boldsymbol{u}} \approx \nabla_2 \cdot \hat{\boldsymbol{u}} + \boldsymbol{t} \cdot \frac{\partial \hat{\boldsymbol{u}}}{\partial s}$ aus der approximativen Forderung $\nabla_2 \cdot \hat{\boldsymbol{u}} = -2\nu\,\boldsymbol{t} \cdot \frac{\partial \hat{\boldsymbol{u}}}{\partial s}$ mit $2\,G(1+\nu) = E$ schließlich in der Tat die letzte Version von (5.18 b) zu realisieren, die übrigens für $\nu = 0$ (und damit $E = 2\,G$) exakt wird.

$$S^{(\psi)}(\boldsymbol{r}_2, s) = E\boldsymbol{t}\circ \boldsymbol{t}\cdot\left[\boldsymbol{E}\times\boldsymbol{r}_2 + \frac{\partial \boldsymbol{G}_\psi}{\partial s}\right] + $$
$$+ G\boldsymbol{E}_2\left[\boldsymbol{E}\times\boldsymbol{r}_2 + \frac{\partial \boldsymbol{G}_\psi}{\partial s} + \nabla_2\circ\boldsymbol{t}\cdot\boldsymbol{G}_\psi\right]$$

$$S^{(\delta')}(\boldsymbol{r}_2, s) = [E\boldsymbol{t}\circ\boldsymbol{t} + G\boldsymbol{E}_2]\cdot\boldsymbol{G}_\delta(\boldsymbol{r}_2, s)$$

$$S^{(\psi')}(\boldsymbol{r}_2, s) = [E\boldsymbol{t}\circ\boldsymbol{t} + G\boldsymbol{E}_2]\cdot\boldsymbol{G}_\psi(\boldsymbol{r}_2, s) \qquad (5.18\text{ e})$$

Zur Verdeutlichung des Vorangehenden wird der

6 Wölbkraft-Querkraft-Zustand eines Rechteckstabes

(Breite b, Höhe h, Länge l) behandelt. Der Stab sei am Ende $x = 0$ eingespannt (womit hier sämtliche Querschnittsverschiebungen unterbunden sind), am Ende $x = l$ werde eine Querkraft Q nach dem Gesetz

$$\sigma_{xz}(l, z) = \tau = \frac{Q\varphi_{yy}(z)}{I_{yy}\cdot b} = \frac{3}{2}\frac{Q}{F}(1-\zeta^2),$$
$$\zeta = 2\frac{z}{h}, \quad F = bh \qquad (6.1\text{ a})$$

eingeleitet[28]).

Anstelle einer (korrekteren) Benutzung der antiebenen Lösungen bei der Konstruktion des Verschiebungsansatzes (5.10 a) wird hier aus Einfachheitsgründen beispielhaft der Verschiebungsansatz konstruiert mit den Annahmen, daß

1. $\hat{u}_z(x, y) = w(x)$ (6.2 a)

   sein, also alle Punkte eines Querschnitts jeweils dieselbe lotrechte Verschiebung erfahren sollen, und daß
2. die Axialverschiebungen $\hat{u}_x(x, z)$ per

   $$\sigma_{xz} = G\gamma_{xz} = G\left[\frac{\partial \hat{u}_x}{\partial z} + \frac{\partial \hat{u}_z}{\partial x}\right] \qquad (6.2\text{ b})$$

   mit dem Verteilungsgesetz (6.1 a), d. h. mit

   $$\sigma_{xz}(x, z) = \frac{3}{2}\frac{Q_z(x)}{F}(1-\zeta^2) \qquad (6.2\text{ c})$$

   zu berechnen sein sollen.

Dann bekommt man nach Einsetzen von (6.2 a, c) in (6.2 b) und anschließender Integration (über z), nachdem man noch $\hat{u}_z(x, 0)$ verfügt hat,

$$\hat{u}_x(x, z) = -zw'(x) + \frac{3Q_z(x)}{4Gb}\left(\zeta - \frac{1}{3}\zeta^3\right) \qquad (6.2\text{ d})$$

sowie

$$\hat{\boldsymbol{\beta}}(x, z) = \hat{\beta}_y\boldsymbol{e}_y \approx \frac{\partial \hat{u}}{\partial z}\boldsymbol{e}_y =$$
$$= \left\{-w'(x) + \frac{3Q_z(x)}{2GF}(1-\zeta^2)\right\}\boldsymbol{e}_y \qquad (6.2\text{ e})$$

und berechnet nun

1. für die mittlere Querschnittsverschiebung

   $$\boldsymbol{u}(x) = \frac{1}{F}\int_{(F)}\hat{\boldsymbol{u}}\,dF = w(x)\boldsymbol{e}_z +$$
   $$+ \frac{\boldsymbol{e}_x}{F}\int_{(F)}\left[-zw'(x) + \frac{3Q_z(x)}{4Gb}\left(\zeta - \frac{\zeta^3}{3}\right)\right]dF =$$
   $$= w(x)\boldsymbol{e}_z \qquad (6.2\text{ f})$$
2. für den mittleren Querschnitts-Drehwinkel

   $$\boldsymbol{\beta}(x) = \beta_y(x)\boldsymbol{e}_y = \frac{\boldsymbol{e}_y}{F}\int_{(F)}\hat{\beta}_y\,dF =$$
   $$= \left[-w'(x) + \frac{3Q_z(x)}{2GF^2}\int_{(F)}(1-\zeta^2)\,dF\right]\boldsymbol{e}_y =$$
   $$= \left[-w'(x) + \frac{Q_z(x)}{GF}\right]\boldsymbol{e}_y \qquad (6.2\text{ g})$$

Einsetzen in (6.2 d) ergibt dann schließlich

$$\hat{u}_x(x, z) = \beta_y(x)\cdot z + [\beta_y(x) + w'(x)]\frac{h}{4}(\zeta - \zeta^3), \qquad (6.3\text{ a})$$

was zusammen mit

$$\hat{u}_z(x, z) = w(x) \qquad (6.3\text{ b})$$

jetzt als Verschiebungsansatz im Sinne von (5.10 a) benutzt wird[29]). Mit Letzterem berechnet man

$$\hat{\varepsilon}_{xx} = \frac{\partial \hat{u}_x}{\partial x} = z\psi_y(x) + \delta_z'(x)\frac{h}{4}(\zeta - \zeta^3) \qquad (6.3\text{ c})$$

mit

$$\psi_y(x) = \beta_y'(x), \quad \delta_z(x) = \beta_y + w' \qquad (6.3\text{ d})$$

sowie

$$\hat{\gamma}_{xz} = \frac{\partial \hat{u}_x}{\partial z} + \frac{\partial \hat{u}_z}{\partial x} = \frac{3}{2}\delta_z(x)(1-\zeta^2) \qquad (6.3\text{ e})$$

und stellt für die spezifische Formänderungsenergie näherungsweise

$$H = \int_{(F)}\left[\frac{E}{2}\hat{\varepsilon}_{xx}^2 + \frac{G}{2}\hat{\gamma}_{xz}^2\right]dF =$$
$$= \frac{EI_{yy}}{2}\left\{\psi_y^2 + \frac{2}{5}\psi_y\delta_z' + \frac{2}{35}\delta_z'^2\right\} + \frac{3}{5}GF\delta_z^2, \qquad (6.4\text{ a})$$

---

[28]) Hierin bedeuten $I_{yy} = bh^3/12$ das Flächenträgheitsmoment und $\varphi_{yy}(z)$ das statische Moment eines in der Tiefe z unterhalb der „neutralen Schicht" ($z = 0$) abgeschnitten gedachten Querschnittsteiles hinsichtlich der durch $z = 0$ verlaufenden Querschnittsachse $y - y$.

[29]) Im vorliegenden Falle sind also $\boldsymbol{u} = w(x)\boldsymbol{e}_z$, $\boldsymbol{\beta} \equiv \beta_y\boldsymbol{e}_y$, $\boldsymbol{\delta} \equiv \delta_z\boldsymbol{e}_z = (w'(x) + \beta_y)\boldsymbol{e}_z$ bzw. $\boldsymbol{G}_\delta = \frac{h}{2}(\zeta - \zeta^3)\boldsymbol{e}_x\circ\boldsymbol{e}_z$, $\boldsymbol{G}_\psi = \boldsymbol{0}$.

d. h. für die Stabschnittlasten die Materialgleichungen

$$\boldsymbol{q} = \frac{\partial H}{\partial \boldsymbol{\delta}} - \frac{\mathrm{d}}{\mathrm{d}x}\left(\frac{\partial H}{\partial \boldsymbol{\delta}'}\right) =$$

$$= \left[\frac{6}{5} G F \delta_z - \frac{1}{5} E I_{yy} \left(\psi_y + \frac{2}{7}\delta_z'\right)'\right] \boldsymbol{e}_z = Q_z \boldsymbol{e}_z$$

$$\boldsymbol{m} = \frac{\partial H}{\partial \boldsymbol{\psi}} - \frac{\mathrm{d}}{\mathrm{d}x}\left(\frac{\partial H}{\partial \boldsymbol{\psi}'}\right) = E I_{yy}\left(\psi_y + \frac{1}{5}\delta_z'\right) \boldsymbol{e}_y = M_y \boldsymbol{e}_y$$

$$\boldsymbol{q}^* = \frac{\partial H}{\partial \boldsymbol{\delta}'} = \frac{1}{5} E I_{yy}\left(\psi_y + \frac{2}{7}\delta_z'\right) \boldsymbol{e}_z = Q_z^* \boldsymbol{e}_z$$

$$\boldsymbol{m}^* = \frac{\partial H}{\partial \boldsymbol{\psi}'} = \boldsymbol{0} \qquad (6.4\,\mathrm{b—e})$$

fest. Mittels der Gleichgewichtsbedingungen

$$M_y(x) = -Q(l-x), \quad Q_z(x) = \text{const.} = Q \qquad (6.5\,\mathrm{a,\,b})$$

identifiziert man so nach Einsetzen der Stabmaterialgleichungen die Verrückungs-Differentialgleichungen, nämlich aus (6.4 c)

$$-Q(l-x) = E I_{yy}\left(\psi_y + \frac{1}{5}\delta_z'\right) = E I_{yy}\left(\beta_y + \frac{1}{5}\delta_z\right)' \qquad (6.6\,\mathrm{a})$$

und hiermit

$$E I_{yy}\psi_y' = -\frac{1}{5} E I_{yy}\delta_z'' + Q \qquad (6.6\,\mathrm{b})$$

und aus (6.4 b) mit (6.6 b)

$$\delta_z'' - \frac{\lambda^2}{h^2}\delta_z = -70\frac{Q}{E I_{yy}},$$

$$\lambda^2 = 70\frac{G}{E}\frac{F h^2}{I_{yy}} = 840\frac{G}{E}. \qquad (6.6\,\mathrm{c})$$

Mit Integrationskonstanten $c_j\,(j = 1 \ldots 3)$ folgen dann zunächst

$$\delta_z(x) = \beta_y + w' = \frac{Q}{GF} + c_2\,\mathrm{e}^{-\lambda\frac{x}{h}} + c_3\,\mathrm{e}^{-\lambda\frac{l-x}{h}} \qquad (6.7\,\mathrm{a})$$

$$\beta_y + \frac{1}{5}\delta_z = c_1 + \frac{Q(l-x)^2}{2 E I_{yy}} \qquad (6.7\,\mathrm{b})$$

und nach nochmaliger Integration von (6.7 a) schließlich

$$w(x) = c_4 + \int_{\bar{x}=0}^{x} \left(\delta_z(\bar{x}) - \beta_y(\bar{x})\right) \mathrm{d}\bar{x} \qquad (6.7\,\mathrm{c})$$

Man befriedigt nun die Randbedingungen

$$w = 0, \quad \beta_y = 0, \quad \beta_y + w' = \delta_z = 0 \quad \text{für } x = 0$$

weil — vgl. (6.3 a, b) — der Endquerschnitt $x = 0$ unverschieblich gelagert sein sollte, und am Rande $x = l$ die Bedingungen $\delta_z'(l) = 0$, $\psi_y(l) = 0$, weil am Rande $x = l$ keine Normalspannungen, sondern nur Schubspannungen (nach dem Gesetz (6.1)) eingeleitet werden sollten, und daher $\sigma_{xx}(l, z) = 0$ bzw. $\varepsilon_{xx}(l, z) = 0$ gelten muß[30]). Es verbleiben endgültig die Lösungen

$$\delta_z(x) = \frac{Q}{GF}\left[1 - \frac{\cosh(\lambda(l-x)/h)}{\cosh(\lambda l/h)}\right] \qquad (6.8\,\mathrm{a})$$

$$\beta_y(x) = -\frac{Q}{2 E I_{yy}}\left[l^2 - (l-x)^2\right] - \frac{1}{5}\frac{Q}{GF}\left[1 - \frac{\cosh(\lambda(l-x)/h)}{\cosh(\lambda l/h)}\right] \qquad (6.8\,\mathrm{b})$$

$$w(x) = \frac{Q}{2 E I_{yy}}\left[\frac{(l-x)^3}{3} + l^2 x - \frac{l^3}{3}\right] + \frac{6}{5}\frac{Q}{GF}\left[x + \frac{h}{\lambda}\frac{\sinh(\lambda(l-x)/h) - \sinh(\lambda l/h)}{\cosh(\lambda l/h)}\right], \qquad (6.8\,\mathrm{c})$$

wovon die gestrichelt unterstrichenen Glieder Diejenigen nach der klassischen Biegetheorie sind; die gewellt unterstrichenen Anteile sind Solche, die man bei einer angenäherten Berücksichtigung der Querkraftdeformation bei Annahme einer jeweils über die Stabhöhe geeignet gemittelten Gleitung[31]) erhält, und schließlich stellen die strichpunktiert unterstrichenen Anteile den Wölbspannungseinfluß dar, der sich praktisch nur in unmittelbarer Umgebung der Einspannung ($x = 0$) auswirkt. Berechnet man etwa die Axialspannungen näherungsweise aus $\sigma_{xx} = E\,\varepsilon_{xx}$ mit ε_{xx} nach (6.3 c), so erkennt man dies deutlich:

$$\sigma_{xx}(x, z) = \frac{M_y(x)}{I_{yy}} z + \frac{Q}{F}\frac{E}{G}\frac{\lambda}{20}(3\zeta - 5\zeta^3)\frac{\sinh(\lambda(l-x)/h)}{\cosh(\lambda l/h)} \qquad (6.9\,\mathrm{a})$$

Wegen

$$\int_{(F)} (3\zeta - 5\zeta^3)\,\mathrm{d}\zeta = 0; \quad \int_{(F)} \zeta(3\zeta - 5\zeta^3)\,\mathrm{d}\zeta = 0$$

haben die strichpunktiert unterstrichenen Wölb-Normalspannungen weder eine resultierende Kraft noch ein Moment. Ihre Größtwerte ergeben sich als

---

30) Vgl. hier ε_{xx} nach (6.3 c). Weil übrigens die Randbedingungen $\boldsymbol{m}(l) = \boldsymbol{0}$ a priori (über (6.5 a)) in die Feldgleichung (6.6 a) eingearbeitet worden war, ist $\psi_y(l) + \frac{1}{5}\delta_z'(l) = 0$ „automatisch" sichergestellt, so daß es für $\hat{\varepsilon}_{xx}(0, z) = 0$ ausreicht, $\delta_z'(l) = 0$ zu verlangen. Damit ergibt sich dann übrigens $Q_z^*(l) = 0$. Die Schnittlastgröße $\boldsymbol{m}^*$ tritt im vorliegenden Beispiel (vgl. (6.4 e)) überhaupt nicht auf.

31) Die Zahlenfaktoren $\left(\text{etwa der Wert } \frac{6}{5}\right)$ müssen hier als „Richtwerte" verstanden werden: Der hier gewählte Verschiebungsansatz (6.3 a) entsprach ja nicht einmal der diesbezüglichen korrekten Lösung des antiebenen Problems.

32) Ansonsten stünden in (6.9 b) weitere Terme mit δ_z', ψ_y, ψ_y', mit denen selbstverständlich $Q_z(0) = Q$ realisierbar wäre.

$$\max \sigma_{\text{wölb}} = \left[\sigma_{xx} - \frac{M_y(x)}{I_{yy}} z \right]_{x=0,\ \zeta=\sqrt{1/5}} =$$

$$= \frac{Q}{F} \sqrt{\frac{42}{25} \frac{E}{G}} \cdot \tanh(\lambda l/h) \approx$$

$$\approx \frac{Q}{F} \sqrt{\frac{42}{25} \frac{E}{G}}.$$

Bei der Berechnung der Schubspannungen nach Maßgabe des Hookeschen Gesetzes bekommt man schließlich

$$\sigma_{xz} = G\gamma_{xz} = \frac{3}{2} G\delta_z(x)(1-\zeta^2), \tag{6.9 b}$$

also eine Beziehung, die im Einspannbereich ($x = 0$) wesentlich unrichtig wird, weil hiernach an der Stelle $x = 0$ wegen $\delta_z(0) = 0$ überhaupt keine Querkraft übertragen werden könnte. Dies liegt an der Primitivität des hier gewählten Standard-Deformationsansatzes mit

$$\boldsymbol{G}_\delta = \frac{h}{4}(\zeta - \zeta^3)\, \boldsymbol{e}_x \circ \boldsymbol{e}_z, \quad \boldsymbol{G}_\psi = \boldsymbol{0},$$

aufgrund dessen sich die Darstellung für die Querschnitts-Spannungsverteilungen gegenüber (5.18 e) derartig verkürzt, daß sie im Hinblick auf eine korrekte Befriedigung der Gleichgewichtsforderungen an der Einspannstelle unbrauchbar wird[32]). Um sich angesichts dieser Sachlage trotzdem einen groben Überblick über den Verlauf von $\sigma_{xz}(0, z)$ zu verschaffen, sollen jetzt die Schubspannungen aus der axialen Kraft-Gleichgewichtsbedingung

$$\frac{\partial \sigma_{xz}}{\partial z} = -\frac{\partial \sigma_{xx}}{\partial x} = -E\frac{\partial \varepsilon_{xx}}{\partial x} =$$

$$= -E\frac{\partial}{\partial x}\left(z\psi_y + \delta_z' \frac{h}{4}(\zeta - \zeta^3) \right)$$

bei Beachtung der Randbedingungen $\sigma_{xz}\left(x, z = \frac{h}{2}\right) = 0$

integriert werden. Man bekommt

$$\sigma_{xz} = \frac{Eh^2}{8} \psi_y'(1-\zeta^2) + \frac{Eh^2}{32} \delta_z''(1-\zeta^2)^2$$

und nach Einsetzen von (6.8)

$$\sigma_{xz}(x, z) = \frac{3}{2} \frac{Q}{F}(1-\zeta^2) +$$

$$+ \frac{Q}{F} \frac{E}{G} \frac{\lambda^2}{8} \left[\frac{1-\zeta^2}{5} - \frac{(1-\zeta^2)^2}{4} \right] \frac{\cosh(\lambda(l-x)/h)}{\cosh(\lambda l/h)},$$

wobei dem Wölbanteil wegen

$$\int_{(F)} \left[\frac{1-\zeta^2}{5} - \frac{(1-\zeta^2)^2}{4} \right] \mathrm{d}F = 0$$

keine resultierende Kraft zukommt. Für $x = 0$ entsteht daraus als Schubspannungsverteilung an der Einspannstelle

$$\sigma_{xz}(0, z) = \frac{Q}{F}\left[\frac{45}{2}(1-\zeta^2) - \frac{105}{4}(1-\zeta^2)^2 \right]$$

7 Zusammenfassung und Verallgemeinerung

Mittels der Cosserat-Modellvorstellung werden die möglichen Strukturen für Stabmaterialgleichungen identifiziert und damit insbesondere deren Qualität in der verfeinerten Stabtheorie der sog. Wölbkraftprobleme, indem man ein Cosserat-Modell vom Grade Drei in Betracht zieht. Um die in den entstehenden Verrückungsgleichungen auftretenden Materialgrößen, wie auch die (gegenüber der klassischen Stabtheorie vermehrte Anzahl von) Randwertaussagen anschaulich ausdeuten zu können, wird die Betrachtnahme einer (gegenüber der klassischen Stabtheorie) erweiterten Menge von Standard-Deformationen des Stabelementenkontinuums erforderlich, und zwar — etwa für kleine Verformungen — in der Gestalt

$$\hat{\boldsymbol{u}}(\boldsymbol{r}_2, s, t) = \boldsymbol{u}(s, t) + \boldsymbol{\beta}(s, t) \times \boldsymbol{r}_2 + \\ + \boldsymbol{G}_\delta(\boldsymbol{r}_2, s) \cdot \boldsymbol{\delta}(s, t) + \boldsymbol{G}_\psi(\boldsymbol{r}_2, s) \cdot \boldsymbol{\psi}(s, t) \tag{7.1}$$

mit geeignet gewählten Verschiebungsverteilungsfunktionen $\boldsymbol{G}_\delta(\boldsymbol{r}_2, s)$, $\boldsymbol{G}_\psi(\boldsymbol{r}_2, s)$. Aus der jeweiligen Kontinuums-Stoffgleichung, etwa

$$\hat{\boldsymbol{S}}(\boldsymbol{r}_2, s, t) = \mathfrak{S}_D\langle \operatorname{def} \hat{\boldsymbol{u}}(\boldsymbol{r}_2, s, t') \rangle, \tag{7.2 a}$$

worin man jetzt mit $\hat{\boldsymbol{u}}$ nach (7.1)

$$\operatorname{def}[\boldsymbol{u}(s, t) + \boldsymbol{\beta}(s, t) \times \boldsymbol{r}_2 + \\ + \boldsymbol{G}_\delta(\boldsymbol{r}_2, s) \cdot \boldsymbol{\delta}(s, t) + \boldsymbol{G}_\psi(\boldsymbol{r}_2, s) \cdot \boldsymbol{\psi}(s, t)] = \\ = \hat{\boldsymbol{D}}\left\langle \boldsymbol{G}_\delta(\boldsymbol{r}_2, s), \boldsymbol{G}_\psi(\boldsymbol{r}_2, s); \boldsymbol{\delta}(s, t), \frac{\partial \boldsymbol{\delta}}{\partial s}, \boldsymbol{\psi}, \frac{\partial \boldsymbol{\psi}}{\partial s} \right\rangle \tag{7.2 b}$$

einzusetzen hat, bekommt man zunächst

$$\boldsymbol{S}(\boldsymbol{r}_2, s, t) = \mathfrak{S}_D\left\langle \hat{\boldsymbol{D}}\left\langle \boldsymbol{G}_\delta(\boldsymbol{r}_2, s), \boldsymbol{G}_\psi(\boldsymbol{r}_2, s); \\ \boldsymbol{\delta}(s, t'), \frac{\partial \boldsymbol{\delta}}{\partial s}, \boldsymbol{\psi}(s, t'), \frac{\partial \boldsymbol{\psi}}{\partial s} \right\rangle\right\rangle \tag{7.2 c}$$

und damit (analog (5.18 a)) für die Querschnittsspannungen

$$\hat{\boldsymbol{s}}(\boldsymbol{r}_2, s, t) = \boldsymbol{t} \cdot \mathfrak{S}_D\left\langle \hat{\boldsymbol{D}}\left\langle \boldsymbol{G}_\delta(\boldsymbol{r}_2, s), \boldsymbol{G}_\psi(\boldsymbol{r}_2, s); \\ \boldsymbol{\delta}(s, t'), \frac{\partial \boldsymbol{\delta}}{\partial s}, \boldsymbol{\psi}(s, t'), \frac{\partial \boldsymbol{\psi}}{\partial s} \right\rangle\right\rangle, \tag{7.2 d}$$

d. h. eine Struktur in Standard-Spannungsverteilungen als Funktional der Stabverzerrungen $\langle \boldsymbol{\delta}(s, t'), \boldsymbol{\psi}(s, t') \rangle$ und deren Ableitungen nach der Stab-Bogenlänge. Die gesuchte Struktur der Stabmaterialgleichungen, zuzüglich der Feldgleichungen für Letztere, wird für statische Fälle etwa mit dem Prinzip der virtuellen Verrückungen (im Spezialfall elastischer Stäbe mit dem Satz vom stationären Wert des elastischen Potentials), für kinetische Fälle etwa mit dem d'Alembertschen Prinzip in der Lagrangeschen Fassung hervorgebracht.

Im statischen Falle für kleine Verformungen kann man danach für Stäbe mit schwacher Anfangskrümmung und

Schüttungs-Kraftbelastung in der Stabschwerfaser das Prinzip

$$\delta_u A_a = \int_{s=0}^{l} \boldsymbol{p}_k \cdot \delta \boldsymbol{u}\, \mathrm{d}s + \int_{s=0}^{l} \boldsymbol{p}_M \cdot \delta \boldsymbol{\beta}\, \mathrm{d}s + \left\{ \int_{F(s)}\!\!\int \hat{\boldsymbol{s}}(\boldsymbol{r}_2, s, t) \cdot \delta \hat{\boldsymbol{u}}\, \mathrm{d}F \right\}_{s=0}^{l} =$$

$$= \delta_u A_s = \int_{s=0}^{l} \left\{ \int_{(F)}\!\!\int \mathfrak{S}_D \cdot\cdot\, \delta_u \hat{\boldsymbol{D}}\, \mathrm{d}F \right\} \mathrm{d}s \tag{7.3}$$

benutzen, wobei man jetzt als Verrückungsvariationen nur solche zuläßt, die auf Variationen des Standard-Deformationsansatzes bei unveränderlichen Formfunktionen $\boldsymbol{G}_\delta$, $\boldsymbol{G}_\psi$ hinauslaufen,

$$\delta \hat{\boldsymbol{u}} = \delta \boldsymbol{u} + \delta \boldsymbol{\beta} \times \boldsymbol{r}_2 + \boldsymbol{G}_\delta \cdot \delta \boldsymbol{\delta} + \boldsymbol{G}_\psi \cdot \delta \boldsymbol{\psi} \tag{7.4 a}$$

$$\delta_u \hat{\boldsymbol{D}} = \frac{\partial \hat{\boldsymbol{D}}}{\partial \boldsymbol{\delta}} \cdot \delta \boldsymbol{\delta} + \frac{\partial \hat{\boldsymbol{D}}}{\partial \boldsymbol{\psi}} \cdot \delta \boldsymbol{\psi} + \frac{\partial \hat{\boldsymbol{D}}}{\partial \boldsymbol{\delta}'} \cdot \delta \boldsymbol{\delta}' + \frac{\partial \hat{\boldsymbol{D}}}{\partial \boldsymbol{\psi}'} \cdot \delta \boldsymbol{\psi}' \tag{7.4 b}$$

(Striche bedeuten Ableitungen nach der Bogenlänge s). Einsetzen von (7.4 b) in (7.3) ergibt dann nämlich, wenn man die Integrationen über den Querschnitt ausgeführt hat,

$$\delta_u A_s = \int_{s=0}^{l} [\boldsymbol{h}_\delta \cdot \delta \boldsymbol{\delta} + \boldsymbol{h}_\psi \cdot \delta \boldsymbol{\psi} + \boldsymbol{h}_{\delta'} \cdot \delta \boldsymbol{\delta}' + \boldsymbol{h}_\psi \cdot \delta \boldsymbol{\psi}']\, \mathrm{d}s, \tag{7.5 a}$$

worin

$$\boldsymbol{h}_\delta = \int_{(F)} \mathfrak{S}_D \cdot\cdot\, \frac{\partial \hat{\boldsymbol{D}}}{\partial \boldsymbol{\delta}}\, \mathrm{d}F = \mathfrak{h}_{(s)} \langle \boldsymbol{\delta}(s, t'),\, \boldsymbol{\delta}'(s, t'),\, \boldsymbol{\psi}(s, t'),\, \boldsymbol{\psi}'(s, t') \rangle \tag{7.5 b}$$

und entsprechend

$$\boldsymbol{h}_\psi = \int_{(F)} \mathfrak{S}_D \cdot\cdot\, \frac{\partial \hat{\boldsymbol{D}}}{\partial \boldsymbol{\psi}}\, \mathrm{d}F,$$

$$\boldsymbol{h}_{\delta'} = \int_{(F)} \mathfrak{S}_D \cdot\cdot\, \frac{\partial \hat{\boldsymbol{D}}}{\partial \boldsymbol{\delta}'}\, \mathrm{d}F,$$

$$\boldsymbol{h}_{\psi'} = \int_{(F)} \mathfrak{S}_D \cdot\cdot\, \frac{\partial \hat{\boldsymbol{D}}}{\partial \boldsymbol{\psi}'}\, \mathrm{d}F \tag{7.5 c—e}$$

(bei vorgegebenem Kontinuums-Stoffgesetz (7.2 a) und vorgegebenen Verteilungsfunktionen $\boldsymbol{G}_\delta$, $\boldsymbol{G}_\psi$) bekannte vektorwertige Funktionale der Stabverzerrungen $\langle \boldsymbol{\delta}(s, t'),\, \boldsymbol{\psi}(s, t') \rangle$ und deren Ableitungen nach der Bogenlänge s sind, so daß (7.3) mit (7.4 a) zunächst

$$\int_{s=0}^{l} \{\boldsymbol{p}_k \cdot \delta \boldsymbol{u} + \boldsymbol{p}_M \cdot \delta \boldsymbol{\beta} - [\boldsymbol{h}_\delta \cdot \delta \boldsymbol{\delta} + \boldsymbol{h}_\psi \cdot \delta \boldsymbol{\psi} + \boldsymbol{h}_{\delta'} \cdot \delta \boldsymbol{\delta}' + \boldsymbol{h}_{\psi'} \cdot \delta \boldsymbol{\psi}']\}\, \mathrm{d}s +$$

$$+ \left\{ \left(\int_{(F)} \hat{\boldsymbol{s}}\, \mathrm{d}F \right) \cdot \delta \boldsymbol{u} + \left(\int_{(F)} \boldsymbol{r}_2 \times \hat{\boldsymbol{s}}\, \mathrm{d}F \right) \cdot \delta \boldsymbol{\beta} + \left(\int_{(F)} \hat{\boldsymbol{s}} \cdot \boldsymbol{G}_\delta\, \mathrm{d}F \right) \cdot \delta \boldsymbol{\delta} + \left(\int_{(F)} \hat{\boldsymbol{s}} \cdot \boldsymbol{G}_\psi\, \mathrm{d}F \right) \cdot \delta \boldsymbol{\psi} \right\}_{s=0}^{l} \tag{7.5 f}$$

und schließlich nach partieller Integration — man beachte $\delta \boldsymbol{\delta} = \delta \boldsymbol{u}' + \boldsymbol{t} \times \delta \boldsymbol{\beta}$ —

$$\int_{s=0}^{l} \left\{ \left[\boldsymbol{p}_k + \frac{\partial}{\partial s} \left(\boldsymbol{h}_\delta - \frac{\partial}{\partial s} \boldsymbol{h}_{\delta'} \right) \right] \cdot \delta \boldsymbol{u} + \left[\boldsymbol{p}_M + \boldsymbol{t} \times \left(\boldsymbol{h}_\delta - \frac{\partial}{\partial s} \boldsymbol{h}_{\delta'} \right) + \frac{\partial}{\partial s} \left(\boldsymbol{h}_\psi - \frac{\partial}{\partial s} \boldsymbol{h}_{\psi'} \right) \right] \cdot \delta \boldsymbol{\beta} \right\} \mathrm{d}s +$$

$$+ \left\{ \left[\left(\int_{(F)} \hat{\boldsymbol{s}}\, \mathrm{d}F \right) - \left(\boldsymbol{h}_\delta - \frac{\partial}{\partial s} \boldsymbol{h}_{\delta'} \right) \right] \cdot \delta \boldsymbol{u} + \left[\left(\int_{(F)} \boldsymbol{r}_2 \times \hat{\boldsymbol{s}}\, \mathrm{d}F \right) - \left(\boldsymbol{h}_\psi - \frac{\partial \boldsymbol{h}_{\psi'}}{\partial s} \right) \right] \cdot \delta \boldsymbol{\beta} + \left[\left(\int_{(F)} \hat{\boldsymbol{s}} \cdot \boldsymbol{G}_\delta\, \mathrm{d}F \right) - \boldsymbol{h}_{\delta'} \right] \cdot \delta \boldsymbol{\delta} + \left[\left(\int_{(F)} \boldsymbol{s} \cdot \boldsymbol{G}_\psi\, \mathrm{d}F \right) - \boldsymbol{h}_{\psi'} \right] \cdot \delta \boldsymbol{\psi} \right\}_{s=0}^{l}$$

hervorgeht. So identifiziert man dann allgemein

$$\boldsymbol{q} \left(= \int_{(F)} \hat{\boldsymbol{s}}\, \mathrm{d}F \right) = \boldsymbol{h}_\delta - \frac{\partial \boldsymbol{h}_{\delta'}}{\partial s} = \int_{(F)} \mathfrak{S}_D \cdot\cdot\, \frac{\partial \hat{\boldsymbol{D}}}{\partial \boldsymbol{\delta}}\, \mathrm{d}F - \frac{\partial}{\partial s} \int_{(F)} \mathfrak{S}_D \cdot\cdot\, \frac{\partial \hat{\boldsymbol{D}}}{\partial \boldsymbol{\delta}'}\, \mathrm{d}F$$

$$\boldsymbol{m} \left(= \int_{(F)} \boldsymbol{r}_2 \times \hat{\boldsymbol{s}}\, \mathrm{d}F \right) = \boldsymbol{h}_\psi - \frac{\partial \boldsymbol{h}_{\psi'}}{\partial s} = \int_{(F)} \mathfrak{S}_D \cdot\cdot\, \frac{\partial \hat{\boldsymbol{D}}}{\partial \boldsymbol{\psi}}\, \mathrm{d}F - \frac{\partial}{\partial s} \int_{(F)} \mathfrak{S}_D \cdot\cdot\, \frac{\partial \hat{\boldsymbol{D}}}{\partial \boldsymbol{\psi}'}\, \mathrm{d}F \tag{7.6 a, b}$$

als die hier in Betracht zu ziehenden Stab-Materialgleichungen für die konventionellen Schnittlasten in Termen der zugehörigen Kontinuums-Stoffgleichung ($\mathfrak{S}$) zuzüglich der gewählten Ansatzfunktionen $\boldsymbol{G}_\delta$, $\boldsymbol{G}_\psi$, wobei man die Verrückungsgleichungen des Problems aus

$$\boldsymbol{p}_k + \frac{\partial \boldsymbol{q}}{\partial s} = \boldsymbol{0}\,; \quad \boldsymbol{p}_M + \frac{\partial \boldsymbol{m}}{\partial s} + \boldsymbol{t} \times \boldsymbol{q} = \boldsymbol{0}$$

nach Einsetzen von (7.6 a, b) erhält. Die zugehörigen Randbedingungen beziehen sich etwa auf Vorgaben für $\boldsymbol{u}$, $\boldsymbol{\beta}$, $\boldsymbol{\delta}$, $\boldsymbol{\psi}$ bei geometrischen und auf Vorgaben für $\boldsymbol{\delta}$, $\boldsymbol{\delta}'$, $\boldsymbol{\psi}$ und $\boldsymbol{\psi}'$ bei dynamischen (Spannungs-)Randwertaussagen, wobei letztere mittels (7.2 d) motiviert werden. Die Wahl geeigneter Ansatzfunktionen $\boldsymbol{G}_\delta$, $\boldsymbol{G}_\psi$ bleibt dem Geschick des Operateurs überlassen. Auf eine (theoretisch möglicherweise befriedigendere) Analyse des Problems mittels des Prinzips der virtuellen Kräfte muß hier aus Raumgründen verzichtet werden.

Für das Nachrechnen des Manuskriptes möchte ich meinem Mitarbeiter Herrn Dipl.-Ing. Guido Rettig meinen Dank aussprechen.

8 Literatur

[1] FLÜGGE, W., und MARGUERRE, K.: Wölbkräfte in dünnwandigen Profilstäben. Ingenieur-Archiv XVIII, 1 (1950), S. 23—28.

Riko Rosman

Beitrag zur Untersuchung prismatischer Fachwerkstäbe

1 Aufgabenstellung, Überblick

Als Fachwerkstäbe werden räumliche Fachwerke, die ihre Last in *einer* Richtung übertragen, bezeichnet. Sie bestehen aus drei oder mehreren nicht koplanaren Gurten, die durch Füllstäbe miteinander verbunden sind. Man kann sie sich aus ebenen Fachwerken aufgebaut vorstellen, wobei benachbarte Fachwerke jeweils einen gemeinsamen Gurt haben. Demnach können Fachwerkstäbe auch als gegliederte Faltwerke angesehen werden.

Fachwerkstäbe mit parallelen Gurten werden als prismatische bezeichnet.

Wirken Fachwerkstäbe als Balken, wird von Fachwerkbalken, wirken sie als Stützen von Fachwerkstützen gesprochen.

Beispiele prismatischer Fachwerkstäbe sind aus den Bildern 1 bis 4 ersichtlich. Das Dachtragwerk der Nordlichthalle gemäß Bild 1 ist aus Dreifeldbalken mit *Z*-Querschnitt aufgebaut, die jeweils durch ein Lichtband voneinander getrennt sind. Das Dachtragwerk der Flugzeughalle in Bild 2 besteht aus einem von einer zur anderen Querfassade gespannten Hauptbalken dreieckigen Querschnitts und aus aus diesem beidseitig auskragenden Nebenbalken. Das vertikale Tragwerk des aus Bild 3 ersichtlichen Geschoßbaues besteht aus Gelenkstützen, deren fünf durch Füllstäbe zu einer den Bau seitlich aussteifenden Kragstütze zusammengefaßt sind. Beim Dachtragwerk der einschiffigen Halle gemäß Bild 4 sind Balken V-förmigen Querschnitts mit beidseitig auskragenden Enden zu einem Zickzackfaltwerk aneinandergereiht.

Wie üblich wird angenommen, daß Lasten lediglich in den Knoten in den Stab eingeleitet werden. Sowohl Gurte als auch Füllstäbe sind dann lediglich durch Längskräfte auf Zug oder Druck beansprucht.

Bei Belastung leiten die Füllstäbe axiale Kräfte in die Gurte ein, so daß die Längskraftverteilung in den Gurten sprunghaft ist. Ist die Anzahl der Felder und hiermit der Knoten je Spannweite nicht zu klein, nicht kleiner als etwa sechs, kann die Längskraftverteilung in den Gurten einfachheitshalber als stetig angenommen werden. Dies ist mit der Annahme gleichbedeutend, daß benachbarte Gurte anstatt durch Füllstäbe durch eine Schubscheibe verbunden sind, also eine Scheibe, die in Richtung der Spannweite und rechtwinkelig dazu Schubspannungen, aber keine Normalspannungen in Richtung der Spannweite aufzunehmen vermag. Das in Richtung der Spannweite diskrete System ist hiermit durch ein näherungsweise äquivalentes stetiges ersetzt, womit das mechanische Schema, ohne die Genauigkeit der Ergebnisse nennenswert zu beeinträchtigen, wesentlich vereinfacht ist.

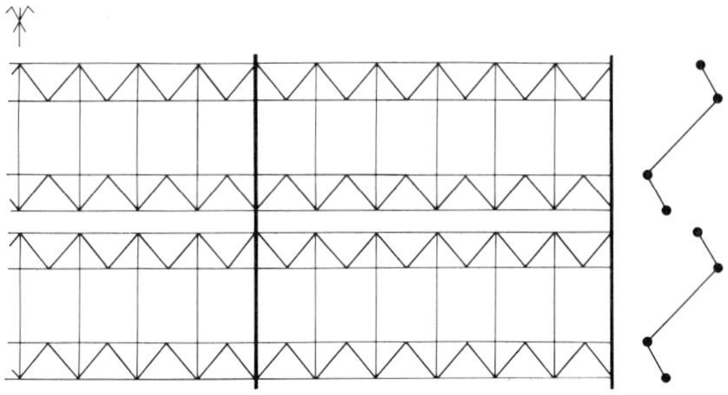

Bild 1. Grundriß und Querschnitt eines Teils der Dachkonstruktion einer dreischiffigen Nordlichthalle (Die Streben der Stegfachwerke sind nicht eingezeichnet.)

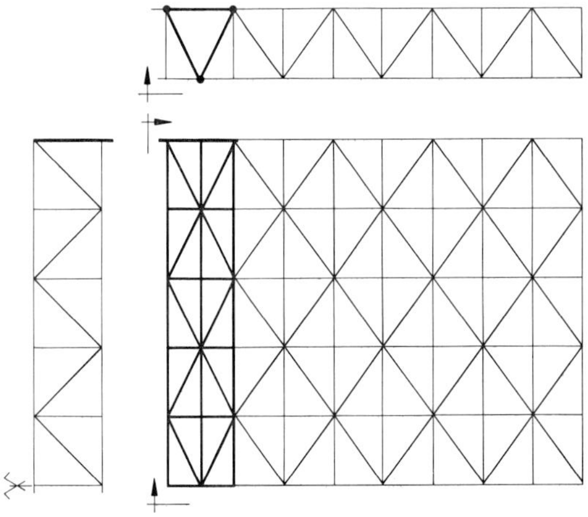

Bild 2. Querschnitt, Längsschnitt und Untersicht eines Teiles einer Flugzeughalle

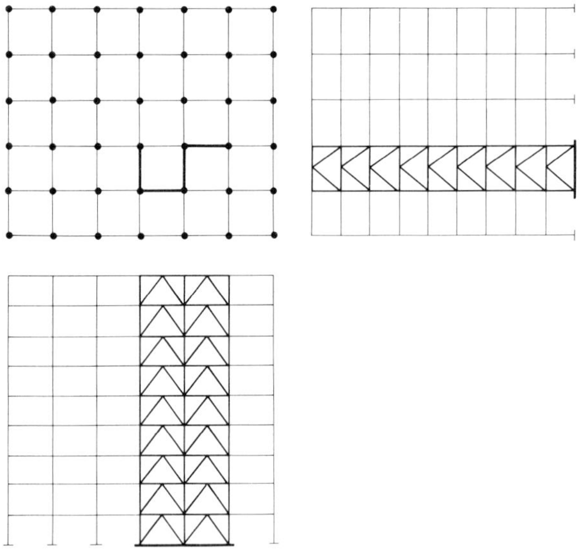

Bild 3. Grundriß, Längs- und Querschnitt eines Geschoßbaues

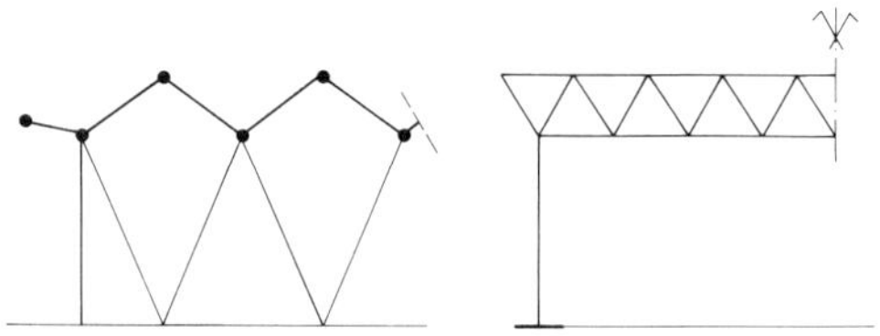

Bild 4. Längs- und Querschnitt eines Teils einer einschiffigen Halle

Zur Untersuchung von Fachwerkstäben werden zwei Verfahren entwickelt, die Theorie gegliederter Stäbe und die Theorie gegliederter Faltwerke. Beide sind im Bereich der Elastostatik und in beiden wird der Einfluß der Schubverformungen auf den Formänderungs- und Schnittkräftezustand des Stabes vernachlässigt.

Die *Theorie gegliederter Stäbe* baut auf der von Vlasov [1] stammenden und von Kollbrunner, Basler [2], Hajdin [3] und anderen weiterentwickelten Theorie der vollwandigen Stäbe auf, und kann als Abart dieser angesehen werden. Die kennzeichnende Voraussetzung der beiden Stabtheorien ist, daß bei Belastung die Querschnitts*form* des Stabes erhalten bleibt; die Winkel, die benachbarte Wand- beziehungsweise Fachwerkscheiben einschließen, ändern sich nicht.

Die Stärke der Scheiben der Vollwandstäbe ist klein im Vergleich zu ihrer Breite. Demzufolge kann, erstens, die Verteilung der Normal- und der Schubspannungen über die Wandstärke konstant angenommen werden und, zweitens, die de Saint-Venantsche Torsion neben der Wölbtorsion vernachlässigt werden. Bei Fachwerkstäben wird der Begriff der Dünnwandigkeit bedeutungslos, da Normalspannungen lediglich in den Gurten entstehen und de Saint-Venantsche Torsion nicht zustande kommen kann.

Die *Theorie gegliederter Faltwerke* baut auf der von Ehlers [4] und Craemer [5] stammenden und von Born [6], Kollbrunner, Basler [2] und anderen weiterentwickelten Theorie der vollwandigen Faltwerke auf und kann als Abart dieser angesehen werden. Die Scheiben werden in den Faltwerktheorien als durch Liniengelenke verbunden angenommen. Der kennzeichnende Unterschied der Faltwerk- gegenüber den Stabtheorien liegt darin, daß nun bei Belastung die Querschnitts*form* des Stabes nicht erhalten bleibt, die Winkel, die benachbarte Wand- beziehungsweise Fachwerkscheiben einschließen, also Änderungen erfahren.

Vorausgesetzt, daß nicht überzählige Füllstäbe vorhanden sind, sind sowohl die einzelnen Fachwerkscheiben als auch der Fachwerkstab im ganzen innerlich statisch bestimmt.

Bei vollwandigen Faltwerken beeinflussen sich die Scheiben durch längs der Innenkanten wirkende Schubkräfte gegenseitig, so daß der Schnittkräfte- und Verschiebungszustand der Scheiben nicht nur durch die auf die jeweilige Scheibe einwirkende, sondern auch durch die auf alle anderen Scheiben einwirkende Lasten bestimmt wird. Bei gegliederten Faltwerken hingegen trägt jede Scheibe die auf sie anfallende Last allein, ohne von den benachbarten Scheiben entlastet oder in ihrer Durchbiegung behindert zu werden.

Weist der Stab nicht mehr als drei Scheiben auf und schneiden sich nicht alle drei in *einer* Linie, ist die Zerlegung der Querlasten in Scheibenlasten eindeutig. Sind nicht mehr als drei Gurte vorhanden, können auch Längslasten eindeutig auf diese aufgeteilt werden. Beim Tragwerk gemäß Bild 4 sind die auf die Ober- und Untergurte anfallenden Lasten und hiermit auch die Scheibenlasten eindeutig durch die zugeordneten Grundrißflächen bestimmt.

Aus dem vorangehend Festgestellten geht hervor, wann ein Fachwerkstab nach der Stabtheorie und wann er nach der Faltwerktheorie zu untersuchen ist. Wird der Tendenz der Last, die Stabquerschnitte zu verformen, durch Queraussteifungen, etwa Querschotten oder Deckenscheiben, wirksam entgegengewirkt, ist die Anwendung der Stabtheorie angebracht. Sind hingegen Queraussteifungen nicht vor-

handen oder sind sie in zu großen Abständen angeordnet oder zu schwach, ist die Faltwerktheorie anzuwenden. So sind Querschnittsverformungen der den Geschoßbau gemäß Bild 3 seitlich aussteifenden Stütze durch die Dekkenscheiben offensichtlich verhindert. Sie ist nach der Stabtheorie zu untersuchen. Sind aber beim Dachtragwerk gemäß Bild 4 im Feld, also zwischen den Längsfassaden, nicht Queraussteifungen angeordnet und besteht die Möglichkeit, daß sich Schnee nicht gleichzeitig über sämtlichen V-Balken befindet, kann es zu Querschnittsverformungen kommen. Zur Untersuchung des Tragwerks ist die Faltwerktheorie angebracht.

Stäbe aus zwei und Stäbe aus drei Scheiben können sich immer so verformen, daß die Querschnittsform erhalten bleibt. Stab- und Faltwerktheorie liefern die gleichen Ergebnisse. Kollbrunner und Basler [2] haben dies für vollwandige Stäbe bewiesen und nun wird gezeigt, daß es auch für gegliederte Stäbe gilt.

Bei Stäben aus mehr als drei Scheiben führen die Stab- und die Faltwerktheorie zu unterschiedlichen Verformungszuständen. Hiermit sind auch die Schnittkräftezustände nicht gleich. Sie sind aber nicht beziehungslos zueinander. Die Beziehung kann wie folgt festgestellt werden. Man faßt das gelenkknotige System der Faltwerktheorie als Grundsystem des innerlich statisch unbestimmten starrknotigen Systems der Stabtheorie auf. Längs der Liniengelenke, die benachbarte Innenscheiben verbinden, bringt man entsprechende statisch überzählige Größen, je zwei sich gegenseitig das Gleichgewicht haltende längs des Stabes desgleichen wie die Last verteilte Kräftepaare an. Man bestimmt die statisch überzähligen Größen aus den Kompatibilitätsbedingungen, daß die Winkel, die benachbarte Innenscheiben einschließen, bei der Lasteinwirkung keine Änderung erfahren. Durch Überlagerung der Beiträge der Last und der statisch überzähligen Größen ergibt sich der Schnittkräftezustand der Stabtheorie. Der Grad der statischen Unbestimmtheit ist bei offenen Querschnitten der um drei verkleinerten Scheibenanzahl gleich. Die Stütze gemäß Bild 3 ist hiermit einmal statisch unbestimmt.

Den Schnittkräftezustand der Stabtheorie kann man also auch so erhalten, daß man zuerst den Schnittkräftezustand der Faltwerktheorie ermittelt und diesem dann entsprechende Schnittkräftezustände aus Nullasten, also Lasten, die keine Stabschnittkräfte ergeben, überlagert.

In den Abschnitten 1 bis 5 wird, von der Theorie vollwandiger Stäbe ausgehend, die Theorie gegliederter Stäbe entwickelt. Im Abschnitt 6 wird ihre Anwendung an Beispielen des Ingenieurhochbaues gezeigt. Die Theorie gegliederter Faltwerke wird an denselben Beispielen erörtert. Die Ergebnisse der beiden Verfahren werden verglichen und das Tragverhalten analysiert.

2 Querschnittswerte

2.1 Schwerpunkt

Bild 5 a zeigt einen *vollwandigen Querschnitt* aus geradlinigen Abschnitten. Der Querschnitt des Stabes sei längs seiner Spannweite konstant.

Mit x' und y' sind beliebige Hilfsachsen bezeichnet. Längs der Profilmittellinie verlaufe, von einem zum anderen Ende, die Bogenkoordinate s. Die Ordnungszahlen der an der Profilmittellinie liegenden Knotenpunkte, also der Kanten des Stabes, seien mit $1 \ldots i.j \ldots n$ bezeichnet. Die geradlinigen Abschnitte der Profilmittellinie seien durch das Paar der Ordnungszahlen des Anfangs- und Endpunktes des Abschnitts gekennzeichnet; so ist i,j die Ordnungszahl des Abschnitts zwischen den benachbarten Knoten i und j.

Die Querschnittsfläche des Stabes setzt sich aus den Querschnittsflächen seiner Scheiben zusammen,

$$F = \sum_{i,j} F_{i,j} \tag{1}$$

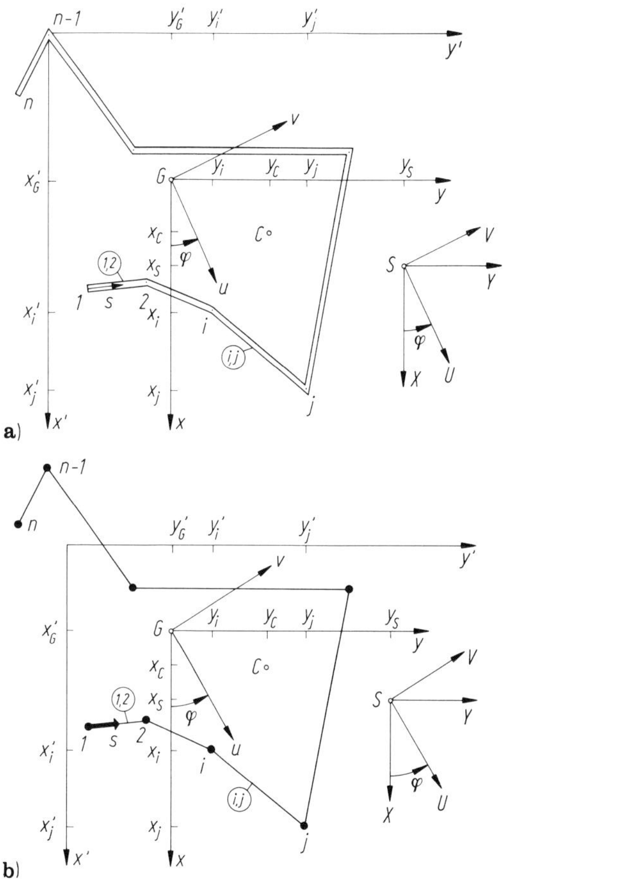

Bild 5. a) vollwandiger Querschnitt, b) gegliederter Querschnitt

Die Querschnittsfläche der Scheibe i,j kann durch die Koordinaten der Knotenpunkte i und j und die Scheibenstärke $t_{i,j}$ zu

$$F_{i,j} = t_{i,j}\sqrt{(x'_j - x'_i)^2 + (y'_j - y'_i)^2} \tag{2}$$

angegeben werden.

Durch Normierung gemäß

$$x = x' - x'_G, \quad y = y' - y'_G \tag{3}$$

werden die Hilfsachsen x' und y' zu den jeweils parallelen Schwerachsen x und y überführt. Dabei sind

$$x'_G = \frac{1}{F}\int_F x'\,\mathrm{d}F, \quad y'_G = \frac{1}{F}\int_F y'\,\mathrm{d}F \tag{4}$$

beziehungsweise

$$x'_G = \frac{1}{F}\sum_{i,j}\frac{x'_i + x'_j}{2}F_{i,j}, \quad y'_G = \frac{1}{F}\sum_{i,j}\frac{y'_i + y'_j}{2}F_{i,j} \tag{5}$$

die Koordinaten des Schwerpunkts G bezüglich der Hilfsachsen.

Die über die Querschnittsfläche sich erstreckenden Integrale der Koordinaten x und y verschwinden,

$$\int_F x\,\mathrm{d}F = 0, \quad \int_F y\,\mathrm{d}F = 0 \tag{6}$$

Die Gleichungen (6) können als Bestimmungsgleichungen der Lage des Schwerpunkts angesehen werden.

Die rechtwinkelig zur Querschnittsebene durch G verlaufende Längsachse des Stabes sei mit z bezeichnet und aus der Bildebene nach oben orientiert, so daß x, y, z ein Rechtssystem ist.

Ein aus lediglich in einer Anzahl von Punkten konzentrierten Flächen bestehender, also *gegliederter Querschnitt* ist aus Bild 5 b ersichtlich.

Die Querschnittsfläche des Stabes ist nun der Summe

$$F = \sum_i F_i \tag{7}$$

der Querschnittsflächen seiner Gurte gleich. Die Koordinaten des Schwerpunkts G bezüglich der Hilfsachsen ergeben sich zu

$$x'_G = \frac{1}{F}\sum_i x'_i F_i, \quad y'_G = \frac{1}{F}\sum_i y'_i F_i \tag{8}$$

Während sich bei vollwandigen Querschnitten die Summen auf sämtliche Scheiben erstrecken [Gln. (1), (5)], erstrecken sie sich bei gegliederten Querschnitten auf sämtliche Gurte [Gln. (7), (8)].

2.2 Axiale Querschnittswerte

2.2.1 Axiale Flächenmomente erster Ordnung

Axiale Flächenmomente erster Ordnung sind variable Querschnittswerte. Es sind dies das statische Moment des dem Bereich 0, s der Profilmittellinie entsprechenden Teiles F^* der Querschnittsfläche F bezüglich der y-Achse, also für die x-Richtung und das statische Moment von F^* bezüglich der x-Achse, also für die y-Richtung,

$$S_x = \int_{F^*} x\,\mathrm{d}F, \quad S_y = \int_{F^*} y\,\mathrm{d}F \tag{9}$$

Da x und y Schwerachsen sind, verschwinden die für $F^* = 0$ und $F^* = F$ sich ergebenden Randwerte von S_x und S_y,

$$\begin{aligned} S_x(0) &= 0, \quad S_x(F) = 0 \\ S_y(0) &= 0, \quad S_y(F) = 0 \end{aligned} \tag{10}$$

Für *vollwandige Querschnitte* aus geradlinigen Abschnitten folgt aus den allgemeinen Gln. (9)

$$S_{i,x} = \sum_{\varkappa,\lambda}\frac{x_\varkappa + x_\lambda}{2}F_{\varkappa,\lambda}, \quad S_{i,y} = \sum_{\varkappa,\lambda}\frac{y_\varkappa + y_\lambda}{2}F_{\varkappa,\lambda} \tag{11}$$

Dabei gibt der Index i an, daß sich der Querschnittsteil F^* vom Anfangspunkt 1 bis zum Knotenpunkt i der Profilmittellinie erstreckt. Die Hilfsvariable $\varkappa,\lambda$ durchläuft die Ordnungszahlen sämtlicher geradliniger Abschnitte vom an den Anfangspunkt 1 angrenzenden bis zum unmittelbar vor dem Knotenpunkt i sich befindenden. Anhand der Gln. (10) ist

$$S_{1,x} = S_{1,y} = S_{n,x} = S_{n,y} = 0 \tag{12}$$

Zwischen den Knotenpunkten verlaufen die statischen Momente parabolisch.

Für *gegliederte Querschnitte* schreibt man die allgemeinen Gln. (9) in der Form

$$S_{i,j,x} = \sum_\varkappa x_\varkappa F_\varkappa, \quad S_{i,j,y} = \sum_\varkappa y_\varkappa F_\varkappa \tag{13}$$

an. Dabei gibt der Index i,j an, daß sich der Querschnittsteil F^* vom Anfangspunkt 1 bis zum Abschnitt i,j erstreckt. Die Hilfsvariable $\varkappa$ durchläuft die Ordnungszahlen 1 bis i sämtlicher Gurte vor der Scheibe i,j.

Zwischen den Knotenpunkten sind die statischen Momente jeweils konstant.

Während sich also die statischen Momente $S_{i,x}$ und $S_{i,y}$ vollwandiger Querschnitte auf den *Punkt i* seiner Profilmittellinie beziehen, beziehen sich die statischen Momente $S_{i,j,x}$ und $S_{i,j,y}$ gegliederter Querschnitte auf den Abschnitt i,j seiner Profilmittellinie.

2.2.2 Axiale Flächenmomente zweiter Ordnung

Axiale Flächenmomente zweiter Ordnung sind Querschnittsfestwerte. Es sind dies das Trägheitsmoment der Querschnittsfläche bezüglich der y-Achse, also für die x-Richtung, das Trägheitsmoment bezüglich der x-Achse, also für die y-Richtung und das Deviations- oder Zentrifugalmoment für das Richtungspaar x, y

$$I_x = \int_F x^2 \, dF, \quad I_y = \int_F y^2 \, dF, \quad I_{xy} = \int_F x y \, dF \tag{14}$$

Nun können die Schwerachse x als jene Achse x' bezüglich der I_y und die Schwerachse y als jene Achse y' bezüglich der I_x ihre Kleinstwerte annehmen, definiert werden.

Zufolge der Dünnwandigkeit der Stäbe können die Flächenintegrale in den Gln. (14) in — auf die Profilmittellinie bezogene — Linienintegrale überführt und partiell integriert werden,

$$\begin{aligned} I_x &= -\int_B S_x \, dx, \quad I_y = -\int_B S_y \, dy \\ I_{xy} &= -\int_B S_x \, dy = -\int_B S_y \, dx \end{aligned} \tag{15}$$

Mit B ist die Länge der Profilmittellinie bezeichnet.

Für *vollwandige Querschnitte* aus geradlinigen Abschnitten geht man von den allgemeinen Gln. (14) aus und erhält durch Summieren der Beiträge sämtlicher Abschnitte

$$I_x = \sum_{i,j} I_{i,j,x}, \quad I_y = \sum_{i,j} I_{i,j,y}, \quad I_{xy} = \sum_{i,j} I_{i,j,xy} \tag{16}$$

Die Beiträge des Abschnitts i,j findet man mittels der Trapezformel der Baustatik zu

$$\begin{aligned} I_{i,j,x} &= \frac{F_{i,j}}{3}(x_i^2 + x_i x_j + x_j^2), \quad I_{i,j,y} = \frac{F_{i,j}}{3}(y_i^2 + y_i y_j + y_j^2) \\ I_{i,j,xy} &= \frac{F_{i,j}}{6}(2\,x_i y_i + 2\,x_j y_j + x_i y_j + x_j y_i) \end{aligned} \tag{17}$$

Für *gegliederte Querschnitte* erhält man, wenn man von den allgemeinen Gln. (14) ausgeht,

$$I_x = \sum_i x_i^2 F_i, \quad I_y = \sum_i y_i^2 F_i, \quad I_{xy} = \sum_i x_i y_i F_i \tag{18}$$

und wenn man von den allgemeinen Gln. (15) ausgeht,

$$\begin{aligned} I_x &= -\sum_{i,j} S_{i,j,x}(x_j - x_i), \quad I_y = -\sum_{i,j} S_{i,j,y}(y_j - y_i) \\ I_{xy} &= -\sum_{i,j} S_{i,j,x}(y_j - y_i) = -\sum_{i,j} S_{i,j,y}(x_j - x_i) \end{aligned} \tag{19}$$

Im ersten Fall werden die Beiträge sämtlicher Knotenpunkte, im zweiten die Beiträge sämtlicher geradliniger Abschnitte der Profilmittellinie summiert. Die Ergebnisse müssen natürlich in beiden Fällen die gleichen sein.

2.3 Hauptrichtungen, Hauptträgheitsmomente

Das Trägheitsmoment für eine — beliebige — Richtung u', die mit der Richtung x den im Uhrzeigerdrehsinn positiven Winkel φ' einschließt, das Trägheitsmoment für die zu u' rechtwinkelige Richtung v', die mit der Richtung y den gleichen Winkel einschließt, und das Deviationsmoment für dieses Richtungspaar betragen definitionsgemäß

$$I'_u = \int_F u'^2 \, dF, \quad I'_v = \int_F v'^2 \, dF, \quad I'_{uv} = \int_F u' \, v' \, dF \tag{20}$$

Drückt man in den Gln. (20) u' und v' durch x und y aus, werden I'_u, I'_v und I'_{uv} auf I_x, I_y und I_{xy} bezogen,

$$\begin{aligned} I'_u &= I_x \cos^2\varphi' + I_y \sin^2\varphi' + I_{xy} \sin 2\varphi' \\ I'_v &= I_x \sin^2\varphi' + I_y \cos^2\varphi' - I_{xy} \sin 2\varphi' \\ I'_{uv} &= \frac{1}{2}(I_x - I_y) \sin 2\varphi' + I_{xy} \cos 2\varphi' \end{aligned} \tag{21}$$

Die Hauptrichtungen u und v des Querschnitts sind jene Richtungen u' und v', für die die Trägheitsmomente ihre Extremwerte annehmen. Gleichzeitig wird für das Hauptrichtungspaar das Deviationsmoment zu Null. Aus der Bedingung $dI'_u/(d\varphi') = 0$ oder, noch einfacher, indem der Ausdruck für I'_{uv} [Gl. (21)] gleich Null gesetzt wird, findet man den die Hauptachsen des Querschnitts (Bild 5 a und b) und hiermit seine Hauptrichtungen festlegenden Winkel zu

$$\varphi = \frac{1}{2} \arctan \frac{2\,I_{xy}}{I_x - I_y} \tag{22}$$

Die ersten zwei Gln. (21) ergeben, indem für φ' der Wert φ eingeführt wird, den Maximal- und den Minimalwert des Trägheitsmoments, die Hauptträgheitsmomente I_u und I_v. Sie können gegebenenfalls gemäß

$$I_{\max,\,\min} = \frac{1}{2}(I_x + I_y) \pm \frac{1}{2}\sqrt{(I_x - I_y)^2 + 4\,I_{xy}^2} \tag{23}$$

überprüft werden.

Das über die Querschnittsfläche sich erstreckende Integral des Produkts der Hauptkoordinaten verschwindet,

$$\int_F u\,v \, dF = 0\,; \tag{24}$$

Gl. (24) kann als Bestimmungsgleichung der Hauptrichtungen angesehen werden.

Die durch die Hauptachse u des Querschnitts und die Längsachse z des Stabes und die durch die Achsen v und z gebildeten Ebenen sind die Hauptebenen des Stabes.

Die Kenntnis der Hauptrichtungen und Hauptträgheitsmomente ist lediglich zur Bestimmung der Knicklasten des Stabes und seiner Schwingzeiten unumgänglich.

2.4 Sektorielle Hilfsquerschnittswerte

2.4.1 Sektorielle Hilfskoordinate bezüglich C

Die sektorielle Koordinate eines beliebigen Punktes i der Profilmittellinie wird allgemein als zweifache Fläche des Sektors, der durch den Abschnitt $1, i$ der Profilmittellinie und die Radii von einem Pol zum Anfangspunkt 1 und Endpunkt i des Abschnitts gebildet wird, definiert. Da die Profilmittellinie aus geradlinigen Abschnitten besteht, setzt sich die Fläche des Sektors aus Dreieckflächen zusammen.

Die Dimension sektorieller Koordinaten ist Länge zum Quadrat.

Zur Ermittlung der Lage des Schubmittelpunkts des Querschnitts werden vorerst sektorielle Hilfskoordinaten $\overline{\omega}$ seiner Knotenpunkte bezüglich eines beliebigen Hilfspols C (Bild 5 a und b) berechnet. Die Lage des Hilfspols wird so gewählt, daß die Berechnung der $\overline{\omega}$-Werte möglichst einfach ist. Oft wird C mit G zusammenfallend gewählt.

Den einem beliebigen geradlinigen Abschnitt $\varkappa,\lambda$ der Profilmittellinie entsprechenden Zuwachs der sektoriellen Hilfskoordinate $\overline{\omega}$ findet man anhand von Bild 6, mit $b_{\varkappa,\lambda}$ als der Länge des Abschnitts und $\overline{h}_{\varkappa,\lambda}$ als der Entfernung des Hilfspols C von der Geraden $\varkappa,\lambda$, zu

$$\overline{\omega}_{\varkappa,\lambda} = \overline{h}_{\varkappa,\lambda}\, b_{\varkappa,\lambda} \tag{25}$$

Der Zuwachs $\overline{\omega}_{\varkappa,\lambda}$ ist positiv, wenn der von $\varkappa$ zu λ orientierte, also in der Richtung der wachsenden Bogenkoordinate positive Vektor $b_{\varkappa,\lambda}$ bezüglich C entgegen den Uhrzeigersinn dreht, oder, anders ausgedrückt, wenn sich der Radius aus C, vom Punkt $\varkappa$ zum Punkt λ fortschreitend, entgegen den Uhrzeigersinn dreht. Die angegebene Vorzeichenregel gilt für Querschnitte mit positiver äußerer Normale, also Querschnitte, deren äußere Normale in die $+z$-Richtung weist.

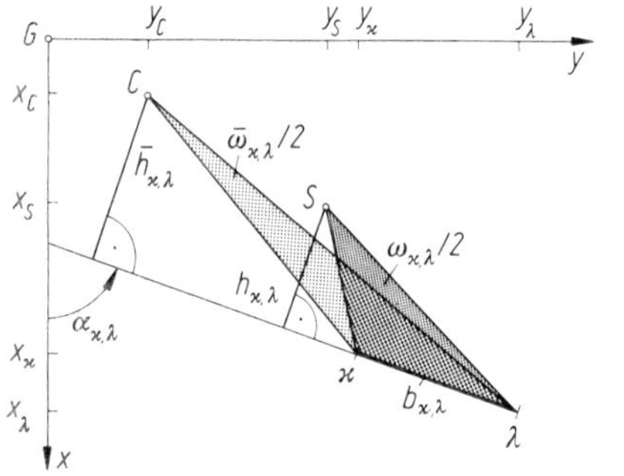

Bild 6. Zur Ermittlung des Beitrags des Abschnitts $\varkappa,\lambda$ der Profilmittellinie zu den sektoriellen Hilfskoordinaten $\overline{\omega}$ und ω'

Die Entfernung $\overline{h}_{\varkappa,\lambda}$ (Bild 6) findet man, mit $x_\varkappa$ und $y_\varkappa$ als den Koordinaten des Punktes $\varkappa$ oder irgendeines anderen Punktes an der Geraden $\varkappa,\lambda$, zu

$$\overline{h}_{\varkappa,\lambda} = (x_\varkappa - x_C)\sin\alpha_{\varkappa,\lambda} - (y_\varkappa - y_C)\cos\alpha_{\varkappa,\lambda} \tag{26}$$

Das Vorzeichen von $\overline{h}_{\varkappa,\lambda}$ ist durch die angegebene Vorzeichenregel für $\overline{\omega}_{\varkappa,\lambda}$ festgelegt.

Berechnet man die $\overline{\omega}_{\varkappa,\lambda}$-Werte nicht nach der Gl. (25) unmittelbar als zweifache Dreieckflächen, kann es vorteilhaft sein, sie durch Koordinaten auszudrücken. Hierzu führt man in die Gl. (25) das Ergebnis Gl. (26) ein und drückt noch die Länge $b_{\varkappa,\lambda}$ und den Winkel $\alpha_{\varkappa,\lambda}$, den die Gerade $\varkappa,\lambda$ mit der $+x$-Achse einschließt, durch entsprechende x- und y-Koordinaten aus und erhält

$$\overline{\omega}_{\varkappa,\lambda} = x_\varkappa y_\lambda - x_\lambda y_\varkappa - x_C(y_\lambda - y_\varkappa) + y_C(x_\lambda - x_\varkappa) \tag{27}$$

Wurde als Hilfspol der Schwerpunkt G gewählt, ist $x_C = y_C = 0$ und Gl. (27) vereinfacht sich zu

$$\overline{\omega}_{\varkappa,\lambda} = x_\varkappa y_\lambda - x_\lambda y_\varkappa \tag{28}$$

Die sektoriellen Hilfskoordinaten $\overline{\omega}_i$ der Knotenpunkte ergeben sich durch Überlagerung der Beiträge $\overline{\omega}_{\varkappa,\lambda}$ sämtlicher geradliniger Abschnitte der Profilmittellinie vom an den Anfangspunkt 1 angrenzenden bis zum unmittelbar vor dem Knotenpunkt i sich befindenden zu

$$\overline{\omega}_i = \sum_{\varkappa,\lambda} \overline{\omega}_{\varkappa,\lambda} \tag{29}$$

Zwischen den Knotenpunkten verläuft die sektorielle Hilfskoordinate linear.

2.4.2 *Sektorielle Deviationsmomente*

Die sektoriellen Deviationsmomente der Querschnittsfläche sind gemäß

$$I'_{x\omega} = \int_F x\overline{\omega}\,\mathrm{d}F, \quad I'_{y\omega} = \int_F y\overline{\omega}\,\mathrm{d}F \tag{30}$$

definiert. Überführt man die Flächenintegrale wieder in auf die Profilmittellinie bezogene Linienintegrale und integriert partiell, wird

$$I'_{x\omega} = -\int_B S_x\,\mathrm{d}\overline{\omega}, \quad I'_{y\omega} = -\int_B S_y\,\mathrm{d}\overline{\omega} \tag{31}$$

Für *vollwandige Querschnitte* aus geradlinigen Abschnitten geht man von den allgemeinen Gln. (30) aus und erhält durch Summieren der Beiträge sämtlicher Abschnitte

$$I'_{x\omega} = \sum_{i,j} I'_{i,j,x\omega}, \quad I'_{y\omega} = \sum_{i,j} I'_{i,j,y\omega} \tag{32}$$

Die Beiträge des Abschnitts i,j findet man wieder mittels der Trapezformel der Baustatik zu

$$\begin{aligned} I'_{i,j,x\omega} &= \frac{F_{i,j}}{6}(2\,x_i\overline{\omega}_i + 2\,x_j\overline{\omega}_j + x_i\overline{\omega}_j + x_j\overline{\omega}_i) \\ I'_{i,j,y\omega} &= \frac{F_{i,j}}{6}(2\,y_i\overline{\omega}_i + 2\,y_j\overline{\omega}_j + y_i\overline{\omega}_j + y_j\overline{\omega}_i) \end{aligned} \tag{33}$$

Für *gegliederte Querschnitte* erhält man, wenn man von den allgemeinen Gln. (30) ausgeht,

$$I'_{x\omega} = \sum_i x_i\overline{\omega}_i F_i, \quad I'_{y\omega} = \sum_i y_i\overline{\omega}_i F_i \tag{34}$$

Geht man von den allgemeinen Gln. (31) aus, wird

$$I'_{x\omega} = -\sum_{i,j} S_{i,j,x}\overline{\omega}_{i,j}, \quad I'_{y\omega} = -\sum_{i,j} S_{i,j,y}\overline{\omega}_{i,j}, \tag{35}$$

so daß sich die Berechnung der $\overline{\omega}_i$-Werte erübrigt. Im ersten Fall werden die Beiträge der Knotenpunkte, im zweiten die Beiträge der geradlinigen Abschnitte der Profilmittellinie summiert.

2.5 Schubmittelpunkt

Der Schubmittelpunkt S des Querschnitts ist jener Punkt, bezüglich dessen das sektorielle Trägheitsmoment seinen Kleinstwert annimmt.

Das Torsionsmoment im Querschnitt ist dann gleich Null, wenn die Resultierende der längs der Profilmittellinie wirkenden Schubkräfte durch S geht. Das über die gesamte Profilmittellinie sich erstreckende Integral des statischen Moments des Schubflusses bezüglich S ist gleich Null.

Die Koordinaten x_S und y_S von S können aus der zuerst gegebenen geometrischen oder aus der zweitgegebenen statischen Definition von S ermittelt werden.

Die durch S parallel zu x und y verlaufenden Achsen seien mit X und Y, die zu u und v parallelen mit U und V bezeichnet. Die durch S parallel zur Längsachse z des Stabes verlaufende Achse sei mit Z bezeichnet und Steifheitsachse des Stabes genannt (Bild 5 a und b).

Querlasten, deren Ebene die Steifheitsachse Z des Stabes enthält, durchbiegen den Stab, ohne ihn zu verwinden. Wirken sie in der Ebene UZ oder VZ, fällt die Durchbiegungsrichtung mit der Lastrichtung zusammen. Drehlasten verwinden den Stab bezüglich seiner Steifheitsachse, verdrehen also seine Querschnitte bezüglich ihrer Schubmittelpunkte, ohne daß sich dabei seitliche Durchbiegungen einstellen würden.

Die relativen Koordinaten des Schubmittelpunktes S bezüglich des bei der Ermittlung der sektoriellen Hilfskoordinaten $\overline{\omega}$ gewählten Hilfspols C (Bild 5 a und b) findet man zu

$$x_S - x_C = \frac{I_x I'_{y\omega} - I_{xy} I'_{x\omega}}{I_x I_y - I^2_{xy}},$$

$$y_S - y_C = -\frac{I_y I'_{x\omega} - I_{xy} I'_{y\omega}}{I_x I_y - I^2_{xy}}, \qquad (36)$$

womit auch die Koordinaten x_S und y_S von S selbst festgelegt sind.

Im *Sonderfall,* wenn x und y die Hauptachsen des Querschnitts sind ($I_{xy} = 0$), vereinfachen sich die allgemeinen Gln. (36) zu

$$x_S - x_C = \frac{I'_{y\omega}}{I_y}, \quad y_S - y_C = -\frac{I'_{x\omega}}{I_x} \qquad (37)$$

Im *Sonderfall,* wenn der Hilfspol mit dem Schwerpunkt zusammenfallend gewählt wurde ($x_C = y_C = 0$), ist

$$x_S = \frac{I_x I'_{y\omega} - I_{xy} I'_{x\omega}}{I_x I_y - I^2_{xy}}, \quad y_S = -\frac{I_y I'_{x\omega} - I_{xy} I'_{y\omega}}{I_x I_y - I^2_{xy}} \qquad (38)$$

Sind außerdem x und y die Hauptachsen des Querschnitts, ist

$$x_S = \frac{I'_{y\omega}}{I_y}, \quad y_S = -\frac{I'_{x\omega}}{I_x} \qquad (39)$$

2.6 Sektorielle Querschnittswerte

2.6.1 Sektorielle Hilfskoordinate

Nachdem die Lage des Schubmittelpunkts gefunden ist, sind die Hilfskoordinaten ω'_i der Knotenpunkte bezüglich S zu berechnen.

Hierzu ermittelt man zuerst, sinngemäß wie im Abschnitt 2.4.1, die den geradlinigen Abschnitten der Profilmittellinie entsprechenden Zuwächse

$$\omega_{\varkappa\lambda} = h_{\varkappa\lambda} b_{\varkappa\lambda} \qquad (40)$$

der sektoriellen Hilfskoordinate (Bild 6). Dabei ist nun

$$h_{\varkappa\lambda} = (x_\varkappa - x_S) \sin \alpha_{\varkappa\lambda} - (y_\varkappa - y_S) \cos \alpha_{\varkappa\lambda} \qquad (41)$$

Berechnet man die $\omega_{\varkappa\lambda}$-Werte nicht nach der Gl. (40) unmittelbar als zweifache Dreiecksflächen, drückt man sie gemäß

$$\omega_{\varkappa\lambda} = (x_\varkappa - x_S)(y_\lambda - y_\varkappa) - (y_\varkappa - y_S)(x_\lambda - y_\varkappa) \qquad (42)$$

durch die Koordinaten der Punkte $\varkappa$, λ und S aus.

Durch vorzeichengerechte Addition der Beiträge der geradlinigen Abschnitte der Profilmittellinie vom an den Anfangspunkt 1 angrenzenden bis zum unmittelbar vor dem Knotenpunkt i sich befindenden, ergibt sich die sektorielle Hilfskoordinate des Knotenpunkts i zu

$$\omega'_i = \sum_{\varkappa\lambda} \omega_{\varkappa\lambda} \qquad (43)$$

Anstatt wie oben gezeigt, können die sektoriellen Hilfskoordinaten ω'_i auch von den gegebenenfalls vorher ermittelten $\overline{\omega}_i$-Werten [Gl. (29)] ausgehend berechnet werden,

$$\omega'_i = \overline{\omega}_i - (x_S - x_C) y_i + (y_S - y_C) x_i \qquad (44)$$

Gl. (44) kann aus Gl. (43) hergeleitet werden, indem die auf S bezogenen Beiträge $\omega_{\varkappa\lambda}$ anhand von Bild 6 durch die auf den Hilfspol C bezogenen Beiträge $\overline{\omega}_{\varkappa\lambda}$ ausgedrückt werden.

Wurde bei der Ermittlung der $\overline{\omega}_{\varkappa\lambda}$-Werte der Hilfspol mit dem Schwerpunkt zusammenfallend gewählt ($x_C = y_C = 0$), vereinfacht sich Gl. (44) zu

$$\omega'_i = \overline{\omega}_i - x_S y_i + y_S x_i \qquad (45)$$

Aus Gl. (44) geht hervor, daß sich bei der Verschiebung des Poles von C nach S den $\overline{\omega}_i$-Werten ein linear von den Koordinaten x_i und y_i abhängiger Beitrag überlagert.

2.6.2 Sektorielle Koordinate

Durch Normierung gemäß

$$\omega = \omega' - \omega'_0 \qquad (46)$$

mit

$$\omega'_0 = \frac{1}{F} \int_F \omega' \, \mathrm{d}F \qquad (47)$$

wird die sektorielle Hilfskoordinate ω' bezüglich S zur sektoriellen Koordinate ω bezüglich S überführt. Dabei ist

ω'_0 eine Konstante, der Mittelwert der über die Querschnittsfläche F integrierten sektoriellen Hilfskoordinate ω'.

Der Punkt an der Profilmittellinie für den die sektorielle Hilfskoordinate ω' den Wert ω'_0 annimmt, wird gelegentlich sektorieller Schwerpunkt des Querschnitts genannt.

Das über die Querschnittsfläche sich erstreckende Integral der sektoriellen Koordinate ω verschwindet,

$$\int_F \omega \, \mathrm{d}F = 0 \, ; \tag{48}$$

Gl. (48) kann als Bestimmungsgleichung der Konstante ω'_0 und hiermit des sektoriellen Schwerpunkts angesehen werden.

Die sektorielle Hilfskoordinate ω' und die sektorielle Koordinate ω beschreiben die Form der Verwölbung der Profilmittellinie und hiermit der Querschnittsfläche. Sie werden daher auch Einheitsverwölbung genannt. Während die sektorielle Hilfskoordinate ω' die vom Anfangspunkt 1 der Bogenkoordinate aus gemessene Verwölbung beschreibt, ist die sektorielle Koordinate ω diejenige Einheitsverwölbung, die über den gesamten Querschnitt gemessen den Mittelwert Null besitzt.

Für *vollwandige Querschnitte* aus geradlinigen Abschnitten vereinfacht sich die allgemeine Gl. (47) zu

$$\omega'_0 = \frac{1}{F} \sum_{i,j} \frac{\omega'_i + \omega'_j}{2} F_{i,j} \, , \tag{49}$$

für *gegliederte Querschnitte* zu

$$\omega'_0 = \frac{1}{F} \sum_i \omega'_i F_i \tag{50}$$

Bei Vollwandstäben werden also die Beiträge sämtlicher Scheiben, bei Fachwerkstäben die Beiträge sämtlicher Gurte summiert.

2.6.3 Sektorielles Flächenmoment erster Ordnung

Das sektorielle Flächenmoment erster Ordnung ist, wie auch die axialen Flächenmomente erster Ordnung, ein variabler Querschnittswert. Es ist dies das sektorielle statische Moment eines Teiles F^* der Querschnittsfläche F bezüglich des Schubmittelpunkts,

$$S_\omega = \int_{F^*} \omega \, \mathrm{d}F \tag{51}$$

Zufolge der Normiertheit der sektoriellen Koordinate ω verschwinden die für $F^* = 0$ und $F^* = F$ sich ergebenden Randwerte von S_ω,

$$S_\omega(0) = S_\omega(F) = 0 \tag{52}$$

Für *vollwandige Querschnitte* aus geradlinigen Abschnitten folgt aus der allgemeinen Gl. (51)

$$S_{i\omega} = \sum_{\varkappa,\lambda} \frac{\omega_\varkappa + \omega_\lambda}{2} F_{\varkappa,\lambda} \tag{53}$$

Dabei gibt der Index i an, daß sich der Querschnittsteil F^* vom Anfangspunkt 1 bis zum Knotenpunkt i der Profilmittellinie erstreckt. Die Hilfsvariable $\varkappa,\lambda$ durchläuft die Ordnungszahlen sämtlicher geradliniger Abschnitte der Profilmittellinie vom an den Anfangspunkt 1 angrenzenden bis zum unmittelbar vor dem Knotenpunkt i sich befindenden. Anhand der Gln. (52) ist

$$S_{1\omega} = S_{n\omega} = 0 \tag{54}$$

Zwischen den Knotenpunkten verläuft das sektorielle statische Moment parabolisch.

Für *gegliederte Querschnitte* schreibt man die allgemeine Gl. (51) in der Form

$$S_{i,j,\omega} = \sum_\varkappa \omega_\varkappa F_\varkappa \tag{55}$$

an. Dabei gibt der Index i,j an, daß sich der Querschnittsteil F^* vom Anfangspunkt 1 bis zum Knotenpunkt i unmittelbar vor dem Abschnitt i,j erstreckt. Die Hilfsvariable $\varkappa$ durchläuft die Ordnungszahlen 1 bis i sämtlicher Gurte vor der Scheibe i,j.

Zwischen den Knotenpunkten ist das statische Moment jeweils konstant.

Während sich also bei vollwandigen Querschnitten die statischen Momente auf die Knotenpunkte der Profilmittellinie beziehen, beziehen sie sich bei gegliederten Querschnitten auf seine geradlinigen Abschnitte.

2.6.4 Sektorielles Flächenmoment zweiter Ordnung

Sektorielle Flächenmomente zweiter Ordnung sind, wie auch die axialen Flächenmomente zweiter Ordnung, Querschnittsfestwerte.

Es ist lediglich das sektorielle Trägheitsmoment

$$I_\omega = \int_F \omega^2 \, \mathrm{d}F \tag{56}$$

der Querschnittsfläche bezüglich S von Interesse. Zufolge der Dünnwandigkeit kann das Flächenintegral wieder in ein Linienintegral überführt und partiell integriert werden,

$$I_\omega = -\int_B S_\omega \, \mathrm{d}\omega \tag{57}$$

Für *vollwandige Querschnitte* aus geradlinigen Abschnitten geht man von der allgemeinen Gl. (56) aus und erhält durch Summieren der Beiträge sämtlicher Abschnitte

$$I_\omega = \sum_{i,j} I_{i,j,\omega} \tag{58}$$

Die Beiträge der einzelnen Abschnitte findet man mittels der Trapezformel der Baustatik zu

$$I_{i,j,\omega} = \frac{F_{i,j}}{3} (\omega_i^2 + \omega_i \omega_j + \omega_j^2) \tag{59}$$

Für *gegliederte Querschnitte* ergeben die allgemeinen Gln. (56) und (57)

$$I_\omega = \sum_i \omega_i^2 F_i = -\sum_{i,j} S_{i,j,\omega}\, \omega_{i,j} \tag{60}$$

Im erstangegebenen Ausdruck erstreckt sich die Summe auf sämtliche Knotenpunkte, im zweitangegebenen auf sämtliche geradlinigen Abschnitte der Profilmittellinie.

Die über die Querschnittsfläche sich erstreckenden Integrale der Produkte der Koordinatenpaare x, ω und y, ω verschwinden,

$$\int_F x\omega \,\mathrm{d}F = 0\,, \quad \int_F y\omega \,\mathrm{d}F = 0\,; \tag{61}$$

die Gln. (61) können als Bestimmungsgleichungen der Koordinaten des Schubmittelpunkts angesehen werden.

2.7 Bemerkungen

Ist der Querschnitt verzweigt, ist die Bogenkoordinate s von allen freien Enden zu den Verzweigungspunkten zu orientieren, so daß es einen Hauptzug und Nebenzüge gibt. Dementsprechend sind die statischen Momente S_x, S_y und S_ω von allen freien Enden bis zu den Verzweigungspunkten zu berechnen. Unmittelbar nach einem Verzweigungspunkt sind S_x, S_y und S_ω der Summe der entsprechenden Beiträge sämtlicher Zweige gleich.

Hat der Querschnitt eine Symmetrieachse, vereinfacht sich die Ermittlung der Querschnittswerte wesentlich. Die Symmetrieachse ist zugleich eine der beiden Hauptachsen; die andere ist zu ihr rechtwinkelig. Schwer- und Schubmittelpunkt liegen an der Symmetrieachse. Der Hilfspol zur Ermittlung der sektoriellen Hilfskoordinate wird vorteilhafterweise an der Symmetrieachse gewählt. Ist beispielsweise y die Symmetrieachse, haben x und ω an der Symmetrieachse die Werte Null und sind bezüglich dieser antimetrisch.

3 Lasten, Stabschnittkräfte, Spannungen

3.1 Lasten und Stabschnittkräfte

3.1.1 Querlasten und entsprechende Stabschnittkräfte

Als *Querlasten* werden Lasten bezeichnet, die auf den Stab rechtwinkelig zu seiner Längsachse z einwirken. Sie werden zweckmäßigerweise auf seine Steifheitsachse Z bezogen. Die Komponenten der Lastintensität, also der Last je Längeneinheit des Stabes (Bild 7 a), sind dann

q_X, q_Y seitliche Querlasten in den Richtungen X und Y, in der jeweils positiven Achsenrichtung positiv,

q_Z Drehlast, entgegen den Uhrzeigerdrehsinn positiv.

Die seitlichen Querlasten q_X und q_Y können als Komponenten der unter dem Winkel

$$\beta = \arctan \frac{q_Y}{q_X} \tag{62}$$

einwirkenden seitlichen Querlast q aufgefaßt werden (Bild 7 a).

Die Querlast q_X erzeugt in ihrer Ebene XZ die Stabschnittkräfte M_X und Q_X, die Querlast q_Y in ihrer Ebene YZ die Stabschnittkräfte M_Y und Q_Y, die Drehlast q_Z die Stabschnittkräfte M_ω und Q_ω (Bild 8 a und b). Sinngemäß ergibt eine seitliche Querlast q in ihrer Ebene die Stabschnittkräfte M und Q.

Die Stabschnittkräfte sind nach den Regeln der Stabstatik zu ermitteln. Ist der Stab ein Balken, werden die Stabschnittkräfte auch Balkenschnittkräfte, ist er eine Stütze auch Stützenschnittkräfte genannt.

So betragen die maßgebenden Biegemomente und das Bimoment des *einfachen Balkens* unter Gleichlast, inmitte der Spannweite L,

$$M_X = q_X L^2/8\,, \quad M_Y = q_Y L^2/8\,, \quad M_\omega = q_Z L^2/8 \tag{63}$$

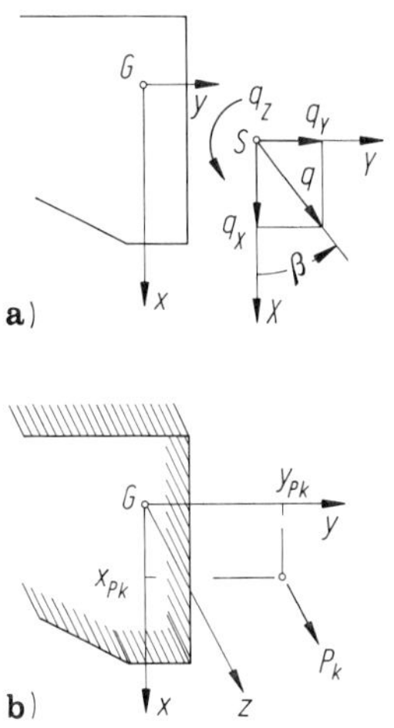

Bild 7

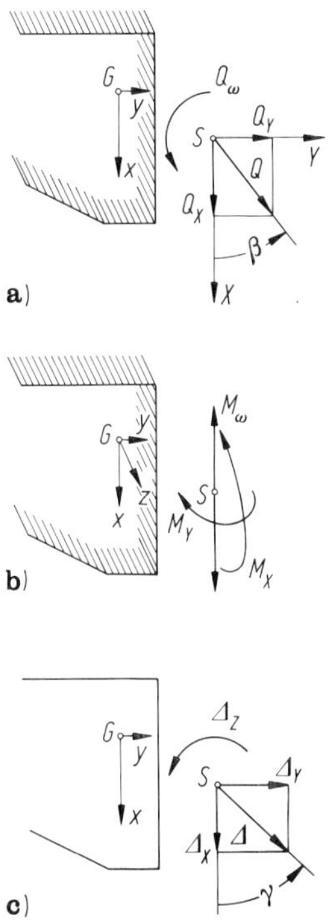

Bild 8

Bild 7. Lasten. a) Auf den Schubmittelpunkt bezogene Komponenten einer Querlast, b) Längslast

Bild 8. Stabschnittkräfte und Durchbiegungen des Querschnitts. a) Stabquerkräfte und Stabtorsionsmoment, b) Stabbiegemomente und Stabbimoment, c) Verschiebungen

Die maßgebenden Querkräfte und das Torsionsmoment sind, an den Enden des Balkens,

$$Q_X = q_X L/2\,, \quad Q_Y = q_Y L/2\,, \quad Q_\omega = q_Z L/2 \qquad (64)$$

Die Auflager müssen ein Verdrehen der Balkenenden in ihrer Ebene verhindern, dabei aber eine freie Verwölbung ermöglichen.

Die maßgebenden Schnittkräfte des *Kragbalkens* unter Gleichlast entstehen an seinem eingespannten Ende,

$$M_X = q_X L^2/2\,, \quad M_Y = q_Y L^2/2\,, \quad M_\omega = q_Z L^2/2$$
$$Q_X = q_X L\,, \quad Q_Y = q_Y L\,, \quad Q_\omega = q_Z L \qquad (65)$$

Am freien Ende müssen Verdrehung in der Ebene des Stabendes und Verwölbung unbehindert sein. Am anderen Ende muß hingegen volle Einspannung gegen Verdrehen aus und in der Ebene und gegen Verwölbung vorhanden sein.

An Innenauflagern von *Durchlaufbalken* müssen Verdrehungen der Auflagerquerschnitte in ihrer Ebene verhindert und Verwölbungen stetig sein.

Die beschriebenen Auflager des einfachen und der Durchlaufbalken werden auch Gabellager genannt.

Stabbiegemomente sind positiv, wenn sie im ersten Quadranten des Schwerachsenkreuzes x, y Zugspannungen erzeugen. Auf Querschnitte mit positiver äußerer Normale einwirkende Stabquerskräfte sind in der jeweils positiven Achsenrichtung, das Stabtorsionsmoment entgegen den Uhrzeigerdrehsinn positiv. Auf Querschnitte mit negativer äußerer Normale einwirkende Stabquerkräfte sind in negativer Achsenrichtung, das Stabtorsionsmoment im Uhrzeigerdrehsinn positiv.

3.1.2 Längslasten und entsprechende Stabschnittkräfte

Als Längslasten werden Lasten bezeichnet, die auf den Stab parallel zu seiner Längsachse einwirken. Sie seien positiv, wenn sie auf Querschnitte mit positiver äußerer Normale in der Richtung dieser Normale wirken, oder, anders ausgedrückt, wenn sie im Querschnitt vorwiegend Zugspannungen erzeugen.

Längslasten ergeben außer einer Stablängskraft im allgemeinen auch Stabbiegemomente und ein Stabbimoment (Bild 8 b).

Fällt der Schubmittelpunkt des Querschnitts nicht mit seinem Schwerpunkt zusammen ($S \not\equiv G$), ruft eine Längslast in G eine Verwölbung, aber keine Biegung, eine Längslast in S eine Biegung, aber keine Verwölbung hervor.

Eine beispielsweise auf eine Kragstütze in einem Punkt x_P, y_P einwirkende Längslast P ruft die Stützenschnittkräfte

$$N = P, \quad M_X = x_P P, \quad M_Y = y_P P, \quad M_\omega = \omega_P P \qquad (66)$$

hervor. Wirken mehrere Längslasten ein, wird

$$N = \sum_k P_k\,, \quad M_X = \sum_k x_{Pk} P_k\,,$$
$$M_Y = \sum_k y_{Pk} P_k\,, \quad M_\omega = \sum_k \omega_{Pk} P_k\,, \qquad (67)$$

wobei die Hilfsvariable k die Ordnungszahlen sämtlicher Lasten durchläuft (Bild 7 b).

3.1.3 Beziehungen zwischen Stabschnittkräften und Lasten

Gleichgewichtsbedingungen an einem Ausschnitt der differentialen Länge dz des Stabes führen zu Gleichungen, die die Stabschnittkräfte mit den Lastintensitäten verbinden.

Die durch Querlasten hervorgerufenen Stabquerkräfte sind mit den Lasten beziehungsweise ihren Intensitäten durch die bekannten Beziehungen

$$Q'_X = -q_X, \quad Q'_Y = -q_Y, \quad Q'_\omega = -q_Z \qquad (68)$$

der Festigkeitslehre verknüpft. Dabei geben Striche an, daß es sich um Ableitungen nach der Längskoordinate Z handelt.

Die Stabbiegemomente sind mit den Stabquerkräften und das Stabbimoment mit dem Stabtorsionsmoment gemäß

$$M'_X = Q_X, \quad M'_Y = Q_Y, \quad M'_\omega = Q_\omega \qquad (69)$$

verbunden.

3.2 Spannungen. Beziehungen zwischen Stabschnittkräften und Spannungen

3.2.1 Spannungen

In Stabquerschnitten stellen sich zufolge der Lasteinwirkung Normalspannungen σ und zur Profilmittellinie parallele Schubspannungen ein (Bild 9). In vollwandigen Querschnitten sind beide über die Wandstärke konstant. In gegliederten Querschnitten stellen sich Normalspannungen lediglich in den Gurten ein; mit der jeweiligen Querschnittsfläche vervielfältigt, ergeben sie die Längskräfte der Gurte. Das Produkt der Schubspannung und der jeweiligen Scheibenstärke stellt die Schubkraft q je Längeneinheit der Profilmittellinie dar und wird Schubfluß genannt. Der über einen geradlinigen Abschnitt der Profilmittellinie integrierte Schubfluß ist die Querkraft der jeweiligen vollen oder gegliederten Scheibe.

Normalspannungen sind positiv, wenn sie auf Querschnitte mit positiver, also in die $+z$-Richtung weisender äußerer Normale in der $+z$-Richtung wirken. Auf Querschnitte mit negativer äußerer Normale wirkende Normalspannungen sind in der $-z$-Richtung positiv. Hiermit sind Zugspannungen stets positive, Druckspannungen stets negative Größen. Schubspannungen sind positiv, wenn sie auf Querschnitte mit positiver äußerer Normale in der $+s$-Richtung wirken, sonst sind sie negativ.

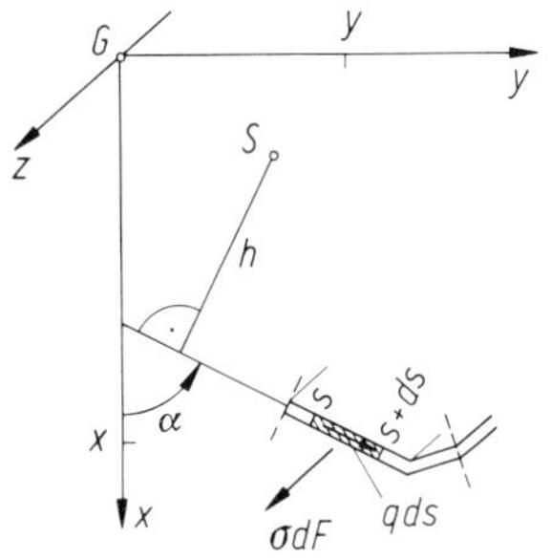

Bild 9. Auf ein differentiales Element der Querschnittsfläche eines Vollwandstabes einwirkende Schnittkräfte

An Verzweigungspunkten der Profilmittellinie müssen Normalspannungen und Schubflüsse stetig sein.

Schubflüsse in Längsschnitten des Stabes sind durch die Schubflüsse in den Querschnitten des Stabes und das Gesetz der paarweisen Gleichheit der Schubspannungen festgelegt.

3.2.2 Beziehungen zwischen Stabschnittkräften und Spannungen

Die Stabschnittkräfte (Bilder 8 a und b) werden durch die im jeweiligen Querschnitt wirkenden Spannungen (Bild 9) wie folgt definiert

$$N = \int_F \sigma \, \mathrm{d}F \tag{70}$$

$$M_X = \int_F \sigma x \, \mathrm{d}F, \quad M_Y = \int_F \sigma y \, \mathrm{d}F \tag{71}$$

$$M_\omega = \int_F \sigma \omega \, \mathrm{d}F \tag{72}$$

$$Q_X = \int_B q \cos\alpha \, \mathrm{d}s = \int_B q \, \mathrm{d}x, \quad Q_Y = \int_B q \sin\alpha \, \mathrm{d}s = \int_B q \, \mathrm{d}y \tag{73}$$

$$Q_\omega = \int_B h q \, \mathrm{d}s = \int_B q \, \mathrm{d}\omega \tag{74}$$

Die Gleichungen (70), (71), (73) und (74) bringen die statische Äquivalenz der über die Querschnittsfläche integrierten Spannungen und der Stabschnittkräfte zum Ausdruck. Bei Zahlenrechnungen können sie zur Überprüfung der Spannungen herangezogen werden.

Für *gegliederte Querschnitte* vereinfachen sich die oben angegebenen allgemeinen Gleichungen zu

$$N = \sum_i N_i \tag{75}$$

$$M_X = \sum_i N_i x_i, \quad M_Y = \sum_i N_i y_i \tag{76}$$

$$M_\omega = \sum_i N_i \omega_i \tag{77}$$

$$Q_X = \sum_{i,j} Q_{i,j} \cos\alpha_{i,j}, \quad Q_Y = \sum_{i,j} Q_{i,j} \sin\alpha_{i,j} \tag{78}$$

$$Q_\omega = \sum_{i,j} Q_{i,j} h_{i,j} = \sum_{i,j} q_{i,j} \omega_{i,j} \tag{79}$$

4 Verteilung der Spannungen im Querschnitt

4.1 Normalspannung im allgemeinen Fall

Die Verteilung der Normalspannungen im Querschnitt kann, von der komplementären Energie eines Ausschnitts der Länge 1 des Stabes und den Definitionsgleichungen (70) bis (72) der Stabbiege- und des Stabbimoments ausgehend, als Lösung eines Variationsproblems mit Nebenbedingungen erhalten werden. Dabei wird berücksichtigt, daß die über die Querschnittsfläche sich erstreckenden Integrale der fünf Koordinatenpaare $1, x$, $1, y$, $1, \omega$, x, ω und y, ω gleich Null sind.

Für die Normalspannung im Knotenpunkt i (Bild 10 b) ergibt sich das Ergebnis

$$\sigma_i = \frac{N}{F} + \frac{I_y x_i - I_{xy} y_i}{I_x I_y - I_{xy}^2} M_X + \frac{I_x y_i - I_{xy} x_i}{I_x I_y - I_{xy}^2} M_Y + \frac{\omega_i}{I_\omega} M_\omega, \tag{80}$$

oder nach den Koordinaten geordnet

$$\sigma_i = \frac{N}{F} + \frac{I_y M_X - I_{xy} M_Y}{I_x I_y - I_{xy}^2} x_i + \frac{I_x M_Y - I_{xy} M_X}{I_x I_y - I_{xy}^2} y_i + \frac{\omega_i}{I_\omega} M_\omega \tag{81}$$

Zwischen den Knotenpunkten vollwandiger Querschnitte verläuft σ linear. Bei gegliederten Querschnitten ist σ zwischen den Knotenpunkten gleich Null.

Für den Sonderfall, wenn x und y die Hauptachsen des Querschnitts sind ($I_{xy} = 0$), vereinfachen sich die allgemeinen Gln. (80) und (81) zu

$$\sigma_i = \frac{N}{F} + \frac{x_i}{I_x} M_X + \frac{y_i}{I_y} M_Y + \frac{\omega_i}{I_\omega} M_\omega \tag{82}$$

Die ersten drei Glieder auf den rechten Seiten der Gln. (80) bis (82) beschreiben den ebenen Anteil, das letzte die Deplanation der Spannungsfläche.

Die Gleichheit im Aufbau des zweiten, dritten und vierten Gliedes auf der rechten Seite der Gl. (82) bringt, zusammen mit den Gl. (68) und (69) und (63) bis (65), die formale Analogie der Biegung und der Wölbtorsion zum Ausdruck.

Die Gurtkräfte von Fachwerkstäben ergeben sich aus den Normalspannungen durch Multiplikation mit der jeweiligen Querschnittsfläche,

$$N_i = \sigma_i F_i \tag{83}$$

Für die Kragstütze unter dem Einfluß einer Längslast P im Punkt x_P, y_P folgt aus den allgemeinen Gleichungen (80), (81) und (82)

$$\sigma_i = \left[\frac{1}{F} + \frac{I_y x_i - I_{xy} y_i}{I_x I_y - I_{xy}^2} x_P + \right.$$
$$\left. + \frac{I_x y_i - I_{xy} x_i}{I_x I_y - I_{xy}^2} y_P + \frac{\omega_i}{I_\omega} \omega_P \right] P \tag{84}$$

$$\sigma_i = \left[\frac{1}{F} + \frac{I_y x_P - I_{xy} y_P}{I_x I_y - I_{xy}^2} x_i + \right.$$
$$\left. + \frac{I_x y_P - I_{xy} x_P}{I_x I_y - I_{xy}^2} y_i + \frac{\omega_i}{I_\omega} \omega_P \right] P \tag{85}$$

$$\sigma_i = \left[\frac{1}{F} + \frac{x_P}{I_x} x_i + \frac{y_P}{I_y} y_i + \frac{\omega_P}{I_\omega} \omega_i \right] P \tag{86}$$

4.2 Normalspannung bei Biegung

4.2.1 Zweigliedriger Ausdruck für die Normalspannung. Neutrale Linie

Ist im Querschnitt keine Längskraft vorhanden und verläuft die Ebene der Querlast durch die Steifheitsachse des Stabes ($N = 0$, $M_\omega = 0$), vereinfacht sich die allgemeine Gl. (80) für die Normalspannung zu

$$\sigma_i = \frac{I_y x_i - I_{xy} y_i}{I_x I_y - I_{xy}^2} M_X + \frac{I_x y_i - I_{xy} x_i}{I_x I_y - I_{xy}^2} M_Y \tag{87}$$

Das erste Glied auf der rechten Seite der Gl. (87) gibt den Beitrag einer in der XZ-Ebene wirkenden und das zweite den einer in der YZ-Ebene wirkenden Last oder Lastkomponente wieder. Das zweite Glied kann auch aus dem ersten durch Vertauschen der Indizes x und y erhalten werden.

Die Normalspannungsnullinie, auch neutrale Linie genannt, verläuft durch G und schließt mit der $+y$-Achse den entgegen den Uhrzeigerdrehsinn positiven Winkel

$$\gamma = \arctan \frac{I_x M_Y - I_{xy} M_X}{I_y M_X - I_{xy} M_Y} \tag{88}$$

ein (Bild 10 a). Dieses Ergebnis erhält man, indem der Ausdruck für σ [Gl. (87)] gleich Null gesetzt und die so erhaltene Gleichung nach $y_i/x_i = \tan \gamma$ gelöst wird.

Drückt man in der Gl. (88) das Verhältnis der Komponenten M_Y und M_X von M durch den Winkel β [Bilder 7 a und 10 a, Gl. (62)], den die Spur der Lastebene, die Lastlinie LL, und hiermit M mit der $+x$-Achse einschließen, aus, nimmt sie die Form

$$\gamma = \arctan \frac{I_x \tan\beta - I_{xy}}{I_y - I_{xy} \tan\beta} \tag{89}$$

an.

Die Lastlinie LL und die neutrale Linie NL (Bild 10 a) haben die Richtungen zweier konjugierter Durchmesser der Trägheitsellipse. Die neutrale Linie und die Längsachse z des Stabes bilden die der jeweiligen Last entsprechende neutrale Ebene.

Der Stab durchbiegt sich rechtwinkelig zur neutralen Ebene, also in der η-Richtung (Bild 10 a).

Wirkt die Last in der XZ-Ebene ($\beta = 0$) oder in der YZ-Ebene ($\beta = \pi/2$), vereinfacht sich die allgemeine Gl. (89) zu

$$\gamma = \arctan\left(-\frac{I_{xy}}{I_y}\right), \quad \gamma = \arctan\left(-\frac{I_x}{I_{xy}}\right) \tag{90}$$

Sind x und y die Hauptachsen, ist

$$\gamma = \arctan\left(\frac{I_x}{I_y} \tan\beta\right) \tag{91}$$

Bei Querschnitten, die bezüglich ihrer beiden Hauptachsen symmetrisch sind, sind neutrale und Lastlinie zueinander orthogonal ($\gamma = \beta$), so daß sich gerade Biegung einstellt, wenn

1. $I_x = I_y$ ist, die Trägheitsmomente also für sämtliche Richtungen untereinander gleich sind und/oder
2. $\beta = 0$ oder $\pi/2$ ist, die Lastlinie also mit einer der beiden Achsen U oder V zusammenfällt (Bilder 5 und 10 a).

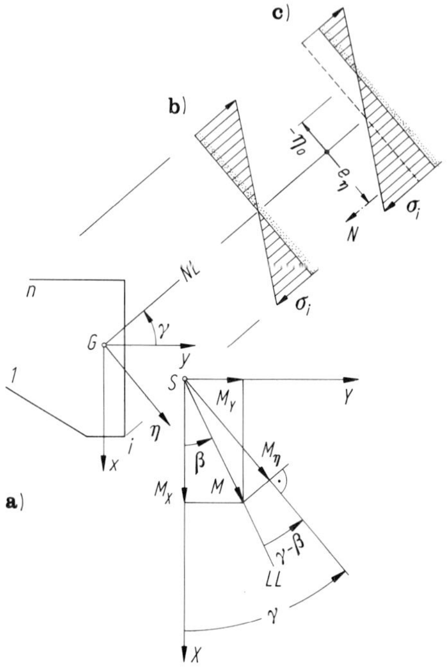

Bild 10. a) Neutrale Linie und Durchbiegungsrichtung, b) Diagramm der Normalspannung bei Biegung, c) Diagramm der Normalspannung bei Biegung mit Längskraft

4.2.2 Eingliedriger Ausdruck für die Normalspannung

Das Ergebnis Gl. (87) für die Normalspannung kann formal vereinfacht werden, wenn anstelle der Beiträge der zwei Komponenten M_X und M_Y von M die Projektion

$$M_\eta = M\cos(\gamma - \beta) \tag{92}$$

von M auf die Durchbiegungsrichtung η eingeführt wird.

Mit

$$\eta_i = x_i \cos\gamma + y_i \sin\gamma \tag{93}$$

als der rechtwinkelig zu NL gemessenen Koordinate des Knotenpunkts i (Bild 10 a) ergibt sich für die Normalspannung im Knotenpunkt i (Bild 10 b) der nun eingliedrige Ausdruck

$$\sigma_i = \frac{M_\eta}{I_\eta}\eta_i \tag{94}$$

Das Trägheitsmoment der Querschnittsfläche für die η-Richtung kann anhand der Gln. (21) durch die Trägheitsmomente für die x- und y-Richtungen ausgedrückt werden,

$$I_\eta = I_x \cos^2\gamma + I_y \sin^2\gamma + I_{xy}\sin 2\gamma \tag{95}$$

Der Gebrauch des eingliedrigen Ausdrucks für σ ist zweckmäßig, wenn die Lasten stets in derselben Ebene wirken.

4.3 Normalspannung bei Biegung mit Längskraft

Wirkt etwa auf eine Kragstütze eine durch die Steifheitsachse des Stabes verlaufende Querlast und längs der Steifheitsachse eine Längslast ein, so entfällt in den allgemeinen Gln. (80) bis (82) für die Normalspannung das den Einfluß der Torsion enthaltende letzte Glied. Die übriggebliebenen dreigliedrigen Ausdrücke vereinfachen sich zu zweigliedrigen, wenn wieder anstelle von M_X und M_Y die Projektion M_η [Gl. (92)] von M Auf die Durchbiegungsrichtung η eingeführt wird.

Mit

$$e_\eta = M_\eta / N \tag{96}$$

als der Projektion der Ausmitte der Längskraft N bezüglich G auf die η-Achse (Bild 10 c) wird

$$\sigma_i = \frac{N}{F} + \frac{M_\eta}{I_\eta}\eta_i \tag{97}$$

Führt man noch gemäß $i_\eta^2 = I_\eta / F$ den Trägheitsradius i_η des Querschnitts für die η-Richtung ein, nimmt Gl. (97) die Form

$$\sigma_i = \left(1 + \frac{e_\eta}{i_\eta^2}\eta_i\right)\frac{N}{F} \tag{98}$$

an.

Die η-Koordinate der neutralen Linie (Bild 10 c) folgt aus der Bedingung $\sigma = 0$ zu

$$\eta_0 = -\frac{N}{M_\eta} i_\eta^2 = -\frac{i_\eta^2}{e_\eta} \tag{99}$$

4.4 Schubspannung

Die im Querschnitt wirkenden Schubspannungen beziehungsweise Schubflüsse werden anhand einer Gleichgewichtsbetrachtung an einem differentialen Stabelement bestimmt.

Den Schubfluß im Knotenpunkt i eines *vollwandigen Querschnitts* findet man zu

$$q_i = -\frac{I_y S_{ix} - I_{xy} S_{iy}}{I_x I_y - I_{xy}^2} Q_X - \frac{I_x S_{iy} - I_{xy} S_{ix}}{I_x I_y - I_{xy}^2} Q_Y - \frac{S_{i\omega}}{I_\omega} Q_\omega \tag{100}$$

Zwischen den Knotenpunkten verläuft der Schubfluß parabolisch.

Sind x und y die Hauptachsen des Querschnitts, vereinfacht sich Gl. (100) zu

$$q_i = -\frac{S_{ix}}{I_x} Q_X - \frac{S_{iy}}{I_y} Q_Y - \frac{S_{i\omega}}{I_\omega} Q_\omega \tag{101}$$

Den Schubfluß im Abschnitt i,j *gegliederter Querschnitte* findet man zu

$$q_{i,j} = -\frac{I_y S_{i,j,x} - I_{xy} S_{i,j,y}}{I_x I_y - I_{xy}^2} Q_X - \frac{I_x S_{i,j,y} - I_{xy} S_{i,j,x}}{I_x I_y - I_{xy}^2} Q_Y - \frac{S_{i,j,\omega}}{I_\omega} Q_\omega \tag{102}$$

Zwischen den Knotenpunkten ist der Schubfluß jeweils konstant. In den Knotenpunkten ändert er sprunghaft seine Größe.

Sind x und y die Hauptachsen des Querschnitts vereinfacht sich Gl. (102) zu

$$q_{i,j} = -\frac{S_{i,j,x}}{I_x} Q_X - \frac{S_{i,j,y}}{I_y} Q_Y - \frac{S_{i,j,\omega}}{I_\omega} Q_\omega \tag{103}$$

Das jeweils erste Glied auf den rechten Seiten der Gln. (100) bis (103) gibt den Beitrag einer in der XZ-Ebene wirkenden Querlast, das zweite den Beitrag einer in der YZ-Ebene wirkenden Querlast und das dritte den Beitrag einer Drehlast (Bilder 7 a und 8 a) wieder. Das zweite Glied kann aus dem ersten durch Vertauschen der Indizes x und y erhalten werden.

Die Querkraft der Fachwerkscheibe i,j ist dem Produkt ihres Schubflusses und ihrer Breite gleich,

$$Q_{i,j} = q_{i,j}\, b_{i,j} \tag{104}$$

Bei einer Richtungsänderung der Bodenkoordinate ändern sich die Vorzeichen aller drei Flächenmomente erster Ordnung und hiermit auch das Vorzeichen des Schubflusses. Da aber der Schubfluß als positiv definiert wurde, wenn er auf Querschnitte mit positiver äußerer Normale in der s-Richtung wirkt, bleibt das Ergebnis physikalisch unverändert.

5 Durchbiegung

Wirkt auf den Stab in einer seine Steifheitsachse Z enthaltenden Ebene eine seitliche Querlast q ein (Bild 7 a), durchbiegt er sich rechtwinkelig zu der der Last entsprechenden neutralen Ebene, also in der η-Richtung (Bild 10 a). Ist ferner eine Drehlast q_Z vorhanden, stellt sich auch eine Verwindung ein.

Die Differentialgleichungen der seitlichen Durchbiegung Δ und der Drehdurchbiegung Δ_Z (Bild 8 c) lauten

$$E\Delta'' = -\frac{M_\eta}{I_\eta}, \quad E\Delta_Z'' = -\frac{M_\omega}{I_\omega} \tag{105}$$

Auf die Integration der Differentialgleichungen (105) kann verzichtet werden, da die Durchbiegungen selbst leicht mittels bekannter Ergebnisse der Festigkeitslehre angegeben werden können. Handelt es sich beispielsweise um einen einfachen Balken und ist die Last gleichmäßig längs der Spannweite verteilt, ist inmitte der Spannweite

$$\Delta = \frac{5}{48}\,\frac{M_\eta L^2}{E I_\eta}, \quad \Delta_Z = \frac{5}{48}\,\frac{M_\omega L^2}{E I_\omega}; \tag{106}$$

dabei sind M_η [Gl. (92)] und M_ω die inmitte der Spannweite wirkenden Maximalwerte des Biegemoments in der Durchbiegungsrichtung und des Bimoments.

Die seitliche Durchbiegung kann anstatt unmittelbar, wie oben gezeigt, auch durch ihre Komponenten in den X- und Y-Richtungen festgelegt werden. Drückt man die Dehnung eines beliebigen Punktes erstens durch seine Koordinaten x und y und die Krümmungsradii R_X und R_Y der Projektionen Δ_X und Δ_Y der Durchbiegungslinie Δ und zweitens durch die Normalspannung σ aus und setzt dann die beiden Ausdrücke gleich, erhält man die Differentialgleichungen

$$E\Delta_X'' = -\frac{I_y M_X - I_{xy} M_Y}{I_x I_y - I_{xy}^2}, \quad E\Delta_Y'' = -\frac{I_x M_Y - I_{xy} M_X}{I_x I_y - I_{xy}^2} \tag{107}$$

Fällt die Lastebene mit der XZ-Ebene zusammen ($M_Y = 0$), wird

$$E\Delta_X'' = -\frac{I_y}{I_x I_y - I_{xy}^2} M_X, \quad E\Delta_Y'' = \frac{I_{xy}}{I_x I_y - I_{xy}^2} M_X \tag{108}$$

Auch die Komponente Δ_X der Durchbiegungslinie Δ in der Lastebene kann mittels bekannter Formeln der Festigkeitslehre angegeben werden, wenn anstelle von I_x das bezogene Trägheitsmoment

$$J_x = \frac{I_x I_y - I_{xy}^2}{I_y} \tag{109}$$

des Querschnitts für die x-Richtung eingeführt wird. Sind x und y die Hauptachsen, wird J_x zu I_x. Die Komponente rechtwinkelig zur Lastebene beträgt das $-I_{xy}/I_y$-fache der Komponente in der Lastebene.

Fällt die Lastebene mit der YZ-Ebene zusammen ($M_X = 0$), wird sinngemäß

$$E\Delta_Y'' = -\frac{I_x}{I_x I_y - I_{xy}^2} M_Y, \quad E\Delta_X'' = \frac{I_{xy}}{I_x I_y - I_{xy}^2} M_Y \tag{110}$$

und

$$J_y = \frac{I_x I_y - I_{xy}^2}{I_x} \tag{111}$$

Sind x und y die Hauptachsen, wird J_y zu I_y. Die Komponente rechtwinkelig zur Lastebene beträgt das $-I_{xy}/I_x$-fache der Komponente in der Lastebene.

Gelegentlich kommt es vor, daß die Durchbiegungsebene des Stabes durch Führungen oder dergleichen festgelegt ist. Dann ist die Ebene der auf den Stab einwirkenden Lastkomponente von Interesse. Bezeichnet man die — vorgegebene — Durchbiegungsrichtung mit η (Bild 10 a) und die — zu bestimmende — Richtung der auf den Stab anfallenden Lastkomponente mit β, hat man anhand der Gl. (89)

$$\beta = \arctan\frac{I_y \tan\gamma + I_{xy}}{I_x + I_{xy}\tan\gamma} \tag{112}$$

Die andere Lastkomponente wird von den Führungen aufgenommen.

Im Sonderfall, wenn x und y die Hauptachsen sind, vereinfacht sich Gl. (112) zu

$$\beta = \arctan\left(\frac{I_y}{I_x}\tan\gamma\right) \tag{113}$$

6 Beispiele

6.1 Kranbahnbalken

Es ist der aus 4 Gurten und 3 Fachwerkscheiben bestehende Kranbahnbalken gemäß Bild 11 zu untersuchen. Die Querschnitte der äußeren Gurte seien F', die der inneren $2\,F'$.

Es sind die Schnittkräfte aus einer beliebigen Querlast anzugeben.

6.1.1 Querschnittswerte

Schwerpunkt: $x'_G = 2\,b$, $y'_G = b/6$

Axiale Flächenmomente: $S_{1,2,x} = 2\,F'b$, $S_{2,3,x} = 6\,F'b$, $S_{3,4,x} = 2\,F'b$; $S_{1,2,y} = (11/6)\,F'b$, $S_{2,3,y} = (9/6)\,F'b$, $S_{3,4,y} = (7/6)\,F'b$; $I_x = 24\,F'b^2$, $I_y = (29/6)\,F'b^2$, $I_{xy} = 6\,F'b^2$

Hauptrichtungen: $\varphi = 16°$

Sektorielle Hilfsquerschnittswerte ($C = G$): $\overline{\omega}_{1,2} = -4\,b^2$, $\overline{\omega}_{2,3} = -(2/3)\,b^2$, $\overline{\omega}_{3,4} = 2\,b^2$; $\overline{\omega}_1 = 0$, $\overline{\omega}_2 = -4\,b^2$, $\overline{\omega}_3 = -(14/3)\,b^2$, $\overline{\omega}_4 = -(8/3)\,b^2$; $I'_{x\omega} = 8\,F'\,b^3$, $I'_{y\omega} = 6\,F'\,b^3$

Schubmittelpunkt: $x_S = 1{,}2\,b$, $y_S = -0{,}0333\,b$

Sektorielle Koordinaten: $\omega'_1 = 0$, $\omega'_2 = -1{,}6\,b^2$, $\omega'_3 = -2{,}133\,b^2$, $\omega'_4 = 1{,}067\,b^2$; $\omega'_0 = -1{,}067\,b^2$, $\omega_1 = 1{,}067\,b^2$, $\omega_2 = -0{,}533\,b^2$, $\omega_3 = -1{,}067\,b^2$, $\omega_4 = 2{,}133\,b^2$

Sektorielle Flächenmomente: $S_{1,2,\omega} = 1{,}067\,F'\,b^2$, $S_{2,3,\omega} = 0$, $S_{3,4,\omega} = -2{,}133\,F'\,b^2$; $I_\omega = 8{,}533\,F'\,b^4$

6.1.2 Schnittkräfte

Die Gurt- und Scheibenkräfte sind für eine seitliche Querlast in der XZ-Ebene in Bild 12, für eine seitliche Querlast in der YZ-Ebene in Bild 13 und für eine Drehlast in Bild 14 angegeben. Es kann leicht überprüft werden, daß das System der Längskräfte der Gurte jeweils dem entsprechenden Balkenbiege- beziehungsweise -bimoment und das System der Querkräfte der Scheiben jeweils der entsprechenden Balkenquerkraft beziehungsweise dem Balkentorsionsmoment statisch äquivalent ist.

Aus Bild 12 geht hervor, daß man sich die dem Steg parallele Last zur Vereinfachung der Untersuchung in die Stegebene verschoben denken kann. Die verschobene Last wird zur Gänze vom Stegfachwerk aufgenommen. Die durch das Verschieben entstehende Drehlast wird in — ein Lastpaar bildende — Lasten der Flanschfachwerke aufgespalten und von diesen aufgenommen. Die Querkräfte der drei Fachwerke und die Längskräfte der Außengurte sind unmittelbar durch die auf das jeweilige Fachwerk anfallende Last festgelegt, während sich die Längskräfte der je zwei Fachwerken gemeinsamen Gurte, der Innengurte des Balkens, durch vorzeichengerechte Addition der Beiträge der benachbarten Fachwerke ergeben. Aus Bild 13 geht hervor, daß sich die den Flanschen parallele Last nach dem Hebelgesetz auf die beiden Flanschfachwerke aufteilt und dann von diesen aufgenommen wird; das Stegfachwerk beziehungsweise die Füllstäbe des Stegfachwerks bleiben unbeansprucht. Schließlich zeigt Bild 14, daß sich die Drehlast auf in — ein Lastpaar bildende — Lasten der Flanschfachwerke aufspaltet und dann von diesen aufgenommen wird.

Die aus einer Querlast q in der Stegebene sich ergebenden Gurt- und Scheibenkräfte (Bild 15) sind durch Überlagerung der Beiträge der seitlichen Querlast $q_Y = q$ (Bild 12)

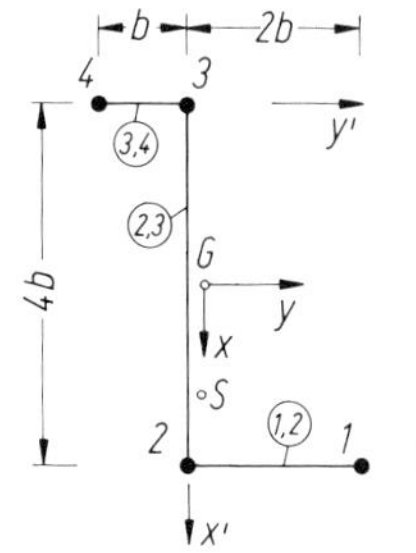

Bild 11

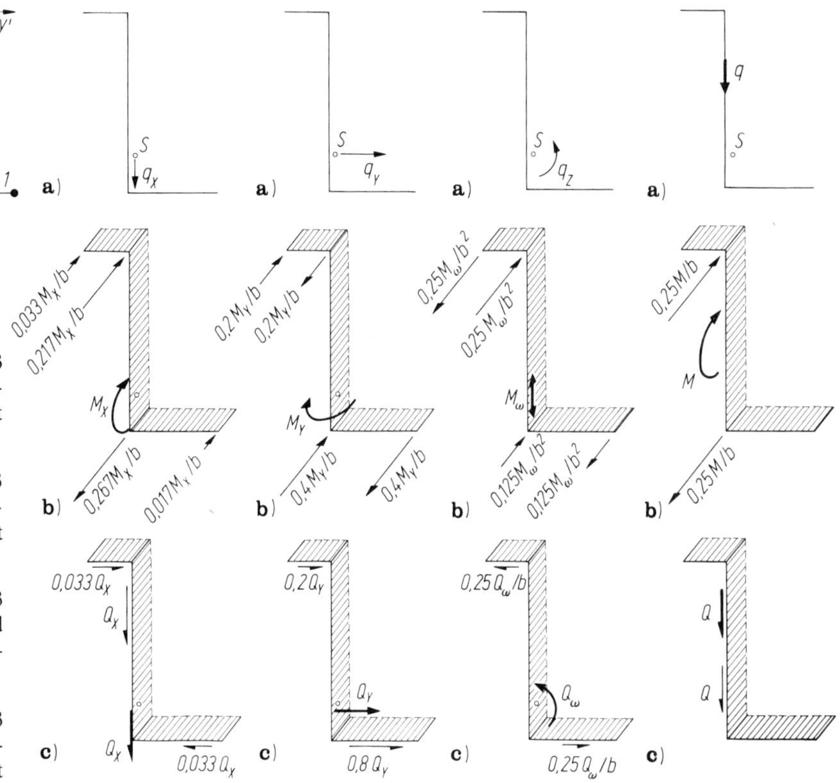

Bild 12 Bild 13 Bild 14 Bild 15

Bild 11. Querschnitt eines Kranbahnträgers

Bild 12. Stab gemäß Bild 11 unter dem Einfluß einer Querlast in der XZ-Ebene. a) Last, b) Stabbiegemoment und Gurtkräfte, c) Stabquerkraft und Scheibenquerkräfte

Bild 13. Stab gemäß Bild 11 unter dem Einfluß einer Querlast in der YZ-Ebene. a) Last, b) Stabbiegemoment und Gurtkräfte, c) Stabquerkraft und Scheibenquerkräfte

Bild 14. Stab gemäß Bild 11 unter dem Einfluß einer Drehlast. a) Last, b) Stabbimoment und Gurtkräfte, c) Stabtorsionsmoment und Scheibenquerkräfte

Bild 15. Stab gemäß Bild 11 unter dem Einfluß einer Querlast in der Stegebene. a) Last, b) Stabbiegemoment und Gurtkräfte, c) Stabquerkraft und Scheibenquerkräfte

und der Drehlast $q_Z = q|y_S|$ (Bild 14) ermittelt. Die Ergebnisse hätten natürlich, viel einfacher, unmittelbar angegeben werden können.

6.2 Pfette

Sinngemäß wurde die Fachwerkpfette gemäß Bild 16 untersucht. Mit F' sind die Querschnittsflächen der Gurte bezeichnet. Die Ergebnisse sind in den Bildern 17 bis 20 dargestellt und führen zu analogen Erkenntnissen.

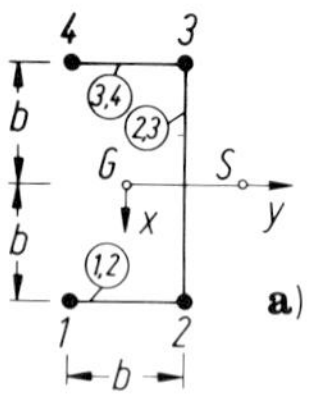

Bild 16. Querschnitt einer Pfette

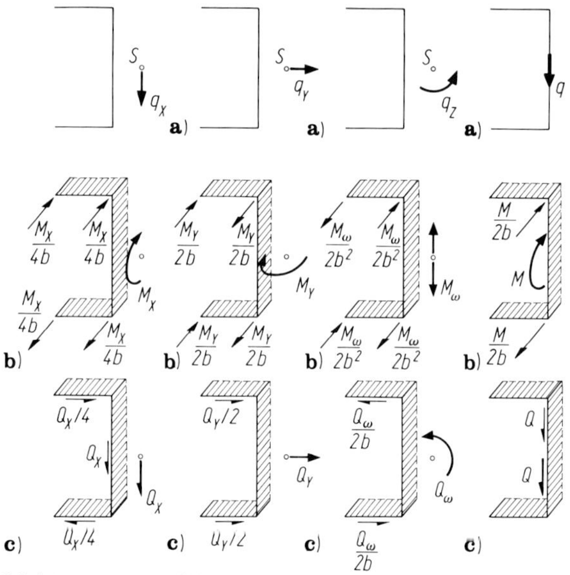

Bild 17 Bild 18 Bild 19 Bild 20

Bild 17. Stab gemäß Bild 16 unter dem Einfluß einer Querlast in der *XZ*-Ebene. a) Last, b) Stabbiegemoment und Gurtkräfte, c) Stabquerkraft und Scheibenquerkräfte

Bild 18. Stab gemäß Bild 16 unter dem Einfluß einer Querlast in der *YZ*-Ebene. a) Last, b) Stabbiegemoment und Gurtkräfte, c) Stabquerkraft und Scheibenquerkräfte

Bild 19. Stab gemäß Bild 16 unter dem Einfluß einer Drehlast. a) Last, b) Stabbimoment und Gurtkräfte, c) Stabtorsionsmoment und Scheibenquerkräfte

Bild 20. Stab gemäß Bild 16 unter dem Einfluß einer Querlast in der Stegebene. a) Last, b) Stabbiegemoment und Gurtkräfte, c) Stabquerkraft und Scheibenquerkräfte

6.3 Dachbinder einer Nordlichthalle

Beim Dachbinder der Nordlichthalle gemäß Bild 1 fallen Schubmittelpunkt und Schwerpunkt mit dem geometrischen Mittelpunkt des Querschnitts zusammen (Bild 21). Die Querschnittsflächen sämtlicher Gurte seien untereinander gleich und mit F' bezeichnet.

Es sei der Einfluß der aus der Eigen- und Schneelast sich ergebenden lotrechten Last q_X und der aus einer seismischen Einwirkung in der Längsrichtung der Halle sich ergebenden waagerechten Last q_Y untersucht.

Flächenmomente: $S_{1,2,x} = 0{,}5\ F'c$, $S_{2,3,x} = 1{,}5\ F'c$, $S_{3,4,x} = 0{,}5\ F'c$; $S_{1,2,y} = 2\ F'c$, $S_{2,3,y} = 3\ F'c$, $S_{3,4,y} = 2\ F'c$; $I_x = 2{,}5\ F'c^2$, $I_y = 10\ F'c^2$, $I_{xy} = 4\ F'c^2$

Die Gurt- und Scheibenkräfte sind für die lotrechte Last in Bild 22, für die waagerechte Last in Bild 23 angegeben. Es kann leicht überprüft werden, daß das System der Längskräfte der Gurte jeweils dem entsprechenden Balkenbiegemoment und das System der Querkräfte der Scheiben jeweils der entsprechenden Balkenquerkraft statisch äquivalent ist.

Ist beispielsweise das Verhältnis der äußeren zur mittleren Spannweite $l_a : l_i = 1 : 8/6$ und bezeichnet man die Eigenlast je Längeneinheit des Binders mit g und die Schneelast mit p, findet man [7] das Balkenbiegemoment der äußeren Felder zu $(0{,}082\ g + 0{,}123\ p)\ l_a^2$, das Balkenbiegemoment der Auflager zu $-(0{,}140\ g + 0{,}157\ p)\ l_a^2$ und die Balkenquerkraft an den Innenseiten der Innenauflager zu $\pm(0{,}667\ g + 0{,}722\ p)\ l_a$.

Die Lösung der Aufgabe nach der Faltwerktheorie führt durch Zerlegung (Bild 24 a) der lotrechten Last q_X in die Scheibenlasten $q_{1,2} = q_{3,4} = 0{,}373\ q_X$, $q_{2,3} = 0{,}943\ q_X$ und durch Zerlegung (Bild 24 b) der waagerechten Last q_Y in die Scheibenlasten $q_{1,2} = q_{3,4} = 0{,}373\ q_Y$, $q_{2,3} = 0{,}471\ q_Y$ wieder zu den gleichen Ergebnissen.

6.4 Kragstütze

Eine Kragstütze mit geschlossenem Querschnitt sei auf den Einfluß einer Querlast q (Bild 25 a) und einer Längslast p (Bild 26 a) nach der Faltwerktheorie untersucht.

Die Querlast q wird mittels des Ritterschen Verfahrens in die Lasten

$$q_1 = \frac{e_1}{h_1} q, \quad q_2 = \frac{e_2}{h_2} q, \quad q_3 = \frac{e_3}{h_3} q$$

der drei Scheiben zerlegt (Bild 25 b). Dabei bezeichnen e_1 die Entfernung der Lastebene und h_1 die Entfernung der Scheibe 1 von dem der Scheibe 1 gegenüberliegenden Gurt 1. Die Entfernungen e_2, h_2, e_3 und h_3 sind sinngemäß definiert. In der Form $q_i\, h_i = e_i\, q$ angeschrieben, mit $i = 1,2,3$, besagen die obigen Gleichungen, daß das

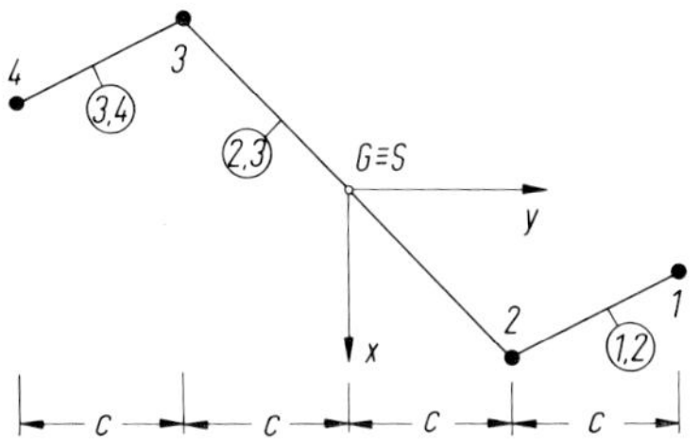

Bild 21. Querschnitt des Dachbinders einer Nordlichthalle

Bild 22. Stab gemäß Bild 21 unter dem Einfluß einer Querlast in der *XZ*-Ebene. a) Last, b) Stabbiegemoment und Gurtkräfte, c) Stabquerkraft und Scheibenquerkräfte

Bild 23. Stab gemäß Bild 21 unter dem Einfluß einer Querlast in der *YZ*-Ebene. a) Last, b) Stabbiegemoment und Gurtkräfte, c) Stabquerkraft und Scheibenquerkräfte

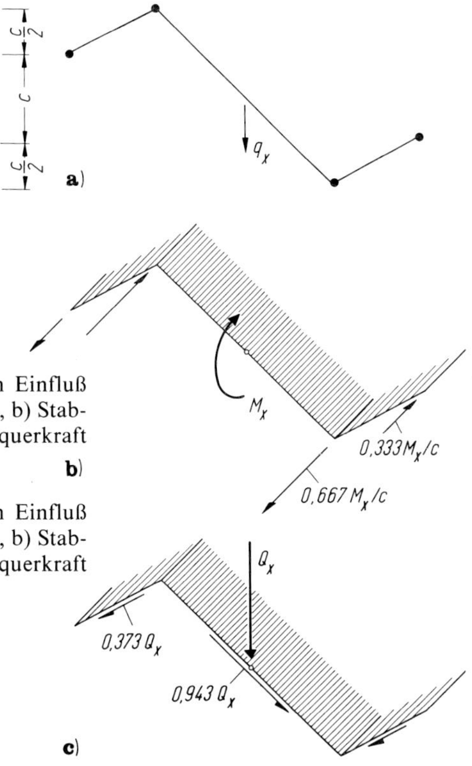

Bild 22

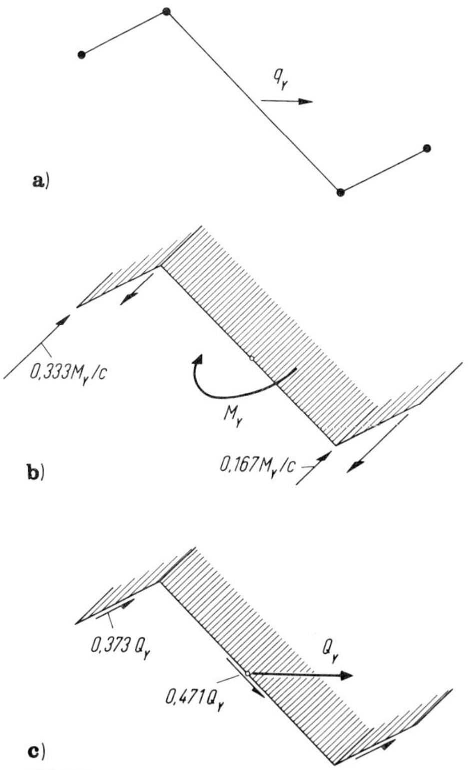

Bild 23

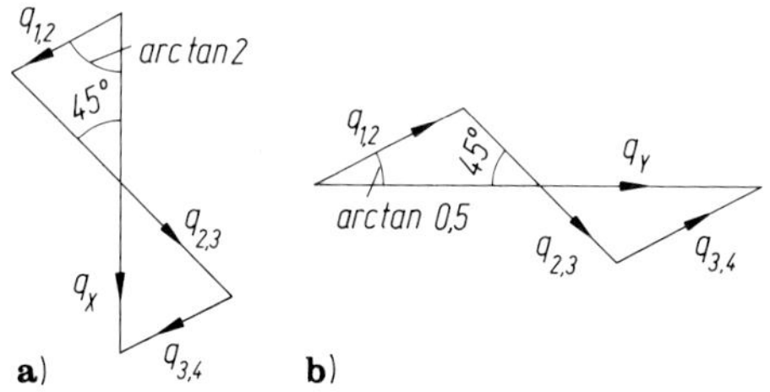

Bild 24. Scheibenlasten des Stabs gemäß Bild 21 aus der Querlast in der *XZ*-Ebene (a) und der Querlast in der *YZ*-Ebene (b)

System der Scheibenlasten der Last äquivalent ist. Die Kräfte der Füllstäbe ergeben sich aus den Querkräften des jeweiligen Fachwerks. Die Gurtkräfte der drei Fachwerke folgen aus ihren Biegemomenten, indem diese in Kräftepaare aufgespaltet werden. Die Gurtkräfte des Fachwerkstabes erhält man durch Überlagerung der Beiträge der zwei jeweils benachbarten Fachwerke.

Die Winkel, die die drei Scheiben miteinander einschließen, ändern sich, so daß die Querschnittsform bei der Belastung nicht erhalten bleibt.

Die Längslast p wird nach Gesetzen der Mechanik in die drei Gurtkräfte

$$n_1 = \frac{f_1}{h_1} p, \quad n_2 = \frac{f_2}{h_2} p, \quad n_3 = \frac{f_3}{h_3} p$$

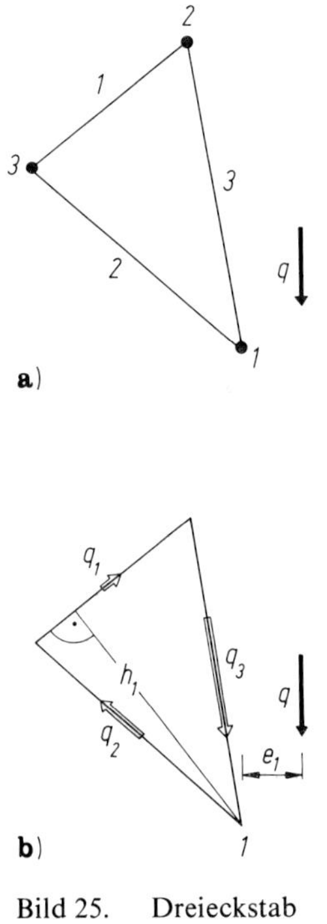

Bild 25. Dreieckstab unter Querlast. a) Querschnitt und Last, b) Zerlegung der Last in Scheibenlasten

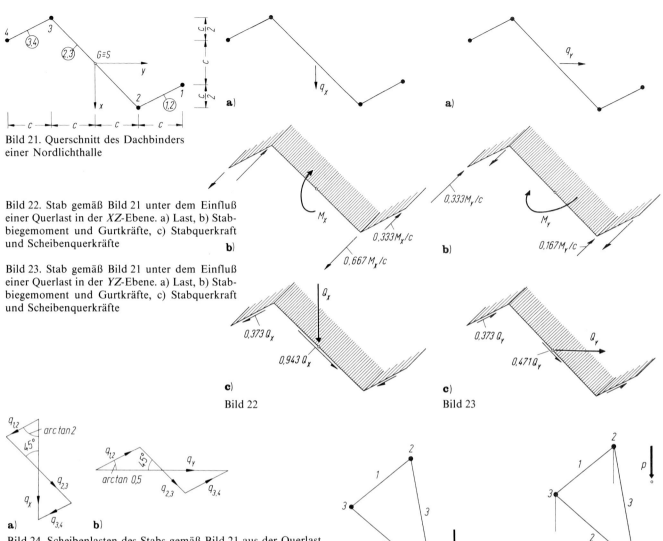

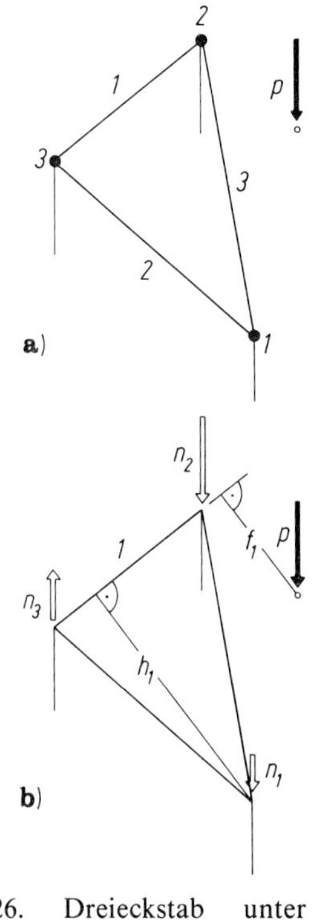

Bild 26. Dreieckstab unter Längslast. a) Querschnitt und Last, b) Zerlegung der Last in Gurtlasten

zerlegt (Bild 26 b). Dabei bezeichnet f_1 die Entfernung der Lastlinie von der dem Gurt 1 gegenüberliegenden Scheibe 1. Die Entfernungen f_2 und f_3 sind sinngemäß definiert. Die Füllstäbe bleiben bei der Einwirkung von Längslasten unbeansprucht.

6.5 Aussteifende Stütze eines Geschoßbaues

Es ist die aussteifende Stütze des Geschoßbaues gemäß Bild 3 unter dem Einfluß einer beliebigen Querlast mittels der Stabtheorie zu untersuchen. Zum Vergleich ist die Aufgabe für einen Lastfall nach der Faltwerktheorie zu lösen. Ferner ist die Beziehung der Schnittkräftezustände der beiden Verfahren zu analysieren.

6.5.1 Querschnittswerte (Bild 27)

Schwerpunkt: $x'_G = -\,b/2,\ y'_G = -\,b/4$

Axiale Flächenmomente: $S_{1,2,x} = -\,0{,}25\ F'b^2$, $S_{2,3,x} = 0{,}25\ F'b^2$, $S_{3,4,x} = 0{,}75\ F'b^2$, $S_{4,5,x} = 0{,}25\ F'b^2$; $S_{1,2,y} = -\,0{,}375\ F'b^2$, $S_{2,3,y} = -\,1{,}125\ F'b^2$, $S_{3,4,y} = -\,0{,}875\ F'b^2$, $S_{4,5,y} = -\,0{,}625\ F'b^2$; $I_x = F'b^2$, $I_y = 1{,}75\ F'b^2$, $I_{xy} = -\,0{,}5\ F'b^2$

Hauptrichtungen und Hauptträgheitsmomente: $\tan\varphi = 0{,}5$, $\varphi = 26{,}6°$, $I_u = 0{,}75\ F'b^2$, $I_v = 2\ F'b^2$

Sektorielle Hilfsquerschnittswerte ($C = G$): $\overline{\omega}_{1,2} = 0{,}75\ b^2$, $\overline{\omega}_{2,3} = 0{,}50\ b^2$, $\overline{\omega}_{3,4} = 0{,}25\ b^2$, $\overline{\omega}_{4,5} = -\,0{,}50\ b^2$; $\overline{\omega}_1 = 0$, $\overline{\omega}_2 = 0{,}75\ b^2$, $\overline{\omega}_3 = 1{,}25\ b^2$, $\overline{\omega}_4 = 1{,}50\ b^2$, $\overline{\omega}_5 = 1{,}00\ b^2$; $I'_{x\omega} = 0$, $I'_{y\omega} = 0{,}75\ F'b^3$

Schubmittelpunkt: $x_S = 0{,}50\ b$, $y_S = -\,0{,}25\ b$

Sektorielle Koordinaten: $\omega'_1 = 0$, $\omega'_2 = 0{,}50\ b^2$, $\omega'_3 = 0{,}50\ b^2$, $\omega'_4 = b^2$, $\omega'_5 = 0$; $\omega'_0 = 0{,}50\ b^2$; $\omega_1 = -\,0{,}50\ b^2$, $\omega_2 = 0$, $\omega_3 = 0$, $\omega_4 = 0{,}50\ b^2$, $\omega_5 = -\,0{,}50\ b^2$

Sektorielle Flächenmomente: $S_{1,2,\omega} = -\,0{,}25\ F'b^2$, $S_{2,3,\omega} = -\,0{,}25\ F'b^2$, $S_{3,4,\omega} = -\,0{,}25\ F'b^2$, $S_{4,5,\omega} = 0{,}25\ F'b^2$; $I_\omega = 0{,}50\ F'b^4$

6.5.2 Schnittkräfte der Stabtheorie

Die Normalspannungen, Gurt- und Scheibenkräfte sind für eine Querlast in der *XZ*-Ebene in Bild 28, für eine Querlast in der *YZ*-Ebene in Bild 29 und für eine Drehlast in Bild 30 dargestellt.

Für eine Windlast $q = 6\ b\ w$ auf die längeren Fassaden, in der $+x$-Richtung, ist $q_X = q$ und $q_Z = q\,b/2$. Hiermit betragen die Stützenschnittkräfte am unteren Rand $M_X = -\,q\,H^2/2$, $M_Y = 0$, $M_\omega = -\,q\,b\,H^2/4$, $Q_x = q\,H$, $Q_y = 0$, $Q_\omega = q\,b\,H/2$.

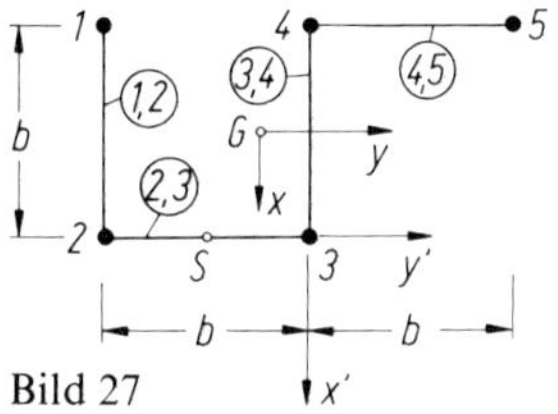

Bild 27

Bild 27. Aussteifende Stütze eines Geschoßbaues

Bild 28. Stab gemäß Bild 27 unter dem Einfluß einer Querlast in der *XZ*-Ebene. a) Last, b) Diagramm der Normalspannung, c) Stabbiegemoment und Gurtkräfte, d) Stabquerkraft und Scheibenquerkräfte

Bild 29. Stab gemäß Bild 27 unter dem Einfluß einer Querlast in der *YZ*-Ebene. a) Last, b) Diagramm der Normalspannung, c) Stabbiegemoment und Gurtkräfte, d) Stabquerkraft und Scheibenquerkräfte

Bild 30. Stab gemäß Bild 27 unter dem Einfluß einer Drehlast. a) Last, b) Diagramm der Normalspannung, c) Stabbimoment und Gurtkräfte, d) Stabtorsionsmoment und Scheibenquerkräfte

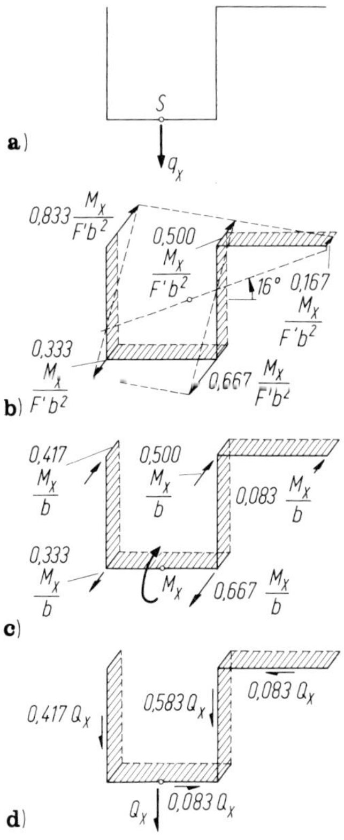

Bild 28

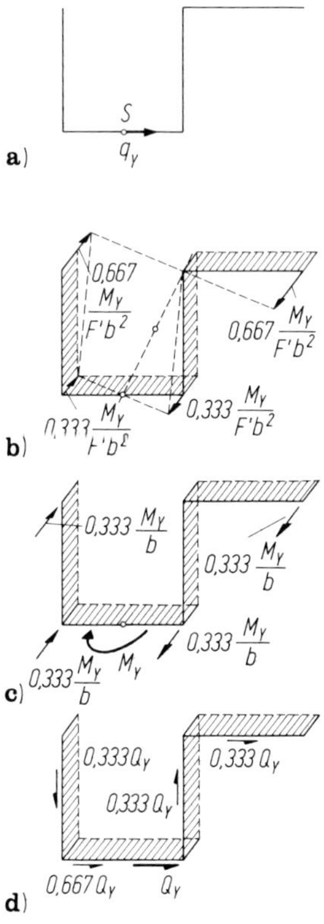

Bild 29

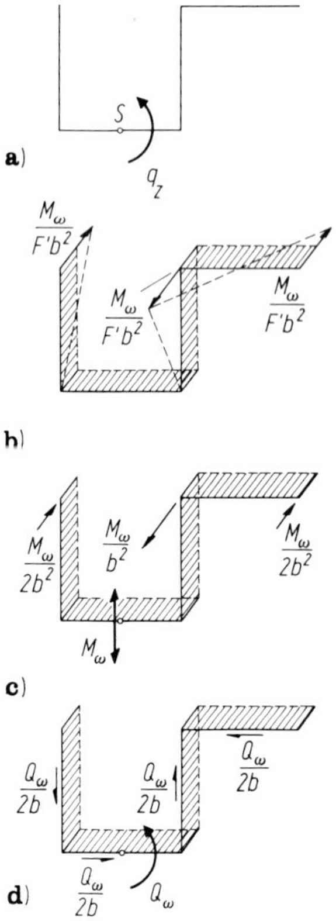

Bild 30

6.5.3 *Schnittkräfte der Faltwerktheorie und Vergleich der Ergebnisse*

Zum Vergleich sei der Einfluß der Querlast in der *YZ*-Ebene nach der Faltwerktheorie untersucht. Die Last wird nun offensichtlich zur Gänze vom belasteten Fachwerk 2,3 aufgenommen. Der Schnittkräftezustand ist aus Bild 31 ersichtlich. Die Gurte 1, 4 und 5 und die Füllstäbe der Fachwerke 1,2, 3,4 und 4,5 bleiben unbeansprucht. Der Schnittkräftezustand ist hiermit von jenem der Stabtheorie (Bild 29) grundverschieden.

6.5.4 *Beziehung der Schnittkräftezustände der Stab- und der Faltwerktheorie*

Das gegenseitige Verhältnis der Stab- und der Faltwerktheorie wird durch die Betrachtung der den beiden entsprechenden Verformungszustände festgestellt. Der Stabtheorie liegt die Annahme der Erhaltung der Querschnittsform zu Grunde; bei der Einwirkung der Last verschieben sich die Querschnitte, ohne sich dabei zu verformen. In der Faltwerktheorie ist diese Zwängung nicht enthalten. Die Scheiben durchbiegen sich in ihrer Ebene, ohne dabei durch die anderen behindert zu werden; die Winkel, die benachbarte Innenscheiben einschließen, ändern sich, so daß die Querschnittsform nicht erhalten bleibt.

Im behandelten Beispiel kommt es nach der Faltwerktheorie zu einer Änderung des Winkels, den die benachbarten Innenscheiben 2,3 und 3,4 einschließen. Um diese zu ermitteln, läßt man auf die Stütze eine entsprechende virtuelle Last, die längs der Stütze desgleichen verteilt ist wie die Last, einwirken. Die als Vergrößerung positive Winkeländerung für ein beliebiges z ermittelt man (Bild 32) mittels des Mohrschen Satzes der Baustatik, anhand der Dehnungen der Gurte, zu

$$\Delta = -4\varrho\, q_Y/b$$

Mit ϱ ist eine Konstante bezeichnet.

Man faßt nun das gelenkknotige System der Faltwerktheorie als Grundsystem des innerlich statisch unbestimmten starrknotigen Systems der Stabtheorie auf und bringt längs der die Innenscheiben 2,3 und 3,4 verbindenden Kante 3 die X_1-fache besprochene virtuelle Last als statisch überzählige Größe an. Die $1/X_1$-fache statisch überzählige Größe, also die virtuelle Last selbst, ruft eine Winkeländerung hervor, die sich, wieder mittels des Mohrschen Satzes (Bild 32), zu

$$\delta = 12\varrho/b^2$$

ergibt.

Die Grundgleichung des Kraftgrößenverfahrens legt nun jenen Wert des Multiplikators X_1 und hiermit der statisch

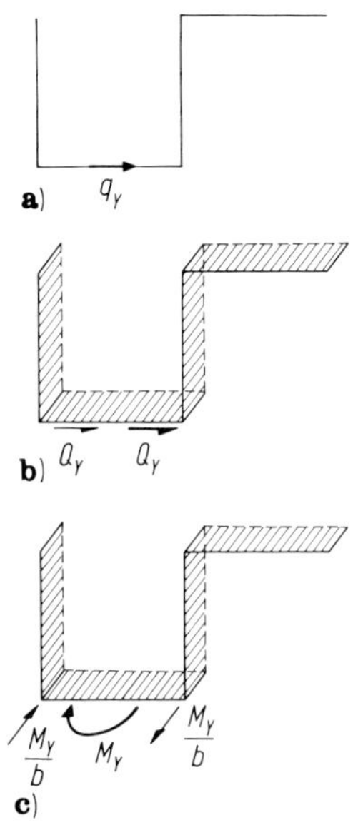

Bild 31. Stab gemäß Bild 27 unter dem Einfluß einer Querlast in der *YZ*-Ebene. a) Last, b) Stabquerkraft und Scheibenquerkräfte, c) Stabbiegemoment und Gurtkräfte

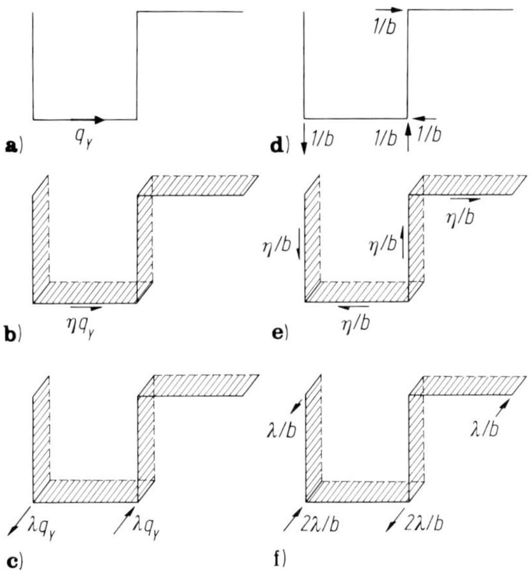

Bild 32. Zur Ermittlung der Änderung des Winkels, den die zwei Innenscheiben des Stabes gemäß Bild 27 miteinander einschließen. a) Querlast in der *YZ*-Ebene, b) Entsprechende Scheibenquerkräfte, c) Entsprechende Gurtkräfte, d) Virtuelle Last, e) Entsprechende Scheibenquerkräfte, f) Entsprechende Gurtkräfte

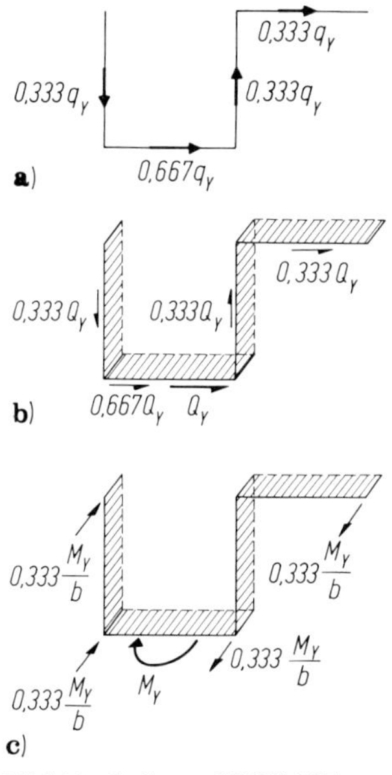

Bild 33. Stab gemäß Bild 27 unter dem Einfluß der resultierenden Last aus der Querlast und der entsprechenden Nullast, die die Erhaltung der Querschnittsform erzwingt. a) Last, b) Stabquerkraft und Scheibenquerkräfte, c) Stabbiegemoment und Gurtkräfte

überzähligen Größe fest, der die aus der Last q_Y sich einstellende Winkeländerung längs der inneren Innenkante 3 zu Null macht,

$$X_1 = -\frac{\Delta}{\delta} = q_Y b/3$$

Der endgültige Zustand ergibt sich nach dem Kraftgrößenverfahren durch Überlagerung der Beiträge der Last und der statisch überzähligen Größe (Bild 33). Er ist mit jenem der Stabtheorie (Bild 29) identisch.

Die statisch überzählige Größe hat keine Resultierende, weder eine Kraft noch ein Moment, und stellt daher eine Nullast dar. Sie erzeugt aber Längskräfte in den Gurten und Querkräfte in den Scheiben, die gerade so groß sind, daß sie die zufolge der Last q_Y sich einstellende Änderung des Winkels, den die zwei Innenscheiben bilden, zu Null abbaut.

Hiermit ist gezeigt, daß der Schnittkräfte- und der Verformungszustand der Stabtheorie aus jenen der Faltwerktheorie durch Überlagerung der Beiträge einer Nullast erhalten werden können.

7 Schlußwort

Zur einfachen Bemessung vielfeldriger prismatischer Fachwerkstäbe wurden die Theorie gegliederter Stäbe und die Theorie gegliederter Faltwerke entwickelt. Die erste baut auf der Theorie vollwandiger Stäbe, die zweite auf der Theorie vollwandiger Faltwerke auf. Die Füllstäbe der den Stab bildenden ebenen Fachwerke wurden dabei durch je eine Schubscheibe ersetzt, womit das diskrete System in ein stetiges überführt wurde.

Die Theorie gegliederter Stäbe ist immer dann zutreffend, wenn Queraussteifungen die Erhaltung der Querschnittsform gewährleisten. Ansonsten ist die Theorie gegliederter Faltwerke angebracht. Ist der Stab aus nicht mehr als drei Fachwerkscheiben aufgebaut und ist der Querschnitt offen, sind, wie bei vollwandigen Stäben, die Ergebnisse der beiden Theorien identisch.

Vielfältige Beispiele aus dem Ingenieurhochbau zeigen die praktische Anwendung der Verfahren und bringen eine Einsicht in das Tragverhalten einiger zeitgemäßer Flächentragwerke.

8 Literatur

[1] Vlasov, V. Z.: Tonkostennie uprugie steržni. Moskva, Izdatelstvo Akademii nauk SSSR, 1963.

[2] Kollbrunner, C. F. und Basler, K.: Torsion. Berlin/Heidelberg/New York, Springer-Verlag, 1966.

[3] Kollbrunner, C. F. und Hajdin, N.: Dünnwandige Stäbe. Berlin/Heidelberg/New York, Springer-Verlag, 1972.

[4] Ehlers, G.: Die Spannungsermittlung in Flächentragwerken. Beton und Eisen, 15—1930 und 16—1930.

[5] Craemer, H.: Theorie der Faltwerke. Beton und Eisen, 15—1930.

[6] Born, J.: Faltwerke, ihre Theorie und Berechnung. Stuttgart, Konrad Wittwer, 1954.

[7] Zellerer, E.: Durchlaufträger. Schnittkräfte für Gleichlasten. Berlin—München, W. Ernst & Sohn, 1978.

ERNST ZELLERER und HANNS THIEL

Zur Anwendung der Methode der Finiten-Elemente in der Ingenieurpraxis

1 Problemstellung

1.1 Die rasche technische Entwicklung mit Verlassen alter „bewährter“ Wege und mehr oder weniger tief gehenden Neuorientierungen erfaßt auch die tägliche Praxis des konstruierenden und rechnenden Ingenieurs. Zwei Problemkreise seien davon herausgegriffen:

Wirtschaftliche Zwänge erfordern schärfere Materialausnützungen, was bei gleichzeitig erhöhten Ansprüchen an Mängelfreiheit und Sicherheit, extrem gesteigert bei sicherheitsrelevanten Bauwerken, zu immer verfeinerteren Berechnungsmodellen mit Ausdehnung der Nachweise vor allem auch auf bisher rechnerisch nicht oder kaum zugängliche Bereiche, wie Krafteinleitungen, Querschnittsübergängen u. ä. führt. Inwieweit man dabei der angestrebten „Wirklichkeitsnähe“ gerecht wird, ist eine andere Frage und mag dahingestellt bleiben.

Elektronische Rechner erlauben die Lösung und Bewältigung der erweiterten Aufgabenstellungen sowohl qualitativ wie quantitativ und zeitlich, wie dies dem „Handbetrieb“ verwehrt ist.

Offen mag die Frage bleiben, welcher Problemkreis den anderen treibt; Ursache und Wirkung scheinen austauschbar zu sein.

Es liegt in der Natur der Sache, daß die verfeinerten Berechnungsmethoden ihren Preis haben, und zwar sowohl in der Aufbereitung, wie in der Durchführung, wie in der Auswertung, so daß es einiger Erfahrung bedarf, will sie der praktisch tätige Ingenieur zeitsparend und nutzbringend anwenden.

1.2 Eine dieser Methoden ist die der Finiten-Elemente mit ihren hohen Anforderungen:

An den Ingenieur bei der Vorbereitung
bezüglich Modellbildung allgemein, womit sich BOMHARD in [1] kritisch auseinandersetzt, sowie speziellen Fragen, wie Wahl des Elementennetzes mit seinen erforderlichen Verdichtungen oder möglichen Spreizungen der Maschenweiten, Wahl der Kantenlängen bzw. -verhältnisse der Maschen, Einkreisung singulärer Stellen, insbesondere auch solche mit Spannungsspitzen. In der Regel ist der in der Büropraxis stehende Ingenieur hierzu nicht in der Lage und muß sich eines Sonderfachmannes bedienen, der meist kein Statiker ist.

An den Computer
wegen der im allgemeinen unverhältnismäßig großen Anzahl von Rechenschritten, die von vornherein zum Einsatz von Großanlagen zwingt und alles in allem erhebliche Kostenprobleme nach sich zieht.

An den Ingenieur bei der Auswertung,
der in der Regel mit einer Fülle von Einzelwerten und Detailinformationen bei beliebigen Schnittrichtungen konfrontiert wird, aus der er in kürzester Zeit die wesentlichen Ergebnisse herausfiltern soll.
Dabei ist besonders die Gefahr zu beachten, daß die FE-Methode stets ein Ergebnis liefert, ohne daß hierfür Übereinstimmung mit den theoretischen Randbedingungen gegeben oder gar die Gleichgewichtsbedingungen eingehalten sein müssen.

Zu den angesprochenen Problemen darf insgesamt auf [1] verwiesen werden.

Man wird daher zur Vermeidung von Mißerfolg bestrebt sein, durch geschlossene theoretische Ansätze mit ihren funktionellen Zusammenhängen an geeigneten Querschnitten sichere Kontrollmöglichkeiten zu schaffen, wobei die Praxis des Verfassers bei Bearbeitung von Behälterproblemen zeigte, daß Finite-Element-Methode und Schalentheorie sich korrigierend zu ergänzen vermögen und so in der Regel ein informativeres und auch relativ schnelleres Ergebnis liefern, als es mit einem der beiden Verfahren für sich alleine möglich wäre.

Im folgenden wird dies am Beispiel von Druckbehältern gezeigt, die für den Schiffstransport verflüssigter Gase

durch eine im Scheitelbereich der gewölbten Böden angeordnete, ebene Platte zusammengespannt und so gegen seitliche Kräfte stabilisiert werden [2]. Es handelt sich hierbei um eine Entwicklung der Linde-AG auf dem Gebiet der LNG-Technologie.

1.3 Problemstellung dabei ist die Erfassung der durch die „Einspannung" des gewölbten Bodens in die Platte im Schalentragwerk entstehenden Störspannungen aus Haltekraft und Biegemoment, wofür die Literatur keine geschlossene Lösung angibt.

Der Verfasser knüpft hierbei an eine von Prof. v. HALASZ im Jahre 1967 für die „Bautechnik" angenommene Arbeit an [3], die inzwischen in das Vorschriftenwerk des TÜV mit seinen international anerkannten und gebrauchten AD-Merkblättern eingegangen ist (siehe: AD-Merkblatt B 1, Ausgabe 1977, Berechnung von Druckbehältern. Zylindrische Mäntel und Kugeln unter innerem Überdruck. Herausgeber: Vereinigung der Technischen Überwachungsvereine e.V. Essen) und somit den Regeln der Technik zugesprochen wird.

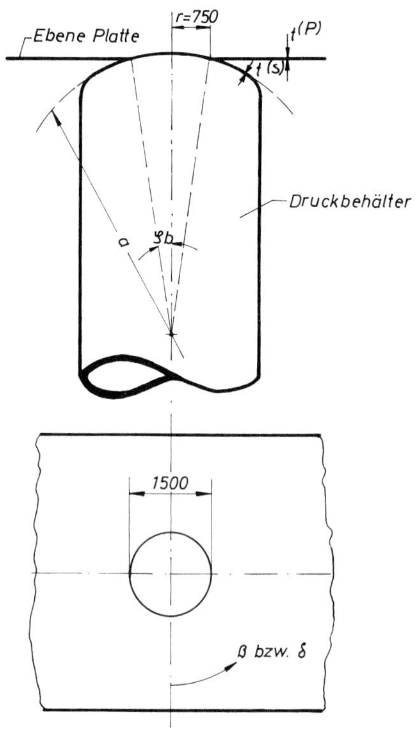

Bild 1. Behältergeometrie

2 Geometrische Größe des Behälters und Berechnungskennwerte

2.1 Geometrie (Bild 1)

p = 3,0 bar ≙ 0,3 N/mm^2
μ = 0,3 (Querdehnzahl)
a = 3 000 mm
r = 750 mm
$t^{(S)}$ = 15 mm (Dicke der Schale)
$t^{(P)}$ = 15 mm (Dicke der Platte)
$\sin\varphi_b = 750/3\,000 = 0{,}25$
$\varphi_b \cong 14{,}5°$
$\cot\varphi_b = +3{,}8714$ für oberen Abschnitt
$\cot\varphi_b = -3{,}8714$ für unteren Abschnitt
β = Orientierung für Berechnung mit Finiten Elementen
$\beta = \vartheta$ = Orientierung für Berechnung nach der Schalentheorie

2.2 Schalen-Abklingungszahl

$$k = 1{,}285 \cdot \sqrt{a/t} = 1{,}285 \cdot \sqrt{3\,000/15} = 18{,}17$$
$$\cot\varphi/k = 3{,}8714/18{,}17 = 0{,}213$$

2.3 Ungestörte Membranspannung im gewölbten Boden

$$\sigma_M = p \cdot a/2 \cdot t = 0{,}3 \cdot 3\,000/2 \cdot 15 = 30\ \text{N/mm}^2$$

3 Berechnung des Behälters nach der Schalentheorie

3.1 Vorbemerkung

Die Berechnung des Druckbehälters als Schalentragwerk für Innendruck, hydrostatischen Druck usw. kann nach den einschlägigen Vorschriften (z. B. AD-Merkblättern) erfolgen, wobei die einfach zu handhabende Membrantheorie zugrunde liegt.

Dagegen gestaltet sich die Erfassung des Einflusses der ebenen Platte auf den gewölbten Boden relativ schwierig. Infolge der Behinderung der Verformung des gewölbten Bodens durch die ebene Platte entstehen bei Innendruck sowie seitlicher Beschleunigung zusätzliche Störspannungen, die als Biege- und Normalspannungen wirken. Die Verformungsbehinderung kann auch als Einschnürung gesehen werden, wobei für den gewölbten Boden keine geschlossene Lösung bekannt ist. Für die Einschnürung von Zylindern wurde sie in [3] abgeleitet und für Innendruck ausgewertet, wovon im weiteren analog ausgegangen wird.

3.2 Berechnungsansätze

Grundlage sind die in der Literatur angegebenen analytischen Lösungen für die Beanspruchungen der sog. „Langen Schale“ [4, 5, 6, 7], womit wegen Wegfalls statisch Unbestimmter gegenüber dem Ansatz der „Kurzen Schale“ ein etwas vereinfachter Rechenaufwand möglich ist. Dabei wurde angenommen, daß der Abstand zwischen Ansatzpunkt der Platte und der Krempe so groß ist, daß keine gegenseitige Beeinflussung mehr gegeben ist.

Der Abstand zwischen Ansatzpunkt der Platte und dem Scheitel des gewölbten Bodens ist zwar klein, die Grenzbedingungen für den Störeinfluß sind gem. Literatur jedoch noch erfüllt.

In der herangezogenen Literatur gem. vor, weisen die Formeln wegen unterschiedlich definierter Schalenkenngrößen ein unterschiedliches Aussehen auf, obwohl sie dem Inhalt nach übereinstimmen.

Für die unmittelbare Anwendung bedarf es daher zunächst einer praxisgerechteren Aufbereitung, wobei sich nachfolgende Darstellung bewährt hat. Des weiteren sind sorgfältige Überlegungen zwecks Übertragung der auf idealisierenden Voraussetzungen entwickelten Formeln auf das vorliegende Problem mit seinen speziellen, von modelltheoretischen Vorstellungen mehr oder weniger abweichenden Randbedingungen erforderlich.

Für vorliegenden Fall werden zunächst die Grundfunktionen benötigt für (Bild 2):

Randkraft H:

$$Q_\varphi = \left[-\sqrt{2}\cdot\sin\varphi_b\cdot e^{-k\alpha}\cdot\cos(k\alpha+\pi/4)\right]\cdot H$$

$$N_\varphi = -\,Q_\varphi\cdot\cot\varphi$$

$$N_\vartheta = \left[2\,k\cdot\sin\varphi_b\cdot e^{-k\alpha}\cdot\cos(k\alpha)\right]\cdot H$$

$$M_\varphi = \left[\frac{r}{k}\cdot\sin\varphi\cdot e^{-k\alpha}\cdot\sin(k\alpha)\right]\cdot H$$

$$M_\vartheta = \left[-\frac{r}{k^2\cdot\sqrt{2}}\cdot\sin\varphi\cdot\cot\varphi\cdot e^{-k\alpha}\cdot\sin(k\alpha+\pi/4)\right]\cdot H + M_\varphi\cdot\mu$$

$$E\cdot t\cdot\zeta = \left[r\cdot\sin\varphi\cdot(2\,k\sin\varphi-\cos\varphi)\right]\cdot H$$

$$E\cdot t\cdot\varkappa = (-\,2\,k^2\cdot\sin\varphi)\cdot H$$

Randmoment M

$$Q_\varphi = \left(\frac{2\,k}{r}\cdot e^{-k\alpha}\cdot\sin k\alpha\right)\cdot M$$

$$N_\varphi = -\,Q_\varphi\cdot\cot\varphi$$

$$N_\vartheta = \left[2\cdot\sqrt{2}\cdot\frac{k^2}{r}\cdot e^{-k\alpha}\cdot\cos(k\alpha+\pi/4)\right]\cdot M$$

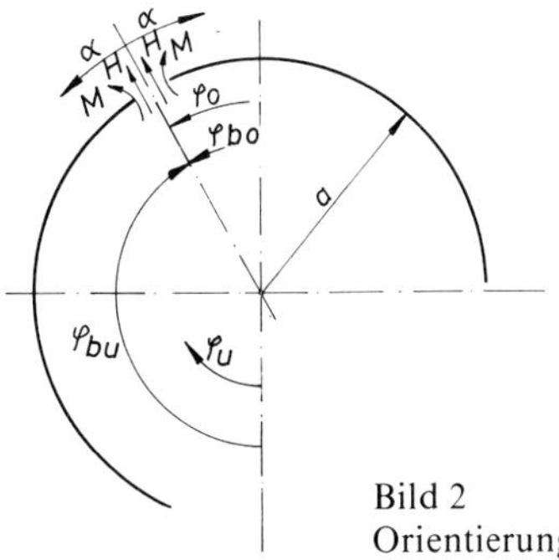

Bild 2
Orientierung für Schnittkräfte

$$M_\varphi = \left[\sqrt{2}\cdot e^{-k}\cdot\sin(k\alpha+\pi/4)\right]\cdot M$$

$$M_\vartheta = \left(\frac{1}{k}\cdot\cot\varphi\cdot e^{-k\alpha}\cdot\cos k\alpha\right)\cdot M + M_\varphi\cdot\mu$$

$$E\cdot t\cdot\zeta = (2\,k^2\cdot\sin\varphi)\cdot M$$

$$E\cdot t\cdot\varkappa = -\frac{4\,k^3}{r}\cdot M$$

Die Formeln gelten nur für dünne Schalen mit $a/t \gg 1$, wie im Behälterbau im allgemeinen gegeben. Bei flachen Schalen mit kleinem Winkel φ_b werden sie ungenau.

Zur praktischen Handhabung wird folgende, verkürzende Schreibweise eingeführt:

$$e^{-k\alpha}\cdot\sin k\alpha = S$$

$$e^{-k\alpha}\cdot\cos k\alpha = C$$

mit den Summen $C + S$ und $C - S$.

Speziell für die Ränder mit $\alpha = 0$ gilt dann:

$$S = 0$$

$$C = C + S = C - S = 1$$

Die Funktionen für S, C, $(C + S)$, $(C - S)$ sind in Abhängigkeit von $k\,\alpha$ tabelliert, siehe [5] und [6].

Die funktionsmäßigen Verläufe siehe Bild 3.

Die Abklingungszahl

$$k = \sqrt[4]{3\,(1-\mu^2)}\cdot\sqrt{\frac{a}{t}} = 1{,}285\cdot\sqrt{a/t}$$

für $\mu = 0{,}3$ wird gemäß [4, 5, 6] eingeführt.

3.3 Verkürzte Schreibweise der Schnittkräfte

Nach entsprechenden Umformungen ergibt sich folgendes Formelschema, wobei die Verschiebewerte $E\cdot t\cdot\zeta$ bzw. $E\cdot t\cdot\varkappa$ nur für die interessierenden Randpunkte angegeben werden.

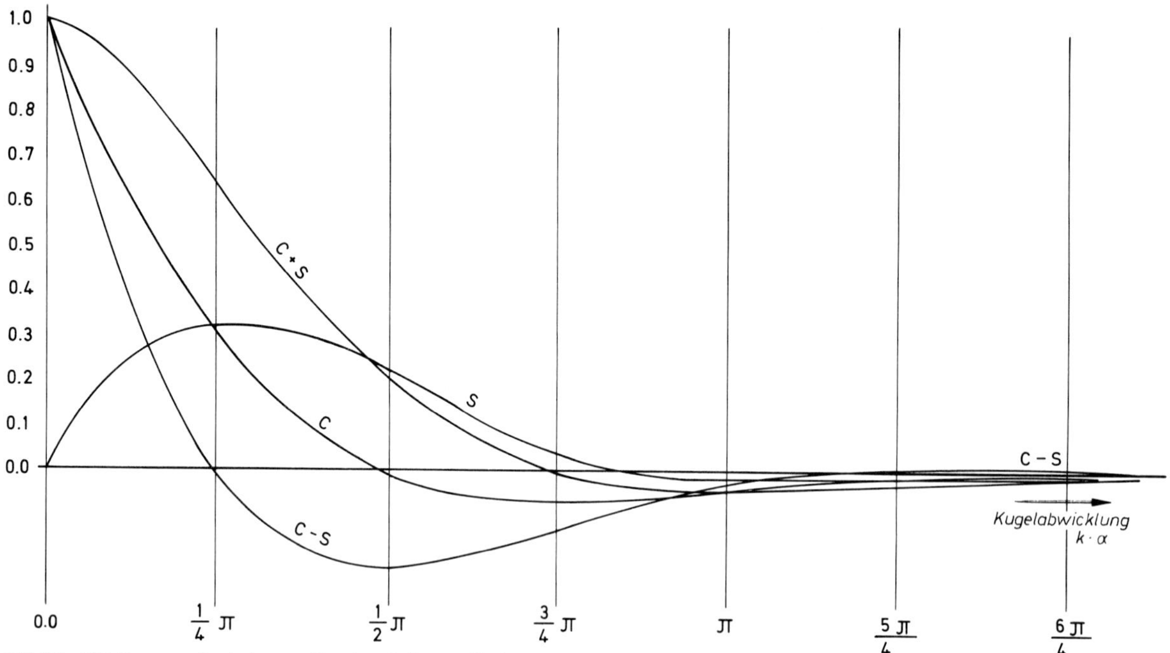

Bild 3. Abklingungsfunktionen für den Störungsfluß

	Spaltenfaktor für Randlast H: $k \cdot H \cdot \sin\varphi_b$	Spaltenfaktor für Randmoment M: $\frac{2\,k^2}{a} \cdot M$	
$Q_\varphi = +\frac{1}{k}$	$-(C-S)$	$+S$	
$N_\varphi = \frac{\cot\varphi}{k}$	$+(C-S)$	$-S$	
$N_\vartheta =$	$+2\,C$	$+(C-S)$	
$M_\varphi = +\frac{a}{2\,k^2}$	$+2\,S$	$+(C+S)$	
$M_\vartheta = +\frac{a}{2\,k^2}\cdot\frac{\cot\varphi}{k}$	$+(C+S)$	$+C$	$+\mu \cdot M_\varphi$
$E \cdot t \cdot \zeta = a \sin\varphi_b$	$+2$	$+1$	
$E \cdot t \cdot \varkappa = 2\,k$	$+1$	$+1$	

Der genaue Wert für die Verschiebung infolge Randkraft H beträgt:

$$E \cdot t \cdot \zeta = 2\,a\,k \cdot \sin^2\varphi_b \left[1 \mp \frac{\mu \cdot \cot\varphi_b}{2\,k}\right] \cdot H$$

(oberes Vorzeichen gilt für den oberen Schalenabschnitt).

Der 2. Summand ist bei genügendem Abstand vom Pol und $k \gg 1$ vernachlässigbar, was für vorliegenden Behälter zutrifft.

3.4 Verkürzte Schreibweise der Spannungen

Außer den Schnittkräften sind auch die Spannungen im Schema darstellbar.

Mit der Normalspannung $\sigma_n = N/t$ und der Biegespannung $\sigma_b = 6\,M/t^2$ sowie dem Faktor $6\,a/2\,k^2 \cdot t = 1{,}816$ folgt:

	Spaltenfaktor für Randkraft H: $k \cdot H \cdot \sin\varphi_b/t$	Spaltenfaktor für Randmoment M: $\frac{2\,k^2}{a\quad t} \cdot M$	
$\tau_\varphi = \frac{1}{k}$	$-(C-S)$	$+S$	
$\sigma_{n\varphi} = +\frac{\cot\varphi}{k}$	$+(C-S)$	$-S$	
$\sigma_{n\vartheta} =$	$+2\,C$	$+(C-S)$	
$\sigma_{b\varphi} = \pm 1{,}816$	$+2\,S$	$+(C+S)$	
$\sigma_{b\vartheta} = \pm 1{,}816 \cdot \frac{\cot\varphi}{k}$	$+(C+S)$	$+C$	$+\mu_b$

Bei den Biegespannungen gilt das obere Vorzeichen für die Schaleninnenseite, das untere für die Außenseite.

3.5 Anwendung auf den gewölbten Boden unter Innendruck

3.5.1 Gleichgewichtssystem für die Verformungsbehinderung des gewölbten Bodens durch die ebene Platte

Für den Anschnittpunkt lassen sich mittels der Verformungsgleichungen (z. B. nach δ_{ik}-Verfahren) die Schnittkräfte H und M ermitteln (Bild 4).

Beachtet man, daß sich aus Symmetriegründen der Schnittpunkt nicht verdrehen kann, ergibt sich aus dem Schema sofort:

$$E \cdot t \cdot \varkappa = 0 = 2 \cdot k \cdot \left[k \cdot H \cdot \sin \varphi_b + \frac{2\,k^2}{a} \cdot M \right]$$

$$k \cdot H \cdot \sin \varphi_b = -\frac{2\,k^2}{a} \cdot M$$

Mit dieser Beziehung lassen sich in der verkürzten Schreibweise für Innendruck beide Spaltenfaktoren wie folgt zusammenziehen:

	Spaltenfaktor $k \cdot H \cdot \sin \varphi_b / t$	
$\tau_\varphi \;= +\dfrac{1}{k}$	$-C$	
$\sigma_{n\varphi} \;= +\dfrac{\cot \varphi}{k}$	$+C$	
$\sigma_{n\vartheta} \;=$	$+(C+S)$	
$\sigma_{b\varphi} \;= \pm 1{,}816$	$-(C-S)$	
$\sigma_{b\vartheta} \;= \pm 1{,}816 \cdot \dfrac{\cot \varphi}{k}$	$+S$	$+\mu \cdot \sigma_{b\varphi}$
*) $E \cdot \zeta = a \cdot \sin \varphi_b$	$+1$	
*) $E \cdot \varkappa = 2\,k$	0	

*) Nur für den Rand von Interesse.

3.5.2 Bestimmung des Einschnürungsgrades

a) Bei bekannter Horizontalkraft H (eines Schalenrandes) bzw. $2\,H$ der ebenen Platte lassen sich sofort sämtliche Spannungen angeben.

b) Bei nicht bekannter Horizontalkraft ist es erforderlich, von den Verformungen der Schale und der ebenen Platte auszugehen.

In diesem Fall ist die Einführung des sog. Einschnürungsgrades zweckmäßig [3], der vom Verhältnis der Steifigkeiten von gewölbtem Boden und der die Verformung behindernden Platte abhängig ist. Seine Grenzwerte liegen bei $A = 0$ bei ungehinderter und $A = 1$ bei vollständig behinderter Verformung.

Aus der Bedingungsgleichung für die Verformungen gilt:

$$\zeta^{(S)} + \zeta^{(P)} + \zeta^{(M)} = 0$$

mit $\zeta^{(S)}$ = Dehnung der Schale
$\zeta^{(P)}$ = Dehnung der Platte
$\zeta^{(M)}$ = Dehnung der Schale infolge Innendruck.

Durch Einführung von $\omega = \dfrac{\zeta^{(S)}}{\zeta^{(P)}}$ wird

$$\zeta^{(S)} + \frac{1}{\omega} \cdot \zeta^{(S)} + \zeta^{(M)} = 0$$

$$\zeta^{(S)} = -\zeta^{(M)} \cdot \frac{\omega}{\omega + 1} = -\zeta^{(M)} \cdot A$$

wobei

$$E \cdot \zeta^{(M)} = \sigma_M \cdot (1 - \mu) \cdot a \cdot \sin \varphi_b$$

$$\sigma_M = p \cdot a / 2\,t$$

(= bekannte Membranspannung der Kugel)

$$A = \frac{\omega}{\omega + 1}$$

ist.

Für den Spaltenfaktor folgt aus der Gleichung für ζ:

$$E \cdot \zeta\text{:}\; a \cdot \sin^2 \varphi_b \cdot k \cdot H/t = -A \cdot \sigma_M (1 - \mu) \cdot a \cdot \sin \varphi_b$$

$$k \cdot H \cdot \sin \varphi_b / t = -A \cdot \sigma_M \cdot (1 - \mu)$$

Für die Verformungen gilt:

Schale: $E \cdot \zeta^{(S)} = a \cdot \sin^2 \varphi_b \cdot k \cdot H / t^{(S)}$
Platte: analoge Verformungsberechnungen.

3.6 Anwendung auf die Kugelkalotte bei Horizontallast

Aus den Grundgleichungen ergibt sich mit den gleichen Überlegungen, Umformungen usw. für den Anschnittpunkt folgendes Schema, wobei zu berücksichtigen ist, daß sich die Horizontalkraft H entsprechend der Winkelfunktion $\sin \vartheta$ ändert und die Schubkraftverteilung der Funktion $\cos \vartheta$ entspricht.

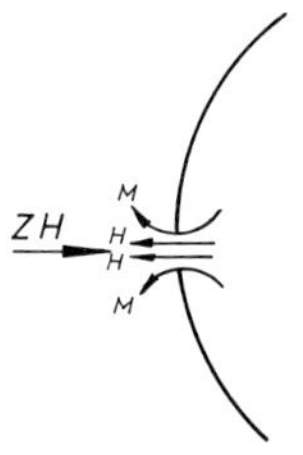

Bild 4. Gleichgewicht an der Schnittstelle

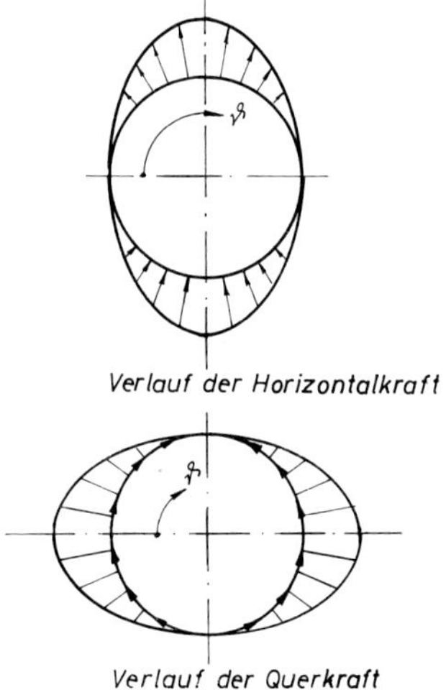

Bild 5

	Spaltenfaktor für Horizontalkraft H: $k \cdot H \cdot \sin \varphi_b \cdot \sin \vartheta / t$	
$\tau_\varphi = +\frac{1}{k}$	$-C$	
$\tau_\vartheta = +\frac{1}{k} \cdot \frac{1}{2\,k \cdot \sin \varphi} \cdot \cot \vartheta$	$-(C-S)$	
$\sigma_{n\varphi} = +\frac{\cot \varphi}{k}$	$+C$	
$\sigma_{n\vartheta} = +1$	$+(C+S)$	
$\sigma_{n\varphi\vartheta} = +\frac{1}{k \cdot \sin \varphi} \cdot \cot \vartheta$	$-C$	
$\sigma_{b\varphi} = \pm 1{,}816$	$-(C-S)$	
$\sigma_{b\vartheta} = \pm 1{,}816 \frac{\cot \varphi}{k}$	$+S$	
$\sigma_{b\varphi\vartheta} = \pm(1-\mu) \cdot 1{,}816 \cdot \frac{1}{k \cdot \sin \varphi} \cdot \cot \vartheta$	$+S$	$+\mu \cdot \sigma_{b\varphi}$
$E \cdot \zeta = a \cdot \sin \varphi_b$	$+1$	
$E \cdot \varkappa = 2\,k$	0	Randwerte

Die max. Horizontalkraft ergibt sich für den Punkt $\vartheta = 90°$.

Hierfür ist $\sin \vartheta = 1$ und $\cot \vartheta = 0$, so daß die Spannungen τ_ϑ, $\sigma_{n\varphi\vartheta}$, $\sigma_{b\varphi\vartheta}$ entfallen. Die verbleibenden Spannungen sind identisch mit denen für axialsymmetrische Last.

4 Berechnung des Behälters nach der Methode der Finiten-Elemente (FE)

4.1 Wegen der hohen Sicherheitsanforderungen an das statisch und dynamisch beanspruchte Behältersystem wurde als Kontrolle zu den analytischen Entwicklungen mit ihren idealisierenden Voraussetzungen (Spannungsverläufe nach Kreis-, Hyperbel- und Exponentialfunktionen, Vernachlässigung der Störeinflüsse aus Krempe und Scheitel usw.) eine Gegenrechnung mit der Methode der Finiten-Elemente vorgenommen.

Die Durchführung erfolgte durch den Germanischen Lloyd, Hamburg, nach einem eigenen, modifizierten SAP-Programm [8], wobei zustatten kam, daß der GL bereits erhebliche eigene Erfahrung speziell bei den anstehenden Behälterfragen hat und über eigene Programmentwicklungen verfügt [9].

Zu Vergleichszwecken wurde die FE-Berechnung

a) für die wirkliche Bodenwölbung

b) für den Boden als fiktive Halbkugelschale

durchgeführt.

Der enorme Aufwand der FE-Methode selbst bei dieser klaren Aufgabenstellung zeigt sich in der Modellbildung mit 435 Knoten, 396 Schalenbiegeelementen und 16 Balkenelementen bei der Grundberechnung, mit weiteren 157 Knoten, 130 Schalenbiegeelementen und 8 Scheibenelementen bei der ersten Ergänzungsberechnung, sowie mit 376 Knoten, 304 Schalenbiegeelementen und 16 Balkenelementen bei der zweiten Ergänzungsberechnung.

Dabei lagen für die Wahl des Elementennetzes bereits die Ergebnisse der funktionellen Zusammenhänge nach der Schalentheorie vor, so daß die kritischen Bereiche mit ihren zu erwartenden Spannungsspitzen durch entsprechend enge Maschenteilung von vornherein eingekreist werden konnten.

Bild 6 zeigt das Elementennetz eines maßgeblichen Auswertungsschnittes mit der verdichteten Unterteilung bei den Elementen 200, 216, 232 und 248 im Bereich des Plattenanschlusses (Bild 7).

Die Auswertung bestätigte die getroffene Einteilung als zweckmäßig und optimal.

4.2 Für die Ermittlung der Spannungen aus den Computerausdrucken gelten folgende Beziehungen:

Mit der Normalkraft S [N/mm] und der Wanddicke $t = 15$ mm folgen:

Normalspannung $\sigma_n = S/t = 6{,}67 \cdot S$ [N/mm²]
Biegespannung $\sigma_b = 6 \cdot M/t^2 = 266{,}7 \cdot M$ [N/mm²]

5 Vergleich der Rechenergebnisse zwischen analytischer Lösung und Methode der Finiten-Elemente

5.1 Vorbemerkung

Der im folgenden gezeigte, im Rahmen des Genehmigungsverfahrens geführte Vergleich beschränkt sich auf den Lastfall des Innendruckes.

Bezeichnungen und Vorzeichen:

σ_{mx} = Membranspannung axial
σ_{my} = Membranspannung tangential
σ_{bx} = Biegespannung axial
σ_{by} = Biegespannung tangential

Positive Vorzeichen für Zug

Bei den Biegemomenten gilt das obere Vorzeichen für die Schaleninnenseite.

Bei den axialen Membranspannungen gilt der obere Wert für den oberen Schalenabschnitt (Abschnitt zwischen ebener Platte und Scheitel).

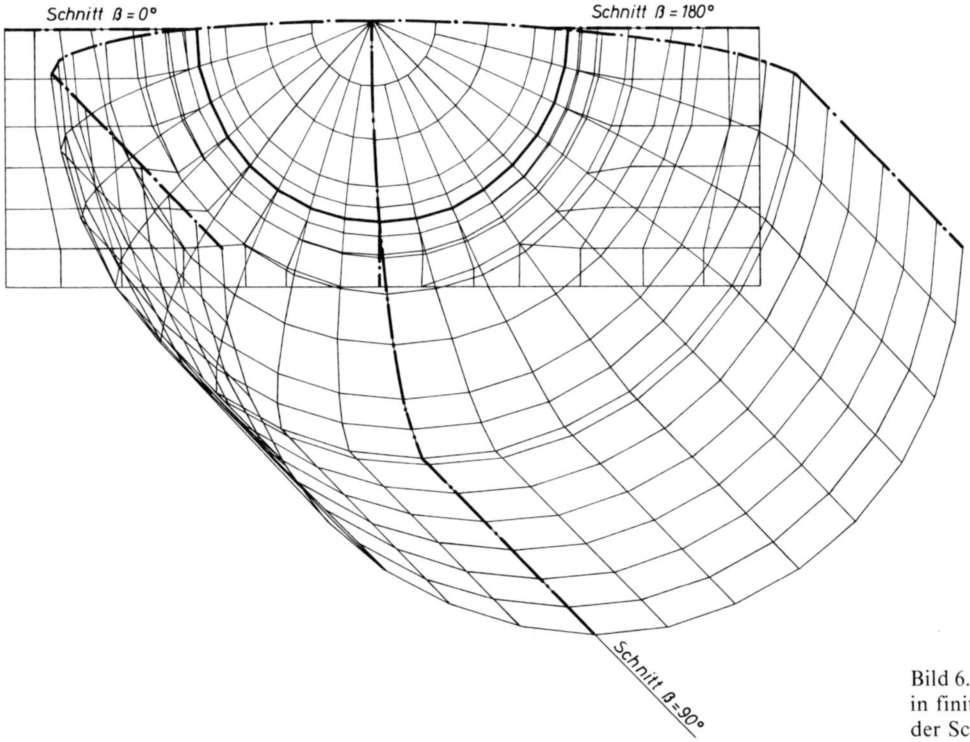

Bild 6. Einteilung des Modell-Behälters in finite Elemente, Elementnummern auf der Schnittlinie (siehe Bild 7)

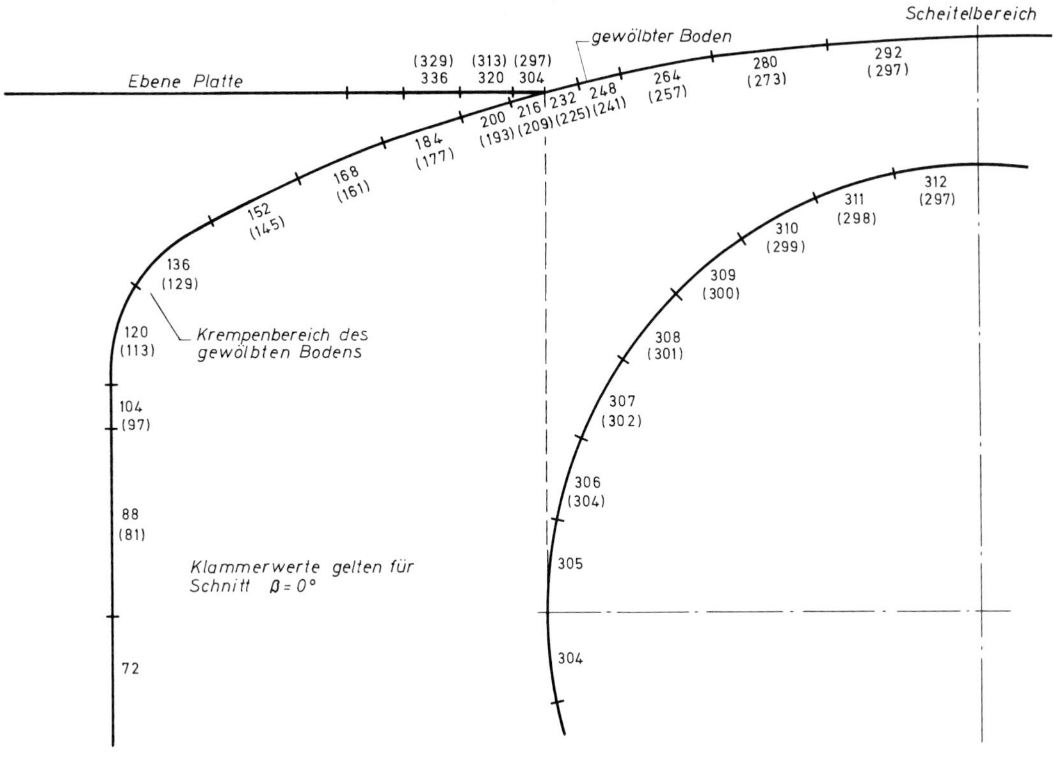

Bild 7. Elementnummern auf der Schnittlinie

5.2 Behälterboden

5.2.1 Schnitt $\beta = 0°$ bzw. $180°$ (Vertikalschnitt)

a) Nach FE-Berechnung folgt:

E-Nr. 225:
$\sigma_{mx} = 0{,}4393 \cdot 10^1 \cdot 6{,}67 \quad = 29{,}3 \text{ N/mm}^2$
E-Nr. 209:
$\sigma_{mx} = 0{,}4853 \cdot 10^1 \cdot 6{,}67 \quad = 32{,}4 \text{ N/mm}^2$
E-Nr. 225:
$\sigma_{my} = 0{,}2928 \cdot 10^1 \cdot 6{,}67 \quad = 19{,}5 \text{ N/mm}^2$
E-Nr. 225:
$\sigma_{bx} = 0{,}4123 \cdot 10^{-1} \cdot 266{,}7 \quad = \pm 11{,}0 \text{ N/mm}^2$
E-Nr. 225:
$\sigma_{by} = 0{,}7713 \cdot 10^{-2} \cdot 266{,}7 \quad = \pm 2{,}1 \text{ N/mm}^2$

Axialspannung in der ebenen Platte:

E-Nr. 297:
$\sigma_y = -0{,}5175 \cdot 6{,}67 \quad = -3{,}45 \text{ N/mm}^2$
$\sigma_{by} = +0{,}119 \cdot 10^{-2} \cdot 266{,}7 \quad = 0{,}3 \text{ N/mm}^2$

Normalkraft
$N = -3{,}45 \cdot 15 \quad = -51{,}75 \text{ N/mm}$

b) Nach den Funktionen (FU) der analytischen Lösung folgt:

Horizontalkraft je Schalenabschnitt:
$H = -51{,}75/2 \quad = -25{,}88 \text{ N/mm}$

Spaltenfaktor: $k \cdot h \cdot \sin \varphi_b / t$
$= 18{,}17 \cdot 0{,}25 \cdot H/15 \quad = -7{,}8 \text{ N/mm}^2$

$\Delta\sigma_{mx} = \pm \cot \varrho \cdot (-78{,}35)/k$
$= -0{,}213 \cdot 7{,}8 \quad = \mp 1{,}7 \text{ N/mm}^2$
$\sigma_{mx} = 30{,}0 \mp 1{,}7 \quad = 28{,}3 \text{ N/mm}^2$
$= 31{,}7 \text{ N/mm}^2$
$\Delta\sigma_{my} = \quad = 7{,}8 \text{ N/mm}^2$
$\sigma_{my} = 30{,}0 - 7{,}8 \quad = 22{,}2 \text{ N/mm}^2$
$\sigma_{bx} = \pm 1{,}816 \cdot 7{,}8 \quad = \pm 14{,}2 \text{ N/mm}^2$
$\sigma_{by} = \pm 0{,}3 \cdot 14{,}2 \quad = \pm 4{,}2 \text{ N/mm}^2$

c) Gegenüberstellung [N/mm²]

	$\sigma_{mx,o}$	$\sigma_{mx,u}$	$\Delta\sigma_{mx}$	σ_{my}	$\Delta\sigma_{my}$	σ_{bx}	σ_{by}
FE	29,3	32,4	±1,55	19,5	10,5	±11,0	±2,1
FU	28,3	31,7	±1,7	22,2	7,8	±14,2	±4,2

Spannungs-summen:

	FE	FU		FE	FU
$\Sigma\sigma_x =$	32,4	31,7	$\Sigma\sigma_y =$	19,5	22,2
	11,0	14,2		12,1	4,2
	43,4	45,9		21,6	26,4

bei vorhandener Grundspannung von
$\sigma_M = 30{,}0 \text{ N/mm}^2$

5.2.2 Schnitt $\beta = 90°$ (Horizontalschnitt)

a) Nach FE-Berechnung

E-Nr. 232:
$\sigma_{mx} = 0{,}4648 \cdot 10^1 \cdot 6{,}67 \quad = 31{,}0 \text{ N/mm}^2$
E-Nr. 216:
$\sigma_{mx} = 0{,}4910 \cdot 10^1 \cdot 6{,}67 \quad = 32{,}8 \text{ N/mm}^2$
E-Nr. 232:
$\sigma_{my} = 0{,}3205 \cdot 10^1 \cdot 6{,}67 \quad = 21{,}4 \text{ N/mm}^2$
E-Nr. 232:
$\sigma_{my} = 0{,}2826 \cdot 10^1 \cdot 266{,}7 \quad = \pm 7{,}5 \text{ N/mm}^2$
E-Nr. 232:
$\sigma_{by} = 0{,}1972 \cdot 10^{-2} \cdot 266{,}7 \quad = -0{,}5 \text{ N/mm}^2$

Axialspannung in der ebenen Platte:

E-Nr. 304:
$\sigma_{my} = -0{,}3079 \cdot 6{,}67 \quad = -2{,}05 \text{ N/mm}^2$
$\sigma_{by} = 0{,}1707 \cdot 10^{-2} \cdot 266{,}7 \quad = 0{,}46 \text{ N/mm}^2$

Normalkraft
$N = 2{,}05 \cdot 15 \quad = -30{,}75 \text{ N/mm}$

b) Nach den Funktionen (FU) der analytischen Lösung folgt:

Horizontalkraft je Schalenabschnitt:
$H = -30{,}75/2 \quad = -15{,}38 \text{ N/mm}$

Spaltenfaktor: $k \cdot h \cdot \sin \varphi_b / t$
$= -0{,}3028 \cdot 15{,}38 \quad = -4{,}65 \text{ N/mm}^2$

$\Delta\sigma_{mx} = -0{,}213 \cdot 4{,}65 \quad = -1{,}0 \text{ N/mm}^2$
$\sigma_{mx} = 30{,}0 \mp 1{,}0 \quad = 29{,}0 \text{ N/mm}^2$
$= 31{,}0 \text{ N/mm}^2$
$\Delta\sigma_{my} = \quad = -4{,}6 \text{ N/mm}^2$
$\sigma_{my} = 30{,}0 - 4{,}6 \quad = 25{,}4 \text{ N/mm}^2$
$\sigma_{bx} = +1{,}816 \cdot 4{,}65 \quad = \pm 8{,}4 \text{ N/mm}^2$
$\sigma_{by} = 0{,}3 \cdot 8{,}4 \quad = \pm 2{,}5 \text{ N/mm}^2$

c) Gegenüberstellung [N/mm²]

	$\sigma_{mx,o}$	$\sigma_{mx,u}$	$\Delta\sigma_{mx}$	σ_{my}	$\Delta\sigma_{my}$	σ_{bx}	σ_{by}
FE	31,0	32,8	±0,9	21,4	−8,6	±7,5	±0,5
FU	29,0	31,0	±1,0	25,4	−4,6	±8,4	±2,5

	FE	FU		FE	FU
$\Sigma\sigma_x =$	32,8	31,0	$\Sigma\sigma_y =$	21,4	25,4
	7,5	8,4		0,5	2,5
	40,3	39,4		21,9	27,9

5.3 Behälterboden als Halbkugel

5.3.1 Schnitt $\beta = 0°$ bzw. $180°$ (Vertikalschnitt)

a) Nach FE-Berechnung, Lastfall b

E-Nr. 90:
$\sigma_{mx} = \quad = 27{,}2 \text{ N/mm}^2$

E-Nr. 98:
σ_{mx} = = 31,0 N/mm²
E-Nr. 98:
σ_{my} = = 19,7 N/mm²
E-Nr. 98:
$\sigma_{bx} = -0{,}494 \cdot 10^{-1} \cdot 266{,}7 = 16{,}6$ N/mm²
E-Nr. 98:
$\sigma_{by} = -0{,}1685 \cdot 10^{-1} \cdot 266{,}7 = 4{,}5$ N/mm²

Axialspannung in der ebenen Platte:

E-Nr. 59:
σ_{my} = = 4,15 N/mm²
$\sigma_{by} = -\ 0{,}2151 \cdot 10^{-4} \cdot 266{,}7 = -\ 0{,}006$ N/mm²

Normalkraft
$N = -4{,}15 \cdot 15 = -62{,}25$ N/mm

b) Nach den Funktionen (FU) der analytischen Lösung folgt:

Horizontalkraft je Schalenabschnitt:
$H = -62{,}25/2 = -31{,}1$ N/mm
Spaltenfaktor: $k \cdot H \cdot \sin \varphi_b / t$
$= -0{,}3028 \cdot 31{,}1 = -94{,}2$ N/mm²

$\Delta\sigma_{mx} = -0{,}213 \cdot 9{,}42 = \mp\ 2{,}0$ N/mm²
$\sigma_m = 30{,}0 \mp 2{,}0$ = 28,0 N/mm²
= 32,0 N/mm²
$\Delta\sigma_{my}$ = = − 9,4 N/mm²
$\sigma_{my} = 30{,}0 - 9{,}4 = 20{,}6$ N/mm²
$\sigma_{bx} = \pm 1{,}816 \cdot 9{,}42 = \pm 17{,}1$ N/mm²
$\sigma_{by} = 0{,}3 \cdot 17{,}1 = \pm\ 5{,}1$ N/mm²

c) Gegenüberstellung [N/mm²]

	$\sigma_{mx,o}$	$\sigma_{mx,u}$	$\Delta\sigma_{mx}$	σ_{my}	$\Delta\sigma_{my}$	σ_{bx}	σ_{by}
FE	27,2	31,0	±1,9	19,7	−10,3	±16,6	±4,5
FU	28,0	32,0	±2,0	20,6	− 9,4	±17,1	±5,1

	FE	FU
$\Sigma\sigma_x =$	31,0	32,0
	16,6	17,1
	47,6	49,1

	FE	FU
$\Sigma\sigma_y =$	19,7	20,6
	4,5	5,1
	24,2	25,7

5.3.2 Schnitt $\beta = 90°$ (Horizontalschnitt)

a) Nach FE-Berechnung, Lastfall b

E-Nr. 83:
σ_{mx} = = 29,2 N/mm²
E-Nr. 91:
σ_{mx} = = 31,5 N/mm²
E-Nr. 83:
σ_{my} = = 21,8 N/mm²
E-Nr. 91:
σ_{bx} = = 11,4 N/mm²
E-Nr. 91:
$\sigma_{by} = 0{,}876 \cdot 10^{-2} \cdot 266{,}7 = 2{,}3$ N/mm²

Axialspannung in der ebenen Platte:

E-Nr. 43:
σ_{my} = = 2,45 N/mm²
$\sigma_{by} = 0{,}168 \cdot 10^{-3} \cdot 266{,}7 = -\ 0{,}05$ N/mm²

Normalkraft:
$N = -2{,}45 \cdot 15 = -\ 3{,}75$ N/mm

b) Nach den Funktionen der analytischen Lösung folgt:

Horizontalkraft je Schalenabschnitt:
$H = -36{,}75/2$ = 18,4 N/mm
Spaltenfaktor: $k \cdot H \cdot \sin \varphi_b / t$
$= -0{,}3028 \cdot 18{,}4 = -\ 5{,}57$ N/mm²

$\Delta\sigma_{mx} = -0{,}213 \cdot 5{,}57 = -\ 1{,}2$ N/mm²
$\sigma_{mx} = 30{,}0 \mp 1{,}2$ = 28,8 N/mm²
= 31,2 N/mm²
$\Delta\sigma_{my}$ = = − 5,6 N/mm²
$\sigma_{my} = 30{,}0 - 5{,}6 = 24{,}4$ N/mm²
$\sigma_{bx} = \pm 1{,}816 \cdot 5{,}57 = \pm 10{,}1$ N/mm²
$\sigma_{by} = 10{,}1 \cdot 0{,}3 = \pm\ 3{,}0$ N/mm²

c) Gegenüberstellung [N/mm²]

	$\sigma_{mx,o}$	$\sigma_{mx,u}$	$\Delta\sigma_{mx}$	σ_{mx}	$\Delta\sigma_{my}$	σ_{bx}	σ_{by}
FE	29,2	31,5	±1,15	21,8	−8,2	±11,4	±2,3
FU	28,8	31,2	±1,0	24,4	−5,6	±10,1	±3,0

	FE	FU
$\Sigma\sigma_x =$	31,5	31,2
	11,4	10,1
	42,9	41,3

	FE	FU
$\Sigma\sigma_y =$	21,8	24,4
	2,3	3,0
	24,1	27,4

5.4 Diskussion der Ergebnisse für Innendruck

5.4.1 Spannungssummen $\sigma_m + \sigma_b$

			N/mm² FE	FU		N/mm² FE	FU
Behälter-boden	$\beta = 0°$	$\Sigma\sigma_x =$	43,4	45,9	$\Sigma\sigma_y =$	21,6	26,4
	$\beta = 90°$	$\Sigma\sigma_x =$	40,3	39,4	$\Sigma\sigma_y =$	21,9	27,9
Halbkugel	$\beta = 0°$	$\Sigma\sigma_x =$	47,6	49,1	$\Sigma\sigma_y =$	24,2	25,7
		$\Sigma\sigma_x =$	42,9	41,3	$\Sigma\sigma_y =$	24,1	27,4

Die ungestörten Membranspannungen betragen in beiden Richtungen $\sigma_x = \sigma_y = 30$ N/mm² und sind in $\Sigma\,\sigma_x$ und $\Sigma\,\sigma_y$ enthalten.

a) In x-Richtung, also in axialer Richtung beträgt die Differenz zwischen beiden Berechnungsmethoden ca. 6 %, was außerordentlich gut ist. Für den ungünstigsten Fall ergibt sich folgender Spannungsspiegel:

Gesamtspannung σ_x	=	49,1 N/mm²
abzüglich Membranspannung		−30,0 N/mm²
Störspannung:		19,1 N/mm²

Gegenüber der Membranspannung entspricht dies einer Erhöhung von etwa 64 %, wobei fast der gesamte Betrag durch Biegespannungen entsteht.

Die langen Seiten der ebenen Platte bewirken wegen ihrer größeren Steifigkeit theoretisch eine größere Verformungsbehinderung für die Schale als die kurzen Seiten. Das stimmt mit den Ergebnissen beider Berechnungsweisen überein, wo alle Spannungen der Schnitte $\beta = 0°$ (lange Seite) größer sind als die der Schnitte $\beta = 90°$.

Sämtliche Spannungen für den Behälterboden (Scheitel und Krempe) sind nach beiden Berechnungsweisen etwas kleiner als für die Halbkugel. Der Unterschied mit max. etwa 4 N/mm² ist unbedeutend und nur von theoretischem Interesse.

Beim gewölbten Boden mit Krempe wird die Durchmesservergrößerung infolge Innendruck etwas kleiner als bei der Halbkugel sein.

b) In y-Richtung, also in Umfangsrichtung sind sämtliche Spannungen kleiner als die Membranspannung von $\sigma_x = \sigma_y = 30$ N/mm². Dies ist durch den „Bandageneffekt" der ebenen Platte bedingt.

5.4.2 Normal- und Biegespannungen

Im folgenden werden noch die Normal- und Biegespannungen gesondert betrachtet, um zu zeigen, wie mit dem analytischen Ansatz auch bei geänderten geometrischen Bedingungen wie Wanddicken-, Durchmesser- und Winkeländerungen usw. die für die Bemessung maßgebenden Spannungen zu erfassen sind.

a) *Axiale Biegespannungen* σ_{bx}

Diese ergeben den Hauptanteil der Zusatzspannungen, und zwar 17,1 von 19,1 N/mm² (nach 5.4.1—a).

Gegenüberstellung der Werte nach Abschnitt 5.2 und 5.3

			FE	FU	
gewölbter	$\beta = 0°$	$\sigma_{bx} =$	11,0	14,3	N/mm²
Boden	$\beta = 90°$	$\sigma_{bx} =$	7,5	8,4	N/mm²
Boden als	$\beta = 0°$	$\sigma_{bx} =$	16,6	17,1	N/mm²
Halbkugel	$\beta = 90°$	$\sigma_{bx} =$	11,4	10,1	N/mm²

Der Vergleich zeigt, daß die Spannungen bei der Halbkugel sehr gut mit den rechnerischen übereinstimmen.

b) *Axiale Membranspannung* σ_{mx}

Die Störspannung vermindert die Membranspannung im Schalenteil (also zum Scheitel hin) und vergrößert diese im unteren Teil entsprechend dem „Bandageneffekt".

Die Zusatzspannung $\pm\Delta\sigma_x$ stimmt bei beiden Berechnungsweisen praktisch überein. Nach der FE-Methode ist der Mittelwert beim Behälterboden um max. 20 N/mm² größer als die Membranspannung von 30 N/mm², bei der Halbkugel ist weitgehend Übereinstimmung gegeben.

c) *Tangentiale Membranspannung* σ_{my} (Umfangspannung)

Die Membranspannung infolge Innendruck wird durch die Verformungsbehinderung um den Betrag $\Delta\sigma_{my}$ gemindert, so daß die Spannung für die Bemessung nicht maßgebend ist.

Die Größe der Differenzspannung weicht zwischen beiden Berechnungsweisen etwas voneinander ab, was aufgrund von oben gesagtem nicht weiter verfolgt wurde.

Gegenüberstellung der Werte nach Abschnitt 5.2 und 5.3

			FE	FU	
gewölbter	$\beta = 0°$	$\Delta\sigma_{my} =$	−10,5	−7,8	N/mm²
Boden	$\beta = 90°$		− 8,6	−4,6	N/mm²
Boden als	$\beta = 0°$		−10,3	−9,4	N/mm²
Halbkugel	$\beta = 90°$		− 8,2	−5,6	N/mm²

5.5 Abklingungslängen für die Störspannungen

Gemäß Abschnitt 3.2 klingen die Biegespannungen σ_{bx} nach der Funktion $(C - S)$, die Umfassungsspannungen σ_{my} nach $(C + S)$ ab.

5.5.1 Axiale Biegespannungen

Hierfür gilt $(C - S)$

1. Nullstelle bei $(k\,\alpha) = \pi/4$
2. Nullstelle bei $(k\,\alpha) = 5\,\pi/4$

Der Maximalwert zwischen beiden Nullstellen beträgt:

$$-\,0{,}2079 \cdot \max \sigma_b$$

In Zahlen ausgedrückt folgen die Nullstellen nach dem theoretischen Ansatz:

$$b = \frac{(k\,\alpha)}{k} \cdot a = (k\,\alpha) \cdot 3\,000/18{,}17 = 165{,}1 \cdot (k\,\alpha)$$

$$b_1 = 165{,}1 \cdot \pi/4 = 130\,\text{mm}$$

$$b_2 = 165{,}1 \cdot 5\,\pi/4 = 650\,\text{mm}$$

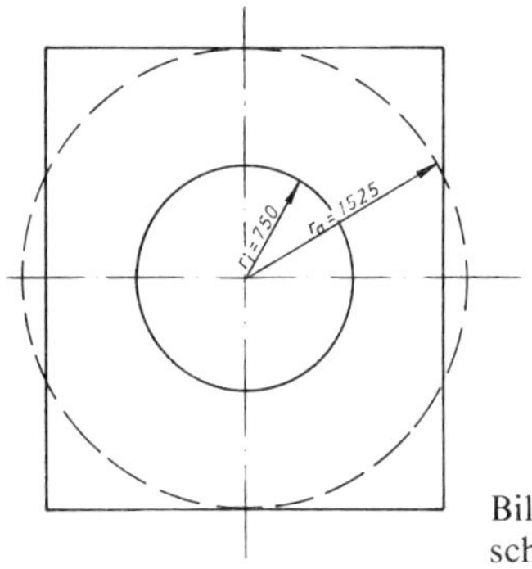

Bild 8. Zur Abschätzung des Einschnürungsgrades

Nullstellen nach FE (gemessen):

$b_1 = 150$ mm

$b_2 = 650$ mm

5.5.2 Tangentiale Membranspannung σ_{my}

Hierfür gilt $(C + S)$

1. Nullstelle bei $(k\,\alpha) = 3\,\pi/4$
2. Nullstelle bei $(k\,\alpha) = 7\,\pi/4$

damit nach (Bild 8):

FU	FE (gemessen)
$b_1 = 165{,}1 \cdot 3\,\pi/4 = 390$ mm	360 mm
$b_2 = 165{,}1 \cdot 7\,\pi/4 = 900$ mm	880 mm

5.5.3 Wie die Zusammenstellung zeigt, stimmen die Abklinglängen zur Krempe hin sehr gut überein. Zum Scheitel ergeben sich Abweichungen durch dessen Nähe, der Effekt des Abklingens bleibt jedoch bestehen.

5.6 Einschnürungsgrad

5.6.1 Die wirklichkeitsgetreue geometrische Erfassung der ebenen Platte, mit der die Behälter im Scheitelbereich gehalten sind, ist weder formelmäßig, noch mit der FE-Methode möglich, gleich ob für die Platte unendliche oder irgendwelche endliche Abmessungen angesetzt werden.

Hier hat sich die Einführung des sog. Einschnürungsgrades gem. 3.5.2 als zweckmäßig erwiesen.

Im Rahmen der anstehenden technischen Lösung in üblicher Nachweisgenauigkeit wurde die in der Platte wirkende H-Kraft der FE-Berechnung entnommen zwecks abschätzender Vergleichsberechnungen zur Ausschaltung dieses Parameters.

Die weitere Berechnung erfolgte dann nach den funktionellen Zusammenhängen für den Einschnürungsgrad, womit es möglich wurde, weitere Parameter (z. B. steifere Platte infolge Dickenvergrößerung oder sonstigen Abmessungsänderungen) zu untersuchen.

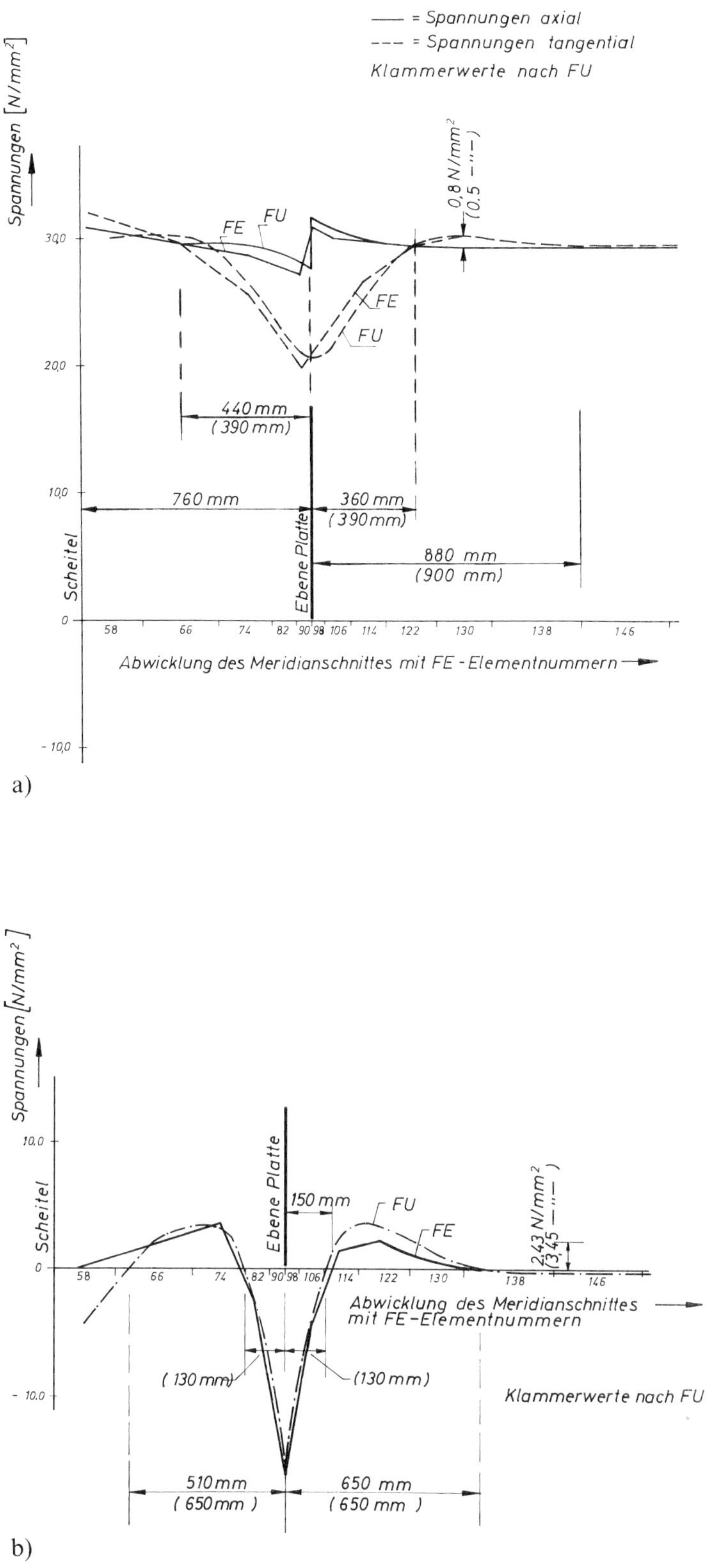

Bild 9. Spannungsverlauf am Anschluß Halbkugelebene Platte im Schnitt $\beta = 0°$

a) Gesamtspannungen b) Biegespannungen σ_{bx}

5.6.2 Einschnürungsgrad bei vorliegendem Modell

a) Einheitsverformung für die Kalotte

$$E \cdot \zeta^{(S)} = a \cdot \sin^2 \varphi_b \cdot k \cdot H/t^{(S)} =$$

$$= 3\,000 \cdot 0{,}25^2 \cdot 18{,}17 \cdot H/15 = 227 \cdot H$$

b) Einheitsverformung für die ebene Platte:

Zur Ermittlung der Verformung der rechteckigen Platte wurde gezeichneter Kreisring als Näherung angesetzt. Da dieser steifer ist als die Rechteckplatte, also eine größere Einschnürung ergibt, bleibt der Ansatz auf der sicheren Seite (Bild 9).

$$E \cdot \zeta^{(P)} = p \cdot \frac{r_i^2}{r_a^2 - r_i^2} \left[(1 - \mu) + (1 + \mu) \left(\frac{r_a}{r_i} \right)^2 \right] \cdot r_i$$

$$= p \cdot \frac{750^2}{1\,525^2 - 750^2} \left[0{,}7 + 1{,}3 \left(\frac{1\,525}{750} \right)^2 \right] \cdot 750$$

$$= 1\,453{,}3 \cdot p; \quad \text{wobei } p = 2\,H/t^{(P)}$$

2 H berücksichtigt den Einfluß der Horizontalkraft beider Schalenränder.

$$E \cdot \zeta^{(P)} = 2\,H \cdot 1\,453{,}3/15 = 194 \cdot H,$$

damit folgt:

$$\omega = \zeta^{(S)}/\zeta^{(P)} = 227/194 = 1{,}17$$

$$A = \frac{\omega}{\omega + 1} = 1{,}17/2{,}17 = 0{,}54$$

c) Ausgehend von der in der FE-Berechnung ermittelten Spannung σ_y der ebenen Platte ergibt sich z. B. nach Abschnitt 5.3.1 mit dem Spaltenfaktor $-9{,}42$ N/mm² der Einschnürungsgrad von

$$A = +\,9{,}42/(1 - \mu) \cdot \sigma_M = 0{,}45.$$

Die im vorhergehenden Abschnitt b) getroffene Näherung ergibt, wie vorauszusehen war, eine Vergrößerung der Einschnürung, und zwar um 20 %.

6 Schlußbemerkung

Für die untersuchten Störstellen ergab sich in allen Fällen gute, zum Teil vollständige Übereinstimmung zwischen den theoretischen Ansätzen nach der Theorie der langen Schale mit ihren funktionellen Zusammenhängen und den Ergebnissen der FE-Berechnung. Dies trifft vor allem auch für die theoretisch relativ rasch zu berechnenden Abklingungslängen zu, womit sich weiter bestätigte, daß die Störspannungen ohne Einfluß auf den Krempenbereich bleiben, der — in Übereinstimmung mit der Behältertheorie — trotz der Halterung im Scheitelbereich durch die ebene Platte für die Bemessung maßgebend bleibt.

Im Zuge der Bearbeitung ergab sich ein effektvolles Ineinandergreifen von theoretischen Ansätzen nach der Schalentheorie und der FE-Berechnungsmethode (trotz der ihr anhängenden, eingangs gestreiften Problematik), wobei entsprechende, durchdachte Formelansätze eine gezielte, in der Elementenanzahl minimierte Anwendung mit sinnvoller Bestimmung der Spannungsspitzen sowie Eingabekorrekturen und Kontrollrechnungen erlaubte. Umgekehrt ergänzte die FE-Berechnung die theoretischen Ansätze dort, wo sie infolge schwer erfaßbarer Randbedingungen gewisse Unsicherheiten mit sich brachte. Dies mag abschließend fragen lassen, welche der beiden Berechnungsmethoden nun eigentlich die begleitende, kontrollierende war.

Angemerkt muß werden, daß die von der Problemstellung her von vornherein gegebene Spannungsbeschränkung auf den elastischen Bereich beiden Berechnungswegen gleichermaßen zugute kam und die bemerkenswerte Übereinstimmung der Ergebnisse auch im Wegfall stoffgesetzlicher Probleme gründet, wie sie z. B. bei Zulassung der im Behälterbau üblichen Teilplastifizierung relevant würden.

7 Literatur

[1] Finite Elemente in der Baupraxis. Berlin/München, Ernst u. Sohn, 1978.

[2] Zellerer, E.: Calculation Problems with Multi-Vessel-Systems in Proceedings Gastech Exhibitions. Ltd., Rickmansworth, England (1975).

[3] Zellerer, E., und Thiel, H.: Beitrag zur Berechnung von Druckbehältern mit Ringversteifungen. „Die Bautechnik" 44 (1967), S. 333.

[4] Worch, G.: Elastische Schalen in Beton-Kalender 1968, II. Teil, Berlin/München, Verlag Ernst u. Sohn.

[5] Hampe, E.: Statik rotationssymmetrischer Flächentragwerke, Band 3 u. 4, Berlin: VEB Verlag für das Bauwesen.

[6] Baker, E. H., Kovalevsky, L., Rish, F. L.: Structural Analys of shells. Copyright by McGraw-Hill, Inc. New York.

[7] Roark, R. S.: Formulas for stress and strain. Fourth Edition. Copyright (1965) by McGraw-Hill, Inc. New York.

[8] Payer, H. G.: GL-Programme für Berechnungen nach der Methode der Finiten-Elemente. Schiff und Hafen 5 (1974), S. 444—449.

[9] Hermes/Payer: FE-Berechnung eines gewölbten Tankendes mit Anschlußblechen. GL-Bericht STB 269 vom 12. 7. 74.

Joachim Lindner

Zum Biegedrillknicken („Kippen“) im Holzbau

1 Einführung

Unter dem Biegedrillknicken wird nach dem Entwurf zu DIN 18 800, Teil 2 (dem Ersatz für die noch gültige DIN 4114 (1952)) das instabile Versagen von Stäben bezeichnet, bei dem Verbiegungen v und w der Stabachse und Verdrehungen ϑ um die Stabachse auftreten (Bild 1).

Sofern es sich bei der Belastung um Querlasten p und/oder Biegemomente $M(x)$ handelt, wurde das bisher, auch im größten Teil der Literatur, als „Kippen“ bezeichnet. Im folgenden wird nur dies näher betrachtet, Längskräfte werden also nicht untersucht.

Die beschriebene Versagensform wird immer dann auftreten, wenn die seitliche Biegesteifigkeit EI_z und die Torsionssteifigkeit GI_T klein sind gegenüber der Biegesteifigkeit EI_y um die starke Achse. (Die Bezeichnungsweise entspricht dabei der nach DIN 1080.) Dieser Fall kann bei Biegeträgern aus allen im konstruktiven Ingenieurbau üblichen Baustoffen, nämlich Stahl, Aluminium, Holz und (Spann-)Beton auftreten.

Allerdings ist es so, daß wegen der geringen Querschnittsabmessungen das Problem des Biegedrillknickens im Metallbau eine größere Rolle spielt als bei den kompakteren Abmessungen im Holzbau und Betonbau.

Die theoretische Lösung des Problems des Biegedrillknickens ging, wie auch beim Knicken (Euler), zunächst von idealisierenden Voraussetzungen bezüglich der Geometrie (ideal gerader Stab), Lasteinleitung (mittig, ohne Exzentrizität) und Werkstoff (unbeschränkte Gültigkeit des Hookeschen Gesetzes) aus. Die unter diesen Voraussetzungen ermittelten kritischen Belastungen werden Verzweigungslasten genannt. Da die Voraussetzung über den Werkstoff für Stahl im elastischen Bereich exakt erfüllt ist und wegen der Bedeutung des Biegedrillknickens für den Stahlbau, befaßt sich die umfangreiche Literatur, z. B. [1—4], überwiegend mit dem Stahlbau. Davon profitieren aber auch die anderen Baustoffe, weil zumindest Lösungsverfahren weitgehend übernommen werden können, z. B. [5—7]. Für den Holzbau bedeutet dies, daß Ergebnisse aus der Stahlbauliteratur benutzt werden können, sofern die vorausgesetzten Lagerungsbedingungen eingehalten sind und die den Holzträgern entsprechenden Querschnittswerte und sonstigen Parameter eingesetzt werden.

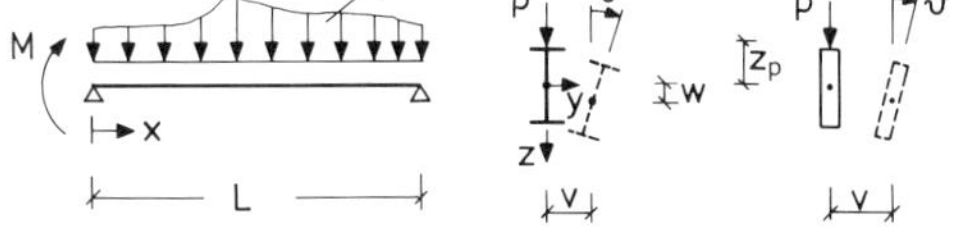

Bild 1. Verformungen beim Biegedrillknicken

Der Wirklichkeit näher kommt man dann, wenn zwar nach wie vor das Verzweigungsproblem (ohne Imperfektionen) gelöst wird, jedoch das tatsächliche Werkstoffverhalten, z. B. in Form eines idealisierten Spannungsdehnungsdiagramms, betrachtet wird. Für das Knicken von Stahlstäben führte das um die Jahrhundertwende zu den Lösungen von Engesser/Kármán. Diese Engeßer-Knickspannungskurve wurde dann im Stahlbau für das Knicken um 1930 von Traglastergebnissen für den imperfekten Stab verdrängt. Für das Biegedrillknicken (Kippen) jedoch wurde diese Lösung mangels genauerer theoretischer Erkenntnisse beibehalten und ist noch Bestandteil der jetzigen DIN 4114 (1952). In Anlehnung daran basieren die bis jetzt bekannten Lösungen für das Biegedrillknicken (Kippen) von Betonträgern ebenfalls auf der Lösung des Verzweigungsproblems [6, 7].

Der nächste Schritt besteht darin, die baupraktisch unvermeidbaren Imperfektionen bei der Geometrie (vorverformte Stabachse) oder Lasteinleitung (Lastexzentrizität) zu berücksichtigen. Dies führt zur Berechnung nach der Spannungstheorie II. Ordnung unter ν-facher Belastung des nun räumlich ausweichenden Stabes. Der Vorteil besteht darin, daß die Berechnung unter Beibehaltung des Hookeschen Gesetzes (also bezüglich des Werkstoffes linear) durchgeführt werden kann. Als zugehörige elastische Grenzlast wird im Stahlbau mit genügender Genauigkeit diejenigen betrachtet, bei der an der ungünstigsten Stelle gerade die Fließgrenze σ_F (Streckgrenze β_s nach DIN 1080) erreicht wird. Hierfür steht ebenfalls umfangreiche Literatur zur Verfügung, z. B. [2, 4, 8, 9]. Im Holzbau tritt die Schwierigkeit auf, einen Wert analog zur Fließgrenze zu definieren, wobei diese i. d. R. als ν-fache zulässige Spannung angesetzt wird.

Werden diese Berechnungsmethoden (Verzweigungstheorie, Spannungstheorie II. Ordnung) auch bei anderen Werkstoffen wie Holz, Beton angewendet, so impliziert das i. d. R. die Gültigkeit des Hookeschen Gesetzes. Dies ist streng genommen weder für Holz noch für Beton gegeben, beim Holz wegen der Anisotropie und beim Beton wegen der stark belastungsabhängigen Größe des Elastizitätsmoduls. Wenn man die anzusetzenden Sicherheitsbeiwerte entsprechend vorsichtig wählt, wird man trotzdem, solange keine genaueren Verfahren verfügbar sind, die vorgenannten Methoden mit baupraktisch ausreichender Zuverlässigkeit anwenden dürfen.

Im Stahlbau gehen in den letzten 10 Jahren die Bemühungen dahin, den plastischen Bereich für das Biegedrillknikken auch theoretisch (und versuchstechnisch abgesichert) zu erfassen, [10—14]. Nach umfangreichen Vergleichsuntersuchungen erwies es sich als zweckmäßig, in der für DIN 18 800/2 vorgeschlagene Traglastkurve für das Biegedrillknicken als Eingangsparameter jedoch das kritische Moment M_{ki} nach der Verzweigungstheorie zu benutzen, s. Bild 2.

Die Berechnungsmethoden nach der Elastizitätstheorie haben daher nach wie vor für alle Baustoffe große Bedeutung. Aus diesem Grunde werden in den folgenden Abschnitten einfache Näherungslösungen nach der Elastizitätstheorie für das Problem des Biegedrillknickens („Kippen") angegeben. Die Ergebnisse werden durch Lösung des Variationsproblems nach dem Ritzschen Verfahren erhalten, ein in der Durchführung bekannter und häufig angewandter Weg. Dabei werden einfache Ansätze für die Verformungen gemacht, um später bei der Untersuchung von Einzelproblemen zu anschaulichen, leicht anwendbaren und den baupraktischen Bedürfnissen entsprechenden Ergebnissen zu gelangen. In allen Fällen ist es durch genauere Ansätze möglich, die Ergebnisse zuzuschärfen. Dafür stehen jedoch dann EDV-Programme zur Verfügung, die auch sonst in Einzelfällen benutzt werden können, z. B. [15, 16, 17].

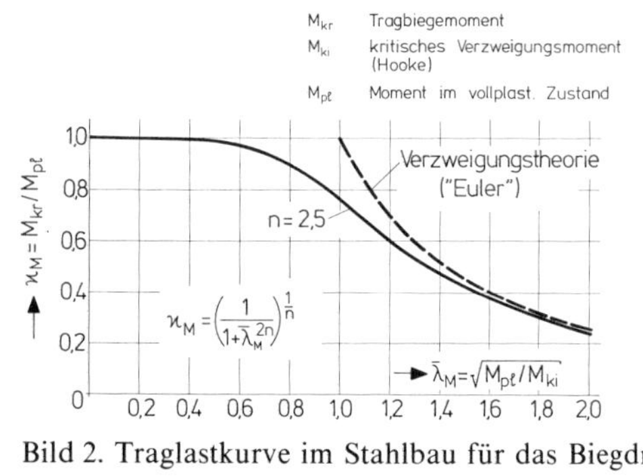

Bild 2. Traglastkurve im Stahlbau für das Biegdrillknicken

2 Lösungsansatz für das Biegedrillknicken („Kippen") querbelasteter Stäbe

Das elastische Gesamtpotential ist durch Gleichung (2./1) [4] gegeben. Dabei ist vorausgesetzt, daß der Querschnitt doppelsymmetrisch ist und die Belastung nur aus Querlast p und Biegemomenten $M(x) = M_y(x)$ besteht (Bild 1).

$$\pi = \frac{1}{2}\int_{x=0}^{l}\Big(EI_z\cdot(v''-v_0'')^2 + EI_\omega(\vartheta''-\vartheta_0'')^2 + GI_T(\vartheta'-\vartheta_0')^2 + c_y[(v-v_0)-z_c\cdot(\vartheta-\vartheta_0)]^2 + 2\,M(x)\cdot v''\cdot\vartheta + p\cdot z_p\cdot\vartheta^2\Big)\cdot dx + \sum_{i=l}^{r}\left[C_{Mz}(v_i'-v_{0,i}')^2 + C_{Mw}(\vartheta_i'-\vartheta_{0,i}')^2\right] \qquad (2./1)$$

Darin bedeuten:

I_z	[cm⁴, cm² m²]	Trägheitsmoment um die z-Achse
I_ω	[cm⁶, cm² m⁴]	Wölbwiderstand
I_T	[cm⁴, cm² m²]	St. Venantsches Torsionsträgheitsmoment
E	[kN/cm²]	Elastizitätsmodul
G	[kN/cm²]	Schubmodul (Drillmodul)
$M(x)$	[kNm]	Biegemoment um die y-Achse
p	[kN/m]	konstante Querlast in Richtung z
z_p	[m]	Hebelarm der Querlast vom Lastangriffspunkt zum Schubmittelpunkt (hier gleich Schwerpunkt)
C_{Mz}	[kNm]	Biegefeder um die z-Achse an den Auflagerstellen l, r
C_{Mw}	[kNm³]	Wölbfeder an den Auflagerstellen l, r
c_y	[kN/m²]	horizontale Wegfeder
z_c	[m]	Abstand der horizontalen Wegfeder c_y vom Schubmittelpunkt
v	[m]	seitliche Verschiebung des Schubmittelpunktes M (hier = S) in y-Richtung
v_0	[m]	Vorverformung in y-Richtung
ϑ	[./.]	Verdrehung um die x-Achse
ϑ_0	[./.]	Vorverdrehung um die x-Achse

Zur Lösung werden Ansätze für die unbekannten Verformungen ϑ und v in folgender Form gemacht:

$$\left.\begin{aligned} v &= \sum_i A_i\cdot F_i(x) \\ \vartheta &= \sum_j A_j\cdot F_j(x) \end{aligned}\right\} \qquad (2./2)$$

Die Anzahl der Freiwerte A_i, A_j und die Funktionen $F_i(x)$, $F_j(x)$ werden dabei so gewählt, daß sie dem speziellen Problem möglichst angepaßt sind. Entsprechendes gilt für die Vorverformungen v_0, ϑ_0. Besonderes Augenmerk ist auf die Erfüllung der Randbedingungen zu richten. Konstruktive Ausbildungen, die z. B. der häufig vorausgesetzten „Gabellagerung" entsprechen, können auch der Literatur,

z. B. [22], entnommen werden. Zur Lösung werden die Verformungsansätze (2./2) in das Potential (2./1) eingesetzt. Nach der Ausführung der entsprechenden Integrationen ergibt sich das maßgebende Gleichungssystem aus den Minimalbedingungen

$$\frac{\partial \pi}{\partial A_i} = 0, \quad \frac{\partial \pi}{\partial A_j} = 0 \tag{2./3}$$

Daraus erhält man ein Gleichungssystem nach Tabelle 1.

Tabelle 1: Gleichungssystem

A_1	A_2	...	...	A_k	$= R$
C_{11}	C_{12}	...	...	C_{1k}	R_1
	C_{22}	...	...	C_{2k}	R_2
				⋮	⋮
symmetrisch					
				C_{kk}	R_k

Zur Ausführung der Integrationen müssen Annahmen über den Momentenverlauf getroffen werden. Dieser wird in allgemeiner Form nach Bild 3 angenommen.

$$M(x) = 4\,M_0 \left(\frac{x}{L} - \frac{x^2}{L^2}\right) + M_1 + M_2 \frac{x}{L} \tag{2./4}$$

Sofern keine Vorverformungen angenommen werden, ergeben sich die rechten Seiten $R_1 \dots R_k$ zu Null. Die Lösung der verbleibenden Determinante liefert die Eigenwerte, d. h. hier die kritischen Verzweigungslasten M_{ki}.

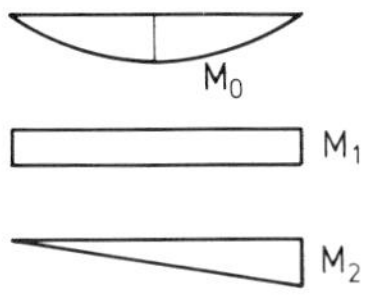

Bild 3. Momentenverläufe

Falls Vorverformungen berücksichtigt werden, ergeben sich rechte Seiten ungleich Null. Die Lösung des Gleichungssystems liefert dann Zahlenwerte für die Freiwerte A_i, A_j und somit für die Verformungen v, ϑ. Damit können dann die Schnittgrößen und die zugehörigen Spannungen bestimmt werden.

3 Vorverformte Einfeldträger ohne federnde Stützung

Durch die Untersuchung dieses Problems soll ermittelt werden, welchen Einfluß Vorverformungen auf die Grenzlast des Biegedrillknickens von Holzträgern haben. Entsprechende Betrachtungen für das Ausweichen in der Momentenebene (analog dem Knicken) liegen z. B. durch [20] vor. Für das seitliche Biegedrillknicken sind in [19] Lösungen für Sonderfälle angegeben, jedoch erfolgt eine Auswertung nur in Hinblick auf die Bemessung abstützender Verbände.

Die Lösung erfolgt nach den Angaben in Abschnitt 2.

Durch das Ersetzen von v'' durch

$$v'' = -M \cdot \vartheta / EI_z + v_0'' \tag{3./1}$$

kann das Potential vereinfacht werden, da es dann nun nur noch von der Verdrehung ϑ abhängig ist.

Es werden folgende Verformungsansätze gemacht:

$$\begin{aligned} \vartheta &= A_1 \cdot \sin\frac{\pi x}{L} + A_2 \cdot \sin\frac{2\pi x}{L} \\ \vartheta_0 &= \vartheta_{0m} \cdot \sin\frac{\pi x}{L} \\ v_0 &= v_{0m} \cdot \sin\frac{\pi x}{L} \end{aligned} \tag{3./2}$$

Die Lösung wird entsprechend Tabelle 1 aus einem Gleichungssystem der Größe 2×2 erhalten, dessen Matrixglieder folgende Werte haben:

$$\begin{aligned} C_{11} = {} & EI_\omega \cdot \frac{\pi^2}{L^2} + GI_T - \frac{L^2}{\pi^2 EI_z} (M_0^2 \cdot 0{,}780 + M_1^2 + \\ & + M_1 \cdot M_2 + M_2^2 \cdot 0{,}238 + M_0 M_1 \cdot 1{,}739 + \\ & + M_0 M_2 \cdot 0{,}870) + p \cdot z_p \cdot \frac{L^2}{\pi^2} \\[2ex] C_{12} = {} & \frac{L^2}{\pi^2 EI_z} (M_1 M_2 \cdot 0{,}360 + \\ & + M_2^2 \cdot 0{,}180 + M_0 M_2 \cdot 0{,}253) \\[2ex] R_1 = {} & EI_\omega \cdot \frac{\pi^2}{L^2} \cdot \vartheta_{0m} + GI_T \cdot \vartheta_{0m} + \\ & + v_{0m} \cdot (M_0 \cdot 0{,}870 + M_1 + M_2 \cdot 0{,}5) \\[2ex] C_{22} = {} & EI_\omega \cdot \frac{16\pi^2}{L^2} + 4\,GI_T - \frac{L^2}{\pi^2 \cdot EI_z} (M_0^2 \cdot 0{,}549 + \\ & + M_1^2 + M_1 M_2 + M_2^2 \cdot 0{,}321 + M_0 M_1 \cdot 1{,}435 + \\ & + M_0 M_2 \cdot 0{,}717) + p \cdot z_p \cdot \frac{L^2}{\pi^2} \\[2ex] R_2 = {} & 0 \end{aligned} \tag{3./3}$$

Dabei sind die Lasten mit dem Sicherheitsbeiwert ν zu multiplizieren.

Die Lösung des Gleichungssystems von Tabelle 1 bringt als Ergebnis

$$\left.\begin{aligned} A_1 &= \frac{R_1 \cdot C_{22}}{N} \\ A_2 &= -\frac{R_1 \cdot C_{12}}{N} \\ N &= C_{11} \cdot C_{22} - C_{12}^2 \end{aligned}\right\} \qquad (3./4)$$

$$\max \vartheta = A_1 \cdot \sin\frac{\pi \bar{x}}{L} + A_2 \cdot \sin\frac{2\pi \bar{x}}{L} \approx A_1 \qquad (3./5)$$

$$\bar{x} = \frac{L}{\pi} \arcsin(-A_1/4A_2) \approx \frac{L}{2} \qquad (3./6)$$

Die Stelle x', an der die maximale Spannung vorhanden ist, hängt von der Art der Belastung und der Größe von max ϑ ab. Sie ist am einfachsten durch Probieren zu finden. Bei den symmetrischen Momentenverläufen ist $x' = L/2$.

$$M_y = M(x')$$

$$M_z = M_y \cdot \vartheta(x')$$

$$\sigma = \frac{M_y}{W_y} + \frac{M_z}{W_z} \leq \sigma_{\text{grenz}} \qquad (3./7)$$

Die Grenzspannung wird, wie verschiedentlich vorgeschlagen [18, 19, 20], als ν-fache zulässige Spannung, hier Biegespannung σ_B, definiert. Möglich wäre auch, wie in [20] vorgeschlagen, der Ansatz einer Proportionalitätsgrenze, die jedoch im Holzbau stärker schwankt. Als Laststeigerungsfaktor wird $\nu = 2{,}5$ gewählt, wenn gleichzeitig die nach DIN 1052, Tabelle 1, angegebenen Materialkennwerte E, G benutzt werden.

Beispiel 1:

Brettschichtträger GK II, $b/h = 12/100$ cm, Abstand seitlich unverschieblich gehaltener Punkte $L = 3{,}75$ m.

Beanspruchung durch konstantes Moment M_1 nach Bild 3.

$E = 1100$ kN/cm² $\qquad G = 50$ kN/cm²
$I_z = 1{,}44$ cm² m² $\qquad I_T = 5{,}325$ cm² m²
$v_{0m} = L/250 = 0{,}015$ m $\qquad \vartheta_{0m} = 0{,}010$

Wegen des konstanten Momentes ergibt sich $C_{12} = 0$, damit vereinfacht sich (3./4) zu

$$A_1 = R_1/C_{11}$$

Geschätzt: Aufnehmbares Moment M_1 unter ν-facher Last $M_1 = 371{,}2$ kNm

Nach Gleichung (3./3):

$R_1 = 50 \cdot 5{,}325 \cdot 0{,}01 + 0{,}015 \cdot 371{,}2 = 8{,}23$ kNm²

$C_{11} = 50 \cdot 5{,}325 - 3{,}75^2 \cdot 371{,}2^2/(\pi^2 \cdot 1100 \cdot 1{,}44) = 142{,}3$ kNm²

$A_1 = 8{,}23/142{,}3 = 0{,}0578 = \max \vartheta$

$M_y = 371{,}2$ kNm

$M_z = 371{,}2 \cdot 0{,}0578 = 21{,}45$ kNm

$\sigma = 371{,}2/200 + 21{,}45/24 = 1{,}856 + 0{,}894 = 2{,}750$ kN/cm²
$= \sigma_{\text{grenz}} = 2{,}5 \cdot 1{,}1$

Damit ergibt sich die kritische Spannung nach der üblichen Theorie I. Ordnung:

$\sigma_{cr} = 1{,}856$ kN/cm²

Bemessungskurve

Um zu einer allgemeingültigen Bemessungskurve zu gelangen, wurden verschiedene Parameter variiert:

A. Belastungen
- A.1: konstantes Moment M_1,
- A.2: linear veränderliches Moment M_2,
- A.3: Gleichlast am Obergurt mit parabelförmigem Moment M_0

B. Querschnitte:
- B.1: $b/h = 12/100$ cm und
- B.2: $6/60$ cm

C. Vorverformungen:
$v_{0m} = L/250$, $\vartheta_{0m} = 0{,}01$

D. Materialkennwert:
- D.1: $E = 1100$ kN/cm², $G = 50$ kN/cm²
  $\sigma_{\text{grenz}} = 2{,}5 \cdot 1{,}1 = 2{,}75$ kN/cm² bzw.
- D.2: $E = 660$ kN/cm², $G = 30$ kN/cm²
  $\sigma_{\text{grenz}} = 2{,}0 \cdot 1{,}1 = 2{,}20$ kN/cm²

E. Längen:
$L = 1{,}5$ bis 15 m.

Die Ergebnisse bezüglich des Einflusses verschiedener Parameter lassen sich am besten in dimensionsloser Darstellung vergleichen. Dies erfolgt durch Auftragung des Abminderungsfaktors

$$\varkappa = \sigma_{cr}/\nu \cdot \text{zul}\,\sigma_B = \text{zul}\,\sigma_k/\text{zul}\,\sigma_B \qquad (3./8)$$

über einem bezogenen Schlankheitsgrad

$$\bar{\lambda}_M = \sqrt{\nu \cdot \text{zul}\,\sigma_B/\sigma_{ki}} \qquad (3./9)$$

Dabei bedeuten:

σ_{cr} = kritische Grenzspannung
zul σ_B = zulässige Biegespannung nach DIN 1052, Tabelle 6

ν = Sicherheitsbeiwert, gewählt $\nu = 2{,}5$ bzw. $\nu = 2{,}0$ bei abgeminderten Werten E, G auf den 0,6fachen Wert (vgl. auch Abschnitt 6)

σ_{ki} = kritische Spannung für das Biegedrillknicken (Kippen) aus der Verzweigungslast, also ohne Vorverformungen. Zu berechnen z. B. nach Abschnitt 4, Gleichungen (4./2) und (4./4) oder der Literatur [4]

Die Ergebnisse der Parameteruntersuchungen sind in Bild 4 dargestellt. Dabei zeigt es sich, daß die Änderung der Materialkennwerte bei gleichzeitiger Änderung des Sicherheitsbeiwertes ohne Einfluß bleibt. Die Ergebnisse (in dimensionsloser Form) mit den Annahmen nach D.1 und D.2 sind praktisch identisch. Von den untersuchten Belastungen ist der konstante Momentenverlauf am ungünstigsten, während der linear veränderliche M_2-Verlauf am günstigsten ist. Ferner liefert der Querschnitt mit dem h/b-Verhältnis 10 eine tieferliegende Grenzlastkurve als der mit $h/b = 8{,}33$.

Da die verschiedenen Grenzlastkurven dicht beieinanderliegen, lassen sie sich gut durch eine Bemessungskurve annähern. Diese wird in Anlehnung an den Entwurf zu DIN 18 800/Teil 2 gewählt:

$$\varkappa = \left(\frac{1}{1 + \bar{\lambda}_M^{2n}}\right)^{1/n} \qquad (3./10)$$

$$n = 1{,}65 \qquad (3./11)$$

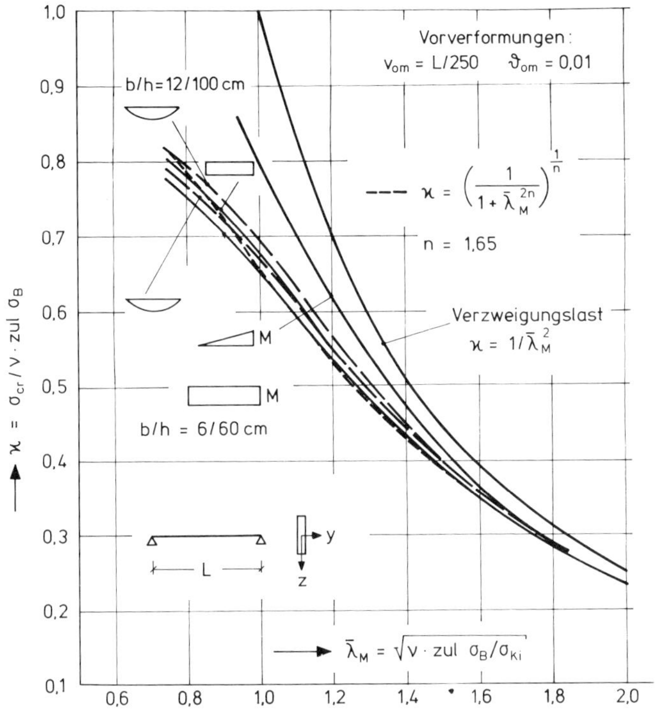

Bild 4. Grenzlastkurven für vorverformte Einfeldträger

Wie aus Bild 4 zu ersehen ist, deckt diese Kurve die verschiedenen Grenzlastkurven ausgezeichnet ab. Um Gleichung (3./10) mit (3./11) nicht jedesmal auswerten zu müssen, sind entsprechende Werte in Tabelle 2 angegeben.

Tabelle 2: Abminderungswerte $\varkappa$ der vorgeschlagenen Bemessungskurve

$\bar{\lambda}_M$	0,8	0,85	0,9	0,95	1,0	1,05	1,1	1,15	1,2	1,25
$\varkappa$	0,789	0,756	0,723	0,690	0,657	0,624	0,593	0,562	0,533	0,505
$\bar{\lambda}_M$	1,3	1,35	1,4	1,45	1,5	1,6	1,7	1,8	1,9	2,0
$\varkappa$	0,478	0,453	0,429	0,407	0,386	0,348	0,314	0,285	0,259	0,236

Zwischenwerte dürfen linear interpoliert werden.

Die wichtigste Erkenntnis aus Bild 4 besteht darin, daß eine Bemessung nach der Verzweigungslast zu unsicheren Ergebnissen führt. Dies ist besonders gravierend im Bereich von $\bar{\lambda}_M = 1$, wo die Ergebnisse der Bemessungskurve ca. 35 % unter derjenigen der Verzweigungslast liegen!

Zusätzlich wurde der Einfluß unterschiedlicher Vorverformungen untersucht. Folgende Annahmen wurden getroffen:

a) $v_{0m} = L/250\,, \quad \vartheta_{0m} = 0{,}01$
b) $v_{0m} = L/400\,, \quad \vartheta_{0m} = 0{,}01$
c) $v_{0m} = L/200\,, \quad \vartheta_{0m} = 0$
d) $v_{0m} = 0\,, \quad \vartheta_{0m} = 0{,}025$
e) $v_{0m} = 0\,, \quad \vartheta_{0m} = 0{,}050$

Wie aus Bild 5 zu ersehen ist, ergeben die Annahmen a) bis d) recht ähnliche Ergebnisse. Im Bereich kleiner $\bar{\lambda}_M$-Werte

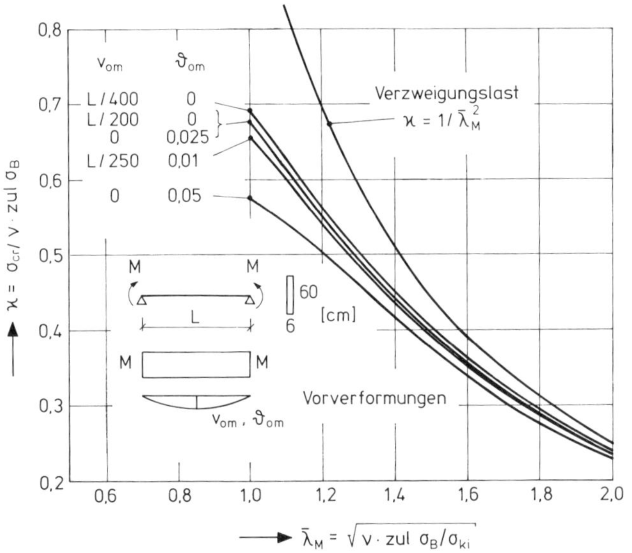

Bild 5. Einfluß verschiedener Vorverformungen

(das entspricht kleinen Längen zwischen gehaltenen Punkten) hat jedoch die Vorverdrehung ϑ_{0m} größere Bedeutung, so daß ihr, auch bei ausgeführten Konstruktionen, erhöhte Aufmerksamkeit zu widmen ist.

Aus den Bildern 4 und 5 ist ersichtlich, daß die Vorverformungsannahme a) ($v_{0m} = L/250$ und $\vartheta_{0m} = 0{,}01$) und der darauf basierende Vorschlag für die Bemessungskurve ohne Verlust an Wirtschaftlichkeit oder Sicherheit angewendet werden können.

4 Durchlaufträger

Es wird ein symmetrischer Durchlaufträger betrachtet, siehe Bild 6. Dieser kann als Einfeldträger mit Randfedern C_{Mz}, C_{Mw} aufgefaßt werden, wobei diese Randfedern die Steifigkeit der angrenzenden Felder ersetzen. Diese Methode ist bereits in [4] für Durchlaufträger aus Stahl benutzt worden und hat zu guten Resultaten geführt.

Für Einfeldträger ohne Randfedern liegen genügend Resultate vor bzw. diese können sehr einfach berechnet werden. Deshalb werden Faktoren ermittelt, mit denen die Lösung für Einfeldträger ohne Randfedern multipliziert werden müssen, um zum Ergebnis für Einfeldträger mit Randfedern zu gelangen.

Nach DIN 4114 (1952), Ri 15.15 bzw. [4] gilt für doppelsymmetrische Querschnitte

$$M_{ki} = \zeta \cdot \frac{\pi^2 EI_z}{L^2} \left(\sqrt{\left(\frac{5 \cdot z_p}{\pi^2}\right)^2 + c^2} + \frac{5 \cdot z_p}{\pi^2} \right) \qquad (4./1)$$

Für Brettschichtträger mit Rechteckquerschnitt geht für Lastangriff am Obergurt diese Gleichung über in

$$M_{ki} = k_c \cdot 0{,}208 \frac{E \cdot h \cdot b^3}{L^2} \left(\sqrt{h^2 + 0{,}288\, k \cdot L^2} - h \right) \qquad (4./2)$$

Darin bedeuten:

h, b	[m]	Höhe, Breite des Querschnitts
L	[m]	Stützweite
k	=	$(1 - 0{,}63 \cdot b/h)$ (4./3)
k_c	=	Beiwert zur Erfassung der Form der Momentenlinie (entspricht dem Wert ζ in Gleichung (4./1))

Für den Elastizitätsmodul E und den Schubmodul G wurden die Werte aus Tabelle 1, Zeile 3 der DIN 1052 (1969) eingesetzt.

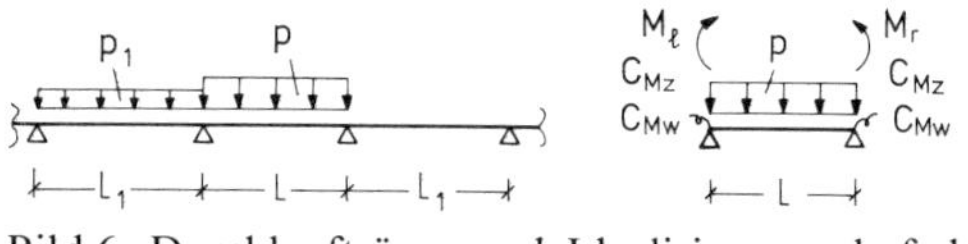

Bild 6. Durchlaufträger und Idealisierung als federnd gelagerter Einfeldträger

Für reine Momentenbeanspruchung oder Lastangriff der Querlast p im Schwerpunkt vereinfacht sich die Gleichung (4./2) weiter zu

$$M_{ki} = k_c \cdot 0{,}113 \cdot \frac{E \cdot h \cdot b^3}{L} \sqrt{k} \qquad (4./4)$$

Für häufig vorkommende Momentenverläufe sind die Beiwerte k_c in den Bildern 7 bis 9 aufgetragen. Die Berechnung erfolgt dabei mit dem Programm [17]. Dieses Programm basiert ebenfalls auf der Lösung des Variationsproblems nach dem Ritzschen Verfahren. Die Ergebnisse für die Beiwerte k_c gelten für $L/h = 10$, stellen jedoch auch für andere L/h-Verhältnisse baupraktisch genügend genaue Näherungswerte dar.

Für Rechteckquerschnitte ist der Wölbwiderstand $I_\omega \approx 0$, so daß auch die Wölbfeder $C_{Mw} \approx 0$ gesetzt werden kann. Die Feder C_{Mz} zur Erfassung der seitlichen Biegesteifigkeit

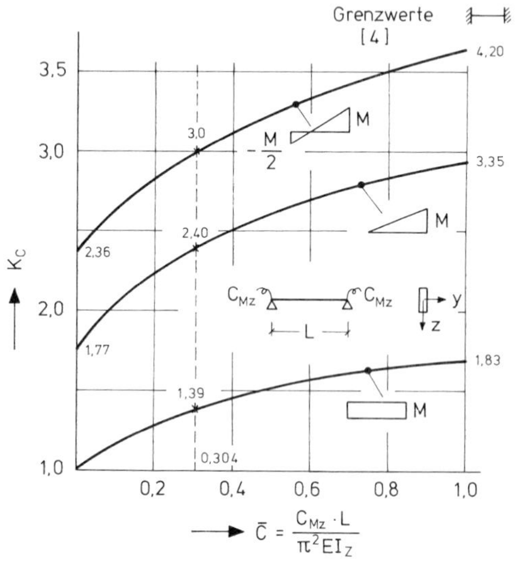

Bild 7. Beiwerte k_c für linearen Momentenverlauf bei Mittelfeldern

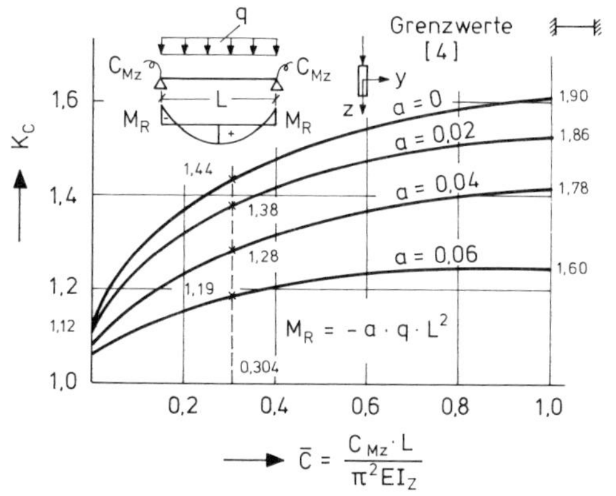

Bild 8. Beiwerte k_c für parabolischen Momentenverlauf bei Mittelfeldern

EI_z wird nach den üblichen Regeln ermittelt und ist abhängig vom möglichen Momentenverlauf bezüglich eines Querbiegemomentes M_z in dem angrenzenden, dem stützenden Feld. Für einige Fälle sind Werte für C_{Mz} in Bild 10 angegeben.

Speziell für den Fall, daß es sich um einen Durchlaufträger mit konstanten Längen L und Steifigkeiten EI_z handelt, vereinfacht sich die Berechnung des Parameters $\bar{c} = C_{Mz} \cdot L/\pi^2 EI_z$, der für die Benutzung der Bilder 7 bis 9 benötigt wird. Es ergeben sich dann Werte von Spalte 4 aus Bild 10.

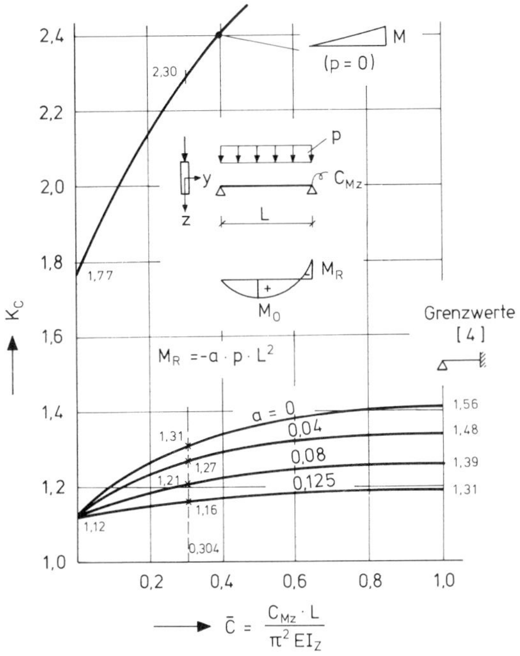

Bild 9. Beiwerte k_c bei Endfeldern

Nr.	M-Verlauf	$C_{Mz} \cdot \frac{L_1}{EI_{Z1}}$	$\bar{c} = C_{Mz} \cdot L/(\pi^2 EI_Z)$ für $L_1 = L$, $I_{Z1} = I_Z$
1	2	3	4
1	M; L_1	3	0,304
2	-0,25M; M	3,43	0,347
3	-M/2; M	4	0,405
4	-M; M	6	0,608

Bild 10. Biegefeder C_{Mz} und Parameter $\bar{c}$

Beispiel 2:

Es wird ein Brettschichtträger als Dreifeldträger nach Bild 11 untersucht. Dabei wird vorausgesetzt, daß über den Stützen die Verdrehung und die seitliche Verschiebung verhindert sind, in den Feldbereichen dagegen der Träger sich unbehindert verformen kann.

$E = 1100\,\text{kN/cm}^2$
$k = (1 - 0{,}63/10) = 0{,}937$

Mittelfeld

$\bar{c} = 0{,}304$

Aus Bild 8: $k_c = 1{,}24$

Nach Gleichung (4./2)

$$M_{ki} = 1{,}24 \cdot 0{,}208 \times$$
$$\times \frac{1100 \cdot 60 \cdot 6 \cdot 0{,}06^2}{5^2} \left(\sqrt{0{,}6^2 + 0{,}288 \cdot 0{,}937 \cdot 5^2} - 0{,}6\right)$$

$M_{ki} = 30{,}38\,\text{kNm}$, $p_{ki} = 16{,}2\,\text{kN/m}$

$$\sigma_{ki} = \frac{30{,}38 \cdot 6}{0{,}06 \cdot 60^2} = 0{,}844\,\text{kN/cm}^2$$

Endfeld

$\bar{c} = 0{,}347$

Aus Bild 9: $k_c = 2{,}35$

Nach Gleichung (4./4)

$$M_{ki} = 2{,}35 \cdot 0{,}113 \cdot \frac{1100 \cdot 60 \cdot 6 \cdot 0{,}06^2}{5} \sqrt{0{,}937}$$

$M_{ki} = 73{,}3\,\text{kNm}$, $p_{ki} = 58{,}6\,\text{kNm}$

Maßgebend für die Beurteilung der Sicherheit gegenüber Biegedrillknicken („Kippen") des Gesamtsystems ist der kleinste Wert, der sich aus der getrennten Untersuchung der Teilfelder ergibt. Für den Sonderfall, daß sich aus der getrennten Untersuchung etwa gleiche kritische Werte p_{ki} ergeben (wobei eine ingenieurmäßig vernünftige Grenze etwa bei 30 % Differenz liegen dürfte), darf eine gegenseitige drehfedernde Stützung nicht in Rechnung gestellt werden. Dann versagt nämlich jedes Feld für sich, ohne vom Nachbarfeld beeinflußt zu sein.

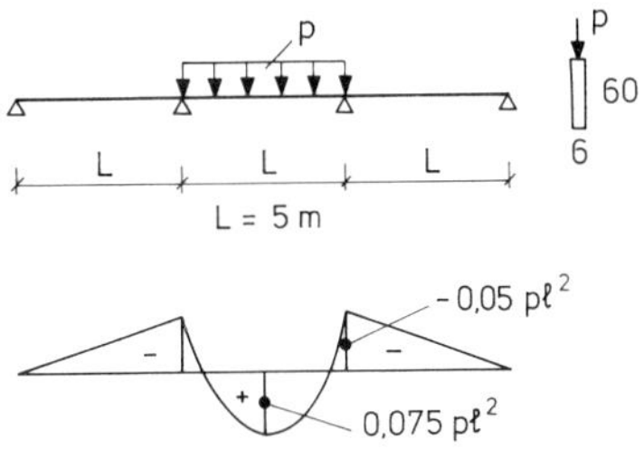

Bild 11
Beispiel 2: Dreifeldträger

Hier ist das Mittelfeld maßgebend.

Wenn eine erforderliche Sicherheit gegenüber der Verzweigungslast von

$\nu_{ki} = 3{,}0$

angenommen wird, ergibt sich

$\text{zul}\, p = 16{,}2/3 = 5{,}4\,\text{kN/m}$

Wenn die in Abschnitt 3 ermittelte Grenzlastkurve als maßgebend angenommen wird, so ergibt sich:

Brettschichtholz, GK II: $\text{zul}\, \sigma_B = 1{,}1\,\text{kN/cm}^2$

$\bar{\lambda}_M = \sqrt{2{,}5 \cdot 1{,}1/0{,}844} = 1{,}81$

$$\varkappa = \left(\frac{1}{1 + 1{,}81^{3,3}}\right)^{0,606} = 0{,}282$$

$\text{zul}\, \sigma = 1{,}1 \cdot 0{,}282 = 0{,}310\,\text{kN/cm}^2$

$\text{zul}\, p = 0{,}310 \cdot 36/0{,}075 \cdot 25 = 6{,}0\,\text{kN/m}$

5 Zur Wirkung horizontaler Abstützungen

In baupraktischen Fällen kommt es sehr selten vor, daß sich ein Träger seitlich völlig unbehindert verschieben kann. In der Regel werden die Träger an Wände, Stützen, andere Träger oder Verbände angeschlossen, die seitliche Verformungen rechtwinklig zur Haupttragrichtung der Einzelträger verhindern. Diese abstützenden Bauteile sind jedoch meistens nicht kontinuierlich vorhanden, sondern nur in gewissen Abständen, wie z. B. bei Verbänden. Die aussteifenden Verbände werden dann durch Abtriebskräfte des zu stützenden Trägers belastet. Regelungen und Erläuterungen dazu für den Holzbau finden sich z. B. in [18, 19].

Hier wird zunächst ein Sonderfall betrachtet, bei dem nur eine horizontale Abstützung in Feldmitte vorhanden ist, deren Steifigkeit so groß sein soll, daß die Abstützung als starr angesehen werden kann (Bild 12).

Die Lösung des Problems erfolgt wiederum durch die Lösung des Variationsproblems nach dem Ritzschen Verfahren. Dabei soll die ideale Verzweigungslast ermittelt werden, d. h. der Träger ist im spannungslosen Zustand ideal gerade, weist also keine Vorverformungen auf. Weiterhin werden keine federnden Stützungen berücksichtigt.

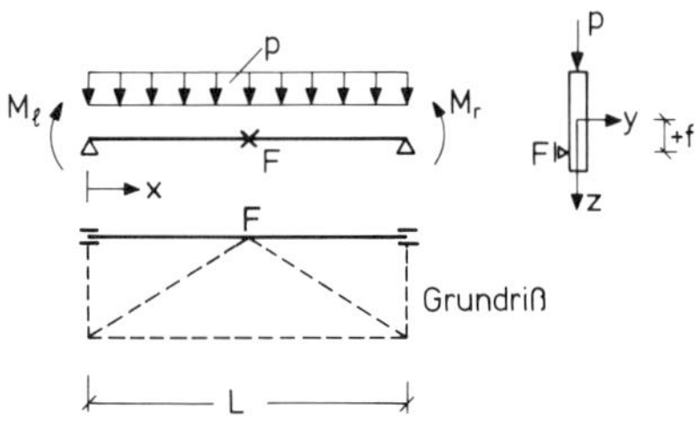

Bild 12
In Feldmitte seitlich gestützter Träger

Die 2. Variation des elastischen Potentials stimmt dann formal mit Gleichung (2./1) überein.

Für die unbekannten Verformungen werden folgende Ansätze gemacht:

$$\left.\begin{aligned} v &= A_1 \cdot \sin\frac{2\pi x}{L} + A_3 \cdot f \cdot \sin\frac{\pi x}{L} \\ \vartheta &= A_2 \cdot \sin\frac{2\pi x}{L} + A_3 \cdot \sin\frac{\pi x}{L} \end{aligned}\right\} \qquad (5./1)$$

Dieser Ansatz erfüllt die Bedingung, daß in $x = L/2$ die seitliche Verformung $v = f \cdot \vartheta$ ist. Weiterhin setzt er voraus, daß an den Lagern Gabellagerung vorliegt, dort also die seitliche Verschiebung und die Verdrehung Null sind.

Die mögliche Verformung eines Trägers, der durch Endmomente belastet ist, zeigt Bild 13.

Die kritische Belastung ist aus einem Gleichungssystem nach Tabelle 1 zu ermitteln, das die Größe 3 × 3 hat. Die Eigenwerte als Lösung ergeben sich durch Nullsetzen der Nennerdeterminante.

Die Matrixglieder haben folgende Werte, wobei als Belastungen die Querlast p im Abstand z_p vom Schubmittelpunkt (hier = S) und die Momentenverläufe M_0, M_1, M_2 nach Bild 3 berücksichtigt werden:

$$\left.\begin{aligned} C_{11} &= EI_z \cdot 16\pi^2/L^2 \\ C_{22} &= GI_T \cdot 4 + p \cdot z_p \cdot L^2/\pi^2 \\ C_{33} &= EI_z \cdot f^2 \cdot \pi^2/L^2 + GI_T + p \cdot z_p \cdot L^2/\pi^2 - \\ &\quad - f(M_0 \cdot 1{,}74 + 2 \cdot M_1 + M_2) \\ C_{12} &= -2{,}87 \cdot M_0 - 4\,M_1 - 2\,M_2 \\ C_{13} &= 0{,}721 \cdot M_2 \\ C_{23} &= 0{,}18 \cdot f \cdot M_2 \end{aligned}\right\} \qquad (5./2)$$

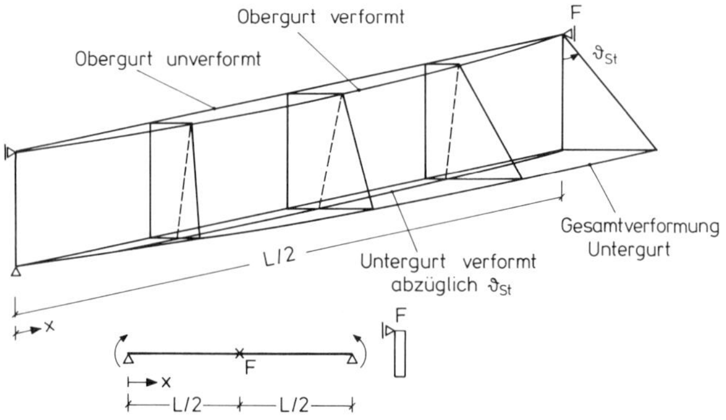

Bild 13. Verformungen eines in Feldmitte am Obergurt seitlich gehaltenen Trägers

Für die symmetrischen Momentenverläufe M_0, M_1 zerfällt das Gleichungssystem in 2 Teile:

a) die übliche Lösung, die unabhängig von der Festhaltung in Feldmitte ist. Da die Verformungsfiguren für v und ϑ in $x = L/2$ einen Wendepunkt haben, kann die übliche Lösung verwendet werden, wenn für die Stützweite der Wert $L/2$ eingesetzt wird. Vereinfachte Lösungen für Brettschichtträger sind durch die Gleichungen (4./2) und (4./4) gegeben.

   Die Beiwerte k_c können für $\bar{c} = 0$ aus den Bildern 7 bis 9 entnommen werden. Für andere als dort aufgeführte Momentenlinien können entsprechende Werte aus [4] ermittelt werden.

b) eine Lösung, die nur von der Festhaltung in Feldmitte bestimmt wird. Dies ist der Fall der sog. „gebundenen Kippung", die z. B. in DIN 4114 (1952), Ri 15.14 und [4] behandelt wird.

Für b) liefert $C_{33} = 0$:

$$M_{ki,b} = M_r = \frac{GI_T + EI_z \cdot f^2 \cdot \pi^2/L^2}{f\left(1 + \dfrac{M_l}{M_r} + 1{,}74\dfrac{M_0}{M_r}\right) + 0{,}051 \cdot p \cdot h \cdot L^2/M_r} \qquad (5./3)$$

In (5./3) ist vorausgesetzt, daß die Querlast am Obergurt angreift und als Bezugsmoment das rechte Stützmoment $M_r = M_1 + M_2$ gewählt wird.

Am häufigsten ist die seitliche Abstützung am Obergurt vorhanden, $f = -h/2$. Dann geht (5./3) über in

$$M_{ki,b} = -Z_1\left(GI_T + 2{,}47 \cdot EI_z \cdot h^2/L^2\right)/h \qquad (5./4)$$

Ein kritisches Moment, das für diesen Fall b) zum Versagen führt, muß stets negativ sein, da nur dann am nichtgestützten Rand Druckspannungen auftreten.

Der Zahlenwert Z_1 ist für verschiedene Momentenflächen aus Bild 14 zu entnehmen.

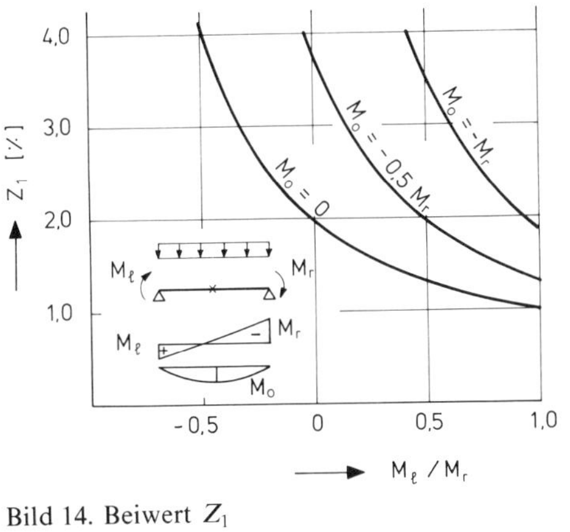

Bild 14. Beiwert Z_1

Für unsymmetrische Momentenlinien ist die Lösung von Gleichung (5./4) eine Näherung. Dies liegt daran, daß in Gleichung (5./3) die Nebenglieder C_{13}, C_{23} nicht berücksichtigt sind und der Ansatz (5./1) für die „gebundene Kippung" in A_3 nur einen symmetrischen Anteil berücksichtigt. Der Fehler ist um so größer, je größer die Unsymmetrie ist. Aus Vergleichsrechnungen mit [16] wird ein Korrekturfaktor erhalten.

$$Z_2 = 0{,}75 + 0{,}25 \cdot M_l/M_r, \quad M_l/M_r \geq 0 \qquad (5./5)$$

Mit diesem Faktor ist das Ergebnis von Gleichung (5./4) zu multiplizieren.

Wenn mehr als eine seitliche Festhaltung vorhanden sind, ergibt sich folgendes Vorgehen:

1. Nachweis des Trägers als gabelgelagerter Träger zwischen den seitlichen Abstützungen nach den Gleichungen (4./2) bzw. (4./4). Als Stützweite ist hierbei die Länge zwischen den Abstützungen einzusetzen.
2. Nachweis des Gesamtträgers für gebundene Kippung nach Gleichung (5./4) und ggf. (5./5). Als Stützweite ist hierbei die Gesamtlänge einzusetzen.

Beispiel 3:

Brettschichtträger $b/h = 12/100$ cm, GK II, nach Bild 15 seitliche Abstützungen in $L/4$

$E = 1100\ \text{kN/cm}^2$ $\qquad G = 50\ \text{kN/cm}^2$
$I_T = 5{,}325\ \text{cm}^2\ \text{m}^2$ $\qquad I_z = 1{,}44\ \text{cm}^2\ \text{m}^2$

Aus Bild 14: $\quad Z_1 = 2{,}0$

Nach Gl. (5./5): $\quad Z_2 = 0{,}75$

Nach Gl. (5./4) mit (5./5)

$$M_{ki,b} = -2{,}0 \cdot 0{,}75 \cdot (50 \cdot 5{,}325 + {} + 2{,}47 \cdot 1100 \cdot 1{,}44/15^2)/1{,}0$$

$$M_{ki,b} = -425\ \text{kNm}$$

Aus Bild 7 interpoliert:

$k_c \sim 1{,}77 - 0{,}75 \cdot (1{,}77 - 1{,}0) = 1{,}19$

$$M_{ki,a} = \pm 1{,}19 \cdot 0{,}113 \cdot \frac{1100 \cdot 1{,}0 \cdot 0{,}12 \cdot 12^2}{3{,}75}\sqrt{0{,}924}$$

$$M_{ki,a} = \pm 655\ \text{kNm}$$

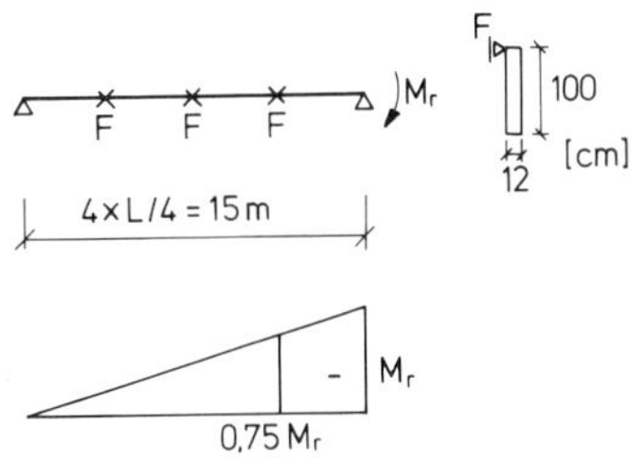

Bild 15
Beispiel 3: Einfeldträger mit seitlicher Stützung in den Viertelspunkten

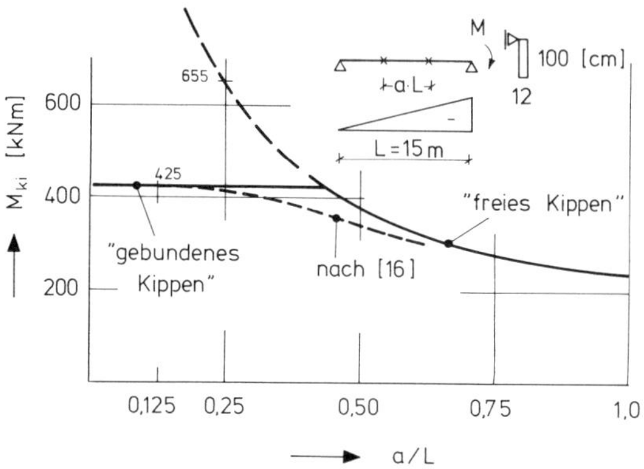

Bild 16. Ergebnis des Beispiels 3

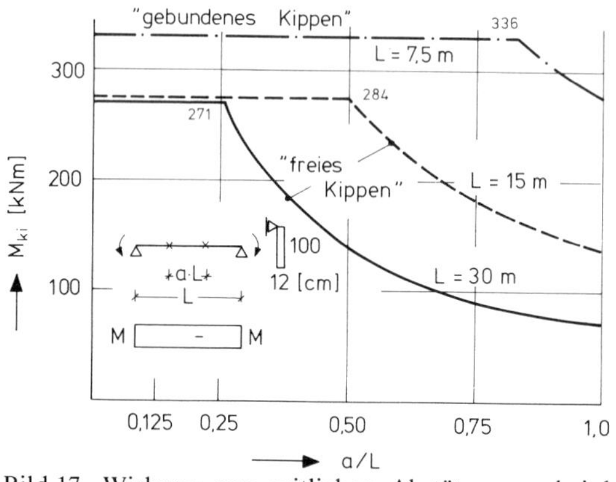

Bild 17. Wirkung von seitlichen Abstützungen bei konstantem Moment

Damit ergibt sich für den gabelgelagerten Träger zwischen den Abstützungen ein größeres kritisches Moment als für den Gesamtträger unter Beachtung der seitlichen Abstützung. Für andere Anordnung der seitlichen Abstützung sind die kritischen Momente aus Bild 16 zu ersehen. Dabei ist das „gebundene Kippen" maßgebend, sofern mehr als eine Abstützung in Feldmitte vorhanden ist.

Dies ist jedoch sehr stark von der Belastung und der Gesamtstützweite abhängig, wie aus Bild 17 zu ersehen ist. Dort sind entsprechende Ergebnisse für Belastung aus konstantem Moment aufgetragen.

6 Absicherung durch Versuche

Für Holzträger liegen nur wenige Versuchsresultate vor. In [19] wird über 3 Versuche berichtet, die jedoch keine generellen Schlußfolgerungen zulassen. Bekannt ist die Versuchsserie von Hooley/Madsen [21] an geleimten Brettschichtträgern mit Rechteckquerschnitt.

Es wurden 33 Träger mit folgenden Parametern untersucht:

System:	gabelgelagerter Einfeldträger bzw. starr eingespannter Kragträger
Belastung:	Einzellast in Feldmitte bzw. Kragarmende, durch eine angehängte Belastungsebene wohl richtungstreu
Lastangriffspunkt:	Obergurt und Schwerachse
L/b	32 bis 272
h/b	3,2 bis 10
E-Modul	1030 bis 1790 kN/cm²
G-Modul	77 bis 103 kN/cm²

Elastizitäts- und Schubmodul wurden dabei aus Biege- und Torsionsversuchen bestimmt, also nicht an Kleinproben.

Die Versuche wurden als Kurzzeitversuche durchgeführt. Dabei ergaben sich folgende Sicherheiten:

— Minimalwert $\min x = 2{,}45$
— Mittelwert $\bar{x} = 3{,}27$
— Streuung $s = 0{,}41$

In [21] wird aus den mitgeteilten Werten der Schluß gezogen, daß im Normalbereich mit $\nu_K = 3{,}0$ gerechnet werden sollte und dürfte.

Diese Werte sind allerdings auf ein spezielles Verfahren zur Ermittlung der zulässigen Spannungen bezogen, das mit dem Vorgehen nach DIN 1052 nicht vergleichbar ist. Es geht von einer üblichen zulässigen Biegespannung (ohne Stabilitätseinfluß)

$$\text{zul}\,\sigma_B = 1{,}69\,\text{kN/cm}^2$$

aus und reduziert dann diesen Wert bei größeren Schlankheiten.

Ferner ist in den angegebenen Sicherheiten bei kurzen Trägern ein Abschlag für Dauerbelastung von maximal 0,58 enthalten, nicht dagegen bei der größeren Anzahl der längeren Träger. Es ist bekannt, daß bei Dauerbelastung die Festigkeit des Holzes und der Holzwerkstoffe durch Kriechen stark abnimmt. Der Entwurf zu DIN 1052, Bl. 3 (2. 79) trägt dem durch Reduktion der Elastizitäts- und Schubmodulen mit dem Faktor

$$\eta = 1{,}5 - \frac{\sigma_{\text{Dauer}}}{\text{zul}\,\sigma}$$

Rechnung. Bei ausschließlicher Dauerbelastung, wie sie z. B. bei Bauteilen im Hallenbau (Belastung durch ständige Last und Schnee im Winter) vorkommen kann, ergibt sich daraus ein Reduktionsfaktor bis auf 0,50.

Wenn man eine mögliche Reduktion von E und G generell auf 60 % unterstellt, ergeben sich aus der Auswertung der Versuchsreihe folgende Werte:

— Minimalwert min $x = 1{,}71$
— Mittelwert $\bar{x} = 2{,}21$
— Streuung $s = 0{,}45$

Sehr wichtig ist die Klärung der Frage, ob die unter der Voraussetzung der Gültigkeit des Hookeschen Gesetzes abgeleiteten Gleichungen auch für den anisotropen Werkstoff Holz verwendet werden dürfen. Daher wurden in [21] auch jeweils die aus den bekannten theoretischen Lösungen berechneten rechnerischen kritischen Spannungen den im Versuch erreichten gegenübergestellt.

Für den Wert

$$\varkappa_v = \frac{\text{kritische Spannung nach Versuch}}{\text{kritische Spannung nach Rechnung}}$$

ergab sich folgendes:

— Minimalwert min $\varkappa_v = 0{,}81$
— Maximalwert max $\varkappa_v = 1{,}19$
— Mittelwert $\bar{\varkappa}_v = 1{,}02$
— Streuung $s = 0{,}10$

Die Einzelwerte sind in Bild 18 noch einmal zusammengestellt. Als Parameter auf der Abszisse wurde der Wert

$$\bar{\lambda}_M = \sqrt{2{,}5 \cdot \text{zul}\, \sigma_B / \sigma_{ki,\,\text{Rechn.}}}$$

verwendet. Es ist daraus zu ersehen, daß die Menge der Ergebnisse, die vom Idealwert $\varkappa = 1{,}0$ abweichen, in der Nähe von $\bar{\lambda}_M = 1$ liegen. Dies ist einleuchtend, da der Parameter auf der Abszisse als bezogener Schlankheitsgrad $\bar{\lambda}_M$, wie auch im Stahlbau üblich, gedeutet werden kann und in diesem Bereich die größten Abweichungen von der (elastisch berechneten) idealen kritischen Spannung σ_{ki} zu erwarten sind. Die Werte < 1 dürften dabei im wesentlichen auf den Einfluß von Vorverformungen zurückzuführen sein, die in der Rechnung nicht berücksichtigt sind. Weiterhin sind Streuungen in den Materialkennwerten E, G in Trägerlängsrichtung vorhanden.

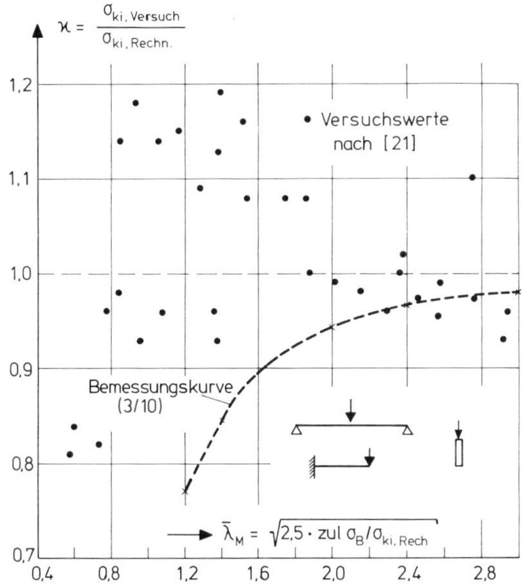

Bild 18. Versuchsergebnisse in dimensionsloser Darstellung

Die Ergebnisse von Bild 18 bestätigen damit entgegen der Meinung anderer Autoren *nicht* ohne weiteres, daß die ideale kritische Biegedrillknickspannung als alleiniges Bemessungskriterium für Holzträger geeignet ist. Vielmehr ist folgendes festzustellen:

Wenn der Nachweis gegen Biegedrillknicken bei Holzträgern ausschließlich durch Absicherung gegen die ideale kritische Spannung σ_{ki} erfolgt, also der Nachweis geführt wird:

$$\text{vorh}\, \sigma_B < \begin{cases} \sigma_{ki}/\nu_{ki} \\ \text{zul}\, \sigma_B \end{cases} \tag{6./1}$$

dann müßte im Bereich von $\bar{\lambda}_M = 1$ mit erhöhten Sicherheiten gerechnet werden. Dieser Zusatz-Faktor müßte zur Absicherung der untersten Versuchswerte aus [21] den Wert 1,25 haben.

Wohl aus diesem Grunde wird in [21] eine Art Grenzspannung für Holz definiert, die bei $0{,}67 \cdot \text{zul}\, \sigma_B$ angesetzt wird. Oberhalb dieses Wertes wird die zulässige Biegespannung nicht voll ausgenutzt, bis eine Grenzschlankheit erreicht ist.

Es ist zweifelhaft, ob die in [18] angegebene Möglichkeit, bei voller Ausnutzung der zulässigen Biegespannung die (Kipp-)Sicherheit nur zu $\nu_{ki} = 2{,}5$ anzunehmen, beibehalten werden kann. Vielmehr wird vorgeschlagen, einem Nachweis des Biegedrillknickens (Kippen) in einer neubearbeiteten DIN 1052 die in Abschnitt 3 ermittelte Bemessungskurve zugrunde zu legen.

7 Zusammenfassung

Es werden verschiedene Probleme, die beim Biegedrillknicken (Kippen) von Holzträgern auftreten, am Beispiel von Brettschichtträgern untersucht. Dazu gehören die Wirkung von Vorverformungen auf die Tragfähigkeit, Erfassung von Durchlaufträgern und von horizontaler Abstützungen. Schließlich werden Versuche neu ausgewertet. Als Ergebnis wird vorgeschlagen, das Biegedrillknicken durch eine Bemessungskurve zu erfassen, die die Wirkung von Vorverformungen berücksichtigt.

Literatur

[1] CHWALLA, E.: Über die Kippstabilität querbelasteter Druckstäbe mit einfachsymmetrischem Querschnitt. Federhofer-Girkmann Festschrift. Wien 1950.

[2] MÖLL, R.: Kippen von querbelasteten und gedrückten Durchlaufträgern mit I-Querschnitt als Stabilitätsproblem und Spannungsproblem II. Ordnung. Der Stahlbau 36 (1967), S. 69—77, 184—190.

[3] BÜRGERMEISTER, G., STEUP, H., KRETZSCHMAR, H.: Stabilitätstheorie, Teil I, Akademie-Verlag Berlin, 1967.

[4] ROIK, K., CARL, J., LINDNER, J.: Biegetorsionsprobleme gerader dünnwandiger Stäbe, Verlag W. Ernst u. Sohn, Berlin 1972.

[5] v. HALÁSZ, R., CZIESIELSKI, E.: Berechnung und Konstruktion geleimter Träger mit Stegen aus Furnierplatten. Berichte aus der Bauforschung, Heft 47, Verlag W. Ernst u. Sohn, Berlin 1966.

[6] MEHLHORN, G.: Näherungsverfahren zur Abschätzung der Kippstabilität vorgespannter Träger. Beton- und Stahlbetonbau (1974), S. 7—12.

[7] RAFLA, K.: Näherungsverfahren zur Berechnung der Kipplasten von Trägern mit in Längsrichtung beliebig veränderlichem Querschnitt. Die Bautechnik (1975), S. 269—275.

[8] UNGER, B.: Elastisches Kippen zu beliebig gelagerten und aufgehängten Durchlaufträgern mit einfachsymmetrischem, in Trägerachse veränderlichem Querschnitt und einer Abwandlung des Reduktionsverfahrens als Lösungsmethode. Der Stahlbau 39 (1970), S. 135—142, 181—185.

[9] HILDENBRAND, P.: Ein Beitrag zum Biegetorsionsproblem dünnwandiger Balken mit beliebigem offenen Querschnitt nach Theorie II. Ordnung. Der Stahlbau 41 (1972), S. 171—181.

[10] KLÖPPEL, K., UNGER, B.: Eine experimentelle Untersuchung des Kippverhaltens von Kragträgern im elastischen und plastischen Bereich im Hinblick auf eine Neufassung des Kippsicherheitsnachweises der DIN 4114. Der Stahlbau 40 (1971), S. 373—377.

[11] LINDNER, J.: Der Einfluß von Eigenspannungen auf die Traglast von I-Trägern. Der Stahlbau 43 (1974), S. 39—45, 86—91.

[12] UNGER, B.: Einige Überlegungen zur Zuschärfung der Traglastrechnung ... Der Stahlbau 44 (1975), S. 330—335, 367—373.

[13] LINDNER, J., KURTH, W.: Biegedrillknickversuche an querbelasteten Walzträgern. Der Bauingenieur 53 (1978), S. 373—377.

[14] HEIL, W.: Traglastermittlung von räumlich belasteten Durchlaufträgern mit offenem, dünnwandigem Querschnitt bei beliebigem Werkstoffgesetz. Diss. Karlsruhe, 1979.

[15] BAMM, D., LINDNER, J.: KIBAL 2-Programm zur Berechnung von beliebig gelagerten und belasteten geraden Stabsystemen. Fachgebiet Stahlbau, TU Berlin, 1974.

[16] STUCKE, W., FABRICIUS, K., LINDNER, J.: STVER 1-Programm zur Stabilitäts- und Spannungsberechnung einfachsymmetrischer Querschnitte unter Berücksichtigung der Profilverformung. Fachgebiet Stahlbau, TU Berlin, 1979.

[17] LINDNER, J.: LIDUR-Programm zur Berechnung kritischer Lasten nach der Verzweigungstheorie oder der Spannungstheorie II. Ordnung sowie von elastisch-plastischen Traglasten. Fachgebiet Stahlbau, TU Berlin, 1972/79.

[18] MÖHLER, K., EHLBECK, J., HEMPEL, G., KÖSTER, P.: Erläuterungen zu DIN 1052, Arbeitsgem. Holz, Düsseldorf, 1971.

[19] BRÜNINGHOFF, H.: Spannungen und Stabilität bei quergestützten Brettschichtträgern, Lehrstuhl für Ingenieurholzbau und Baukonstruktionen der Universität Karlsruhe, Karlsruhe 1973.

[20] PISCHL, R.: Zur Theorie II. Ordnung im Holzbau. Der Bauingenieur 54 (1979), S. 255—260.

[21] HOOLEY, R., MADSEN, B.: Lateral Stability of Glued Laminated Beams, Journal of the Structural Division, 90 (1964), S. 201—218.

[22] Informationsdienst Holz-Konstruktionsbeispiele, Berechnungsverfahren, Arbeitsg. Holz, Düsseldorf 1976.

Hansjürgen Sontag

Stählerne Tragwerke im Geschoßbau

1 Stand und Entwicklungstendenzen

In der Geschichte des Bauwesens ist die Zeit nach dem 2. Weltkrieg ein tiefer Einschnitt. Es waren Bauvorhaben bis dahin ungewohnter Größenordnung in kurzen Bauzeiten und unter äußerst strengen wirtschaftlichen Maßstäben zu realisieren. Hinzu kamen erhöhte Nutzungsanforderungen. Diese Anforderungen führten weithin zu einer Verwissenschaftlichung des Bauens:

- Im Planungsbereich durch eine wissenschaftliche Durchleuchtung und rationelle Ordnung aller Bauabläufe.
- In der Bauausführung durch Industrialisierung der Bauvorgänge.

Die Industrialisierung zielte in zwei Richtungen: Die Mechanisierung, d. h. Ersatz teurer und langsamer Handarbeit durch billige und schnelle Maschinenarbeit, auf der anderen Seite durch Entflechtung der Bauvorgänge, d. h. durch Vorfertigung. Beim traditionellen Bauen entsteht die gesamte Bauleistung auf der Baustelle. Der Zeitablauf ist durch das notwendige Nacheinander aller Bauvorgänge gekennzeichnet. Durch die Vorfertigung werden die Bauvorgänge entflochten und wesentliche Teile der Arbeitsleistung abseits der Baustelle in Werkstätten erbracht. Neben der Verkürzung der Bauzeiten wird hierdurch zugleich eine Verbesserung der Qualität erreicht.

Diese Forderungen können stählerne Tragwerke besonders gut erfüllen. Ihre Elemente werden seit jeher in Werkstätten gefertigt. Die Verbindungstechnik des Stahlbaus, die das Herstellen sofort tragender Verbindungen ermöglicht, führt zu sehr kurzen Montagezeiten. Dennoch sind stählerne Tragwerke bei der Bewältigung der großen Wohnungsbauvorhaben in den ersten 1½ Jahrzehnten nach dem Krieg kaum verwendet worden. Stahlbau begann im Geschoßbau erst in der zweiten großen Bauwelle eine Rolle zu spielen, als in den 60er Jahren die großen Bauvorhaben des Bildungswesens und der Infrastruktur zu bewältigen waren. Für eine Erklärung ist ein kurzer geschichtlicher Rückblick erforderlich.

2 Geschichtlicher Rückblick

Mit der beginnenden Industrialisierung des 19. Jahrhunderts standen Bauaufgaben an, zu deren Lösung damals nur Stahl zur Verfügung stand. Die spektakulären Brükkenbauten jener Zeit, die großen Ausstellungs- und Bahnhofshallen sind allgemein bekannt. In den USA hatte beim Bau der Hochhäuser die damals noch einzig mögliche Bauweise, die Ziegelbauweise, mit dem 16stöckigen Monadnock Building in Chikago seine Grenze erreicht. Die großen Hochhausbauten der ersten Chikagoer Schule — besonders in New York und Chikago — konnten nur mit Stahlkonstruktionen bewältigt werden und fanden ihren damaligen Höhepunkt im Empire State Building.

In Deutschland wurden bis Anfang der 30er Jahre stählerne Tragwerke für viele große Gebäude verwendet. Zu nennen wären Kaufhaus-Bauten (Wertheim am Potsdamer Platz in Berlin) und Bürobauten (IG-Farben-Haus in Frankfurt). Der Umgang mit diesem Material war den Architekten und Ingenieuren dieser Zeit geläufig.

Die Entwicklung des Hochhausbaus erhält nach 1940 in den USA in der zweiten Chikagoer Schule — getragen vor allem von Mies v. d. Rohe u. a. — neue konstruktive, architektonische und städtebauliche Aspekte. Die „Curtain Wall" feiert Triumphe. Hochhäuser bis zu 110 Stockwerken werden in New York, Chikago, San Francisko und anderswo errichtet. In den USA ist bis heute Stahlkonstruktion neben dem Betonbau eine gebräuchliche, von allen beherrschte Bauweise.

Eine eigene Entwicklung hatte das Bauen in Japan genommen. Basierend auf herkömmlichem Bauen mit Holzskeletten und den Forderungen nach Erdbebensicherheit haben etwa zwei drittel aller in Japan gebauter Geschoßbauten stählerne Tragwerke, zum Teil kombiniert mit Betonkonstruktionen. Über Einzelheiten wird noch zu sprechen sein.

In Deutschland ging die Entwicklung seit den 30er Jahren — bedingt durch die politischen Ereignisse — andere Wege. Seit Mitte der 30er Jahre wurde Stahl in Deutsch-

land für Rüstung und Krieg benötigt, so daß er auch für schwierige Geschoßbauten nicht mehr zur Verfügung stand, wodurch die technologische Entwicklung der Massivbauweise beschleunigt wurde. Auch nach dem Krieg war die Kapazität der Stahlbauindustrie für Wiederherstellung von Verkehrswegen und Industriebauten voll ausgeschöpft, so daß erst mit Abflachung der Industriebauwelle Anfang der 60er Jahre Stahlbaukapazität auf den Markt drängte. So kam es, daß eine Verwendung stählerner Tragwerke bei den großen Wohnungsbauvorhaben der ersten Nachkriegszeit kaum ernsthaft erwogen wurde. Als jedoch mit Beginn der zweiten großen Bauwelle für die Bildungs- und Infrastruktur-Bauten erneut Engpässe in der Baukapazität entstanden, ergab sich ein natürlicher Wiedereinstieg des Stahlbaus in den Geschoßbau. Ein Wendepunkt war die vielbeachtete, programmatische Rede Halász' beim 2. Fertigbautag in Dortmund, in der er mit großem Nachdruck die Mitarbeit des Stahlbaus bei der Lösung der anstehenden Bauaufgaben forderte.

So haben freiwerdende Kapazität und ein Markt geeigneter Bauaufgaben die Stahlbauindustrie gezwungen, sich wieder mit dem Gebiet des Geschoßbaus zu befassen. Anfängliches Hindernis war, daß die Technologie im Geschoßbau im Stahlbau gegenüber anderen Bauweisen zurückgeblieben war und daß inzwischen eine Generation von Architekten und Ingenieuren herangewachsen war, die keine Erfahrung mit diesem Material besaßen.

Jedoch gelang es in Kürze, die technologischen Lücken aufzuholen. Zum Teil konnten Bauweisen aus anderen Ländern — vor allem aus den USA — übernommen werden, zum Teil wurden eigene Entwicklungen durchgeführt. In den folgenden Jahren haben sich Architekten und Ingenieure im Umgang mit Stahlbau eine große Fertigkeit erworben. Lehr- und Informationsmaterial für die Schulen ist in reichem Umfang entstanden. Dem Stahlbau ist seitdem auf vielen Gebieten ein fester Markt im Geschoßbau zugewachsen.

3 Technologischer Stand des Stahlgeschoßbaus

Im folgenden werden der technologische Stand und die Entwicklungstendenzen im Stahlgeschoßbau aufgezeigt. Hierbei geht es nicht allein um das stählerne Tragwerk, sondern auch um die Fragen, die sich beim Zusammenklang des Tragwerks mit dem raumabschließenden und technischen Ausbau des Gebäudes ergeben.

Jede Bauweise und jeder Baustoff haben ihre eigenen Gesetze. Diese Gesetzlichkeiten wirken sich auf das ganze Baukonzept aus, und ein optimaler Entwurf kann nur entstehen, wenn das Gesamtkonzept des Gebäudes und seine tragende Struktur eine harmonische Einheit bilden.

Die Elemente eines Stahlbaus haben in ihren gewalzten Profilen nur eine geringe Formenauswahl. Die gebündelte Kraftführung in ihren kleinen Querschnitten machen den statischen Verlauf der Kräfte auch dem Laien leicht ablesbar. Der Entwurf eines Stahlbaus fordert daher dem entwerfenden Architekten und dem konstruierenden Ingenieur ein hohes Maß an Disziplin ab. Dies dürfte der Grund dafür sein, daß sich manche Architekten vor einem Stahlbau scheuen. Doch hat sich gezeigt, daß derjenige, der einmal auf diesem Gebiet Erfahrung gesammelt hat und gelernt hat, die Eigenschaften eines Stahlbaus sinnvoll zu nutzen, gern zu dieser Bauweise zurückkehrt. Nicht nur der Entwurf, auch die Planung der Bauabläufe erfordern beim Stahlbau straffes Durchdenken aller Details. Die raschen Montagevorgänge erfordern präzises Abstimmen der Bauvorgänge — sowohl der Stahl- und Betonteile, als auch der Ausbauteile aufeinander. Exakte Bauplanung ist daher eines der Kennzeichen moderner Stahlbauten.

Die technologische Entwicklung hat besonders auf dem Gebiet der Geschoßdecken und des Brandschutzes erhebliche Fortschritte gemacht.

Kennzeichnend ist die Tendenz, stählerne Bauelemente sinnvoll mit Elementen aus anderen Baustoffen, vor allem Betonteilen, zu kombinieren. Es entstehen Verbundelemente im engeren Sinne, wie auch Verbundkonstruktionen zwischen Stahl- und Betontragwerken im weiteren Sinne.

Dem Trend der Entwicklung zu Bausystemen brauchte der Stahlbau nur in begrenztem Umfang zu folgen. Während teure, nur in Maßsprüngen veränderbare Formen das Vokabular von Betonfertigteilen eng begrenzen, sind die Abmessungen von Stahlelementen in automatisch gesteuerten Fertigungsstraßen für den Preis ohne Belang. Wichtig ist eine Standardisierung der Anschlüsse, so daß man beim Stahlbau eher von Bauweisen als von Bausystemen reden kann.

Im folgenden wird der Entwicklungsstand einiger charakteristischer Bauelemente aufgezeigt.

3.1 Stützen

Um den Vorteil der schlanken Stahlstütze aus Walzprofilen, die mit ihrem kleinen Querschnitt in den Geschoßebenen nur wenig Raum beansprucht, auch für hohe Lasten nutzen zu können, walzen einige Walzwerke Sonderprofile bis zu 80 mm Flanschdicke. Einen noch geringeren Raumbedarf haben massive Stahlstützen mit quadratischem Querschnitt, die aus Vollprofilen hergestellt werden. Die Vorteile der Raumeinsparung durch kleine Stützenquerschnitte schlagen besonders bei Hochhausbauten durch.

Bei jedem Skelettbau ist der Anschluß des Deckentragwerks an die Stütze ein kritischer Punkt. An dieser Stelle

sind gleichzeitig die Lasten des Tragwerks in die Stütze einzuleiten und bei durchlaufenden Deckentragwerken die Biegezug- und Druckkräfte durch die Stütze hindurch weiterzuleiten. Bei begrenzter Deckenspannweite ist die beiderseits ebene, massive Deckenplatte eine optimale Lösung. Problematisch wiederum die Krafteinleitung in die Stütze. Hierfür hat die Schweizer Firma Geilinger mit ihrer Pilzkopfstütze (geschützt durch schweizer und deutsche Patente) eine ideale Lösung gefunden, verwendbar sowohl für eingeschossige wie für mehrgeschossige Bauten. Der stählerne Pilzkopf leitet sowohl Querkräfte der Decke in die Stütze ein, wie gestattet das Durchführen der Biegemomente über die Stütze hinaus und ermöglicht an der Stütze vertikale Versorgungsleitungen zu verlegen. Dies ist ein typisches Beispiel der oben zitierten sinnvollen Verwendung der Baustoffe Stahl und Beton in einer „Verbundkonstruktion" im weitesten Sinne, siehe Bild 1.

Auch im engeren Sinne der Verbundkonstruktion hat die Entwicklung von Verbundstützen in den letzten Jahren erhebliche Fortschritte gebracht. Die Tragfähigkeit von Verbundstützen, und zwar sowohl einbetonierter Stahlprofile als auch ausbetonierter Rohre, und ihre rechnerische Erfassung sind eingehend erforscht. Es wurden Anschlüsse entwickelt; es sind Regelwerke auf europäischer und deutscher Ebene in Vorbereitung.

Durch die Betonumkleidung der Profile wird nicht nur der Querschnitt vergrößert, sondern das Knickverhalten von Walzprofilen um die weiche Achse verbessert. Der Beton liefert der Stahlstütze zugleich den erforderlichen Brandschutz.

Die Wasserfüllung von Stützen als Brandschutz hat bis jetzt nur bei einigen Versuchs- und Demonstrativbauten Anwendung gefunden. Hier liegen noch Entwicklungsmöglichkeiten für die Zukunft. Einen besonderen Weg ist die Firma Gartner gegangen, die die wassergefüllten Stützen als Leitung und Wärmetauscher zur Klimatisierung von Räumen nutzt.

Stahlstützen werden vor allem dort gern verwendet, wo ihr kleiner Querschnitt besondere Vorteile bringt, nämlich im Außenwandbereich. Wenn dort die Stahlstützen in engem Abstand — z. B. in jeder Fensterachse — angeordnet werden, erhalten sie geringere Lasten und damit so kleine Querschnitte, daß sie mit der Fassade fast verschmelzen. Zugleich können sie zur Befestigung der Außenwand verwendet werden und ersparen besondere Außenwandsprossen. Im amerikanischen Hochhausbau werden vielfach diese Stützen mit stählernen Brüstungsträgern verschweißt und bilden so einen vielfachen Stockwerkrahmen, dem allein die Aussteifung des ganzen Gebäudes zugewiesen werden kann (World Trade Center, New York), so daß das Innere des Gebäudes frei von aussteifenden Elementen bleibt und auch die Wände um die Vertikalerschließung (Aufzüge und Treppen) nur dem Raumabschluß und den Brandschutzanforderungen zu genügen haben (Bild 2).

Bild 1. Pilzkopfstütze Geilinger (Foto Hauser)

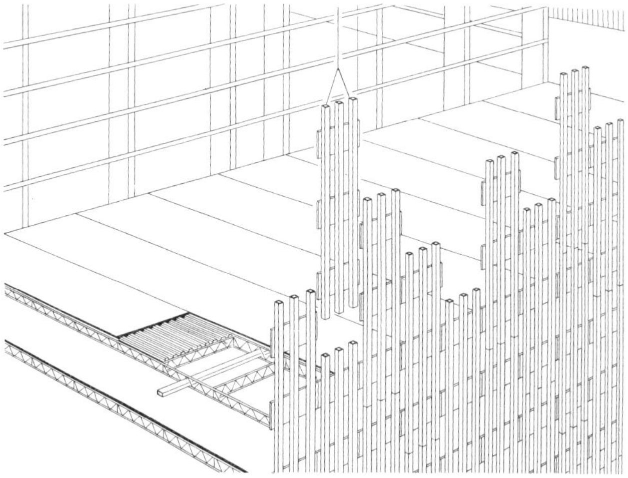

Bild 2. World Trade Center, New York (Stahlbauatlas)

3.2 Das stählerne Deckentragwerk

Stählerne Deckenträger werden fast immer in statischen Verbund mit der Betondeckenplatte gebracht. Hierdurch wird zugleich eine erhebliche Stahleinsparung und eine Vergrößerung der Steifigkeit des Deckentragwerks erreicht. Das übliche Verbundmittel ist weithin der Kopfbolzendübel. Eine Sonderform ist der lösbare Reibungsverbund, bei dem die Betonplatte mit hochfesten Schrauben auf den Trägerflansch gepreßt wird. Er hat Bedeutung für temporäre Bauten (Parkhaus am Flughafen München).

Bei hoch installierten Bauten ist es häufig üblich, den Trägern des Deckentragwerks und den Installationsleitungen gesonderte Höhenzonen zuzuweisen. Bei Stahlkonstruktionen kann an Höhe gespart werden, da es leicht möglich ist, die Installationen durch die Stahlträger hindurchzuführen. Vollwandige Träger erhalten die notwendigen Löcher in den Stegen. Noch offener sind stählerne Fachwerkträger. Als besonders günstig für das Führen umfangreicher Installationsleitungen im Zwischendeckenbereich hat sich folgende Konstruktion erwiesen: Die Unterzüge, die die Lasten der Deckenträger zu den Stützen leiten, werden nicht in der gleichen Ebene wie die Deckenträger angeordnet, sondern darunter. Dies hat zwar zur Folge, daß nur die Deckenträger in statischen Verbund mit der Deckenplatte gebracht werden können, und die Unterzüge reine Stahlträger bleiben müssen. Jedoch ergibt sich der große Vorteil, daß die Versorgungsleitungen nun ebenfalls in zwei Ebenen, und zwar jeweils parallel zu den Stahlträgern, geführt werden können, so daß sowohl in Nordsüdwie in Ostwestrichtung der gesamte Deckenraum zur Führung von Installationsleitungen zur Verfügung steht. Eine Leitung, die von der einen in die andere Richtung abbiegen soll, muß in das andere Niveau geführt werden.

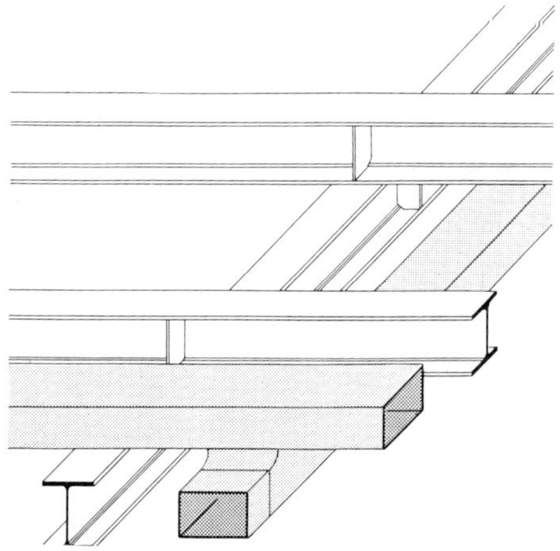

Bild 3. Deckenträger, Installationsleitungen (Stahlbauatlas)

3.3 Deckenplatten

Die dem Stahlbau eigenen kurzen Montagezeiten verbieten den Bau geschalter Ortbetonplatten. Es bietet sich daher an, die Deckenplatten zu elementieren und die vorgefertigte Konstruktion zu montieren. Herausgebildet haben sich Bauweisen mit vorgefertigten Deckenplatten oder Deckenplatten mit Stahlblechen.

Bei Verwendung vorgefertigter Deckenplatten wurde es erforderlich, die Vorteile der Vorfertigung mit den Ersparnissen einer Verbundkonstruktion zu kombinieren. Es entstanden Deckenbauweisen, die durch geeignete Fugenausbildung die Deckenträger in nachträglichen Verbund mit den Deckenplatten bringen können (Krupp-Montex-Bauweise mit Walzprofilen, Bild 4 und Rüter-Bauweise mit Fachwerkträgern ohne Obergurt).

Bei Stahlblechdecken haben sich 3 Bauweisen entwickelt:
- Hochprofilierte Bleche sind das tragende Element, die Betonplatte übernimmt die örtliche Lastverteilung sowie den Brand- und den Schallschutz.
- Leichte Stahlbleche dienen nur der selbsttragenden Stahlbetonplatte als Schalung und bleiben als verlorene Schalung im Gebäude.
- Bei Verbundplatten übernimmt das Blech die Zugkräfte und der aufgebrachte Beton den Druck.

Die letztgenannte Bauweise hat eine große Zukunft. Für die Übertragung der Schubkräfte zwischen Stahlblech und Betonplatte dienen bei hochstegigen Trapezprofilen Sikken oder Durchbrüche in den Stegen, bei niedrigen Profilen mit hinterschnittenen Rippen (z. B. Holorib) genügt die Haftung zwischen Stahlblech und Beton zur Übertragung der Schubkräfte, vorausgesetzt, daß am Auflager durch geeignete Mittel eine Anfangsverschiebung zwischen Blech und Stahl verhindert wird. Besonders interessant ist, daß derartige Verbundplatten ohne Schutz Feuerwiderstandsdauern von 90 und mehr Minuten erreicht haben, siehe Bild 5.

3.4 Aussteifung

Neben den üblichen Rahmenkonstruktionen, die vorwiegend für niedrige Gebäude oder für Hallen Verwendung finden, ist das klassische Konstruktionselement im Stahlbau zur Abtragung horizontaler Kräfte der vertikale Fachwerkverband, der auch bei großen Kräften Raum für Tür- und Fensteröffnungen und die Installationsführung läßt.

Eine wichtige Entwicklung hat sich in der Technik der Schubfelder angebahnt, d. h. Einfügung schubfester Platten in Vertikalfelder des Stahlskeletts. In Schweden und England sind Untersuchungen durchgeführt worden, Trapezblechverkleidung von Wänden in ähnlicher Weise zur Aussteifung heranzuziehen, wie dieses auch in Deutsch-

Bild 4. Krupp-Montex-Bauweise (Stahlbauatlas)

Bild 5. Holorib-Decke (Foto Lavis)

land für trapezblechverkleidete Dachflächen, die als horizontale Windscheibe dienen, zugelassen ist. Bei dieser Bauweise muß natürlich sichergestellt werden, daß der Nutzer nicht in Unkenntnis der Funktion der Wandbleche diese später entfernt oder durch Einschneiden große Öffnungen unzulässig schwächt. Bei dieser Konstruktion zeigt sich die Tendenz, Bauten als Einheit zu sehen und den Baugliedern mehrere Aufgaben zuzuweisen. Auch wiederum eine „Verbundkonstruktion" im weitesten Sinne.

Eine weitere Entwicklung aus England ist die systematische Untersuchung von Mauerwerksfeldern im Stahlbau. Hierbei werden alle Felder des Stahlskeletts kraftschlüssig mit Mauerwerk geschlossen und zur Aussteifung des Gebäudes planmäßig herangezogen. Sowohl die Qualität des Mauerwerks als auch der kraftschlüssige Anschluß an die Stahlkonstruktion müssen definierten Ansprüchen genügen. Dies ist eine billige und zukunftsträchtige Bauweise, die bei niedrigen Gebäuden bis 4 oder vielleicht bis 6 Stockwerken Anwendung finden wird. Sie wird Erwähnung in den europäischen Regelwerken finden, bedarf in Deutschland noch der Genehmigung im Einzelfall.

Bekannt ist eine Aussteifung durch das Einfügen vorgefertigter Betonwandelemente, die mittels einbetonierter stählerner Anschlußelemente durch Schweißung oder Schrauben mit dem Stahlskelett verbunden werden. Diese Bauweise hat in Japan eine Weiterentwicklung erfahren, die sich aus der Notwendigkeit, erdbebensicher zu bauen, ergab, Bild 6.

Während das Stahlskelett durch seine Duktilität weich den Verformungen aus Erdbebenstößen folgen kann, ist die eingefügte Betonscheibe starr. Um auch ihr Duktilität zu geben, ist man folgende Wege gegangen:

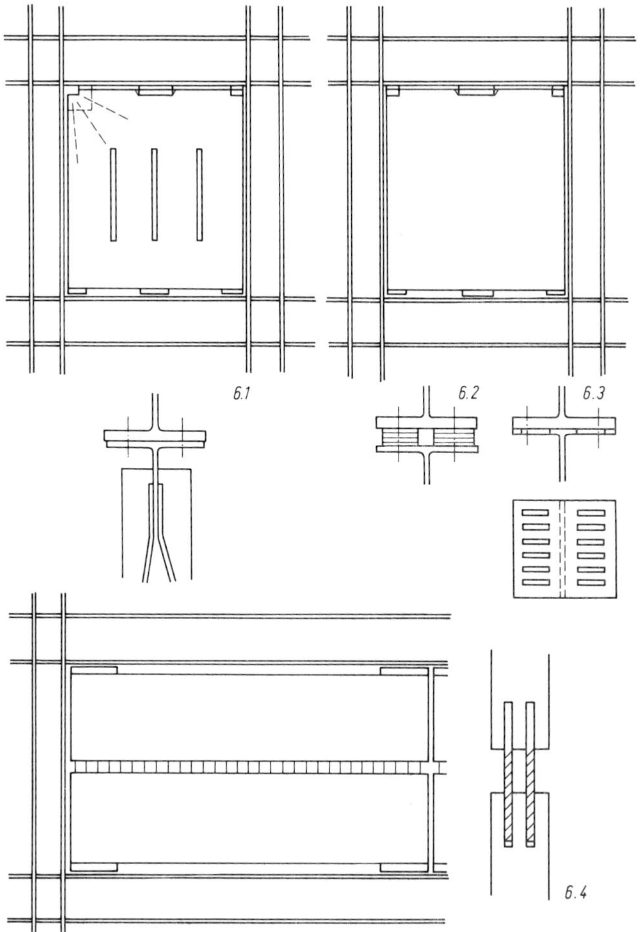

Bild 6. Duktile Betonfelder

— Die Schubkräfte werden an den Anschlußstellen durch schubweiche Kunststoffzwischenlagen (6.2) oder geschlitzte Bleche (6.3) eingeleitet.
— Bei einer anderen Lösung wird die Platte waagerecht geschlitzt, die obere und die untere Hälfte werden starr an die Stahlkonstruktion angeschlossen. Beide Plattenhälften werden durch Scharen von oben einbetonierten, unten biegesteif geführten Stahlstäben verbunden, die sich elastisch und plastisch verformen können (6.4).
— Die Betonplatte wird auf etwa ¾ ihrer Höhe senkrecht mehrfach durch Zwischenlegen von Kunststoff-Streifen geschlitzt und hierdurch duktiler gemacht (6.1).

In Deutschland ist es vielfach üblich, Stahlskelette durch Betonschächte (Kerne) auszusteifen, die zugleich die Vertikalerschließung (Aufzüge, Treppen, Installation) aufnehmen. Für die Anordnung der Schächte im Grundriß gibt es folgende Möglichkeiten:
— Zentral im Gebäude stehend (Deutsche Welle Köln)
— Zentral im Gebäude und zugleich die stählernen Geschosse tragend (Olivetti-Gebäude, Frankfurt)
— Außen am Gebäude stehend (Büro-Gebäude der Allianz-Versicherung, Hamburg)
— Frei neben dem Gebäude stehend (Universität Bielefeld, Bild 7).

Besonderer Aufmerksamkeit bedarf die kraftschlüssige Verbindung zwischen Betonkern und den Trägern der Stahlkonstruktion wegen der unterschiedlichen Toleranzen und der Verschiedenartigkeit der Bauvorgänge. Die Aussteifung von Stahlskeletten durch Betonkerne ist ein weiterer typischer Beitrag zum Thema „Verbundkonstruktionen“ im weitesten Sinne.

Bild 7. Universität Bielefeld (Foto Krupp)

3.5 Außenwände

Das Thema des äußeren Erscheinungsbildes von Bauten mit tragendem Stahlskelett ist von vielen Architekten zu einer Frage der Weltanschauung gemacht worden. Diese Richtung vertritt strikt die Auffassung, daß das Tragwerk bei einem Bau offen sichtbar und ablesbar sein müsse. Die Erfüllung dieser Forderung ist beim Betonskelett vielfach möglich, stößt jedoch beim Stahlskelett meist auf die Schwierigkeit, daß bei höheren Gebäuden eine Brandschutzverkleidung erforderlich wird, so daß man in solchen Fällen zu Kunstgriffen, z. B. Stahlumkleidung der Ummantelungen, greifen muß (Civic Center, Chikago).

Überall wo diese puritanische Auffassung nicht vertreten wird, sind für die Materialwahl und die Konstruktion der Außenwand keine wesentlichen Unterschiede beim Beton- und beim Stahlskelettbau. Es sind sowohl Betonskelette mit Stahlfassaden wie Stahlskelettbauten mit Betonfassaden bekannt geworden. Als besonderer Vorteil bietet sich beim Stahlbau wie bereits erwähnt die Möglichkeit, die Fassadensprossen als tragende Tragwerksaußenstützen zu verwenden, womit man neben einer wirtschaftlichen Bauweise freie Disponierbarkeit der Geschoßflächen hinter den Fassaden erreicht.

3.6 Brandschutz

Die erforderlichen Maßnahmen des baulichen und betrieblichen Brandschutzes spielen bei allen großen — insbesondere hohen — Gebäuden eine große Rolle und verursachen durch die erforderlichen horizontalen und vertikalen Fluchtwege, Abschottungen von Brandabschnitten und ähnliches nicht unbeträchtliche Kosten.

Durch die Tatsache, daß stählerne Bauteile bei höheren Temperaturen ihre Festigkeit verlieren, ist ein entsprechender angemessener Schutz dieser Bauteile erforderlich. Die Anwendung bewährter, vielfach geprüfter Bauweisen hierfür ist jedem Praktiker geläufig.

Es ist ein wichtiger Einschnitt bei der Festlegung der erforderlichen baulichen Brandschutzmaßnahmen, daß auch der schwierige, so oft mit Emotionen belastete Lastfall Brand ähnlich wie andere äußere Einflüsse auf das Gebäude, wie Gravitation, Wind, Erdbeben berechenbar wird. Methoden, die in anderen Ländern, z. B. Schweden und Schweiz, längst Eingang in die Regelwerke gefunden haben, fließen nun auch — wie z. B. in der Industriebauverordnung — in die deutschen Regelwerke ein, womit erreicht wird, daß der Brandschutz den Sicherheitsanforderungen entspricht und dennoch durch Beschränkung auf das Notwendige den Ansprüchen an die Wirtschaftlichkeit genügt.

Die beim Stahlbau heute üblichen Methoden seien kurz skizziert:

- Stützen werden durch Umkleiden aus Beton oder Vermiculite (gespritzt oder in vorgefertigten Platten) oder Mineralwollmatten geschützt.
- Das Deckentragwerk kann ebenfalls durch eine aufgespritzte Umkleidung von Vermiculite oder ähnlichem Material geschützt werden. Häufig ist es jedoch sinnvoller und wirtschaftlicher, das Deckentragwerk von unten durch eine mineralhaltige Unterdecke zu schützen, die den doppelten Zweck des Sichtabschlusses und Brandschutzes erfüllt, so daß das Element Deckenplatte / Stahlträger / Unterdecke eine feuerbeständige Einheit bildet, wobei allerdings auf seitlichen Abschluß und Abschottungen zu achten ist.

Bild 8. Hauptverwaltung der Versicherungs-AG Hamburg-Mannheimer (Foto Krupp)

3.7 Korrosionsschutz

Im Innern von Gebäuden ist bei normaler Luftfeuchtigkeit die Neigung des Stahls zu korrodieren sehr gering, es genügt daher hier ein sehr einfacher, sparsamer Rostschutz. Es ist selbstverständlich, daß Stahlelemente im Freien durch bewährte Korrosionsschutz-Überzüge oder bei feingliedrigen, unzugänglichen Teilen durch Verzinkung geschützt werden.

4 Anwendungsgebiete für stählerne Tragwerke im Geschoßbau

Die vorstehend skizzierten Entwicklungstendenzen im Stahlbau haben schon deutlich gemacht, wo vorwiegend die Anwendungsgebiete für stählerne Tragwerke im Geschoßbau liegen. Sie seien nachfolgend noch einmal kurz zusammengefaßt:

- *Kurze Bauzeit*
  Nicht nur die Schnelligkeit der Montage, sondern auch die Witterungsunabhängigkeit, die Montieren auch im Winter bei Frost und Schneefall gestattet, führen zu kurzen Bauzeiten. Voraussetzung ist natürlich, daß auch der raumabschließende und technische Ausbau möglichst vorgefertigt und montierbar konzipiert wird (Hauptverwaltung der Hamburg-Mannheimer, Bild 8, Bauzeiteinsparung von 3 Monaten).
- *Nichtwohnungsbau*
  Während stählerne Tragwerke in den Wohnungsbau nach wie vor nur in geringem Umfang haben Eingang finden können, liegt ihr Hauptverwendungsgebiet bei Verwaltungsgebäuden, Schul- und Hochschulbauten, Krankenhäusern u. ä.
- *Große Bauvorhaben*
  Hier zeigt sich die Überlegenheit vorgefertigter Bauweisen. Große Bauvorhaben sind daher in der letzten Zeit vorwiegend als Betonfertigteil- oder als Stahlkonstruktion erstellt worden, z. B. die meisten großen Universitätsbauvorhaben.
- *Hohe Gebäude*
  Die höchsten Gebäude sind eindeutige Domäne des Stahlbaus. Bei Hochhäusern, wie sie in Deutschland üblich sind, ist eine Kombination eines Aussteifungsschachtes aus Beton mit stählernen Außenstützen oft die wirtschaftlichste Lösung (Deutsche Welle, Köln).
- *Erdbebengebiete*
  Die bereits erwähnten Beispiele aus Japan sprechen eine eindeutige Sprache. Wichtig ist hierbei die Erkenntnis, daß nicht steife sondern biegsame Gebäude Erdbeben besser standhalten. Hierbei müssen Gebäude so konstruiert werden, daß sie bei häufig vorkommenden kleinen und mittleren Erdbeben voll funktionsfähig bleiben, und bei großen Erdbeben standfest bleiben. Dabei ist es durchaus möglich, Verformungen aus Erdbebenschwingungen im elastischen und plastischen Bereich zuzulassen. Hierzu bieten die Materialeigenschaften des Stahls gute Voraussetzungen.
- *Hochinstallierte Bauten*
  Die Durchlässigkeit einer Stahlkonstruktion läßt das Führen umfangreicher Installationsleitungen zu und ermöglicht Nachinstallieren, Ändern und Austausch der Installationssysteme, ohne die Substanz des Tragwerks angreifen zu müssen.
- *Änderbarkeit*
  Die Trennung tragender und raumabschließender Elemente beim Skelettbau läßt Änderungen in der Raum-

teilung zu. Beim Stahlskelett ist zusätzlich eine Änderbarkeit des Tragwerks möglich, die insbesondere bei Bauten mit industrieller Nutzung oft von ausschlaggebender Wichtigkeit ist, um die Lebensdauer des Gebäudes zu verlängern und um sich den vielfach rasch ändernden Nutzungsanforderungen anpassen zu können.

— *Bauten mit beschränkter Lebensdauer*
Hier sind nicht fliegende Bauten gemeint, sondern Nutzbauten, die schon bei der Errichtung eine beschränkte, absehbare Lebensdauer haben. In solchen Fällen werden gern Stahlskelette verwendet, die eine geringere Umweltbelastung beim Abbruch des Gebäudes verursachen.

Claus Scheer

Holzgerechte Konstruktionen, gezeigt am Beispiel der Zollinger-Lamellenbauweise

1 Gedanken über holzgerechte Konstruktionen[1]

Versammlungsstätten, Sport-, Industriehallen und ähnliche Bauten erfordern in der Regel stützenfreie Tragwerkkonstruktionen mit großen Spannweiten. Hierfür bietet sich in ganz besonderem Maße Holz sowohl aus ästhetischen als auch aus statisch-konstruktiven Gesichtspunkten an. Die vielfältigen Eigenschaften des Holzes sollten optimal durch *holzgerechtes Konstruieren* genutzt werden. Die Konstruktion sollte aus viel- und feingliedrigen Stäben bestehen (Bild 1 und 2), die die Kräfte, wo sie im Bau auftreten, auf kurzem Wege in den Baugrund leiten. Durch das Bauen mit Stäben werden Massen und somit große Hebezeuge vermieden. In Stäben werden die Kräfte bei weitgehend gleichmäßiger Ausnutzung der Querschnittsfläche übertragen. Aufwendige Knotenausbildungen können vermieden und die Anwendung von Verbindungsmitteln aus anderen Materialien, wie Stahlblechformteilen, kann verringert werden. Feingliedriger Holzbau schafft strukturierte Räume — räumliche Erlebnisse. Mehr Stäbe ergeben feineren räumlichen Maßstab, letztlich menschlichen Maßstab (Bild 3).

[1]) Anregungen hierzu gab Prof. G. Küttinger, TU München, im Rahmen seines Vortrages bei der Dreiländer-Holzbautagung, 1978 in Klagenfurt.

Bild 2. Reithalle in München-Riem
Architekt: G. und I. Küttinger, München
Ingenieur: J. Natterer, München

Bild 1. Eissporthalle in Nürnberg
Architekt: Wörrlein
Ingenieur: J. Natterer, München

Bild 3. Mehrzweckhalle in Wegscheide
Architekt: K.-P. Henrici, Frankfurt/Main
Ingenieur: H. Becker, Offenbach

Bild 4. Zollinger-Lamellenbauweise; Industriehalle in Wipperfürth. Foto: E. Geringhoff

Bild 5. Zollinger-Lamellenbauweise; Details der Industriehalle in Wipperfürth. Foto: E. Geringhoff

Ein gegliedertes, dem Werkstoff Holz gerechtes Tragwerk stellt im besonderen Maße die in Vergessenheit geratene *Zollinger-Lamellenbauweise* (Bild 4 und 5), entwickelt in den zwanziger Jahren, dar. Sie bietet hinsichtlich architektonischer Gestaltung, Konstruktion und Wirtschaftlichkeit optimale Lösungsmöglichkeiten.

Damit diese Zollinger-Lamellenbauweise wieder Anwendung findet, wurde auf Anregung der Entwicklungsgemeinschaft Holzbau (EGH) und mit finanzieller Unterstützung des Ministeriums für Wirtschaft, Mittelstand und Verkehr, Baden-Württemberg, das Forschungsvorhaben

„Weiterentwicklung der Zollinger-Lamellenbauweise mit Ermittlung von vereinfachten Berechnungsverfahren und statischen Nachweisen"

an meinem Fachgebiet Baukonstruktionen der Technischen Universität Berlin in Zusammenarbeit mit Herrn Dipl.-Ing. JEFFREY PURNOMO durchgeführt.

2 Beschreibung der Zollinger-Lamellenbauweise [1—4]

Das Zollinger-Lamellendach, nach seinem Erfinder, Stadtbaurat ZOLLINGER, Merseburg, benannt, ist ein bogenförmiges Netzwerk, das aus rautenförmig angeordneten Einzelelementen, der Lamelle, besteht. Das Konstruktionsprinzip (Bild 6) wurde um 1920 entwickelt und fand in den folgenden Jahren als Spitz-, Rund- oder Segmentbogen (Bild 7) vielfältige Anwendung. Die Konstruktion des Zollinger-Lamellendaches ist aus dem „Bohlensparren" (Bild 8), der aus einer Doppellage zusammengenagelter, gegeneinander versetzter Brett- oder Bohlenlamellen besteht, abzuleiten. Durch Auseinanderklappen der Bohlensparren an den Stoßstellen um einen Winkel α (Bild 9)

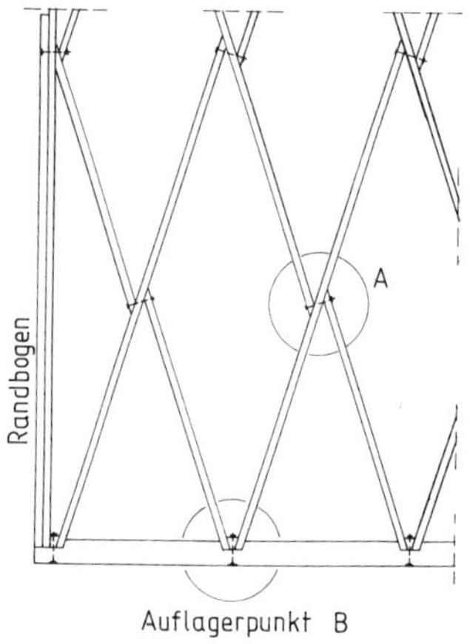

Bild 6
Konstruktionsprinzip der Zollinger-Lamellenbauweise

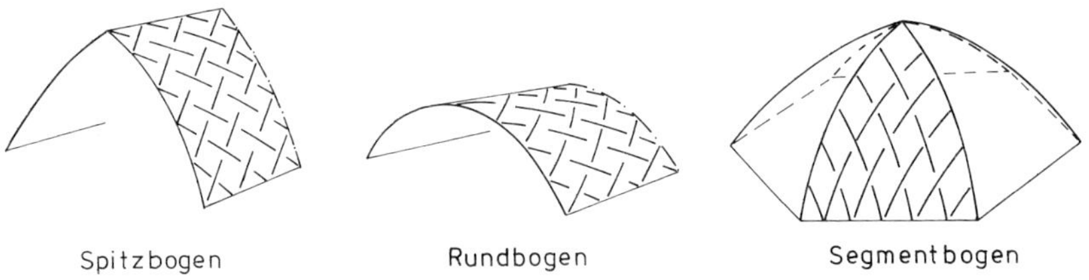

Bild 7. Ausführungsformen der Zollinger-Lamellenbauweise

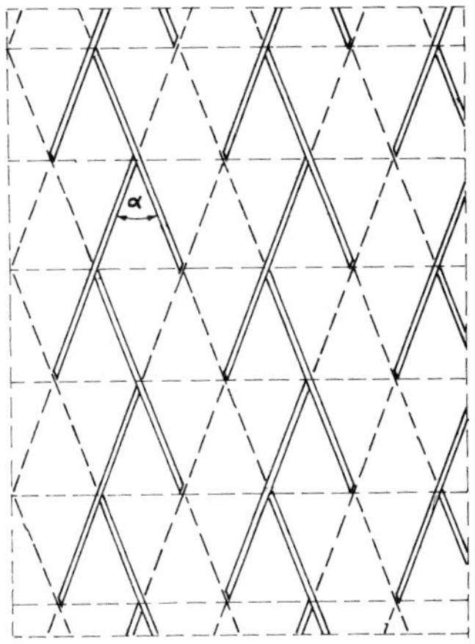

Bild 9. Lamellennetz durch Aufklappen der Bretter- oder Bohlensparren

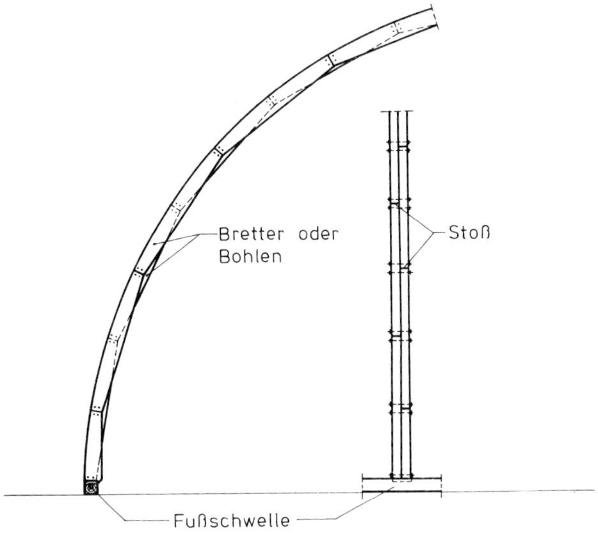

Bild 8. Konstruktionsprinzip eines Bretter- oder Bohlensparren

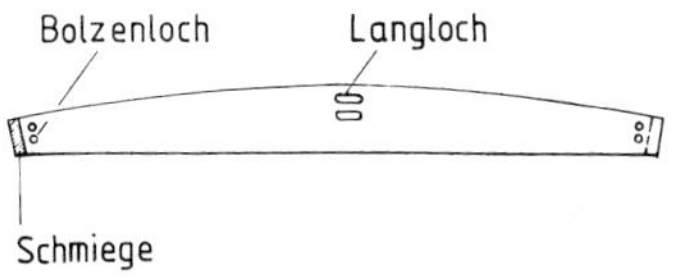

Bild 10. Lamelle der Zollinger-Bauweise

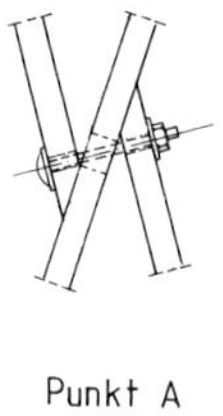

Bild 11. Stabanschluß der Zollinger-Bauweise

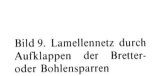

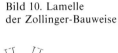

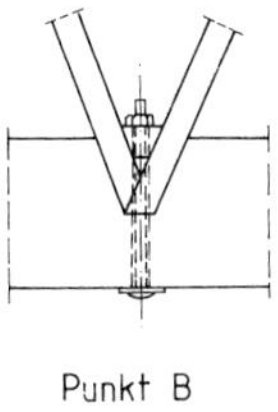

Bild 12. Auflagerpunkt der Zollinger-Bauweise

und die Anordnung mehrerer solcher Systeme nebeneinander entsteht ein netzartiges, räumliches Stabwerk; das Zollinger-Lamellendach. Die Lamellen wurden aus Brettern oder Bohlen hergestellt (Bild 10). Sie waren einseitig entsprechend der Dachform gekrümmt zugeschnitten und an den Enden geschmiegt. In den Knotenpunkten (Bild 11) wurden jeweils drei Lamellen, von denen die mittlere durchlaufend ausgeführt wurde, durch Bolzen verbunden. Der Anschluß der Lamellen am Auflager ist aus dem Bild 12 ersichtlich. Durch Giebelaussteifungen wurde die Dachkonstruktion an den Stirnseiten begrenzt. Die Eindeckung der Dächer erfolgte mit Ziegeln, Schindeln, Schiefertafeln, Stroh oder Dachpappe auf Dachlatten bzw. Schalung.

Über die Bedeutung des Zollinger-Lamellendaches äußerte sich Prof. Dr.-Ing. H. MÜLLER-BRESLAU in einem Gutachten wie folgt [5]:

„Das mir zur Beurteilung vorgelegte Zollbau-Lamellendach der Deutschen Zollbau-Lizenz-Gesellschaft ist unstreitig eine sehr wertvolle Lösung der bei der gegenwärtigen Preisentwicklung im Bauwesen immer wichtiger werdenden Aufgabe, mit geringem Materialverbrauch und geringem Arbeitsaufwand ein standfestes Dach zu bauen. Das aus leichten Lamellen zusammengesetzte Tragwerk des binderlosen Daches wirkt ähnlich wie ein den Raum überspannendes Tonnengewölbe. Je weniger die Stützlinie von der Mittellinie abweicht, desto geringer ist die Beanspruchung der Lamellen auf Biegung. Die genaue statische Berechnung ist wegen des hohen Grades der statischen Unbestimmtheit allerdings schwierig. Daß es aber möglich ist, eine brauchbare Näherungsrechnung zu finden, beweisen die vom Geh. Regierungsrat Professor OTZEN aufgestellten „Richtlinien für die statische Berechnung“ und ihre Anwendung auf eine größere Aufgabe, sie stützen sich auch auf Versuchsergebnisse. Das Dach ist bereits mehrfach mit gutem Erfolg ausgeführt worden. Die bisher erreichten Spannweiten lassen sich erheblich steigern, und ich bin überzeugt, daß das Zollbau-Lamellendach sich bald ein großes Ausführungsgebiet erobern wird“.

3 Zur Berechnung der Zollinger-Lamellenbauweise

3.1 Näherungsverfahren von R. Otzen [6]

Das Zollinger-Lamellendach ist ein innerlich und äußerlich hochgradig statisch unbestimmtes System. Die Behandlung dieses Problems mit Hilfe der Fachwerktheorie unter Berücksichtigung beliebiger Schalengeometrien, Randbedingungen und Belastungen war zur Zeit der Entwicklung der Netzwerkkonstruktion nicht möglich, da damals die notwendigen mathematischen Hilfsmittel nicht zur Verfügung standen. ROBERT OTZEN entwickelte aus diesem Grund für die baupraktischen Zwecke ein Näherungsverfahren. Bei diesem Verfahren wurden zunächst die Kraftgrößen entweder an einem statisch bestimmten Dreigelenkbogen oder an einem statisch unbestimmten Zweigelenkbogen bzw. eingespannten Bogen für einen Einheitsstreifen von der Breite *b* gleich der Rautenbreite ermittelt. Die Schräglage der Lamellen wurde durch Zerlegung der Kraftgrößen in die jeweilige Lamellenrichtung berücksichtigt. Für die Beanspruchung auf Biegung M_0 wurde in einem Belastungsstreifen nur ein Lamellenquerschnitt zur Ermittlung der Biegespannungen in Rechnung gestellt (Bild 13); die Normalkräfte wurden auf zwei Lamellen verteilt (Bild 14) und die Querkräfte wurden im allgemeinen nicht berücksichtigt. Die durch die Zerlegung der Biegebeanspruchung ermittelte Torsionsbeanspruchung um die Bogenachse wurde nicht genauer untersucht, da man wahrscheinlich davon ausging, daß innerhalb des Systems ein weitgehender Ausgleich stattfindet.

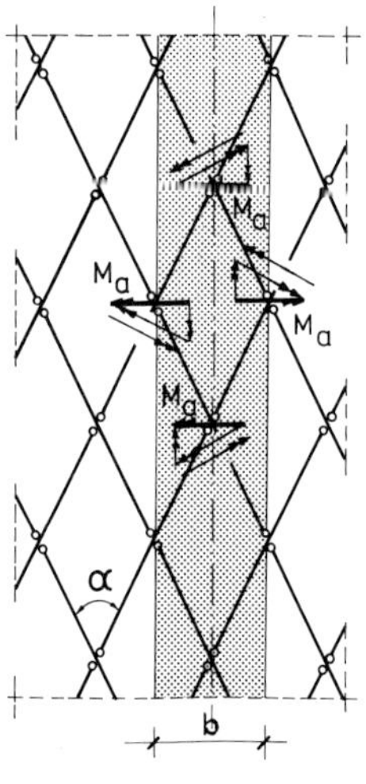

Bild 13. Zerlegung der Biegemomente bei der Berechnung nach dem Näherungsverfahren von R. Otzen

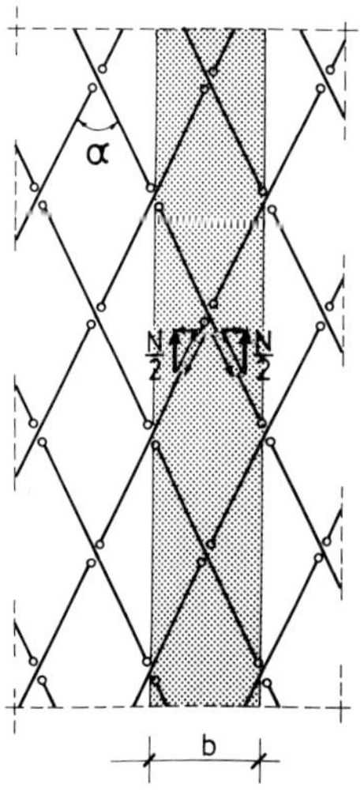

Bild 14. Zerlegung der Normalkräfte bei der Berechnung

Da die nach der beschriebenen Näherungsberechnung ermittelten Kraftgrößen größer als die an einem Rautensystem tatsächlich auftretenden Beanspruchungen sind, wurde für die maßgebende Momentenbeanspruchung bei einseitiger Belastung von OTZEN ein Korrekturfaktor, die sogenannte „Steifigkeitsziffer", eingeführt. Ausgehend von dem Grundgedanken, daß die Größe der Formänderung in einem linearen Zusammenhang mit der Größe der Momente steht, wurde die rechnerisch ermittelte Formänderung Δ des angenommenen Bogens mit der gemessenen Formänderung δ eines Modells aus Rundstahlstäben mit und ohne Giebelaussteifung verglichen. Das Verhältnis der Formänderung des Modells zu der Näherungsberechnung wurde „Steifigkeitsziffer" genannt.

Unter Berücksichtigung der Steifigkeitsziffer konnte die Momentenbeanspruchung der einzelnen Lamellen wie folgt ermittelt werden:

a) ohne Giebelaussteifung

$$M_0 = \frac{M_a}{\varrho_0 \cdot \cos\frac{\alpha}{2}}; \quad \varrho_0 = \frac{\Delta}{\delta_0}$$

b) mit Giebelaussteifung

$$M_m = \frac{M_a}{\varrho_0 \cdot \varrho_m \cdot \cos\frac{\alpha}{2}}; \quad \varrho_m = \frac{\delta_0}{\delta_m}$$

Es bedeuten:

M_0 bzw. M_m Bemessungsmoment einer Lamelle eines Zollinger-Lamellendaches ohne bzw. mit Giebelaussteifung

M_a Moment der Näherungsberechnung am Bogen

α Öffnungswinkel des Rautensystems (Neigung der Lamellen zueinander)

Δ Formänderung der Näherungsberechnung am Bogen

δ_0 bzw. δ_m gemessene Formänderung an einem Modell aus Rundstahlstäben ohne bzw. mit Giebelaussteifung

Die „Steifigkeitsziffern" ϱ_0 und ϱ_m sind der Veröffentlichung von OTZEN [6] zu entnehmen. Eine Berechnung eines Zollinger-Lamellendaches nach dem Näherungsverfahren ist von GESTESCHI [7] durchgeführt worden.

Zollinger-Lamellendächer wurden für die Spannweiten bis zu 30 m nach dem Näherungsverfahren von OTZEN berechnet und ausgeführt ohne Berücksichtigung der Torsions- und Schubspannungen in den einzelnen Lamellen sowie ohne genauen Nachweis für die Verbindungsmittel an den Knotenpunkten. Diese Konstruktionen waren von Inge-

nieuren entwickelt, die ihre Empfindung für das Tragverhalten des Zollinger-Lamellendaches über eine genaue, zur damaligen Zeit nur mit großem Aufwand mögliche Berechnung stellten.

Zur Behandlung räumlicher Netzwerke von kreiszylindrischer Form als kontinuierliche Systeme lieferten MAY/NOWACK [9] einen weiterführenden Beitrag. Neben der Herleitung der Analogie zwischen Netzwerk und Kontinuum wurden die Differentialgleichungen der anisotropen Zylinderschale aufgestellt und ihre Lösung aufgezeigt.

3.2 Berechnungsannahmen zur Anwendung der Finiten-Element-Methode [11]

Zur genaueren Erfassung des Trag- und Verformungsverhaltens der Dachkonstruktion in Zollinger-Lamellenbauweise, weiterhin als Rautenlamellendach bezeichnet, wurden elektronische Berechnungen mit Hilfe des Finiten-Element-Programmes SAP II durchgeführt, an denen anfangs das Fachgebiet Statik der Baukonstruktionen der TU Berlin im Rahmen einer Diplomarbeit beteiligt war. Für die weiteren Untersuchungen stellte uns das Fachgebiet Statik der Baukonstruktionen das Programm SAP II zur Verfügung. Entwickelt wurde das Programm SAP (Structural-Analysis-Program) seit 1970 von E. WILSON und Mitarbeitern in Berkeley, Kalifornien [8].

SAP II ist für die statische Berechnung ebener und räumlicher Tragwerksysteme geeignet. Die Berechnung erfolgt nach Theorie I. Ordnung und unter der Voraussetzung linearelastischen Werkstoffverhaltens durch Lösen der Gleichgewichtsbedingungen an den Knoten

$$K\,V = \bar{P}$$

und anschließender Ermittlung der Elementkräfte bzw. Spannungen.

Es bedeuten:

K Steifigkeitsmatrix des Gesamtsystems
V Vektoren der Verschiebungen des Gesamtsystems
$\bar{P}$ Belastungsvektoren des Gesamtsystems

Für die Lösung des Gleichungssystems wird die Gauß'sche Eliminationsmethode für positiv-definite symmetrische Gleichungssysteme angewandt.

Aus dem Elementkatalog kamen der gelenkig angeschlossene räumliche Fachwerkstab, das Randelement und das räumliche Balkenelement zur Anwendung.

Als Materialkennwerte wurden die Werte der DIN 1052, Teil 1, Ausgabe 1969 — „Holzbauwerke, Berechnung und Ausführung" — angesetzt.

Die Elementierung des Rautenlamellendaches ist durch die Knotenpunkte des räumlichen Systems vorgegeben und führt zu der im Bild 15, beispielhaft für ein Seitenverhältnis $L : B \cong 1 : 1$ dargestellt, angegebenen Numerierung der Knotenpunkte $\boxed{m}$ und Stabelemente ⓝ. Eine Generierung der Eingabedaten war nur für die Koordinaten der Knotenpunkte möglich. Die Lage der Stabelemente im Raum wurde mit Hilfe eines lokalen Koordinatensystems und eines Zusatzpunktes K, der mit der Stabachse eine Ebene bildet, festgelegt. Eine der Hauptachsen des Stabquerschnittes muß in dieser Ebene liegen.

Durch die Annahme gerader Stabelemente entstand ein der Querschnittsform angenäherter Polygonzug. Die zur Vermeidung von Knickstellen in der Dachfläche einseitig bogenförmig zugeschnittenen Stabelemente haben einen veränderlichen Querschnitt, der durch ideelle Querschnittswerte bzw. Steifigkeiten berücksichtigt wurde.

Bei den Anschlüssen wurde zwischen gelenkig und biegesteif unterschieden.

Die auf den Lamellen aufgenagelte Dachschalung wurde näherungsweise als federnd gelagerter Einzelstab zwischen den Knoten (Bild 16) angenommen. In Verbindung mit den Lamellen bildet dieser Einzelstab ein aussteifend wirkendes Dreiecksystem. Die Nachgiebigkeit der Anschlüsse wurde in Verbindung mit der Steifigkeit der Schalung durch eine ideelle Steifigkeit

$$E \cdot F_{\text{id}} = \frac{1}{\sum \frac{1}{n \cdot C \cdot b} + \frac{1}{E \cdot F}}$$

berücksichtigt.

Es bedeuten:

E Elastizitätsmodul des Holzes der Dachschalung
F Querschnittsfläche der Dachschalung
C Verschiebungsmodul der Verbindungsmittel
n Anzahl der Verbindungsmittel
b Knotenabstand (Stablänge)

Der Einfluß der Tragwerksgeometrie auf die Kraftgrößen und das Verformungsverhalten wurde durch die verschiedenen Bogenformen —

Kreisbogen
Parabelbogen
Bogen nach Stützlinie infolge ständiger Last geformt —

und durch Varianten des Verhältnisses der Dachlänge L zur Dachbreite B —

$L : B \cong 1 : 1$
$L : B \cong 1{,}5 : 1$
$L : B \cong 2 : 1$ —

erfaßt. Als mögliche Giebelkonstruktionen wurde zwischen einem Endbogenbinder (elastische Lagerung) und einer Endbogenscheibe (starre Lagerung) unterschieden.

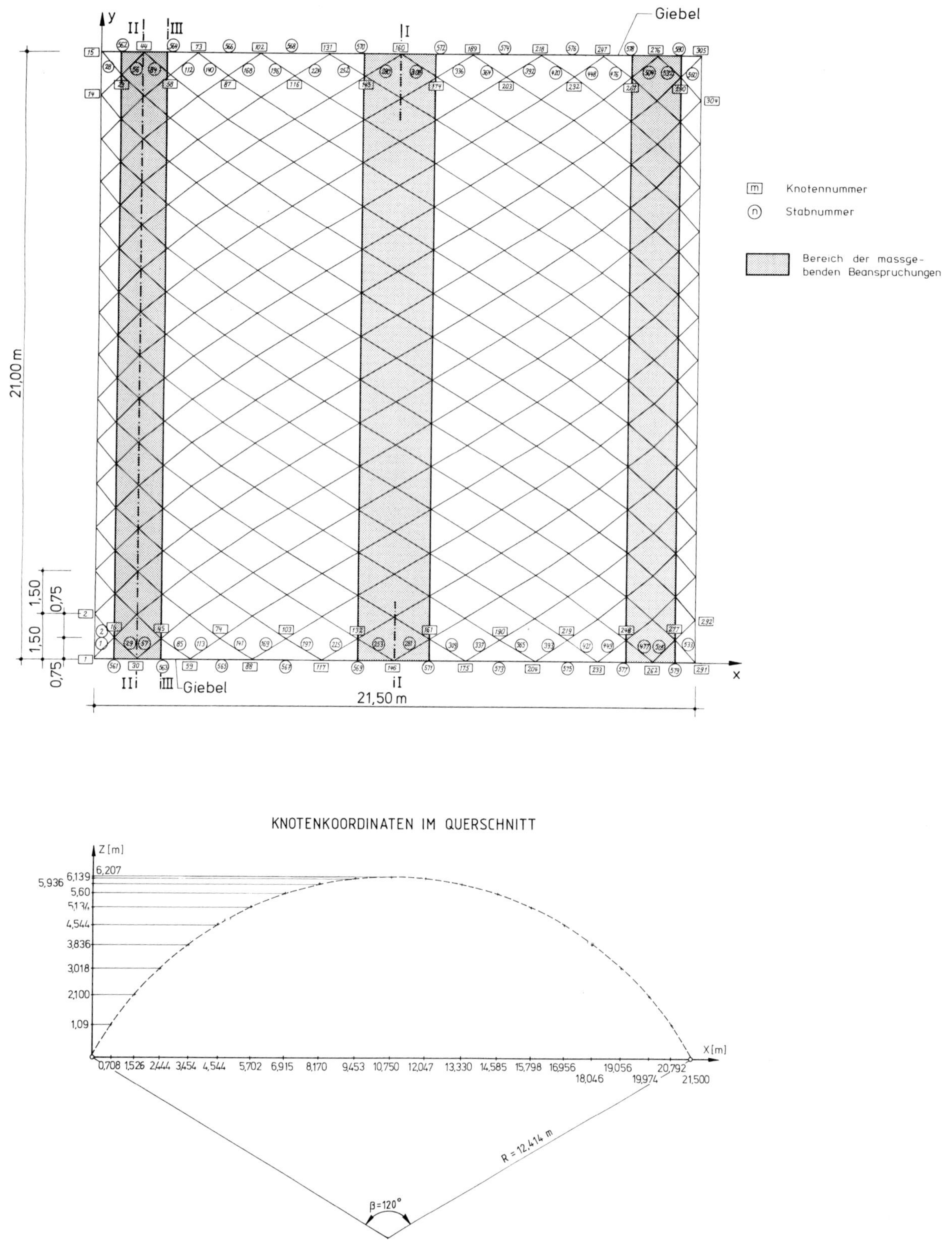

Bild 15. Abmessungen und Elementierung des Rautenlamellendaches für eine Berechnung unter Anwendung der Finiten-Element-Methode; Angabe der Bereiche der maßgebenden Beanspruchung $L : B \cong 1 : 1$

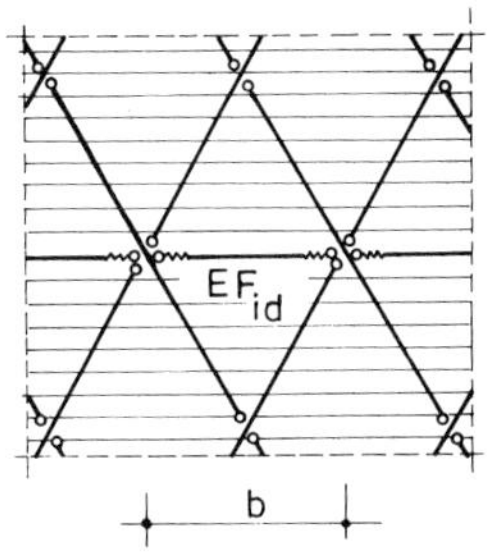

Bild 16. Angenommenes statisches System zur Berücksichtigung der Dachschalung

Die Lasten wurden als Streckenlasten auf den einzelnen Stäben durch Eingabe der Endkraftgrößen in das Programm angesetzt. Für die Lastfälle

Eigengewicht g
Eigengewicht g + Schnee voll s_a
Eigengewicht g + Wind w

Eigengewicht g + halbe Schneelast halbseitig $\frac{s_a}{2}$

Eigengewicht g + halbe Schneelast $\frac{s_a}{2}$ + Wind w

Eigengewicht g + Schnee s_a + halbe Windlast $\frac{w}{2}$

wurden Berechnungen durchgeführt. Dabei wurden die Wind- und Schneelasten für Teilflächen, die durch Annäherung der Dachform an einen Polygonzug entstanden sind, ermittelt.

4 Ergebnisse der rechnerischen Untersuchungen unter Anwendung der Finiten-Element-Methode

Die nachfolgend aufgeführten Rechenergebnisse beziehen sich auf ein kreiszylindrisches Rautenlamellendach mit einer Spannweite von $B = 21{,}5$ m, einem Bogenöffnungswinkel von $\beta = 120°$ und einem Radius von $R = 12{,}42$ m (Bild 15). Bei einem Rautenöffnungswinkel von $\alpha = 60°$ waren die Lamellen 3,0 m lang und hatten einen Querschnitt von 10/22 cm. Die Anschlüsse der Lamellen in den einzelnen Knotenpunkten wurden gelenkig angenommen.

Für parabelförmige oder nach der Stützlinie geformte Dächer erfolgten keine umfangreichen Berechnungen, da einige Vergleichsberechnungen zeigten, daß sich für diese Dachformen nur geringe Querschnittseinsparungen bei den Lamellen ergeben und der Kreisbogen ausführungstechnische und damit wirtschaftliche Vorteile gegenüber den anderen Dachformen bietet.

4.1 Maßgebende Kraftgrößen für die Bemessung

Die maßgebenden Kraftgrößen ergeben sich für Rautenlamellendächer verschiedener Grundrißseitenverhältnisse $L : B$ bei Konstruktionen mit Giebelscheiben für den Lastfall

Eigengewicht g + Schnee voll s_a,

bei Konstruktionen mit Bogenbindern an den Giebeln (Bogenquerschnitt 16/45 cm) für den Lastfall

Eigengewicht g + Schnee voll s_a + halbe Windlast $\frac{w}{2}$.

Dies ist darauf zurückzuführen, daß bei einer starren Giebelscheibe und asymmetrischer Belastung die Verformungen der Rautenkonstruktion durch die starren Giebel behindert werden.

Die maximalen horizontalen und vertikalen Auflagerkräfte treten bei einer Rautenlamellenkonstruktion mit Dachschalung bei allen Grundrißseitenverhältnissen in der Mitte der Hallenlänge auf. Bei Außerachtlassung der Dachschalung verschiebt sich die Lage der maximalen Auflagerkräfte bei den Grundrißseitenverhältnissen $L : B \cong 1{,}5 : 1$ und $2 : 1$ auf $\sim 0{,}6\,B$ vom Giebel aus gerechnet (Bild 17 und 18).

Die Größe der maximalen Auflagerkräfte der Lamellendächer ohne Schalung verändert sich bei unterschiedlichen Grundrißseitenverhältnissen kaum. Sie sind mindestens um 50 % größer als die Auflagerkräfte der Dächer mit Schalung und bei einem $L : B \cong 1 : 1$. Mit der Vergrößerung des Grundrißseitenverhältnisses nehmen die maximalen Auflagerkräfte bei Dächern mit Schalung zu und erreichen bei $L : B \cong 2 : 1$ ungefähr 80 % der Werte der Dächer ohne Schalung.

Die Normalkräfte in den einzelnen Lamellen wachsen von Hallenmitte zu den Giebeln und vom Scheitel der Konstruktion schräg entlang des jeweiligen Lamellenstranges bis zu den Auflagerpunkten an. Sie ändern ihre maximalen Werte bei allen Grundrißseitenverhältnissen jeweils bei Konstruktion mit und ohne Schalung fast nicht.

Für eine Bemessung maßgebend ist die Biegebeanspruchung der Lamellen in den im Bild 15 durch gerasterte Streifen gekennzeichneten seitlichen Bereichen. Sie beträgt ca. 90 % der maximalen Spannungen. Ihre Größe verändert sich entsprechend den Auflagerkräften und erreicht zur Mitte hin je nach der Art der Giebelaussteifung den Maximalwert. Mit Zunahme der Seitenverhältnisse $L : B$ wächst bei Lamellenkonstruktionen mit Schalung die Biegebeanspruchung (Bild 19); bei Konstruktionen ohne Schalung treten bei größeren Momenten nur geringe Unterschiede auf.

Die Querkräfte, Torsionsmomente und Momente um die schwächere Querschnittsachse sind für die Bemessung der Lamellen von untergeordneter Bedeutung. Verteilung und Größe dieser Beanspruchungen können dem Forschungsbericht [11] entnommen werden.

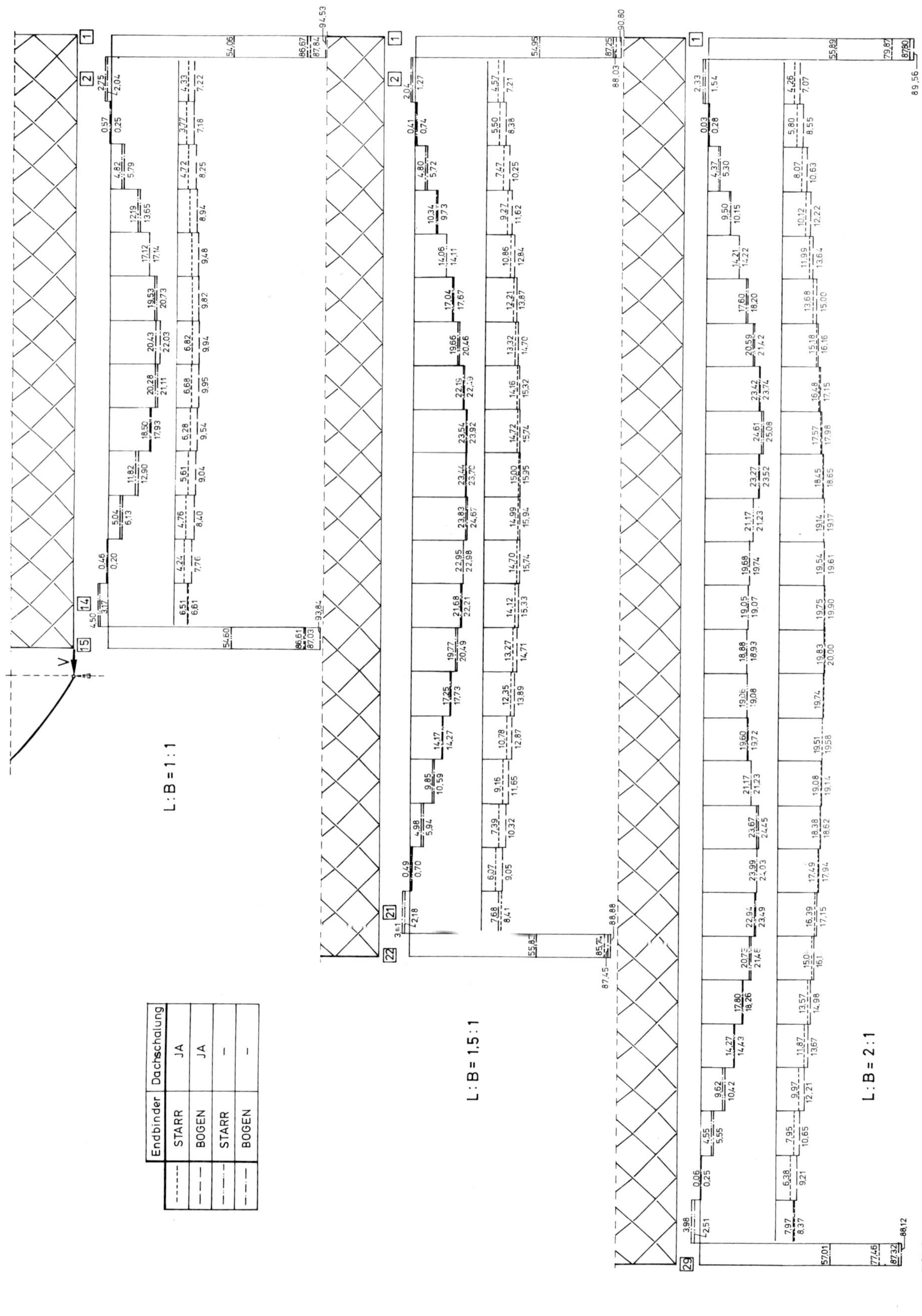

Bild 17. Verteilung der vertikalen Auflagerkräfte in Längsrichtung des Rautenlamellensystems

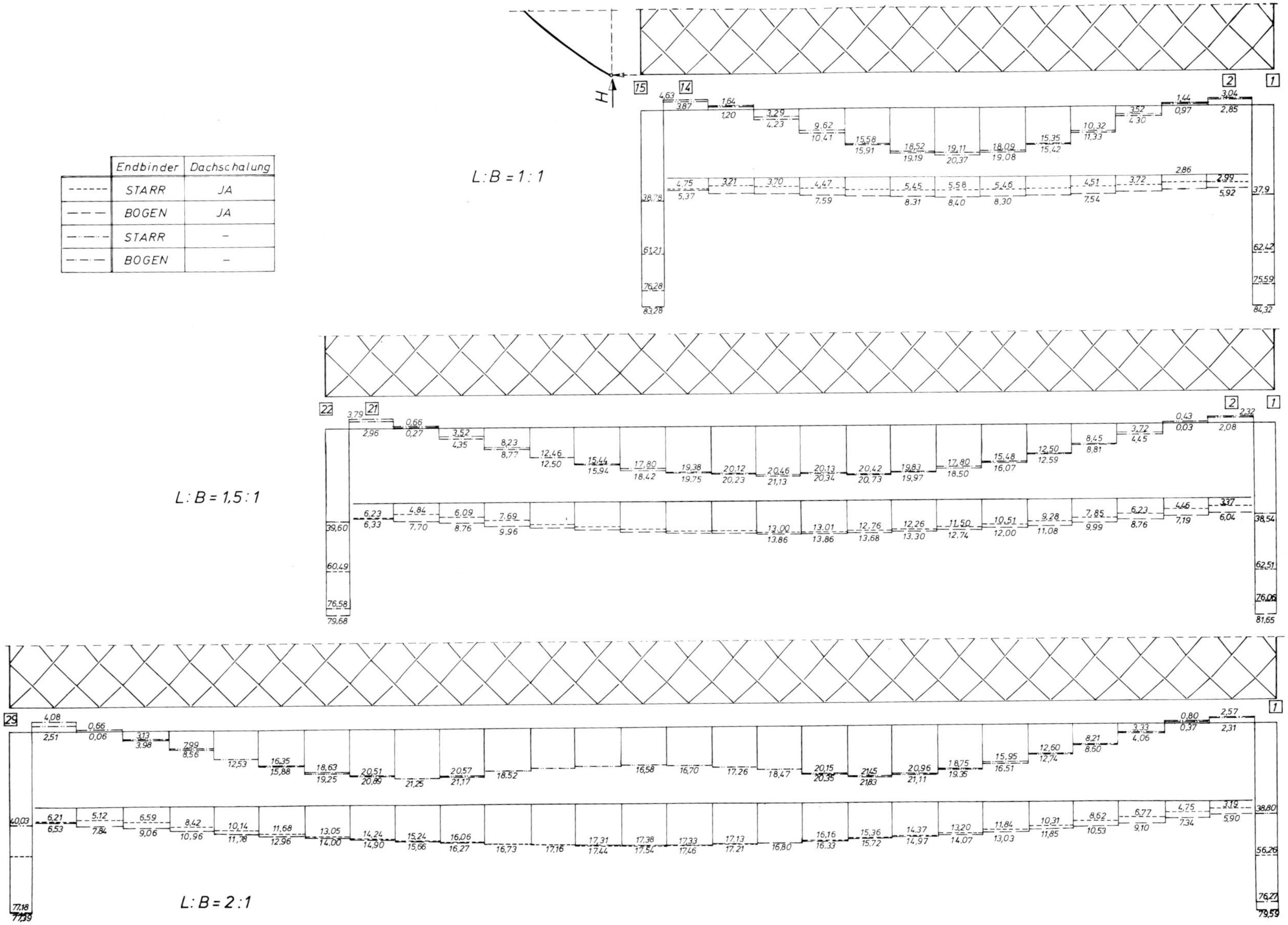

Bild 18. Verteilung der horizontalen Auflagerkräfte in Längsrichtung des Rautenlamellensystems

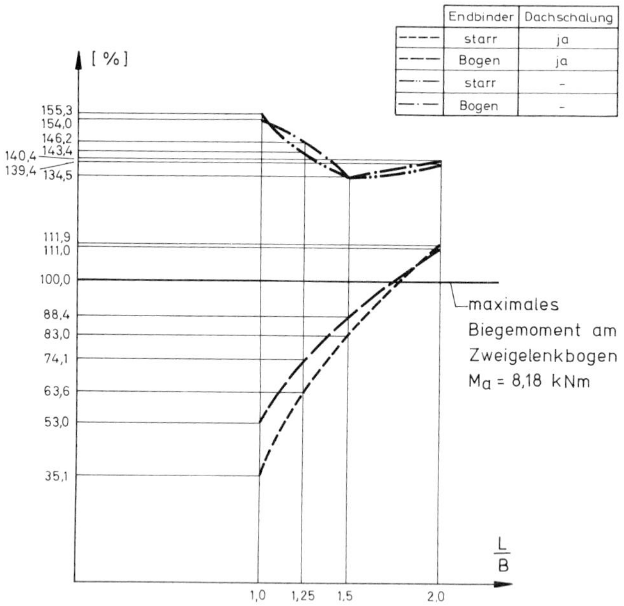

Bild 19. Vergleich der maximalen Biegemomente in Abhängigkeit vom Abstand der Giebelaussteifungen, LF.: $g + s_a$

4.2 Verformungsverhalten des Rautenlamellendaches

Die vertikale Verformung des Rautenlamellendaches (Bild 20 und 21) nimmt bei der Konstruktion mit Dachschalung in Hallenlängsrichtung stetig zu und erreicht in Hallenmitte ihr Maximum. Bei den Konstruktionen ohne Schalung ist der Verlauf wellenartig mit einer maximalen Durchbiegung in der Nähe der Giebel bei einem $L : B \cong 1 : 1$; im Abstand von $0{,}75 \cdot B$ vom Giebel bei $L : B \cong 1{,}5 : 1$ bzw. $2 : 1$. Verformungsunterschiede zwischen den Konstruktionen mit einer Giebelscheibe und mit einem Giebelbogen bleiben bei der Anordnung einer Schalung über die Hallenlänge weitgehend konstant. Eine unwesentliche Verringerung der Verformungsunterschiede zur Hallenmitte hin ist bei Grundrißseitenverhältnissen $L : B > 1{,}5 : 1$ festzustellen. Ohne Schalung treten nur in der Nähe der Giebel Verformungsunterschiede auf.

Die maximalen Verformungen verdoppeln sich bei einer Änderung der Grundrißseitenverhältnisse von $L : B \cong 1 : 1$ auf $L : B \cong 2 : 1$. Verformungen der Rautenlamellenkonstruktion an einem Querschnitt in Giebelnähe und einem in Hallenmitte zeigen die Bilder 22 und 23. Alle Verformungsfiguren, mit Ausnahme der der Konstruktion ohne Schalung im Bereich des Schnittes A—A, sind mit der eines Bogenbinders vergleichbar. Bei dieser Ausnahme liegt die Verformungsfigur unterhalb des Ausgangsbogens. Dieses Verhalten ist auf die gleichzeitige Verschiebung der Dachkonstruktion in Hallenlängsrichtung zurückzuführen.

Aus den Bildern 24 und 25 sind die horizontalen Verformungen ersichtlich. Beide Bilder stellen einen guten Vergleich zwischen den Verformungen der Konstruktion mit und ohne Schalung dar und lassen besonders die Weichheit des Lamellendaches ohne Schalung erkennen.

5 Knotenausbildungen unter Anwendung neuzeitlicher Verbindungsmittel

Bei den bisher ausgeführten Bauwerken in der Rautenlamellenbauweise wurden, mit Ausnahme der Konstruktion nach [10], die einzelnen Stäbe in den Knoten mit Bolzen angeschlossen.

Da Bolzen nach DIN 1052 in Dauerbauten zur Kraftübertragung nur bedingt verwendet werden dürfen und die Ausmittigkeit der Anschlüsse zu Zusatzspannungen führt, sind Neuentwicklungen bezüglich der Ausbildung der Knotenpunkte erforderlich. Die zur Diskussion stehenden Ausbildungsmöglichkeiten sind in den Bildern 26, 27, 28 und 29 dargestellt. Diese Knoten sind auf ihre praktische Anwendbarkeit und Tragfähigkeit zu untersuchen. Über den Einfluß der verschiedenen Knotenausbildungen auf das Trag- und Verformungsverhalten der Rautenlamellenkonstruktion müssen weitere Berechnungen Aufschluß geben.

6 Zusammenfassung

Die Zollinger-Lamellenbauweise wird als eine holzgerechte Konstruktion dargestellt und näher erläutert.

Eine Ausführung des räumlichen Stabwerkes war in den zwanziger Jahren nur mit Hilfe der ausführlich beschriebenen Näherungsberechnung nach Otzen möglich. Unter Anwendung der Finiten-Element-Methode wurden genauere Berechnungen durchgeführt. Diese haben gezeigt, daß die maximale Biegebeanspruchung und damit die für die Bemessung maßgebende Beanspruchung mit wachsendem Grundrißseitenverhältnis steigt. Dagegen ändert sich die Größe der maximalen Normalkraft bei einer Ausführung mit bzw. ohne Schalung in den Lamellen kaum.

Die Einflüsse der Dachschalung sowie der Giebelausbildung auf die Beanspruchung der Lamellen bzw. Knotenanschlüsse und auf das Verformungsverhalten einer Rautenlamellenkonstruktion sind erheblich.

Eine Verallgemeinerung erscheint möglich und wird als Grundlage für ein vereinfachtes Berechnungsverfahren angestrebt.

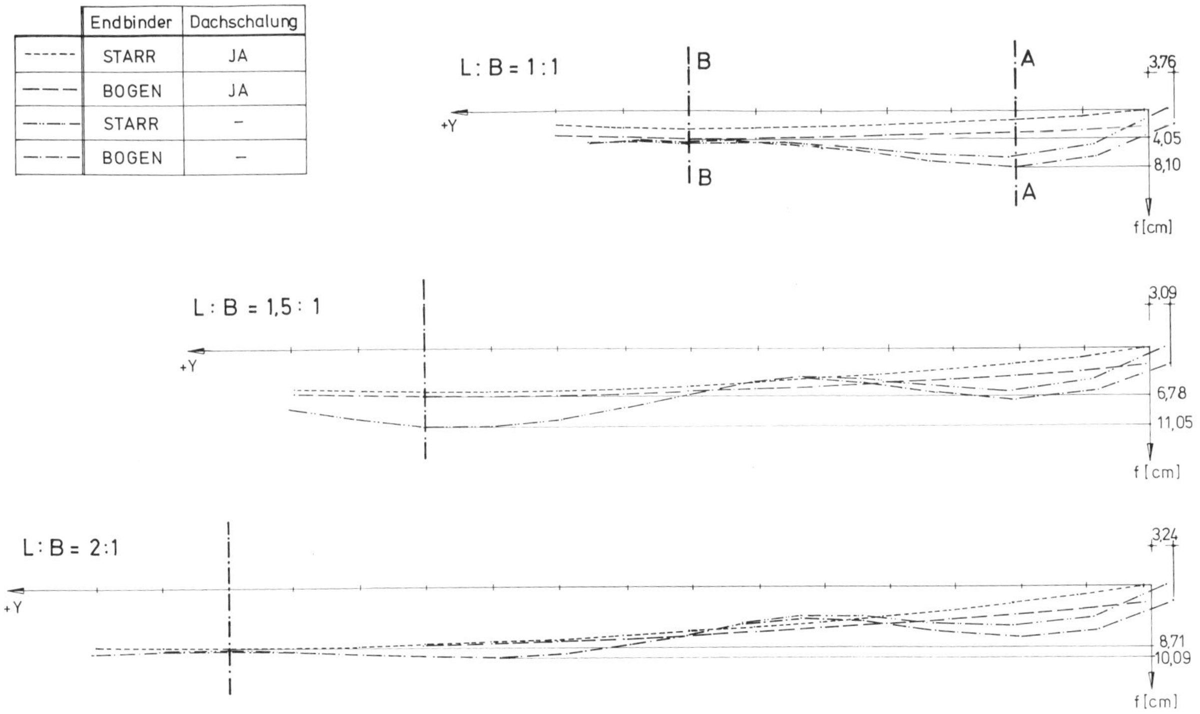

Bild 20. Vertikale Verformungen im Scheitel der Rautenlamellenkonstruktion (Schnitt I—I im Bild 15)

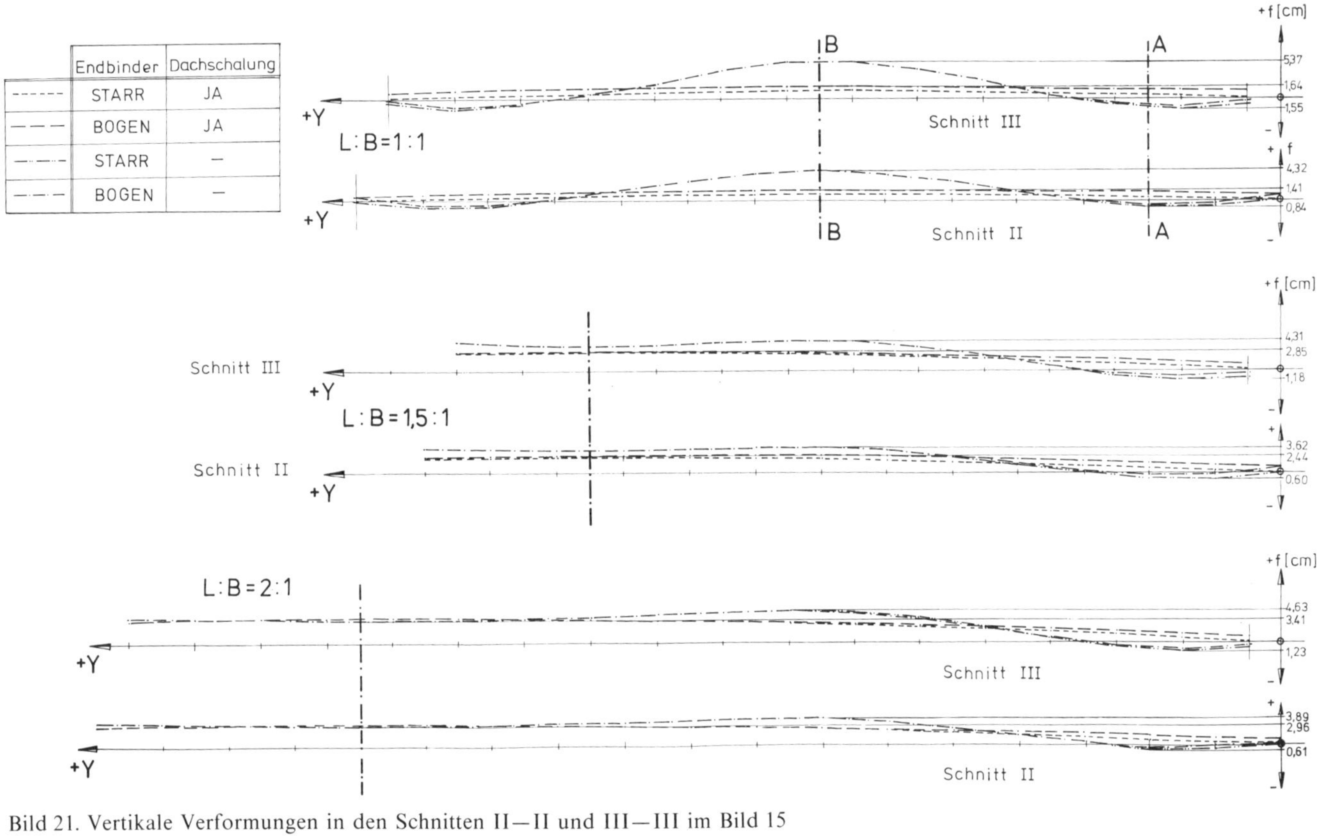

Bild 21. Vertikale Verformungen in den Schnitten II—II und III—III im Bild 15

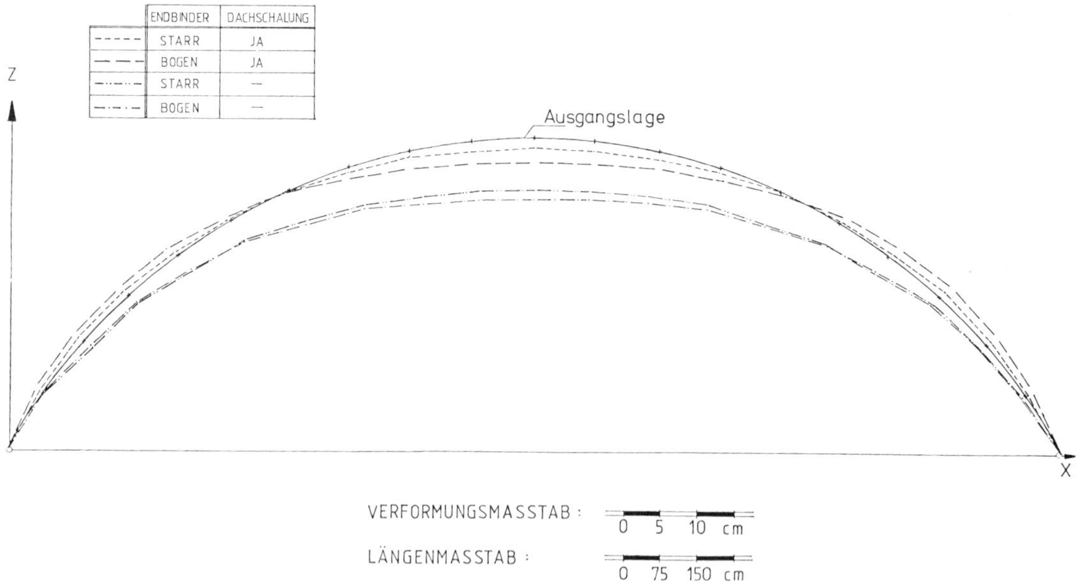

Bild 22. Verformung im Schnitt A—A (Schnittführung siehe Bild 20 und 21); LF.: $g + s_a$; $L : B = 1 : 1$

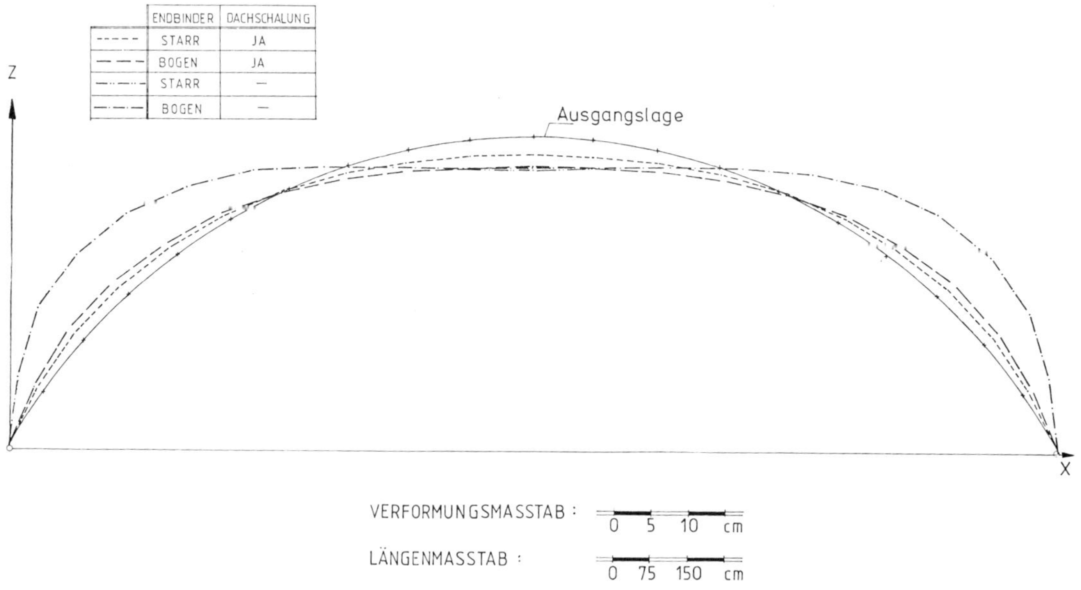

Bild 23. Verformung im Schnitt B—B (Schnittführung siehe Bild 20 und 21); LF.: $g + s_a$; $L : B = 1 : 1$

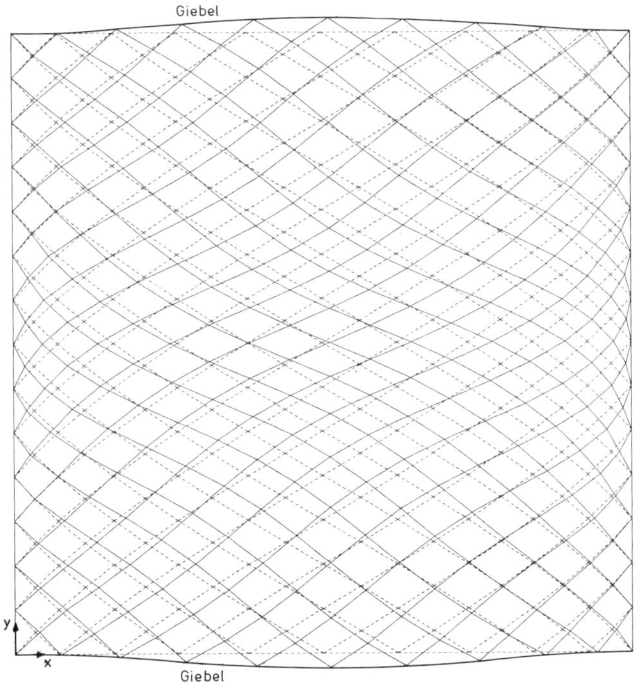

Bild 24. Horizontale Verformungen der Rautenlamellenkonstruktion mit Giebelbögen und ohne Dachschalung; LF.: $g + s_a + \frac{w}{2}$

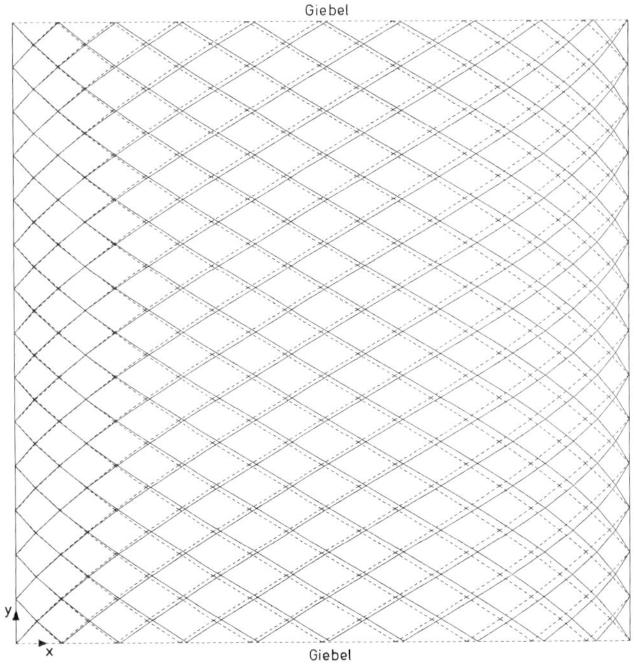

Bild 25. Horizontale Verformungen der Rautenlamellenkonstruktion mit Giebelbögen und mit Dachschalung; LF.: $g + s_a + \frac{w}{2}$

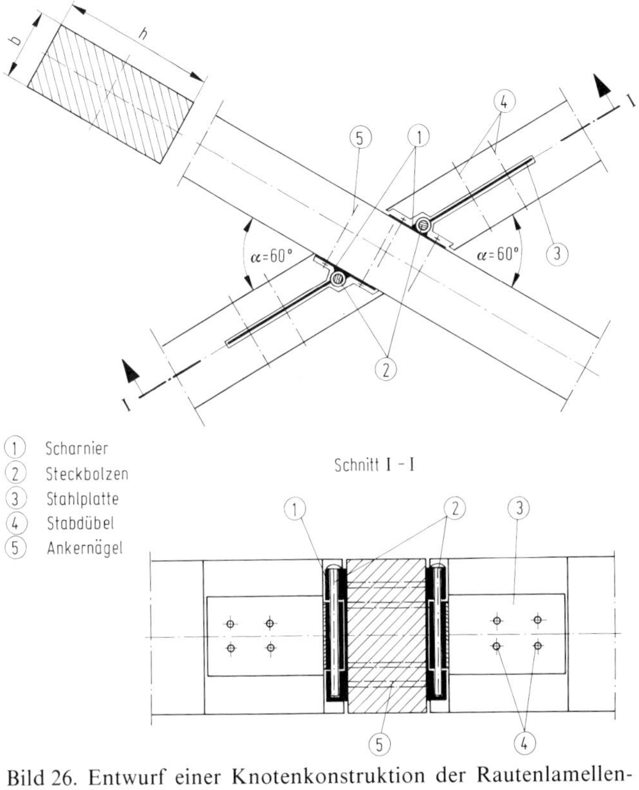

Bild 26. Entwurf einer Knotenkonstruktion der Rautenlamellenbauweise mit Scharnieren

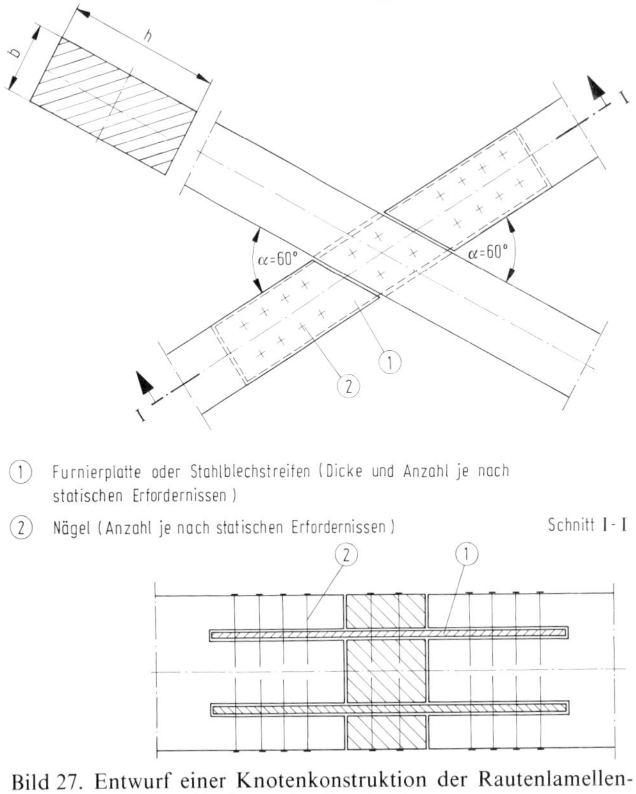

Bild 27. Entwurf einer Knotenkonstruktion der Rautenlamellenbauweise mit Stahlblechen oder Furnierplatten

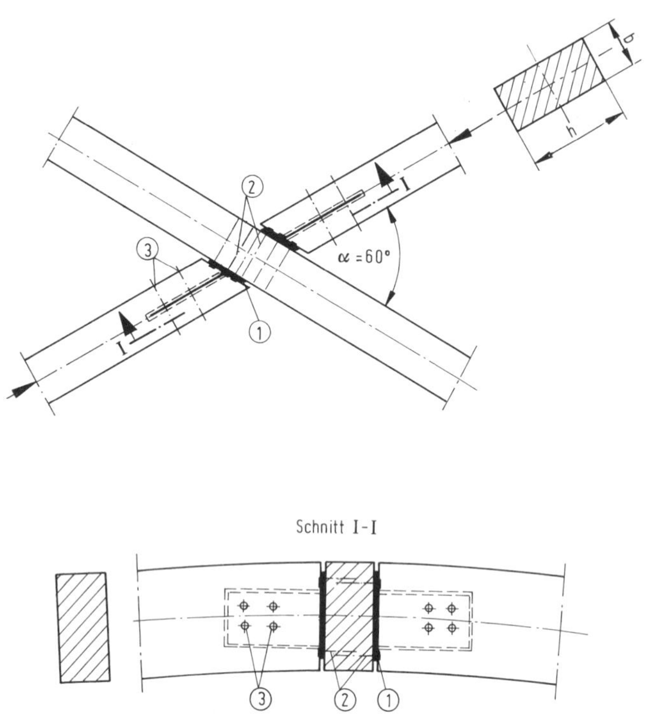

① Stahlformteil
② Ankernägel
③ Stabdübel

Bild 28. Entwurf einer Knotenkonstruktion der Rautenlamellenbauweise mit Stahlwinkeln

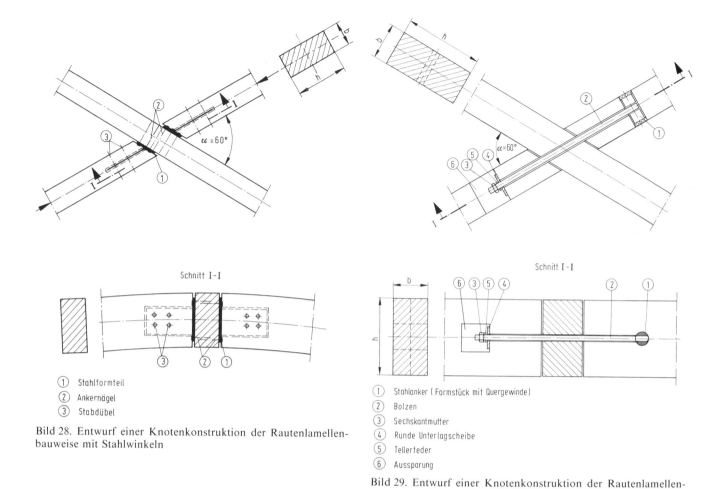

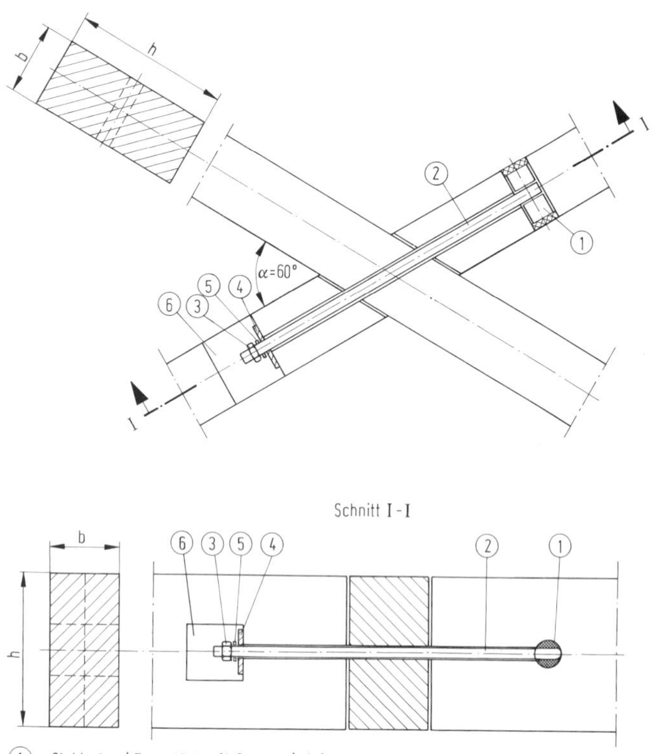

① Stahlanker (Formstück mit Quergewinde)
② Bolzen
③ Sechskantmutter
④ Runde Unterlagscheibe
⑤ Tellerfeder
⑥ Aussparung

Bild 29. Entwurf einer Knotenkonstruktion der Rautenlamellenbauweise mit Spannbolzen

Aufgrund der durchgeführten Untersuchungen stellt eine kreiszylindrische Rautenlamellenkonstruktion mit einem Grundrißseitenverhältnis von $L : B \cong 1 : 1$, einer Dachschalung und Giebelscheiben eine optimale Lösung dar. Bei längeren Hallen sollten Zwischenbögen im Abstand der Hallenbreite B angeordnet werden.

7 Literatur

[1] Gesteschi, Th.: Der Holzbau; Verlag J. Springer, Berlin 1926.

[2] Kress, F.: Der Zimmerpolier — Ein Lehr- und Konstruktionsbuch; Otto Meier Verlag, Ravensburg, 5. Auflage 1938.

[3] Kersten, C.: Freitragende Holzbauten; Verlag J. Springer, 2. Aufl., Berlin 1926.

[4] Eiselen, F.: Das Zollbau-Lamellendach. Holzbau. (Beilage der Deutschen Bauzeitung) Nr. 13 vom 27. 10. 1923.

[5] Hofmann, E.: Das Zollinger-Lamellendach als freitragende Dachkonstruktion für Wohnhäuser, Siedlungsbauten, Hallen, Fabrikanlagen, Feldscheunen und Ausstellungsgebäuden; Bauzeitung 1923.

[6] Otzen, R.: Die statische Berechnung der Zollbau-Lamellendächer; Der Industriebau 1923, Heft VIII/IX.

[7] Gesteschi, Th.: Hölzerne Dachkonstruktionen — Ihre Ausbildung und Berechnung; Verlag W. Ernst & Sohn; 5. Auflage 1938; S. 199—208.

[8] Wilson, E. L., Bathe, K.-J., und Mitarbeiter: SAP — Ein Programmsystem zur linearen statischen und dynamischen Berechnung von Tragwerken; University of California Berkeley; eingeführt von Wunderlich, W., Ruhr-Universität Bochum; September 1973.

[9] May, B., und Nowack, B.: Zur Berechnung kreiszylindrischer Netzwerkschalen; Der Stahlbau 8/1971.

[10] Nowack, B., und Brunotte, R.: Netzwerkkonstruktionen im modernen Ingenieurholzbau; Bauen mit Holz, Heft 5/1974.

[11] Scheer, C., und Purnomo, J.: Weiterentwicklung der Zollinger-Lamellenbauweise mit Ermittlung von vereinfachten Berechnungsverfahren und statischen Nachweisen; Forschungsbericht Fachgebiet Baukonstruktionen, TU Berlin (in Vorbereitung).

Tihamér Koncz

Entwicklung der konstruktiven Gestaltung im Fertigbau

1 Von der Betonvorfertigung zum Fertigteilbau

1.1 Geschichtliches

Die industrielle Entwicklung hat in den letzten 50 Jahren ungeahnte Ausmaße angenommen. Es ist mehr Fortschritt gemacht worden als in allen Jahren menschlichen Daseins zuvor. Auf einigen Gebieten ist diese Entwicklung in unkontrollierbare Bahnen geraten, die uns mitunter mit Angst erfüllen. Im Bauwesen ist jedoch nichts Revolutionäres passiert, man kann trotzdem eine stetige, langsame Evolution beobachten. Wie sehr die übrigen Industrien die Bauindustrie überholt hatten, ist am besten vielleicht mit einem Vergleich der Automobilpreise mit den Kosten des Hausbaues zu messen. Vor 50 Jahren hat ein Automobil ein Einfamilienhaus gekostet, heute nur einen Bruchteil davon. Die Ursache ist der unterschiedliche Grad der Industrialisierung. Der Baustoff Stahlbeton oder früher noch Eisenbeton, der heute zu 95 % die Konstruktion unserer Bauten bildet, ist am Anfang noch mit „Monolith" d. h. Block aus einem Guß bezeichnet worden. Mangels geeigneter Hebezeuge konnte man sich nur eine Ausführung an Ort und Stelle vorstellen.

Die Vorfertigung kam während des Krieges zum Durchbruch. In Deutschland zweifellos mit den Industriehallen der Preussischen Bergwerks- und Hütten AG unter der Leitung von Professor Robert von Halász [1, 2]. Die konstruktive Gestaltung dieser Hallen widerspiegelt den seinerzeitigen Stand der maschinentechnischen Entwicklung und ist das am besten Machbare gewesen. Die Konstruktion und die Organisation dieser Vorfertigung trägt aber die Charakteristiken des Fertigbaus und der Industrialisierung: Hochwertiger Beton, Werkfertigung und Typung (Bild 1).

Das Wertvollste und Bahnbrechendste scheint mir dabei die Kassettenplatte zu sein. Diese Kassettenplatte trägt alle Eigenschaften, welche als Grundlagen der konstruktiven Gestaltung auch heute noch ihre Gültigkeit haben. Sie ist bis heute unübertroffen. Insbesondere ist hervorzuheben, daß es sich um ein flächenartiges Tragelement handelt, das den minimalen Materialbedarf hat — nur 1 cm Spiegeldicke — in sofortiger Entformung und in Fließfertigung hergestellt wurde (Bild 2). Die Maschinentechnik, insbesondere die viel größeren Krankapazitäten und die Vorspannung des Betons, aber auch die neuen architektoni-

Bild 1. Halle der Preussag aus dem Jahre 1940

Bild 2. Kassettenplatte zu der Hallenkonstruktion in Bild 1

schen Prinzipien haben der konstruktiven Gestaltung neue Möglichkeiten und neue Impulse gegeben. Aus der Betonvorfabrikation ist eine echte Industrie entstanden, die charakteristische Merkmale des Fertigbaues aufweist.

a) Dreiteilung der Ausführung: Herstellung, Transport und Montage mit dem höchsten Grad der Fertigstellung in der Industrieanlage.
b) Maßanfertigung von kleinen Serien gleicher Elementtypen, da planungsabhängig, Architekt übt auf die konstruktive Gestaltung einen wesentlichen Einfluß aus.
c) Schwere Elemente, welche spezielle Transportfahrzeuge und Hebezeuge nötig haben.

1.2 Anforderungen an die Fertigteile

Die Anforderungen an die Fertigteile sind wirtschaftlicher und planungstechnischer Natur. In wirtschaftlicher Hinsicht ist es wichtig, das Preisgefüge im Fertigbau zu kennen (Bild 3) [3]. Der Preis eines Fertigteiles besteht aus 4 Hauptkomponenten: Material, Arbeitsaufwand, Abschreibungen (Einrichtungen) und Projektierung. Bemerkenswert ist, daß das Material etwa einen Drittel des Preises ausmacht, daß sich Materialsparen auch heute noch lohnt. Die Summe des Arbeitsaufwandes und der Abschreibungen soll bei einer guten Konstruktion mit der Erhöhung der Stückzahlen immer geringer werden. Die Projektierungskosten nehmen mit steigenden Stückzahlen ebenfalls ab.

In planungstechnischer Hinsicht muß das Element typisiert werden, aus einer Maßkoordination hervorgegangen sein und somit addierbar, austauschbar und variabel sein, daß es für Bauvorhaben verschiedener Zweckbestimmung verwendbar sein soll. Zugleich muß das Element durch eine Vorschrift mit anderen Elementen kombinierbar sein und miteinander verbunden werden können.

Dies resultiert in einer Flexibilität d. h. die Elemente umfassen ein größeres Anwendungsgebiet. Es gilt heute mit wenigen Formen die verschiedensten Anforderungen zu erfüllen (Bild 4).

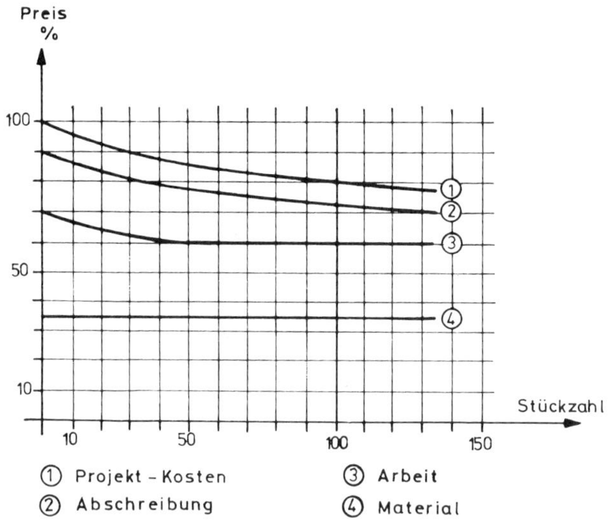

Bild 3. Preisgefüge im Fertigbau

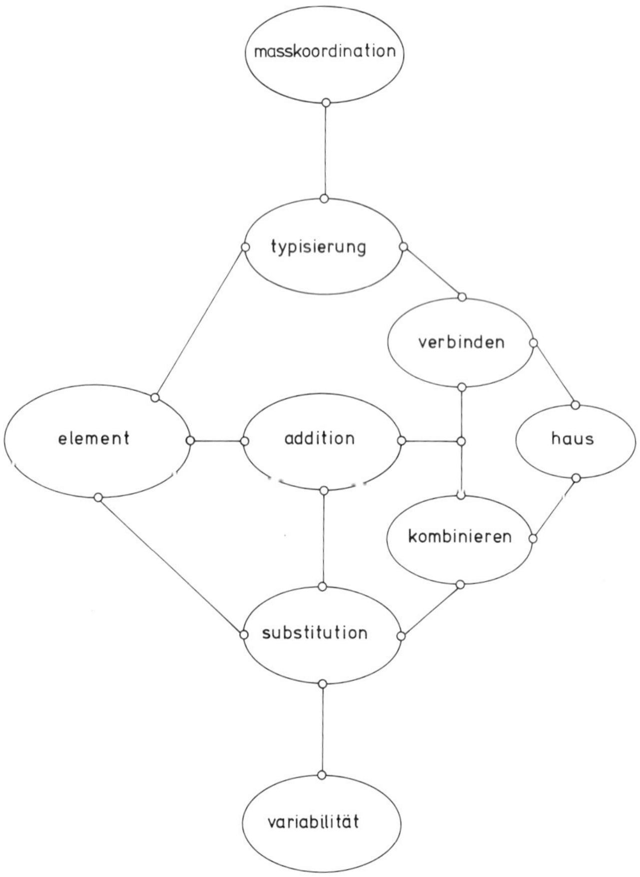

Bild 4. Charakteristiken eines Bauelementes

2 Industriehallen mit Fertigteilen

2.1 Der steife Rahmen

Die Grundform des monolithischen Stahlbetons für Industriehallen ist das biegesteife Rahmentragwerk mit Fundamentgelenk oder im Fundament eingespannt. Die Nachahmung dieser Konstruktionsform prägt die ersten Projekte im Fertigbau. Der Rahmen wird auseinandergeschnitten und die einzelnen Teile werden wieder biegesteif miteinander verbunden. Die Biegesteifigkeit wird als Kriterium der Güte des Konstruktionsentwurfes erhoben und unter allen

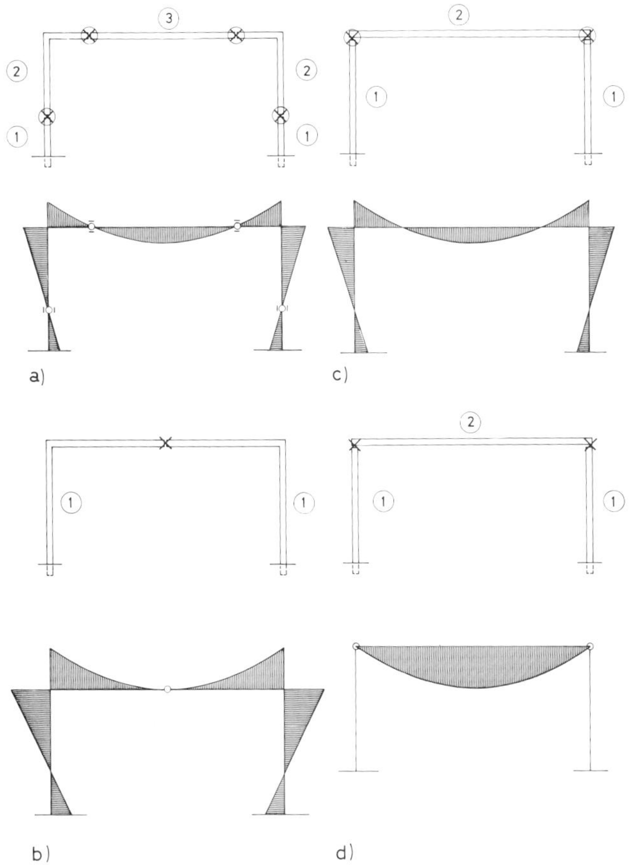

Bild 5. Aufteilung der Rahmenkonstruktion auf Elemente und ihre statischen Systeme
a) Rahmen in den Momentennullpunkten aufgeteilt
b) Gelenkrahmen aus zwei gleichen Teilen
c) Eingespannte Rahmen mit biegesteifer Eckverbindung
d) Eingespannte Stützen, gelenkig aufliegende Binder

Umständen angestrebt [5]. Das Resultat sind aufwendige Verbindungen, schwere Montage. In der SIA Norm steht sogar vorgeschrieben, daß eine Kontinuität anzustreben sei (Bild 5) [6]. Dem Charakter des Fertigbaus entsprechende Konstruktionen zu gestalten wurde aber indessen angestrebt. Dies verlangt lineare Elemente, welche als statisches System eingespannte Stützen und gelenkig aufgelagerte Binder vorsehen. Die Herstellung in einer Feldfabrik oder im Werk macht es möglich, andere Querschnitte zu entwickeln, welche auch materialsparend sind.

2.2 Der Fachwerkträger

Der Fachwerkträger bietet zunächst wirtschaftliche Vorteile. Die Konstruktionshöhe des Fachwerkträgers hat auf das Gewicht nur einen unwesentlichen Einfluß. Deshalb werden hohe Träger ausgeführt, bei welchen eine Kontinuität d. h. eine biegesteife Verbindung in der Rahmenecke nichts bringt, der steife Rahmen wird daher aufgelöst. Zunächst bleibt noch die Eckverbindung für die Horizontalkräfte biegesteif. Obwohl dies statisch und theoretisch keine einwandfreie Lösung ist, vereinfacht sie die Verbindung ganz wesentlich. Auch die Stützen werden im aufgelösten Querschnitt gestaltet. Binder und Stützen werden liegend hergestellt und nachher hochkantgestellt, wodurch einfachere Schalungen möglich sind (Bild 6) [7]. Der Fachwerkträger kann natürlich auch als Oberlichtfläche dienen, wodurch für querbelichtete Hallen eine Konstruktion entsteht, deren Dachfläche nur aus zwei Elementen aus Fachwerkträgern und Kassettenplatten besteht (Bild 7). Die Kassettenplatte hat eine Dimension von $1{,}50 \times 6{,}00$ m oder 9,00 m bei etwa 2,5 cm Spiegeldicke. Sie wird in Feldfabrikation hergestellt. Der Fachwerkträger

Bild 6. Fachwerkträger mit Vierendeelstützen — biegesteife Verbindung nur für Horizontalkräfte. Graugießerei in Budapest aus dem Jahre 1952

Bild 7. Oberlichtsystem mit hohen Fachwerkträgern (wie Bild 6)

besitzt auch eine andere gute Eigenschaft, nämlich daß die Verbindung zwischen den einzelnen Fachwerkteilen zwar druck- und zugfest, aber nicht mehr biegefest zu werden braucht (Bild 8). Eine Spezialkonstruktion stellen sogenannte Rautenfachwerke dar, welche in Bogenform zu verschiedenen Hallen zusammengebaut werden. Die grundsätzliche Eigenschaft dieser Konstruktion ist die Serienfertigung der Einzelelemente und das Erreichen von großen Spannweiten, sie brauchen allerdings ein Montagegerüst. Ihre Verwendung wird auf spezielle Bauaufgaben beschränkt (Bild 9). Man verwendet auch echte Bogentragwerke, insbesondere für große Spannweiten, auch aus einzelnen Teilen zusammengebaut (Bild 10). Die Fachwerkkonstruktionen werden vom Vollwandträger abgelöst.

Bild 8. Aus Teilen zusammengebauter Fachwerkträger in der Mitte gestoßen, Italien

Bild 9a und b. Rautenfachwerke zu Bogenkonstruktion. Siemens-Schuckertwerke, Berlin

Bild 10 a—c. Aus Teilen zusammengespannte Bogenkonstruktion für Flugzeughallen, ausgeführt von der Hochtief AG

2.3 Vollwandbinder im Spannbett vorgespannt

Die Ursache ist: Die Herstellung des Fachwerkträgers ist für normale Spannweiten arbeitsaufwendig. Gleichzeitig verbreitet sich die Spannbett-Technik, die materialsparende Querschnitte erlaubt (Bild 11). Die im Spannbett hergestellten Balken können nicht mehr biegesteif mit der

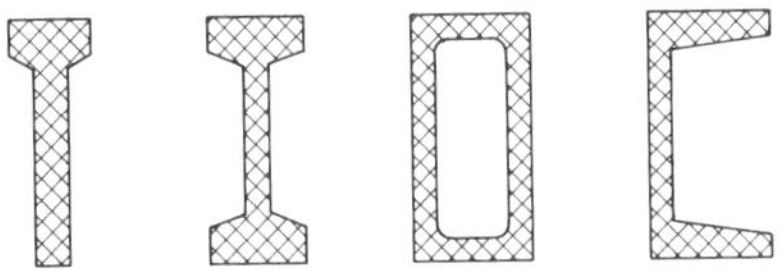

Bild 11. Querschnitte von Spannbetonbindern

Bild 13. Fertigung von Spannbetonbindern mit umgelenkten Litzen

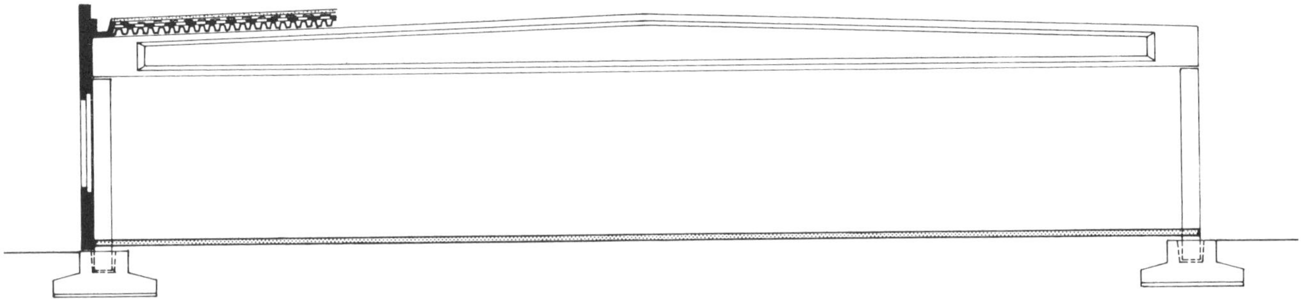

Bild 12. Einfacher Hallenquerschnitt mit Trapezblechen

Stütze verbunden werden, es stellt sich heraus, daß das statische System mit eingespannten Stützen und gelenkig aufgelagerten Balken wirtschaftlich ist. Die Stabilität der unten eingespannten und oben frei beweglichen Stütze wird einwandfrei gelöst. Die weitere Entwicklung betrifft nunmehr auch die Querschnittsgestaltung des Hauptträgers einerseits fabrikationstechnisch — es werden immer bessere Formen gebaut — und anderseits konstruktiv — der Hohlquerschnitt wird auch zum Klimakanal.

Bei den einfachen Hallen ist die Dachkonstruktion entweder mit Pfetten und kleinen Platten gelöst oder mit Trapezblech, das in der Lage ist, bis zu 7,50 m Spannweite zu überbrücken und die Betonkassettenplatten — insbesondere in Deutschland — im Preis schlägt. So ist die billigste Halle heute: Eingespannte Stützen, auf welchen Spannbetonbinder ruhen, welche mit Blechtafeln abgedeckt sind (Bild 12).

Der große Energieüberfluß bringt vorübergehend die Dunkelhallen, weil sie konstruktiv am einfachsten sind und für die meisten Fabrikationsarten durch die künstliche Belichtung die besten Fabrikationsbedingungen darstellen. Diese Dunkelhallen haben aber einen nicht humanen Charakter, der Ausschluß des Tageslichtes macht den Menschen zum Roboter. Nach dem schweizer Fabrikgesetz müssen Seitenfenster angeordnet sein (Bild 14).

Bild 14. Dunkelhallen mit „TT"-Elementen der Imbau KG

Bild 15. Gießereihalle in Italien mit leichten „TT"-Platten

2.4 Flächentragwerke

Bei größeren Hallen, insbesondere wenn in beiden Richtungen große Spannweiten zu überbrücken sind, werden Flächentragwerke verwendet, welche dem Baustoff Stahlbeton am besten gerecht sind. Plattentragwerke, Schalen oder Faltwerke sind die schönsten Betontragwerke. Die Spannweiten erreichen bei den Faltwerken ohne große Schwierigkeiten 30,0 × 30,0 m. Die Hallen können auch architektonisch besser gestaltet werden (Bild 16). Die Faltwerke z. B. können vertikal aufgestellt auch den Mantel eines Kühlturmes bilden (Bild 17).

Bild 16. Hallenkonstruktion mit Faltwerken in Cesena, Italien

2.5 Shedhallen,

wie die nordbelichteten Hallenkonstruktionen im deutschen Sprachgebiet bezeichnet werden, bildeten vor dem Energie-Überfluß ein wichtiges Gebiet der Hallenkonstruktion. Sie wurden in sehr vielen Formen als vollwandige oder Fachwerkkonstruktionen ausgeführt, aber auch als Schalentragwerke.

Nach dem Verschwinden des Energieüberflusses werden seit einigen Jahren die Shedkonstruktionen wieder verwendet, allerdings in einer neuen Form der sogenannten Kurz-sheds. Diese Shedhallen erlauben eine gleichmäßige Belichtung auch bei niedrigen Hallen. Vor allem sind HP-Schalen, Hohlkastensheds und „Z“-Faltwerke zu solchen Konstruktionen verwendet worden (Bild 19). Die Klimakanäle können in den Hohlräumen geführt werden. Die Elemente sind eigentlich große Dachplatten, welche im

Bild 17 Kühlturm mit vertikal gestellten Faltwerken

Bild 18. HP-Schalen für große Spannweiten

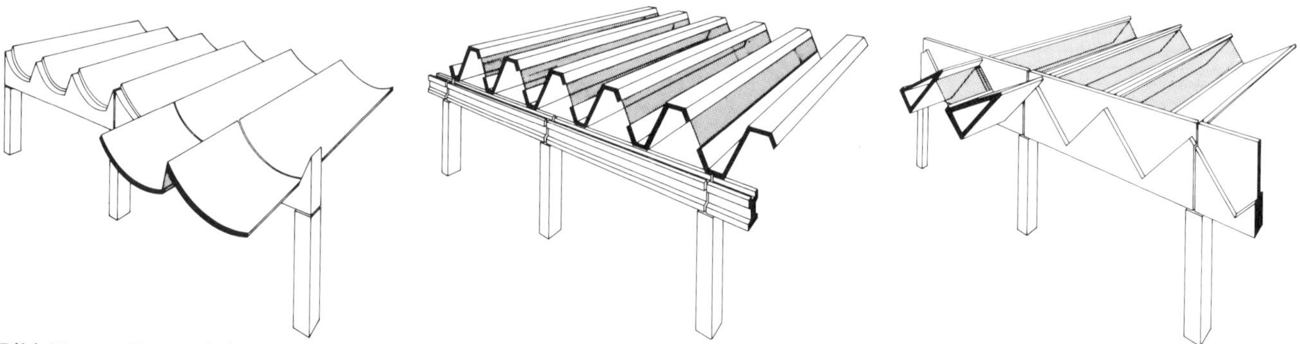

Bild 19 a—c. Konstruktionslösungen für Kurz-sheds a) HP-Schalen b) „Z“-Faltwerke c) Hohlkastenelemente

Spannbett bei guter Produktivität mit Gleitfertigern hergestellt werden (Bild 20, 21, 22) [8]. Diese Konstruktionen stellen bei Shedhallen die gegenwärtig letzte Entwicklungsstufe dar.

Bild 20. Shedhalle mit HP-Schalen in Deutschland

Bild 21. Sägedach mit „Z"-Faltwerken in Brig, Schweiz

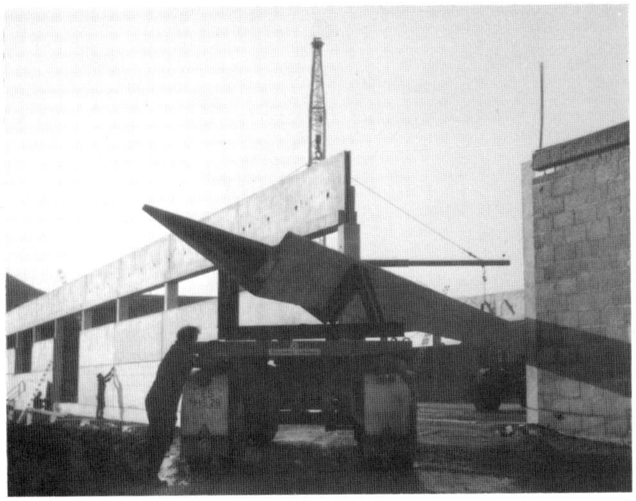

Bild 22. Hohlkastensheds in der Montage in Deutschland

3 Mehrgeschoßbauten

Solche Bauten sind mit Fertigteilen erst nach dem Kriege gebaut worden. Es ist sicher nicht müßig, feststellen zu wollen, wo die ersten vollständig vorfabrizierten Mehrgeschoßbauten ausgeführt worden sind. Sicher ist, daß etwa ab 1952 bis 1953 solche Bauten nach verschiedenen Systemen gebaut wurden. Eine ausführliche Darstellung der Konstruktionen erschien auf Veranlassung von Professor von Halász in der Bautechnik vor 20 Jahren [10].

An den Grundprinzipien hat sich sehr wenig geändert, die Konstruktionssysteme sind noch immer die gleichen, wobei sich aus der Vielfalt doch einige Konstruktionsformen herauskristallisiert haben, welche die einfachsten Lösungen dargestellt haben.

a) Mehrgeschossige Stützen, über max. 5 Geschosse durchgehend und gelenkig angeschlossene Unterzüge, welche großformatige Platten aufnehmen. Die Stabilität der Konstruktion ist entweder durch die Stützeneinspannung gegeben, oder es werden die Horizontalkräfte zu einem steifen Kern geleitet, der in der Lage ist, sie allein aufzunehmen.
b) In jedem Geschoß gestoßene Stützen, welche Unterzüge tragen, auf welche wiederum großformatige Platten abgestützt sind. In diesem Falle sind die Stützen immer gelenkig gestoßen und ein steifer Kern sorgt für die Stabilität.
c) Skelettkonstruktionen aus übereinandergestellten Rahmenteilen werden immer seltener verwendet, sie erlauben allerdings die Stabilität des Mehrgeschoßbaus ohne steifen Kern zu sichern. Sie haben durch die Rahmenform gewisse Nachteile in der Herstellung, dies ist der eigentliche Grund der selten werdenden Verwendung.
d) Tragende mehrgeschossige Außenwände nehmen die Deckenplatten auf. In diesem Falle kann die Konstruktion nur aus Flächentragwerken bestehen. Die tragende Außenwand geht selten mehr als über drei Geschosse, die Konstruktion ist dann besonders günstig, wenn überhaupt keine Stützen notwendig sind (Bild 23).

3.1 Die Deckenkonstruktionen

zu den Mehrgeschoßbauten gehören nur wenigen Typen an, welche als „T", Doppel-„T", Trogplatten oder Hohlplatten sind. Sie nehmen verschiedene Formen an, sie können für verschiedene Bauten, Spannweiten und auch für verschiedene Zwecke verwendet werden, wie z. B. Wand- und Deckenelemente. Sie sind meistens vorgespannt (Bild 24). Die Doppel-„T"- oder „Π"-Platte ist für deutsche Verhältnisse nicht zu schlagen, insbesondere wenn — wie bei Universitätsbauten — eine heruntergehängte Decke sowieso nötig ist.

Allmählich finden Hohlkörperdecken Eingang in das deutsche Bauwesen, ihrer bisherigen Verwendung stehen

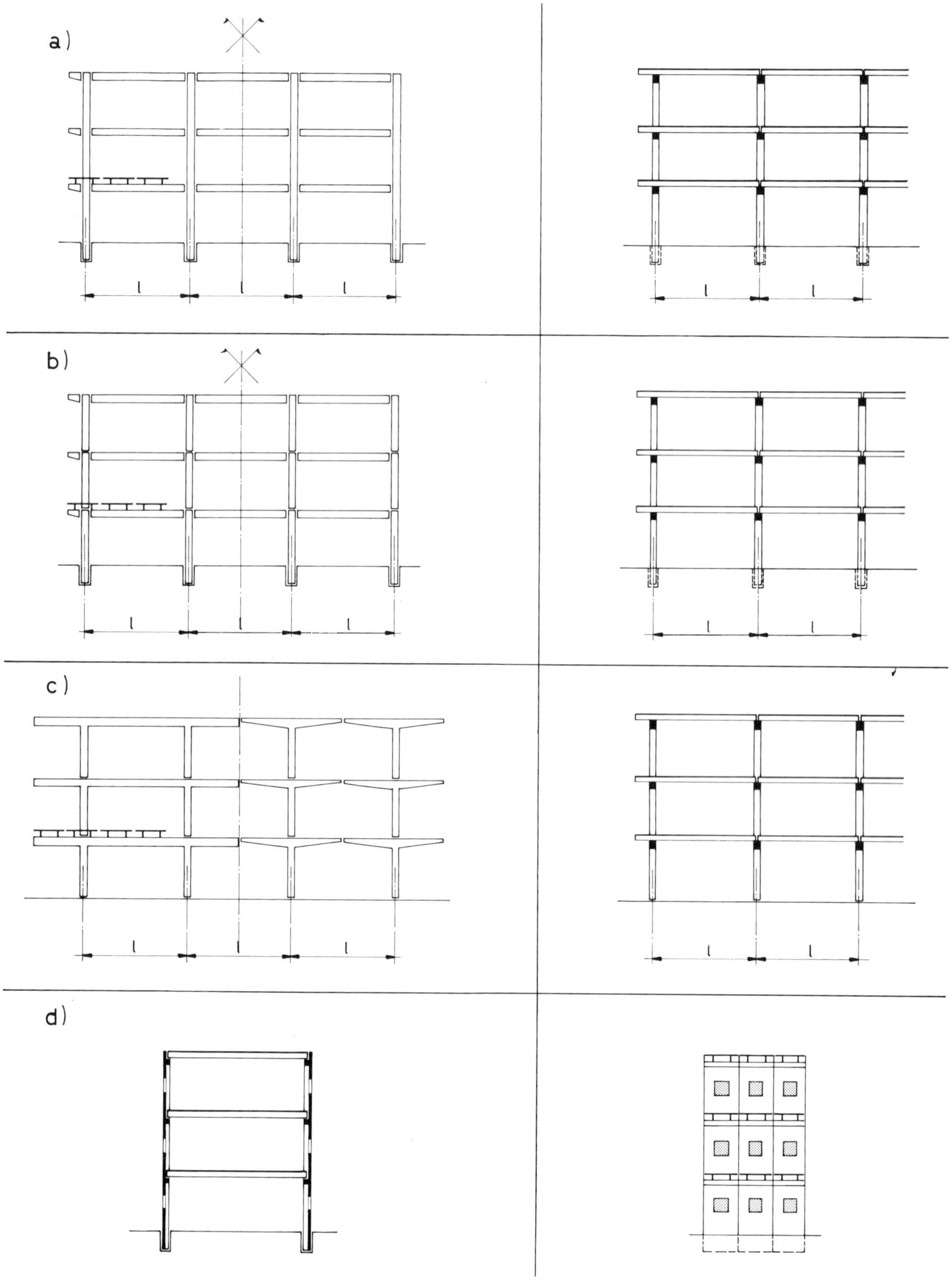

Bild 23. Konstruktionsformen mehrgeschossiger Fertigteilbauten

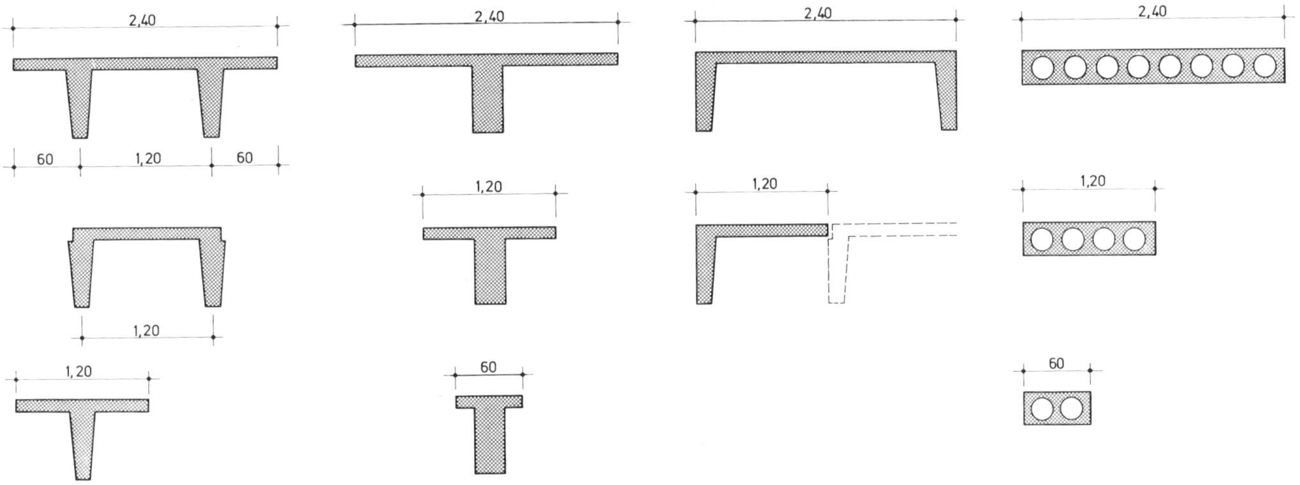

Bild 24. Grundformen von Deckenelementen und ihre Kombinationsmöglichkeiten

die Normen im Wege durch die Vorschrift, die Stege zwischen den Hohlräumen zu verbügeln und die Platte nicht nur mit den Spanndrähten zu bewehren. Einzelne Zulassungen sind allerdings bereits erfolgt. Die vorgespannten Hohlkörperdecken in ihrer ursprünglichen Form sind im Preis unschlagbar, auch wegen der hochmechanisierten Herstellung (Bild 25).

3.2 Skelettkonstruktionen

Der Mehrgeschoßbau in Dubai UAR hat viergeschossige eingespannte Stützen und Unterzüge von Rechteckquerschnitt, die Deckenkonstruktion bilden Hohlkörperdekken, System Dycor. Die Konstruktion war auch für die Verhältnisse im arabischen Golf außerordentlich preiswert (Bild 26). Das Laborgebäude der Universität Riyadh, Saudi Arabien, hat auch mehrgeschossige Stützen, ist aber in erster Linie dadurch interessant, daß die „Π"-Platten als Decken und wärmegedämmte Wände in den verschiedensten Formen ausgeführt wurden (Bild 27).

Gelenkige Rahmenteile bilden das tragende Skelett eines Lagerhauses in Budapest, entworfen vor mehr als 25 Jahren (Bild 28).

Die Klimakanäle sind in den Deckenelementen und Skeletteilen integriert bei einem Forschungsinstitut in Changins Schweiz. Allerdings ist bei einer solchen Lösung der Entwurfsaufwand sehr groß (Bild 29).

Viele Universitätsbauten wurden in Deutschland mit gestoßenen Stutzen, „U"-förmigen Unterzügen und „TT"-Platten ausgeführt, sie sind die klassischen Lösungen von Mehrgeschoßbauten (Bild 30).

3.3 Tragende mehrgeschossige Außenwände

kamen z. B. bei den Normengebäuden der Deutschen Bundespost zur Verwendung, es wurden über 700 Bauten ausgeführt (Bild 31). Auch Schulen und Bürobauten sind für diese Konstruktionsform geeignet (Bild 32, 33).

Bild 25. Herstellung von vorgespannten Hohlkörperdecken in Dubai, UAR

Bild 26. Mehrgeschossige Stützen einer Skelettkonstruktion in Dubai, UAR

Bild 27 a und b. Skelettkonstruktion eines Universitätslabors mit durchgehenden Stützen, Decken und Wände sind „Π"-Platten. Riyadh, Saudi Arabien

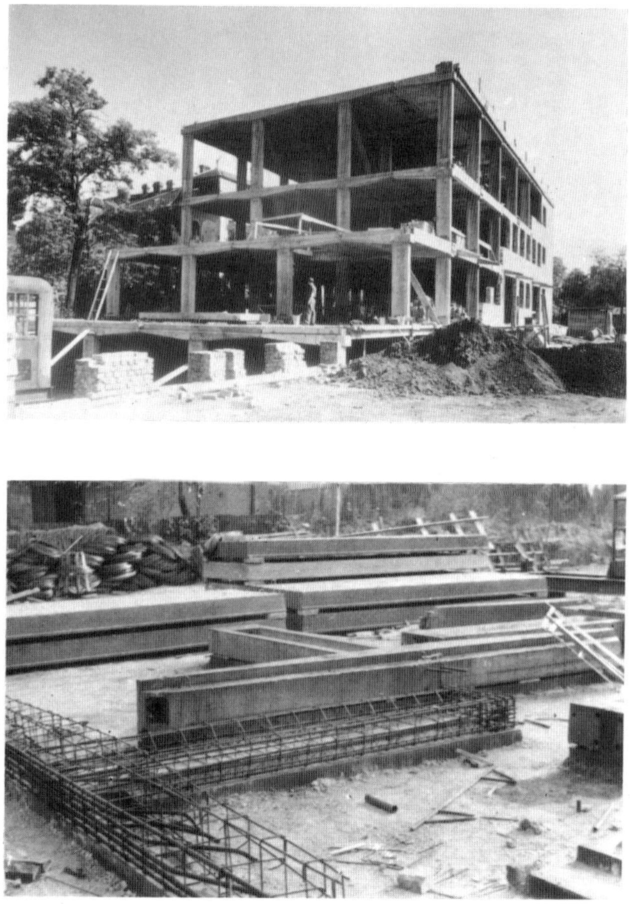

Bild 28 a und b. Gelenkige Rahmenteile für ein Lagerhaus in Budapest aus dem Jahre 1955

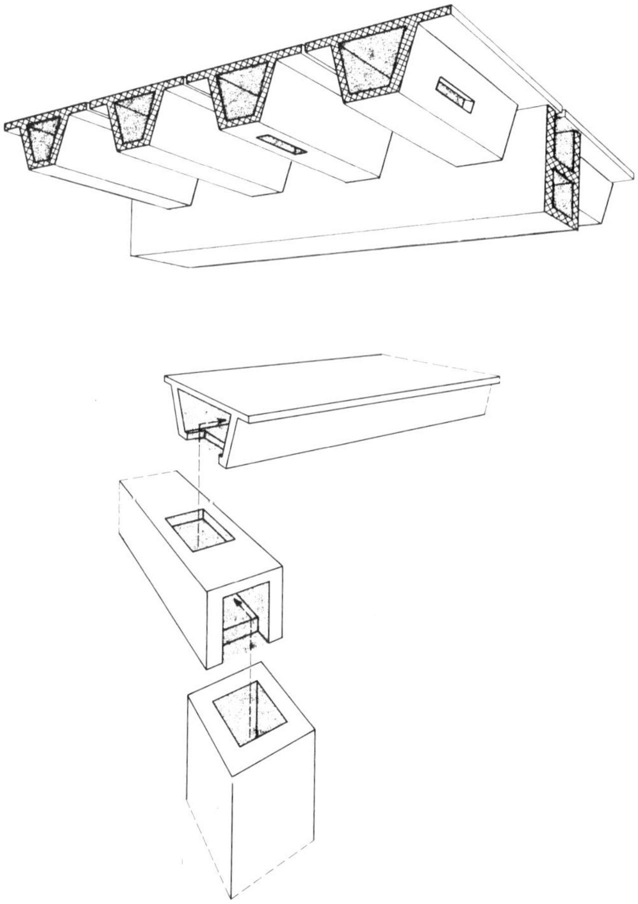

Bild 29 a. Klimakanäle sind in den Elementen integriert, Deckenelemente, Binder und Stützen haben Hohlquerschnitt

Bild 29 a—c. Forschungsinstitut mit in den Deckenelementen und in den Skeletteilen integrierten Klimakanälen in Changins, Schweiz

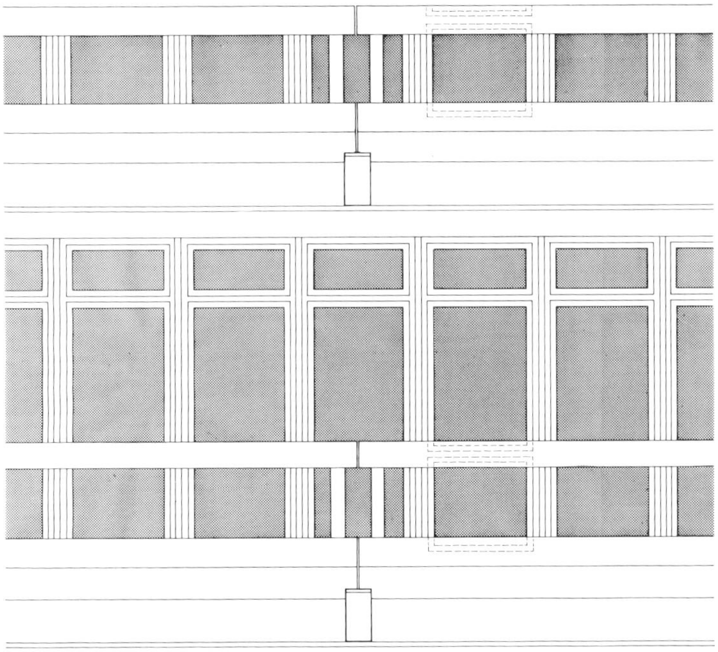

Bild 30 a

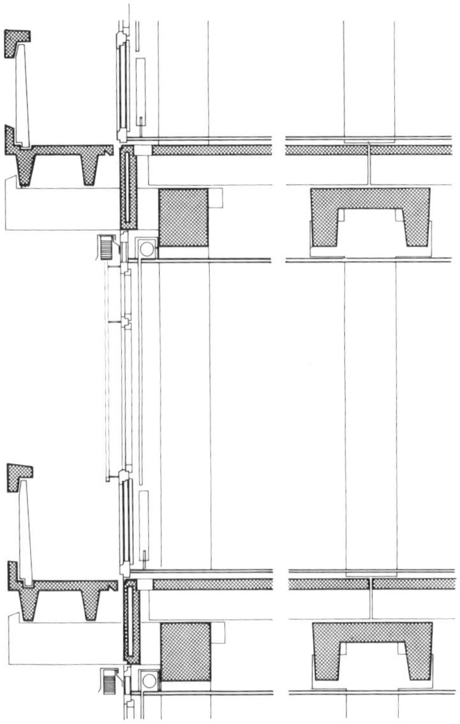

Bild 30 a und b. Universitätsbau in Deutschland mit gestoßenen Stützen, Unterzügen und „Π"-Platten, Imbau KG Frankfurt a. M.

Bild 31. Dreigeschossige, tragende Außenwände für die Normengebäude der Deutschen Bundespost, das Kellergeschoß ist nicht sichtbar

Bild 32. Schulbau in Hamburg mit mehrgeschossigen Wänden

4 Die Außenwand

wurde in die ersten Fertigteilkonstruktionen gar nicht miteinbezogen, da es bedeutend billiger war, sie zu mauern. Aus technologischen Gründen wurden dann auch die Wände aus Fertigteilen eingeführt um einen besseren Arbeitsablauf bei der Montage und bei der Fertigstellung zu haben. Ein Gestaltungselement der Architektur sind die Wände erst vor wenigen Jahren insbesondere in den USA geworden [11]. Die Ursachen sind technischer und ästhetischer Natur. Betonelemente können alle drei Funktionen einer Wand gleichzeitig erfüllen — sie tragen, versteifen und begrenzen den Raum. Die Außenhaut des Betonelementes ist ohne Zusatzmaßnahme wetterfest, die Wärmedämmung kann leicht angebracht werden. Der Feuerwiderstand der Betonelemente ist im allgemeinen günstig. Betonfassaden benötigen fast keinen Unterhalt.

In ästhetischer Hinsicht ist maßgebend, daß der gegossene Beton praktisch jede gewünschte Form annehmen kann wie eine Skulptur. Die Elemente sind maßgeschneidert und bieten eine sehr große Variabilität bei der Oberflächenbehandlung.

Bild 33 a und b. Montage von mehrgeschossigen Wänden in Cesena Italien und das fertiggestellte Bürogebäude

Die ersten Außenwände wurden immer zwischen den Stützen horizontal eingehängt, neuere Hallen aber mit vertikalen Tafeln gestaltet, welche dann in der Form von Doppel-„T“- oder „T“-Platten auf den Fundamenten abgestützt sind und auch einen guten architektonischen Eindruck vermitteln (Bild 34).

Bei den mehrgeschossigen Bauten werden auch Kassettenplatten und viele andere Außenwände ausgeführt, welche selbstverständlich den architektonischen Modeerscheinungen entsprechen. Es ist aber eine eindeutige Tendenz zu beobachten von den Stahl- und Aluminiumfassaden zu Betonelementen (Bild 35, 36).

Bild 35 a.

Bild 35 a und b.
Außenwandkonstruktion
mit „TT"-Elementen
in Toronto, Kanada.

Bild 34 a—c. Hallenkonstruktion in Hamburg und Kaufbeuren mit vertikalen „TT"-Außenwänden mit nach außen- und innenstehenden Rippen

Bild 36 a und b. Verwaltungsbauten in Toronto

5 Die Tafelbauweisen

Die flächenartige Tragwirkung des Stahlbetons kommt am besten durch die Tafelbauweise zur Geltung. Dazu kommt die Möglichkeit der industriellen Herstellung solcher Platten. Aus diesen Gedanken entstand die Tafelbauweise zunächst in Frankreich — Camus, Coignet, Balency — dann in den nördlichen Ländern, wie Dänemark, Schweden u. a. Im wesentlichen sind diese Ideen durch Prof. von Halász nach Deutschland gekommen, ihm fiel auch die Aufgabe zu, einige Tafelbauweisen den deutschen Normen anzupassen. Zur Vereinfachung der Tafelbauweise haben einige Versuchsserien und Publikationen beigetragen, welche insbesondere bewiesen haben, daß die Zugverbindung von benachbarten Tafeln in Geschoßhöhe konzentriert werden kann [12, 13]. Dadurch konnten die lästigen herausstehenden Bügel an den Wandkanten vermieden werden. Die Tafelbauweise hat sich in Details weiterentwikkelt, die Verbindungen sind besser und einfacher geworden.

Bild 37. Sozialer Wohnungsbau in Mailand

In den nördlichen Ländern und in den USA hat die Tafelbauweise das Konstruktionssystem mit tragenden, in Abständen von 10,0 bis 12,0 m versetzten Querwänden hervorgebracht. Der Wandabstand wird mit vorgespannten Hohlkörperdecken überbrückt, die übrigen Wände sind nichttragend meistens als „drywall" erstellt. Das System läßt die Fassadengestaltung frei, auch die Einteilung der Wohnungen kann nach dem Geschmack der Bewohner vorgenommen werden [14, 15].

Mit der Tafelbauweise sind auch hohe Bauten wirtschaftlich möglich. Vom anfänglichen sozialen Wohnungsbau zu den Luxusvillen ist heute eine breite Palette vorhanden mit ausgereiften Details (Bild 37, 38, 39). Die Tafelbauweise hält auch in die Entwicklungsländer Einzug.

Bild 38 a und b. Seniorenwohnsitz in Ratzeburg, b) Sanatoriumgebäude

Bild 39. Hotel Arabella in Frankfurt

6 Die Raumzellen

stellen gewiß die höchste Entwicklungsstufe im industrialisierten Bauen dar, da sie die meiste Arbeit in die Fabrik verlegen, an Ort und Stelle bleibt nur noch das Verbinden der einzelnen Raumelemente miteinander. In konstruktiver Hinsicht sind sie entweder aus bekannten auch anderswo verwendeten Elementen zusammengesetzt z. B. *Variel* oder sie werden in neuer Technologie als Raumelemente hergestellt [16]. Die konstruktive Gestaltung ist hier noch in voller Entwicklung begriffen. Je teurer die Arbeit auf der Baustelle wird, desto früher wird die Raumzellenbauweise auch wirtschaftlich. Die heutigen Kräne, Transportfahrzeuge und eine Verteuerung der Baustellenarbeit wird sicherlich befruchtend sein (Bild 40, 41).

Bild 40. Raumzellen für ein Hotel in Toronto, Kanada

Bild 41. Montage von Raumzellen nach dem AUSA-Verfahren in Finnland

7 Zusammenfassung

Die Fertigteilbauweise ist eine der Möglichkeiten des industrialisierten Bauens. Sie hat nach den bahnbrechenden Anfängen in den Vorkriegsjahren und nach einer kurzen Stagnation nach dem Kriege eine gewisse Entwicklung durchgemacht und ist ein fester Bestandteil des Bauwesens geworden. Die große Entwicklung der Maschinenindustrie — Transportfahrzeuge und Montagekräne — sowie der Herstellungstechnologie z. B. Vorspannung, hat die Entwicklung der konstruktiven Gestaltung mitgeprägt, die bis heute einen beachtlichen Stand erreicht hat. In der Hand des guten Architekten ist der Fertigbau auch in ästhetischer Hinsicht hervorragend.

Literatur

[1] v. Halász, R.: Bauten aus Stahlbeton-Fertigteilen der Preußischen Bergwerks- und Hütten AG, Bautechnik 22 (1945) H. 1

[2] v. Halász, R.: Industrialisierung der Bautechnik, Werner Verlag, Düsseldorf, 1966.

[3] Koncz, T.: Planungs- und fertigungsgerechte Konstruktionen mit Fertigteilen. Betonwerk und Fertigteiltechnik 1978, H. 12 S. 697—704 und 1979 H. 1 S. 46—53.

[4] Koncz, T.: Bauen industrialisiert, Bauverlag, Wiesbaden und Berlin, 1976.

[5] Lewicki: Die Montagebauweise mit Stahlbetonfertigteilen und ihre aktuellen Probleme, VEB, Verlag Technik Berlin 1958.

[6] Norm für die Berechnung, Konstruktion und Ausführung von Bauwerken aus Beton, Stahlbeton und Spannbeton (1956) SIA, Zürich.

[7] Koncz, T.: Handbuch der Fertigteilbauweise, Band 2, 4. Auflage, Bauverlag, Wiesbaden u. Berlin 1977.

[8] Koncz, T.: Sägedachhallen mit Faltwerken, Element und Fertigbau 1978, H. 1 S. 10—12.

[9] Koncz, T.: Die Wechselbeziehungen zwischen Konstruktions- und Fertigungstechnik, Betonwerk und Fertigteil Technik 1972 H. 2 S. 81—89 und H. 3 S. 161—163.

[10] Koncz, T.: Über die Konstruktion von mehrgeschossigen Industriebauten aus Stahlbetonfertigteilen. Bautechnik 37 (1960) H. 1 S. 29—36, H. 2 S. 62—72 und H. 3 S. 109—113.

[11] Koncz, T.: Fasadengestaltung mit Betonelementen, DBZ Deutsche Bauzeitschrift, H. 3, März 1974, S. 473—482.

[12] v. Halász, R. u. Tantow, G.: Schubfestigkeit der Vertikalfugen und Verteilung der Horizontalkräfte im Großtafelbau. Berichte aus der Bauforschung, H. 45, W. Ernst & Sohn, Berlin 1964.

[13] v. Halász, R. u. Tantow, G.: Ausbildung der Fugen im Großtafelbau. Berichte aus der Bauforschung, H. 39, W. Ernst & Sohn, Berlin 1966.

[14] Koncz, T.: Konstruktionssysteme für den flexiblen Wohnungsbau. IB — Industrialisierung des Bauens 1974, H. 13, S. 16—23.

[15] Koncz, T.: Einfamilienhäuser aus Fertigteilen. Betonwerk und Fertigteil Technik 1977, H. 10, S. 514—519 und H. 11 S. 568—572.

[16] Koncz, T.: Raumzellenbauweisen. Bauen und Wohnen 1969, H. 5 S. 157—168.

Gebhard Hees

Zum Standsicherheitsnachweis von Außenwandbekleidungen

1 Allgemeines

In zunehmendem Maße werden sowohl im Industriebau als auch im Hochbau dünnwandige hinterlüftete Außenwandbekleidungen verwandt. Oft geschieht dies, um eine an der Außenseite angebrachte Wärmedämmschicht zu schützen. Außenwandbekleidungen gehören nicht zu den tragenden Bauteilen. Sie werden an diesen befestigt. Ihre Standfestigkeit ist aus Sicherheitsgründen nachzuweisen. Die Grundlagen dafür werden in DIN 18 516, Teil 1 „Außenwandbekleidungen, allgemeine Anforderungen" festgelegt, von der z. Z. der Entwurf 2/79 vorliegt.

Ein Nachweis kann aber auch aus wirtschaftlichen Gründen erwünscht sein, denn eine Erhöhung der Anzahl der Befestigungs- und Verankerungspunkte bringt höhere Kosten für diese Fassadenteile, verursacht aber gleichzeitig eine schwächere und damit eine leichtere und billigere Konstruktion.

Im folgenden sollen die Belastung, konstruktive Maßnahmen und die erforderlichen Nachweise erörtert werden, und es soll auf einzelne Probleme näher eingegangen werden.

2 Bezeichnungen und Voraussetzungen

Es werden die Bezeichnungen nach DIN 18 516 verwandt. Die Bekleidung, Bild 1, ist an der Unterkonstruktion befestigt, die Unterkonstruktion an den tragenden Bauteilen verankert. Bei Außenwandbekleidungen ohne Unterkonstruktion ist die Bekleidung direkt an den tragenden Bauteilen verankert. Der Abstand der Verankerungspunkte wird mit L, derjenige der Befestigungspunkte in Richtung der Unterkonstruktion mit l, senkrecht dazu mit a bezeichnet.

Die dimensionslosen Größen

$$n = \frac{L}{l} \qquad (1)$$

$$\varepsilon = \frac{l}{a} \qquad (2)$$

geben das Verhältnis des Abstandes der Verankerungspunkte zu den Befestigungspunkten bzw. der Befestigungspunkte untereinander an. Hinsichtlich der Größe der Bekleidungselemente ergeben sich folgende Abgrenzungen. Für kleinformatige Platten, die nach bewährten Handwerksregeln angebracht werden (Verschieferung), ist kein Standsicherheitsnachweis erforderlich. Nach der anderen Seite ist die Größe der Bekleidungselemente, für die ein Standsicherheitsnachweis zu erbringen ist, durch die Transportbedingungen begrenzt (Plattengrößen etwa 2,50 m × 4,50 m). Bei den folgenden Untersuchungen wird angenommen, daß die Bekleidung aus ebenen Tafeln besteht.

Bei der Unterkonstruktion wird angenommen, daß die Träger nur parallel zueinander und nur in einer Richtung angeordnet sind, und daß die Trägerstöße auf gleicher Höhe liegen und mit einem Plattenstoß zusammenfallen. Außerdem soll die Unterkonstruktion so steif sein, daß die Bekleidung auf ihr als starr gelagert angesehen werden kann.

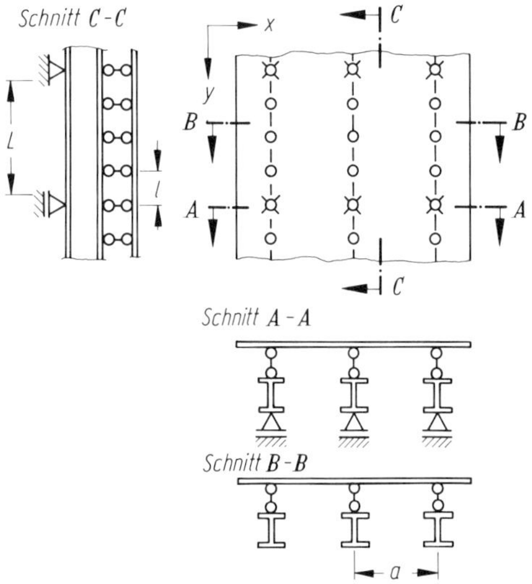

Bild 1. Ansicht und Schnitte einer Außenwandbekleidung (nicht maßstäblich)

3 Einwirkungen und daraus folgende Beanspruchungen

Auf die Außenwandbekleidungen wirken ein:

Eigengewicht (DIN 1055, Teil 1)
Wind (DIN 1055, Teil 4)
Wärme

sowie in Sonderfällen Eislasten oder Lasten von an der Bekleidung oder an der Unterkonstruktion befestigten Vorrichtungen.

Bei der Bekleidung wirkt das Eigengewicht in Richtung der Tafeln. Hier genügt i. a. ein Nachweis der Lochrandspannungen, da diese erheblich größer als die in der übrigen Bekleidung entstehenden Scheibenspannungen sind. Bei mehr als 2 Befestigungs- bzw. Verankerungspunkten je Platte handelt es sich bei der Ermittlung der Befestigungs- bzw. Verankerungskräfte um eine statisch unbestimmte Aufgabe. Da für den Spannungsnachweis eine Scheibenberechnung nicht erforderlich ist, wäre sie alleine zur Bestimmung der Lagerkräfte zu aufwendig. Man ermittelt daher die Lagerkräfte angenähert aus zugeordneten Lastflächen, wobei man jedoch großzügig zur sicheren Seite hin verfahren sollte, d. h. man sollte die Kräfte lieber etwas zu groß als zu klein wählen. Das Eigengewicht der Bekleidung wirkt auf die Unterkonstruktion als exzentrische Längskraft, auf die Schwerachse bezogen also als Längs- und Momentenbelastung. Inwieweit diese Einflüsse beim Spannungsnachweis der Unterkonstruktion berücksichtigt werden müssen, hängt im wesentlichen von der gewählten Unterkonstruktion ab. Auf die Verankerungen wirkt das Eigengewicht der Bekleidung als Querbelastung. Infolge der Unebenheit der Wände muß auch bei anliegender Unterkonstruktion mit einem gewissen Wandabstand gerechnet werden. Beim Nachweis der Verankerung ist zu beachten, daß sich das Maximalmoment im Anker nicht an der Wandvorderkante, sondern etwas in die Wand versetzt einstellt.

Der Wind wirkt senkrecht zur Bekleidung. Das statische System der Bekleidung ist bei Außenwandbekleidungen mit Unterkonstruktion bei Winddruck eine Platte auf Linienlagern, bei Windsog und bei Außenwandbekleidungen ohne Unterkonstruktion eine punktgestützte Platte. Die Unterkonstruktion wird bei Winddruck durch Linienlasten, bei Windsog durch Einzellasten beansprucht. Die Befestigungen wirken nur bei Windsog. Sie haben dann Zugkräfte zu übertragen. Die Verankerungen erhalten bei Windsog Zugkräfte, bei Winddruck Druckkräfte.

Infolge Wärmewirkung dehnen sich die Bekleidung, die Unterkonstruktion und die tragende Wand, wobei die Größe der Einwirkungen unterschiedlich ist. Über die möglichen Temperaturunterschiede liegen bisher noch keine ausreichenden Forschungsergebnisse vor. Durch eine Behinderung der Dehnungen können erhebliche Scheibenspannungen in der Bekleidung, Scherkräfte in den Befestigungen sowie Biegemomente und Scherkräfte in den Verankerungen entstehen. Die Größe der Dehnungen infolge der Wärmeeinwirkung ist vom verwandten Material und der Temperatur abhängig. Sie kann daher innerhalb einer Bekleidung unterschiedlich sein. Da die Temperaturunterschiede zwischen der Unterkonstruktion und der Wand i. a. unerheblich sind, genügt es, die Bekleidung so zu befestigen, daß deren Dehnungen nicht behindert werden, um die Spannungen infolge Temperaturdehnung auf die Größe vernachlässigbarer Nebenspannungen zu reduzieren. — Unterschiedliche Wärmeeinwirkungen an den Außenseiten der Konstruktionsteile führen zu Verkrümmungen. Nennenswerte Temperaturunterschiede treten nur an der Bekleidung auf. Die infolge einer Behinderung der Verkrümmungen entstehenden Spannungen sind um so größer, je größer die Biegesteifigkeit der Bekleidung ist. Da eine Behinderung der Verkrümmung i. a. nicht ganz ausgeschlossen werden kann, ist eine Bekleidung mit geringer Biegesteifigkeit anzustreben, um die Spannungen gering zu halten.

Sonderlasten können nicht allgemein abgehandelt werden.

Für Befestigungen und Verankerungen stehen Konstruktionsteile mit einer bauaufsichtlichen Zulassung zur Verfügung, so daß auf deren Tragsicherheit hier nicht eingegangen zu werden braucht. Die folgenden Ausführungen befassen sich daher mit der Bekleidung unter Windbelastung und den daraus folgenden Befestigungs- und Verankerungskräften sowie der Unterkonstruktion.

4 Platte mit Unterkonstruktion bei Winddruck

4.1 Bemessungsmomente der Platte

Bei Winddruck liegt bei einer Außenwandbekleidung mit Unterkonstruktion die Bekleidung auf der Unterkonstruktion auf, so daß eine Platte mit Linienlagern zu berechnen ist, Bild 2. Im mittleren Bereich sind die Momente gleich denen eines Trägers. Im Randbereich, der etwa gleich der doppelten Plattenbreite ist, vergrößern sich die Momente infolge der Wirkung des freien Randes in Abhängigkeit von der Querkontraktionszahl μ [1]. Wie im Bild 2 dargestellt, erhöhen sich die Randmomente für die praktisch vorkommenden Querkontraktionszahlen um etwa 4 bis 6 %. Da diese Erhöhung vernachlässigt werden kann, können die Platten je nach Lagerung als Einfeld- oder Durchlaufträger berechnet werden.

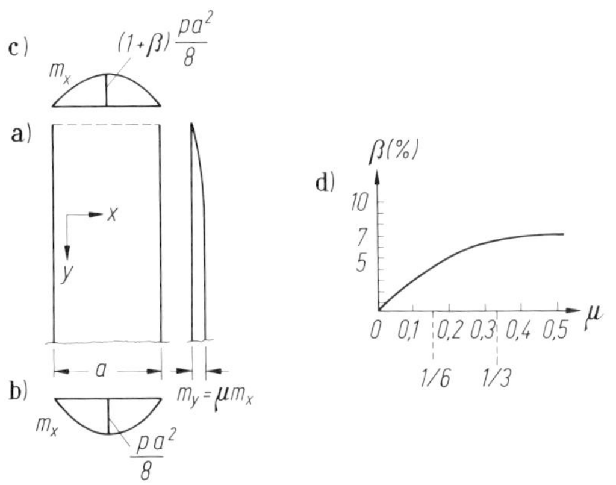

Bild 2. Zweiseitig gelagerte Platte mit freien kurzen Rändern. a) Grundriß mit Momenten in Längsrichtung, b) Momentenlinie für den Mittenbereich, c) Momentenlinie für den freien Rand, d) Faktoren β in Abhängigkeit von der Querkontraktionszahl μ

4.2 Stützkräfte der Platte

Da die Bekleidung als Durchlaufträger wirkt, ergeben sich die Stützkräfte entsprechend. Teilt man die konstante Windbelastung in Lastflächen zur Ermittlung der Stützgrößen auf, so erhält man die in Bild 3 angegebenen Breiten der Lastflächen. Im Hochbau ist es üblich, nur beim Zweifeldträger, Bild 3 a, die Durchlaufträgerwirkung zu berücksichtigen. In allen anderen Fällen wird die Breite der Lastfläche zu 0,5 l angenommen. Vergleicht man diesen Wert mit denen der Bilder 3 b und 3 c, so erhält man Abweichungen zur sicheren Seite an den Randstützen bis zu 27 %, zur unsicheren Seite an der ersten Innenstütze bis zu 14 %. Setzt man für die Randstütze 0,4 l, für die 1. Innenstütze 1,1 l als Belastungsbreite, so ergeben sich beim 4-Feldträger immer noch Abweichungen zur sicheren Seite von 8 % (mittlere Stütze) und zur unsicheren Seite von 4 % (erste Innenstütze). Es soll dies im Hinblick auf die Festlegung von Lastflächen bei den punktgestützten Platten festgehalten werden.

4.3 Bemessungsmomente der Unterkonstruktion

Die Unterkonstruktion ist ein an den Verankerungspunkten starr gestützter Träger mit einer konstanten Streckenlast, die gleich der unter 4.2 ermittelten Stützkraft der Platte ist. Die Berechnung der Unterkonstruktion kann also in bekannter Weise erfolgen. Da bei Außenwandbekleidungen i. a. ein regelmäßiges Raster vorliegt, können Tabellenwerke zur Berechnung der Bemessungsmomente verwandt werden.

Die bisherigen Betrachtungen galten für eine starre Unterkonstruktion. Bei einer elastischen Unterkonstruktion wird die Belastung an der starreren Lagerung in der Nähe der

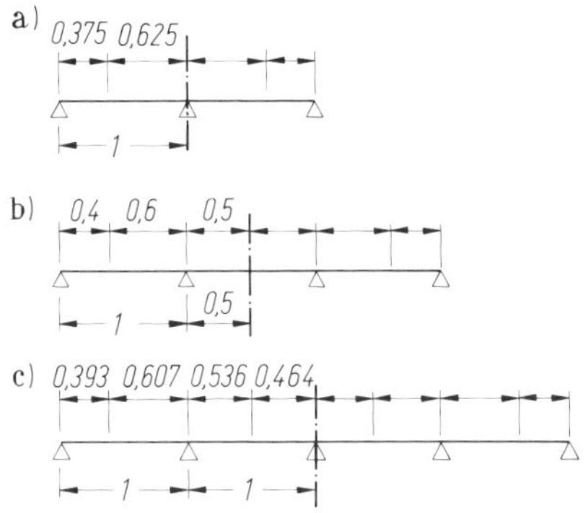

Bild 3
Lastbereiche für die Stützgrößen von Durchlaufträgern mit gleichen Stützweiten
a) Zweifeldträger
b) Dreifeldträger
c) Vierfeldträger

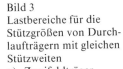

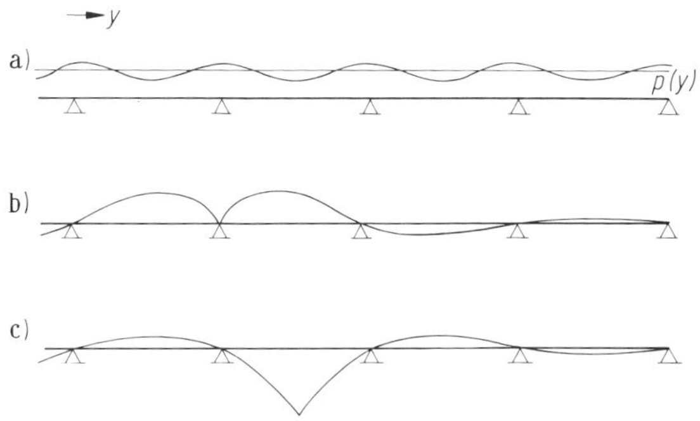

Bild 4. a) Durchlaufträger mit konstanter Streckenlast und einer Belastung mit Lastkonzentrationen an den Stützstellen (Verankerungen)
b) Einflußlinie für ein Stützmoment
c) Einflußlinie für das Moment in Feldmitte

Verankerungspunkte größer, an der weicheren Lagerung in den Feldmitten kleiner werden, Bild 4 a. Zur Bemessung der Unterkonstruktion benötigt man die Stützenmomente und die Feldmomente, für die in Bild 4 b und c je eine Einflußlinie dargestellt ist. Ein Vergleich der Belastung über den Einflußlinien zeigt, daß die Lastumlagerung kleinere Bemessungsmomente zur Folge haben wird, so daß man auch bei nachgiebiger Unterkonstruktion diese mit einer konstanten Streckenlast berechnen kann.

5 Punktgestützte Platte

5.1 Bemessungsmomente der Platte

Bei Außenwandbekleidungen mit Unterkonstruktion ist die Bekleidung bei Windsog an den Befestigungspunkten, bei Außenwandbekleidungen ohne Unterkonstruktion ist die Bekleidung an den Verankerungspunkten gestützt. Eine solche punktgestützte Platte zeigt ein Verhalten, das von dem der liniengestützten Platten erheblich abweicht. Setzt man voraus, daß die Platte aus einem homogenen isotropen Material besteht, so interessiert für die Bemessung nur das absolut größte Moment, das sich immer an

einer Punktstützung ergibt. Nach NADAI [2] sind bei einem quadratischen Raster die Schnittgrößen in einem Bereich von $R = 0{,}22\,l$ um den Stützpunkt gleich denen einer am Umfang gelenkig gelagerten Kreisplatte mit einer zentrischen Last, die gleich der Stützkraft C ist, Bild 5. Die Momente infolge einer zentrischen Punktlast C ergeben sich zu:

$$m_r = \frac{C}{4\pi}(1+\mu)\ln\frac{r}{R} \tag{3}$$

$$m_\varphi = \frac{C}{4\pi}(1+\mu)\left[\ln\frac{r}{R} - \frac{1-\mu}{1+\mu}\right] \tag{4}$$

Da $\frac{r}{R} < 1$ ist und der natürliche Logarithmus einer Zahl < 1 negativ ist, ist m_φ das Bemessungsmoment. Im Angriffspunkt der Punktlast werden beide Momente unendlich groß. Zur Bemessung nimmt man daher i. a. das Moment am Rande der Unterstützung. In [3] wurden diese Momente mit denjenigen verglichen, die sich am Lochrand einer gleichen Platte mit einem zentrischen kreisförmigen Loch und Einleitung der Stützkraft am Lochrand ergeben. Es wurde dort gezeigt, daß diese Momente bis zum Doppelten größer werden können.

Bei Außenwandbekleidungen wird jedoch in den seltensten Fällen ein quadratisches Raster ($\varepsilon = 1$) vorliegen. Außerdem liegen die meisten Befestigungspunkte so nahe am Plattenrand, daß sich dort der Spannungszustand einer Kreisplatte mit dem Radius R nicht ausbilden kann. Zu diesen Problemen liegen noch keine ausreichenden theoretischen Untersuchungen vor. Man ist daher auf die Auswertung von rechnerischen Untersuchungen angewiesen. Hierzu wird für das Bemessungsmoment die allgemeine Beziehung

$$m = \alpha\frac{C}{\pi}\ln\frac{r}{R} \tag{5}$$

angesetzt. In den Faktor α gehen nicht nur die Einflüsse der Abweichung vom quadratischen Raster ($\varepsilon \neq 1$) und des Randabstandes e ein, sondern wie ein Vergleich mit (4) zeigt, auch der Faktor $\frac{1+\mu}{4}$, die Vergrößerung dieses Faktors durch das Loch am Stützpunkt und das additive Glied $\frac{1-\mu}{1+\mu}$. Zur Bestimmung von α wurden die in [3] berechneten Momente und einige zusätzlich durchgerechnete Platten gleicher Lagerung verwandt. In Bild 6 b ist als Radius der Ersatzkreisplatte 1/5 des kleinsten Abstandes der Stützpunkte eingesetzt, in Bild 6 c 1/5 des größten Abstandes. In Bild 6 b streuen die Punkte über den ganzen Bereich. In Bild 6 c dagegen liegen die Punkte alle unterhalb einer Geraden. Wegen der Abhängigkeit von den oben angeführten 5 Parametern gestattet es diese nur von zwei Parametern abhängige Darstellung nicht, eine Kurve

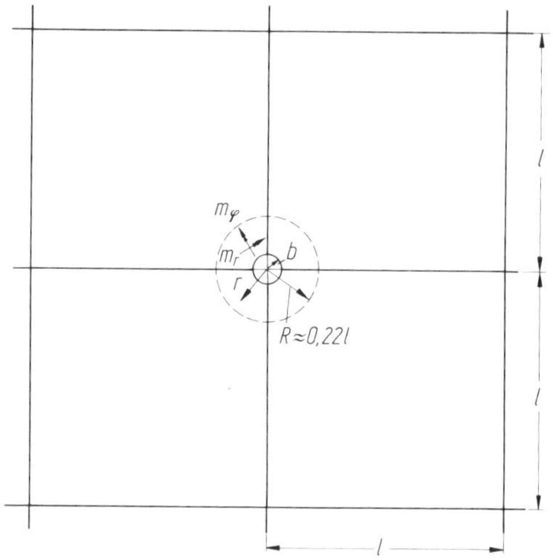

Bild 5. Quadratisches Raster mit Bezeichnungen

für α anzugeben, an der alle Punkte liegen, sondern nur eine Grenzkurve oberhalb der nach den bisher durchgeführten Untersuchungen keine Momente zu erwarten sind. Der untersuchte Bereich liegt für $0{,}667 < \varepsilon < 2$ zwischen $\frac{e}{R} > 0{,}05$ und $\frac{e}{R} \leqq 1$. Für einen Randabstand $e > R$ ist $e = R$ zu setzen. Die Gleichung der Grenzgeraden entlang den beiden höchsten Werten lautet:

$$\alpha = 0{,}76 - 0{,}33\frac{e}{R} \tag{6 a}$$

Anwendungsbereich:

$0{,}667 \leqq \varepsilon \leqq 2$

$0{,}05 \leqq \frac{e}{R} \leqq 1$

mit $R \geqq \frac{1}{5}\begin{Bmatrix} l \\ a \end{Bmatrix}$

für $\frac{e}{R} > 1$ ist $\frac{e}{R} = 1$ zu setzen.

Für die im Bild 6 c ausgezogen dargestellte Gerade, die noch einen kleinen Sicherheitsbereich einschließt, lautet die Gleichung

$$\alpha = 0{,}8 - 0{,}3\frac{e}{R} \tag{6 b}$$

Anwendungsbereich:

$0{,}667 \leqq \varepsilon \leqq 2$

$0{,}05 \leqq \frac{e}{R} \leqq 1$

mit $R \geqq \frac{1}{5}\begin{Bmatrix} l \\ a \end{Bmatrix}$

für $\frac{e}{R} > 1$ ist $\frac{e}{R} = 1$ zu setzen.

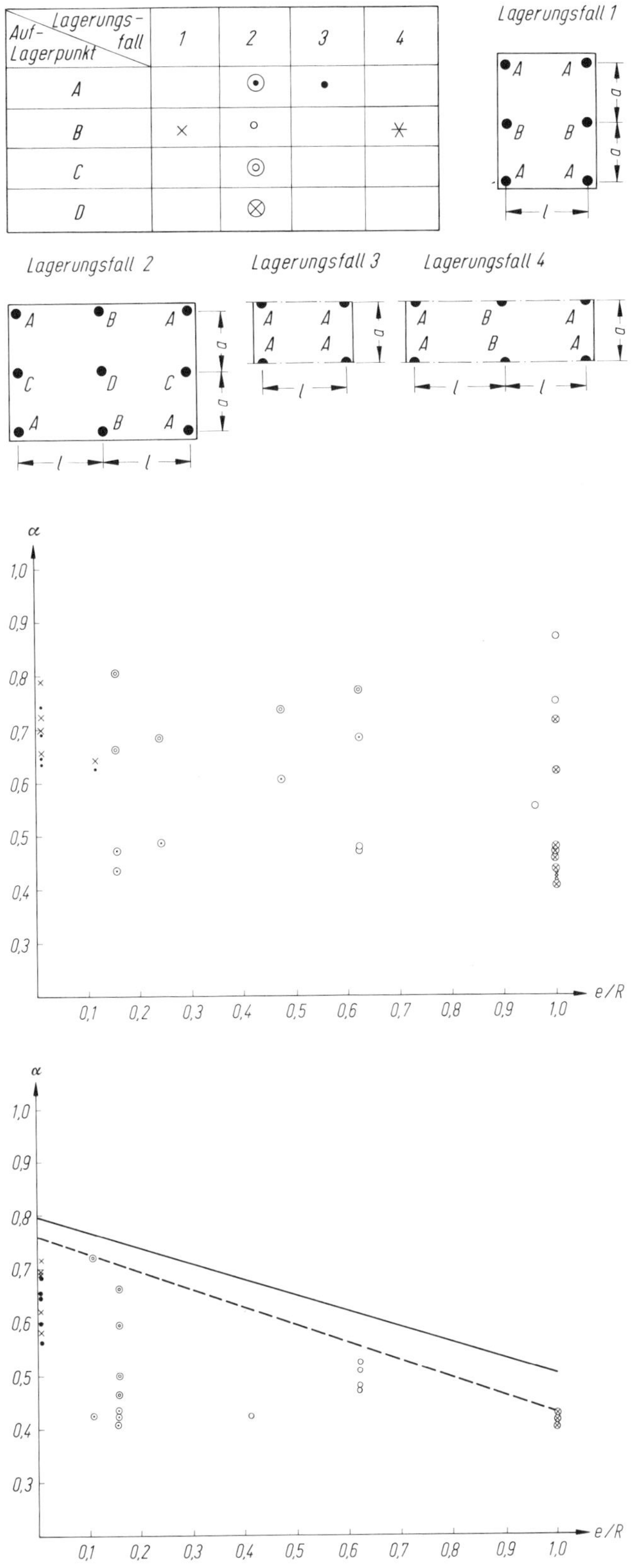

Bild 6. Zur Bestimmung von α. a) Bezeichnungen, b) R vom kleineren Abstand berechnet, c) R vom größeren Abstand berechnet

Für die Bemessung maßgebend sind die Momente m_φ, die zum Gleichgewicht in Kreisschnitten parallel zum Stützring und damit zum Lastabtrag nicht direkt erforderlich sind. Bei Werkstoffen mit plastischem Verhalten im Bereich hoher Beanspruchungen kann daher eine Kraftumlagerung erfolgen, die zu einer höheren zulässigen Belastung bzw. zu einer Verminderung der Bemessungsmomente bei gleichbleibender Belastung führt. So bewirkt z. B. schon eine unbedeutende Rißbildung bei Asbestzementplatten die in [3] berechnete Verringerung der Bemessungsmomente. Die dort durch einen Vergleich der Bilder 11 und 13 zu ermittelnden Abminderungsfaktoren können für gleiche Stützpunkte gleicher oder ähnlicher Lagerungsfälle auch auf die mit den Gleichungen (6) dieser Arbeit ermittelten Bemessungsmomente angewandt werden. — Bei Werkstoffen mit einem großen Fließbereich führt ein Durchplastizieren am Stützpunkt zum Ausknöpfen des Befestigungsmittels.

Wie die Stützkräfte C ermittelt werden können, die bei einer Anwendung der Gleichungen (6) noch bekannt sein müssen, wird im nächsten Abschnitt dargelegt.

5.2 Stützkräfte der Platte

Die Stützkräfte der punktgestützten Platte sollen durch die Zuordnung von Lastflächen festgelegt werden. Hierzu werden die in [3] ermittelten und dort in Bild 11 angegebenen Lagerkräfte verwandt. Legt man die Lastflächen entsprechend denen eines Durchlaufträgers fest, Bild 3, so erhält man für die Stützkräfte der Lagerungsfälle 4 und 5 in [3] eine gute Übereinstimmung mit den aus den Lastflächen ermittelten. Beim Lagerungsfall 6 wird die Durchlaufträgerwirkung nach Bild 3 c etwas abgebaut. Für die Platte hat also die im Abschnitt 4.2 erwähnte Lastaufteilung in $l/2$ eine größere Berechtigung als beim Durchlaufträger. Für die Lagerungsfälle 1 und 2 wurde einmal die Lastgrenze in $l/2$ und einmal nach Bild 3 a festgelegt. Die sich dabei ergebenden Verhältniswerte g der Plattenstützkräfte nach [3] zu den Stützkräften mit der Lastflächengrenze in $l/2$ bzw. d mit den Lastflächengrenzen nach Bild 3 a sind in Bild 7 zusammengestellt. Verhältniswerte größer als 1 ergeben zu kleine Stützkräfte. Die Verhältniswerte, die kleiner als 1 sind, wurden in Bild 7 unterstrichen. Aus den Ergebnissen lassen sich die folgenden Regeln für die Ermittlung der Lastflächen im Bereich $0{,}667 \leqq \varepsilon \leqq 1{,}5$ angeben: Die rechteckigen Lastflächen zur Ermittlung der Stützkräfte erhält man dadurch, daß man die Abstände der Befestigungspunkte halbiert. Nur dann, wenn in einer Richtung nur 3 Befestigungspunkte hintereinanderliegen, ist für die mittlere Stütze in dieser Richtung die Durchlaufwirkung zu berücksichtigen, also $0{,}625\ l$ bzw. a statt $0{,}5\ l$ bzw. a anzusetzen. (Die Lastflächen der Randstützen sind

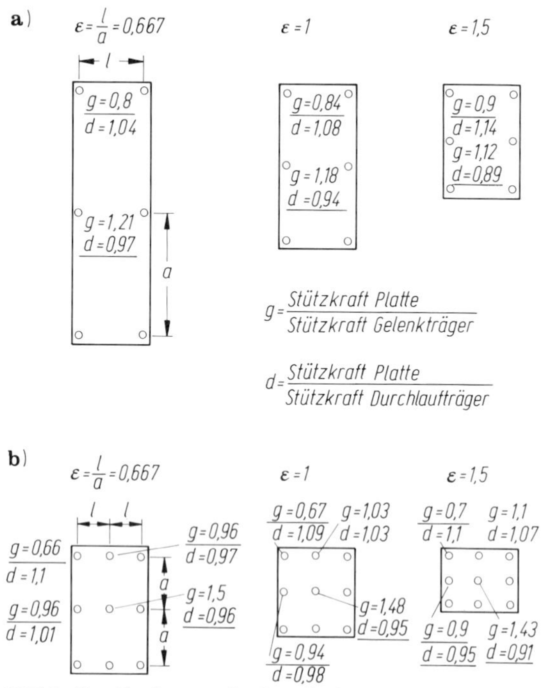

Bild 7. Zur Festlegung der Lastflächen zur Berechnung der Stützkräfte punktgestützter Platten

nicht entsprechend zu verkleinern!) Es ist dann die Summe der Stützkräfte einer Platte etwas größer als die Belastung der Platte. Da es sich hier aber um eine Bemessungsaufgabe handelt und nicht um eine Gleichgewichtsaufgabe, ist dies zu vertreten. — Die nach diesen Regeln gültigen Faktoren *g* bzw. *d* in Bild 7 zeigen, daß bei den für die Dimensionierung maßgebenden Stützen die Abweichungen in der Größe auftreten wie bei der üblichen Stützkraftberechnung von Durchlaufträgern (siehe Abschnitt 4.2).

Ein Vergleich der Lagerkräfte der Bilder 11 und 13 in [3] zeigt, daß eine Momentenumlagerung an der Stützstelle bei Platten im Gegensatz zum Balken praktisch keine Änderung der Stützkräfte zur Folge hat. Die Lastflächen können also auch in diesen Fällen mit den angegebenen Regeln festgelegt werden.

5.3 Bemessungsmomente der Unterkonstruktion

Die Unterkonstruktion wirkt als ein Durchlaufträger auf starren Stützen, der durch äquidistante Einzellasten belastet ist. Die Lasten sind, wie im vorigen Abschnitt gezeigt wurde, in den meisten Fällen gleichgroß. Wird ein regelmäßiges Raster der Konstruktion vorausgesetzt und für die Felder einer Unterkonstruktion ein konstantes Verhältnis n nach Gleichung (1), so kommt nur die in Bild 8 gezeigte bzw. eine um $l/2$ verschobene Laststellung in Frage. Die dabei entstehenden Bemessungsmomente liegen zwischen denen eines Trägers auf 2 Stützen und denen

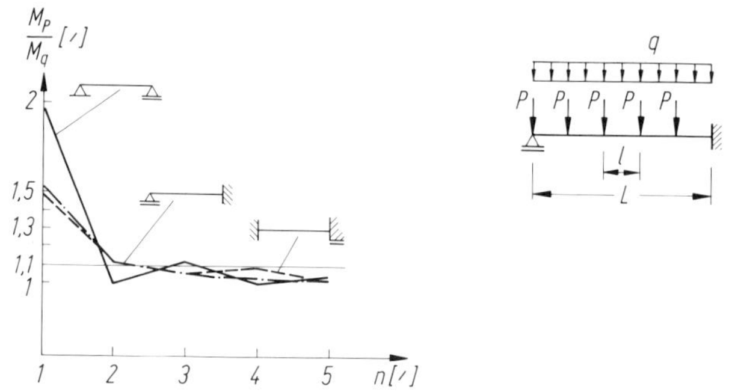

Bild 8. Faktor, mit dem das mit einer Gleichstreckenlast ermittelte Moment multipliziert werden muß, um den Einfluß äquidistanter gleichgroßer Einzellasten zu berücksichtigen

eines eingespannten Trägers. Ist die Unterkonstruktion so ausgebildet, daß die aufnehmbaren positiven und negativen Momente gleich groß sind, so kann man für $n \geqq 5$ zur Berechnung des Bemessungsmomentes eine Gleichstreckenlast verwenden:

$$q = \frac{n\,P}{l} \tag{7}$$

Wie Vergleichsrechnungen, die mit den genannten Voraussetzungen durchgeführt wurden und deren Ergebnisse in Bild 8 dargestellt sind, zeigen, kann man für den Bereich $2 \leqq n \leqq 5$ ansetzen:

$$M_P = 1{,}1\; M_q \tag{8}$$

Die Momente M_q infolge der Gleichstreckenlast nach (7) können Tabellenbüchern entnommen werden. Somit sind zum Bemessen der Unterkonstruktion i. a. ebenfalls keine umfangreichen Berechnungen erforderlich.

6 Zusammenfassung

Nach einer Beschreibung der Außenwandbekleidung und ihrer Teile werden die Einwirkungen und die daraus folgenden Beanspruchungen dargestellt. Es wird dabei darauf hingewiesen, welche Nachweise i. a. erforderlich sind und wie Wärmespannungen durch konstruktive Maßnahmen klein gehalten werden können. Ausführlich wird dann die ebene Platte mit und ohne Unterkonstruktion auf starren Lagern behandelt. Es wird dabei gezeigt, wie mit wenigen einfachen Formeln die Bemessungsmomente für die Platte und für die Unterkonstruktion ermittelt werden können.

Literatur

[1] Koepcke, W.: Biegetheorie der Platten. Berlin 1970, TU, Lehrstuhl für Stahlbeton.
[2] Nádai, A.: Die elastischen Platten. Berlin, Springer 1925, Nachdruck 1968.
[3] Hees, G.; Wulf, A.: Ermittlung der Bemessungsmomente in großformatigen Fassadenplatten. Bautechnik 1978, S. 203—207.

Erich Cziesielski

Einbetonierte Ankerplatten

1 Aufgabenstellung

Bei der kraftschlüssigen Verbindung von Stahlbetonfertigteilen werden häufig stählerne Ankerplatten mit daran angeordneten Verankerungselementen zur Krafteinleitung in Stahlbetonkonstruktionen, z. B. entsprechend Bild 1 und 4, einbetoniert. An diesen Ankerplatten werden dann auf der Baustelle Stahlteile angeschweißt, die die auf sie wirkenden Kräfte in die Ankerplatte einleiten; in Bild 2 ist beispielhaft die Verankerung einer Außenwandplatte an einer Stahlbetonstütze gezeigt.

Bei der Berechnung der Tragfähigkeit solcher Verbindungen ist der Nachweis der stählernen Bauteile (Verankerungen) für sich in der Regel ohne größere Schwierigkeiten möglich, während der Nachweis des umgebenden Betons unter dem Wirken der einzuleitenden Kräfte bzw. der Nachweis des Haftverbundes Schwierigkeiten bereitet; es treten folgende Probleme auf:

1. Berechnung der Tragfähigkeit der einbetonierten Verankerungsstähle (Bolzen) unter dem Wirken von Scher- bzw. Zugbeanspruchungen.
2. Nachweis des gleichzeitigen Wirkens von Zug- und Scherbeanspruchungen in den Verankerungsstählen und Übertragung dieser Beanspruchungen in den Beton.
3. Erfassen des Einflusses der beim Anschweißen von stählernen Zwischenbauteilen an die einbetonierten Ankerplatten entstehenden hohen Temperaturen von ca. $\vartheta = 1\,400\,^\circ C$ im Bereich der Einbrandstelle. Aufgrund der guten Wärmeleitung sowohl des Stahls als auch des Betons muß von einer — wenn auch kurzfristigen — hohen Erwärmung des Betons ausgegangen werden. Da Temperaturen ab ca. 500 °C bereits Gefügestörungen im Beton verursachen, ist der Einfluß des Schweißens auf den Haftverbund zwischen den Verankerungsstählen und dem Beton zu beachten.

Bild 1. Ankerplatte mit angeschweißtem Kopfbolzendübel

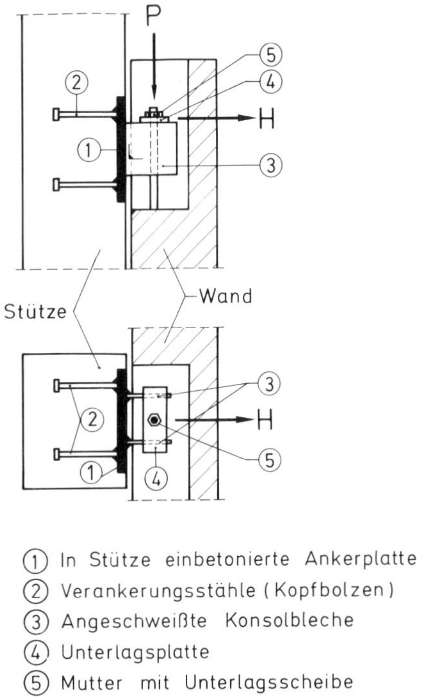

Bild 2. Verankerung einer hängend befestigten Außenwand

2 Tragfähigkeit einbetonierter Verankerungsstähle

2.1 Übersicht

Die Bolzen einer einbetonierten Ankerplatte werden auf Abscheren und auf Zug bzw. Druck beansprucht (Bild 3). Eine Auswahl möglicher Konstruktionsformen der Verankerung zeigt Bild 4.

Die Tragfähigkeit des Betons auf Abscheren unter dem Wirken der einbetonierten Verankerungsstähle kann nach folgenden Berechnungsverfahren erfolgen:

a) Bettungszifferverfahren,

b) Näherungsverfahren unter Zugrundelegung einer Fachwerk- bzw. Rahmenanalogie,

c) Auswertung von Versuchen und

d) Finite-Element-Methode.

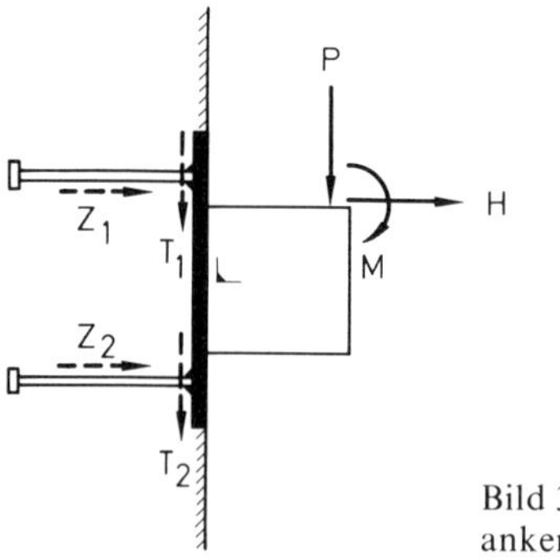

Bild 3. Beanspruchung der Verankerungsstähle infolge *P*, *H*, *M*

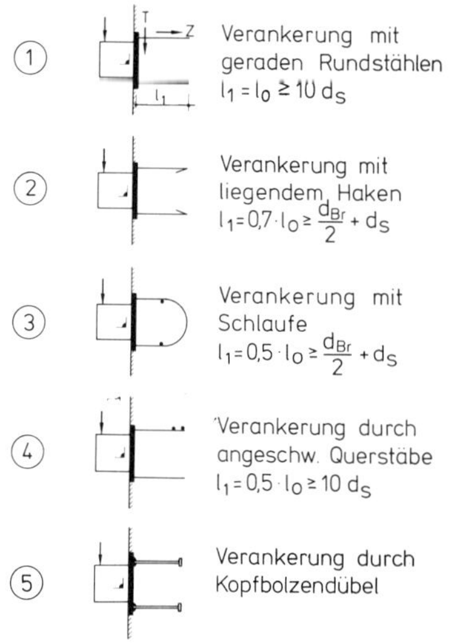

Bild 4. Verankerungskonstruktionen

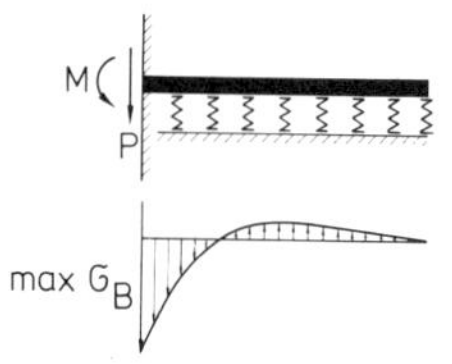

Bild 5
Berechnung nach dem Bettungszifferverfahren

Der Nachweis der Verankerungsstähle auf Herausziehen kann unter Zugrundelegung der in DIN 1045 (1978) Tabelle 19 angegebenen zulässigen Verbundsspannungen erfolgen.

Eine Bemessungsempfehlung für Verankerungsstähle, die gleichzeitig auf Zug- und auf Abscheren beansprucht werden, wird aufgrund von Versuchsergebnissen abgeleitet.

2.2 Tragfähigkeit der Verankerungsstähle auf Abscheren

2.2.1 Bettungszifferverfahren

Die Tragfähigkeit von Verankerungsstählen auf Abscheren ist zuerst auf der Grundlage der Theorie des elastisch gebetteten Balkens von Friberg [1] ermittelt worden (Bild 5). Danach beträgt die maximale Spannung im Beton direkt unter dem Verankerungsstahl entsprechend Gleichung (1):

$$\max \sigma_b = P \cdot \frac{C}{2 \cdot k^3 \cdot E \cdot I} \cdot (1 + k \cdot f) . \tag{1}$$

Es bedeuten:

C Bettungsziffer des Betons ($C = 400\ \mathrm{kN/cm^3}$)

$k = \sqrt[4]{\dfrac{C \cdot d}{4 \cdot E \cdot I}}$

d Durchmesser des Verankerungsstahles [cm]

E Elastizitätsmodul des Verankerungsstahles ($E = 2{,}1 \cdot 10^4\ \mathrm{kN/cm^2}$)

I Trägheitsmoment des Verankerungsstahles ($I = \pi \cdot d^4/64$) [cm^4]

f auskragende Länge des Verankerungsstahles [cm].

Nach einem Vorschlag von Beck [2] kann als zulässige Spannung im Beton die nach DIN 1045 zulässige Teilflächenbelastung bei einseitiger Lastausbreitung angenommen werden:

$$\mathrm{zul}\, \sigma = \frac{\beta_R}{2{,}1} \cdot \sqrt{\frac{3 \cdot d}{d}} \approx 0{,}82 \cdot \beta_R .$$

Ein Vergleich der nach dem Bettungszifferverfahren ermittelten zulässigen Lasten P mit den aus Versuchen gewonnenen Bruchlasten ergibt Sicherheiten von $\nu \gtrsim 6$ für $d \geq 20$ mm [3] (s. auch Tabelle 1, Abschnitt 2.4). Nach amerikanischen Vorschlägen werden deswegen die zulässigen Betonspannungen aufgrund von Versuchen in Abhängigkeit vom Durchmesser des Verankerungsstahles festgelegt. Es ist jedoch wenig befriedigend, zunächst die Tragfähigkeit rechnerisch zu ermitteln, dann festzustellen, daß die so ermittelten Ergebnisse gegenüber den Versuchser-

gebnissen unnötig hohe Sicherheiten aufweisen und dann daraus folgend die rechnerisch ermittelten zulässigen Beanspruchungen den Versuchsergebnissen „anzupassen“, indem vom Scherbolzendurchmesser abhängige zulässige Betonspannungen vorgeschlagen werden; z. B. wird für einen Beton der Festigkeitsklasse B 25 und einem Bolzen $d = 10$ mm eine zulässige Betonfestigkeit von zul $\sigma_b = 24$ N/mm² angegeben, während für einen Bolzen mit $d = 40$ mm nur zul $\sigma_b = 17$ N/mm² empfohlen wird.

Das Bettungszifferverfahren in der vorliegenden Form liefert keine befriedigenden Ergebnisse.

2.2.2 Näherungsverfahren nach einer Fachwerk- bzw. Rahmenanalogie

Die näherungsweise Ermittlung der Tragfähigkeit eines Bolzens durch die Annahme einer den Bolzen stützenden Konstruktion — z. B. entsprechend Bild 6 — liefert hinreichend befriedigende Ergebnisse, wenn auch durch die Wahl der unterschiedlichen statischen Systeme und die Wahl der unterschiedlichen Querschnittswerte für die stützenden Elemente (EA = const bzw. EA mit linearem Verlauf s. Bild 6) insbesondere beim Lastfall M beträchtliche Differenzen hinsichtlich der Spannungen im Beton auftreten können (Bild 7). Im folgenden wird auf die weitere Untersuchung dieser Näherungsmethoden verzichtet, wenn sie auch einen grundsätzlichen Weg darstellen, um den Kraftfluß in einer Konstruktion aufzuzeigen.

2.2.3 Bemessungsregeln aufgrund von Versuchen

Rasmussen [4] hat aufgrund von Versuchsergebnissen, die durch die neueren Versuche von Utescher und Herrmann [3] weitgehend bestätigt wurden, folgende Beziehungen für die Tragfähigkeit von auf Abscheren beanspruchten Bolzen angegeben:

Fall 1

Das Ausbrechen des Betons unter der Austrittsstelle des Bolzens wird behindert (z. B. durch eine an den Verankerungsstählen angeschweißte Stahlplatte):

$$F_u = 2{,}5 \cdot d^2 \cdot \sqrt{0{,}85\,\beta_w \cdot \beta_s}\,. \qquad (2)$$

Fall 2

Das Ausbrechen des Betons ist nicht behindert:

$$F_u = 1{,}3 \cdot \left(\sqrt{1 - 1{,}69\,\varepsilon^2} - 1{,}3\,\varepsilon\right) \cdot d^2 \cdot \sqrt{0{,}85 \cdot \beta_w \cdot \beta_s}\,. \qquad (3)$$

Für $f = 0$ vereinfacht sich Gleichung (3) zu

$$F_u = 1{,}3 \cdot d^2 \cdot \sqrt{0{,}85 \cdot \beta_w \cdot \beta_s}\,. \qquad (4)$$

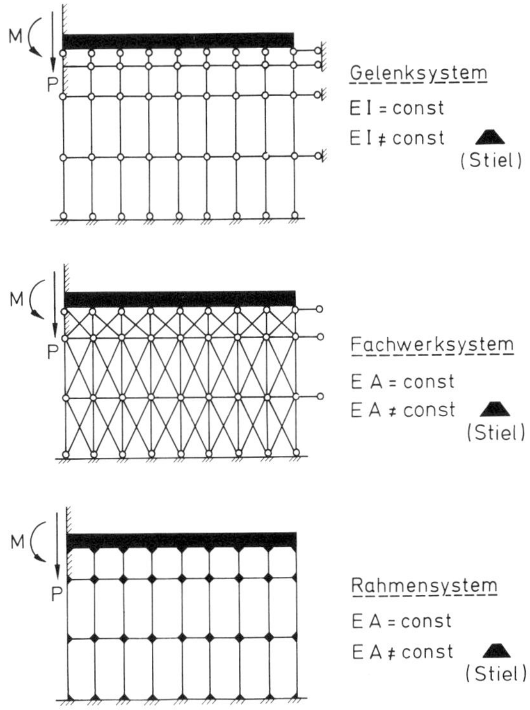

Bild 6. Ersatzsysteme zur Berechnung der Betonspannungen

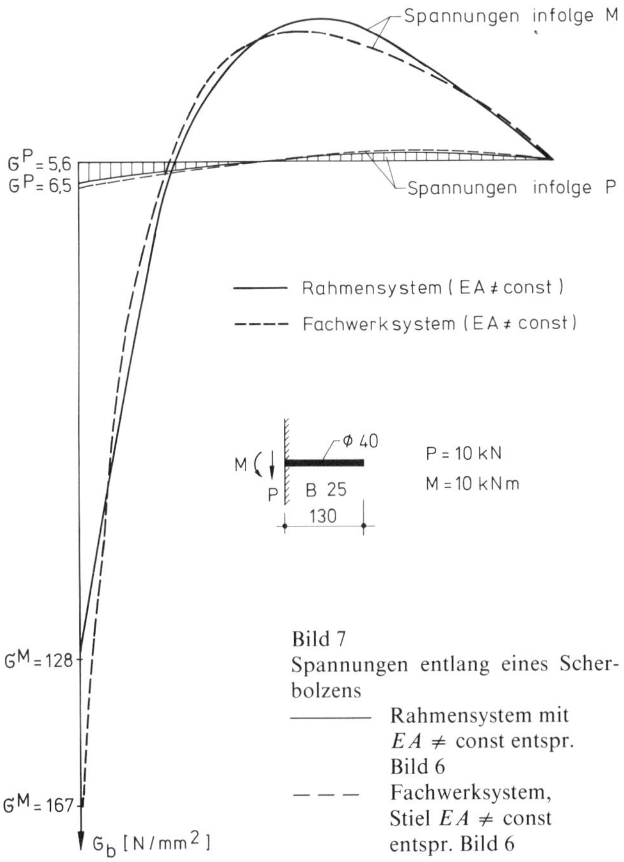

Bild 7
Spannungen entlang eines Scherbolzens
——— Rahmensystem mit $EA \neq$ const entspr. Bild 6
– – – Fachwerksystem, Stiel $EA \neq$ const entspr. Bild 6

Es bedeuten in den Gleichungen:

F_u Traglast des Verankerungsstahles auf Abscheren [kN]

d Bolzendurchmesser [cm]
Voraussetzung: $1{,}6 \leq d \leq 2{,}5$ cm

β_s Streckgrenze der stählernen Verankerung [kN/cm²]
Voraussetzung: $2\,200\ \text{kN/cm}^2 \leq \beta_s \leq 4\,200\ \text{kN/cm}^2$
$\beta_s \approx 0{,}6$ bis $0{,}7 \cdot \beta_z$

β_W Würfelfestigkeit des Betons [kN/cm²]

f auskragende Länge des Bolzens [cm]
Voraussetzung: $0 \leq f \leq 1{,}2$ cm

$$\varepsilon = 3 \cdot \frac{f}{d} \cdot \frac{0{,}85 \cdot \beta_W}{\beta_s} = 2{,}55 \cdot \frac{f}{d} \cdot \frac{\beta_{WN}}{\beta_s}$$

Ankerlänge $l \geq 6 \cdot d$.

Zur Festlegung der zulässigen Last schlägt RASMUSSEN einen Sicherheitsbeiwert von $\nu = 5$ bezogen auf die nach Gleichung 2 bis 4 ermittelten Traglasten vor.

Nach [3] wird vorgeschlagen, die erhöhte Traglast von auf Abscheren Beanspruchten Bolzen entsprechend Gleichung (2) zu vernachlässigen, da die Verformungsbehinderung unterhalb des Bolzens nicht genau definiert werden könne. Soweit die Verformungen des Betons unterhalb des Verankerungsstahls jedoch durch an die Bolzen angeschweißte Stahlplatten behindert werden, kann auch aufgrund von Versuchen [5] die Gültigkeit von Gleichung (2) als bestätigt angesehen werden.

Die nach RASMUSSEN [4] ermittelten zulässigen Lasten sind größer als die nach dem Bettungszifferverfahren entsprechend Gleichung (1) ermittelten aufnehmbare Lasten. Vorbehalte, die von PASCHEN [7] gegen diese aufgrund von Versuchen ermittelten Traglasten erhoben wurden, können heute — im Rahmen der von Rasmussen getroffenen einschränkenden Voraussetzungen — sowohl aufgrund der Versuche von UTESCHER und HERRMANN [3] als auch aufgrund durchgeführter Berechnungen nach der Finiten-Element-Methode (s. Abschnitt 2.2.4) als ausgeräumt angesehen werden.

2.2.4 Finite-Element-Methode

Die Gültigkeitsgrenzen der Bemessungsformeln nach RASMUSSEN hinsichtlich der Durchmesser der Verankerungsstähle, der Stahlarten und der Verankerungslängen machten es notwendig, die Tragfähigkeit der Verankerungsstähle möglichst genau rechnerisch zu erfassen und allgemein gültige Bemessungsregeln anzugeben, wobei die gefundenen Ergebnisse eine ausreichende Sicherheit gegenüber den bei Versuchen ermittelten Bruchlasten aufweisen müssen.

Es wurde der Spannungszustand in dem den Verankerungsstahl umgebenden Beton nach der Finite-Element-

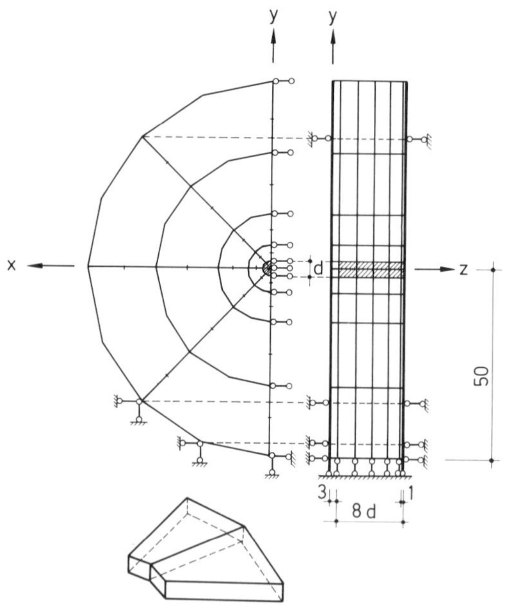

Bild 8. Elementierungsplan zur Berechnung nach der FEM

Methode ermittelt, wobei um den Bolzen ein nahezu kreisförmiger, ungestörter Bereich des Betons angenommen wurde; Bild 8 zeigt die Elementierung. Die Spannungsermittlung wurde mit dem Programm SAP IV am Rechenzentrum der TU Berlin durchgeführt.

Nachdem zuerst die Zweckmäßigkeit der gewählten Elementierung anhand von Versuchsergebnissen überprüft wurde, wurden anschließend folgende Parameter untersucht:

1. Einfluß eines Risses (Verbundstörung) zwischen Bolzen und umgebenden Beton,
2. Einfluß des Elastizitätsmoduls des Betons,
3. Einfluß der Bolzeneinspannlänge und
4. Einfluß des Bolzendurchmessers.

Bei Versuchen wurden in der Regel feine Haarrisse um den Verankerungsbolzen festgestellt (Schwindrisse). Um den Einfluß dieser Verbundstörungen zu erfassen und um weiterhin die Porenbildung infolge der Sedimentation und der Wasseransammlung im Beton unterhalb des Bolzens zu berücksichtigen (vgl. Bild 9), wurde rechnerisch der Einfluß unterschiedlich langer Risse untersucht. Hierzu

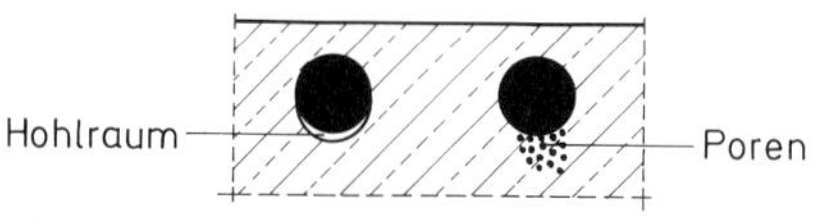

Bild 9. Porenbildung unter liegender Bewehrung (Wasseransammlung, Sedimentation)

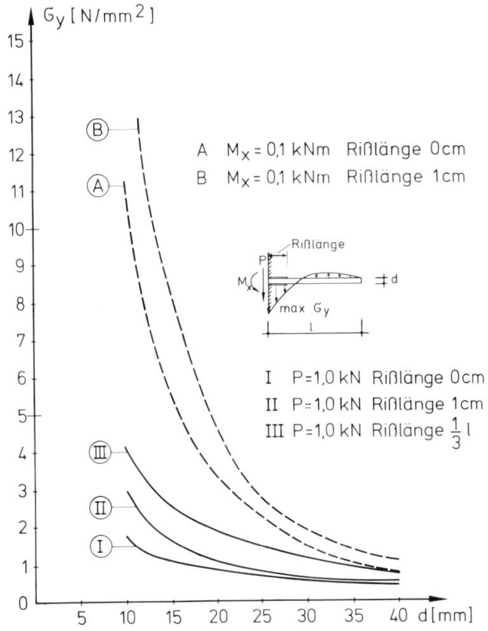

Bild 10. Betondruckspannung σ_y in Abhängigkeit vom Durchmesser des Verankerungsstahles und der Rißlänge

wurden den den Verankerungsstahl umgebenden Elementen ein geringerer Elastizitätsmodul zugeordnet. Die Länge der Verbundstörung wurde in den Bereichen von 0 mm, 10 mm und 1/3 der Verankerungsstahllänge variiert.

Der Einfluß eines Risses (Verbundstörung) um den Bolzen weist insbesondere bei Bolzendurchmessern $d \leq 16$ mm einen erheblichen Einfluß auf (Bild 10). Für die im folgenden aufgeführten Bemessungsregeln wurde grundsätzlich von dem Vorhandensein einer 1 cm tiefen Gefügestörung, die von der Betonoberfläche in Bolzenlängsrichtung verläuft, ausgegangen. Bei der Ermittlung der zulässigen Bolzentragkraft auf Abscheren wird empfohlen, von dem Rechenwert β_R der Betonfestigkeit unter Zugrundelegung eines Sicherheitsbeiwertes von $\nu = 2{,}10$ auszugehen. In Tabelle 1 sind den so ermittelten zulässigen Scherlasten zul F die Versuchswerte $F_{u,v}$ nach [3] in Abhängigkeit vom Lastabstand f und vom Bolzendurchmesser d gegenübergestellt. Aus Tabelle 1 folgt, daß die Ergebnisse nach der FEM (Bild 10, Kurve II bzw. B) geeignet sind, um danach das Tragverhalten von einbetonierten Bolzen auf Abscheren zu berechnen.

Der Einfluß des Elastizitätsmoduls des Betons (s. DIN 1045, Tab. 11) auf die Ergebnisse der maximalen Spannungen ist vernachlässigbar gering: die Abweichungen bezogen auf den Elastizitätsmodul eines B 25 sind kleiner als 1 %, so daß für baupraktische Berechnungen die „Steifigkeit" des Betons unberücksichtigt bleiben kann.

Tabelle 1: Sicherheiten zulässiger Scherlasten berechnet nach dem Bettungszifferverfahren [2] und der FEM gegenüber den kleinsten Versuchslasten nach [3].
Voraussetzung: Beton B 25
Stahl zul σ_e = 160 N/mm²

f	d	$F_{u,v}$ Versuch [3]	Bettungsziffer-verfahren [2] zul F	$\nu = \frac{F_{u,v}}{\text{zul } F}$	FEM zul F	$\nu = \frac{F_{u,v}}{\text{zul } F}$
mm		kN	kN	—	kN	—
5	14	11,5	1,7	6,8	3,7	3,1
	20	29,0	3,7	7,8	6,8	4,3
	25	48,0	5,5	8,7	11,3	4,3
10	14	9,5	1,6	5,9	3,1	3,1
	20	24,5	3,2	7,7	5,7	4,3
	25	39,5	4,9	8,1	9,5	4,2
20	14	6,5	1,2	5,4	2,3	2,8*)
	20	19,0	2,6	7,3	4,4	4,3
	25	30,5	4,1	7,4	7,2	4,2
50	14	2,5	0,7	3,6	1,3	2,0*)
	20	9,5	1,6	5,9	2,5	3,8
	25	17,5	2,5	7,0	4,2	4,2

*) Stahl im Fließbereich — Spannung im Beton ist nicht maßgebend.

Der Einfluß der Einspannlänge ist in [3] ebenfalls nach der FEM berechnet worden: als Ergebnis sind in Bild 11 die maximalen Betonspannungen σ_y sowie die Durchbiegungen v_y in Abhängigkeit von l/d, jeweils bezogen auf die entsprechenden Werte von $l/d = 10$ für Bolzen mit $d = 25$ mm dargestellt. Ein Einfluß der Einspannlänge auf die Spannungen bzw. Durchbiegungen ist erst für Werte $l/d \lesssim 4$ bis 5 erkennbar.

Bei sämtlichen Berechnungen wird vorausgesetzt, daß der Bolzen nach allen Richtungen ausreichend von Beton umgeben ist, so daß sich der Bruch durch eine Überbeanspruchung des Betons unterhalb der Lasteinleitungsstelle

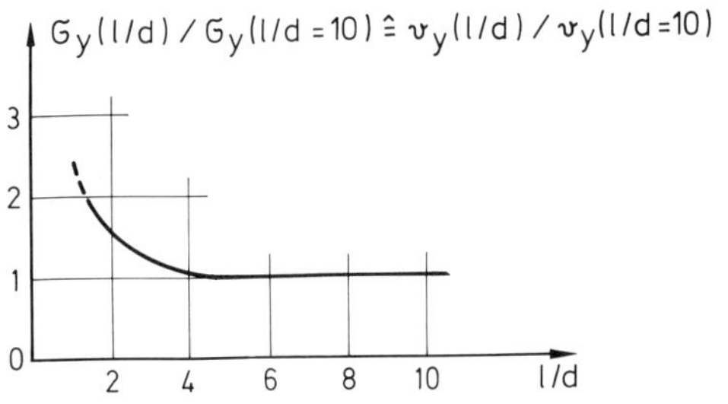

Bild 11. Einfluß der Verankerungslänge l auf σ_y bzw. Bolzendurchbiegung v_y [3]

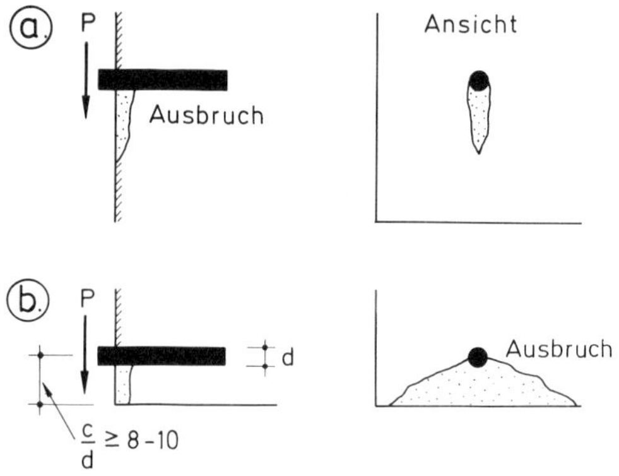

Bild 12. Bruchbilder beim Scherversuch
a) Ausbruch infolge Überschreiten von σ_b
b) Zu geringer Randabstand

einstellt (Bild 12 a nach [3]). — Wenn jedoch die Betonüberdeckung zwischen Lasteinleitungsstelle und dem Rand des begrenzenden Betonkörpers klein ist, tritt ein frühzeitiges Versagen der Konstruktion durch Überschreiten der Betonzugspannung auf (Bild 12 b). Aufgrund von Versuchsergebnissen [3] wird empfohlen, einen Mindestrandabstand c von $c/d \geq 8$ bis 10 einzuhalten.

Für Kopfbolzendübel ($\beta_s \geq 350 \div 400$ N/mm²) kann näherungsweise aufgrund von Versuchen angenommen werden:

$$\text{zul}\, F = 0{,}40 \cdot d^2 \cdot \sqrt{\beta_W} \quad \text{für} \quad h/d \geq 4{,}2 \qquad (5)$$

zul F zulässige Scherkraft [kN]

d Bolzendurchmesser [cm]

β_{WN} Nennfestigkeit des Betons [kN/cm²]

2.3 Tragfähigkeit der Verankerungsstähle bei Zugbeanspruchung

Die Tragfähigkeit der Verankerungsstähle unter Zugbeanspruchung wird durch folgende Parameter beeinflußt:

a) Stahlart,

b) Betonierrichtung (Verbundbereich I bzw. II),

c) Form der Verankerungsstähle (Haken, Schlaufe o. ä.),

d) Verankerungslänge.

Grundlegende Versuche hierzu hat Rehm [6] durchgeführt; unter Berücksichtigung der Versuchsstreuungen wird empfohlen, die Verankerungslängen mit den in DIN 1045, Tab. 19, angegebenen zulässigen Verbundspannungen τ_1 und unter Berücksichtigung von DIN 1045, Tab. 20, zu berechnen.

Für Kopfbolzendübel ($\beta_s \geq 350 \div 400$ N/mm²) kann unter Zugrundelegung der geringsten ideellen Scherfläche $A = \pi \cdot D \cdot h_s$ — die auf der sicheren Seite liegt, da der Bruch immer kegelförmig erfolgt — die zulässige Zugkraft bei zweifacher Sicherheit ermittelt werden zu:

$$\text{zul}\, Z = \frac{1}{\nu} \cdot \pi \cdot D \cdot h_s \cdot \tau_u \approx \frac{1}{2} \cdot \pi \cdot D \cdot h_s \cdot 0{,}15 \cdot \beta_{WN}$$

$$\text{zul}\, Z = 0{,}235 \cdot D \cdot h_s \cdot \beta_{WN} \qquad (6)$$

Es bedeuten:

D Durchmesser des Bolzenkopfes [mm]

h_s Schaftlänge im Betonbereich [mm]

β_{WN} Nennfestigkeit des Betons [N/mm²]

zul Z zulässige Zugkraft in Bolzenlängsrichtung (axiale Zugkraft) [N].

2.4 Tragfähigkeit der Verankerungsstähle bei gleichzeitigem Wirken von Zug- und Scherkräften

Im Otto-Graf-Institut wurden im Firmenauftrag [5] mehrere Verankerungskonstruktionen untersucht (Konsole an einbetonierter Ankerplatte angeschweißt; — vgl. Bild 1). Die unbewehrten Versuchskörper sind in Bild 13, der Versuchsaufbau in Bild 14, 15 und 16 dargestellt.

Bei den durchgeführten Versuchen wurde nach [5] die zulässige Beanspruchung aufgrund der Bedingung festgelegt, daß die Verformung der einbetonierten Ankerplatte senkrecht zum Beton geringer als $w = 0{,}2$ mm sein sollte. Die nach diesem Kriterium gemessenen zulässigen Belastungen bewirken in den Verankerungsstählen Scher- bzw. Zugkräfte, die den nach Abschnitt 2.2 und 2.3 ermittelten zulässigen Scher- bzw. Zugbeanspruchungen größenordnungsmäßig entsprechen. Die aufgrund der Versuche ermittelten zulässigen Lasten sind aber immer größer als die errechneten zulässigen Lasten.

Die nach der FEM (Bild 10) und nach Abschnitt 2.3 berechneten zulässigen Lasten lagen — wie leider nur an

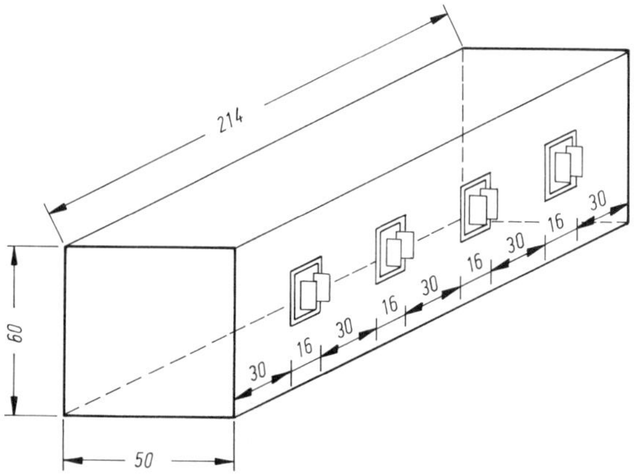

Bild 13. Versuchskörper mit einbetonierten Ankerplatten

zwei Bruchversuchen gezeigt werden konnte — deutlich unter den Bruchlasten: Wurde die zulässige Beanspruchung aus der Bedingung ermittelt, daß die Verankerungsstähle *gleichzeitig* bis zu den zulässigen Scher- bzw. Zugkräften beansprucht werden dürfen, so wurde für eine Verankerung mit 4 ∅ 16 (BSt 22/34) eine Sicherheit von $\nu > 6$ und für eine Verankerung mit 4 Kopfbolzendübel ∅ 3/4″ eine Sicherheit von $\nu > 3{,}2$ gegenüber den gemessenen Bruchlasten ermittelt. Der Versagenszustand der einbetonierten Ankerplatten ist in den Bildern 17 bis 21 dargestellt.

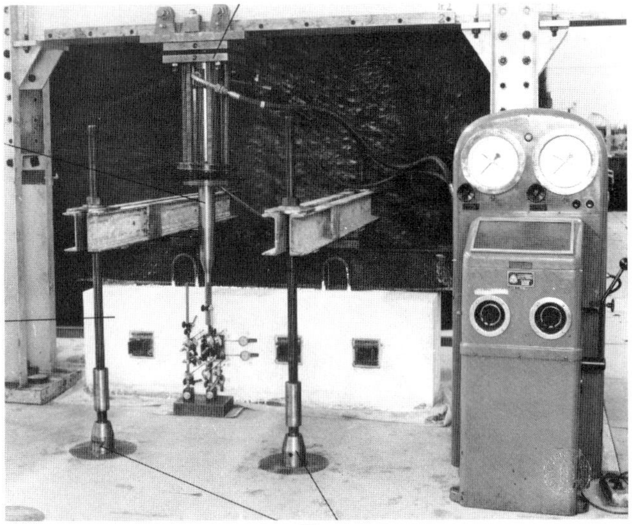

Bild 14. Versuchsaufbau
(1) 30 Mp-Einzelprüfzylinder (am Prüfrahmen befestigt), (2) Spannvorrichtung, (3) Betonbalken mit den zu prüfenden Verankerungskörpern, (4) Belastungsstempel

Bild 15
Lasteinleitung und Anordnung der Meßuhren
(1) Belastungsstempel, (2) Kugel, (3) Würfel mit 30 × 30 (mm) Aufstandsfläche, (4) Deckplatte

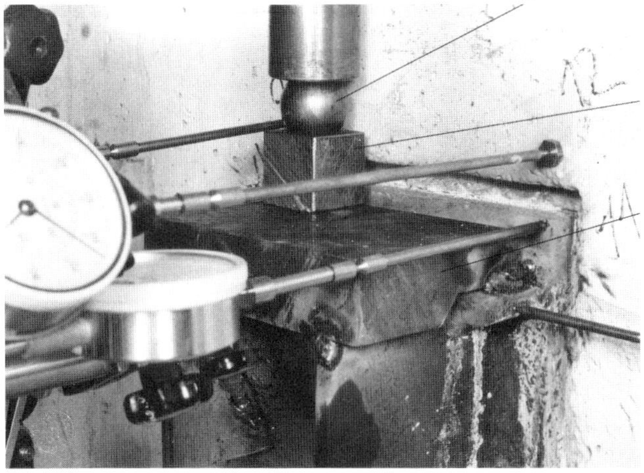

Bild 16. Lasteinleitung in den Verankerungskörper (Detail zu Bild 15)
(1) Kugel, (2) Würfel, (3) Deckplatte

Bild 17. Verformung der Ankerplatte senkrecht zum Beton
(1) Fuge infolge Abhebung der Stahlplatte vom Beton

Bild 18. Bruchzustand. — Dehnung der Verankerungsstähle ∅ 16 (BSt 24/32)
(1) Rundstahl ∅ 16 I

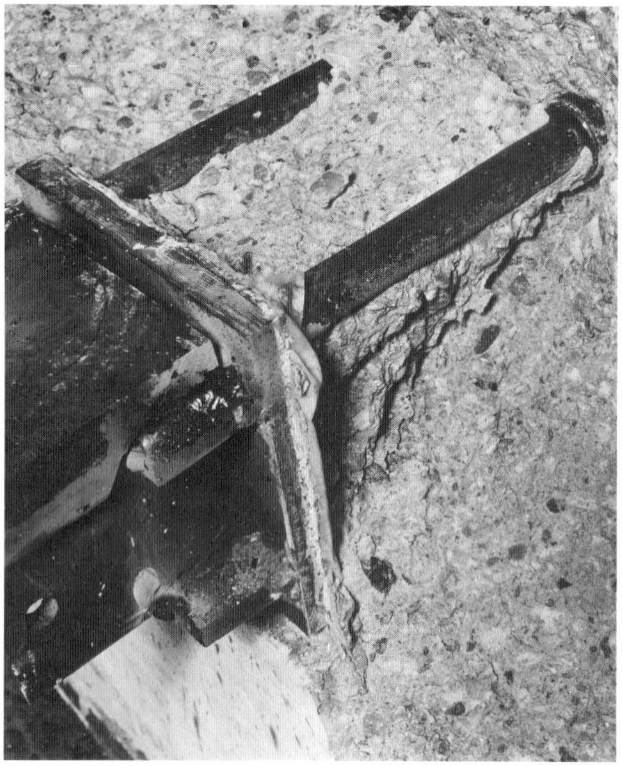

Bild 19. Bruchzustand. Verankerung mit Kopfbolzendübel

Bild 20. Bruchzustand. — Rißverlauf unmittelbar hinter der Ankerplatte

Bild 21. Bruchzustand. — Gelöste Betonbrocken teilweise entfernt

Aufgrund der Versuche kann mit hinreichender Berechtigung gefolgert werden, daß bei gleichzeitigem Einwirken von Zug- und Scherbeanspruchungen die zulässigen Scherkräfte nach Abschnitt 2.2 unter Zugrundelegung von Bild 10 und die zulässigen Zugbeanspruchungen nach DIN 1045 (s. Abschnitt 2.3) bzw. nach Gleichung (6) ermittelt werden können; d. h. auch bei gleichzeitigem Wirken von Schub- und Zugkräften in den Verankerungstählen brauchen die berechneten zulässigen Werte nicht abgemindert zu werden.

3 Einfluß der beim Schweißen entstehenden Temperaturen auf die Tragfähigkeit von einbetonierten Verankerungskonstruktionen

Durch das nachträgliche Anschweißen von Verbindungselementen an eine im Beton verankerte Stahlplatte (Bild 2) treten sowohl im Beton als auch in den Verankerungsstählen kurzfristig hohe Temperaturen auf ($\vartheta \approx 1\,400\,^\circ C$ an der Einbrandstelle). Es ist bekannt, daß bei langfristig einwirkenden Temperaturen von über ca. 500 °C das Betongefüge zerstört wird und die Betonfestigkeit verloren geht.

Die Temperaturen sowie deren Verlauf in Abhängigkeit von der Zeit wurden in einem Betonkörper beim Schweißen auf einer einbetonierten Ankerplatte ermittelt. Die Temperaturen im Beton und in den Verankerungsstählen sind im wesentlichen von folgenden Parametern abhängig:

1. Von der zugeführten Wärmemenge während des Schweißvorganges; die Wärmemenge ist der Menge des aufgetragenen Schweißgurtes proportional,
2. von dem Abstand der Schweißnaht von der Verankerungsstelle.

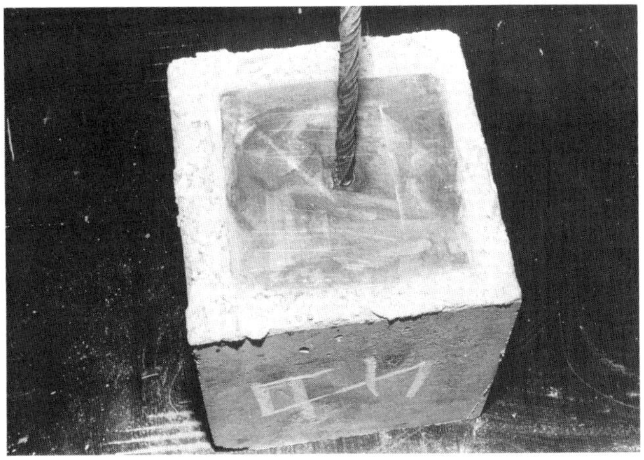

Bild 22. Prüfkörper mit einbetoniertem Rundstahl ∅ 10

Bild 23. Prüfkörper nach dem Aufbringen der Schweißnaht. Risse infolge Dehnung der Ankerplatte

Zur Ermittlung der Temperaturverteilung infolge des Schweißens wurde in einem Betonwürfel mit 20 cm Kantenlänge eine Stahlplatte 150 · 150 · 8 mm bündig mit der Oberseite des Betonwürfels einbetoniert. Durch eine zentrische Bohrung in der Stahlplatte ragte ein Rundstahl BSt 42/50 RK, ∅ 10 mm, der jeweils 10 cm über bzw. unter der Stahlplatte herausragte und mit dieser verschweißt war (Bild 22). Der Beton wurde seitlich neben der Stahlplatte in die Form eingebracht und auf einem Rütteltisch verdichtet. Nach 28 Tagen wurden auf den Stahlplatten der einzelnen Probekörper Schweißnähte $a = 7$ mm mit einer Länge von 40 cm, 30 cm, 20 cm, 10 cm und 0 cm (Referenzprobe) aufgebracht (Bild 23). — Infolge der beim Schweißen entstandenen Erwärmung der Stahlplatte, dehnte sich diese aus und verursachte Risse im Beton (Bild 23). In weiteren Versuchen wurde deswegen um die Stahlplatte ein Styroporstreifen angeordnet, der eine Rißbildung im Beton verhinderte.

Die maximalen Temperaturen im Probekörper treten einerseits im Verankerungsstahl auf und andererseits direkt in der Ankerplatte. Die Temperaturverteilung an der Ankerplattenunterseite wurde in starkem Maße von der Anordnung der Schweißraupen beeinflußt: im Rahmen der Versuche wurden die Schweißraupen sowohl weiträumig auf der gesamten Ankerplatte aufgetragen, um möglichst große Bereiche des Probekörpers durch hohe Temperaturen zu beanspruchen (Bild 23), als auch konzentriert in unmittelbarer Nähe des Verankerungsstahles.

Bild 24 zeigt die Isothermen der maximal gemessenen Temperaturen bei einer zweilagig aufgebrachten Schweißnaht $a = 8$ mm mit $l = 20$ cm. Bild 25 zeigt die Temperaturverteilung über die Länge des Verankerungsstahls. Die Temperaturzunahme im Beton bzw. im Verankerungsstahl

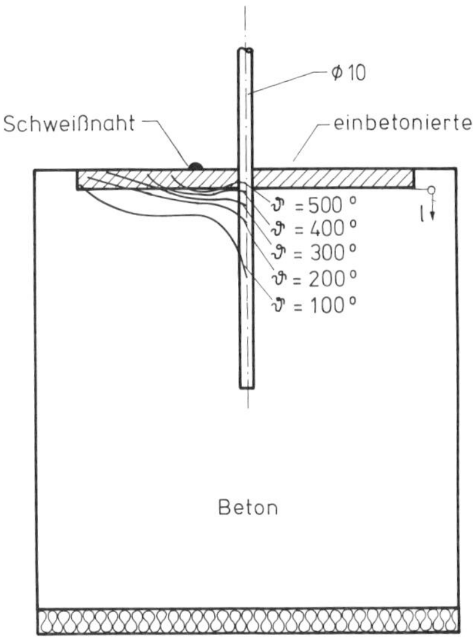

Bild 24. Isothermen der maximalen Temperaturen bei einer Schweißnaht von $l = 20$ cm, $a = 8$ mm (zweilagig)

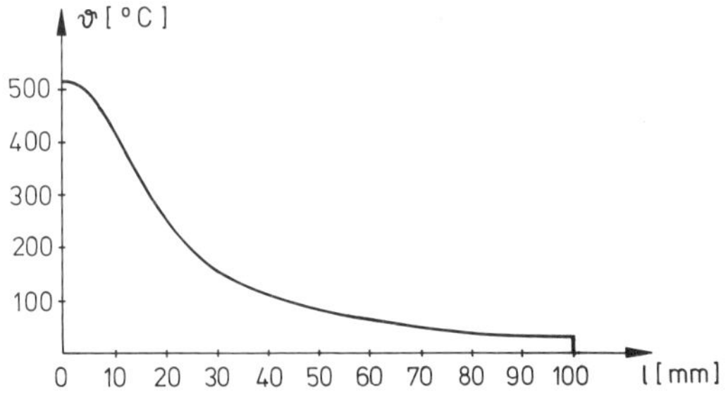

Bild 25. Temperatur entlang des Verankerungsstahles bei Schweißnahtlänge $l = 20$ cm, $a = 8$ mm (zweilagig)

in Abhängigkeit von der Zeit ist in Bild 26 dargestellt; deutlich ist an der Meßstelle 1 (direkt an der Ankerplatte) der Temperatursprung zu beobachten, der beim Abschlagen der Schlacke von der zweilagig aufgebrachten Schweißnaht auftritt.

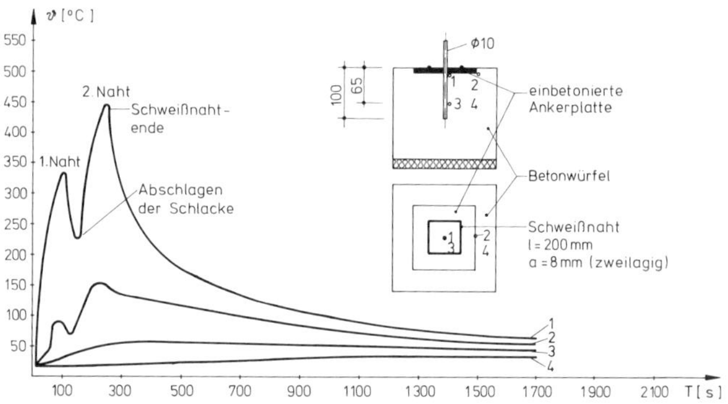

Bild 26. Temperaturverlauf in Abhängigkeit von der Zeit

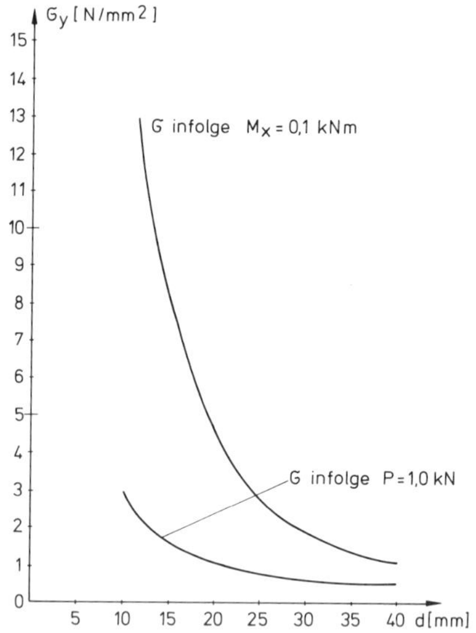

Bild 27. Betondruckspannung σ_y unterhalb eines Scherbolzens

Im Rahmen eines Forschungsauftrages werden zur Zeit Tragfähigkeitsversuche an einbetonierten Rundstählen durchgeführt, bei denen über Ankerplatten und darauf aufgebrachten Schweißnähten eine Durchwärmung hervorgerufen wird. Nach den bisher vorliegenden Erkenntnissen ist für Verankerungslängen $l \leq 4{,}5\ d$ mit einem um ca. 25 % verminderten Haftverbund aufgrund der durch das Schweißen verursachten Temperaturbeanspruchung zu rechnen. Für baupraktische Berechnungen kann jedoch näherungsweise bis zum Vorliegen genauerer Ergebnisse der Einfluß des nachträglichen Schweißens an einbetonierten Ankerplatten vernachlässigt werden, wenn die Verankerungslänge des Bolzens $l \geq 12\ d$ beträgt.

Beim Schweißen auf den Ankerplatten ist darauf zu achten, daß die Wärmezufuhr möglichst gering ist; dazu ist es notwendig, daß lange Schweißnähte unterteilt werden und daß bei dickeren Schweißnähten zwischen dem Schweißen der einzelnen Lagen Abkühlungspausen eingeschaltet werden.

4 Zusammenfassung

Für die Beurteilung der Tragfähigkeit einbetonierter Ankerplatten sind zwei statische Nachweise zu führen:

1. Spannungsnachweis für die stählernen Bauteile (Verankerungen); dies ist in der Regel ohne größere Schwierigkeiten möglich.
2. Tragfähigkeitsnachweis für den die Verankerungsstähle umgebenden Beton.

Die Berechnung der zulässigen Beanspruchung von Verankerungsstählen im unbewehrten Beton auf Abscheren kann mit Hilfe von Bild 27 geschehen. — Die zulässige Beanspruchung auf Zug kann unter Zugrundelegung der Haftspannungen entsprechend DIN 1045, Tab. 19 geschehen.

Bei gleichzeitigem Einwirken von Zug- und Scherkräften auf einen Verankerungsstahl brauchen die zulässigen Einzelbeanspruchungen nicht abgemindert zu werden.

Bei Schweißvorgängen in unmittelbarer Nähe der einbetonierten Verankerungsstähle (z. B. bei Konstruktionen entsprechend Bild 2) kann der Einfluß der Temperaturerhöhungen (max $\vartheta \approx 500\ °C$) in der Regel vernachlässigt werden, wenn die Verankerungslänge $l \geq 12\ d$ beträgt. Bei geringeren Verankerungslängen ist nach bisher vorliegenden Erkenntnissen mit einem um ca. 25 % verminderten Haftverbund bezogen auf die Werte nach DIN 1045 zu rechnen, um den Einfluß des nachträglichen Schweißvorganges (Temperaturerhöhung) zu berücksichtigen. — Genauere Ergebnisse werden noch abzuschließende Forschungsarbeiten erbringen. — Beim Schweißen auf den Ankerplatten ist zu beachten, daß lange Schweißnähte unterteilt werden und daß bei dickeren Schweißnähten zwischen dem Schweißen der einzelnen Lagen Abkühlungspausen eingeschaltet werden.

Literatur

[1] Friberg, F.: Design of Dowels in Transverse Joints of Concrete Pavements. Transactions, ASCE, V. 105, 1938.
[2] Beck, H. und Schack, R.: Bauen mit Beton und Stahlbetonfertigteilen. Beton-Kalender 1972, Teil II.
[3] Utescher, G. und Herrmann, H.: Befestigungs- und Verbindungsmittel beim Betonfertigteilbau. Forschungsbericht im Auftrage des BM-Bau, 1978.
[4] Rasmussen: Betonindstobte tvaertzelasede boltes... Bygningsstatiske Meddelser, 1963.
[5] Prüfungsbericht des Otto-Graf-Instituts, S 11973 vom 29. 5. 1972 (nicht veröffentlicht).
[6] Rehm, G.: Kriterien zur Beurteilung von Bewehrungsstäben mit hochwertigem Verbund. Festschrift Rüsch, Verlag W. Ernst & Sohn, 1969.
[7] Paschen, H.: Das Bauen mit Beton-, Stahlbeton- und Spannbetonfertigbauteilen. Beton-Kalender 1975, Teil II.

Hermann Bohle

Tragfähigkeit von flachen Mörtelfugen bei gestoßenen Stahlbetonfertigteilstützen

1 Einleitung und Problemstellung

Im Stahlbetonfertigteilbau werden Stöße von vorwiegend mit Druck belasteten Stützen und Wänden vorteilhaft durch dünne Mörtelfugen ausgeführt. Der meist hochwertige Zementmörtel ist ein dem Wesen des Betons entsprechender Baustoff, der fast überall verfügbar, relativ preiswert sowie leicht herzustellen und einzubauen ist. Der Mörtel paßt sich den unvermeidlichen Unebenheiten in den Anschlußflächen und den bei Herstellung und Montage entstehenden Verdrehungen in jeder Weise an. Außerdem kann er die üblichen Maßungenauigkeiten in den Längen bzw. Höhen der vorgefertigten Anschlußbauteile ohne besondere Maßnahmen ausgleichen.

Bereits 1963 haben erste Versuche durch von Halász/Tantow (s. [7]) gezeigt, daß die Druckfestigkeit des Mörtels in dünnen Fugen wesentlich höher ist als allgemein vermutet und als z. B. in den damaligen Vorschriften für „Fertigbauteile aus Stahlbeton" (DIN 4225) mit 5,0 N/mm^2 angegeben.

In den folgenden Jahren haben weitere Untersuchungen (s. [3]—[6]) verschiedener Autoren und Prüfanstalten die Gewißheit ergeben, daß die flache Mörtelfuge auch zur Übertragung der hohen Anschlußkräfte von gestoßenen Stahlbetonstützen geeignet ist. Die Versuche wurden durch die baupraktische Notwendigkeit veranlaßt, vorgefertigte Stützen bei großen Gebäudehöhen zu stoßen. Insbesondere bei seitlichen Stützenkonsolen sind Unterzüge und Deckenplatten nur sehr schlecht zu montieren, da sie schräg durch den „Stützenwald" der mehrgeschossigen Stützen eingefädelt werden müssen.

Im mehrgeschossigen Skelettbau mit Deckenscheiben und aussteifenden Wänden bzw. Kernen werden deshalb aus Gründen der vorteilhafteren Fertigung und Montage möglichst nur gleiche geschoßhohe Stützen angestrebt. Die planmäßige Beanspruchung solcher Stützenstöße ist i. d. R. auf zentrischen Druck beschränkt. Die Bewehrung muß deshalb nicht unbedingt gestoßen werden. Die Herstellung eines kraftschlüssigen Bewehrungsanschlusses bei Fertigteilstützen ist auch heute noch nur äußerst zeit- und materialaufwendig möglich.

Da Stoßkonstruktionen mit vereinfachten Stahlgelenken (s. z. B. [13]) oder Elastomerlagern zwischen Stahlendplatten (mit angeschweißter Längsbewehrung) zwar einfacher zu montieren, aber finanziell zu aufwendig und nicht flexibel genug für den Toleranzausgleich sind, wird immer häufiger die einfache dünne Mörtelfuge als Verbindungsmittel gewählt.

In der Fuge treten folgende Beanspruchungen auf:

1. Der Fugenmörtel der Stoßfuge wird durch den Stahltraganteil der unterbrochenen Längsbewehrung vor allem bei hohen Längsbewehrungsprozentsätzen erheblich überlastet.
2. Der Mörtel am Fugenrand ist in der Querdehnung nicht behindert. Infolgedessen verhalten sich die Fugenrandbereiche nachgiebiger gegen die Druckbeanspruchung als das Fugeninnere. Der Festigkeitsabfall der Ränder führt — verstärkt durch Abplatzungen beim Erreichen der Bruchlast — zu Spannungskonzentrationen im Innern der Fuge.

Trotzdem kann die Spannungskonzentration vom Fugenmörtel ohne Schaden aufgenommen werden, wenn durch eine wirksame Querdehnungsbehinderung ein traglasterhöhender räumlicher Spannungszustand in der Fuge aufgebaut wird.

Dies kann allgemein durch eine möglichst unnachgiebige äußere Einfassung — wie bei einem Sandtopf — oder durch die richtige Ausbildung der Fugenanschlußbereiche erfolgen. Im letzten Fall ist zwar die Fuge nicht direkt in der Querdehnung behindert, nach übereinstimmenden Untersuchungen (vgl. [2]—[11]) kann der dreiaxiale Druckspannungszustand jedoch bei dünnen Fugen durch das unterschiedliche Querdehnungsverhalten von Stützenbeton und Mörtel erzeugt werden. Die festeren Anschlußbereiche der Stütze übertragen den Querdruck durch Reibung und Haftung in den Kontaktflächen.

Neben den aus der Querdehnungsbehinderung resultierenden Reaktions-Querzugkräften treten in den angrenzenden Stützenenden weitere Querzugkräfte auf:

1. Die von der außen angeordneten Längsbewehrung der Stütze übernommenen Lastanteile können nur sehr begrenzt in ihrer ursprünglichen Wirkungslinie durch Spitzendruck übertragen werden. Der Stahltraganteil ist im Fugenanschlußbereich durch Haftung an den Beton abzugeben und gleichmäßig verteilt auf die Fuge zu übertragen. Die notwendige Kraftumlenkung erzeugt Querzugkräfte.
2. Wie bei der Fuge muß man beim Bruchzustand davon ausgehen, daß auch im Fugenanschlußbereich Randbereiche — hier die Betonschale außerhalb der Querbewehrung — abplatzen. Die dadurch erforderliche Kraftumleitung des Betontraganteiles der Außenschale zur Querschnittsmitte ergibt ebenfalls Spalt- bzw. Querzugkräfte.
3. Durch die bei der Fuge schon beschriebene Überlastung durch den Stahltraganteil, die gleichermaßen für den direkten Fugenanschlußbereich gilt, ebenso durch die Überlastung durch den Traganteil der abplatzenden Betonschale ergeben sich in Querschnittsmitte Spannungskonzentrationen, die wie bei der Teilflächenbelastung oder bei umschnürten Säulen zu Querzugspannungen führen.

Die Tragkraft der Fuge hängt demnach weniger von der Höhe der Fugenspannung als von der Festigkeit der Anschlußbauteile und der Aufnahme der Querzugkräfte ab.

Zur Überprüfung dieser Aussage konnte ich als wissenschaftlicher Assistent von Prof. von Halász Versuche an Mörtelfugen zwischen vollständig ausgebildeten Stützenteilen vornehmen (s. [8]).

Die in den Jahren 1972 und 1974 am *Institut für Baukonstruktionen und Festigkeit* der Technischen Universität Berlin durchgeführten Bruchversuche wurden z. T. durch die Firma *Imbau Industrielles Bauen,* Leverkusen, veranlaßt und unterstützt. Ziel der Untersuchung sollte die Überprüfung der von der Imbau häufig angewandten Fugenkonstruktion sein. Im Hinblick auf die damalige Neufassung der DIN 1045 und anfängliche Interpretationsschwierigkeiten (vgl. [1]) sollten weitere Kenntnisse über die Bemessung und Ausbildung der Stoßkonstruktion gefunden werden.

Im Rahmen dieser Untersuchung wurden insgesamt rd. 30 Bruchbelastungen unter wirklichkeitsnahen Bedingungen durchgeführt. Um den Umfang der Versuche trotz der vielen Möglichkeiten der Parametervariationen in Grenzen zu halten, wurde die Mehrzahl der Einflußfaktoren entsprechend der vorgegebenen Stoßkonstruktion konstant gehalten und die Belastung in der 1. Versuchsreihe planmäßig nur zentrisch angesetzt.

Da die Fugen vor allem bei breiten Stützenabmessungen und großen Normalkräften auch bei Ausschluß von Zugspannungen erhebliche Momente $M = e \cdot F$ übertragen können, wurde in der 2. Versuchsreihe auch das Verhalten exzentrisch beanspruchter Stützenstöße untersucht. Im Gegensatz zur Wirklichkeit, wo die Bestimmung der Momentenschnittgrößen infolge einseitiger Konsollasten oder unterschiedlicher Längenänderungen der angeschlossenen Decken bei der über mehrere Geschosse durchlaufenden Stützenkette schwierig und m. E. nur iterativ möglich ist, wurde hier die Momentenbeanspruchung durch gewollte exzentrische Beanspruchung vorgegeben. Um Vergleichswerte zur 1. Versuchsreihe zu schaffen, wurden bis auf die vergrößerte Querschnittsfläche keine wichtigen Einflußfaktoren geändert.

2 Bezeichnungen, Versuchskörper und Einflußfaktoren

2.1 Abmessungen und konstante Einflußfaktoren

Zur Materialersparnis und um mit der zur Verfügung stehenden 5 000 kN-Baustoffprüfmaschine die erforderliche Grenzlast bei Probekörpern aus B 55 mit Sicherheit zu erreichen, wurde die 1. Untersuchung an Probekörpern $d \times b = 25 \times 25$ cm mit 625 cm^2 Querschnittsfläche durchgeführt (s. Bild 1). Lediglich die exzentrisch belasteten Probestützen der 2. Versuchsreihe hatten eine Grundfläche von $40 \times 40 = 1\,600$ cm^2.

Um den Einfluß der Pressendruckplatten mit Sicherheit von der Fuge fernzuhalten, wurde nach oben und nach unten ein Stützenteil der Höhe $2\,b$ bzw. $1{,}5\,b$ (50 bzw. 60 cm) angeordnet.

Die Fugenschlankheit = Verhältnis der Fugendicke h zur (kleinsten) Querschnittsbreite b wurde entsprechend der baupraktisch bewährten Fugendicke von 2 cm bei 50 cm breiten Stützen mit $h/b = 2/50 = 1/25$ angenommen, woraus eine Fugendicke $h = 1$ cm bzw. $40/25 = 1{,}6$ cm für die Probestützen folgte. Die lineare Umrechnung dürfte ohne Bedenken vertretbar sein, da die Fugenbruchspannung umgekehrt proportional zur Fugenschlankheit ist (s. [10] u. a.).

Die Mörtelfuge wurde mit glatten Rändern ohne planmäßige Einschnürung ausgebildet.

Der Mörtel sollte einheitlich bei allen Fugen durch ein im oberen Stützenteil einbetoniertes Kunststoffleerrohr mit einem Durchmesser > 30 mm, in welches ein aus der unteren Stütze herausstehender Zentrierdorn hineinreicht, eingebracht werden.

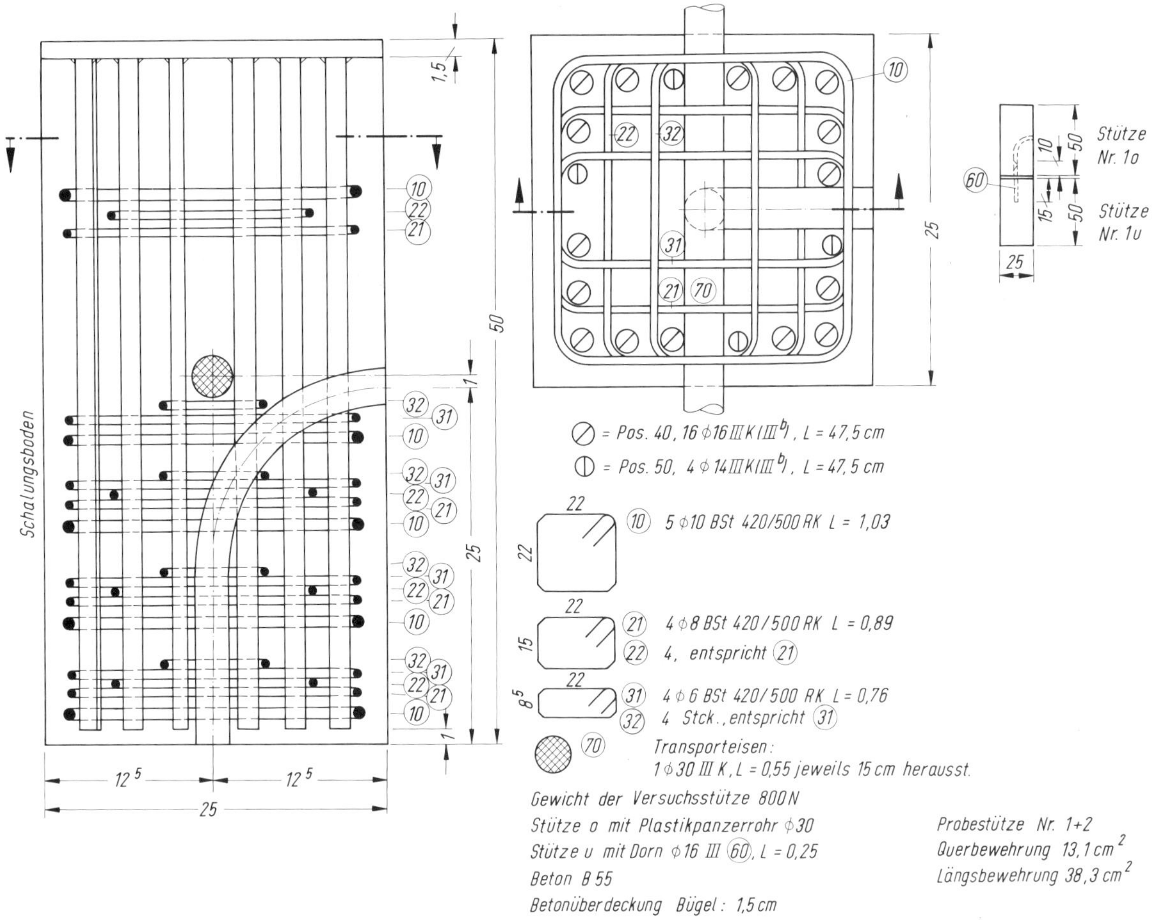

Bild 1. Bewehrung der Probestütze 1

Für alle Fugen wurde eine einheitliche Mörtelzusammensetzung nach Angaben der Imbau gewählt (1,0 Gewichtsteil PZ 350 F; 0,38 Gewichtsteile Wasser und 0,01 Gewichtsteile Tricosal H 181). Die 28-Tagefestigkeit betrug mind. 37,5 N/mm² beim 10er Würfel.

2.2 Längsbewehrung

Es wurde einheitlich nur Betonstahl 420/500 RK und ein – dem Maximalwert der alten DIN 1045 entsprechender – Bewehrungsprozentsatz $\mu = A_s \cdot 100/A$ von rd. 6 Prozent gewählt. Dieser Längsbewehrungsgrad wird zwar normalerweise nicht benötigt, da aber kleinere Prozentsätze für die Fugentragfähigkeit günstiger sind, lag diese Festlegung auf der sicheren Seite. Die Anzahl und Lage der Längseisen wurde mit 20 gleichmäßig über den Umfang verteilten Stäben entsprechend der Imbau-Standardstütze gewählt (vgl. Bild 2). Die Enden der Längseisen wurden im Fugenbereich mit üblichen Betonstahlschneidemaschinen geschnitten. Am Übergang zu den Druckplatten der Pressen wurden die LE — bis auf eine Ausnahme (s. Bild 3) — an eine 15 mm dicke Stahlplatte angeschweißt, um die Beteiligung der Längsbewehrung an der Kraftübertragung sicherzustellen und um das vorzeitige Versagen der der Fuge abgelegenen Stützenbereiche zu verhindern.

2.3 Querbewehrung

Zur Aufnahme der Querzugspannungen in den Stützenübergangsbereichen zur Fuge bieten sich Querbewehrungen aus Bügeln, Umschnürungen, Netzen und kammförmigen Steckern an. Die höchste Tragfähigkeit wurde bei netzförmiger Mattenquerbewehrung (s. [3] u. [9]) und Wendelbewehrung plus Einfassung der Fuge durch einen Flachstahlkranz (s. [4]) festgestellt. Da eine Mattenquerbewehrung aus betrieblichen Gründen nicht erwünscht war, wurde die Bügelbewehrung der Imbau, die durch gekreuzte Zwischenbügel annähernd netzförmig wirkt, beibehalten.

Bild 2. Bewehrungskörbe von 3 Stützenteilen

Bild 3. Bewehrung und Schalung Stütze 6

Die quadratischen Außenbügel und die kreuzweise angeordneten Zwischenbügel wurden zur Fuge hin gleichmäßig über eine der Querschnittsbreite entsprechende Höhe H verteilt. Faßt man einen Außenbügel und je 2 gekreuzte Zwischenbügel mit kleinerer Seitenlänge $2/3\ b$ bzw. $b/3$ zu einer „Netzgruppe“ zusammen, so liegen näherungsweise 4 Netze im gleichen Abstand voneinander im Fugenanschlußbereich (s. Bild 1). Der Querbewehrungsprozentsatz $\mu_q = A_{sBü} \cdot 100/A$ bezieht sich auf den Anschlußbereich $A = H \cdot b$, der bei quadratischen Querschnitten mit der Grundfläche $A = b \cdot d$ identisch ist.

Bei der Bügelquerschnittsermittlung wurde je Richtung bei den kleineren Zwischenbügeln die kleinste Seitenlänge überhaupt nicht und bei den größeren die kleinere Schenkellänge nur zu 50 % angesetzt, da nur die durch die Querdehnungsbehinderung des Fugenmörtels entstehenden Querzugspannungen parabelförmig über die Breite verteilt sind, die Querzugkräfte aus Kraftumlenkung und Umschnurung aber nahezu konstant im Bereich zwischen der Bewehrung anzunehmen sind.

2.4 Fugenmanschette

Die ohnehin durch Einhaltung der Mindestabstände in ihrer Größe begrenzte Querbewehrung ist in den äußersten Grenzbereichen zur Fuge nicht wirksam. In diesen Bereichen — zwischen Fuge und erstem Bügel — treten aber die größten Querzugspannungen vor allem durch die Querdehnungsbehinderung des Fugenmörtels auf. Da die äußersten Kanten und Ecken vom Stützenkopf und -fuß dazu noch durch Abplatzungen vor dem Einbau und danach durch erhöhte Kantenpressungen bei exzentrischer Belastung besonders gefährdet sind, muß gerade dieser Bereich durch zusätzliche Maßnahmen verstärkt werden.

Es wurden deshalb mehrere Fugen mit einer Formstahleinfassung aus T-Eisen versehen. Die Stahlmanschetten wurden bündig an die unteren Stützenhälften betoniert. Die oberen Stützenkörper erhielten entsprechende Fasen für die überstehenden Schenkel der T-Eisen (vgl. Bild 12). Die T-Profile wurden an den Ecken auf Gehrung geschnitten und vollflächig verschweißt.

2.5 Betonüberdeckung

Die Deckung c der Bügel wurde nicht konstant mit 2,5 cm wie bei der Ausgangsstütze 50/50, sondern konstant mit $c_{Bü} = 1{,}5$ cm angesetzt. Für die Deckung der LE ergab sich allerdings wegen der 10 mm dicken Bügel ein c von 2,5 cm bzw. $c/b \leqq 0{,}1$ (0,063). Größere Überdeckungen bewirken zwar eine größere Schwächung des Querschnittes, die lineare Umrechnung ist aber durch das quadratische Anwachsen der Fläche bei wachsender Breite zu rechtfertigen.

3 Herstellung der Probestützen und Fugen

Die werksmäßig im Werk Deckbergen der Fa. Imbau hergestellten Stützenteile wurden nach rd. 3tägiger Lagerung per LKW nach Berlin geschickt. Die Fertigung der Probestützen erfolgte unter Praxis- und keineswegs unter Laborbedingungen, wie bei einer stichprobenartigen Kontrolle der Bewehrung (vgl. Bild 2, 3) im Fertigteilwerk und bei der nachträglich vorgenommenen Überprüfung der Sollabmessungen festgestellt wurde.

Der Fugenverguß und das Abdrücken der Probewürfel erfolgte, wie die eigentliche Bruchbelastung, im Institut für Baukonstruktionen und Festigkeit der TU Berlin. Zur Herstellung der Fuge wurden die entsprechenden Stützenteile aufeinandergestellt und möglichst genau ausgerichtet

(s. Bild 4). Zur Einhaltung der vorgegebenen Fugendicke wurde das Oberteil auf 4 Asbestzementplättchen 10 × 20 × 30 mm gesetzt. Die Dichtung der Fugenränder erfolgte nach Angaben der Imbau mit einem umlaufenden Mörtelverstrich. Der Mörtel wurde ringsum mit der Fugenkelle ca. 1 cm in die Fuge gedrückt. Um zu vermeiden, daß ein Luftstau im Fugenraum das Einfließen des Mörtels behindert, wurde an jeder Ecke ein ca. 4 mm dikkes Loch durch Einstechen eines Nagels angeordnet.

Der nach dem o. g. Rezept in einem 100 l-Zwangsmischer hergestellte plastisch-flüssige Fugenmörtel wurde durch einen Trichter mit Schlauch in das 30 mm dicke Einfüllrohr gegossen. Obwohl Leerrohr und Kontaktflächen der Fuge nicht angefeuchtet worden waren, floß der Mörtel wider Erwarten gut in den Fugenraum. Schon nach kurzer Zeit drangen Mörtelrinnsale aus den Entlüftungslöchern. Das Fließvermögen des Mörtels muß offensichtlich auch für diese sehr dünne Fuge und das nur 30 mm dicke Leerrohr, in das noch der 16er Dorn hineinragte, ausreichend gewesen sein. An einigen nach Versuchsabschluß geöffneten Fugen waren keine Hohlräume oder vom Mörtel nicht erreichte Flächen festzustellen.

4 Beschreibung der durchgeführten Versuche

Der Versuchsaufbau und die angeschlossenen Meßgeräte können Bild 5 entnommen werden. Bei den Versuchen mit zentrischer Belastung wurde statt der skizzierten Lasteintragungsrolle die serienmäßig vorhandene, gelenkig gelagerte Druckplatte der Prüfmaschine verwendet.

Nach dem sorgfältigen Ausrichten der Probestützen, mehrfachen Kontrollen der genauen lotrechten Lage und planmäßigen Exzentrizitäten sowie nach dem Anschluß der Meßgeräte und dem Abgleichen der Meßeinrichtungen wurde die Last in Stufen von jeweils 10,0 MN/m² bis zum Bruch gesteigert. Die Belastungsgeschwindigkeit betrug etwa 1,0 MN/m² je Minute. Nach dem Erreichen einer Belastungsstufe wurde die Last jeweils für rd. 15 min. konstant gehalten. Nach Ablauf dieser Zeit wurden die Meßwerte abgerufen, sofern sie nicht kontinuierlich über den Zwölfkanalschreiber aufgezeichnet wurden.

Bild 4. Versuchsstützen 6, 8 und 10 vor dem Fugenverguß

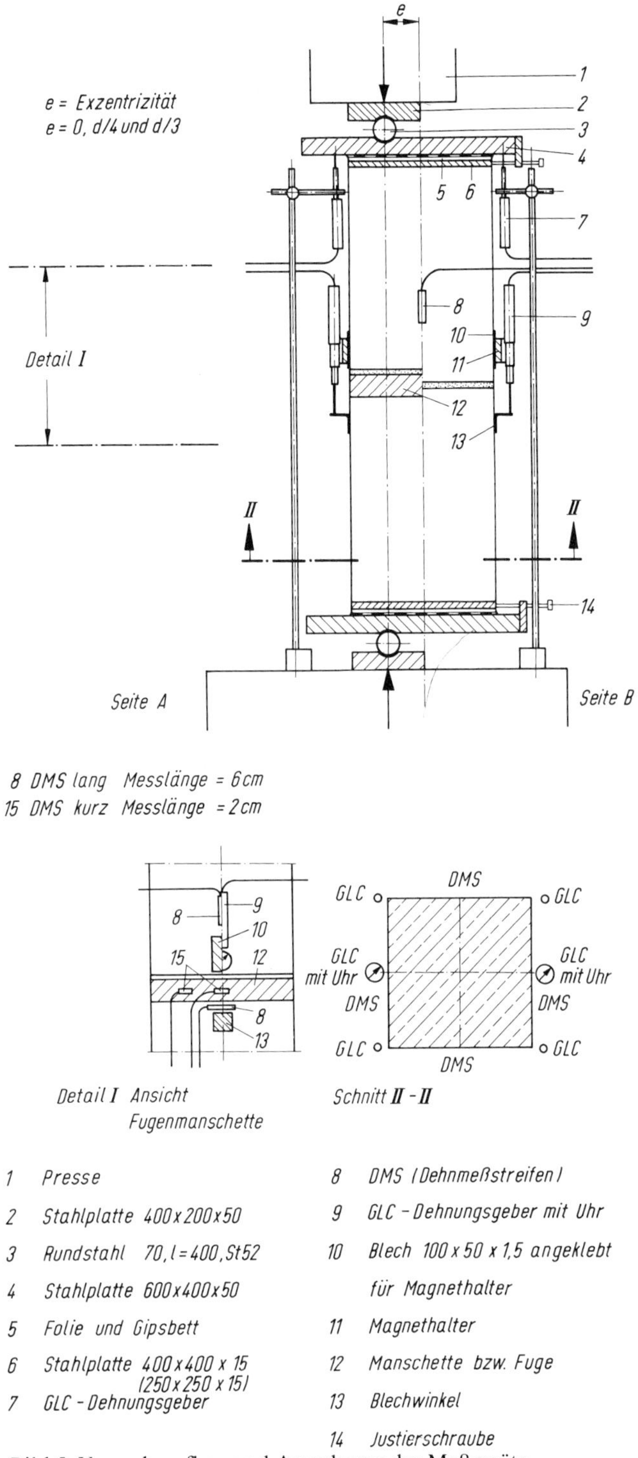

Bild 5. Versuchsaufbau und Anordnung der Meßgeräte

4.1 Prüfverhalten der Probefugen und -stützen bei zentrischer Belastung

Bei allen Versuchen zeigte sich im Anfangsbereich bis rd. 3/4 der Endlast ein einheitliches Bild: es traten weder Risse noch Abplatzungen oder Schrägstellungen auf (vgl. Bild 6).

Die ermittelten Werte für die Gesamt- und Betonstauchung zeigten annähernd lineares Spannungsdehnungsverhalten. Bei den Fugenstauchungen streuten die Meßwerte trotz der Mittelung aus 4 Messungen aufgrund der nur kurzen Meßlängen in größeren Bereichen. Noch größere Abweichungen ergaben die Querdehnungsmessungen. Durch lokale Störungen an den Oberflächen, durch unterschiedliche Betondeckung und Abstände von der Bügelbewehrung ergaben sich z. T. uneinheitliche und widersprüchliche Ergebnisse.

Bei den *reinen Mörtelfugen* traten in den folgenden Laststufen die ersten feststellbaren Abblätterungen und Haarrisse auf. Bei weiterer Laststeigerung waren klar sichtbare von der Fuge ausgehende Risse, Betonabplatzungen in den Eckbereichen (s. Bild 7), Ausbröckeln der Fugenränder und z. T. leichte Schiefstellungen der Stützenteile feststellbar. Trotzdem hielten die Stützen, vor allem die mit der größten Querbewehrung, noch beachtliche Laststeigerungen aus, bevor das endgültige Versagen mit wahrnehmbaren Knistergeräuschen und mehrseitigem Ausbrechen (s. Bild 8) der Betonschale eintrat.

Die Dehnungsmeßgeräte — vor allem die Dehnmeßstreifen — zeigten vor dem Bruch keine oder breit streuende Meßergebnisse. Erhebliche Stauchungsunterschiede zeigten allerdings deutlich, daß ungewollte Exzentrizitäten (s. Bild 9) beim Einsetzen in die Prüfmaschine oder durch material- und herstellungsbedingte (s. Bild 10) Störungen nicht zu vermeiden sind.

Bei den durch Fugenmanschetten *eingefaßten Fugen* waren i. d. R. bis 4/5 der Endlast keine Schäden feststellbar. Die beiden zentrisch belasteten Stützen 9 und 10 zeigten im Fugenbereich fast überhaupt keine Abplatzungen oder Risse. Das Versagen trat eindeutig durch Erreichen der Stützengrenzlast ein. In den oberen und unteren nur konstruktiv verbügelten Stützenteilen brach die Betonschale außerhalb der Bewehrung heraus und ein Teil der Längsbewehrungsstäbe knickte überdeutlich aus (s. Bild 11).

Bei den letztgenannten Versuchen war der meßbare Bereich der Dehnungen größer. Auffällig waren vor allem die wesentlich kleineren festgestellten Querdehnungen gegenüber den nicht eingefaßten Fugen.

4.2 Prüfverhalten der exzentrisch belasteten Probestützen

In der zweiten Versuchsreihe wurden breitere Probestützen belastet (s. Bild 12). Die exzentrisch belasteten Stützen *ohne Fugenmanschette* zeigten die genannten Beschädigungen ausnahmslos an der gedrückten Fugenseite und den zugehörigen Stützenaußenkanten (s. Bild 13). Lediglich vor dem endgültigen Versagen riß die gegenüberliegende „Zugseite" in der Mörtelfuge deutlich auf.

Die exzentrisch belasteten *eingefaßten* Fugenkonstruktionen überraschten durch die geringen sichtbaren Schäden,

Bild 6. Stütze 4 bei 30 N/mm² Belastung

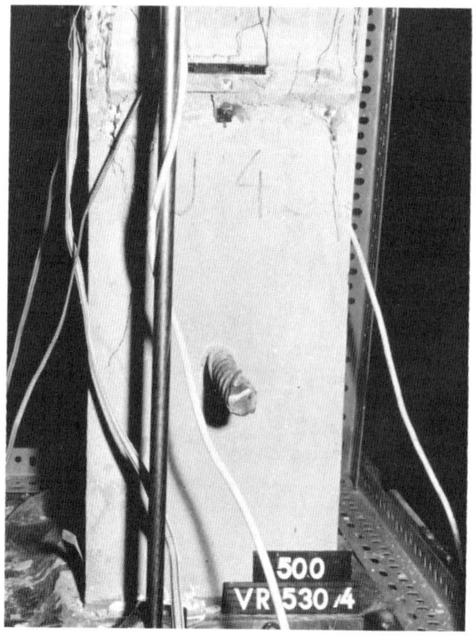

Bild 7. Stütze 4 bei 50 N/mm² Belastung (Bruchlast 59 N/mm²)

Bild 8. Bruchbild Stütze 1

Bild 9. Ungewollte Schiefstellung bei Stütze 6

Bild 10. Nach dem Bruch freigelegte Bewehrung bei Stütze 11

Bild 11. Stütze 10 mit Fugenmanschette nach dem Bruch

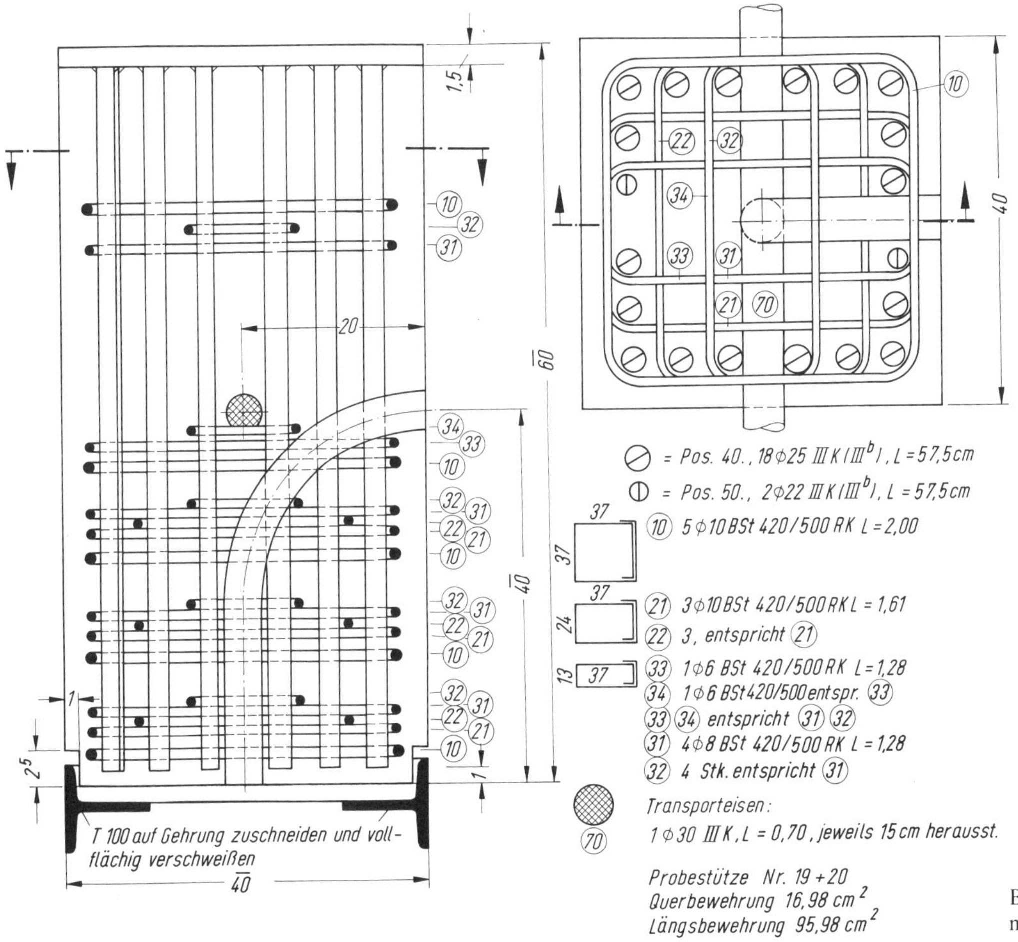

Bild 12. Bewehrung und Fugenmanschette bei Stütze 19

die nur an den Druckseiten ober- und unterhalb der Manschette und an den angrenzenden Vertikalkanten auftraten. Die Stützen 721 und 722 wurden unter Vertauschung der Druck- und Zugseiten mit $e = d/3$ noch einmal belastet, da bei $e = d/4$ die Grenztragkraft über der Höchstlast der Presse lag (s. Bild 14). Allgemein wurde die Grenzlast z. T. durch weites Aufklaffen der „Zugseite" angekündigt. In einigen Fällen drehten sich aber die Probestützen plötzlich und überraschend aus der Versuchsvorrichtung (s. Bild 15). Sicherheitshalber wurden deshalb einige Versuche vorzeitig beim ersten Aufklaffen der Zugseite abgebrochen.
Eine Übersicht über die erreichten Bruchlasten ist in Tabelle 1 und 2 zu finden.

4.3 Nachversuche

In einer weiteren Versuchsreihe wurden 4 Fugenkonstruktionen zwischen Stützen und Fundamentplatten mit und ohne Vertiefung (siehe Bild 16) untersucht. Die Ausführung der Stützen entsprach weitgehend Abschn. 2, lediglich die Fugenhöhe wurde im Hinblick auf die bei Fundamenten üblichen Toleranzen sicherheitshalber ungünstiger angenommen.

Die Versuchsergebnisse (vgl. Tab. 2) und das Verhalten während der Bruchversuche lassen folgende Schlüsse zu:

Bei *nicht* eingeschlossenen Fugen macht sich der positive Einfluß der (konstruktiv bewehrten) Grundplatte trotz der ungünstigeren Fugenhöhe bemerkbar. Wegen der geringen Versuchszahlen ist allerdings eine gesonderte Behandlung bei der Bemessung noch nicht zu vertreten. Bei den in die Fundamentplatte *eingelassenen* Fugen liegen nach den Versuchsbeobachtungen und Meßwerten gleiche Verhältnisse wie bei den mit Manschetten eingefaßten Fugen vor. Wie dort konnte die Fuge die gesamte Stützentragkraft übertragen.

Tabelle 1: Übersicht über die erreichten Bruchlasten bei nicht eingefaßten Fugen

1	2	3	4	5	6	7	8	9	10	11
Vers. Nr.	Abm.	β_{Wb}	μ_L	$A_{s\,Bü}$	μ_q	k'	max. σ_{Br}	$\frac{\sigma_{Br}}{2{,}5}$	α**)	zul σ_F**)
—	—	N/mm²	%	cm²	%	—	N/mm²	N/mm²	—	N/mm²
1	A 1	67,3	6,14	13,1	2,1	1,0	67,8	27,1	0,931	25,2
3	A 1	67,3	6,14	8,8	1,41	1,0	63,5	25,4	0,931	23,7
5	A 1	67,3	6,14	8,8	1,41	1,0	60,3	24,1	0,931	22,4
6	A 1	67,3	6,14	8,8	1,41	> 1,0	(50,4)	(20,1)	—	—
2	A 1	61,1	6,14	13,1	2,1	1,0	57,3	23,0	0,982	22,6
4	A 1	61,1	6,14	8,8	1,41	1,0	59,0	23,6	0,982	23,2
7	A 1	61,1	6,14	6,5	1,04	1,0	53,8	21,5	0,982	21,1
8	A 1	61,1	6,14	6,5	1,04	1,0	50,2	20,1	0,982	19,7
11	A 1	61,3	6,14	8,8	1,41	1,0	58,5	23,4	0,982	23,0
12	A 1	61,3	6,14	8,8	1,41	1,0	55,8	22,3	0,982	21,9
13	A 3	70,9	6,0	22,4	1,4	2,67	57,4	23,0	0,915	21,1
14	A 3	70,9	6,0	22,4	1,4	2,67	60,8	24,3	0,915	22,2
V a	A 2	58,0	2,71	6,8*)	0,87	1,0	49,7	19,8	1,05	20,7
	A 2	58,0	2,71	4,8*)	0,61	1,0	45,7	18,3	1,05	19,2
V b	A 2	58,0	5,42	10,2*)	1,30	1,0	60,7	24,2	1,06	25,6
	A 2	58,0	5,42	7,2*)	0,92	1,0	51,0	20,4	1,06	21,6
VI a	A 2	41,5	2,71	6,8*)	0,87	1,0	35,1	14,0	1,0	
	A 2	41,5	2,71	4,8*)	0,61	1,0	35,1	14,0	1,0	14,0
VI b	A 2	41,5	5,42	10,2*)	1,3	1,0	41,8	16,7	1,03	17,2
	A 2	41,5	5,42	7,2*)	0,92	1,0	40,4	16,1	1,03	16,6

*) St IV = St III; St I ≙ 0,52 St III.
**) Bezeichnungen und Erläuterungen siehe Abschn. 2 bzw. 6 ff. V und VI Vergleichswerte nach Beck [3]
Abmessungen ($2 \times b \cdot b \cdot H$): A 1 = 2 × 25/25/50
A 2 = 2 × 28/28/60
A 3 = 2 × 40/40/60
$k' = d/[d'(1 - 2\,e'/d')]$; $d' = d - c$; $e' = e + c/2$

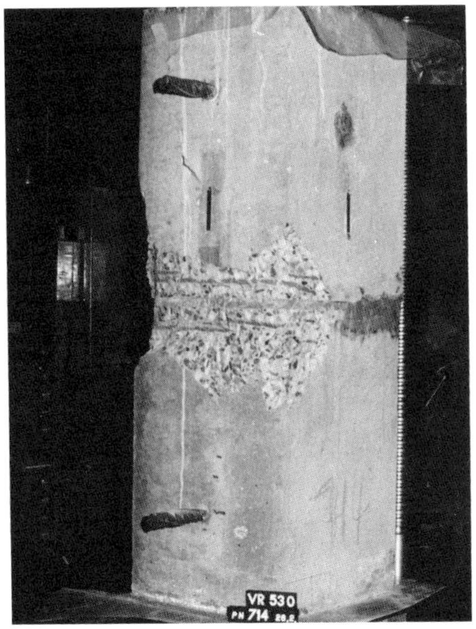

Bild 13. Exzentrisch belastete Stütze ohne Fugeneinfassung, Druckseite nach der Grenzlast

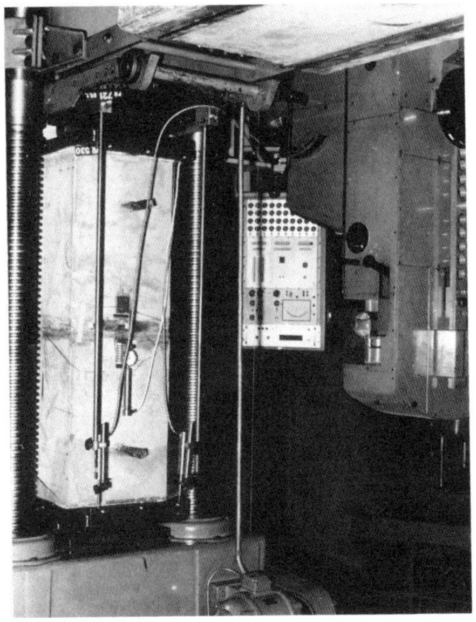

Bild 14. Eingefaßte Fuge bei Stütze 21 (1. Belastung mit $e = d/4$ bei 5 000 kN Last)

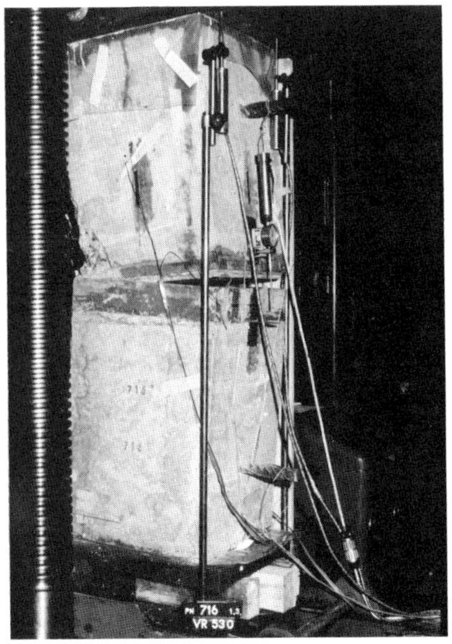

Bild 15. Probestütze 16 nach der Grenzlast (linke Seite mit Kantenabplatzungen, rechte Seite weit aufklaffend)

Tabelle 2: Übersicht über die erreichten Bruchspannungen bei eingefaßten Fugen

1	2	3	4	5	6	7	8	9	10	11
Vers. Nr.	Abm.	β_{Wb}	μ_L	μ_q	Profil	k	max σ_{Br}	$\frac{\sigma_{Br}}{2,5}$	$\bar{\sigma}_F$	$\frac{9}{10}$
—	—	N/mm²	%	%	—	—	N/mm²	N/mm²	N/mm²	—
9	A 1	67,3	6,14	1,04	T	1,0	73,1	34,8	27,3	1,27
10	A 1	61,1	6,14	1,04	50	1,0	67,5	27,0	25,9	1,04
15	A 3	62,1	6,0	1,04	T	3,0	72,3	28,9	25,9	1,12
16	A 3	62,1	6,0	1,04	80	3,0	67,8	27,1	25,9	1,05
17	A 3	70,8	6,0	1,04	T	3,0	54,3	21,7	27,8	0,78
18	A 3	70,8	6,0	1,04	45	3,0	54,0	21,7	27,8	0,78
19	A 3	63,8	6,0	1,04	T	3,0	75,6	30,3	26,3	1,15
20	A 3	63,8	6,0	1,04	100	3,0	75,9	30,3	26,3	1,15
21	A 3	70,8	6,0	1,04	T	2,0	>62,6	>25,0	27,8	0,90
22	A 3	70,8	6,0	1,04	45	2,0	>62,6	>25,0	27,8	0,90
21	A 3	70,8	6,0	1,04	plus	3,0	59,4*)	23,8	27,8	0,86
22	A 3	70,8	6,0	1,04	Z	3,0	60,9*)	24,4	27,8	0,88
101	A 4	35,3	4,0	1,22	—	1,0	42,3	16,9	17,2	0,98
102	A 4	35,3	4,0	1,22	V	1,0	46,3	18,5	17,2	1,07
111	A 4	35,3	4,0	1,22	V	1,0	50,0	20,0	17,2	1,16
112	A 4	35,3	4,0	1,22	—	1,0	37,3	14,9	17,2	0,86

Bemerkungen wie zu Tabelle 1

zu Spalte 2: A 4 = 20/20/40 auf Bodenplatte (Nachversuche)

zu Spalte 6: Fugeneinfassung durch Profilstahlmanschette (z. T. mit Zugband (Z)) oder Vertiefung in der Bodenplatte (V)

zu Spalte 7: $k = 1/(1 - 2\,e/d)$; $e = M/N$

zu Spalte 11: Verhältnis der erreichten Fugenspannung zur rechnerisch zulässigen Stützenspannung bezogen auf vorh β_{Wb} und μ_L.

*) mehrfach belastet

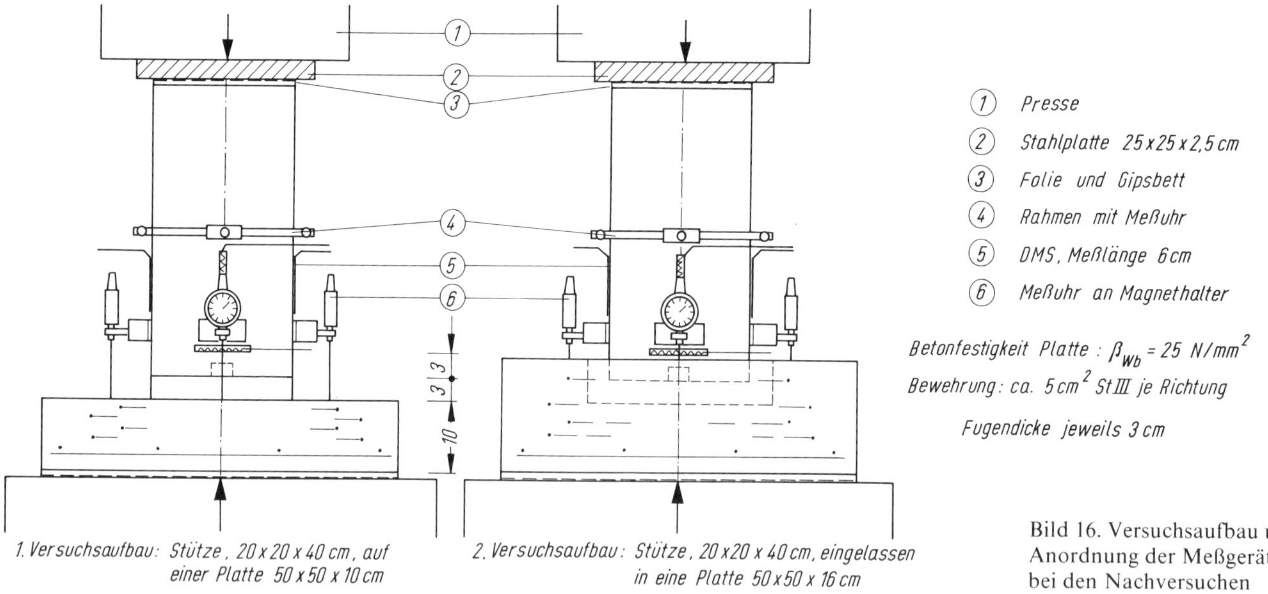

Bild 16. Versuchsaufbau und Anordnung der Meßgeräte bei den Nachversuchen

5 Bemessungsansätze

5.1 Zentrisch belastete quadratische Querschnitte

Wie unter Abschn. 1 ausgeführt, setzt sich die Spaltzugkraft Z im Fugenanschlußbereich aus mehreren Anteilen zusammen.

Der *wichtigste Anteil* ergibt sich aus der Umlenkung des Stahltraganteiles F_s um rd. $b/4$. Vereinfacht kann die Spaltzugkraft nach dem Fachwerkmodell in Bild 17 angesetzt werden. Das Ergebnis entspricht hinreichend genau der von SCHÄFER/BRANDT in [11] nach einem Ersatzscheibenmodell ermittelten Zugkraft.

$$Z_1 = 0{,}5 \cdot F_s/4 \simeq 0{,}12 \cdot F_s =$$
$$= 0{,}12 \cdot A_s \cdot \sigma_s =$$
$$= 0{,}12 \cdot \mu \cdot A \cdot \sigma_s/100, \qquad \mu \text{ in } [\%]$$

Bezeichnungen wie unter Abschn. 2; F_s = Traganteil der Längsbewehrung; σ_s = Stahlspannung in der Längsbewehrung der Stütze.

Ebenso kann der *zweite Anteil*, die Umlenkkraft Z_2, für den Betontraganteil F_{bM} der abplatzenden Betonschale angegeben werden. Mit einem zusätzlichen Korrekturfaktor f wird bei der behandelten Fugenkonstruktion in Übereinstimmung mit den Meßergebnissen berücksichtigt, daß einerseits bei Fugenspannungen $\sigma_F = F/A \leq \beta_R/2{,}1$ keine Umlenkung erforderlich ist, daß aber andererseits mit ansteigenden Spannungen $\sigma_F > \beta_R/2{,}1$ Unsicherheiten ausgeglichen werden müssen, die sich zum Beispiel aus der gewählten Querbewehrungsart und der konstruktiv gewünschten gleichmäßigen Verteilung der Querbewehrung unabhängig von der genauen Verteilung bzw. Lage der Spaltzugkräfte ergeben.

$$Z_2 = 0{,}5 \cdot f \cdot F_{bM}/4 \cong 0{,}12 \cdot f \cdot F_{bM}$$

$$F_{bM} = \sigma_b \cdot (A - A_k)$$

σ_b = Betonspannung in der Stütze oberhalb des Fugenanschlußbereiches

A_k = wirksamer Kernquerschnitt = $(b - 2\,c)^2$ $\cong 0{,}66\,A$ (für $c = 0{,}1$ b = Betondeckung der Längsbewehrung)

$$f = (\sigma_F \cdot 2{,}1/\beta_R - 1) \cdot \sigma_F \cdot 2{,}1/\beta_R > 0$$

$$f > 1{,}0 \quad \text{für } \sigma_F > 1{,}62 \cdot \beta_R/2{,}1 = 0{,}77\,\beta_R$$

$$Z_2 \cong 0{,}04 \cdot f \cdot \sigma_b \cdot A$$

Die *dritte Querzugkraft* ergibt sich aus der „Umschnürung" des überlasteten Fugenmörtels und des Betons im Fugenanschlußbereich. Die Querdehnungsbehinderung durch die Umschnürung muß so groß sein, daß sich im überlasteten Bereich keine höhere Querdehnung einstellt als im

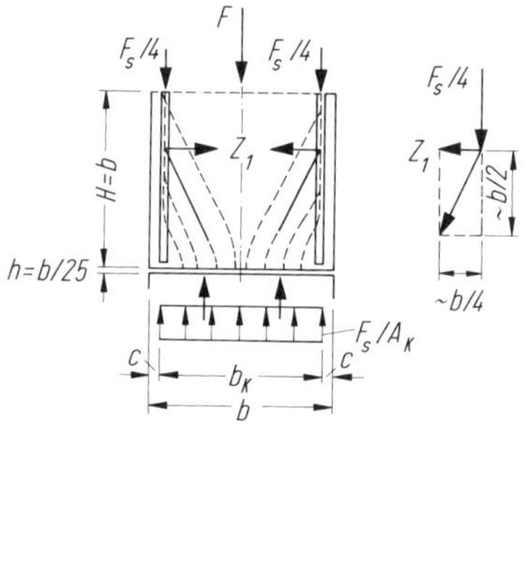

Bild 17. Umlenkkräfte im Fugenübergangsbereich

Stützenbereich. Die für $\Delta\varepsilon_x = 0$ erforderlichen maximalen Querdruckspannungen betragen:

$$\max \sigma_x \leq \nu \cdot \Delta\sigma_z \quad \text{(vgl. Bild 18)}$$

ν = Querdehnungszahl = $1/2\gamma$;

γ s. DIN 1045, Abschn. 17.3.2 (Ausg. 1972)

= 0,26 für B 55

$$\Delta\sigma_z = (\sigma_F \cdot A/A_k) - \sigma_b\,; \qquad A/A_k = 1/0{,}66 \cong 1{,}5$$

$$\max \sigma_x = \nu \cdot (\sigma_F \cdot 1{,}5 - \sigma_b).$$

Geht man näherungsweise von einer linearen Abnahme der Querspannungen mit $\sigma_x = 0$ am Ende des Fugenanschlußbereiches mit der Höhe $H = b$ aus, und verwendet wiederum den o. g. Faktor f, da eine Überlastung des Betons erst bei $\sigma_F > \beta_R/2{,}1$ auftritt, so ergibt sich die Reaktionskraft in der Bewehrung Z_3 wie folgt:

$$Z_3 = f \cdot \max \sigma_x \cdot (b - 2\,c) \cdot b/2\,; \qquad (b - 2\,c) = 0{,}8\,b$$

$$= 0{,}40 \cdot f \cdot \nu \cdot (\sigma_F \cdot 1{,}5 - \sigma_b) \cdot A$$

Die erforderlichen Querbewehrungsprozentsätze errechnen sich aus den Zugkräften mit $\beta_{0,2} = 420{,}0$ [N/mm²] der Bügelbewehrung zu:

$$\text{erf} \cdot \mu_q = A_{s\,Bü} \cdot 100/A = Z \cdot 2{,}1 \cdot 100/(A \cdot 420{,}0)$$

$$\mu_{q\,1} = 0{,}12 \cdot \mu \cdot \sigma_s \cdot 2{,}1/420{,}0\ [\%]$$

$$\mu_{q\,2} = 0{,}04 \cdot f \cdot \sigma_b \cdot 2{,}1/4{,}2\ [\%]$$

$$\mu_{q\,3} = 0{,}4 \cdot f \cdot \nu(\sigma_F \cdot 1{,}5 - \sigma_b) \cdot 2{,}1/4{,}2\ [\%]\,.$$

Die drei Anteile können in Anbetracht der Näherungsansätze addiert werden, und die ermittelte Querbewehrung kann unabhängig von der angenommenen Lage und Größe der Einzelkomponenten gleichmäßig verteilt werden.

Die Auswertung der drei Gleichungen für μ_q kann mit Hilfe der Beziehung für die Stützentraglast vorgenommen werden.

$$F/A = \sigma_F = \sigma_b(1 - \mu/100) + \sigma_s \cdot \mu/100$$

$$\sigma_s = \varepsilon_s \cdot E_s\,; \qquad \varepsilon_s = \varepsilon_b$$

Die Betondehnung ε_b wird für den 2,1-fachen Betrag einer angenommenen Betonspannung σ_b aus dem Parabel-Rechteck-Diagramm der betreffenden Betonfestigkeitsklasse entnommen und somit σ_s und σ_F und μ_{q1} bis μ_{q3} für die gewählte Betonspannung bestimmt.

Mit den angegebenen Beziehungen sind die erforderlichen Querbewehrungsprozentsätze für die drei höheren Betonfestigkeitsklassen lt. DIN 1045 und einzelne Längsbewehrungsprozentsätze ermittelt und grafisch im Diagramm Bild 19 wiedergegeben. Ein Vergleich mit den Meßergebnissen der Bruchbelastungen zeigt hinreichende Übereinstimmung (vgl. Abschn. 6.1) bei Sicherheiten größer gleich 2,5.

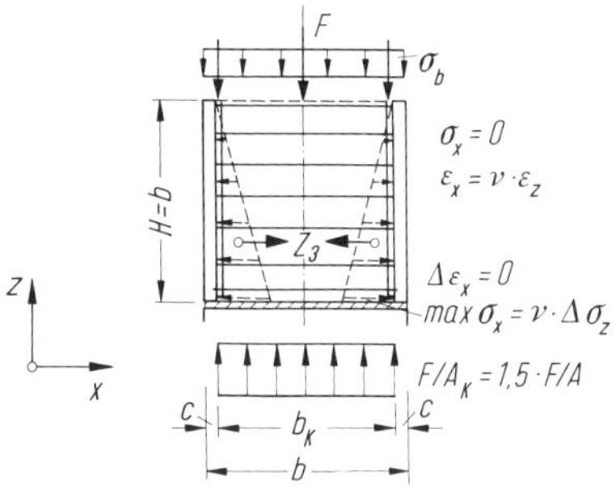

Bild 18. Umschnürungskräfte im überlasteten Fugenanschlußbereich

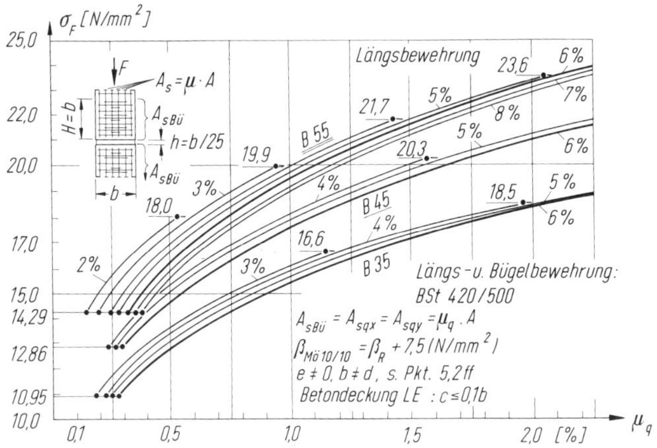

Bild 19. Bemessungsdiagramm für die Querbewehrung in Abhängigkeit von der Fugenbelastung

Vergleicht man die erforderliche Querbewehrung nach Bild 19 mit den in [11] angegebenen Bemessungsvorschlägen, so sind folgende Tendenzen feststellbar:

1. Bei Längsbewehrungen über 3—4 % wird nach [11] die Querbewehrung wesentlich geringer als nach Bild 19. Die Bemessungsansätze liegen durch den für die betreffende Bewehrungsart notwendigen Faktor f auf der sicheren Seite.

2. Für kleinere Längsbewehrungen, $\mu < 3$ %, ergeben sich nach [11] geringfügig höhere Querbewehrungsprozentsätze. Dazu ist allerdings zu bemerken, daß dort der Anteil von μ_{q2}, der aus dem Abplatzen der Betonschale resultiert, konstant für hohe und kleine Fugenlasten — nur als Funktion von A/A_k — angenommen worden ist. Hierdurch ergeben sich gerade bei kleineren Fugenüberlastungen bzw. Längsbewehrungen widersprüchlich hohe Querbewehrungen mit einem theoretischen Grenzwert bei $\mu \geq 0$ von $\mu_q = 0{,}5$ % (für $A/A_k = 1{,}5$).

5.2 Rechteckquerschnitte

Bei flächengleichen Rechteck-Betonprismen gleicher Höhe bleibt nach Walz (s. [12]) der Einfluß der Seitenverhältnisse auf die Tragfähigkeit gering. Auch Paschen/Zillich [9] haben keinen nennenswerten Einfluß der Seitenverhält-

nisse auf die Fugentragkraft festgestellt. Für die Umlenkungs- und Umschnürungskräfte im Fugenanschlußbereich ergeben sich allerdings abweichende Beziehungen für Z_1 bis Z_3 bzw. die daraus resultierende Querbewehrung, die für die x- und y-Richtung unterschiedlich wird.

Nach Schäfer/Brandt [11] kann die je Richtung erforderliche Querbewehrung durch Umrechnung der Querbewehrung $A_{s\,Bü}$ erfolgen, die sich bei gleicher Last für jede Richtung eines flächengleichen quadratischen Querschnittes — z. B. nach dem Bemessungsdiagramm Bild 19 — ergibt.

$$A_{s\,Bü\,x} = \frac{b}{d+b} \cdot 2 \cdot A_{s\,Bü} \quad \text{(Bezeichnungen s. Bild 20)}$$

$$A_{s\,Bü\,y} = \frac{d}{d+b} \cdot 2 \cdot A_{s\,Bü}$$

$$A_{s\,Bü} = \mu_q \cdot A/100$$

μ_q für $\sigma_F = F/(b \cdot d)$ aus Bild 19 entnommen.

Die Umrechnung im o. g. Verhältnis der betreffenden Seitenlänge zum Umfang ergibt sich u. a. aus der gleichmäßigen Verteilung der Stahl- und Mantelbetontraganteile längs des Umfangs.

5.3 Exzentrisch belastete Querschnitte

Nach den Versuchsergebnissen ist es berechtigt, die für die Fugenrandspannung σ_R erforderliche Querbewehrung näherungsweise wie für eine gleichgroße Fugenspannung infolge zentrischer Belastung zu ermitteln. Für Exzentrizitäten bezogen auf die Seite d ergibt sich die maximale Fugenrandspannung im Bruchzustand aus Bild 21 (Spannungsdehnungslinie gemäß Parabel-Rechteck-Diagramm):

$$M/F = e = (0{,}5 - 0{,}416 \cdot x)\, d$$

$$x = (1 - 2\,e/d)/0{,}832$$

$$F = \sigma_R \cdot b \cdot d \cdot x \cdot 0{,}81$$

$$F = \sigma_R \cdot b \cdot d \cdot (1 - 2\,e/d) \cdot 0{,}97$$

$$\sigma_R \cong F/[b \cdot d \cdot (1 - 2\,e/d)]$$

$$\sigma_R = k \cdot F/A\,; \quad k = 1/(1 - 2\,e/d)$$

Mit $\sigma_R = k \cdot F/A = k \cdot \sigma_F$ kann der erforderliche Querbewehrungsprozentsatz aus Bild 19 entnommen werden.

Zusätzlich muß bei nicht eingefaßten Fugen das Abplatzen der außerhalb der Längsbewehrung liegenden Betonschale berücksichtigt werden. Wie oben ergibt sich mit den Bezeichnungen entsprechend Bild 21:

$$F = \sigma'_R \cdot b \cdot d' \cdot (1 - 2\,e'/d') \cdot 0{,}97$$

$$\sigma'_R = k' \cdot F/A\,; \quad k' \cong \frac{d}{d'(1 - 2\,e'/d')}$$

$$d' = d - c \quad \text{und} \quad e' = e + c/2$$

z. B. $d = 40\,\text{cm}$, $e = 10\,\text{cm}$, $c = 2{,}5\,\text{cm}$

$e' = 11{,}25$, $d' = 37{,}5$

$k' = 40/[37{,}5 \cdot (1 - 2 \cdot 11{,}25/37{,}5)] = 2{,}67$

(statt $k = 1/(1 - 2 \cdot 10/40) = 2{,}0$)

Die rechnerische Randspannung wird also durch die zusätzliche Exzentrizität bei verkleinertem Restquerschnitt erheblich vergrößert.

5.4 Bemessungsvorschlag für Profilstahlmanschetten

Aus den unter Abschn. 2.4 genannten Gründen wurden ebenfalls Fugen mit einer Formstahleinfassung aus T-Profilen geprüft. Zur Bemessung der Manschette wird als statisches System ein geschlossener Rahmen mit den Stützweiten $b - 2\,e_a$ bzw. $d - 2\,e_a$ vorgeschlagen und die Belastung entsprechend der Querdruckspannungsverteilung in der Fuge parabelförmig angenommen (s. Bild 22).

Der Maximalwert der Manschettenbelastung wird wie unter Abschn. 5.1 bei Z_3 aus der Behinderung der Querdehnung ermittelt.

$$max\,\sigma_x = \nu \cdot (\sigma_F - \sigma_b) \cong \nu \cdot (\sigma_F - \beta_R/2{,}1)$$

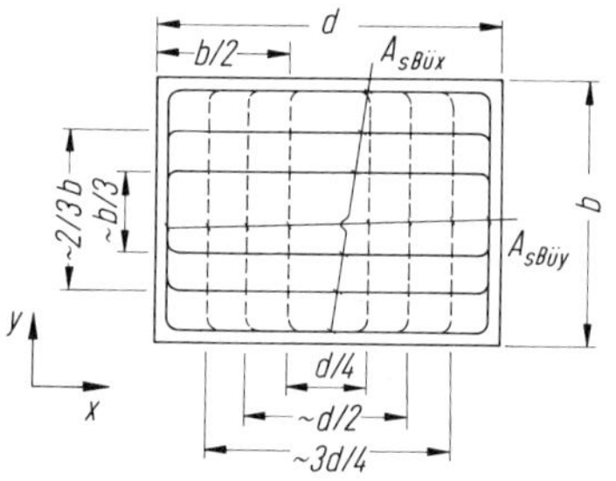
Bild 20. Bezeichnungen beim Rechteckquerschnitt

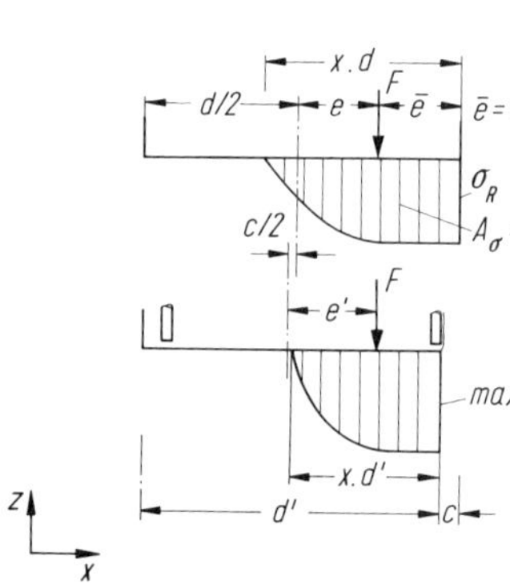
Bild 21. Randspannung bei exzentrischer Belastung mit und ohne Fugeneinfassung

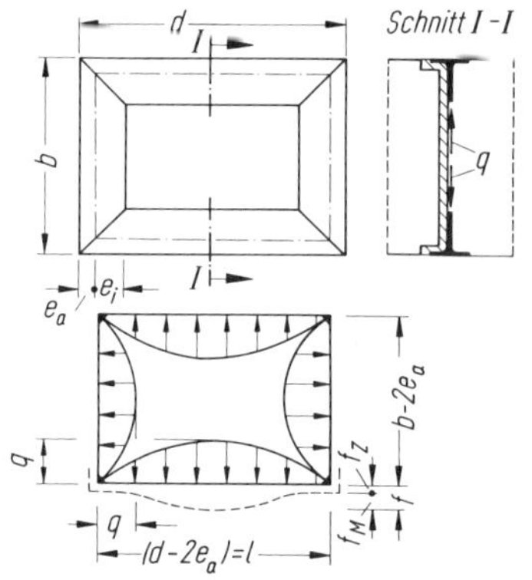
Bild 22. Statisches System und Belastung beim Näherungsansatz Fugenmanschette

Als Belastungshöhe wird für die Fuge und die direkten Anschlußbereiche in Übereinstimmung mit den Dehnungsmeßwerten die 6fache Fugenhöhe, d. h. rd. $b/4$ angenommen

$$q = \nu \cdot b \cdot (\sigma_F - \beta_R/2{,}1)/4$$

σ_F = max. Fugen- bzw. Fugenrandspannung

ν = Querdehnungszahl = 0,26 für B 55

$$q = 0{,}26 \cdot b(\sigma_F - \beta_R/2{,}1)/4$$

$$q = 0{,}065 \cdot b \cdot \Delta\sigma$$

Um eine wirksame Querdehnungsbehinderung zu erhalten, muß aber unbedingt die Verformung der Manschette begrenzt werden. Läßt man die gleiche Querdehnung im Fugenanschlußbereich wie in der Stütze zu, so beträgt die zulässige Querdehnung mit der Querdehnungszahl ν und der vertikalen Betonbruchstauchung $\varepsilon_z = 2$ ‰:

$$\text{zul}\,\varepsilon_x = \nu \cdot \text{zul}\,\varepsilon_z$$

bzw. die zul. Durchbiegung beträgt:

$$\text{zul}\,f \leq \text{zul}\,\varepsilon_x \cdot b/2 = \nu \cdot 2 \cdot 10^{-3} \cdot b/2 =$$
$$= \nu \cdot b \cdot 10^{-3}$$

Die zusätzlich zur Fugenmanschette anzuordnende Querbewehrung richtet sich nur nach der Höhe des Stahltraganteiles, da durch die Fugeneinfassung ein Abplatzen der Betonschale verhindert wird (vgl. Abschn. 5.1):

$$\mu_{q\,1} = 0{,}12\,\mu\,; \quad \mu_{q\,2} = 0$$

$$\mu_{q\,3} = 0{,}5 \cdot 0{,}4\,\nu(\sigma_F - \sigma_b) \cdot 2{,}1/4{,}2 \leq$$
$$\leq 0{,}2 \cdot \nu \cdot \sigma_s \cdot \mu \cdot 2{,}1/420{,}0 \leq$$
$$\leq 0{,}052 \cdot \mu \quad (\text{B 55; für B 35: } 0{,}06\,\mu)$$

Bei μ_3 ist der Faktor $f = 1{,}0$ gesetzt worden und außerdem angenommen worden, daß 50 % der Umschnürungskraft durch die Manschette aufgenommen wird. Die Gesamtquerbewehrung, die wie bei nicht eingefaßten Fugen angeordnet werden sollte, beträgt somit:

$$\text{erf}\,\mu_q \leq 0{,}17\,\mu\,[\%] \quad (\text{B 35: } 0{,}18\,\mu)$$

Für die untersuchten Versuchsstützen mit $\mu \cong 6$ % ergibt sich:

$$\text{erf}\,\mu_q = 0{,}17 \cdot 6 \cong 1{,}04\,[\%] = \text{vorh}\,\mu_q$$

5.5 In Fundamentplatten eingelassene Fugen

Nach den Ausführungen unter Abschn. 4.3 ist eine Übertragung der vollen Stützentragkraft durch die Versuchsergebnisse und das Prüfverhalten der Probestützen vertretbar. Die Vertiefung sollte geradwinklig mit mehr als 5,0 cm Tiefe ausgeführt werden. Die Fugenhöhe von $b/25$ braucht nicht eingehalten zu werden. Es muß allerdings eine Mindesteinfassungshöhe von 3 cm vorgesehen werden.

Die erf. Querbewehrung sollte wie oben — allerdings wegen des geringen Versuchsumfanges mit einem Erhöhungsfaktor $\sigma_F \cdot 2{,}1/\beta_R$ — angesetzt werden:

$$\text{erf}\,\mu_q = 0{,}18 \cdot \mu \cdot \sigma_F \cdot 2{,}1/\beta_R$$

z. B. für die Versuchsstützen mit $\mu = 4$ %, B 35

$$\text{erf}\,\mu_q = 0{,}18 \cdot 4{,}0 \cdot 18{,}5 \cdot 2{,}1/23{,}0$$

$$\text{erf}\,\mu_q = 1{,}21\,\% \cong 1{,}22 = \text{vorh}\,\mu_q$$

Eine Zusatzbewehrung ist i. d. R. für ausgedehnte Fundamentplatten nicht erforderlich. Bei kleineren Einzelfundamenten und schmalen Streifenfundamenten sollte nachgewiesen werden, ob die Last q entsprechend Abschn. 5.4 durch Bewehrung aufgenommen werden muß.

6 Vergleich der Meßergebnisse mit den rechnerischen Werten

6.1 Nicht eingefaßte Fugen

In Tabelle 1 sind die maximalen Bruchspannungen der Mörtelfugen der 1. und 2. Versuchsreihe wiedergegeben. Ungewollte Exzentrizitäten, wie z. B. auf Bild 9 zu sehen, mit höheren Eckspannungen sind nicht berücksichtigt worden.

Die erreichten σ_{Br}-Werte dividiert durch einen Sicherheitsbeiwert von 2,5 (siehe Spalte 9) sind fast alle größer als die betreffenden zulässigen Werte des Bemessungsdiagramms Bild 19. Der Sicherheitsbeiwert $2{,}5 \cong 2{,}1/0{,}85$ wurde gewählt, um den in der Rechenfestigkeit β_R entsprechend DIN 1045 enthaltenen Teilfaktor 0,85 — zur Erfassung der ungünstigen Wirkung von Dauerlasten — zu berücksichtigen.

Da die Längsbewehrungsprozentsätze μ und die Würfelserienfestigkeiten $\beta_{W,b}$ der Probestützen den entsprechenden Richtwerten des Bemessungsdiagramms nicht genau entsprachen, wurde $\sigma_F = \sigma_{Br}/2{,}5$ im Verhältnis α der Nenntragkraft zur Bezugstragkraft umgerechnet, z. B.:

Nennspannung für B 55 und $\mu = 6$ %:

$$\sigma_{FN} = [\beta_R(1 - \mu/100) + \mu \cdot \beta_{0,2}/100]/2{,}1\,;$$
$$\beta_R = 0{,}5 \cdot \beta_{W,b}$$
$$= (30{,}0 \cdot 0{,}94 + 6{,}0 \cdot 4{,}2)/2{,}1 = 25{,}4\ \text{MN/m}^2$$

Bezugsspannung für Versuch Nr. 1 ($\beta_{W,b} = 67{,}3$; $\mu = 6{,}14$ %):

$$\bar{\sigma}_F = (0{,}5 \cdot 67{,}3 \cdot 0{,}9386 + 6{,}14 \cdot 4{,}2)/2{,}1 =$$
$$= 27{,}3\ \text{MN/m}^2$$

$$\alpha = \sigma_{FN}/\bar{\sigma}_F = 25{,}4/27{,}3 =$$
$$= 0{,}931 \quad (\text{siehe Spalte 10}).$$

Die bezogene zulässige Fugenspannung $\sigma_F = \alpha \cdot \sigma_{Br}/2{,}5$ ist in der letzten Spalte der Tabelle 1 angegeben. Die erhal-

tenen Mittelwerte für die einzelnen Querbewehrungsprozentsätze liegen 2—5 % über den Werten des Bemessungsdiagramms, wobei auch die schlechtesten Werte i. d. R. auf oder gerade unter der zugehörigen Kurve liegen.

Die Vergleichswerte nach [3] sind nicht direkt mit den Werten des Bemessungsbildes 19 vergleichbar, da erhebliche Unterschiede in der Fugenhöhe, Betonüberdeckung, Bügelbewehrung (St IV und St I) und Anordnung der Längseisen bestehen.

6.2 Eingefaßte Fugen

Eine Zusammenfassung der Meßergebnisse ist in Tabelle 2 zu finden. Alle Fugenkonstruktionen mit ausreichend entsprechend Abschn. 5.4 bemessenen Manschetten erreichten bei 2,5facher Sicherheit größere Spannungen — am Rand oder bei $e = 0$ überall im Querschnitt — als die für die tatsächliche Betonfestigkeit und vorh. Längsbewehrung errechnete Bezugsspannung $\bar{\sigma}_F$. Ein Vergleich der während der Versuche durch Dehnmeßstreifen gemessenen Stahldehnungen mit errechneten Werten, die nach dem Bemessungsvorschlag Abschn. 5.4 ermittelt wurden, zeigt für die ausreichend dimensionierten Manschetten eine gute Übereinstimmung.

Bei den Probestützen mit bewußt zu klein gewählten Einfassungsprofilen (T 45) wurde die rechnerische Bezugsspannung $\bar{\sigma}_F$ nicht erreicht; der Quotient in Spalte 11 ist kleiner 1,0. Neben der evtl. zu geringen Fugeneinfassungshöhe dürfte der Hauptgrund in der für die vorgeschlagene Verformungsbegrenzung nicht ausreichenden Bemessung zu suchen sein.

7 Zusammenfassung

Um weitere Kenntnisse über die Tragfähigkeit dünner Mörtelfugen bei gestoßenen Stahlbetonfertigteilstützen zu erhalten, wurden mittige und exzentrische Bruchbelastungen an Fugen zwischen werksmäßig hergestellten Stützenteilen vorgenommen. Für die Aufnahme der Spaltzugkräfte in den Fugenanschlußbereichen wurden zwei Möglichkeiten herausgegriffen:

1. Es wurden verstärkte Querbewehrungen aus netzförmig angeordneten Bügeln geprüft.
2. Es wurden für Sonderfälle einzelner hochbeanspruchter Stützen Fugeneinfassungen z. B. aus Profilstahlmanschetten untersucht.

Durch die erhaltenen Meßergebnisse bestätigte sich die tragfähigkeitserhöhende Wirkung der Querbewehrung und der Fugenmanschette. Bei den Fugen mit Stahlmanschetteneinfassung konnten sogar die Gesamttragkräfte der aus B 55 mit 6 % Längsbewehrung hergestellten Probestützen durch die Mörtelfugen übertragen werden.

Aus den erreichten Bruchlasten wurden unter Berücksichtigung zugänglicher theoretischer und praktischer Untersuchungen anderer Autoren die unter Abschn. 5 zu findenden Bemessungsvorschläge zur Aufnahme der Spaltzugkräfte in den Fugenanschlußbereichen abgeleitet.

Aufgrund der durchgeführten Bruchbelastungen ist eine Überschreitung der in DIN 1045 angegebenen zulässigen Fugenpressungen bei den beschriebenen und vergleichbaren Fugenkonstruktionen möglich, wenn die erforderlichen Voraussetzungen eingehalten und die notwendige Querbewehrung nach dem Bemessungsdiagramm Bild 19 ermittelt oder wenn eine Fugeneinfassung angeordnet und entsprechend Abschn. 5.4 ausreichend bemessen wird.

Literatur

[1] Auslegungsausschuß DIN 1045 zu Abschnitt 17.3.4. Beton- und Stahlbetonbau, Heft 1, 1974.

[2] Basler, E. und Witta, E.: Grundlagen für kraftschlüssige Verbindung in der Vorfabrikation. Beton-Verlag, Düsseldorf 1967.

[3] Beck, H., Henzel, J. und Nicolay, J.: Zur Tragfähigkeit stumpf gestoßener Fertigteilstützen. Aus Theorie und Praxis des Stahlbetonbaues. Festschrift zum 65. Geburtstag von Professor Dr.-Ing. G. Franz, Verlag W. Ernst u. Sohn, Berlin 1969.

[4] Beck, H. und Rohn, G.: Ein Konstruktionssystem für Geschoßbauten. Beton, Heft 10, 1968.

[5] Grasser, E. und Daschner, F.: Die Druckfestigkeit von Mörtelfugen zwischen Betonfertigteilen. DAfStb, Heft 221, Verlag W. Ernst u. Sohn, 1972

[6] Hahn, V. und Hornung, K.: Untersuchungen von Mörtelfugen unter vorgefertigten Stahlbetonstützen. Betonstein-Zeitung, Heft 11, 1968.

[7] v. Halász, R. und Tantow, G.: Ausbildung der Fugen im Großtafelbau. Berichte aus der Bauforschung, Heft 39, 1964, Verlag W. Ernst u. Sohn.

[8] v. Halász, R. und Bohle, H.: Tragfähigkeit von flachen Mörtelfugen stumpf gestoßener Stahlbetonfertigteilstützen. Untersuchung an der Technischen Universität Berlin, Institut für Baukonstruktionen und Festigkeit. Teil 1 1972, Teil 2 1973/74, Zusammenfassung 1975.

[9] Paschen, H. und Zillich, V. C.: Forschungsbericht Versuche zur Ermittlung vorteilhafter Formen für die Ausbildung von Stößen in Stahlbetonfertigstützen und Erarbeitung von Bemessungsansätzen und Hilfsmittel für die Behandlung solcher Stöße, TU Braunschweig 1978. Verlag: Informationsverbundzentrum Raum und Bau der Fraunhofer-Gesellschaft.

[10] Stiller, M.: Die Bemessung von Mörtelfugen. Betonstein-Zeitung, Heft 6, 1970.

[11] Schäfer, G. und Brandt, B.: Verbindungen von Stahlbetonfertigteilstützen. Forschungsreihe der Bauindustrie, Band 18, 1974.

[12] Walz, K.: Gestaltfestigkeit von Betonkörpern. DAfStb, Heft 122, Verlag W. Ernst u. Sohn, 1957.

[13] Franke, H.: Ein neungeschossiges Bürogebäude aus Stahlbetonfertigteilen. Bautechnik, Heft 2, 1967.

Georges Herrmann

Berichte und Überlegungen vom industriellen Wohnungsbau aus Frankreich

Stand, Fortschritte und wirtschaftliche Probleme

Vorwort

Herr Professor von Halász hat von Anfang an an der Entwicklung der Großplattenbauweise in Frankreich vielseitig und aktiv mitgewirkt. Dies gibt einem Ingenieur-Kollegen aus Frankreich*) den Anlaß, zu der Vollendung des 75. Lebensjahres des sehr verehrten Professor von Halász einen Beitrag zum Thema „Prefabrication" (Vorfertigung) aus der Sicht des Nachbarlandes Frankreich zu leisten.

Über die technischen Details der Vorfertigung ist umfangreich in fast allen Ländern und Sprachen berichtet worden. Herr Prof. von Halász selbst hat darüber vieles veröffentlicht, u. a. das Buch „Industrialisierung der Bautechnik" (erschienen im Werner-Verlag).

Nach dem Vorbild des großen französischen Ingenieurs Vauban wollen wir versuchen, die der Technik übergeordneten Wirtschaftszusammenhänge aufzuzeigen, deren Auswirkungen in der Praxis eine weitere Entwicklung im Bauwesen hemmen. Zuvor möchten wir aber den unbestrittenen Stand der Errungenschaften der industriellen Großplattenbauweise festhalten, insbesondere die Anwendung im Wohnungsbau betreffend.

Der Eiffelturm — „Die Mutter der Vorfertigung"

Im Jahr 1887 wurde in Paris der Eiffelturm in Stahlkonstruktion errichtet. Alle 7 Millionen Stahlbohrungen der Eisenteile wurden in der Werkstatt hergestellt. Von den 2 Millionen Nieten, die das stolze Bauwerk tragen, wurden nur 800 000 auf der Baustelle geschlagen. Im Buch „Histoire de la Tour Eiffel" von Charles Braibant, Verlag Plon, kann man über diese für damalige Verhältnisse ungewöhnliche Baumethode folgendes lesen:

«... Il ne pouvait se douter qu'Eiffel n'enchanterait pas seulement son temps, mais l'avenir. En effet, c'est encore un de ses mérites qui sont loin d'avoir été mis en lumière comme il le faudrait, que cette prescience de l'art de bâtir en préfabriqué. Les visiteurs que la Tour recoit chaque année par centaines de milliers devront désormais saluer en elle la mère de cette méthode, qui fut si bénéfique pour l'habitat humain et le progrès social.» ...

Sinngemäße Übersetzung:

Man konnte sich damals nicht vorstellen, daß Eiffel nicht allein seine Zeit begeistern würde, sondern auch die Zukunft. Es ist nämlich auch eines seiner großen Verdienste — ein Verdienst, das nicht entsprechend erkannt wurde —, daß er die Kunst, mit vorgefertigten Teilen zu bauen, als erster entwickelt hat. Die Besucher, die der Eiffelturm jedes Jahr hunderttausendweise empfängt, müssen in diesem Bauwerk die Mutter dieser neuen Bauweise begrüßen, die so erfolgreich für das menschliche Wohnwesen und den sozialen Fortschritt war (Bild 2 und Bild 3).

Weiterhin berichtet das vorgenannte Buch, daß der zuständige Regierungsbeobachter Alfred Picard über diese

Bild 1. Werk Camus-Dietsch in Marienau-les-Forbach, Arbeitsstätte des Verfassers

*) Dipl.-Ing. Georges Herrmann, Direktor der Fa. Camus-Dietsch, Saargemünd, Lothringen (Frankreich) (Großplattenvorfertiger im schlüsselfertigen Wohnungsbau). Herr Camus ist leider im Januar 1980 plötzlich verstorben und konnte daher nicht, wie beabsichtigt, selber einen Beitrag in dieser Festschrift leisten. Wir gestatten uns zu erinnern, daß auf Einladung von Herrn Prof. von Halász am 2. 12. 1958 der Verfasser an der Technischen Universität Berlin erstmalig ein Referat über den Stand der Vorfertigung in Frankreich hielt. Damals waren in Frankreich 22 000 Wohnungen nach der Großplattenbauweise Camus errichtet worden (Bild 1). In Deutschland war der Wohnungsfertigbau zu diesem Zeitpunkt noch nicht angelaufen. Herr Prof. von Halász hat zum Start verholfen.

Bild 2. Blick nach „oben“ auf das stolze vorgefertigte Bauwerk Tour Eiffel, 1887 gebaut vom Ingenieur Eiffel in Paris

Bild 3. Blick nach „oben“ auf das vorgefertigte Großplattenbauwerk Tour de Pantin vom Ingenieur Camus, gebaut 1956

neue Bauweise beim Eiffelturm schon damals die einfache Frage stellte:

„Ist die Werkstattarbeit die bessere oder die Baustellenarbeit?“

93 Jahre nach der Errichtung des Eiffelturms scheint diese Fragestellung noch immer aktuell. Aufgrund unserer 30jährigen Erfahrung in der Großplattenbauweise wollen wir versuchen, eine Antwort zu finden. Wir müssen aber beachten, daß es hierzu viele Aspekte gibt, und daß diese Frage nicht allein von der technischen Seite her beantwortet werden kann.

Entwicklung der Vorfertigung

In dem Buch „Großtafelbauweise im Wohnungsbau“ von Prof. Dr. Gyula Sebestyén — erschienen 1969 im Werner-Verlag — wird ausgesagt: Von der jährlichen Weltwohnungsproduktion von etwa 15 Millionen Wohnungen werden insgesamt nur etwa 10 % vorgefertigt. Interessanterweise werden in der Sowjetunion etwa 80 % der gesamten Wohnungen industriell hergestellt. Es ist daher auch nicht erstaunlich, daß man in den letzten 10 Jahren in der UdSSR ganz bedeutende technische und wirtschaftliche Fortschritte auf dem Gebiet der Vorfertigung zu verzeichnen hat (Bilder 4 bis 6).

In Frankreich werden etwa 30 % der Wohnungen in verschiedenen Arten vorgefertigt, jedoch ist die Tendenz leicht rückläufig. Unbestreitbar darf für Europa gelten, daß es nach dem letzten Weltkrieg die Vorfertigung war, die die Wohnungsnot lindern half. Trotz Facharbeitermangel wurde das Wohnungs-Soll erfüllt durch Anwendung der industriellen Vorfertigung.

Bild 4. Alte Holzhäuser bei Leningrad

Bild 5. Vorfertigungswerk in Leningrad. Produktion: ca. 25 000 Wohneinheiten pro Jahr (auf der Wand Leistungen der Musterarbeiter)

Errungenschaften der Vorfertigung

Von den Errungenschaften der Vorfertigung und insbesondere der Großplattenbauweise in den letzten 20 Jahren möchten wir speziell für den Wohnungsbau festhalten:

1. Die exakt geplante Vorfertigung ermöglicht die schlüsselfertige Lieferung von Wohnungen zu Pauschalfestpreisen. Die Bauträger und Bauherren können dadurch eine exakte und risikolose Finanzplanung durchführen.
2. Die Vorfertigung ermöglicht kurze Lieferzeiten zu Fixterminen, wobei der Winterstillstand kaum zur Geltung kommt. Es entsteht somit eine geringe Zwischenfinanzierung und ein sehr rasch einsetzender Kapitalertrag.

   In diesem Zusammenhang möchten wir an ein Demonstrationsbauvorhaben erinnern, welches von der Firma Montagebau Thiele in Hamburg in der Großplattenbauweise Camus schlüsselfertig in 5 Tagen errichtet wurde (Bild 7).
3. Die Vorfertigungsbauweise hat gezeigt, daß sie bei angepaßter Serie und Kontinuität gegenüber identischen Bauwerken in der herkömmlichen Bauweise dem Bauherrn eine Kosteneinsparung erbringt.
4. Die Großplattenbauweise ist sowohl rentabel bei Hochhäusern von 30 Stockwerken, wie auch bei eingeschossigen Bungalows. Dieselbe Werkseinrichtung kann vielseitige Verwendungsmöglichkeiten aufweisen.
5. Das Verlegen der Bauarbeiten von der Baustelle ins Werk ist ein sozialer Fortschritt. Dies um so mehr, als der größte Teil der Arbeitskräfte keine hochwertigen Facharbeiter mit langer Schulung sein müssen, sondern ungelernte Arbeitskräfte, die jedoch Facharbeiterlöhne erhalten.
6. Die Werkstattsarbeit in der Vorfertigung ergibt große Genauigkeit und eine höhere Qualität des Endproduktes. Durch das schlüsselfertige Liefern hat der Bauträger oder Bauherr kein technisches Risiko mehr zu tragen. In diesem Zusammenhang sei noch zu erwähnen, daß die Vorfertigung durch die vielen Prüfungen der Zulassungsbehörden eine weitgehende Garantie bringt. Zu bemerken sei, daß durch dieses Verfahren der Zulassung in Frankreich eine 10jährige Garantie möglich wird, die durch eine Versicherung abgedeckt ist. Für die Zulassung der Großplattenbauweise hat Herr Prof. VON HALÁSZ einen beträchtlichen Beitrag geleistet.
7. Bei der Großplattenbauweise sind alle technischen Details, wie die der Verbindungen, Fugen, Kältebrükken usw. durch langjährige Praxis ausgereift. Auf diesem Gebiet hat Herr Prof. VON HALÁSZ zusammen mit seinen Mitarbeitern umfangreiche Arbeit geleistet.

Bild 6. Vorgefertigte Siedlung bei Leningrad

Bild 7. Schlüsselfertiges 7 Stockwerke hohes Bürohaus. 1969 in Hamburg errichtet in Großplattenbauweise in der Rekordzeit von 5 Tagen

8. Die Vorfertigung und insbesondere die Großplattenbauweise hat bewiesen, daß sie sehr anschauliche und harmonische Architektur aufweisen kann. Sie ist dann der Ausdruck einer erfolgreichen Zusammenarbeit zwischen Architekt und Ingenieur (Bilder 8 bis 14).
9. Die Energiekrise hat allen bewußt gemacht, daß die Rohstoffe und Energiequellen nur begrenzt verfügbar

Bild 10. Bürohaus Continental, Saargemünd

Bild 8. Hochhaus Saarlouis, Saarland

Bild 11. Schwesternheim Winterberg, Saarbrücken

Bild 9. Unibau Saarbrücken

Bild 12. Montage eines Bungalows im Saarland

Bild 13. Einfamilienhäuser, Typen CAMERICA V und VI, Neuforweiler, Saarland

Bild 14. Saarbrücken-Eschberg, Goerdelerstraße — Reihenhäuser

sind. Energieeinsparungen, d. h. auch Geldsparen bei der Wohnraumbewirtschaftung, können nicht allein Aufgabe derjenigen sein, die in den Häusern wohnen, sondern müssen ebenso auch Aufgabe derjenigen sein, die die Häuser bauen. Durch entsprechende Bauweisen müssen sie für eine gute Wärmedämmung und Wärmehaushalt sorgen.

Der Kälte- und Wärmeschutz der mehrschaligen Stahlbeton-Großplatten-Außenwand ist technisch vollkommen. Die kontinuierliche Styropordämmung kann optimal dimensioniert werden.

Die innere Schale der Außenwand einer Großplatte besteht aus einer etwa 140 mm dicken armierten Betontragschicht, die durch ihre hohe Masse eine hervorragende Wärmespeicherung hat. Dies bewirkt im Winter eine stets ausgeglichene warme, im Sommer konstant angenehm kühle Raumtemperatur.

In der Zeitschrift „Bauen + Fertighaus" (Nr. 86, Jahrgang 77) heißt es: „Im Zusammenhang mit den Ergänzungen zur DIN 4108 (Wärmeschutz im Hochbau), dem Beiblatt von 1975 und den ergänzenden Bestimmungen wird auch die Speicherfähigkeit von Gebäuden oder Bauteilen immer wieder angesprochen. Das Ideale ist in diesem Sinne diejenige Baukonstruktion, die eine Phasen-Verschiebung des Wärmedurchganges um 13 Stunden, also im Tag-Nacht-Rhythmus, bewirkt und die außerdem die Temperaturamplitude möglichst stark dämpft."

Es ist im Winter schon vorgekommen, daß die Heizung ausfiel. Massiv-Häuser mit guter Außendämmung können eine solche Panne durch ihren Wärmevorrat gut überbrücken. Bekannt ist auch, daß ein Wohnhaus ohne Wärmespeichervermögen durch die nächtliche Unterkühlung zusätzliche Energie verbraucht. Großversuche, die während einer ganzen Winterperiode an Vergleichsobjekten aus Mauerwerk, Leichtbeton und in Leichtbauweise durchgeführt wurden, haben dies voll und ganz bestätigt.

Des weiteren ergibt die wärmespeichernde Wand durch ihre Strahlung auf den Körper einen ausgezeichneten „Katawert" — Behaglichkeitsmeßwert für das menschliche Empfinden.

10. Schallschutz der massiven Großplattenbauweise

Durch das große Gewicht und die Dichte der Bauteile ist ein Massiv-Haus nach außen und innen besonders schallgedämmt. Geräusche von außen gelangen nur bei offenem Fenster ungehindert nach innen. Lärmstörungen von einem Zimmer zum anderen sind stark gedämpft.

11. Gesundheitsfreundlichkeit der Stahlbeton-Bauweise

Die massiven Häuser können nicht von Insekten und Ungeziefer im Inneren der Konstruktion befallen werden.

12. Luftelektrizität und Wohnen in Beton-Häusern allgemein und insbesondere in vorgefertigten Häusern

Das Institut für Bauphysik in Stuttgart macht in der Veröffentlichung von Dr.-Ing. W. Frank (Heft 75 — 1976, Seite 26) nachstehende wissenschaftliche Aussage:

„Eine Klärung der zwischen Luftelektrizität und Raumklima bzw. thermischer Behaglichkeit bestehenden oder vermuteten Beziehungen ist wünschenswert

geworden, seitdem in den letzten Jahren wiederholt Nachrichten in die Öffentlichkeit gedrungen waren, daß das Raumklima sich in Bauten mit konstruktiven Teilen aus Beton nachteilig von dem in Holz- und Leichtbauten unterscheidet. In mancher dieser Veröffentlichungen wurden die vermuteten Störungen in Verbindung gebracht mit dem bei solchen Bauten angeblich erschwerten Eindringen der im Freien vorhandenen luftelektrischen Faktoren, die als gesundheitsfördernd betrachtet werden. In der Außenstelle Holzkirchen des Instituts für Bauphysik wurde deshalb eine Studie zur Frage der luftelektrischen Verhältnisse in Räumen in Abhängigkeit von deren Bauart durchgeführt, in der zahlreiche, teilweise sehr einseitig dargestellte und auch einander widersprechende Veröffentlichungen einer kritischen Sichtung unterzogen wurden. Danach muß — in Übereinstimmung mit der vom Institut für Klimatologie (Loewer, Instituts-Bericht Nr. 1, 1971) vorgelegten Dokumentation — jeder Einfluß der elektrischen Felder auf das Raumklima in Zweifel gezogen werden, da ihnen bisher keine eindeutige und direkte biologische Wirkung nachgewiesen werden konnte."

Zu diesem Thema geben wir noch nachstehend einen Auszug aus dem Bericht: „Luftelektrische Felder in umbauten Räumen und im Freien" von Dr. rer. nat. R. Lenke und Prof. Dr.-Ing. J. Bonzel, Düsseldorf:

Vom Forschungsinstitut der Zementindustrie, Düsseldorf, wurden daher umfangreiche Untersuchungen über die luftelektrischen Felder in umbauten Räumen mit Bauteilen aus verschiedenen Baustoffen durchgeführt und — zum Vergleich dazu — gleichzeitig in der Nähe dieser Räume im Freien, in dicht und weniger dicht besiedelten Gebieten. Untersuchungen und theoretische Betrachtungen ergaben, daß Bauteile aus üblichen Baustoffen, wie Holz, Mauerziegel, Kalksandstein und bewehrtem Beton, Luftionen, elektrostatische Felder und niederfrequente elektromagnetische Felder der Außenluft in gleichem Maße abschirmen. In normal genutzten Wohnräumen und Aufenthaltsräumen mit Bauteilen aus diesen Baustoffen wurden ähnliche luftelektrische Felder wie in der Nähe dieser Gebäude im Freien gemessen.

Bisher wurden bei Beton-Häusern in Großplattenbauweise keine negativen Einflüsse auf die Gesundheit und das Verhalten der Bewohner festgestellt.

13. Qualität — Stabilität — Brandsicherheit — Erdbebensicherheit und Wiederverkaufswert

Ein Großplatten-Beton-Haus hat die bekannte Lebenserwartung einer monolithen Massivbauweise. Eklatanter Beweis hierfür ist auch die Standsicherheit dieser Großplattenhäuser gegenüber Bergsenkungen und ganz besonders gegenüber Erdbeben. Großplattenhäuser werden daher bevorzugt in Erdbebenzonen gebaut, wie in der UdSSR, Japan, Kanarische Inseln, Marokko u. a. Sie haben z. B. in Taschkent (UdSSR) einem Erdbeben der Stärke 8,6° Richterskala standgehalten. Alle Bauten in herkömmlicher Leichtbauart wurden dagegen vernichtet.

Der Rohbau von Betonhäusern kann nicht brennen. Für die Versicherung sind keine Sonderprämien zu leisten, wie es für gefährdete Leichtbauarten zutrifft.

Aus all diesen Gründen erzielen Massiv-Großplatten-Häuser einen hohen Wiederverkaufswert.

Wohnungsnot und industrielles Bauen

Nachdem wir eine große Anzahl guter Eigenschaften vorgefertigter Großtafelbauten feststellen konnten, bleibt weiterhin die folgende Frage offen:

Warum hat die Werkstattsarbeit, d. h. die Vorfertigung, die Baustellenarbeit nicht auf der gesamten Welt verdrängt?

Hierzu muß man gleich die ergänzende Frage stellen, warum sich nur in der UdSSR und angeschlossenen Ländern die industrielle Bauweise total verallgemeinert und weiterentwickelt hat? Man ist in die Versuchung gesetzt, anzunehmen, daß in der freien Welt, Europa und Nordamerika, der Wohnbedarf gesättigt ist und keinen technischen Fortschritt mehr begehrt. In der Bundesrepublik, wo nur 10 % der Wohnungen werksvorgefertigt werden, ist in diesem Zusammenhang ein interessanter Artikel in der Zeitschrift Quick, Nr. 13, 1980, unter dem Titel „Wohnungsnot in Deutschland" erschienen:

„Es werden viel zuwenig Wohnungen gebaut — eine Million fehlen."

Ja sogar in der Schweiz, die keine Kriegszerstörungen hatte, stellt man eine Wohnungsknappheit fest. Die Statistik führt zu einem Trugschluß, wenn man annimmt, daß der Wohnungsbedarf gedeckt ist, wenn die Anzahl der vorhandenen Wohnungen gleich der Anzahl der Haushalte ist. Die Realität des eigentlichen Wohnbedarfes der Bevölkerung ist weit komplexer. Die Politiker und Wirtschaftler beschäftigen sich zur Zeit sehr mit der Energiekrise und dem vergänglichen Imperialismus des Öles. Dabei scheint es aber, daß die Ölfässer nicht so schnell explodieren können. Hingegen kann die Anarchie im Wohnungsbau ein Pulverfaß sein, das einmal in die Luft gehen kann. Trotz der Möglichkeiten der Technik herrscht im Wohnungsbau ein Wirtschaftschaos, das man sich vor Augen führen muß, und zwar:

1. Während alle Lebensgüter für die gesamte Bevölkerung zu gleichen Bedingungen erwerbbar sind, ist für den Lebensbedarf Wohnen eine sehr ungleichmäßige Belastung vorhanden, die eine große soziale Ungerechtigkeit aufweist. Die Wohnungsmieten oder die Kostenbelastungen können ungeheuer stark schwanken; zwischen 4,— DM und 20,— DM qm Wohnfläche. Oder anders gesagt: Die Wohnkosten können 5 % des Einkommens ausmachen oder sogar 50 %! Je nach willkürlichen Gegebenheiten.

2. Während es in einigen Gebieten Arbeitsplätze gibt, aber keine bzw. keine erschwinglichen Wohnungen, gibt es Gebiete mit Wohnungen und Arbeitsmangel. Die Raumordnungen in vielen Teilen Europas weisen Industriegelände nach, aber nicht die dazugehörigen Wohngebiete.

   Am Anfang der Industrialisierung waren die großen Fabrikanten gleichzeitig bedacht, Wohnsiedlungen für ihre Arbeiter und Angestellten zu errichten. Heute — nach einigen Wirtschaftskrisen — haben die Industrien ihre Dienstwohnungen entweder verkauft oder kapitaltechnisch umgeordnet. Daß weiterhin betriebseigene Wohnungen gebaut werden, ist eine Seltenheit geworden.

3. Ein Teil der Bevölkerung in Europa konnte sein eigenes Haus mit günstigen Kreditmitteln erwerben. Andere werden wiederum durch die staatlich gelenkten Kredite bestraft. Auch die Heizkosten der Wohnungen variieren mehr und mehr je nach Art der staatlich gelenkten Energieversorgung.

4. Die Unterhaltskosten der Wohnungen werden mehr und mehr nicht kostendeckend.

5. Ein Teil der Bevölkerung wird sich nie selbst ein Haus erarbeiten können, sofern die Erwerbskosten nicht im Verhältnis zum Einkommen stehen und evtl. Eigenleistungen aus gesundheitlichen Gründen z. B. nicht möglich sind.

6. Die Schwarzarbeit auf dem Baumarkt ist ganz bezeichnend und stellt einen unlauteren Wettbewerb dar, dem kein Einhalt geboten wird.

7. Die Kapitalanleger werden mehr und mehr vom Mietwohnungsbau Abstand nehmen, veranlaßt durch die Mietgesetzgebung, die sie in Nachteil versetzt.

8. Die Baugenehmigung, die nach dem letzten Weltkrieg zügig erteilt wurde, stellt heute durch ihre langwierige Behandlung eine finanzielle Belastung für Unternehmer und Bauherrn dar.

9. Die Baugelände erreichen fast nicht mehr erschwingliche Preise, da kein gesundes Verhältnis mehr besteht zwischen Angebot und Nachfrage.

   Die sehr eingeengten Flächennutzungspläne und Bebauungspläne haben das Angebot drastisch verringert. Die Bebauungspläne berücksichtigen sehr oft in keiner Weise die eigentlichen Bedürfnisse der Bevölkerung. Die wirtschaftlichen Faktoren der Bebauung sind häufig unberücksichtigt geblieben.

10. Vor dem 2. Weltkrieg im Jahre 1938 brauchte ein Arbeiter den Arbeitslohn von etwa 5 000 Stunden, um ein Haus zu erwerben. Heute braucht derselbe Arbeiter den Lohn von 10 000 Stunden, um das gleiche Haus erwerben zu können. Wiederum im Jahre 1938 brauchte ein Arbeiter den Lohn von 2 500 Stunden, um sich einen neuen PKW zu leisten. Derzeit kann man anstelle von einem Haus oder einer Wohnung sogar 10 PKWs erwerben. Anders gesagt, die Produktivität der Wohnungsproduktion ist im totalen Rückstand gemessen am Industrieprodukt Automobil. Man kann geneigt sein, sogar zu behaupten, daß der Wirtschaftszweig Bauwirtschaft das Gleichgewicht der gesamten Industriewirtschaft zu Fall bringen kann. Es gibt eben keine echte Wohnbauindustrie, wenn ein Durchschnittsbetrieb nur 25 Arbeiter hat. In diesem Gefüge ist es auch nicht erstaunlich, daß es die Bauwirtschaft ist, die am wenigsten investiert und am wenigsten Forschung betreibt. Es leuchtet auch ein, daß beim Wirtschaftsgefüge der Bauindustrie die öffentliche Hand den Fortschritt durch Forschung betreiben muß. In Frankreich z. B. ist das Budget vom Staat für die Forschung der Bauwirtschaft gerade so hoch wie für die Unterwasserforschung. Für die Weltraumforschung wird das zehnfache ausgegeben und für die Atomforschung das fünfzigfache. Dabei bedeutet der gesamte Wohnungsbau für Frankreich 5 000 Milliarden Francs an Wert.

11. In der sogenannten unterentwickelten Welt haben noch 70 % der Bevölkerung kein ordentliches Dach über dem Kopf. Es fehlen bestimmt 300 Millionen Wohnungen auf der Welt als Nachholbedarf.

    Der industrielle Wohnungsbau hat folglich noch eine große Aufgabe vor sich.

    Die Entwicklungsländer bekunden nach wie vor ein großes Interesse an der Vorfertigung.

Der große Fortschritt der Vorfertigung ist gebahnt!?

Am Schluß dieser Aufzählung von wirtschaftlichen Fakten und Tatsachen, die den industriellen Wohnungsbau beherrschen, haben wir an den großen französischen Militär-Ingenieur Jean Sebastien de Vauban gedacht. Dieser

Festungsbauer hat sich nämlich in seinem Leben mit den anstehenden Wirtschaftsproblemen seiner Zeit herumgeschlagen. Dem aufmerksamen Besucher des Doms der Invaliden in Paris am Grabe Napoleons wird aufgefallen sein, daß nebenan am Sarkophag von VAUBAN nicht seine Kriegstaten aufgeführt wurden, sondern seine Verdienste zur Steuergerechtigkeit durch den Hinweis auf die „Dime Royale". Mit dieser historischen Gegebenheit möchten wir beleuchten, daß auch im Wohnungsbau nicht allein die Architekten und Ingenieure den Fortschritt maßgebend beeinflussen können. In der heutigen Zeit wird es eine Zusammenarbeit zwischen Wirtschaftspolitikern und Technikern sein müssen.

Wie es der von uns eingangs zitierte Ingenieur EIFFEL gesagt hat, besteht ein Bauwerk nicht allein aus einer technischen Grundkonzeption, sondern aus einer Serie mühevoll gelöster Probleme, technischer und finanzwirtschaftlicher Art.

Der Beweis, daß die industrielle Baukunst weiter entwikkelt werden kann, ist durch die Vorfertigung eklatant bewiesen worden. Unser Jubilar, der Anlaß dieser Überlegungen war, hat am Fortschritt bereits eifrig mitgewirkt. Die Entwicklung steht allerdings in einem Stadium, das vergleichbar mit der Rationalisierung der Autoindustrie zum Zeitpunkt des 1. Weltkrieges ist. Um dem gewaltigen Produktivitätsfortschritt und den herrschenden sozialen Ungerechtigkeiten zu begegnen, müßte wie bei der Automobilindustrie ein Weltmaßstab ausgearbeitet werden. Die Firma Peugeot z. B. könnte ganz gut, anstatt 1 Million Fahrzeuge, den vergleichbaren Wert von 100 000 Wohneinheiten herstellen. Diese Anzahl an Wohneinheiten entspricht gerade der gesamten Kapazität aller getrennt arbeitenden Vorfertiger in Frankreich. Es ist einleuchtend, daß etwa 100 Vorfertiger nicht wie Peugeot oder jeder andere Automobilbauer eine größere Rationalisierung und Forschung betreiben können. Wohnungen im gesunden Preis-Leistungsverhältnis zu erstellen, unter gleichzeitiger Verbesserung der Arbeitsbedingungen — ähnlich wie für andere Wirtschaftsgüter — ist eine technisch lösbare Aufgabe. Die Ausführung hängt davon ab, ob die Bauwirtschaft — bevor sie zusammenbricht — die wirtschaftlichen und technischen Probleme im geeigneten Maßstab, d. h. in internationaler Zusammenarbeit, zu meistern gezwungen wird. Gerade als diese Zeilen geschrieben wurden, hat die französische Presse veröffentlicht, daß sieben der größten Automobilhersteller Europas (British Leyland, Fiat, Peugeot-Citroen, Renault, Volkswagen und Volvo) sich für Forschungsarbeiten zusammengeschlossen haben. Welche großen Aufgaben könnte z. B. die Studiengemeinschaft für Fertigbau bewältigen, wenn ein vergleichbares Budget zur Verfügung stehen würde? Der Fortschritt in der Baubranche wäre sicherlich gewaltig.

Bei der Würdigung eines „Constructeurs", wie Prof. VON HALÁSZ, sollten Tatsachen, wie wir sie bringen mußten, die „Hommes de bonne volonté" (Menschen guten Willens) anregen, mit Mut den komplexen Fortschritt in der Baukunst unter Berücksichtigung aller Wirtschaftsaspekte weiter zu betreiben.

F. AGUIRRE DE YRAOLA

The Evolution of the Building Industry in Spain

Anyone undertaking a comprehensive study of the evolution of the traditional sector of the building industry is bound to realize from the start the difficulty of drawing a hard and fast dividing line between that sector and the industrialized sector.

The confusion is partly due to the fact that, side by side with countries in which the traditional and industrialized methods can be clearly distinguished, there are others in which the traditional sector has undergone so far-reaching a development that it is able to compete with the industrialized sector, and there can hardly be said to be a traditional sector in opposition to an industrialized one.

In countries of the latter kind, traditional as opposed to industrialized, undertakings in the building industry are hardly conceivable, and the only distinction that can be made is between the different methods used in the same undertaking according to the technical nature of the process; and in this case both methods have the characteristics of industrialization, such as rationalization and mechanization.

There are, in fact, regions where it is impossible to find a branch of the building industry which is completely traditional in character. In these regions, even systems of construction based on the use of traditional materials like bricks also make use of up-to-date components or structures and merge with the most advanced methods, in which they gradually become incorporated. Similarly, the mobility of the dividing line between the traditional and the industrialized sectors makes it very difficult to draw up a list of traditional building sites. In this connexion also, reference may be made to the increasingly pronounced tendency in technical circles to avoid the word "prefabrication" and to replace it by "industrialization". Here it may be useful to clarify the concept of prefabrication by quoting a definition which has won currency through the reputation of the engineer Freyssinet, who describes it as "a method of construction characterized by the assembly of identical components, mass-produced by mechanical means, which have to be assembled quickly and with little manual labour, so that brick walls, for example, are excluded".

On the basis of this definition, the industrialized sector could be considered the sector which makes use of methods of construction remarkable for the extent to which they have been mechanized and consequently for the economy of labour in producing building components, whether on the site or in a factory.

In the post-war years, when faced with the need to take rapid and effective action against the great housing shortage due to destruction, accumulated recovery requirements and large-scale population movements, Spain developed various methods of construction which had to take into account the acute scarcity of traditional building materials and the lack of adequately skilled labour.

The rational production of a building does not depend mainly on the method of construction, for the choice of method is invariably also governed by the circumstances; on the contrary, the determining factor is the manner in which the construction is planned, prepared, organized and carried out. These are the factors which really determine the cost. The method of construction, may, however, greatly affect the relative importance of these factors; it will be the more rational the more closely it corresponds to the given external circumstances in each case.

After the war, two general measures of rationalization — mechanization and prefabrication — were rendered necessary by the shortage of manpower and by the sustained boom in the building industry.

Mechanization was effected very smoothly, because there was no difficulty in incorporating it in the building methods so far used. Construction with prefabricated components, on the other hand, gave rise to numerous discussions. Its expansion tended to create the widespread opinion that prefabrication was the most important if not the only modern method of rationalization in the building industry. This view can be somewhat dangerous, since prefabrication requires certain marketing conditions, such as mass production on a scale which, in some countries, can be achieved only within limits.

Rationality is not something inherent in the construction methods themselves: it depends, rather, on the way in

which, in each case, these methods are used according to the characteristics of the situation, i. e. the external conditions and the building's position, size and shape; and on the quality of the work which has gone into preparation of the plans, the organizing skill of the undertaking, the available transport facilities and the possibility of obtaining materials.

Efforts at rationalization are greatly affected by the prevalent living conditions, the scale of the work, local building regulations and the standard of living. The greater the effect of these factors, the more difficult it is to build cheaply. At the present time it is absolutely necessary to find and maintain a reasonable level of requirements. If that were possible, suitable measures of standardization and typification could be applied to promote more intensive rationalization in the interest of the users themselves.

Cooperation between organizational and construction units is essential for economic development, and special attention should be paid to the organization of the undertaking and the successive stages of its work. Even if his building methods are insufficiently adapted to conditions, a well-organized contractor can perform a construction job more economically than a poorly organized contractor who uses better building methods.

Attention should be drawn to an increased tendency, even in traditional techniques, to incorporate so-called "secondary" building components.

The evolution of the Spanish building industry till the mid-sixties has been very slow. This is due to the fact that Spain has been unable to achieve the large scale production which in many other countries has resulted in a considerable reduction in prices.

It is not that the building industry has made no attempts to do this; there have been some in the field of housing which, because of frequent repetition, is alone capable of mass production.

An attempt has been made to cope with this through the prefabrication of building components, first by light prefabrication, blocks, beams, etc., and great strides have already been made in this field; then by heavy prefabrication of plaster work or panels of considerable weight. The use of industrialized processes which have achieved notable results in the saving of manpower in France, for example, was not economical in Spain. Any attempt to apply technical progress to a field of such personal concern comes up against the Spaniards' innate individualism which is reluctant to accept monotony in housing. If industrialized products are to secure acceptance they must be distinctly cheaper than those obtained by traditional methods.

Fig. 1. Prefabricated dwellings in Barcelona (1960)

The possible economies depend on manpower, its cost, quality and abundance. As Spanish manpower becomes more expensive or scarcer than at present, there will be wider scope for these processes, but in any case it will be some time before they are applied largely in Spain.

It must not be forgotten that building in Spain presents a wide variety of structural forms and materials, a variety which is based on specific geological, climatological and social factors. For that reason from certain points of view, it is not always necessary or desirable to attempt to replace the traditional building solutions entirely. In several parts of the country these solutions are still preserved as being the most economical and efficient despite the new techniques which, without having any advantages over them in either of these two respects, disrupt the harmony achieved for centuries between the buildings and their physical and social environment. For example, the Catalan arches of thin hollow bricks are interesting predecessors of the much more recent arches of reinforced concrete; the arches of Extremadura, also of Roman origin and made of full bricks, are still the most economical way of filling spaces of medium dimensions. In the central region, the complete lack of stone makes it necessary to build walls of earth and straw, both of which provide good insulation, a valuable quality in this region of very severe winters and extremely hot dry summers. The flat roofs of the Allpujarras region near Granada constitute the typical solution for very sunny regions while their composition ensures that they will remain waterproof during the torrential rains which sporadically occur in this area. In short, popular architecture almost always coincides with the most function and economical formula, and its solutions are always worthy of consideration. In this context it should not be forgotten that the craftsmanship of the labour force used for these buildings allows really extraordinary feats of virtuosity and perfection to be performed.

In any case, the new needs of a country in the course of economic development and going through a stage of great social variety calls at certain times and in some localities for the use of new materials. Here Spanish industry and technicians have quickly risen to the occasion. In large towns and industrial buildings use is being made of materials such as prefabricated plaster components, plastic materials of all kinds, glazed ceramic materials, aluminium, etc. However, plasterboard panels have not had a great success owing to the abundance of particular skill. As new techniques, new processes and new materials allow of the satisfaction of the increasing demand in a functional and economically satisfying way, favourably comparing with traditional solutions, the renovation of the building industry and its components will acquire fresh impetus.

The mechanization of the building industry in Spain began very recently. Up to the present time the abundance of manpower and the shortage of both national and foreign capital placed serious difficulties in the way of any policy of large scale industrial renovation. At the present time the building industry, in accordance with the policy of economic liberalism and national development and following the example of other industrial sectors, is proceeding to the accelerated renewal of its plant and machinery, which has become essential owing to the demand brought about by the public plans for housing, roads, hydraulic works, and by the expansion of private industry.

Fig. 2
Prefabricated roof elements (Spanish system "FISAC")

In studying problems of mechanization, it is the "flow method" of construction and of the mechanization of individual operations which should be dealt with, in view of the extraordinary importance it has acquired in the development of construction in recent years. Interesting indices have also been attained in recent years by the use of this system in Spain.

Having used this technique for a fair number of years, the workers have become familiar with it, and achieve extraordinary results in applying it.

Thanks to these permanent groups, it has also been possible to bring about a considerable improvement in working conditions and to reduce the total cost of construction, even in the case of brick buildings. The "flow" method of construction has also, of course, a favourable effect on the productivity of labour.

These permanent "flowline" groups have also made possible a reduction in the proportion of housing units under construction at the same time. Permanent "flowline" groups have also solved the problem of moving specialized groups of workers over long distances. There are some groups which are transferred from one place to another in stages.

With growing mechanization and because of a consistently large volume of projects in hand, the use of the assembly method of construction in the building industry has increased considerably. As a result of standardization and the fact that some materials and structural components are 100 per cent factory-produced, there has been a movement of labour from work-sites to permanent factories; and this process has been accompanied by the additional advantage of a possible reduction of the labour force. For this same reason, the best techniques of handling materials with modern cranes are also tending toward the use of larger and heavier components and of systematic methods of construction.

With regard to personnel problems the lack of medium grade technicians must be stressed. In the field of civil engineering, for example, there are at present as many qualified higher grade as medium grade technicians, whereas according to studies undertaken by foreign countries it would be desirable to have an average of three medium grade technicians for each higher grade technician.

In Spain, the technical diplomas of architects or engineers in the Highways Department, who are those chiefly engaged in building, are awarded by the higher technical schools.

The syllabuses which are the same for the schools in each technical branch have been revised in accordance with scientific and technical progress.

Fig. 3. Buildings of dwellings constructed with a Spanish industrialised system near Madrid (1979)

Fig. 4. Schools constructed with a Spanish industrialized system in Torrejon (Madrid) (1979)

In the Schools of Architecture they have been designed and developed with a view to giving the architect the artistic training and technical knowledge necessary for the satisfactory performance of his task.

Apart from the repercussions that technical and structural innovations have had on the composition of a building as a unit to some extent isolated from its surroundings, the syllabuses reflect the importance which the far-reaching changes in the social structure have given to the study of housing problems. Today town planning and the social aspect of housing are subjects to which special importance is attached in the architectural profession.

The technical professions are organized in professional associations which regulate, control and finance the private activities of the technicians. The various regional associations of each profession are controlled by a Central Council and maintain close relations with, and are subordinate to, the competent official organizations. In the case of architects, the Central Council maintains this relationship with the General Directorate of Architecture of the Ministry of Housing.

Medium grade technicians receive their instruction in medium grade technical schools, generally subordinated to higher grade schools in the same subject.

The complexity and extent of the questions at present affecting architecture and civil engineering will probably require a further readjustment in education and perhaps in training courses in order to give the nation the technical personnel necessary to carry out the economic development plan.

There seems to be a shortage of foremen who make up the upper bracket of the labour force, and also a considerable lack of skilled workers. In order to train these categories, courses are being arranged which will enable workers in each trade to increase their practical knowledge and rapidly acquire skill in a special branch.

The General Directorate of Architecture of the Spanish Ministry of Housing includes among its tasks that of stimulating and controlling professional training in architecture and construction in close consultation with the Ministry of Education as regards higher and medium grade technical training, and with the trade unions as regards the training of skilled labour. In the intermediate sector of technical auxiliaries and foremen it promotes and suggests the measures necessary for their training, taking into account the potential demand for technicians as a result of the economic development plan.

The Government's activity in experimentation and encouragement of the use of new techniques is channelled through the General Directorate of Architecture and Building Economy and Techniques, which includes among its functions that of conducting the tests necessary for the technical approval of building components or systems, of issuing official certificates of quality, of drawing up official standards or technical specifications and of undertaking or encouraging all types of technical research work.

In order to extend and centralize its control and testing of materials and building components, the General Directorate of Architecture has constituted a network of testing laboratories, strategically situated in important towns where there are no installations of this kind and attached to the higher technical schools, the central testing laboratories of the Ministry of Public Works, the Army laboratory and the National Institute of Quality in Building.

Except for a few little-used materials, national production at present covers domestic needs for components used by

Fig. 5. Tests made "in situ" for analysing the structural behaviour of tridimensional modules

Fig. 7. Tests of tridimensional modules carried out in the Instituto Torroja (Madrid)

modern building techniques: steel and highly resistant cement, pre-stressed concrete, light metal alloys, plastic materials for paving and facing, bituminous water-proofing materials, fibro-cement or hydraulic conglomerates, glazed products, synthetic resins, etc.

This allows, firstly of the introduction of prefabricated solutions based on small factory-produced components or of larger components prepared on the site itself and secondly of the manufacture in Spain of products patented in many foreign countries and also in Spain. The collaboration afforded to the building industry and to the training of technical personnel by the General Directorate of Architecture and by the two study and research centres known as the Eduardo Torroja Building and Cement Institute and the Iron and Steel Institute, has allowed Spanish architects and engineers to use regularly the most advanced techniques in the field of building and has also enabled the principal Spanish contractors to undertake any kind of work with the means, rapidity and results required by the most exacting modern criteria.

Fig. 6. The Instituto Torroja, important building research specialised in cement and concrete technologies

In the field of prefabrication of large elements, for example, the Instituto Torroja, important research organisation belonging to the Higher Research Council of Spain, has carried out some experimental tests to obtain the mechanical properties of the vertical joints and horizontal ties in panels. The test results are applied to the analysis of simplified models, following path alternative methods of design of precast panel buildings, avoiding progressive collapse.

Finally, a short summary of the report presented to the RILEM-CEB-CIB symposium about mechanical and insulating properties of joints of precast reinforced concrete elements held in Athens in September 1978 is described[1)].

Scheme 1 a)/b)/c) analyzes the behaviour of a load-bearing wall, considered isolated from the rest of the structure, after a local damage, and the simplification is assumed of an independent storey behaviour of the panels which constitute the cantilever when the local damage is produced in a lateral panel belonging to an internal or to a gable load-bearing wall of a building constructed with large prefabricated panels.

Scheme 2 represents the P-v diagram directly registered in a beam test. The vertical displacement velocity starting from point A marked on the test curve was 1.6 cm/min.

In this figure the most important points involved in the test are marked. On the test diagram scales F and x are represented: F is the tie force, and x the equivalent elongation of the tie, which is the elongation necessary to obtain the vertical displacement on the beam recorded in the test, supposing no deformation of the quarter panels.

---

1) V. Solana, D. Martorano and F. Aguirre: "Experimental analysis of ties and vertical joints to prevent progressive collapse in large-panel buildings."

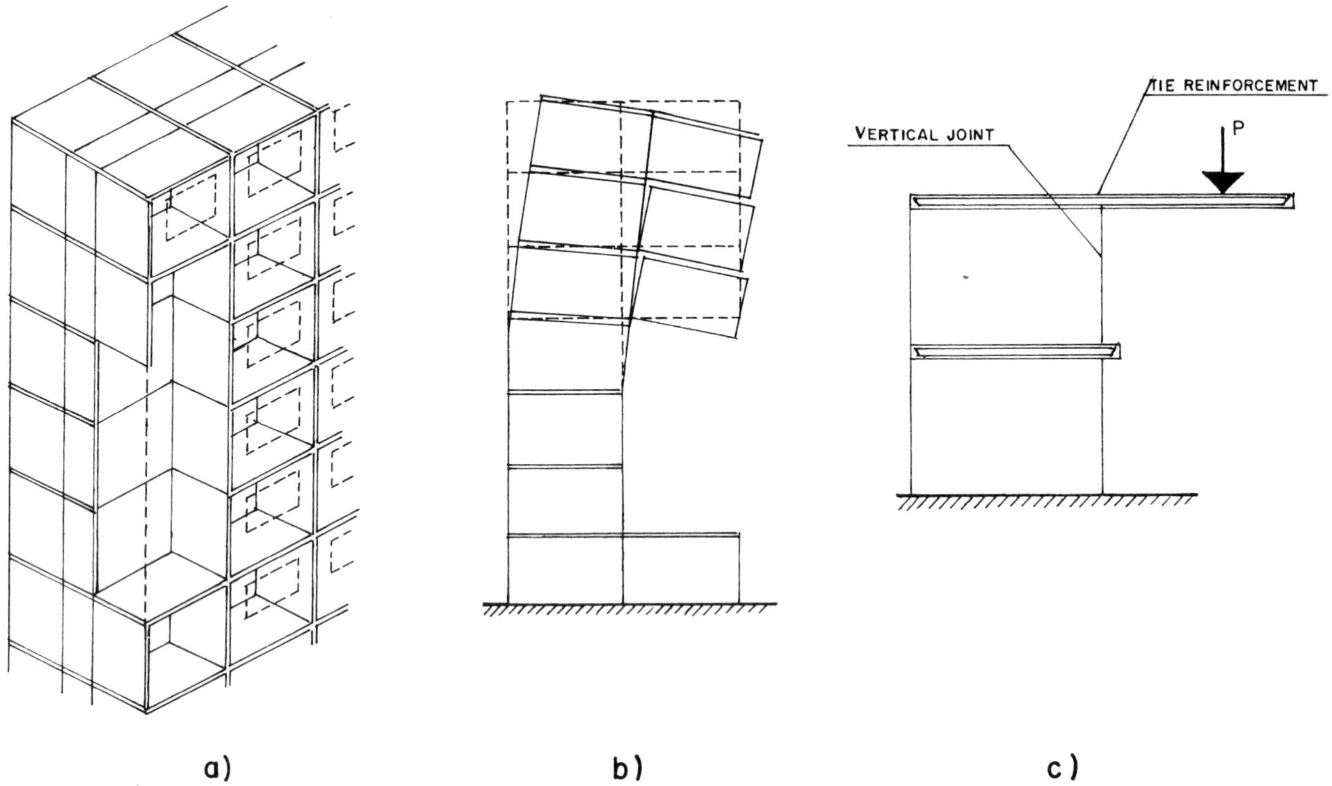

Scheme 1

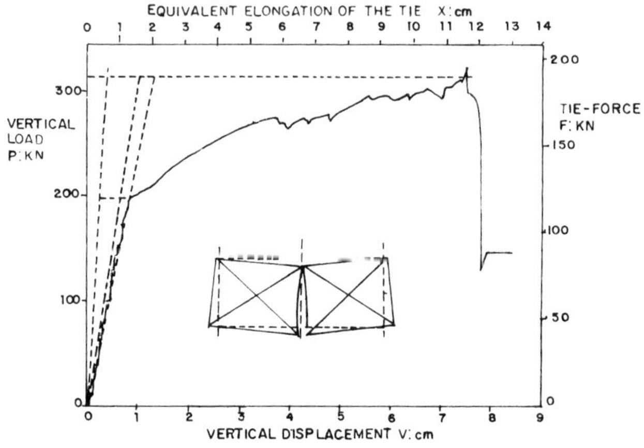

Scheme 2

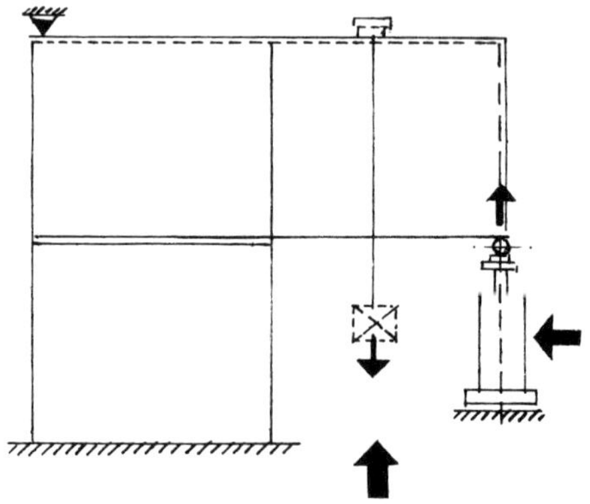

Scheme 3

Scheme 3 shows the general disposition of the simplified dynamic test method developed for a cantilever panel model. Simulation of collapse is carried out, by a way equivalent to the case where the dynamic response of the beam tests is theoretically more unfavourable.

In order to conclude this brief survey we hope that in the near future Spain will be able to work within the framework of the European Common Market in the field of the building industry and to establish useful links with Europe and Latin America, where our language, traditions and culture are highly appreciated.

Heinz Pösch

Faserzement-Baustoffe mit Asbesteinlagerung, hergestellt durch Injektion

1 Faserverbundwerkstoffe im Bauwesen Fasern, Matrizes, Faserstoffe, Probleme, Entwicklungsmöglichkeiten

Faserverbundwerkstoffe haben im Bauwesen als Konstruktionselemente seit langem einen festen Platz eingenommen. Durch die Kombination ausgewählter gerüstbildender Materialien — den Fasern — mit der Matrix läßt sich die gewünschte Anisotropie erreichen. Viele Faserverbundwerkstoffe sind über die Erprobungsphase hinaus in die Serienfertigung gegangen.

Es stehen zahlreiche Fasern und Matrizes als bewährte Stoffkomponenten zur Verfügung. Für die Fasereinlagerung in die Matrix eignen sich natürliche, künstliche, organische und anorganische Fasern, deren Eigenschaften in Tabelle 1 zusammengestellt sind [1]. A. Meyer [2] führt aus, daß für die Beurteilung der Kosten der Fasern der Preis pro dm^3 — also das Produkt aus Dichte × Preis DM/kg — von entscheidender Bedeutung ist, da die mechanischen Eigenschaften des Verbundwerkstoffes weitgehend dem Faservolumenanteil direkt proportional sind.

Auf Grund der Erfahrungen, besonders mit dünnwandigen Bauelementen, ist die nichtmetallische, anorganische Matrix Zement bei künstlichen Verbundwerkstoffen führend. Sie wird teilweise durch die gipsgebundene Matrix substituiert. Die nachstehenden Ausführungen beschränken sich auf diese beiden Matrizes. Aus der Vielzahl der Verbundwerkstoffe soll eine kurze Übersicht gegeben werden über Glasfaserbeton, Stahlfaserbeton, Holzfaserzement, Gipsfaserplatten und Asbestfaserzement.

Durch die Entwicklung alkaliwiderstandsfähiger Glasfasern und der Verfahren zum Einbringen der Fasern in eine zementgebundene Matrix wurden die Voraussetzungen zur Fertigung von Glasfaserbeton geschaffen. Glasfaserbeton kann durch Einmischen, Einrieseln oder Eintauchen der Glasfaser in die Matrix hergestellt werden. Der Beton verliert infolge der Feinverteilung der Glasfasern in der Matrix seine Sprödigkeit und wird dehnungsfähiger. Glasfasern werden unter anderem durch Ausziehen zäh viskoser Glasschmelzen aus Platinspinndüsen hergestellt. Einige 100 Filamente mit etwa 10 μm Durchmesser werden jeweils zu einem Spinnfaden gebündelt und mehrere Spinnfäden zu einem Roving vereint. Spinnfäden und Rovings lassen sich zu Vliesen, Matten und Gewebe weiter verarbeiten. Wird der Roving in Kurzfasern zerhackt, wie dies z. B. beim Spritzverfahren geschieht, zerfällt er wieder in Spinnfäden. Die gegenwärtigen Anwendungsmöglichkeiten von Glasfaserbeton und Anregungen für weitere Anwendungsbereiche werden durch Cziesielski und Rust behandelt [3].

Von den anorganischen kristallinen Faserstoffen, z. B. Stahldrähte und Kohlenstoff-Fäden, stehen Stahlfasern schon lange zur Verfügung. Die Fasern für Stahlfaserbeton werden mit Durchmessern von 0,01 bis 0,8 mm angeboten; Drähte unter 1 mm Durchmesser sind durch hohe Herstellungskosten belastet. Die Länge der Stahlfasern beträgt in der Regel das Hundertfache ihrer Durchmesser. Fasern mit Profil, die die Haftfähigkeit verbessern, sollen nicht unerwähnt bleiben. Die Verträglichkeit mit der zementgebundenen Matrix ist gut; allerdings ist Korrosion bei nicht rostfreien Stählen nicht auszuschließen, wenn die Betondeckung zu gering ist oder die Matrix Risse bekommt und deren Alkalität, z. B. durch Carbonatisieren, zurückgeht. Mit rostfreien Stählen ergeben sich keine Korrosionsprobleme, dafür treten hier Schwierigkeiten bei der Haftung auf, die jedoch durch die oben erwähnte Strukturierung der Oberfläche zu überwinden sind. Stahlfasern werden fast ausschließlich durch Umformen in fester Phase im Düsenziehverfahren hergestellt und zu Kurzfasern geschnitten. Die Zugfestigkeit von Stahlfasern ist in weiten Grenzen einstellbar. Herstellung und Eigenschaften von Stahlfaserbeton und Stahlfasermörtel mit steigenden Faseranteilen hat Knoblauch untersucht [4].

Zementgebundene Holzspanplatten bestehen aus nadelförmigen, länglichen Nadelholzspänen, die in die Zement-Matrix eingelagert werden. Die Herstellung der Platten erfolgt unter Druck und gleichzeitiger thermischer Behandlung. Das Holz verliert durch den Mineralisierungsprozeß seine ihm eigenen Korrosionseigenschaften. Mit Mineralisierung wird die Überführung eines organischen Stoffes in einen Zustand bezeichnet, der gegen biologische und metereologische Angriffe sowie gegen Feuer nahezu so beständig macht, wie es mineralische Baustoffe

Tabelle 1: Ausgewählte Fasern für die Bewehrung von Zement und Beton

Faser	Durchmesser µm	Länge mm	Dichte kg/m³ 10³	E-Modul GN/m²	Poissonsche Zahl	Zugfestigkeit MN/m²	Bruchdehnung*) %	Volumenanteil im Verbund %
Chrysotil (weiß)	0,02—30	< 40	2,55	164	0,3	200—1 800 (Faser-Büschel)	2—3	10
ASBEST								
Krokydolith (blau)	0,10—20	—	3,37	196	—	3 500	2—3	—
E	8—10		1,54	72	0,25	3 500	4,8	
GLAS CEMFIL	12,5	10—50		80	0,22	2 500	3,6	2—8
204 (Faser-Strang)	110 × 650		2,70	70	—	1 250	—	
Typ 1 (hochelastisch)	8		1,90	380		1 800	~ 0,5	
KOHLENSTOFF		10-fortlfd.			0,35			2—12
Typ 2 (hochfest)	9		1,90	230		2 600	~ 1,0	
PRD 49	10		1,45	133	0,32	2 900	2,1	
KEVLAR		6—65						< 2
PRD 29	12		1,44	69	—	2 900	4,0	
NYLON (Typ 242)	> 4	5—50	1,14	≤ 4	0,40	750—900	13,5	0,1—6
Monofilament	100—200	5—50	0,90	≤ 5	—	400	18	0,1—6
POLYPROPYLEN								
Fibrillated	500—4000	20—75	0,90	≤ 8	0,29—0,46	400	8	0,2—1,2
Hochfest	100—600			200		700—2 000	3,5	
STAHL		10—60	7,86		0,28			0,5—2
Rostfrei	10—330			160		2 100	3	
ZELLULOSE			1,2	10		300—500		10—20

*) 1 Prozent Dehnung = $10\,000 \times 10^{-6}$ Zugspannung; Quelle: Nach D. J. HANNANT, SURREY/G. B., 1978 [1]

von Natur aus sind. Inwieweit eine zusätzliche chemische Vorbehandlung der Fasern durchzuführen ist, hängt von den Rohstoffen ab. Die Grundmischung für die zementgebundenen Holzfaserplatten sieht vor, daß das Fertigprodukt neben geringen Mengen von Zusatzchemikalien rd. 60 Gew.-% Zement, rd. 20 Gew.-% Holz oder andere Pflanzenteile und rd. 20 Gew.-% chemisch und physikalisch gebundenes Wasser enthält. Die Werkstoffeigenschaften werden maßgeblich durch die Holz- und Zement-Komponente beeinflußt [5]. In der Produktion hat sich gezeigt, daß nicht alle Holzarten gleich gut geeignet sind. Unter dem Einfluß einiger Holzarten trat die Erscheinung der Zementinhibierung auf, d. h. der Abbindevorgang des Zements wurde stark verzögert oder zum Teil ganz verhindert.

Bereits in den 30er Jahren entstand die Gipskartonplatte. Sie besteht aus einem Gipskern, der beidseitig mit Karton kaschiert ist. Die mechanische Biegezugfestigkeit wird der Platte vom Kartonbelag gegeben, die Druckfestigkeit vom Gipskern. Ausgehend von diesem gipshaltigen Baustoff lag es nahe, eine faserverstärkte Gipsplatte herzustellen. Als Faser bot sich die Zellulose an, als billige Rohstoffquelle das meist vorhandene Altpapier. Die Idee wurde zu Beginn der 70er Jahre in der Bundesrepublik Deutschland für die industrielle Fertigung von Gipsfaserplatten genutzt. In die Gipsmasse werden Zellulosefasern eingelagert; sie sind im gesamten Plattenquerschnitt homogen verteilt. Auf Grund ihrer spezifischen Eigenschaften wird die Gipsfaserplatte in zunehmendem Maße als Fußboden-Element eingesetzt (sogen. Trockenestrich).

Fertighaus-Hersteller bauen diesen Trockenestrich serienmäßig ein. Weitere Elemente für den Innenausbau sind Normalplatten (1 500 × 1 000 × 10 mm; 60 % Anteil) und Isolier-Paneele (10 % Anteil). Großformatige Platten 2 500 × 6 000 mm befinden sich in der Entwicklung.

Die Hauptproduktionsvorgänge: Faseraufschluß, Dosierung, Mischung und Streuung erfolgen im Trocken- oder Naß-Verfahren [6]. Die Wiederverwendung der Produktionsabfälle ist durch Rückführung von Stäuben etc. auf den Gipssilo gelöst.

Der älteste Vertreter der Faserzement-Baustoffe ist der asbestbewehrte Faserzement, der unter der Bezeichnung Asbestzement eingeführt ist, und von allen Faserzementen und Faserbetonen am stärksten verwendet wird. Seine Herstellung hat in den letzten 20 Jahren verfahrens- und produktionstechnisch partiell einen bedeutenden Wandel erfahren. Neben anderen Impulsen nahmen neue Verfahren und Vorrichtungen für die Herstellung von Formwaren besonderen Einfluß auf die Veränderung der Fertigungs- und Anwendungsmöglichkeiten [7].

Die deutsche asbestverarbeitende Industrie sucht seit Jahrzehnten für die technische Asbestfaser Substitutfasern zur Bewehrung der zementgebundenen Matrix. Den Anstoß hierzu gab die unzureichende Versorgung der Industrie mit Asbest vor und während des 2. Weltkrieges. Ersatzmöglichkeiten durch örtlich vorhandene Stoffe wurden geprüft, vor allem der Einsatz von Zellulose. Forschung und Entwicklung suchten nach einer synthetischen Faser mit Asbesteigenschaften. Die Frage, wo und in welchem Umfang Asbest durch andere Fasern ersetzt werden kann oder muß, beinhaltet einen ganzen Komplex technischer, ökonomischer, toxikologischer und ökologischer Probleme. Teilaspekte stehen in der öffentlichen Diskussion [8].

Der folgende Beitrag hat sich die Aufgabe gestellt, über das Injektionsverfahren zur Herstellung von asbestbewehrtem Faserzement zu berichten. Es wird davon ausgegangen, daß die behandelten Technologien und Herstellungsverfahren Anregungen geben für die Weiterentwicklung von Faserverbundwerkstoffen, und zwar speziell im Herstellungsbereich.

2 Asbestbewehrter Faserzement Grundstoffe, Herstellung, Rundsieb, Langsieb, Langfilz, Recycling

An der Welt-Produktion von Rohasbest beteiligen sich gegenwärtig ~40 Staaten. Die UdSSR hat seit fünf Jahren Kanada als führenden Asbesthersteller der Welt übertroffen. Kanada bleibt aber weiterhin der bedeutendste Exporteur. Die USA haben ihre Führungsrolle als bisher größter Asbest-Verbraucher an die UdSSR verloren. Das US-Bureau of Mines weist nach vorliegenden Erhebungen die Asbest-Weltproduktion in 1978 mit 5,6 Mio metrischen Tonnen aus. Es ergibt sich für 1978 folgende Aufschlüsselung in Prozenten: UdSSR 51,8; Kanada 27,5; Südafrika 6,8; USA 1,6; übrige Länder 12,3. Die Zuwachsraten, die das Canada Department of Energy, Mines and Resources (EMR) für die nächsten Jahre prognostiziert hat, liegen bei $\leqq 3\,\%$ p. a. Die rückläufige Tendenz in den westlichen Industrie-Staaten soll durch den steigenden Bedarf im Nahen Osten und in Afrika kompensiert werden [9].

Der für die Erzeugung asbesthaltiger Produkte verbrauchte Rohasbest in der Bundesrepublik Deutschland wird zu 100 % importiert. Aus konjunkturellen und rohstoffpolitischen Gründen schwankt der Verbrauch relativ stark. In 1978 betrug er 154 830 t. Der max. Rohasbest-Verbrauch wurde in 1976 mit 188 894 t erzielt. Die Entwicklung des Rohasbest-Verbrauchs seit 1955 gibt Bild 1 wieder.

Die technisch verwendeten Asbeste werden in zwei große Gruppen zusammengefaßt, und zwar in Serpentin-Asbeste und in Amphibol-Asbeste (Bild 2). Sie unterscheiden sich

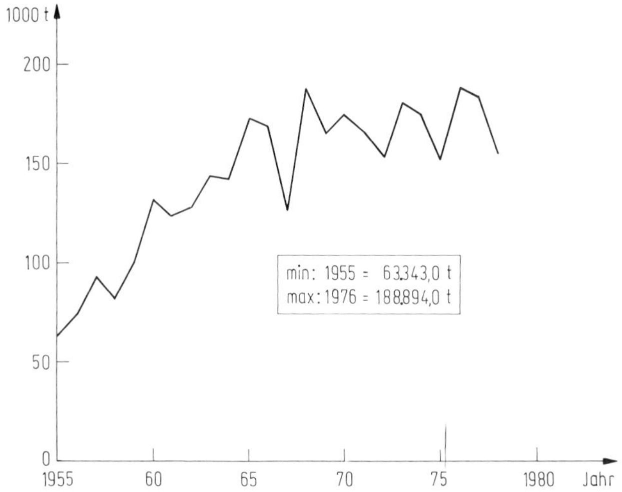

Bild 1. Entwicklung des deutschen Asbest-Verbrauchs (aus Rohasbest-Importen) in 1955—1978

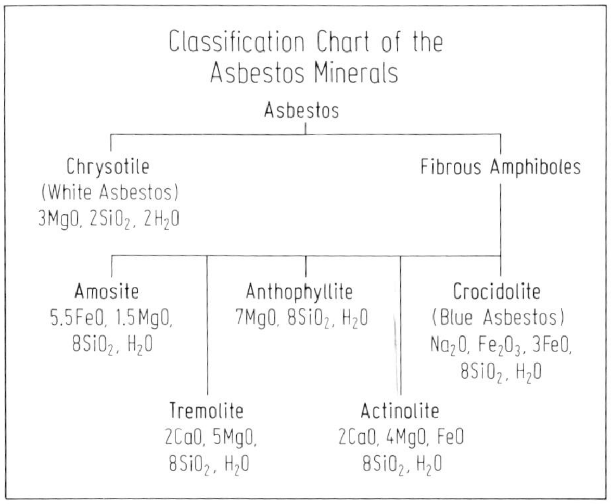

Bild 2. Asbeste für die Bewehrung von Faserverbundwerkstoffen

nach ihrer mineralogischen Zugehörigkeit, Struktur, Zusammensetzung und in den Eigenschaften. Vertreter des Serpentin-Asbests sind die Chrysotile [10]. Der wichtigste Vertreter der Amphibol-Asbeste ist der Krokydolith, der wegen seiner Farbe auch Blauasbest genannt wird, ferner die Sorten Amosit, Anthophyllit und Tremolit.

Erst die Summe der verschiedenen Asbesteigenschaften bestimmt den Verwendungszweck, die Verarbeitungsart und damit den technischen Wert des Asbests. Allen Sorten gemeinsam ist die Feinheit der Faser. Chrysotil (Weißasbest) mit 0,02 µm ∅ und Krokydolith mit 0,1 µm ∅ liegen weit unter den Stärken aller organischen und synthetischen Fasern, z. B. Wolle $\geqq$ 20 µm ∅, Nylon $\geqq$ 4 µm ∅ (hierzu Tabelle 1). Trotz ihrer absoluten Feinheit zeigen die Chrysotile im Gegensatz zur Bandstruktur der Amphibole eine Röhrchenstruktur, die durch die Neigung des Blattsilikates, sich zu krümmen oder zusammenzurollen, erklärbar ist.

Von den einzelnen Industriezweigen werden unterschiedliche Faser-Eigenschaften benötigt. Der Asbest wird deshalb nach seinen Faserlängen klassifiziert, und zwar in den Gruppen 1 bis 7. In der Asbestzement-Produktion werden vor allem die Faserlängen 3 bis 6 eingesetzt. Um die wichtigsten Faser-Eigenschaften zu charakterisieren, stehen für die Qualitätskontrolle zahlreiche Prüfmethoden zur Verfügung.

In engem Zusammenhang mit der Faserzusammensetzung steht der Faser-Aufschlußgrad des Asbests. Unter Aufschlußgrad versteht man das Verhältnis von Faseroberfläche zu Fasermasse; es ist um so größer je stärker der Asbest geöffnet ist. Der Aufschlußgrad der Rohasbeste ist von entscheidender Bedeutung für die Festlegung der

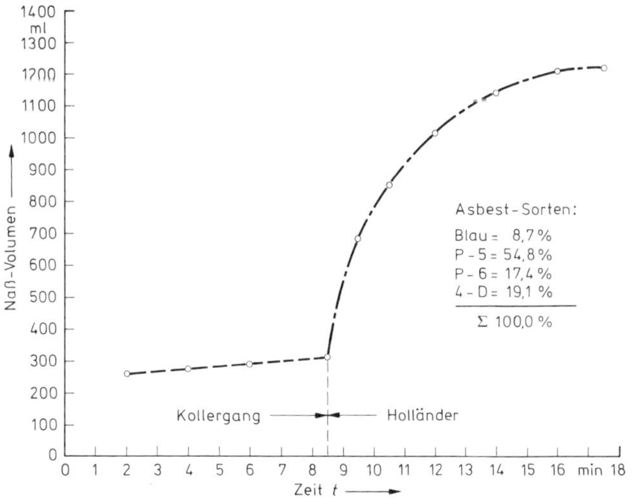

Bild 3. Einfluß der Laufzeit auf den Asbestfaser-Aufschluß in Kollergang und Holländer

Laufzeiten der gewählten Aufschlußaggregate. Erzielbare Aufschlußgrade in Kollergang und Holländer sind aus Bild 3 ersichtlich. Durch das Hintereinanderschalten der beiden Aufbereitungsaggregate wird für die hier behandelte Fasermischung ein optimaler Aufschluß erzielt. Zur Prüfung des Faseraufschlusses sind die Absetzprobe, der Elutriator, die Luftdurchlässigkeits- und die Gasadsorptions-Methode in Gebrauch [11].

Bei der Faserzementherstellung spielt das Mischungsverhältnis Asbest zu Zement eine wichtige Rolle. Der Asbestanteil im Gemisch muß so hoch liegen, daß sämtliche Zementpartikel durch Adsorptionskräfte getragen werden. In Grundmischungen beträgt das Mischungsverhältnis Asbest : Zement = 1 : 7 Gewichtsteile. In Abhängigkeit der vorhandenen Gesamtoberfläche der Asbestfasern in der Mischung gibt es eine obere Grenze der Zementaufnahme, die sich mit „Tragfähigkeit der Asbestfaser" kennzeichnen läßt.

Für die optimale Asbesteinlagerung in die Stoff-Matrix ist es notwendig, sich Klarheit über die grundlegenden Zusammenhänge zwischen Fasern, Matrizes, ihren Aufgaben und gemeinsamen Eigenschaften im Verbund zu verschaffen. Diese Feststellung trifft für alle Faserverbundwerkstoffe zu. Vier Haupt-Parameter beeinflussen die Werkstoff-Eigenschaften:

— Wahl der Faser- und Matrix-Art
— Faseranteil im Faser-Verbundwerkstoff
— Orientierung der Fasern
— Art des Herstellungsverfahrens.

Zement ist ein hydraulisches Bindemittel. Mit Wasser angemacht erhärtet er sowohl in der Luft als auch unter Wasser. Zementstein ist nach dem Erhärten wasserbeständig und weist eine hohe Festigkeit auf. Zusammensetzung und Eigenschaften der Zemente sind in der Zement-Norm DIN 1164 oder in darauf bezogenen amtlichen Zulassungen festgelegt.

Die Norm-Zemente werden in Festigkeitsklassen Z 25, Z 35, Z 45 und Z 55 hergestellt. Ihre Einteilung erfolgt nach den Mindest-Druckfestigkeiten nach 28 Tagen. Da die Portlandzemente Z 25, Z 35 und Z 45 bestimmte Höchstfestigkeiten nicht überschreiten dürfen, streben die Hersteller bei der Produktion den mittleren Festigkeitsbereich zwischen beiden Grenzwerten an. Die Begrenzung der Streuungsbreite der Zementfestigkeiten erleichtert so der verarbeitenden Industrie die Herstellung von Faserzement-Baustoffen mit gezielter Druckfestigkeit. Die Zement-Brennanlagen und ihre Prozeßführung (Bild 4) haben in der Bundesrepublik Deutschland und im Ausland in den letzten 20 Jahren eine große Veränderung erfahren, und zwar im qualitativen und quantitativen Bereich [12]. Die Zement-Technologie nimmt Einfluß auf

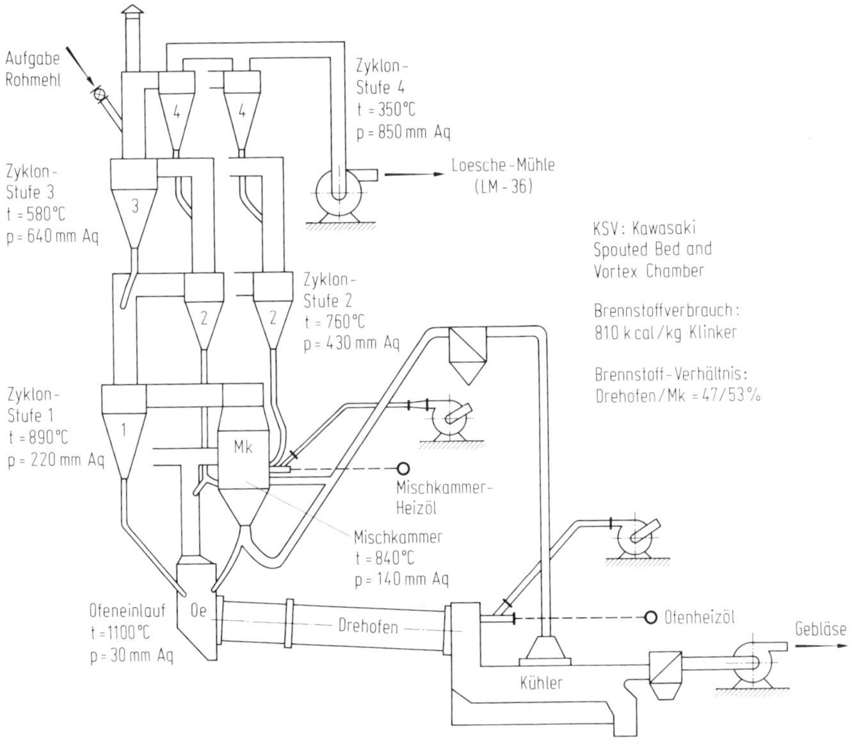

Bild 4. Flußdiagramm einer Zementklinker-Brennanlage und Brennprozeßführung mit Vorkalzinierung (L ≦ 9 000 tato)

die Faserzement-Produktion. Es ist der Anteil an freiem Kalk und Kalkhydrat im Zement zu beachten. Er sollte bei ≦ 1,5 % liegen. Die spezifische Oberfläche des Zements, geprüft nach dem Luftdurchlässigkeitsverfahren, sollte ≧ 2 200 cm^2/g betragen.

Für asbestbewehrte Faserzemente wird der graue Portlandzement der Klasse PZ 35 F mit hoher Frühfestigkeit bevorzugt, also ein Zement mit normaler Anfangserhärtung und mittlerer Wärmeentwicklung. Zur Erzielung spezieller Werkstoff-Eigenschaften werden auch andere Zementsorten verwendet, sofern sie der DIN 1164 für Portlandzement, Eisenportlandzement und Hochofenzement entsprechen. Von den Sonderzementen sollen der Sulfatzement und der Weißzement genannt werden. Weißzemente sind eisenoxydarme Portlandzemente Z 45 F; ihr Verhalten im Faserzement ist demzufolge Zementen dieser Festigkeitsklasse gleichzusetzen. Da gewisse Schwankungen im Grauton der Normalzemente unvermeidlich sind, wird mit Weißzement bei Sichtelementen visuell eine befriedigendere Wirkung erzielt, weil er praktisch keine Farbstreuung aufweist. Durch den Anteil an dampfgehärteten Faserzement-Baustoffen werden an den Zement weitere Qualitätsanforderungen gestellt. Schlußendlich erfordert auch die Arbeitsweise der Produktionsmaschinen eine bestimmte Zementqualität.

Für die Taktzeiten der Produktionsmaschinen ist die Filtrierfähigkeit des Zements mitentscheidend. Sie stellt einen großen Stoffparameter dar (Bild 5). Hinzu kommt die Filtrierfähigkeit der Asbestsorten. Je größer die Filtrierfähigkeit der Asbestzement-Suspension ist, um so schneller läßt sich der Stoff in der Maschine entwässern. Ferner ist die Möglichkeit der Verformbarkeit im plastischen Zustand von großer Bedeutung. Die gute Verformbarkeit des asbesthaltigen Faserzements hat in starkem Maße zu der Verbreitung dieses Verbundbaustoffes beigetragen.

Das Anmachwasser für die Stoffmischung soll mittelhart bis hart sein, d. h. im Wasser sollte bereits eine bestimmte Menge Kalk gelöst sein. Das bei der Verarbeitung zurückgewonnene Überschußwasser wird gereinigt und wiederverwendet, da Frischwasser gewisse Mengen Kalk aus dem Zement löst, was eine Minderung der Faserzement-Qualität zur Folge haben kann.

Die herkömmliche Verarbeitung der Grundstoffe Asbest, Zement und Wasser erfolgt in einem kontinuierlichen Arbeitsgang. Er soll nur insoweit behandelt werden, wie es zum allgemeinen Verständnis des Herstellungsverfahrens von Faserzement-Bauelementen auf der Rundsieb-, Langsieb- oder Langfilzmaschine erforderlich ist, mit Ausblick auf Entwicklungsmöglichkeiten von Mehrzweck-Baustoffmaschinen.

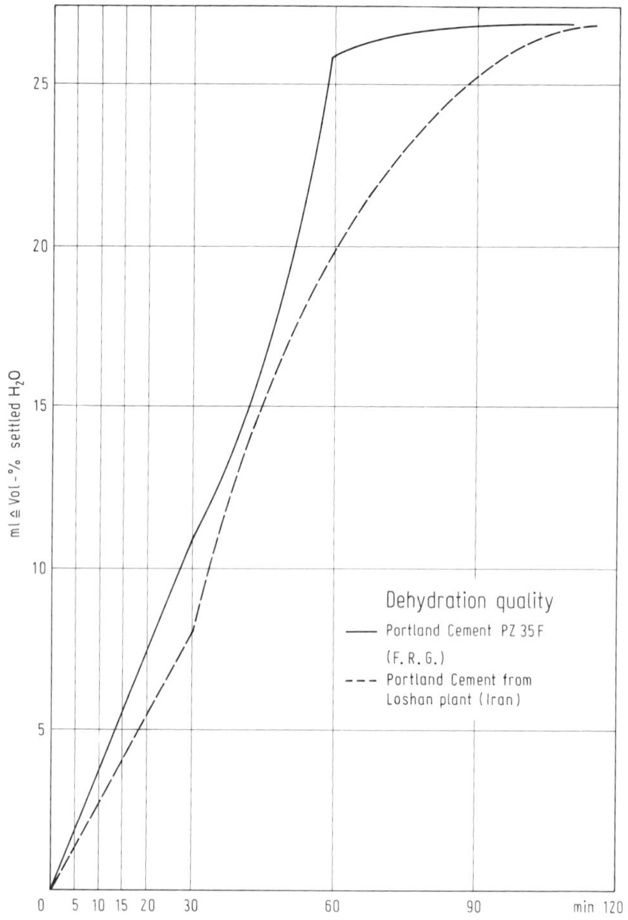

Bild 5. Filtrierfähigkeit zweier grauer Portlandzemente

Die Rundsiebmaschine ist bis heute das Haupt-Aggregat der Produktionslinie. Durch sie erfolgt die Formgebung des plastischen Stoffes als Tafel-, Rohr- und Ausgangsmaterial für Formware. Die Maschine arbeitet nach dem Laminar-Verfahren, bei dem mehrere Stoff-Vliese aufeinandergewickelt werden. Daraus resultiert die Bewehrung der Zement-Matrix durch Asbestfasern in der Ebene des Vlieses in zwei Dimensionen. Die Faser wird so optimal für die Längs- und Quer-Bewehrung der Zement-Matrix herangezogen. Durch mechanische Zusatzeinrichtungen im Siebzylinderkasten ist die Faser-Orientierung im Stoff manipulierbar.

Auf der Langsiebmaschine wird das zu bildende Element aus relativ dicken Schichten aufgebaut, und zwar im Gießverfahren. Die Einlagerung der Fasern in die Zement-Matrix erfolgt dreidimensional. Ein gewisser Faseranteil liegt senkrecht zur Stoffachse und übt keine statische Funktion aus. Trotz dieser quasi Einschränkung werden das Verfahren und die Vorrichtung in naher Zukunft bei der Weiterentwicklung verschiedener Verbundbaustoffe von Bedeutung sein.

Die Langfilzmaschine, eine Formmaschine ohne Siebzylinder oder Siebblech, eignet sich besonders für eine maximal vereinfachte Produktion von Verbundwerkstoffen auf Zement- und/oder Gipsbasis. Die Technologie erscheint für low-cost-factories in Entwicklungsländern vorteilhaft, da trotz der Einfachheit der Produktionslinie eine breite Produktpalette erzielbar ist, z. B. asbesthaltige Faserzement-Wellplatten und -Tafeln (Dach und Wand) und zellulosebewehrte Gips- oder Zementplatten (Innenbautafeln). Beispielhafte Planungen solcher Anlagen wurden in der Literatur behandelt [13]. Die Schwerpunkte des Anwendungsgebietes dieser vor Ort erzeugten Baustoffe liegen im Einfachhaus („Low cost"-Haus), im Eigenbau-Verfahren („Do it yourself"-Verfahren) und bei geschoßhohen Platten und Fußbodenelementen im Fertighausbau.

Das Recycling der Wertstoffe Asbest, Zement, Wasser ist eine ökonomisch-ökologische Aufgabe [14]. In der Produktion fallen ständig Faserzement-Abfälle an. Für die Asbestzement-Industrie ist das Problem der Abfallwirtschaft praktisch gelöst. Bei der Neu- und Weiterentwicklung anderer Verbundwerkstoffe muß dieser technische Komplex stärker mit berücksichtigt werden als dies heute der Fall ist. Abfallwirtschaft und Recycling sind eine unabdingbare Voraussetzung für die industrielle Fertigung.

Die asbesthaltigen Faserzement-Rückstände lassen sich nach ihrer Nutzung in Kreislauf-, Abfall- und Rest-Stoffe

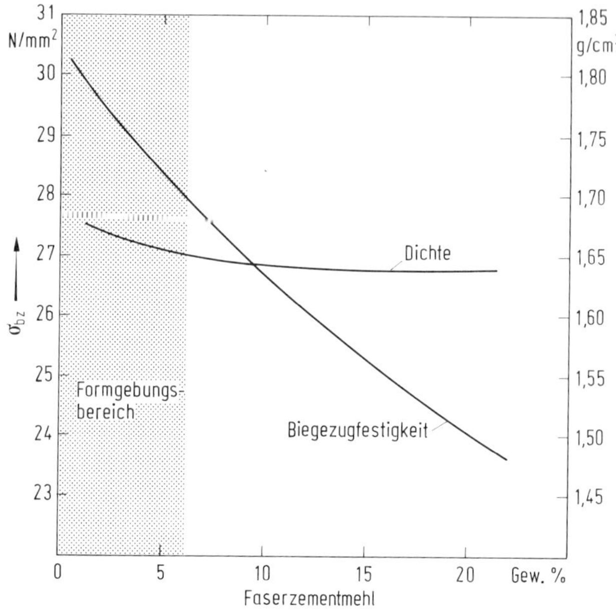

Bild 6. Wellplatten-Festigkeiten bei steigendem Faserzement-mehl-Anteil

klassifizieren. Zu den Kreislaufstoffen gehört vor allem der Faserzement-Hartabfall. Die Rückführung des aufbereiteten Hartabfalls als asbesthaltiges Zementmehl in die Regelmischung ist technisch möglich und wird praktiziert. Der Einfluß auf die Festigkeiten von Wellplatten bei steigendem Eintrag von Faserzementmehl ist im Bild 6 aufgezeigt.

Abwasser fällt als Abfallstoff ständig in der Produktion an und periodisch bei der Reinigung der Klärwassertrichter. Der Schlammgehalt des bei der Reinigung der Trichter anfallenden Abwassers beträgt im Mittel 6 bis 7 Vol.-%. In den Industrie-Abwässern ist zum Teil noch relativ viel Feststoff enthalten, der als Abwasserschlamm zur Deponie transportiert wird.

3 Das Injektionsverfahren, eine Alternative zur Handformerei Fabrikate, Formmaschinen, Formen, Stapelautomatik, Stoffeigenschaften

Zur Vervollständigung der Produktpalette für Hoch- und Tiefbau sind zahlreiche Formwaren (auch Formstücke, Formlinge, Fittings genannt) eine technische Notwendigkeit [15]. Die Formwaren umfassen die Konstruktionselemente Rohre, Platten und Behälter. Bild 7 gibt eine Zusammenstellung von Faserzement-Formlingen wieder, die bereits heute im Injektionsverfahren hergestellt werden. Für Druckrohr-, Kanalisationsrohr- und Installationsrohr-Leitungen werden Rohrfittings (Krümmer, Bogen, Abzweige etc.) sowie Rohr-Kurzlängen mit L $\leqq$ 500 mm benötigt. Rohrfittings werden mit monolithischer Muffe oder ohne Muffe gefertigt. Abflußrohrfittings ohne Muffe werden für die Haus- und Grundstücksentwässerung in zunehmendem Maße eingesetzt. Sie werden durch Stahlband-Spannmuffen mit Gummidichtmanschette verbunden. Für Be- und Entlüftungsrohr-Systeme werden Rohre mit Querschnitten bis zu 400 cm^2 gefertigt. Zum Wellplattendach gehören Wellfirsthauben, Wellpulthauben, Traufenfußstücke, Maueranschlußstücke, Windfederwinkel, um die am häufigsten zur Anwendung kommenden Formstücke zu nennen. Auch Faserzement-Wellplatten selbst werden in den Hauptbaulängen im Injektionsverfahren hergestellt. Dachplatten und Formstücke für Dachdetails werden serienmäßig gefertigt. Die gleichzeitig eingeführte Vergrößerung der Dachplattenformate vereinfacht die Verlegetechnik und senkt damit die Kosten. In den Tropen und warmen Klimazonen besteht ein großer Bedarf an Faserzement-Wasserbehältern. In gemäßigten Klimazonen sind Blumenkästen und andere Pflanzengefäße gefragt.

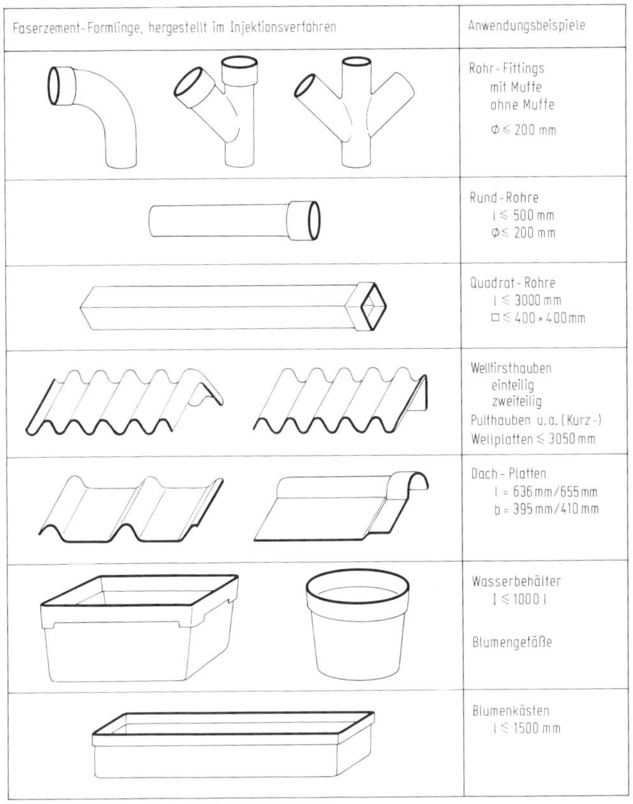

Bild 7. Ausgewählte Faserzement-Formlinge

Bei dem Einsatz der Rundsieb-Maschine für die Herstellung von Formwaren wird die Frischpappe von der Formatwalze der Plattenmaschine oder von dem Rohrkern der Rohrmaschine gelöst und zum Arbeitsplatz des Handformers transportiert. In der Handformerei werden die Konturen für das zu formende Teil zugeschnitten. Das Modellieren des Formkörpers erfolgt auf Holz- oder Kunststoff-Modellen. Der beim Zuschneiden und Modellieren anfallende Faserzementabfall wird chargenweise in die Aufbereitungsanlage der Plattenfabrik zurückgeführt zwecks Rückgewinnung der Wertstoffe (Recycling von Kreislaufstoffen). Der Formkörper wird nach Erreichen einer genügenden Eigenfestigkeit vom Modell gelöst und — soweit notwendig — von Hand nachbehandelt. Hierzu gehört z. B. das Glätten der Oberfläche. Der Transport und die Lagerung der Halb- und Fertigfabrikate sind die letzten Arbeitsgänge.

Der kurz aufgezeigte Arbeitsablauf läßt erkennen, daß eine Vielzahl von manuellen Arbeitsgängen notwendig ist, um Faserzement-Baustoffe in diesem konventionellen Verfahren zu verformen. Abgesehen davon, daß eine große Anzahl an Arbeitskräften für die Handformerei erforderlich ist, kommt entscheidend hinzu, daß wertvolle und sensible Rohstoffe verschwendet werden. Auch diejenigen

Formereiprodukte, die in ihrem Anwendungsbereich nur geringe Eigenfestigkeit benötigen, werden zwangsläufig aus hochwertigem Faserzement-Material mit Asbesteinlagerung hergestellt (Blumenkästen u. a.). Vor Einführung der Injektion versuchte man, diesem Tatbestand dadurch zu begegnen, daß man in der Formerei — unabhängig von der Massenproduktion Wellplatten — Ein-Zylinder-Rundsiebmaschinen für die separate Herstellung des Formereimaterials einsetzte. Diese Lösung stößt auf Grenzen: das Frischmaterial von der Ein-Zylinder-Plattenmaschine ist auf Grund seines Materialaufbaus schlechter verformbar (Rißbildung).

Die Formgebung wird beim Injektionsverfahren in einer Formpresse ausgeführt. Die Injektionsverfahren arbeiten praktisch alle nach dem gleichen Prinzip. Die Faserzement-Suspension wird in den Hohlraum eines Stahl-Modells mit relativ hohem Druck injiziert. Der Hohlraum ist entsprechend den geometrischen Abmessungen des gewünschten Formstückes ausgelegt. Nach Beendigung des Einspritzvorganges wird der mit Faserzementstoff gefüllte Modell-Hohlraum auf die endgültige Wandstärke des Formstückes reduziert und dadurch der eingespritzte Stoff verdichtet. Die Verdichtung, d. h. die Volumen-Reduzierung, wird durch aufblasbare oder aufpumpbare Modellkerne erreicht. Der Stahlkern des Modells ist aus diesem Grunde mit einer Gummihülle überzogen, in die Wasser oder Luft injiziert werden kann. Während der Verdichtung wird das überschüssige Wasser aus dem Modell abgeführt. Der Auslegung des Modellraumes und der notwendigen Modellkerne ist daher konstruktiv und verfahrenstechnisch große Aufmerksamkeit zu widmen. Die für Regel-Formstücke geforderten Wandstärken liegen je nach Anwendungszweck zwischen 4 bis 30 mm.

Um das Ausschalen des frischen Formstückes zu ermöglichen, ist das Modell zweiteilig ausgeführt. Infolgedessen müssen während des Einspritzvorganges die beiden Modellteile in Abhängigkeit der Formstückgröße mit relativ großen Kräften zusammengehalten werden. Hierfür werden mechanische Verriegelungseinrichtungen oder Pressen eingesetzt.

Bei der Einständer-Schiebetischpresse für Rohrfittings sind im Pressengestell zwei Formwerkzeuge angeordnet, die wechselseitig von der Entladestation in die Preß-Position fahren. Der Ausstoß des Rohlings erfolgt von Hand; die ausgestoßenen Rohlinge können aber auch von Vakuumhebern der beidseitig angeordneten Stapelautomatiken erfaßt werden und nach einem vorgegebenen Stapelprogramm auf Transportwagen, Paletten oder dergleichen abgesetzt werden, so wie es weiter unten ausgeführt wird.

Bei der Einständer-Presse wird in ein festes Modell, das außen porös ist und im Innern einen Stahlkern mit einer Gummihülle besitzt, mit mehreren Atmosphären Druck die Faserzement-Suspension injiziert. Nach erfolgter Einspritzung wird der Gummikern mit Luft aufgeblasen oder mit Wasser aufgepumpt bei 15—25 kp/cm^2. Dadurch wird die eingespritzte Suspension gegen die poröse Außenwand des Modells gepreßt, d. h. verdichtet und entwässert. Die Gummihülle des Stahlkerns bewegt sich dabei unter ihrem Innendruck nicht gleichmäßig nach außen, sondern entsprechend dem örtlichen Widerstand, den ihr der sie umgebende Faserstoff entgegensetzt. Da es praktisch nicht möglich ist, beim Injizieren Füllungsschwankungen auszuschließen, ist der Widerstand von Massenpunkt zu Massenpunkt unterschiedlich. Die Füllungsschwankungen müssen in engen Grenzen liegen, da sie sonst zu großen Festigkeitsunterschieden führen. Da beim Verdichten die Bewegung der Feststoffe durch statische Überwindung der Reibungskräfte in der Faserzement-Suspension erzeugt wird, ist ein relativ hoher Einspritzdruck notwendig.

Eine andere Lösung stellt das nachstehend beschriebene Injektionsverfahren dar [16], das zum Zusammenhalten der Modelle eine Zweiständer-Hydraulik-Rahmenpresse verwendet und durch die Art der Stoffinjektion und die Modellausbildung charakterisiert wird. Diese Lösung hat der Berichter durch umfangreiche Forschungs- und Konstruktionsarbeiten maßgeblich beeinflußt (Bild 8). Die Anlage für Hochdruckinjektion von Rohrfittings soll als Fallstudie in den drei Haupt-Baugruppen behandelt werden:

— Einspritzaggregat,
— Formpresse und Modelle,
— Entnahme und Stapelung.

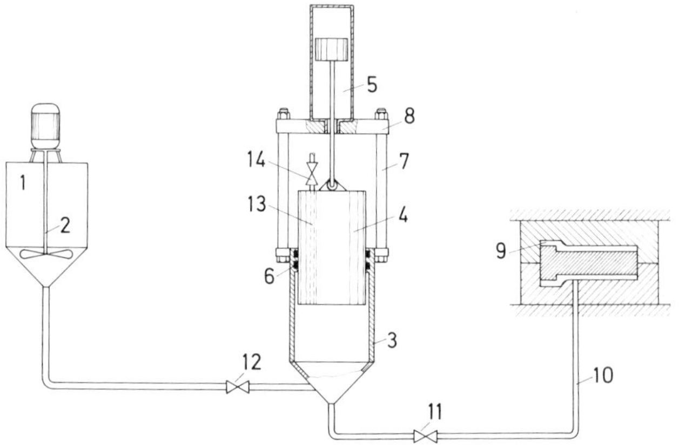

Bild 8. Schema des Einspritzaggregats mit Form-Modell nach [16]
1 Vorratsbehälter, 2 Rührwerk, 3 Druckzylinder, 4 Verdrängerkolben, 5 Hydraulikaggregat, 6 Dichtung, 7 Zuganker, 8 Traverse, 9 Form-Modell, 10 Förderleitung, 11 Ventil II, 12 Ventil I, 13 Leitung, 14 Entlüftungsventil

Das Einspritzaggregat besteht aus einem im unteren Teil konisch zulaufenden Druckzylinder, in dem ein Verdrängerkolben durch einen Hydraulikzylinder bewegt wird. Das zweiteilige Formmodell wird in der Formpresse durch einen Vertikalzylinder zusammengehalten; der Stahlkern des Modells wird durch die Horizontalzylinder fixiert. Schematisch ist der so gebildete Formungsraum in Pos. 9 wiedergegeben. Das Einspritzaggregat ist durch ein Rohrleitungssystem mit Ventilen direkt mit dem Vorratsbehälter (Pos. 1) und mit dem Formungsraum verbunden. Zum Einpressen der Suspension in den Formungsraum wird der Kolben (Pos. 4) mit einer solchen Kraft in das Einspritzaggregat eingefahren, daß ein Druck von ≧25 bar entsteht.

Der Formungsraum (Pos. 9) besteht aus einem steifen Außenmantel, der zur Ableitung des Wassers mit radialen Bohrungen versehen ist. Auf der Innenseite dieses Mantels liegt ein Sieb, das zu dem herzustellenden Formstück hin mit einem Filtertuch abgedeckt wird. Im Innern dieser Form liegt der steife Kern. Der so gebildete Hohlraum nimmt die einzupressende Faserzement-Suspension auf. Es wird mit einem steifen Kern — ohne Gummihülle — gearbeitet. Daraus resultieren ein optimales Finish der Innen-Oberfläche und eine maximale Maßhaltigkeit des Fittings.

Den Aufbau der Zweiständer-Hydraulik-Rahmenpresse gibt Bild 9 wieder. Für die mechanische Fertigung von Rohrfittings in den Nennweiten 50—125 ergeben sich für die Formpresse ein max. Betriebsdruck von 170 bar und für die einzelnen Zylinder folgende Drücke:

— Vertikalzylinder:	
Schließdruck	120 Mp
Kolbendurchmesser	300/380 mm
Hub	355 mm
— Horizontalzylinder:	
Schließdruck je	16,2 Mp
Kolbendurchmesser je	110/80 mm
Hub der Schwenkzylinder	600 mm
Starrer Zylinder rechts	750 mm
Starrer Zylinder links	350 mm
— Einbauhöhe:	690 mm
Höhe der Zylinderachse über dem Aufspanntisch	200 mm

Für den Einsatz der Formen bis max. NW 100 wird dieses Funktionsmaß durch eine 40 mm dicke Beilageplatte auf 160 mm reduziert.

Für einen Arbeitszyklus werden ≦45 s benötigt, so daß für die Nennweiten von 50—125 mit einer Produktion von ≧70 Stück/h gerechnet werden kann. Diese Leistungsdaten können exakt nur für ein bestimmtes Werk mit einem bekannten Mechanisierungsgrad und einem festgelegten Produktionsprogramm angegeben werden. Grundsätzlich kann aber festgestellt werden, daß das Injektionsverfahren im Vergleich zur Handformerei ungleich produktiver ist, ohne hier weitere Wirtschaftlichkeitsüberlegungen anzustellen.

Die dünnwandigen Bauelemente aus Faserzement müssen nach der Entnahme aus der Presse in den anschließenden Arbeitsgängen sorgfältig behandelt werden. Hier fällt die endgültige Entscheidung über die Qualität der Produkte.

Nach Beendigung der Injektion wird das Vakuum der Unterform abgeschaltet; die Unterform wird belüftet. Mit Hilfe eines kurzen Druckluftstoßes kann das Formstück der Presse manuell leicht entnommen werden. Die Faserzement-Muffen werden zweckmäßigerweise durch Kunststoff-Kaliber fixiert. Dadurch wird eine Verformung des Formstückes im frischen Zustand optimal ausgeschlossen. Bei ordnungsgemäßer Produktion sind die Anfangsfestigkeiten des Formstückes ausreichend, um es ohne zusätzliche Hilfsmittel zu lagern.

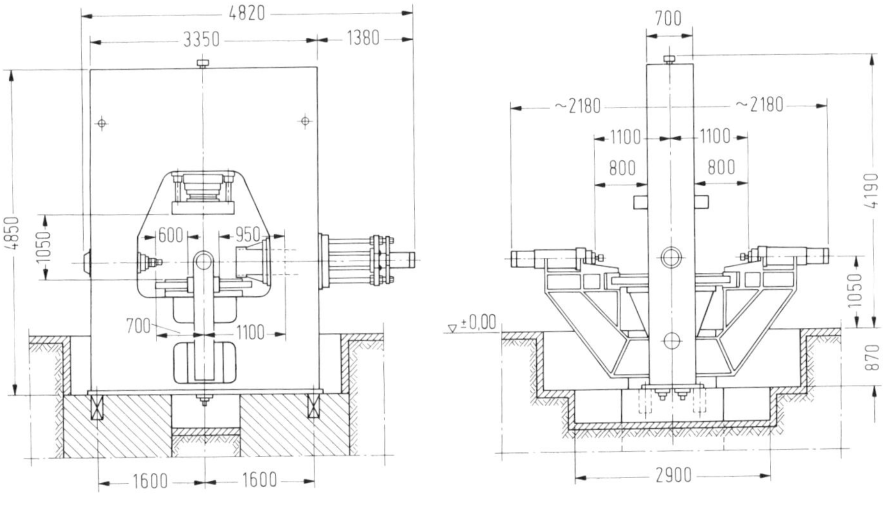

Bild 9. Formpresse für Rohrfittings

Auf Grund der Betriebserfahrungen des Berichters sollen alternative Arbeitsempfehlungen im Produktionsbereich „Entnahme und Stapelung“ gegeben werden:

— Ablage der Rohrfittings mit Kunststoff-Kalibern in (mobilen) Regalen im Materialflußbereich der Formpresse. Beladung von Gitterkörben. Einlagerung der Gitterkörbe in Wasserbecken durch flurgesteuerten Hallenlaufkran. Zwischenlagerung und Bituminierung der Fittings. Auslieferung an das Werkslager durch gleislose Flurfördermittel und Paletten.
— Ablage der Rohrfittings in mobilen oder stationären Regalen. Befeuchten der Formstücke durch Wasser-Berieselungsanlagen. Zwischenlagerung und Bituminieren der Fittings. Auslieferung an das Werkslager durch gleislose Flurfördermittel und Paletten.
— Aufgabe der Rohrfittings auf einen mechanischen Stetigförderer durch Vakuumheber einer Stapelautomatik. Thermische Behandlung während des Durchlaufens durch einen Trockenkanal. Der Stetigförderer ist als Schleppketten-Förderer, Tragketten-Förderer u. ä. ausgebildet. Zwischenlagerung und Bituminieren der Fittings. Auslieferung an das Werkslager durch gleislose Flurfördermittel und Paletten.

Den derzeitigen Mechanisierungsgrad an Formpressen zeigt Bild 10. Die am Pressengestell beidseitig angeordnete Stapelautomatik mit Vakuumheber gibt den Formling an Trockenkanal, Transportwagen, Paletten oder andere Fördermittel ab.

Die einzelnen Druckbereiche und die erzielbaren technologischen Eigenschaften in Abhängigkeit vom steigenden Einspritzdruck zeigt das Diagramm Bild 11. Die in langen Versuchsreihen ermittelten Werte für Ringzugfestigkeit, Dichte und Wasseraufnahme wurden in der Produktion bestätigt. Die im Faserverbundwerkstoff fein verteilten, dreidimensional orientierten Fasern liefern normgerechte Festigkeiten. Der Einspritzdruck wird in Abhängigkeit von Größe und Form des herzustellenden Rohrfittings über einen bestimmten Zeitraum gehalten, um die Verdichtung und Entwässerung des Formstückes optimal zu gewährleisten.

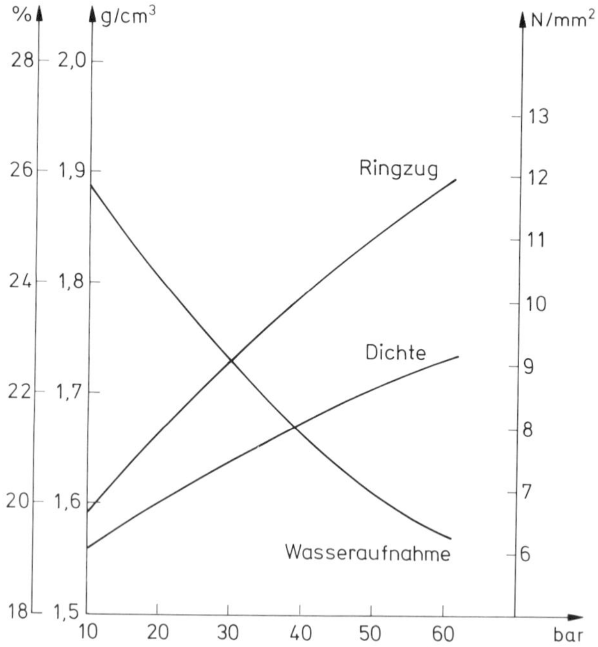

Bild 11. Eigenschaften von Asbest-Faserzement bei steigendem Einspritzdruck

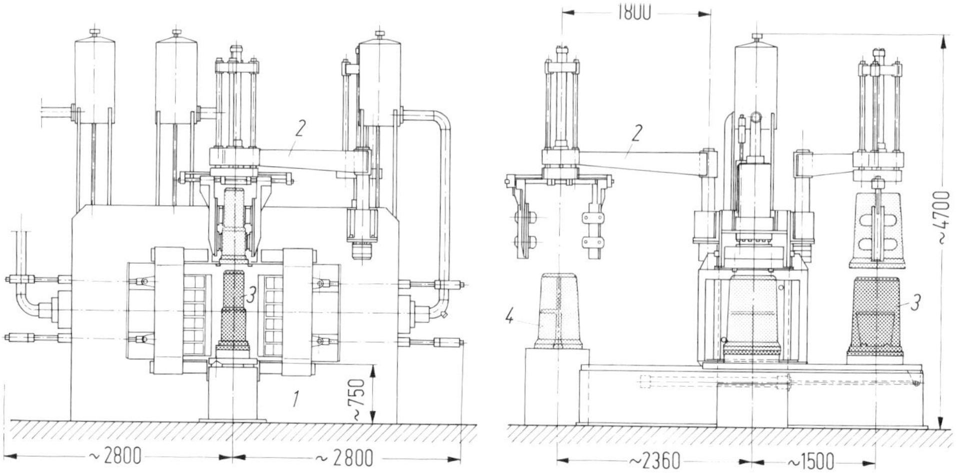

Bild 10. Stapelautomatik an einer Formpresse
1 Formpresse
2 Vakuumheber
3 Form-Modell
4 Formling

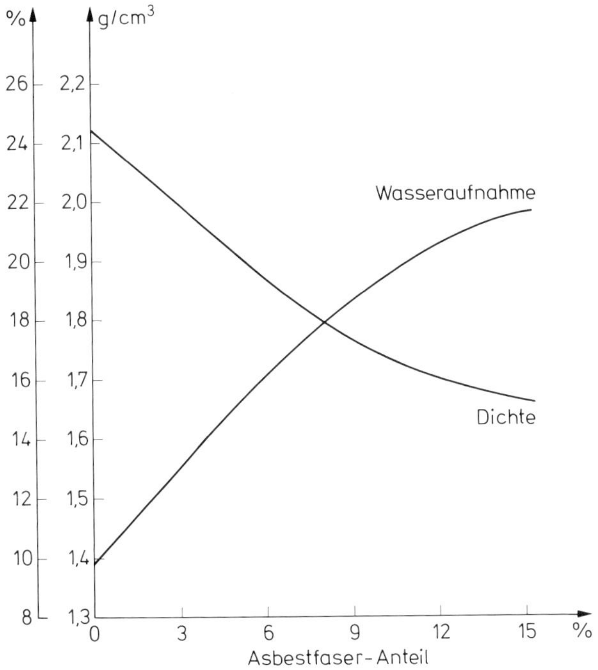

Bild 12. Eigenschaften von Asbest-Faserzement bei steigendem Faseranteil

Mit steigendem Faseranteil im Faserverbundwerkstoff erhöht sich grundsätzlich die Festigkeit des Werkstoffes. Dies gilt auch für Faserstoffe mit Asbesteinlagerung. Die Festigkeitszunahme erfolgt allerdings nur bis zu einer bestimmten Grenze. Wie weiter oben ausgeführt, gibt es in Abhängigkeit der vorhandenen Gesamtoberfläche der Asbestfasern in der Faserzementmischung eine obere Grenze der Zementaufnahme.

Für Rohrfittings konnte der charakteristische Verlauf von Ringzug-, Längsbiege- und Scheiteldruck-Festigkeiten in Abhängigkeit des Faseranteils experimentell ermittelt und in der Praxis bestätigt werden. Der Verlauf von Dichte und Wasseraufnahme in Abhängigkeit des Fasereintrags in die Zement-Matrix ist in das Diagramm Bild 12 eingetragen.

Literatur

[1] Hannant, D. J.: Fibre Cements and Fibre Concretes. Chichester/New York/Brisbane/Toronto, John Wiley & Sons, 1978.

[2] Meyer, A.: Faserbeton. Zement-Taschenbuch 1979/80, 47. Ausgabe, Wiesbaden/Berlin, Bauverlag GmbH, 1979, S. 453—475.

[3] Cziesielski, E. und Rust, M.: Glasfaserbeton im Bauwesen. beton- und fertigteil-jahrbuch 1979, Wiesbaden/Berlin, Bauverlag GmbH, 1979, S. 226—265.

[4] Knoblauch, H.: Herstellung und Eigenschaften von Stahlfaserbeton und Stahlfasermörtel mit steigenden Faseranteilen. Betonwerk + Fertigteil-Technik, Heft 10 (1979), S. 588—594, Heft 11 (1979), S. 683—691.

[5] Pampel, H. und Schwarz, H.-G.: Technologie und Verfahrenstechnik zementgebundener Spanplatten. Holz 37 (1979), Heft 5, S. 195—202.

[6] Pösch, H.: Vorlesungen über Planung und Einrichtung von Baustoff-Fabriken (Technologie, Herstellung und Verwendung von Gips). Technische Universität Berlin 1961 uff.

[7] Pösch, H.: Verfahren und Vorrichtungen zum Herstellen dünnwandiger Bauelemente aus Faserstoff, besonders mit Asbest. Aufbereitungs-Technik 20 (1979), Heft 12, S. 668—679.

[8] Bornemann, P.: Ist Asbestzement ein gesundheitsgefährdender Baustoff? Das Dachdecker-Handwerk 16/1979, S. 10—13.

[9] Asbestos in '78. Industrial Minerals, No. 141 June 1979, S. 10.

[10] Pösch, H.: Asbest — Ein Grundelement der Baustoff-Industrie. Festschrift „15 Jahre Freie Universität Berlin", Berlin, 1965, S. 96—98.

[11] Klos, G. H.: Properties and testing of asbestos fibre cement. Rilem Symposium 1975, Fibre reinforced cement & concrete. The Construction Press Ltd. (1975), S. 159—167.

[12] Pösch, H.: Der Leistungsstand der japanischen Zementindustrie. Zement—Kalk—Gips 29 (1976), Heft 8, S. 349—361.

[13] Pösch, H.: Anlagenbau im Ausland. „100 Jahre Technische Universität Berlin 1879—1979", Katalog zur Ausstellung, Berlin, 1979, S. 424.

[14] Pösch, H.: Recycling of fiber cement hard waste. Fourth International Conference on Asbestos, 1980, Turin (Italy), May 26 to 30, 1980. Session III, p. 477—492.

[15] Pösch, H.: Asbestzement. Beton-Kalender 69 (1980) Berlin/München/Düsseldorf, Wilh. Ernst & Sohn, Teil 1, S. 323—336.

[16] Pösch, H.: Injection moulding apparatus. United States Patent, No. 3.457.606, patentiert 29. Juli 1969.

HEINRICH PASCHEN

Gedanken über den Einsatz der Leistungsbeschreibung mit Leistungsprogramm

Wie alle anderen technischen Disziplinen befindet sich auch die Bautechnik in einem Entwicklungsprozeß, der ganz natürlich den „Fortschritt“ zum Ziele hat. Dieses abgegriffene und z. T. schon als ominös geltende Wort drückt vor allem eines aus: die Vielfalt der technischen Entwicklungsziele. Sicherlich gehört die Wandlung der Architektur, der Bauformen und ihrer funktionellen Inhalte zur besseren Anpassung an humane Bedürfnisse dazu, sicherlich auch die Verbesserung der baulichen Qualität z. B. des Wärme- und Schallschutzes, der Ausstattung etc. Ein fundamentales Anliegen der bautechnischen Entwicklung ist aber auch die Rationalisierung. Auf diesem Gebiet hat das Bauwesen immer noch einen hohen Nachholbedarf gegenüber anderen Industriezweigen. Große Rationalisierungserfolge hat man sich u. a. von Vorfertigung und Fertigteilbau erhofft. Ursprünglich nur Entwurfsvariante im Einzelfall zwecks Einsparung von Schalung bzw. Rüstung entwickelte sich der Fertigteilbau zu einer eigenständigen Bauweise mit zunehmend industriellem anstatt handwerklichem Charakter und z. T. auch besserer Qualität. Die wirtschaftliche Bedeutung der Serienfertigung wurde auch hier offenkundig (Schalungsaufwand, Arbeitsvorbereitung, Einarbeitungseffekt, Mechanisierungsmöglichkeiten u. a.) und führte schließlich zum Gedanken des Systembaus. Dieser Begriff entbehrt bislang leider der exakten Definition, vermutlich, weil er scharf gar nicht zu fassen ist. Gemeint ist das Bauen nach einem bestimmten System, nicht notwendigerweise unter ausschließlicher oder teilweiser Verwendung von Fertigteilen. Dem System liegt eine ihm eigentümliche, möglichst flexibel verwendbare Tragstruktur zugrunde, gekennzeichnet durch bestimmte Tragelemente und deren Verbindungen und eine ganz bestimmte Herstellungstechnologie. Es impliziert die modellhafte Durcharbeitung jedes Details, die Erarbeitung von Rechen- und Plotterprogrammen für alle Berechnungen und Zeichnungen, auch für Kalkulation und Angebotsunterlagen, präzise Arbeitsvorbereitung, Einarbeitungseffekt und Fertigungsrationalisierung. Ein solches System kann den Ausbau oder Teile desselben einschließen. Die Möglichkeit zur Verfeinerung und zur Verbesserung im Rahmen einer stetigen Produktentwicklung aufgrund des laufenden Erfahrungsrückflusses kann sich zugunsten der Qualitätsverbesserung und weiterer Rationalisierung auswirken: Was gemeint ist, sei an einem Beispiel demonstriert:

Von einem Ingenieurbüro wurde ein Bausystem entwikkelt, dem folgende Überlegungen zugrunde liegen:

Die Deckenspannweiten im Skelettbau sind im allgemeinen so groß, daß Massivplatten nicht mehr wirtschaftlich ausführbar sind, obwohl sie viele Vorteile haben: Geringe Bauhöhe, glatte Untersicht, einfach herstellbare Bewehrung, optimale Quersteifigkeit und Scheibenwirkung, guter Schallschutz, hohe Feuerwiderstandsdauer.

Damit scheidet auch die Verwendungsmöglichkeit üblicher großflächiger Fertigplatten (= Großflächenplatten) mit statisch mitwirkender Ortbetonschicht aus, obwohl sich diese in den letzten Jahren als sehr wirtschaftliches Bauelement erwiesen haben.

Massivplatten ließen sich jedoch statisch sehr günstig gestalten, wenn sie zugleich wirtschaftlich als Voutendekken, d. h. mit dem Momentenverlauf angepaßter Bauhöhe ausführbar wären. Das gelingt, wenn man als verlorene Schalung und zugleich als Bewehrungsträger nach bestimmten Verfahren abgeknickte Großflächenplatten verwendet (Bild 1). Damit kommt nicht nur die komplizierte Schalung für eine Voutendecke in Wegfall, sondern man gewinnt alle Vorteile, die mit dem Einsatz von Großflächenplatten bekanntermaßen verbunden sind. Insbesondere kommt auch der für eine Voutendecke sonst notwendige Mehraufwand für die Bewehrung im Voutenbereich in Wegfall. Gleichzeitig erhält man in der Nullinie des Unterzugs im Bereich der größten Querkräfte größere Breiten und kann deshalb im Unterzug Schubbewehrung sparen. Umlenkbügel und Aufbiegung am Voutenanschnitt kommen der Deckung des dort auftretenden Schubflußmaximums zugute. Der torsionssteife Unterzug und seine monolithische Verbindung mit der Stütze bedingt eine Rahmenwirkung, durch welche die von einem Feld in das Nachbarfeld durchschlagenden negativen Momente z. T. blockiert und in die Stützen abgeleitet werden, wodurch die Klaffung zwischen oberer und unterer Momentengrenzlinie und damit die Plattenbewehrung vermindert

werden kann. Die Unterzüge können auf zweierlei Art hergestellt werden: Entweder in Ortbeton so, wie in Bild 1 dargestellt, wobei bislang maximal Absätze von 15 cm Höhe (abschalbar mit Kanthölzern 16/16, keine Seitenschalung erforderlich) ausgeführt wurden oder mit „Spannbrettern" als verlorene Schalung [20]. Hierbei hat die ständige Beschäftigung mit den Details des Systems und zunehmender Erfahrungsrückfluß zu vielen Verbesserungen geführt, die sich wirtschaftlich auswirken: Besondere Gestaltung der Unterzugsbügel, wobei der äußere, stärkere auch als Aufhängebewehrung wirkt, der innere umgekehrt, d. h. mit außenliegenden Längsstäben eingebaut wird. Bügelrhythmus im Unterzug und Trägerlage in den Großflächenplatten sind abgestimmt. Die Trägerabstände in Relation zur Anzahl der Hilfsstützen wurden optimiert usw. Insbesondere die Plattenbewehrung wurde perfektioniert. Es werden je nach Gegebenheit verschiedene Bewehrungsbilder mit einfacher oder mehrfacher Staffelung in Betracht gezogen. Vor allem aber wurde, implementiert auf einer ICL 2903, eine umfassende Software erarbeitet, die mit besonderer Abstimmung auf dieses Bausystem hinsichtlich ihrer Leistungsfähigkeit weit über das hinausgeht, was mit allgemeinen Rechen- oder Plotterprogrammen erreichbar ist.

Zunächst wurde hier alles verarbeitet, was DIN 1045 an Regelungen enthält, die Vorteile in sich bergen können z. B. vorteilhafte Verminderung oder Vergrößerung der Stützmomente gem. § 15.1.2, Abminderung der Schubbewehrung, etc. Der Rechner ermittelt aus geometrischen Daten selbständig die Lasten und Schnittkräfte, führt die Bemessung durch — ggf. unter Berücksichtigung der zulässigen Schwingbreiten für dynamische Belastungen (z. B. aus Feuerwehrfahrzeugen) — und liefert über den Plotter die Stahlbedarfslinien (Bild 2), die eine korrekte Momentendeckung ermöglichen. Das mittlerweile verfeinerte Programm optimiert unter den möglichen Bewehrungsbildern und gibt Mattenart, Mattenanfang und -ende sowie die Massen aus, so daß einerseits korrekte Lage, andererseits Begrenzung auf die erforderliche Länge bei optimiertem Bewehrungsbild gewährleistet ist. Die Auflagerdrücke werden gespeichert, wenn günstig und zulässig im Sinne von DIN 1045, § 15.7 manipuliert (Vollbelastung, evtl. ohne Durchlaufwirkung) und als Lastansatz in die Unterzugsprogramme eingespeist, deren Ausgabe derjenigen bei den Platten entspricht. Ähnliches gilt für Stützen. Ein entsprechendes Rechenprogramm existiert auch für die aussteifenden Bauteile. Bei allen Programmen wurde auf komfortable Dateneingabe größter Wert gelegt, d. h. es ist möglich, örtliche Veränderungen (Maße, Lastansätze) direkt und ohne am übrigen Datensatz zu rühren, einzugeben und damit einen neuen Rechengang zu starten. Damit ist es möglich, beliebig zum Zwecke der Optimierung zu iterieren, aber auch Entwurfsänderungen zu beliebigem Zeit-

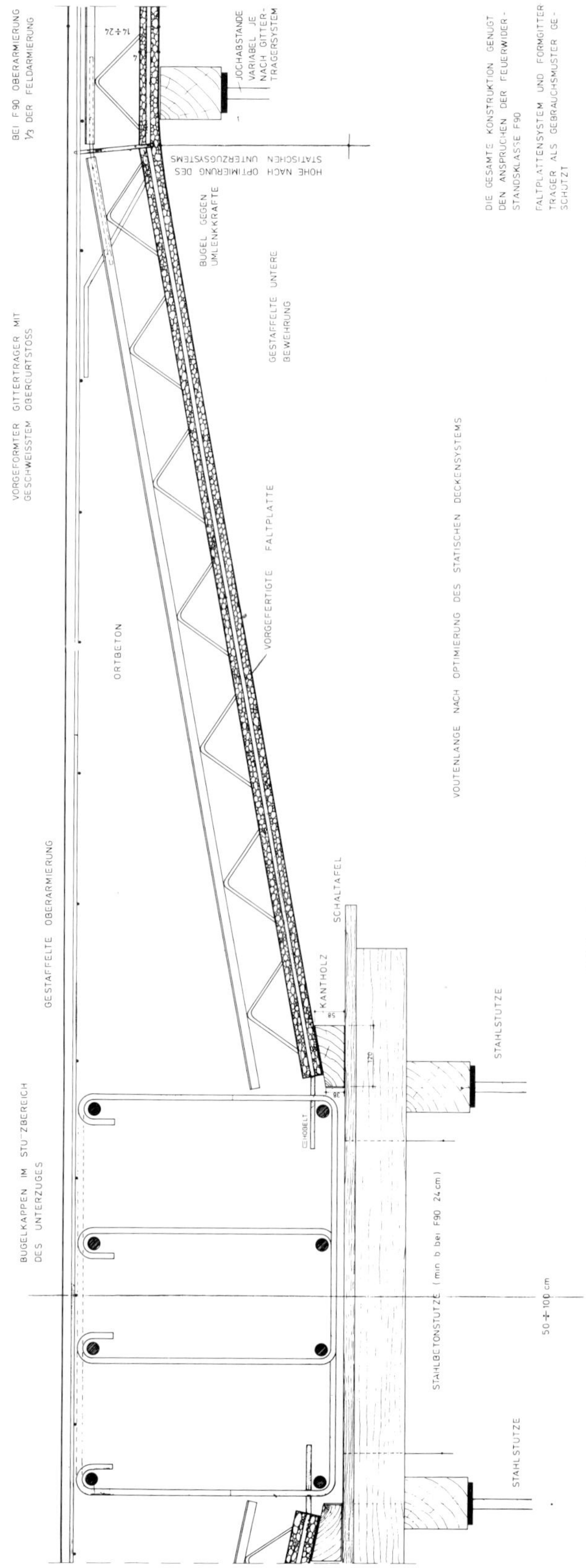

Bild 1. Detail der Voutendecke

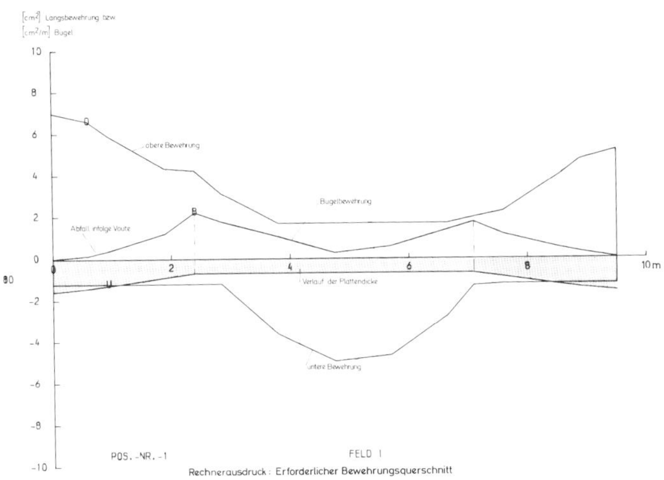

Bild 2. Stahlbedarfslinie für ein Feld der Voutendecke

punkt mit gleichzeitiger Erfassung der Auswirkungen (Massen) zu berücksichtigen. Die korrekte Massenausgabe erlaubt bei Projekten (Sonderentwürfen im Wettbewerb u. a.) verbindliche Massengarantie. Zwei mit diesem System realisierte Bauten ganz unterschiedlicher Zweckbestimmung zeigen Bild 3 und 4. Die eigene Erfahrung hat hier gezeigt, wie enorm der Rationalisierungseffekt beständiger Weiterentwicklung von der ersten Realisierung bis zum heutigen Stand gewesen ist, und zwar nicht nur in Bezug auf die Bürotätigkeit durch die Software-Entwicklung, sondern hinsichtlich der Massen und des Arbeitsaufwands bei der Ausführung infolge der nunmehr bis ins letzte ausgeklügelten Optimierung und Detailausbildung.

Im allgemeinen scheitert die Ausarbeitung fundierter Sonderentwürfe bei Ausschreibungen schon an den meist zu knappen Terminen, vom Aufwand ganz abgesehen. Erst die Verwendung eines eigenen Systems mit prinzipiell bereits fertiger Konstruktion schafft hier unter Zuhilfenahme der EDV wirksame Abhilfe. So ist dieses System in den vergangenen Jahren denn auch überwiegend durch Sonderentwürfe für Bauunternehmungen zum Zuge gekommen und daher von verschiedensten Firmen ausgeführt worden. Aus der Sicht des Ingenieurbüros ist das ein Erfolg und Beweis zugleich für die Richtigkeit des System-Gedankens. Andererseits bleibt so ein noch vorhandenes Reservoir an weiteren Rationalisierungsmöglichkeiten nämlich durch Systematisierung und Optimierung der Arbeitsmethoden und -mittel und Einarbeitung des Personals unausgeschöpft. Hier kann das Optimum nur erreicht werden, wenn eine Firma selbst über ein System verfügt und es entsprechend konsequent zum Einsatz bringt. Es bleibt nur noch hinzuzufügen, daß es sich hierbei um ein reines Rohbausystem handelt. Erfahrungen mit anderen Bausystemen haben gezeigt, daß die Integration von Teilen des Ausbaus weitere erhebliche Rationalisierungserfolge bringen kann — ganz zu schweigen von der Verbesserung der Ausführungsqualität, die auf solche Weise beinahe zwangsläufig zustande kommt.

Mit Hilfe eines gut durchdachten und erprobten Systems lassen sich also in aller Regel fühlbare Rationalisierungseffekte erreichen, selbst dann, wenn es konstruktiv mehr als das Minimum an baulichem Aufwand erfordert und im Einzelfall nicht als optimale Konstruktionsvariante erscheint. Das liegt daran, daß kaum noch Probleme zu lösen sind und daß speziell dafür entwickelte Hilfsmittel zur Erledigung der Routinearbeiten zur Verfügung stehen. Derartige Systembauweisen bergen noch mehr Rationalisierungsmöglichkeiten in sich, wenn sie von der Bauindu-

Bild 3. TV-Schule IBM Mainz 1974

Bild 4. Regenrückhaltebecken Finthen/Mainz 1974

strie selbst entwickelt bzw. mitgetragen werden, weil dann auch die Fertigung nicht nur teilweise — wie oben — sondern komplett, ggf. einschließlich Ausbau optimiert werden kann.

Die Frage ist nun, wie derartige Systementwicklungen bei der Vergabe von Bauleistungen im Hochbau überhaupt zum Zuge kommen können. Es gesellt sich eine weitere ganz ähnliche Frage hinzu: Selbst wenn auf der Bieterseite keine Systementwicklungen vorliegen, so sind Bauunternehmungen im Einzelfall sehr unterschiedlich für die Ausführung einer bestimmten Konstruktion gerüstet. Das liegt an der Verfügbarkeit von Schalungen, Gerät und spezieller Erfahrung bzw. eingearbeitetem Personal. Der einzelne Unternehmer könnte daher oft eine von ihm besser beherrschte Konstruktionsvariante billiger anbieten als die ausgeschriebene Lösung. Aber wie kommt er damit zum Auftrag? Die Antwort lautet in beiden Fällen bekanntlich: durch ein Sonderangebot. Der Unternehmer versucht, soweit möglich mit seinem Bausystem oder mit der von ihm bevorzugten Lösung den ausgeschriebenen Entwurf nachzuvollziehen. Er hat dabei keinerlei Möglichkeit der Einflußnahme auf diesen Entwurf zum Zwecke einer möglich erscheinenden Verbesserung und keinerlei Anspruch auf Berücksichtigung. Das ist um so schwerwiegender als gerade der Unternehmer über das ausführungstechnische know how verfügt und daher am ehesten in der Lage ist, wirtschaftliche Lösungen aufzuzeigen.

Rationalisierung auf breiter Basis bei all den Bauten, bei welchen die heutigen Baupreise besonders schmerzen wie bei Wohnungs-, Schul-, Büro- und Geschäftsbauten erfordert daher:

Einbeziehung des Unternehmers in den Entwurfsprozeß, jedoch bei Aufrechterhaltung des Wettbewerbs.

Institutionalisierung und Objektivierung der Vorlage und Bewertung von Sonderentwürfen.

Die Möglichkeit dazu bietet die sogenannte „Funktionale Leistungsbeschreibung" oder, wie sie jetzt genannt wird, die „Leistungsbeschreibung mit Leistungsprogramm" (LBL) nach § 9.10—12 VOB/A.

Der Grundgedanke ist der:

Der vom Bauherrn als Berater zugezogene Architekt fertigt nicht, wie üblich, den Bauentwurf, nach welchem die Ausführung erfolgen soll, sondern die Leistungsbeschreibung mit Leistungsprogramm, ggf. auf der Basis einer Rahmenplanung. Diese muß so präzise wie möglich alle Anforderungen an das Bauwerk beinhalten, ferner die für die Angebotsprüfung geltenden Kriterien und die Regeln für die Angebotsbewertung. Über die Details einer solchen Ausschreibung ist in letzter Zeit mehrfach berichtet worden [2, 5, 7, 8, 9, 12, 13, 15, 16, 17]. Auf der Bieterseite stehen nunmehr Bietergemeinschaften aus Architekten und Unternehmern, die ihrerseits Entwürfe ausarbeiten und dafür Festpreise benennen. Der Bauherr hat somit die Wahl zwischen verschiedenen Entwurfsideen bei gleichzeitiger Kenntnis des Preises. Eine derartige Ausschreibung und Vergabe birgt etliche Probleme, die in jüngster Zeit z. T. im Schrifttum behandelt wurden (Umfang der Rahmenplanung, Bauvoranfrage bzw. Baugenehmigung, Anzahl der Bieter, Vergütung der Bieter, Haftung der Bieter, Bewertung der Angebote usw.) s. [6, 10, 11, 13, 14].

Die Frage, die sich heute nach mancherlei positiven und negativen Erfahrungen stellt, ist die, ob diese Vergabeform praktikabel ist oder nicht, und wenn ja, mit welchen Einschränkungen.

Vor allem von Seiten der Architektenschaft wird dieses Vergabeverfahren scharf abgelehnt, aber auch die mittelständische Industrie bzw. das Bauhandwerk und das Ausbaugewerbe nehmen eine ablehnende Haltung ein. Bei mittleren und kleineren Baubetrieben wird darauf verwiesen, daß das zur Entwurfsbearbeitung oder gar Systementwicklung erforderliche technische Personal nicht vorhanden und auch nicht finanzierbar ist. Vom Ausbaugewerbe wird eine verschärfte Abhängigkeit von der Großindustrie befürchtet.

Dem Einwand mittelständischer Firmen kann mit dem Hinweis auf das vorstehend angeführte Beispiel begegnet werden, welches zeigt, daß hier geeignete Marktpartner zur Verfügung stehen.

Die Architektenschaft trägt die folgenden Argumente vor:

1. Wenn die Ausschreibung die Anforderungen an das Bauwerk präzise genug beschreibt, um überhaupt vergleichbare Entwürfe zu erhalten, so engt sie die Gestaltungsfreiheit des Architekten gleichzeitig so stark ein, daß dem Wettbewerb die gestalterische Dimension verlorengeht.
2. Der Architekt hat während des Entwurfsprozesses keine Möglichkeit zur Rückkopplung mit dem Bauherrn. Dieser Umstand erscheint vor allem auch in wirtschaftlicher Hinsicht bedeutungsvoll, insofern als erfahrungsgemäß in dieser Dialogphase ein Abbau ursprünglich vorhandener Maximalforderungen auf Grund von Kostenargumenten gelingt.
3. Wird dem Unternehmer bereits bei der Planung ein Mitspracherecht eingeräumt, so wird auch er zu einem entscheidenden Hindernis der gestalterischen Freizügigkeit, weil er bestrebt sein wird und muß, ein möglichst preisgünstiges Angebot zu erstellen und sich deshalb allen gestalterischen Vorschlägen widersetzen wird, die seiner Meinung nach zu höheren Kosten führen. Auf diese Weise ist „Baukultur" daher nicht zu erreichen.

4. Der Architekt gerät sogar in völlige Abhängigkeit vom Unternehmer. Da Feinheiten des Details und der Ausstattung in der Angebotsphase nicht restlos geklärt und festgelegt werden können, hat der Architekt während der Ausführungsplanung keine Chance mehr, sich gegenüber dem Unternehmer vor dem Hintergrund des angebotenen Festpreises mit anspruchsvollen Lösungen durchzusetzen.
5. Der wirtschaftliche Vorteil des Verfahrens ist fragwürdig. Da eine genügende Anzahl von Bietern vorhanden sein soll (im allgemeinen fünf oder mehr), um echte Alternativen für die Auswahl zu schaffen und die Bieter für ihren Planungsaufwand entschädigt werden müssen, verschlingen allein die erhöhten Planungskosten Summen, die durch Wirtschaftlichkeit einzelner Entwürfe kaum wieder eingespielt und noch weniger übertroffen werden können.
6. Die Kalkulations- bzw. Angebotspraktiken der Unternehmer sind fragwürdig. Sie bieten nach Marktlage an bzw. sind an Absprachen gebunden. Daher kann ein guter Architektenentwurf an einem unangemessenen, nach sachfremden Erwägungen festgelegten Preis scheitern. In diesem Zusammenhang wird insbesondere auf die großen Preisunterschiede bei üblichen Submissionen verwiesen und darauf, daß im Rahmen der LBL ein Entwurf nur einmal, d. h. von nur einem Unternehmer „kalkuliert" wird und daher an üblichen Maßstäben gemessen mit großer Wahrscheinlichkeit zu teuer.
7. Noch problematischer wird die Preisgestaltung bei den Subunternehmern gesehen. Bei üblicher Vergabe wird ein Ausbauunternehmen vom Bauherrn direkt angesprochen und hat im Wettbewerb mit der eigenen Konkurrenz eine direkte Auftragschance bei einmaliger Kalkulation. Im Rahmen der LBL kann ein Ausbauunternehmer von mehreren Bietern um Entwurfsbearbeitung und ein risikoreiches Pauschalangebot gebeten werden und hat möglicherweise dennoch keine Auftragschance, weil die von ihm bedienten Bieter u. U. eben selbst gar nicht zum Zuge kommen. Durchgearbeitete und solide kalkulierte Lösungen sind deshalb vom Ausbaugewerbe nicht zu erwarten.
8. Es wird bezweifelt, daß eine objektive Angebotsbewertung überhaupt möglich ist. Diese Zweifel gründen sich insbesondere darauf, daß ein für Nordrhein-Westfalen und Niedersachsen entwickeltes Bewertungssystem mit fiktiven Kostenwerten für „architektonische Qualität" arbeitet [11] und wenden dagegen ein, daß sich gestalterische Qualität mit Geld nicht messen läßt.
9. Wenn überhaupt, so sollte die Vergabe mit LBL nach Meinung einiger Architekten als „zweitstufiges Verfahren" gehandhabt werden. D. h., daß als erste Stufe ein Ideenwettbewerb nach den GRW stattfinden und in zweiter Stufe erst die Kombination mit dem Unternehmer und als deren Resultat die Angebotsabgabe erfolgen sollte.

Diese Argumente sind gewichtig und plausibel. Es ist daher notwendig, sich mit ihnen auseinanderzusetzen, was im folgenden geschehen soll.

Zunächst sei die Feststellung vorausgeschickt, daß auch im Kreise der LBL-Befürworter unterschiedliche Auffassungen darüber bestehen, für welche baulichen Aufgaben dieses Vergabeinstrument eingesetzt werden sollte.

Von allem Anfang an wurde das Argument gesehen, daß der mit der Zahl der Bieter multiplizierte Planungsaufwand immer noch gering sein muß, wenn dieses Vergabeverfahren neben dem Entwicklungs- und Innovationsanstoß bei der Industrie auch wirtschaftliche Vorteile im Einzelfall zur Folge haben sollte. Deshalb wurde auch vom Verfasser stets der Standpunkt vertreten, daß der Einsatz dieses Verfahrens bei der Zielsetzung: Wirtschaftlichkeit auf einfache Zweckbauten beschränkt werden muß, die keinen komplexen Planungsprozeß erfordern, statt dessen aber das Vorhandensein von Systemlösungen erwarten lassen. Im Gegensatz dazu wird die LBL von anderer Seite als das ideale Instrument zur Gewinnung unterschiedlicher Lösungsideen bei gleichzeitiger konstruktiver und preislicher Konkretisierung gerade bei sehr anspruchsvollen und schwierigen Bauvorhaben betrachtet. Daß das Verfahren in diesem Sinne in einigen Fällen erfolgreich war, ist erwiesen. Ob es hierbei auch gesamtwirtschaftlich vorteilhaft war, ist schwerer zu belegen. Und ein Innovationsanstoß ist in diesen Fällen ebenfalls kaum zu erwarten.

Handelt es sich aber um einfache Zweckbauten im vorstehenden Sinne, so hängt der Planungsaufwand bei den Bietern wesentlich davon ab, in welchem Maße auf eigene Entwicklungen und Erfahrungen zurückgegriffen werden kann. Wie dem Verfasser von unternehmerischer Seite versichert wurde, kann er sogar niedriger als bei konventioneller Ausschreibung sein.

Nun zu den einzelnen Argumenten:

Zu 1. Die Ausschreibung muß planungs- und bauordnungsrechtliche Bedingungen vorgeben, um die bauaufsichtliche Genehmigungsfähigkeit der entstehenden Entwürfe sicherzustellen. Auf diesen Gesichtspunkt wird später noch zurückzukommen sein. Die dadurch bedingte Einengung der gestalterischen Freizügigkeit gilt jedoch stets und unabhängig vom Planungs- bzw. Vergabeverfahren.

Die Ausschreibung muß auch den Zweck des Bauwerks und alle dafür geltenden funtionellen Anforderungen so präzise wie möglich formulieren. Dabei handelt es sich jedoch nicht um Angaben, die die gestalterische Freiheit beschneiden, sondern sie defi-

nieren die Bauaufgabe an sich und stellen damit die Grundlage aller gestalterischen Überlegungen dar. Insofern sind die Verhältnisse nicht anders als bei einem GRW-Wettbewerb [19] mit dem einen Unterschied jedoch, daß es eine der wichtigsten Aufgaben des als Bauherrnberater und Verfasser der LBL unverzichtbar notwendigen Architekten ist, im Dialog mit dem Bauherrn dessen möglicherweise zunächst verschwommene oder überzogene Vorstellungen von seinem Bauvorhaben zu konkretisieren, zurechtzurücken und zu präzisieren. In einer solchen Präzisierung der Aufgabenstellung ohne Vorgaben bezüglich der Gestaltung kann aber keine Einengung der letzteren gesehen werden, sie ist vielmehr die Voraussetzung für eine, den Bedürfnissen des Bauherrn gerecht werdende Entwurfsbearbeitung. Zweifellos ist die erste Dialogphase mit dem möglicherweise bauunerfahrenen Bauherrn zur Klärung der Aufgabenstellung ein wichtiger Bestandteil der Architektenarbeit an sich und sie muß daher von einem, den Bauherrn beratenden Architekten so gründlich wie möglich wahrgenommen werden. Eine Notwendigkeit dafür, sie auch zum Gegenstand des Wettbewerbs zu machen, oder umgekehrt, eine Beeinträchtigung des Wettbewerbs-Spielraums infolge Vorwegnahme dieser Teilaufgabe durch einen geeigneten Architekten kann nicht gesehen werden.

Ob der den Bauherrn beratende Architekt sich im Einzelfall entschließt z. B. durch eine „Rahmenplanung" auch gestalterische Entscheidungen vorweg zu fällen und damit die Entwurfstätigkeit der Beteiligten in eine bestimmte Richtung zu lenken, ist eine Frage für sich. Es kann dafür gute Gründe geben. Und dann ist die damit de facto entstehende Beschneidung der Gestaltungsfreiheit eben auch begründet und hinzunehmen, wie in Konfliktsituationen eben Kompromisse hingenommen werden müssen. Im allgemeinen, zumindest bei einfachen Zweckbauten werden derartige Vorgaben jedoch nicht erforderlich und daher auch nicht begründet sein.

Nach eigenen Erfahrungen besteht aber vielfach der Wunsch, bestimmte konstruktive Anforderungen in eine solche Ausschreibung aufzunehmen bzw. bestimmte Konstruktionen auszuschließen, obwohl damit vom ursprünglichen Sinn der „Funktionalen Leistungsbeschreibung" abgewichen wird. So tauchte bei Bauträgergesellschaften im Wohnungsbau z. B. der Wunsch auf, nur bestimmte Außenwandkonstruktionen zuzulassen, die sich nach Erfahrung des Ausschreibenden bewährt hatten, um dadurch häufige Mängel wie Durchfeuchtungen, Luftdurchlässigkeit, hohe Unterhaltskosten u. a. zu vermeiden. Hierdurch kann die Gestaltungsfreiheit in der Tat wesentlich eingeschränkt werden. Man muß jedoch unterstellen, daß derartige Einschränkungen ebenfalls unabhängig vom Planungs- und Vergabeverfahren und darüber hinaus angesichts unzähliger, den Gebrauchswert der Bauten oft erheblich beeinträchtigenden Bauschäden — zumindest aus der Sicht der Bauingenieure — legitim und prinzipiell berechtigt sind. Sie würden außerdem in solchen Fällen wohl auch bei anderer Planungs- und Vergabeart vorgenommen werden.

Zu 2. Die Möglichkeit des Architekten zum permanenten Dialog mit dem Bauherrn in der Entwurfsphase ist hier in der Tat ebensowenig vorhanden wie beim GRW-Wettbewerb und daher als verfahrensimmanenter Mangel beider Vorgehensweisen anzusehen. Beim LBL-Verfahren allerdings ist diese ausgiebige Dialogphase mit zumindest einem Architekten — wie bei konventioneller Planung auch — institutionalisiert, insofern als ein Architekt als Berater bei der Aufstellung der LBL unverzichtbar ist. Er, der ja in erster Linie die Bauaufgabe präzisieren soll, hat ja die Möglichkeit, um nicht zu sagen die Pflicht, überzogene Vorstellungen des Bauherrrn u. a. durch Hinweis auf die Kostenfolgen zurecht zu rücken. Dennoch verbleibt in der Entwurfsphase das Bedürfnis zum Meinungsaustausch, zumindest zur Rückfrage z. B. zur Klärung von Forderungen, die nur schwer bzw. mit hohem Kostenaufwand erfüllbar erscheinen. Zu diesem Zweck hat man schon in Schweden, wo zuerst in großem Stil mit diesem Vergabeverfahren gearbeitet worden ist, in der Angebotsbearbeitungsphase, je nach Größe des Bauvorhabens ein bis zwei öffentliche „Hearings" eingeschaltet [2]. Sie haben sich sehr gut bewährt und sollten deshalb unverzichtbarer Bestandteil des Verfahrens sein.

Bei einem Demonstrativbauvorhaben mit jeweils mehreren zusammenhängenden Gruppen von „Stadthäusern" in vier verschiedenen Städten der BRD hat sich ergeben, daß praktisch alle Angebotsentwürfe der zahlreichen Bietergemeinschaften Mängel im Sinne der Nichterfüllung mehr oder weniger wesentlicher Forderungen der LBL aufwiesen. Es wurden deshalb nach erfolgter Angebotsprüfung alle Entwürfe an die Bieter zurückgegeben, um so innerhalb einer „Korrekturphase" von einigen Wochen Gelegenheit zur Beseitigung der schriftlich fixierten „Mängel" zu geben. Dieses Verfahren hat sich bewährt und würde überdies auch die Möglichkeit zu einem weiteren institutionalisierten Meinungsaustausch bieten.

Zu 3. Dieses Argument hat nur dann Gewicht, wenn es nicht gelingt, der Qualität der architektonischen Lösung bei der Angebotsbewertung einen entsprechenden Stellenwert einzuräumen. Das vom Verfasser in Zusammenarbeit mit Dr. WOLFF für den Hauptverband der Deutschen Bauindustrie [11] erarbeitete Bewertungsverfahren sieht im Prinzip folgendes vor:

Getrennte Bewertung von
architektonischer Qualität
bautechnischer Qualität und
Kosten,

erstere durch ein fachkompetentes Gremium ähnlich dem Preisgericht, wie es in den GRW vorgesehen ist, soweit die architektonische Qualität nicht quantifizierbar ist z. B. anhand von Daten wie z. B. durch Flächen- und Raumkennwerte. Die bautechnische Qualität läßt sich objektiv beurteilen und durch eine Art Punktesystem kennzeichnen. Dasselbe gilt für die Kosten (einmalige und Folgekosten). Alle drei Qualitäten werden nach einem bestimmten, bereits in der Ausschreibung bekanntgemachten Schlüssel zusammengefügt, so daß eine eindimensionale Rangfolge entsteht.

Ein solches oder ähnlich wirkendes Bewertungssystem ist unverzichtbarer Bestandteil einer LBL-Ausschreibung. Dadurch kann verhindert werden, daß gestalterische Gesichtspunkte bei der Entwurfsbearbeitung durch die Bieter zu kurz kommen, denn Auftragschancen haben danach nur Angebote, die Preiswürdigkeit mit guter Qualität, insbesondere auch gestalterischer Qualität vereinen.

Je mehr sich im übrigen ein Unternehmer mit einem Entwurf selbst identifizieren kann, z. B. weil er auf dem eigenen Bausystem fußt, um so mehr wird er langfristig auch um gestalterische Qualität bemüht sein. Gestalt und Form sind bei fast allen Industrieprodukten ein wesentliches, nicht selten sogar das entscheidende Verkaufsargument. Dieser allgemeinen Erfahrung kann sich auch die Bauindustrie nicht entziehen, zumal architektonische Gestaltung einen unvergleichlich höheren Stellenwert hat als das „Design“ beim Industrieprodukt.

Zu 4. Wesentliche Bestandteile von Konstruktion, Ausbau und Ausstattung müssen im Entwurf niedergelegt sein — schon um eine objektive Angebotsprüfung zu ermöglichen oder sie können sogar wie z. B. Sanitärartikel, Fliesen, Fußböden etc. in der Ausschreibung festgelegt oder zum Gegenstand der Bewertung gemacht werden. Fassade, Lichtdecken, Trennwandsysteme etc., mithin alle die äußere oder innere Erscheinung wesentlich beeinflussenden Bauteile müssen aus den Angeboten für den Bauherrn eindeutig ersichtlich sein, werden somit Vertragsbestandteile und können vom Unternehmer nachträglich nicht mehr geändert werden. Im übrigen gilt hier das zu 3. Gesagte.

Zu 5. Zu diesem Argument ist aus Bauingenieursicht folgendes zu sagen:

Der Verfasser weiß aus eigener Erfahrung mit dem beispielhaft angeführten Bausystem, in welchem Maße die Projektierungskosten bei fortschreitender Systementwicklung sinken. Mit vielen für den Hochbau entwickelten Systemen sind ähnliche, z. T. noch wesentlich günstigere Erfahrungen gesammelt worden. Erstaunlicherweise bleiben die Projektierungskosten bei der Angebotserstellung — selbst bei schwierigen Ingenieurbauten in erträglichen Grenzen auch dann, wenn es sich nicht um Systemlösungen handelt, sofern die Entwerfenden nur über Ideen, viel Erfahrung und Routine verfügen. Das klassische Beispiel dafür ist der Brückenbau, wo seit Jahrzehnten meist in einer Weise ausgeschrieben wird, die der Ausschreibung mit LBL ähnelt: Durch einen von der Straßenbauverwaltung erstellten Entwurf wird eine Rahmenplanung geschaffen, aus welcher alle das Projekt betreffenden Voraussetzungen, Bedingungen und Forderungen entnehmbar sind. Auf dieser Basis werden dann Sonderentwürfe mit Pauschalpreis zugelassen. Fast alle großen und bedeutenden und daher auch schwierigen Brücken in der BRD sind in den letzten Jahrzehnten als derartige Sonderentwürfe ausgeführt worden. Wenn das volkswirtschaftlich so negativ zu beurteilen wäre, so gäbe es diese Möglichkeit sicher nicht mehr, zumal derartige Ausschreibungen meist öffentlich erfolgen, wobei sich vereinzelt bei großen Brücken schon 40 und mehr Bieter beteiligt haben. Zu unterstreichen ist, daß dabei das mehr oder weniger komplizierte Tragwerk entworfen und seine Schnittkräfte und daraus seine Massen genau genug für die Abgabe eines konkurrenzfähigen Pauschalpreisangebots ermittelt werden müssen. Bei genügender Erfahrung ist es mithin bei Bauunternehmen wirtschaftlich tragbar, derartige Wettbewerbsentwürfe sogar kostenlos zu erstellen und anzubieten. Das hat nicht nur zu vielen sehr wirtschaftlichen Lösungen geführt, sondern der Entwicklung des Brückenbaus in Deutschland außerodentliche Schubkraft verliehen und zu seiner heutigen internationalen Geltung und Verbreitung geführt.

In diesem Fall ist der Angebotsaufwand im Sinne der HOAI sogar direkt vergleichbar mit demjenigen der Architekten bei Planungen im Hochbau. Denn

während die Architektengebühr für die hier im wesentlichen infrage kommenden Teilleistungen nach HOAI § 15, Ziff. 2 und 3 etwa doppelt so hoch ist wie die der Ingenieure nach § 54, Ziff. 2 und 3 geht die Gebührenermittlung der Ingenieure bei Brücken auch von der Gesamtbausumme aus. Naturgemäß können große Baufirmen ganz andere Beträge als Geschäftsunkosten verkraften als mittlere Architektur- oder Ingenieurbüros. Aber auch dort hat man kein Geld zu verschenken. Maßgebend für den entstehenden Aufwand ist auch hier die Arbeitsweise und sind die Vorleistungen und Hilfsmittel, auf die man zurückgreifen kann. Weder bei Angebotsentwürfen im Brücken- noch im Hochbau kann ein Aufwand in Kauf genommen werden, der über die nach HOAI § 15 bzw. § 54 vorgesehene Entschädigung für Teile der Ziff. 2, 3 und 6 hinausgeht. Bei Ingenieurbauten ist das nicht nötig. Es ist nicht einzusehen, warum dasselbe für Gebäudeentwürfe nicht gelingen soll, wenn erfahrene und routinierte Architekten am Werke sind. Im Hinblick auf die finanzielle Leistungsfähigkeit der Architekturbüros ist hierfür ja auch eine (Teil-)Vergütung vorgesehen. Diese Vergütungen stellen aber keine Größenordnung dar, die die Wirtschaftlichkeit eines solchen Vorgehens von vornherein in Frage stellt.

Die vorstehenden Ausführungen bezogen sich auf einfache Zweckbauten. Bei schwierigen bzw. hoch installierten Gebäuden dürften die Dinge anders liegen. Hier muß ein u. U. sehr viel höherer Planungsaufwand der Bieter und eine entsprechend höhere Vergütung derselben in Kauf genommen werden [13].

Zu 6. Hier werden zwei Sachverhalte gleichzeitig angesprochen, nämlich:

die Fähigkeit der Unternehmen, die zu erbringenden Leistungen kalkulativ richtig zu bewerten und

die Frage, inwieweit der kalkulierte Preis überhaupt zum Zuge kommt bzw. auf Grund markttaktischer Gesichtspunkte manipuliert wird.

Es ist wohl nicht zu bezweifeln, daß größere Baufirmen generell über genügend Nachkalkulationswerte verfügen, um übliche Arbeiten kostenmäßig richtig bewerten zu können. Das gilt insbesondere für solche Arbeiten, die laufend und mit vorhandenem, in der Handhabung einexerziertem Gerät ausgeführt werden. Sobald jedoch aus diesem Rahmen fallende Leistungen auftreten, beginnen die Unsicherheiten in der richtigen kalkulativen Einschätzung bzw. treten zusätzliche Kosten auf wie Kauf neuer Rüstung oder Schalung, Kauf oder Ausleihe von Gerät zuzüglich des Aufwands für die Einarbeitung usw. Es ist selbstverständlich, daß die Angebotspreise zweier Firmen für ein und dieselbe Leistung dann schon mehr oder weniger stark differieren müssen, wenn die eine hierfür über geeignetes — womöglich schon abgeschriebenes — Schalmaterial verfügt, die andere es dagegen neu beschaffen muß. Der Sinn der Beteiligung des Unternehmens am Entwurf über die LBL liegt ja gerade darin, ihm die Möglichkeit zu verschaffen, so zu bauen, wie es für ihn, seine Ausstattung und sein know how optimal ist. Hier wird auch wieder die Bedeutung des Systemgedankens deutlich. Je mehr eine Sache systematisiert und durchorganisiert ist, um so sicherer sind natürlich auch die Kalkulationsgrundlagen und um so eher sind „Angstzuschläge" verzichtbar. Außerdem kann hierfür optimierte Geräteausstattung vorausgesetzt werden. Hier besteht eben innerhalb des anbietenden Teams eine wechselseitige Abhängigkeit mit Steuerwirkung in Richtung auf eine optimale Lösung: Setzt sich der Architekt über die für den Unternehmer maßgebenden Gesichtspunkte hinweg, so muß er mit einem relativ zur Marktlage zu hohen Angebotspreis seines Partners rechnen. Mißt der Unternehmer dem gestalterischen Wollen des Architekten zu geringe Bedeutung bei, so wird das gemeinsame Angebot an der Dürftigkeit der architektonischen Qualität scheitern. Beide müssen sich „zusammenraufen". Darin aber wird die zukunftweisende Besonderheit dieses Verfahrens gesehen: nicht einer diktiert mehr und setzt sich über die Belange des anderen hinweg, sondern beide sind gezwungen, gemeinsam aus dem Für und Wider der Einzelgesichtspunkte die beste Gesamtlösung zu entwickeln, um möglichst gute Auftragschancen zu erreichen.

Die Frage nach den, den kalkulierten Preis noch beeinflussenden Marktfaktoren läßt sich allgemein nicht beantworten. Nur soviel läßt sich sagen:

Je mehr Aufwand in ein Angebot investiert wurde, je besser die Voraussetzungen für die Ausführung sind und je detaillierter diese durchdacht wurde, um so ernsthafter wird das Interesse am Auftrag sein. Das schließt nicht aus, daß man sich schließlich zu sicher fühlt und den Angebotspreis deshalb großzügig nach oben abrundet. Insofern läßt sich dieses Argument nicht ganz entkräften.

Zwei Gedanken sollten dabei aber mit erwogen werden:

Bei der Angebotsbewertung ist der Preis nur eine von drei Komponenten. Er allein ist nicht entscheidend. Sofern das architektonische Konzept des Angebots sehr gut ist, hat es immer noch Chancen,

wenn die Preisaufrundung nicht zu kräftig war, was unter den angenommenen Voraussetzungen wohl kaum zu erwarten wäre.

Und:

Die Frage nach der angemessenen Honorierung des Angebotsaufwands ist so alt wie die Idee der FLB selbst. U. a. auch die vorstehenden Erwägungen sprechen dafür, daß die Honorierung der Bieter nicht kostendeckend sein soll. Es darf weder für Architekten noch für Unternehmer aus der Angebotsbearbeitung ein neuer Erwerbszweig werden. Schon im gegenseitigen Interesse beider muß auch eine kräftige finanzielle Motivation für den Einsatz aller Kräfte vorhanden sein, wobei dem Unternehmer die größere finanzielle Last zuzumuten ist [13].

Zu 7. Dieses Argument gewinnt um so mehr Gewicht, je umfangreicher und komplizierter die haustechnischen Anlagen sind. Erfahrungsgemäß treten Schwierigkeiten bei einfachen Zweckbauten nicht und bei Systembauten schon gar nicht auf, weil der Planungsaufwand verhältnismäßig gering ist und nur zum Teil von Subunternehmern des technischen Ausbaus getragen werden muß. Auch bei längerfristig zusammenarbeitenden Roh- und Ausbauunternehmungen scheint die Beteiligung der Subunternehmer unproblematisch. Können jedoch bei der Vorauswahl der Bieter [13] für hochinstallierte Bauten geeignete, die Haustechniker einschließende Bietergemeinschaften nicht gefunden werden, so müssen Firmen für den technischen Ausbau durch besondere, evtl. sogar kostendeckende Honorierung gewonnen werden.

Zu 8. Mit der Bewertung wird zweifellos ein zentrales Thema angesprochen. Die besondere Schwierigkeit der Angebotsbewertung besteht ja darin, daß man „Äpfel und Birnen" zusammenzählen muß, insbesondere aber in dem Umstand, daß sich ein Teil der angebotenen Qualitäten quantifizieren läßt, ein anderer dagegen nicht. Unter „quantifizieren" wird hier verstanden, daß man verschiedenartige Qualitäten z. B. Preise, Fristen oder Qualität z. B. der Fußböden etwa mit Hilfe eines Punktsystems o. ä. messen, addieren und dann in einer eindimensionalen Meßskala aufzeichnen kann. Wie in [6] gezeigt wurde, darf ein solches Punktsystem allerdings nicht willkürlich angenommen, sondern muß kostenorientiert entwickelt, d. h. auf Geldsummen bezogen werden. Eine einigermaßen objektive „Quantifizierung" in diesem Sinne gelingt bei bautechnischen Qualitäten und Preisen [11]. Eine objektive Bewertung gestalterischer Qualität ist dagegen nicht möglich. Architektur kann nur subjektiv, zweckmäßig in der Art wie beim GRW-Wettbewerb bewertet werden. Ob man sich dabei auf mehr als eine Reihenfolgebildung, d. h. auf relative Abstände in der Reihenfolge einigen kann, scheint schon zweifelhaft. Dagegen ist es durchaus sinnvoll, architektonisch unbefriedigende Entwürfe von vornherein ganz auszuscheiden, ebenso wie das bei Entwürfen geschehen muß, die baurechtliche und -technische Forderungen der Ausschreibung nicht erfüllen. Nun bleibt noch das Problem der Zusammenfügung beider Bewertungsergebnisse. Nach den in [11] entwickelten Vorschlägen kann man optimaler architektonischer Qualität einen fiktiven Mehrpreis zuordnen, der dann die Eingliederung in die vorerwähnte Meßskala ermöglicht. Das ist keinesfalls abwegig, denn wenn „gute Architektur" theoretisch auch nicht mehr kosten muß, so stellt man praktisch allerorten, zumal im Wohnungsbau fest, daß sie es doch tut. Man schafft damit — auch dem Unternehmer gegenüber — einen Kostenspielraum für gute gestalterische Lösungen, mit der Konsequenz, daß ein guter aber teurer Entwurf insgesamt besser bewertet werden kann als ein schlechter aber billigerer. Die Höhe des fiktiven Mehrpreises für gute Architektur bildet gleichzeitig das Gewicht, das guter Architektur im Rahmen des Ganzen zugebilligt wird, aber auch den effektiven Kostenspielraum, den man ihr zuzugestehen bereit ist. Kostet die „gute Architektur" im konkreten Fall nicht „mehr", so wird das Angebot doppelt günstig bewertet.

Mit Hilfe dieses Prinzips ist das Bewertungsproblem lösbar und Geld erweist sich so — emotionslos betrachtet — durchaus als praktikabler Maßstab für Qualität. Vermögen diese stark verkürzten Darlegungen nicht zu überzeugen, so sollte allenfalls [11] zur Kenntnis genommen werden.

Zu 9. Ein „zweistufiges Vergabeverfahren" hat auf der Grundlage einer LBL nur einen Sinn, wenn der Unternehmer schon in der ersten Stufe eingeschaltet wird. Das geht deutlich genug aus dem zu 6. Gesagten hervor. Andererseits ist die Frage berechtigt, ob nicht etwa all die fruchtlose Arbeit eingespart werden kann, die Architekt und Unternehmer für die detailierte Angebotsausarbeitung und Kalkulation aufwenden müssen, in Fällen in denen der Entwurf wegen unzulänglicher Architektur bzw. Nichterfüllung wesentlicher funtioneller Anforderungen von vornherein ausscheidet. Bei anspruchsvollen, wohl kaum bei einfachen Zweckbauten, ist deshalb daran zu denken, zweistufig wie folgt zu verfahren:

EINSCHALTUNG DER BAUAUFSICHT BEI AUSCHREIBUNGEN MIT LEISTUNGSPROGRAMM NACH §9.10 - 12 VOB/A

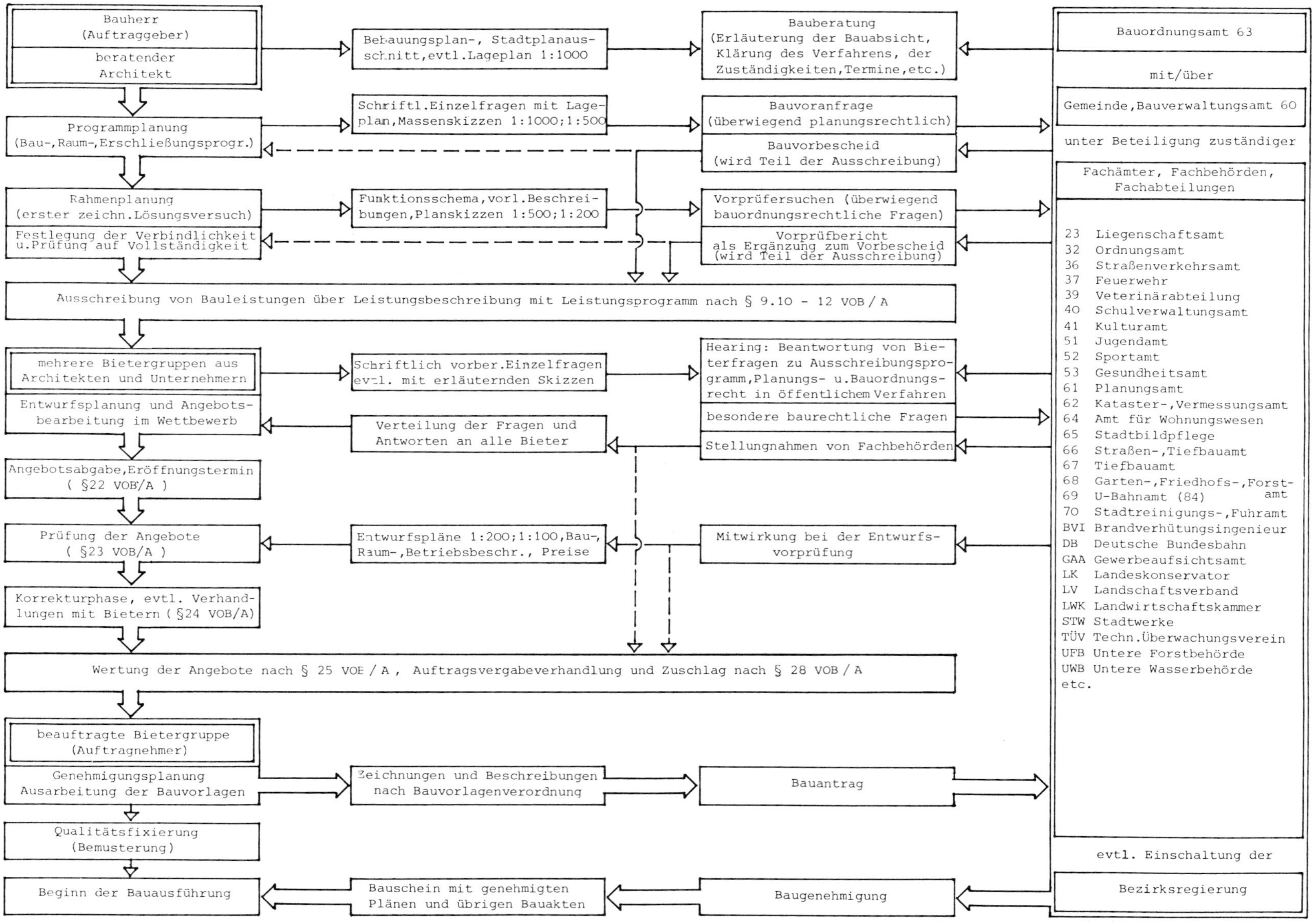

1. Stufe

Ausarbeitung von Vorentwürfen durch Architekten gemeinsam mit Unternehmern. Die als Vorentwurf zu erbringende Leistung und die dafür vorgesehene Vergütung wäre in der LBL zu präzisieren.

Danach Vorlage beim Auftraggeber und Prüfung der Entwürfe. Ausscheiden ungeeigneter Lösungen. Ggf. Durchsprache der im Wettbewerb verbleibenden Entwürfe im Rahmen öffentlicher Anhörungen. Freigabe derselben zur Weiterbearbeitung ggf. unter Hinzufügung schriftlich formulierter Auflagen.

2. Stufe

Entwurfsbearbeitung und Angebotsausarbeitung gemeinsam durch Architekt und Unternehmer.

Ein solches zweistufiges Verfahren bewahrt die sinngebenden Grundsätze der LBL und erscheint praktikabel, wenngleich auch Nachteile in Kauf zu nehmen sind wie z. B. die vorzeitige Preisgabe der Entwurfsidee und erhöhter Prüfungs- bzw. Bewertungsaufwand.

Den behandelten Problemen soll abschließend ein weiteres hinzugefügt werden, das erstaunlicherweise in der öffentlichen Diskussion bislang kaum Erwähnung gefunden hat: Die Frage der Baugenehmigung.

Die LBL muß notwendigerweise zu Festpreisangeboten — ggf. unter Einschluß von Preisgleitvereinbarungen — führen. Das ist nicht nur deshalb sinnvoll, weil es die üblichen, umständlichen Abrechnungsarbeiten überflüssig macht, sondern es ist notwendige Grundlage der Bewertung und einzig möglicher Schutz des Bauherrn gegen unberechtigte Nachforderungen. Der Bieter muß also einen Pauschalpreis benennen, obwohl die Baugenehmigung für den von ihm vorgelegten Entwurf praktisch erst nach Auftragserteilung eingeholt werden kann. Diesbezüglich wird im Auftrage des Landes Nordrhein-Westfalen z. Z. eine Untersuchung durchgeführt, in welcher, fußend auf Analysen des Baugenehmigungsverfahrens in verschiedenen Städten, konkrete Vorschläge für frühzeitige Einschaltung der Bauaufsicht und schrittweise Abstimmung des Baugenehmigungsverfahrens mit den Behörden gemacht werden.

Die beigefügte Grafik veranschaulicht die mögliche Vorgehensweise, wobei in der ersten Spalte die Aktivitäten des Bauherrn, in der zweiten die Informationsträger, in der dritten die Kontaktnahmen und in der vierten summarisch die bei der Baugenehmigung möglicherweise mitwirkenden Dienststellen aufgeführt sind. Näheres dazu kann [14] entnommen werden. Auch dieses Problem ist also lösbar.

Zusammenfassend kann man sagen:

Mit Hilfe der Leistungsbeschreibung mit Leistungsprogramm nach § 9.10—12 VOB/A ist die Planung von Bauleistungen unter Einbeziehung des unternehmerischen „know how" und unter Ausnutzung besonderer Fertigungseinrichtungen bzw. -methoden des Unternehmers unter Aufrechterhaltung, ja Erweiterung des Wettbewerbs möglich. Mit Hilfe dieses Verfahrens können nicht nur Subsysteme wie Außenhaut, Trennwände etc., sondern auch ganze Bauvorhaben ausgeschrieben und im Wettbewerb insbesondere auch Systemlösungen zum Zuge gebracht werden, wodurch der Industrie höchst wünschenswerte Entwicklungsanstöße gegeben werden können. Die bislang gegen dieses Verfahren erhobenen Einwände lassen sich entkräften, sofern es um die Vergabe von einfachen Zweckbauten geht. Sollten hinsichtlich Gestaltung, Konstruktion oder Ausbau anspruchsvollere Bauten auf diese Weise vergeben werden, so müssen die unter 5., 6., 7. und 9. gemachten Einwände bedacht werden. Konkrete Hinweise zur Anwendung des Verfahrens sind für Wohn- und Bürobauten in der Literatur bereits zu finden [7, 12, 15, 16].

Literatur

[1] British Standards Institution: ISO guide for preparation of performance standards in building, London, February, 1978.

[2] Bauausschuß der Schwedischen Bauindustrie (übersetzt von H. Muhlert): Der Neue Baumarkt AB Eguellska Bokteyekeriet, Stockholm 1970.

[3] Knocke, J.: Eine funktionsanalytische Baunorm, Bericht 21: 70, staatliches Bauforschungsinstitut, Stockholm 1970.

[4] National Bureau of Standards: Performance Concept in Buildings: Proceedings of the Joint RILEM-ASTM-CIB Symposium held May 2—5, 1972, Philadelphia, Pennsylvania (Issued March 1972).

[5] Gockell, B.; Jebe, H.; Paschen, H.; Simons, K. u. a.: Funktionale Leistungsbeschreibung für die Vergabe von Hochschulbauten im Lande Niedersachsen, 3 Bände, Niedersächsische Hochschulbaugesellschaft, Hannover 1974.

[6] Gockell, B.; Jebe, H.; Paschen, H.; Simons, K. u. a.: Bewertungsverfahren für Angebote auf der Basis von Ausschreibung nach Leistungsprogramm, 3 Bände, Zentrale Planungsstelle zur Rationalisierung von Landesbauten in Nordrhein-Westfalen (ZPL), Aachen 1976.

[7] Gockell, B.; Mannhardt, C.; Kimm, W.; Paschen, H. und Wolff, H.-M.: Ausschreibung mit Leistungsprogramm im Geschoßwohnungsbau, 5 Bände — Forschungsbericht, Lehrstuhl für Baukonstruktion und Vorfertigung der Technischen Universität Braunschweig, 1977.

[8] MANNHARDT, C.; MICHAELIS, H. und WOLFF, H.-M.: Voraussetzungen und Anwendung funktionsorientierter Vergabeverfahren, Forschungsarbeit — Zwischenbericht, Architektenkammer Niedersachsen, Hannover 1977.

[9] MICHAELIS, H.: Gestaltbezogene Anforderungen in der Funktionalen Leistungsbeschreibung, Diss. TU Hannover, 1977.

[10] PASCHEN, H. und WOLFF, H.-M.: Funktionale Ausschreibung — Bewertung von Angeboten, Element- und Fertigbau, 11. Jahrgang, Fachzeitschrift für industrialisiertes Bauen, Fachverlag E. Aly, München 1974.

[11] PASCHEN, H. und WOLFF, H.-M.: FLB-Bewertung, Hauptverband der Deutschen Bauindustrie, Forschungsreihe Band 27, Wiesbaden 1975.

[12] PASCHEN, H.; WOLFF, H.-M. u. a.: Funktionale Planung und Vergabe, 2 Bände — Forschungsbericht, Lehrstuhl für Baukonstruktion und Vorfertigung der Technischen Universität Braunschweig, 1976.

[13] PASCHEN, H. und WOLFF, H.-M.: Empfehlungen zur Anwendung der Leistungsbeschreibung mit Leistungsprogramm, Hauptverband der Deutschen Bauindustrie, Forschungsreihe Bd. 31, Wiesbaden 1977.

[14] PASCHEN, H. und WOLFF, H.-M.: Bauvorbescheid nach § 84 BauO NB bei Ausschreibungen mit Leistungsprogramm (laufendes Forschungsvorhaben).

[15] SAUNUS, H.: FLB-Nutzungsforderungen, Hauptverband der Deutschen Bauindustire, Forschungsreihe Band 24, Wiesbaden 1976.

[16] SAUNUS, H. u. a.: FLB-Qualitätsspeicher Bauwerk/Haustechnik, Hauptverband der Deutschen Bauindustrie, Forschungsreihe Bände 28 + 30, Wiesbaden 1976.

[17] SULZER, P.; KÜSGEN, H. und HAGENBROCK, T.: Die Funktionale Leistungsbeschreibung im Bauwesen, kurze Anleitung für Aufstellung und Gebrauch, Schriftenreihe des Instituts für Baukonstruktion der Universität Stuttgart, Heft 9, Oktober 1975.

[18] WOLFF, H.-M. und LINDEMANN, G.: Performance Concept, funktionsorientierte Normung im Bauwesen, in: Deutsches Architektenblatt 4/78.

[19] HOAI: Verordnung über die Honorare für Leistungen der Architekten und der Ingenieure, Stand: Januar 1977.

[20] Grundsätze und Richtlinien für Wettbewerbe auf den Gebieten der Bauplanung, des Städtebaus und des Bauwesens 1977/78.

Autorenverzeichnis

Prof. Dr. Arquitecto
F. Aguirre de Yraola
Instituto Eduardo Torroja
Costillares — Chamartin
Madrid 33
Apartado 19.002

Dipl.-Ing. Hermann Bohle
Beratender Ingenieur VBI
Ingenieurgemeinschaft Prof. v. Halász
Mommsenstr. 5, 1000 Berlin 12

Prof. Dr.-Ing. Heinrich Bub
Präsident des Instituts für Bautechnik
Reichpietschufer 72—76, 1000 Berlin 30

Prof. Dr. Erich Cziesielski
Technische Universität Berlin
Fachgebiet Allgemeiner Ingenieurbau
Straße des 17. Juni 135, 1000 Berlin 12

Prof. Dr.-Ing. Gebhard Hees
Technische Universität Berlin
Fachgebiet Statik der Baukonstruktionen
Straße des 17. Juni 135, 1000 Berlin 12

Dipl-Ing. Georges Herrmann
Direktor der Betriebsstätte Camus-Dietsch
Am Homburg 3, 6600 Saarbrücken 3

Dr.-Ing. Tihamér Koncz
Witikonerstr. 297, CH-8053 Zürich

Prof. Dr.-Ing. E. h. Karl Kordina
Institut für Baustoffe, Massivbau und Brandschutz
Technische Universität Braunschweig
Beethovenstr. 52, 3300 Braunschweig

Prof. Dr.-Ing. Joachim Lindner
Technische Universität Berlin
Fachgebiet Stahlbau
Straße des 17. Juni 135, 1000 Berlin 12

Prof. Dr.-Ing. Karl Möhler
Universität Karlsruhe
Lehrstuhl für Ingenieurholzbau und Baukonstruktionen
Kaiserstr. 12, 7500 Karlsruhe 1

Prof. Dr.-Ing. Heinrich Paschen
Technische Universität Braunschweig
Lehrstuhl für Baukonstruktionen und Vorfertigung
Schleinitzstr., 3300 Braunschweig

Prof. Dr.-Ing. Franz Pilny
Technische Universität Berlin
Fachgebiet für Baustoffkunde und Baustoffprüfung
Straße des 17. Juni 135, 1000 Berlin 12

Prof. Dr.-Ing. Heinz Pösch
Königsallee 14 h, 1000 Berlin 33

Prof. Dr.-Ing. Riko Rosman
Arhitektonski fakultet
Pantovčak 135, YU—4100 Zagreb

Prof. Dipl.-Ing. Claus Scheer
Technische Universität Berlin
Fachgebiet Baukonstruktionen
Straße des 17. Juni 135, 1000 Berlin 12

Dr.-Ing. Ulrich Schneider
Institut für Baustoffe, Massivbau und Brandschutz
Technische Universität Braunschweig
Beethovenstr. 52, 3300 Braunschweig

Prof. Dr.-Ing. Hansjürgen Sontag
Frischlingsteig 4, 1000 Berlin 33

Dr.-Ing. Manfred Stiller
Hauptgeschäftsführer des Deutschen Beton-Vereins e.V.
Bahnhofstr. 61, 6200 Wiesbaden

Prof. Dr.-Ing. István Szabó (†)

Hanns Thiel
Kanalstr. 15, 8000 München 22

Prof. Dr.-Ing. Rudolf Trostel
Technische Universität Berlin
Institut für Mechanik
Cranzbau 204
Jebenstr. 1, 1000 Berlin 12

Dipl.-Ing. Ernst Zellerer
Kanalstr. 15, 8000 München 22

Die Herausgabe der Festschrift wurde durch folgende Firmen und Institutionen gefördert:

Arbeitsgemeinschaft Holz e.V., Düsseldorf

Babcock-Bau GmbH, Berlin

Boswau + Knauer Aktiengesellschaft, Düsseldorf

Bundesverband Deutsche Beton- und Fertigteilindustrie E.V., Bonn

Bund Deutscher Zimmermeister im Zentralverband des Deutschen Baugewerbes e.V., Bonn

Calenberg Ingenieure GmbH, Salzhemmendorf

Camus-Dietsch Constructeurs, Saarbrücken

Dipl.-Ing. Robert Czempin, Berlin

Engel u. Leonhardt, Berlin

Eternit AG, Berlin

Euroteam AG, Berlin

Dr. Horst Franke, Berlin

Gesellschaft von Freunden der Technischen Universität Berlin e.V., Berlin

imbau GmbH, Neu-Isenburg

Mast AG, Berlin

Odenwald Faserplattenwerk GmbH, Amorbach

Partner der Ingenieur-Gemeinschaft
Dipl.-Ing. Bauer, Dipl.-Ing. Bohle, Dr.-Ing. Flohrer,
Dipl.-Ing. Grunenberg, Berlin

Gustav Pegel & Sohn, GmbH & Co., Berlin

Promat GmbH u. Co KG, Düsseldorf

Schälerbau Berlin GmbH, Berlin

Strabag Bau AG, Berlin

Verband Beratender Ingenieure (VBI) e.V., Berlin

Dipl.-Ing. K. Willamowski, Berlin

und andere